주기율표 Periodic Table of the Elements

원소 기호 → C 6 ← 원자 번호
영어명 → Carbon
한글명 → 탄소
원자량 → 12.011

- 금속 (Metal)
- 준금속 (Semimetal)
- 비금속 (Nonmetal)

주기＼족	1A 1	2A 2	3B 3	4B 4	5B 5	6B 6	7B 7	8B 8	8B 9	8B 10	1B 11	2B 12	3A 13	4A 14	5A 15	6A 16	7A 17	8A 18
1	H 1 Hydrogen 수소 1.007																	He 2 Helium 헬륨 4.0026
2	Li 3 Lithium 리튬 6.941	Be 4 Beryllium 베릴륨 9.0122											B 5 Boron 붕소 10.811	C 6 Carbon 탄소 12.011	N 7 Nitrogen 질소 14.0067	O 8 Oxygen 산소 15.9994	F 9 Fluorine 플루오린 18.9984	Ne 10 Neon 네온 20.1797
3	Na 11 Sodium 소듐(나트륨) 22.9898	Mg 12 Magnesium 마그네슘 24.305											Al 13 Aluminium 알루미늄 26.9815	Si 14 Silicon 규소 28.0855	P 15 Phosphorus 인 30.9738	S 16 Sulfur 황 32.0650	Cl 17 Chlorine 염소 35.4533	Ar 18 Argon 아르곤 39.948
4	K 19 Potassium 포타슘(칼륨) 39.0983	Ca 20 Calcium 칼슘 40.078	Sc 21 Scandium 스칸듐 44.9559	Ti 22 Titanium 타이타늄 47.867	V 23 Vanadium 바나듐 50.9415	Cr 24 Chromium 크로뮴 51.9961	Mn 25 Manganese 망가니즈 54.938	Fe 26 Iron 철 55.845	Co 27 Cobalt 코발트 58.9332	Ni 28 Nickel 니켈 58.6934	Cu 29 Copper 구리 63.546	Zn 30 Zinc 아연 65.409	Ga 31 Gallium 갈륨 69.723	Ge 32 Germanium 저마늄 72.64	As 33 Arsenic 비소 74.9216	Se 34 Selenium 셀레늄 78.96	Br 35 Bromine 브로민 79.904	Kr 36 Krypton 크립톤 83.798
5	Rb 37 Rubidium 루비듐 85.4678	Sr 38 Strontium 스트론튬 87.62	Y 39 Yttrium 이트륨 88.9059	Zr 40 Zirconium 지르코늄 91.224	Nb 41 Niobium 나이오븀 92.9064	Mo 42 Molybdenum 몰리브데넘 95.94	Tc 43 Technetium 테크네튬 98.9063	Ru 44 Ruthenium 루테늄 101.07	Rh 45 Rhodium 로듐 102.9055	Pd 46 Palladium 팔라듐 106.42	Ag 47 Silver 은 107.8682	Cd 48 Cadmium 카드뮴 112.411	In 49 Indium 인듐 114.818	Sn 50 Tin 주석 118.71	Sb 51 Antimony 안티모니 121.76	Te 52 Tellurium 텔루륨 127.6	I 53 Iodine 아이오딘 126.9045	Xe 54 Xenon 제논 131.293
6	Cs 55 Cesium 세슘 132.9055	Ba 56 Barium 바륨 137.327		Hf 72 Hafnium 하프늄 178.49	Ta 73 Tantalum 탄탈럼 180.9479	W 74 Tungsten 텅스텐 183.84	Re 75 Rhenium 레늄 186.207	Os 76 Osmium 오스뮴 190.23	Ir 77 Iridium 이리듐 192.217	Pt 78 Platinum 백금 195.078	Au 79 Gold 금 196.9666	Hg 80 Mercury 수은 200.59	Tl 81 Thallium 탈륨 204.3833	Pb 82 Lead 납 207.2	Bi 83 Bismuth 비스무트 208.9804	Po 84 Polonium 폴로늄 208.9824	At 85 Astatine 아스타틴 209.9871	Rn 86 Radon 라돈 222.0176
7	Fr 87 Francium 프랑슘 223.0197	Ra 88 Radium 라듐 226.0254		Rf 104 Rutherfordium 러더포듐 261.1088	Db 105 Dubnium 더브늄 262.1142	Sg 106 Seaborgium 시보귬 266.1219	Bh 107 Bohrium 보륨 264.1247	Hs 108 Hassium 하슘 269.13	Mt 109 Meitnerium 마이트너륨 268.1388	Ds 110 Darmstadtium 다름스타튬 271.15	Rg 111 Roentgenium 뢴트게늄 272.1535	Cn 112 Copernicium 코페르니슘 (277)	Nh 113 Nihonium 니호늄 (284.18)	Fl 114 Flerovium 플레로븀 (289.19)	Mc 115 Moscovium 모스코븀 (288.19)	Lv 116 Livermorium 리버모륨 (293)	Ts 117 Tennessine 테네신 (294)	Og 118 Oganesson 오가네손 (294)

	주기															
란타넘족 (Lanthanides)	6	La 57 Lanthanum 란타넘 138.9055	Ce 58 Cerium 세륨 140.116	Pr 59 Praseodymium 프라세오디뮴 140.9077	Nd 60 Neodymium 네오디뮴 144.24	Pm 61 Promethium 프로메튬 146.9151	Sm 62 Samarium 사마륨 150.36	Eu 63 Europium 유로퓸 151.964	Gd 64 Gadolinium 가돌리늄 157.25	Tb 65 Terbium 터븀 22.9898	Dy 66 Dysprosium 디스프로슘 162.5	Ho 67 Holmium 홀뮴 164.93	Er 68 Erbium 어븀 167.259	Tm 69 Thulium 툴륨 168.9342	Yb 70 Ytterbium 이터븀 173.04	Lu 71 Lutetium 루테튬 174.967
악티늄족 (Actinides)	7	Ac 89 Actinium 악티늄 227.0278	Th 90 Thorium 토륨 232.0381	Pa 91 Protactinium 프로트악티늄 231.0359	U 92 Uranium 우라늄 238.0289	Np 93 Neptunium 넵투늄 237.0482	Pu 94 Plutonium 플루토늄 244.0642	Am 95 Americium 아메리슘 243.0614	Cm 96 Curium 퀴륨 247.0703	Bk 97 Berkelium 버클륨 247.0703	Cf 98 Californium 캘리포늄 251.0796	Es 99 Einsteinium 아인슈타이늄 252.083	Fm 100 Fermium 페르뮴 257.0951	Md 101 Mendelevium 멘델레븀 258.0984	No 102 Nobelium 노벨륨 259.101	Lr 103 Lawrencium 로렌슘 262.1097

원소 이름, 기호, 번호

한글 이름	영문 이름	기호	번호
가돌리늄	gadolinium	Gd	64
갈륨	gallium	Ga	31
구리	copper [Cuprum]	Cu	29
규소	silicon	Si	14
금	gold [Aurum]	Au	79
나이오븀	niobium	Nb	41
납	lead [Plumbum]	Pb	82
네오디뮴	neodymium	Nd	60
네온	neon	Ne	10
넵투늄	neptunium	Np	93
노벨륨	nobelium	No	102
니켈	nickel	Ni	28
니호늄	nihonium	Nh	113
다름스타튬	darmstadtium	Ds	110
더브늄	dubnium	Db	105
디스프로슘	dysprosium	Dy	66
라돈	Ladon	Rn	86
라듐	radium	Ra	88
란타넘	lanthanum	La	57
러더포듐	rutherfordium	Rf	104
레늄	rhenium	Re	75
로듐	rhodium	Rh	45
로렌슘	lawrencium	Lr	103
루비듐	rubidium	Rb	37
루테늄	ruthenium	Ru	44
루테튬	lutetium	Lu	71
뢴트게늄	roentgenuim	Rg	111
리버모륨	livermorium	Lv	116
리튬	lithium	Li	3
마그네슘	magnesium	Mg	12
마이트너륨	meitnerium	Mt	109
망가니즈	manganese	Mn	25
멘델레븀	mendelevium	Md	101
모스코븀	moscovium	Mc	115
몰리브데넘	molybdenum	Mo	42
바나듐	vanadium	V	23
바륨	barium	Ba	56
백금	platinum	Pt	78
버클륨	berkelium	Bk	97
베릴륨	beryllium	Be	4
보륨	bohrium	Bh	107
붕소	boron	B	5
브로민	bromine	Br	35
비소	arsenic	As	33
비스무트	bismuth	Bi	83
사마륨	samarium	Sm	62
산소	oxygen	O	8
세륨	cerium [Cesium]	Ce	58
세슘	cesium	Cs	55
셀레늄	selenium	Se	34
소듐(나트륨)	sodium	Na	11
수소	hydrogen	H	1
수은	mercury	Hg	80
스칸듐	scandium	Sc	21
스트론튬	strontium	Sr	38
시보귬	seaborgium	Sg	106
아르곤	argon	Ar	18
아메리슘	americium	Am	95
아스타틴	astatine	At	85

한글 이름	영문 이름	기호	번호
아연	zinc	Zn	30
아이오딘	iodine	I	53
아인슈타이늄	einsteinium	Es	99
악티늄	actinium	Ac	89
안티모니	antimony [Stibium]	Sb	51
알루미늄	aluminium	Al	13
어븀	erbium	Er	68
염소	chlorine	Cl	17
오가네손	oganesson	Og	118
오스뮴	osmium	Os	76
우라늄	uranium	U	92
유로퓸	europium	Eu	63
은	silver [Argentine]	Ag	47
이리듐	iridium	Ir	77
이터븀	ytterbium	Yb	70
이트륨	yttrium	Y	39
인	phosphorus	P	15
인듐	indium	In	49
저마늄	germanium	Ge	32
제논	xenon	Xe	54
주석	tin [Stannum]	Sn	50
지르코늄	zirconium	Zr	40
질소	nitrogen	N	7
철	iron [Ferrum]	Fe	26
카드뮴	cadmium	Cd	48
칼슘	calcium	Ca	20
캘리포늄	californium	Cf	98
코발트	cobalt	Co	27
코페르니슘	copernicium	Cn	112
퀴륨	curium	Cm	96
크로뮴	chromium	Cr	24
크립톤	krypton	Kr	36
타이타늄	titanium	Ti	22
탄소	carbon	C	6
탄탈럼	tantalum	Ta	73
탈륨	thallium	Tl	81
터븀	terbium	Tb	65
텅스텐	tungsten [Wolfram]	W	74
테네신	tennessine	Ts	117
테크네튬	technetium	Tc	43
텔루륨	tellurium	Te	52
토륨	thorium	Th	90
툴륨	thulium	Tm	69
팔라듐	palladium	Pd	46
페르뮴	fermium	Fm	100
포타슘(칼륨)	potassium	K	19
폴로늄	polonium	Po	84
프라세오디뮴	praseodymium	Pr	59
프랑슘	francium	Fr	87
프로메튬	promethium	Pm	61
프로트악티늄	protactinium	Pa	91
플레로븀	flerovium	Fl	114
플루오린	fluorine	F	9
플루토늄	plutonium	Pu	94
하슘	hassium	Hs	108
하프늄	hafnium	Hf	72
헬륨	helium	He	2
홀뮴	holmium	Ho	67
황	sulfur	S	16

※ [ ] 속의 영문 이름은 IUPAC에서 혼용하기로 한 것이다.

제5판

대학화학

권찬호 · 김홍래 · 정영미 · 황현석 · 황 훈 지음

자유아카데미

머.리.말

화학은 과학을 구성하는 다양한 기초학문 분야들 중 하나로, 현재 대학교 자연계열에 입학한 학생들 거의 대부분이 한 학기 이상의 기간에 걸쳐 일반화학(대학화학 또는 기초화학)이라는 교과목을 필수적으로 수강하고 있다. 그러나 자연계열 학과에 입학하여 처음으로 대학 수준의 일반화학을 수강하는 학생들이 중·고등학교에서 이수한 화학 과목의 종류와 수준이 다를 수 있어 학생들이 가지고 있는 화학 관련 기초 지식과 흥미의 수준도 역시 다양할 것이다. 따라서 이와 같이 화학 관련 기초 지식과 흥미 수준이 다른 학생들을 대상으로 획일적인 내용의 일반화학 강의만을 제공하는 것은 바람직하지 않다. 학생들이 가지고 있는 화학 관련 기초 지식의 수준과 흥미의 다양함에 대응할 수 있는 적극적인 관심과 노력을 기울여야 하는 것이다. 이 교재는 중·고등학교 과정을 거치는 동안 화학이라는 과목에 대해 흥미나 긍정적인 관심을 갖지 못하고, 이에 따라 화학 관련 기초 지식을 갖추고 있지 않은 학생들을 위한 것이다. 즉, 화학에 대한 흥미와 관심을 불러일으킴으로써, 화학 관련 기초 지식 습득을 위해 적극적인 노력을 기울일 수 있도록 하기 위해 집필하였다. 따라서 이 교재에서 다루고 있는 주제들에 대한 보다 심도 있는 화학 관련 지식이나 정보들을 필요로 하는 학생들(예를 들어 의학전문대학원으로의 입학 등을 위한 화학 지식을 필요로 하는 학생들)의 경우에는 현재 시중에서 판매되고 있는 다양한 일반화학 관련 교재 중에서 자신들의 요구에 부응하는 교재를 구입하여 활용해야 할 것이다.

이 교재의 전반부(1장부터 9장)에서는 물질의 본질에 관한 정보와 지식이 얻어지는 과정에 대한 과학사적인 접근 방식을 채택하고 있다. 1장(과학, 화학, 물질)에서는 자연을 구성하는 물질에 관한 다양한 형태의 정보와 지식을 탐구하는 과학의 세부 학문 분야로서 화학에서 다루는 물질의 기본 개념들을 소개한다. 2장(계산에서의 정확도와 유효 숫자)과 3장(화학에서의 농도 표현법)에서는 화학 관련 정보의 정량적인 취급과 이해를 위해 필요한 기본적인 도구로서 정확도, 유효 숫자 개념, 농도 개념을 다룬다. 이후 4장(기체관련 법칙들과 물질의 원자성)에서는 다양한 기체 관련 물리법칙들과 화학 법칙들을 근거로 물질의 원자성에 대한 개념을 정립하는 과정을 소개한다. 5장(Dalton의 원자론)에서는 그러한 법칙들을 근거로 마련된 Dalton의 원자론의 내용을 소개한다. 6장(원자량과 화학량론)에서는 물질의 원자 개념에 입각하여 원자, 분자를 포함하는 다양한 화합물과 이온을 양적으로 다루는 과정과 화학종 사이에서 일어나는 화학반응에 대한 정량적인 취급 과정인 화학량론을 소개한다. 7장(Thomson과 Rutherford의 원자 모형)에서는 물질의 최소 구성단위로서의 원자 내 입자(전자, 양성자, 중성자)의 발견과 그에 따라 새롭게 제시되기 시작한 원자 모형을 소개하고 있으며, 8장(주기율표와 화합물의 명명)에서는 원소들이 보여 주는 다양한 물리·화학적 성질에 근거하여 마련된 주기율표의 등장과 발전 과정 그리고 화합물에 대한 명명법을 소개한다. 이후 9장(양자화된 에너지와 Bohr의 원자 모형)에서는 양자화된 에너지 개념을 도입하여 제시된 Bohr의 원자 모형을 다루고, 10장(다전자 원자들과 현대 원자모형)에서는 두 개 이상의 전자를 가진 원자에서 전자들의 배치 방식을 다루는 현대 원자 모형을 소개하고 있다.

이 교재의 후반부(10장부터 16장까지)는 이 교재의 전반부를 공부하며 화학에 대한 흥미와 기초적인 지식을 습득한 학생들이 향후 고학년으로 진급하여 자신들의 전공 분야에서 화학 관련 전공 교과목의 이해와 지식 습득 과정에서 유용하게 활용할 수 있는 기본적인 지식을 제공하고자 마련되었다. 11장(화학 결합)에서는 화합물의 구조를 다루며, 12장(화학 반응의 에너지)에서는 에너지의 관점에서 화학 반응을 바라보는 열역학을 소개한다. 13장(상평형과 혼합물, 용액의 총괄성)에서는 화학 퍼텐셜 개념을 도입하였고, 14장(화학 평형과 화학 반응 속도)에서는 화학 반응에 대한 열역학적 관점과 운동론적인 관점을 소개하고 있다. 15장(수용액에서의 산과 염기)과 16장(수용액에서의 산화와 환원)에서는 두 가지 유형의 화학 반응을 정량적으로 취급하는 과정을 소개하고 있다.

이번 개정판에서는 상대적으로 많은 부분을 차지하고 있던 15장(수용액에서의 산과 염기)의 내용들 중 '산-염기 적정' 부분을 참고자료로 이동시킴으로써, 이 교재를 사용하는 시점에서 해당 내용을 다룰 필요가 없는 전공분야들의 교수자들과 학생들의 부담을 덜어주었다. 또한 모든 장들의 마지막 부분에 해당 장에서 다룬 내용들에 대한 요약을 실었으며, 연습문제들도 보강하였다.

아무쪼록 이 교재를 사용하는 학생들의 적극적인 노력과 이 교재를 사용하는 교수자들의 열정이 합쳐져 일반화학을 수강하는 학생들의 마음에 화학이 재미있고 유익한 학문이라는 인식이 자리 잡을 수 있기를 바란다. 출간 후에라도 수정 사항이 있을 경우에는 홈페이지(www.freeaca.com) 자료실에 제공할 예정이다. 마지막으로 이 교재의 출판에 많은 도움을 주신 공동 저자들과 자유아카데미 출판사 관계자 분들께 감사의 마음을 전한다.

2021년 2월

대표저자 황 훈

차.례

contents

08 주기율표와 화합물의 명명 · 157

09 양자화된 에너지와 Bohr의 원자 모형 · 171

10 다전자 원자와 현대 원자 모형 · 191

11 화학 결합 · 215

16 수용액에서의 산화와 환원 · 353

부록 · 371

01

과학, 화학, 물질

화학(chemistry)은 과학(science)을 구성하는 하나의 학문 단위이다. 과학에서는 자연(nature)을 구성하는 물질(matter)에 관한 다양한 유형의 정보(information)와 지식(knowledge)이 축적되며, 화학에서는 자연을 구성하는 물질들의 성질(property)이 변하는 화학적 변화(chemical change)와 그러한 화학적 변화에 관련된 에너지(energy)에 대한 연구를 수행한다. 이 장에서는 과학과 화학을 정의하고, 자연을 구성하는 물질에 관한 기본적인 정보들을 소개한다.

©Lazy_Bear/Shutterstock

1.1 과학

1.1.1 과학이란

과학(science)은 그림 1.1에서 볼 수 있는 것과 같은 다양한 도구(tool)를 사용하여 자연(Nature)을 구성하는 물질(matter)을 관찰(observation)함으로써 얻어진 지식(knowledge)이 축적되어 이루어진 학문이다.

그림 1.1
과학에서 사용하는 관찰 도구들: 돋보기(magnifier), 현미경(microscope), 망원경(telescope) (출처: ©Vitaly Korovin, Triff, cigdem/Shutterstock)

과학에서는 지식이 중요한 산물(product)이며, 과학의 정신(spirit of science)은 연구 대상 물질을 다양한 관점에서 관찰함으로써 합리적인 의문을 가지는 것이라 할 수 있다. 과학은 다음과 같은 몇 가지 의미를 내포하고 있다.

- **과학은 관찰에 그 근거를 두고 있다.** 따라서 과학은 명확한 근거를 가진다.
- **주어진 관찰을 수행하고 그 관찰로부터 지식을 산출해 내는 주체는 인간이다.** 따라서 과학에 참여하고 기여하는 것은 인간 활동 중 하나이다.
- **주어진 관찰로부터 의미 있고 유용한 지식을 산출해 내는 것은 인간의 능력에 달려 있다.** 그러므로 과학은 근본적인 한계성을 지닌다.

1.1.2 화학

● 과학의 분류

과학은 관찰 대상으로 삼는 물질의 종류와 그 물질로부터 얻어내려는 정보(또는 지식)의 종류에 따라 화학(chemistry), 물리학(physics), 생명과학(life science), 지구과학(earth science), 농업과학(agricultural science), 환경과학(environmental science), 인류학(anthropology), 고고학(archeology), 법과학(forensic science) 등으로 세분화된다.

❷ 화학이란

화학은 어떤 학문일까? 이러한 질문에 대한 답은 다음과 같이 정리할 수 있다.

- 화학은 주어진 물질이 변하여 새로운 물질이 만들어지는 화학적 변화에 관한 연구를 수행하는 학문이다.
- 화학은 주어진 화학적 변화로부터 만들어지는 새로운 물질의 종류와 양에 관한 연구를 수행하는 학문이다.
- 화학은 주어진 화학적 변화에 관련된 에너지(energy)의 종류와 양에 관한 연구를 수행하는 학문이다.

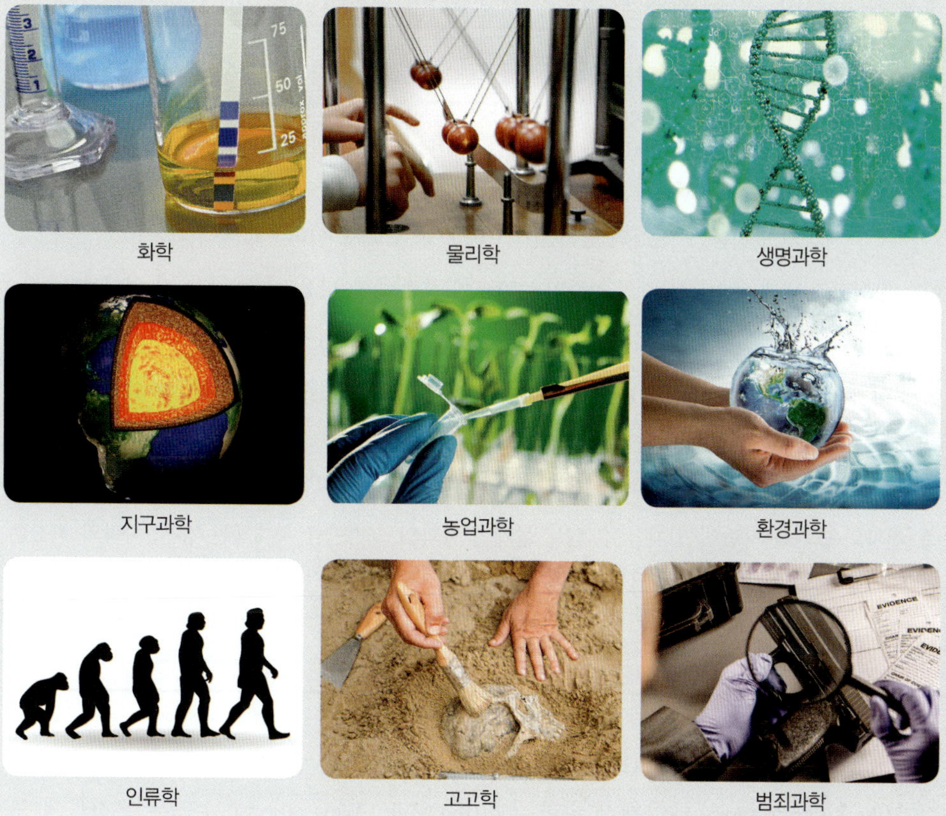

그림 1.2
과학의 분류
(출처: 위 왼쪽부터 ©PhotostockAR, ©Feel good studio, ©Sergey Nivens, ©Lukiyanova Natalia frenta, © fotohunter, ©Romolo Tavani, © Vova_31, ©Microgen, ©PRESSLAB)

1.2 물질

1.2.1 물질이란

우리들은 자동차나 책상, 사과 등과 같이 육안으로 직접 관찰할 수 있는 주변의 모든 물체(object)를 각각 하나의 독립된 개체로서의 물질로 받아들이고 있다. 우리들은 또한 그 크기가 너무 작아서 육안으로는 관찰할 수 없는 분자(molecule)와 원자(atom) 그리고 원자 내 입자(subatomic particle)(그림 1.3)인 중성자(neutron), 양성자(proton), 전자(electron)도 역시 각각 하나의 독립된 개체로서의 물질로 받아들이고 있다.

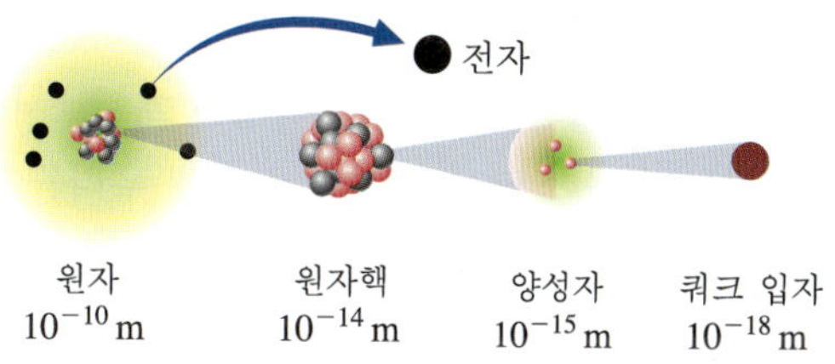

그림 1.3
원자를 구성하는 입자들의 반지름

이제 위에서 언급한 원자 내 입자의 크기를 실감하기 위해 다음과 같이 전자의 크기를 사과의 크기로 확대하고, 그 확대 비율을 사람에게 적용하는 경우 사람은 얼마나 커지는지 알아보기로 한다.

만일 전자의 크기를 사과 정도의 크기로 키운다면, 사람의 키는 얼마나 커질까?

이 교재에서는 전자의 크기를 나타내는 반지름으로 고전적인 전자 반지름(classical electron radius)인 2.82×10^{-15}m를 사용하기로 하는데, 이 값이 어떻게 구해졌는가에 대해서는 다룰 필요가 없다. 그리고 사과의 반지름으로 0.0400 m를 사용하기로 한다. 이제 사과의 반지름을 전자의 반지름으로 나누면, 다음과 같은 비례 상수가 얻어진다.

$$\text{사과의 반지름} \div \text{전자의 반지름} = 0.0400\ \text{m} \div 2.82 \times 10^{-15}\ \text{m} = 1.42 \times 10^{13}$$

이렇게 얻어진 비례 상수를 사람의 신장인 1.70 m에 곱해 주면, 다음과 같은 길이가 얻어진다.

$$(1.70\ \text{m}) \times (1.42 \times 10^{13}) = 2.41 \times 10^{13}\ \text{m}$$

이제 여기서 얻어진 길이(2.41×10^{13} m)를 다음과 같이 빛의 속도(speed of light)(3.0×10^{8} m/sec)로 나누어 준다.

$$(2.41 \times 10^{13}\ \text{m}) \div (3.0 \times 10^{8}\ \text{m/sec}) = 8.0 \times 10^{4}\ \text{sec} = 22\ \text{hr}$$

즉, 전자의 크기를 사람이 인지할 수 있는 물체인 사과의 크기만큼 확대하는 경우, 사람의 신장은 빛이 22시간 동안 이동해야 도달할 수 있는 거리에 해당하는 길이만큼 길어진다. 또한 늘어난 사람의 신장은 태양계에서 가장 긴 공전 궤도를 가지는 해왕성(Pluto)이 나타내는 직경(diameter)인 4.49×10^{12} m보다 약 5.37배 더 길다.

그렇다면 크기가 너무 커서 직접 관찰할 수는 없지만, 그 존재가 확인된 것들인 태양계(the Solar system), 태양계가 속한 은하(the Milky Way galaxy), 수많은 은하들이 모여 이루어진 로컬 그룹 성단(the Local Group cluster), 그리고 처녀자리 은하단(the Virgo supercluster)과 같이 수많은 성단들의 집합체인 은하단(supercluster)도 역시 각각 독립된 개체로서의 물질이라고 할 수 있다(그림 1.4).

그림 1.4
지구, 태양계, 은하, 로컬 그룹 성단(출처: ©Withan Tor/Shutterstock)

그런데 말 그대로 천문학적으로 매우 넓은 공간을 포함하는 태양계, 은하, 성단, 초은하단 등과 같은 거대한 존재들을 각각 하나의 독립된 개체로서의 물질로 받아들이는 것은 가능할까? 이러한 질문에 대한 답을 알아보기 위해 우리들이 하나의 독립된 개체로서 받아들이는 원자 중의 하나인 금 원자와 태양계를 다음과 같은 방법으로 비교해 보기로 한다.

금 원자와 태양계

우리는 주어진 금 원자의 내부 구조와 태양계의 내부 구조를 동일한 이차원적인 척도(two dimensional scale)로 비교해 보기로 한다.

금 원자의 중심부에 존재하는 원자핵(atomic nucleus)의 반지름은 7.3×10^{-15} m이고, 원자핵과 최외각 전자(outermost electron) 사이의 거리인 금 원자의 반지름은 1.44×10^{-10} m이다. 그리고 태양계의 중심부에 존재하는 태양의 반지름은 6.955×10^{8} m이고, 태양과 최외각 행성인 해왕성까지의 거리인 태양계의 반지름은 4.49×10^{12} m이다.

이제 금 원자와 태양계를 동일한 차원으로 비교해 보자. 다시 말해 금 원자의 원자핵 반지름과 태양계의 태양 반지름을 모두 1.0 m로 만들고, 그러한 과정에서 발생한 확대 비율과 축소 비율을 금 원자의 반지름과 태양계의 반지름에 적용한 후, 금 원자의 내부와 태양계의 내부를 비교해 보는 것이다.

금 원자의 경우

원자핵의 확대 비율

$= (1.0\ \text{m}) \div$ 원자핵의 반지름 $= 1.0\ \text{m} \div (7.3 \times 10^{-15}\ \text{m}) = 1.4 \times 10^{14}$

금 원자의 반지름

$= (1.44 \times 10^{-10}\ \text{m}) \times (1.4 \times 10^{14}) = 2.0 \times 10^{4}\ \text{m} = 2.0 \times 10^{1}\ \text{km}$

태양계의 경우

태양의 축소 비율

$=$ 태양의 반지름 $\div (1.0\ \text{m}) = (6.955 \times 10^{8}\ \text{m}) \div 1.0\ \text{m} = 7.0 \times 10^{8}$

태양계의 반지름

$= (4.49 \times 10^{12}\ \text{m}) \div (7.0 \times 10^{8}) = 6.4 \times 10^{3}\ \text{m} = 6.4\ \text{km}$

이상과 같이 태양과 금 원자핵의 크기를 동일한 크기로 축소 및 확대한 결과 다음과 같은 점을 알 수 있다.

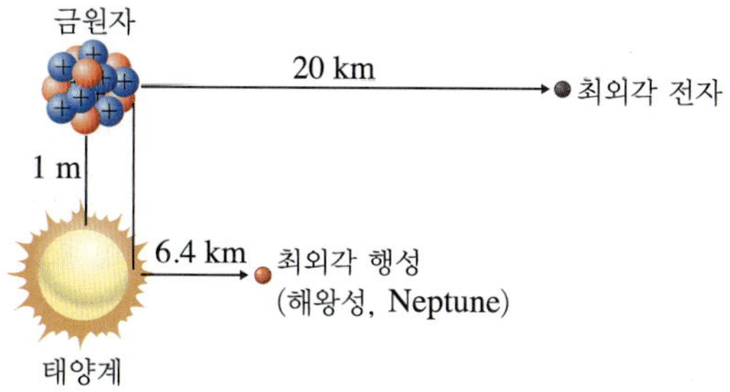

반지름이 6.4 km인 태양계의 이차원적 내부 공간에는 모두 8개의 행성(planet)이 존재하고 있으며, 태양계의 반지름에 비해 약 3.1배 더 큰 반지름을 가지는 금 원자에는 그 이차원적 공간에 79개의 전자(electron)들이 존재한다. 즉, 만일 우리가 금 원자를 내부 공간이 존재하는 하나의 독립된 개체로서의 물질로 받아들인다면, 태양계 역시 내부 공간을 가지는 하나의 독립된 개체로서의 물질로 받아들일 수 있다.

이와 같이 직접 관찰할 수 있는 것은 물론이고, 크기가 너무 작거나 커서 직접 관찰할 수 없는 것을 모두 물질이라고 할 수 있다면, 우리는 물질을 다음과 같이 정의할 수 있을 것이다.

물질이란 질량(mass)을 가지고 주어진 공간을 차지하는 모든 것들이다.

참고자료 1.1에서는 반입자(anti-particle), 반물질(anti-matter), 물질과 에너지 사이의 상호변환(mutual transformation)에 관한 기본적인 내용을 소개하고 있다.

1.2.2 물질의 분류

자연 상태 그대로 얻어지는 물질을 관찰해 보면, 서로 다른 종류의 물질이 섞여 있는 경우가 흔하다. 다음은 다양한 형태로 존재하는 물질을 분류하는 방법(물질의 분류, classification of matter)을 소개하고 있다.

물질의 분류

순수한 물질(pure substance)

- **원소(element)** 화학 반응에 의해 더 이상 간단하게 만들 수 없는 순수한 물질이다.
  ➡ 수소, 산소 등 현재 약 120종의 원소가 알려져 있으며, 이들 중 약 90종은 자연 발생하는 것이고, 나머지는 인위적이다.
- **화합물(compound)** 두 가지 이상의 원소들이 일정 비율로 결합하여 이루어진 순수한 물질이다. 예 물(H_2O)

혼합물(mixture)

- **균일 혼합물(homogeneous mixture)** 두 가지 이상의 순수한 물질이 섞여 있으며, 혼합물 전체에 걸쳐 똑같은 조성을 가진다. 예 소금물
  ➡ 조성은 혼합물을 이루는 성분 물질의 종류와 섞임 비율을 의미한다.
- **불균일 혼합물(heterogeneous mixture)** 두 가지 이상의 순수한 물질이 섞여 있으며, 혼합물의 부분에 따라 조성이 다르다. 예 흙탕물

❶ 원소와 화합물

탄소(carbon, C)와 수소(hydrogen, H), 산소(oxygen, O) 등과 같은 원소들은 순수한 물질이며, 우리가 살고 있는 세계를 구성하는 가장 기본적인 물질이다. 원소는 단독으로 존재할 수도 있으며, 서로 화학적으로 결합하여 화합물의 형태로 존재할 수도 있다. 순수한 물질인 탄소 원소, 수소 원소 그리고 산소 원소가 화학적으로 결합하여 만들어진 설탕(sucrose, $C_{12}H_{22}O_{11}$)은 화합물이다. 이와 같이 원소들이 화학적으로 결합하여 만들어진 화합물도 역시 순수한 물질이다. 주어진 원소들이 화학적으로 결합하여 화합물을 이루는 과정에서 원소들은 원래 가지고 있던 고유한 성질(property)들을 잃어버린다. 다시 말해 주어진 성질을 가지고 있던 원소들이 자신의 고유한 성질을 잃어버리고 새로운 성질을 가진 새로운 물질(화합물)이 생겨나는 것이다. 화합물인 설탕은 충분히 높은 온도로 가열하면, 탄소 원소와 그 밖의 더 간단한 형태의 순수한 물질로 분해(decomposition)된다. 그러나 이러한 분해 과정에서 생겨나는 탄소 원소는 더 이상 간단한 순수한 물질로 분해할 수 없다.

$$\underset{\text{설탕(화합물)}}{C_{12}H_{22}O_{11}} \xrightarrow{\text{열(heat)}} \underset{\text{탄소(원소)}}{12C} + \underset{\text{물(화합물)}}{11H_2O}$$

다음은 지표와 인체를 구성하는 주요 원소들을 소개하고 있다.

지표와 인체를 구성하는 주요 원소들

지표

산소(oxygen, O, 46.6 %), 규소(silicon, Si, 27.7 %), 알루미늄(aluminum, Al, 8.1 %), 철(iron, Fe, 5.0 %), 칼슘(calcium, Ca, 3.6 %), 소듐(sodium, Na, 2.8 %), 포타슘(potassium, K, 2.6 %), 마그네슘(magnesium, Mg, 2.1 %) 등

인체

산소(65.0 %), 탄소(carbon, C, 18.0 %), 수소(hydrogen, H, 10.0 %), 질소(nitrogen, N, 3.0 %), 칼슘(1.5 %), 인(phosphorous, P, 1.0 %), 포타슘(0.25 %), 황(sulfur, 0.25 %), 소듐(0.15 %), 염소(chlorine, Cl, 0.15 %), 마그네슘(0.05 %), 철(0.006 %) 등

❷ 원자와 분자

원자(atom)는 원소를 이루는 최소 단위(smallest unit)이며, 주어진 원소를 구성하는 원자는 그 원소의 특성을 모두 가질 수 있다. 예를 들어 탄소 원소의 최소 구성 단위는 탄소 원자(carbon atom, C)들이고, 탄소 원자는 탄소 원소의 성질을 그대로 소유한다.

분자(molecule)는 순수한 물질들인 원소나 화합물의 최소 단위이며, 해당 원소나 화합물의 특성을 그대로 가진다. 그림 1.5는 원소와 화합물들의 최소 구성단위를 보여 주고 있다.

주어진 원소의 원자는 같은 원소의 원자나 다른 원소의 원자와 화학적으로 결합하여 화합물인 분자를 이룰 수 있다. 수소 분자(hydrogen molecule, H_2), 염소 분자(chlorine molecule, Cl_2), 질소 분자(nitrogen molecule, N_2), 산소 분자(oxygen molecule, O_2) 등과 같은 분자는 동일한 원소의 두 개의 원자가 결합하여 이루어진다. 인(phosphorus) 원소의 경우 네 개의 인 원자(phosphorus atom)가 결합한 형태인 P_4 분자로 존재하며, 황(sulfur) 원소의 경우 8개의 황 원자(sulfur atom)가 결합한 형태인 S_8 분자로 존재한다. 염화수소 분자(hydrogen chloride molecule, HCl), 물 분자(water molecule, H_2O), 암모니아 분자(ammonia molecule, NH_3) 그리고 메테인 분자(methane molecule, CH_4)는 서로 다른 원소들의 원자이 결합하여 이루어진 것들이다. 분자들은 분자를 구성하는 원자

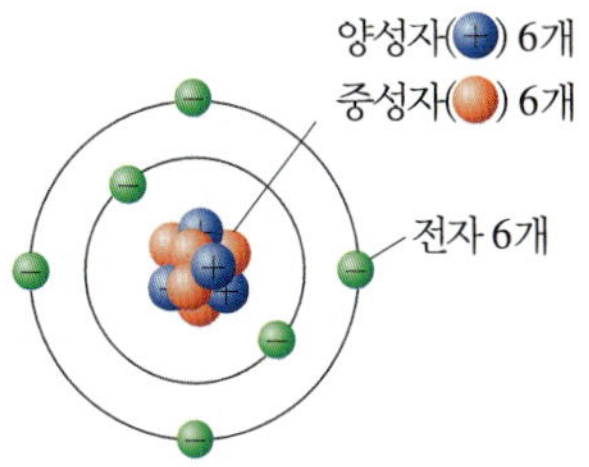

탄소 원소의 최소 구성 단위 : 탄소 원자(C)

수소 원소의 최소 구성 단위 : 수소 분자(H_2)

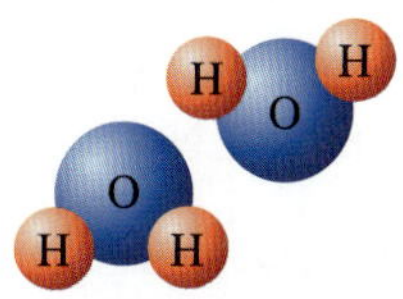

물의 최소 구성 단위 : 물 분자(H_2O)

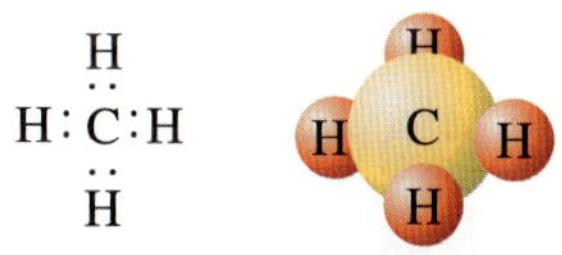

메테인의 최소 구성 단위 : 메테인 분자(CH_4)

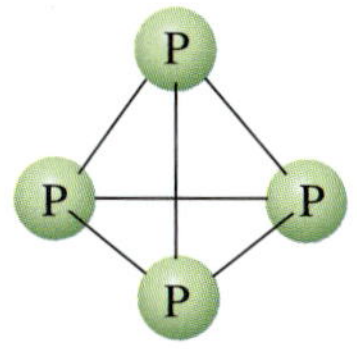

인 원소의 최소 구성 단위 : 인 분자(P_4)

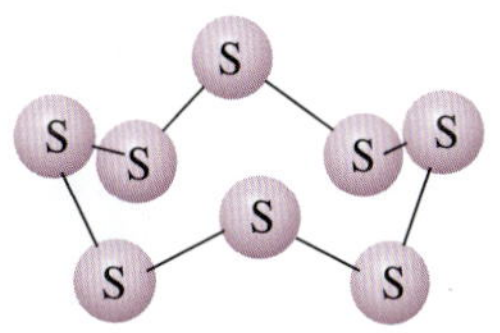

황 원소의 최소 구성 단위 : 황 분자(S_8)

그림 1.5 원소와 화합물의 최소 구성 단위

(들)의 수에 따라 단원자 분자(monoatomic molecule)와 이원자 분자(diatomic molecule), 삼원자 분자(triatomic molecule) 그리고 사원자 분자(tetraatomic molecule) 등으로 분류한다. 헬륨(Helium, He) 원소의 He 원자, 네온(neon, Ne) 원소의 Ne 원자, 아르곤(argon, Ar) 원소의 Ar 원자 등은 단원자 분자로 분류된다.

일반적으로 원자들이 화학적으로 결합하여 주어진 분자를 형성하는 과정에서는 그 분자의 형성에 참여한 원자들 사이에서 원자가 전자(valence electron)의 공유(11장에서 자세히 다룸)가 일어나는데, 그러한 원자가 전자의 공유를 통해 원자들은 각각 8개씩의 원자가 전자를 소유하게 되어 안정한 상태가 된다(옥텟 규칙, octet rule: 11장에서 자세히 다룸). 그러나 네온 원자나 아르곤 원자 등은 이미 각각 8개씩의 원자가 전자를 소유하여 원자 상태 그 자체로도 안정하게 존재할 수 있으므로, 단원자 분자로 분류한다. 헬륨 원소의 헬륨 원자의 경우에는 예외적으로 2개의 원자가 전자를 가진 원자 상태로도 안정하게 존재하므로 역시 단원자 분자로 분류된다.

❸ 화합물과 균일한 혼합물

산소 분자들로 이루어진 산소 원소와 수소 분자들로 이루어진 수소 원소는 화학적으로 결합을 하지 않은 채 서로 단순히 섞여 균일한 혼합물(homogeneous mixture)을 이룰 수 있다. 이와 같이 주어진 원소들이 서로 섞여 혼합물을 이루는 과정에서 그 원소들은 그 어떤 비율로도 섞일 수 있다. 또한 두 가지 이상의 원소가 서로 섞여 혼합물을 이루는 경우, 원소들은 혼합물을 이루기 전에 소유했던 성질들을 그대로 유지한다.

산소 원소와 수소 원소는 서로 화학적으로 결합하여 화합물인 물로 변할 수도 있는데, 이 경우 산소 원소와 수소 원소는 각각의 고유한 성질을 잃어버린다. 또한 혼합물의 경우와는 달리 주어진 원소들이 서로 화학적으로 결합하여 화합물을 이루는 경우에는 원소들은 일정한 비율로만 결합한다. 예를 들어 물의 경우 물을 구성하는 산소와 수소의 무게비는 언제 어디서나 항상 8 : 1이다. 다시 말해 산소와 수소로 이루어진 화합

화합물과 균일 혼합물

화합물

- 구성 물질들은 일정한 비율로만 결합한다.
- 구성 물질들은 원래의 고유한 특성을 잃어버린다.
- 화합물은 화학적 방법을 통해 구성 원소들로 분리된다.

균일 혼합물

- 구성 물질들은 다양한 비율로 섞일 수 있다.
- 구성 물질들은 원래의 고유한 특성을 유지한다.
- 혼합물은 물리적 방법을 통해 구성 원소 또는 화합물로 분리된다.

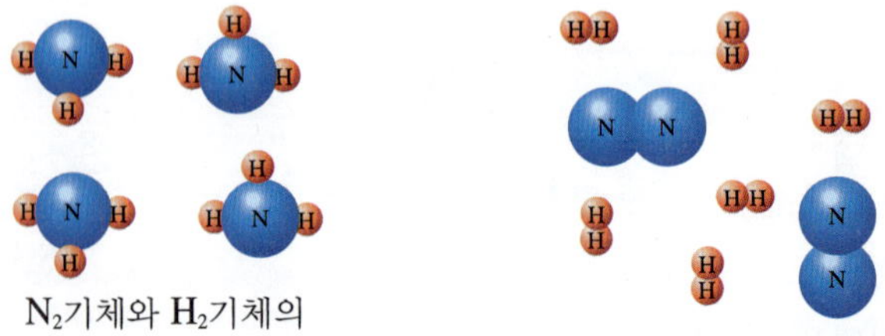

N_2기체와 H_2기체의 화합물(NH_3)　　N_2기체와 H_2기체의 혼합물

물 중에서 산소와 수소의 무게비가 8:1이 아닌 화합물은 물이 아니다. 다음은 화합물과 균일 혼합물 사이의 차이를 정리해 놓은 것이다.

1.2.3 물질의 성질

물질의 성질은 화학적 성질(chemical property)과 물리적 성질(physical property)로 구분할 수 있다.

❶ 물질의 화학적 성질

원소나 화합물과 같은 순수한 물질이 가지는 화학적 성질(chemical property)이란 그 물질이 화학적으로 변할 수 있는 능력을 의미한다. 다시 말해 주어진 순수한 물질의 화학적 성질을 알아내려면, 그 물질을 화학적으로 변화시켜 보아야 한다. 그림 1.6에서 볼 수 있듯이, 철(iron, Fe)은 산(acid)과 만나면 화학적 변화를 통해 수소 기체(hydrogen gas, H_2 기체)를 발생시킨다. 따라서 철은 산과 반응하여 수소 기체를 발생시키는 화학적 성질을 가지는 것이다. 마그네슘(magnesium, Mg), 칼슘(calcium, Ca), 구리(copper, Cu)는 산과 반응하여 수소 기체를 발생시키는 화학적 성질을 가지고 있을까? 이러한 의문에 대한 답을 얻으려면, 해당 금속(metal)들을 산과 반응시켜 보아야 한다.

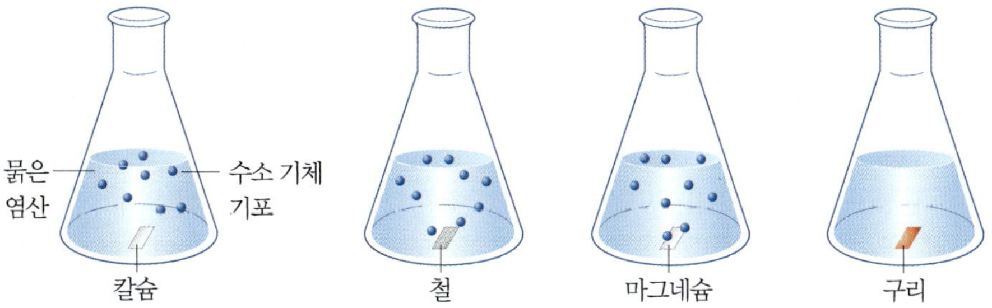

그림 1.6
금속의 화학적 성질: 칼슘은 묽은 염산과 격렬하게 반응하면서 많은 양의 수소 기체를 발생시킨다. 철과 마그네슘도 묽은 염산과 반응하여 수소 기체를 만들어 낸다. 그러나 구리는 묽은 염산과 화학적으로 반응하지 않는다.

❷ 물질의 물리적 성질

순수한 물질의 물리적 성질(physical property)이란 주어진 물질을 성질이 전혀 다른 새로운 물질로 변하게 하지 않고도 알아낼 수 있는 성질을 의미한다. 몇 가지 물리적 성질들로 색(color), 밀도(density), 비중(specific gravity), 비열(specific heat), 점도(viscosity), 끓는점(boiling point), 녹는점(melting point), 증기압(vapor pressure)과 같이 물질의 상태 변화(change of state)에 관련된 성질들을 들 수 있다.

1.2.4 물질의 상태

❶ 물질의 기본적인 상태

물질은 보통 고체(solid), 액체(liquid), 기체(gas)의 세 가지 상태로 존재한다. 그림 1.7은 물질의 기본적인 세 가지 상태와 상태 사이의 변환 과정을 보여 주고 있다.

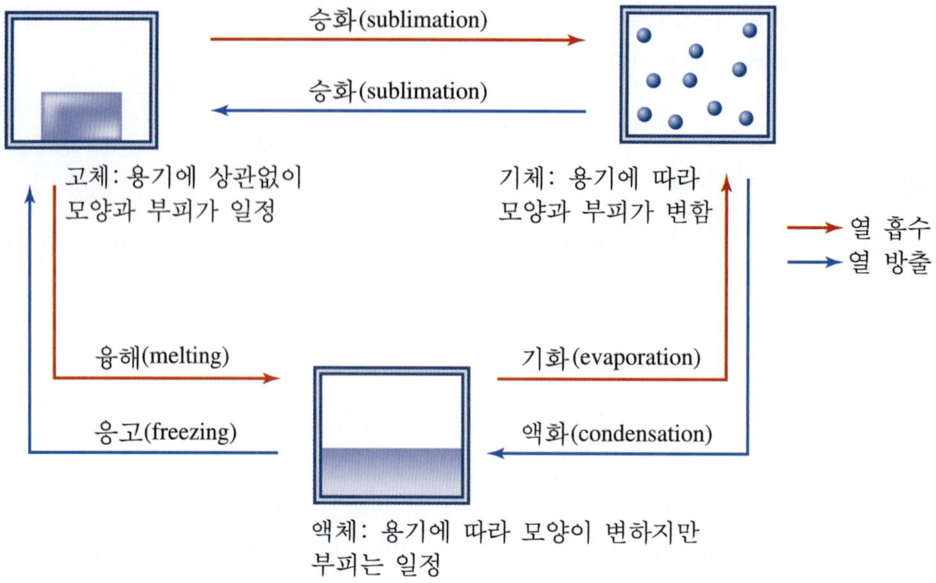

그림 1.7
물질의 세 가지 상태

❷ 물질의 특별한 상태

물질은 세 가지 기본 상태뿐 아니라, 특별한 온도(temperature)와 압력(pressure)에서 고체와 액체의 성질이 섞여 있는 액체 결정(liquid crystal), 액체와 기체 사이의 성질을 가진 임계 유체(supercritical fluid), 그리고 이온(ion) 형태의 입자들로 구성된 플라스마(plasma)상태로도 존재할 수 있다.

• 액체 결정

액체 결정(liquid crystal)은 고체와 액체의 중간적인 성질을 가진 물질의 상태이다. 즉, 액체 결정은 일반적으로 막대 모양의 유기 분자(organic molecule)로 이루어지는데, 액체처럼 흐를 수 있으나 고체 결정에서와 같은 배열(arrangement)과 방향성(orientation)을 갖고 있다.

• 임계 유체

임계점(critical point)이란 액체 상태(liquid state)와 기체 상태(gaseous state)의 분리가 종료되는 지점의 온도(temperature)와 압력(pressure)을 의미한다. 일반적으로 기체 상태에 놓여 있는 주어진 물질의 경우 온도를 충분히 낮추어 주거나 압력을 충분히 높여 주면, 그 물질은 액화(liquefaction)를 일으켜 액체 상태로 변한다. 그러나 주어진 기체의 온도가 특정 온도보다 더 높아지는 경우 아무리 압력이 높아져도 기체는 액화되지 않는데, 그 온도를 그 물질의 임계 온도(critical temperature, T_c)라고 한다. 그리고 임계 온도에 놓여 있는 기체를 액화시킬 수 있는 최소의 압력을 임계 압력(critical pressure, P_c)이라고 한다.

그림 1.8은 이산화 탄소(CO_2)의 상평형 그림(phase diagram)이며, CO_2의 경우 임계 온도와 임계 압력은 각각 31 ℃와 73기압(atmospheric pressure, atm)이다. 다시 말해 31 ℃보다 더 높은 온도에서는 기체 상태인 CO_2를 액체 상태로 바꿀 수 없으며, 31℃에서 기체 상태인 CO_2를 액체 상태로 바꾸기 위해서는 최소 73 atm의 압력을 가해주어야 된다는 것이다. CO_2의 상평형 그림에서 알 수 있는 또 다른 정보로는 25 ℃와 1 atm에서 CO_2는 기체 상태로 존재한다는 사실과 −50 ℃와 10 atm에서 CO_2는 액체 상태로 존재

한다는 사실이다. 그렇다면 만일 CO_2가 임계점을 넘는 조건인 32 ℃와 80 atm에서 CO_2는 기체라고 부를 수 없고 액체로도 분류할 수 없는 초임계 유체(supercritical fluid)로 존재한다. 일반적으로 초임계 유체는 기체와 같이 특정한 형태를 나타내지는 않지만, 액체에 근접하는 비중을 소유한다. 또한 초임계 유체는 기체와 유사한 점도(viscosity)를 나타내지만, 밀도는 액체의 밀도에 근접한 값을 가지고 표면 장력(surface tension: 액체 표면의 응집력)을 가지지 않는다.

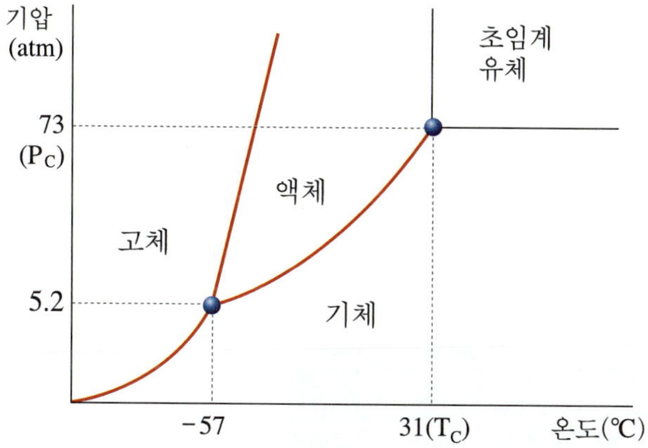

그림 1.8
CO_2의 상평형 그림

• 플라스마

고체나 액체 또는 기체도 아닌 제4의 물질로서 기체의 일부가 전리된 가스 형태로 존재할 수 있다. 통상적으로 기체 상태의 원자나 분자에 충분한 에너지를 가하면 이온화(ionization)가 진행되어 양이온과 전자가 생성되지만, 이 상태는 매우 불안하여 전자와 양이온이 다시 결합한다. 그러나 그림 1.9에서 볼 수 있는 것처럼 충분히 높은 온도(≥ 10,000 ℃)에서는 재결합이 이루어지지 않고 전자와 양이온이 혼돈 상태로 공존하게 되는데, 이를 플라스마(plasma)라고 한다. 플라스마 속에는 자유 전자(free electron)와 양이온(cation), 중성 원자(neutral atom; 또는 중성 분자, neutral molecule)가 존재하고, 그들 사이에 끊임없는 상호 작용(interaction)이 일어나고 있는데, 온도에 따라 성분의 종류와 농도가 정해진다.

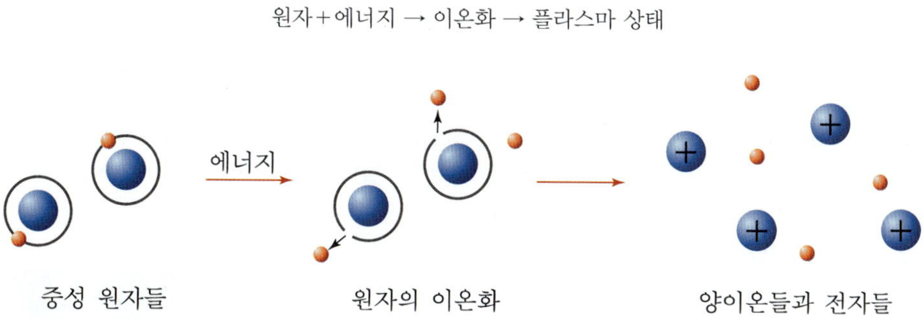

그림 1.9
플라스마의 생성 단계

1.2.5 물질의 변화

인체는 자연을 이루는 구성 성분 중 하나이며, 인체를 비롯하여 자연을 구성하는 물질은 모두 지속적으로 변화하고 있다. 물질은 물리적으로 또는 화학적으로 변할 수 있으며, 화학에서는 이들 중 화학적 변화에 보다 더 큰 관심을 기울인다.

인간의 노화(aging) 현상은 물질의 변화를 보여 주는 좋은 예이다.(출처: ©Monkey Business Images/Shutterstock)

❶ 물질의 화학적 변화

주어진 물질은 화학적 변화(chemical change)를 통해 그 물질이 가지고 있던 성질을 잃어버리고, 새로운 성질을 가진 새로운 물질로 바뀔 수 있다. 그림 1.10에서 볼 수 있듯이 메테인(methane, CH_4)이 산소(oxygen, O_2)와 반응하여 이산화 탄소(carbon dioxide, CO_2)와 물(water, H_2O)이 만들어지는 변화, 불꽃놀이(fireworks)에서 다양한 화합물(compound)로부터 아름다운 색의 빛들이 만들어지는 변화, 폭탄(bomb)이 폭발하여 빛과 열이 만들어지는 변화 등은 화학적 변화이다.

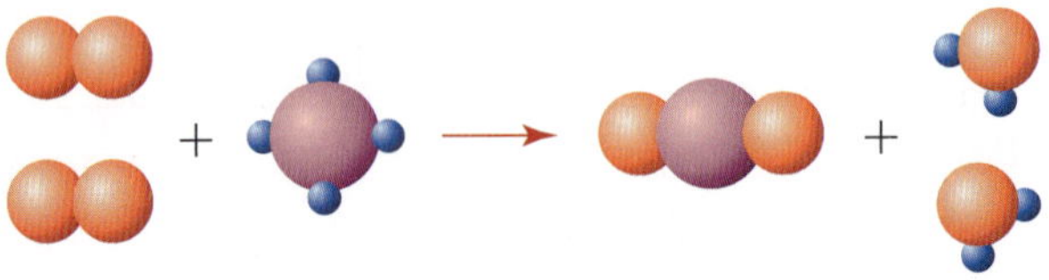

$$2O_2 + CH_4 \longrightarrow CO_2 + 2H_2O$$

메테인의 연소

불꽃놀이

폭탄의 폭발

그림 1.10
화학적 변화(출처: 왼쪽부터 ©Kravtzov, ©totojang1977, ©Nomad_Soul)

환경을 고려하는 화학적 변화: 녹색화학

우리 주변을 살펴보면 대부분의 물질이 자연 상태 그대로 얻어진 것들이 아님을 알 수 있다. 입는 것, 먹는 것, 사는 곳과 같이 인간 생활과 관련된 대부분의 물질이 인위적(artificial)으로 만들어진 것들이다. 자연 상태로 존재하는 물질을 대체할 수 있는 물질의 인위적 제조 과정에 화학적 변환 작업(chemical transformation)이 사용된다. 우리들은 언제나 새로운 물질을 추구한다. 따라서 화학적 변화를 사용하여 새로운 물질을 만들어 내는 작업은 지속될 것이다. 그러나 화학적 변환 작업은 환경 오염(environmental pollution)을 초래할 수 있다. 우리들의 일상생활에 도움이 되는 화학적 변화가 우리들의 생존을 위협할 수 있는 환경 오염을 초래할 수도 있는 것이다. 환경 오염이 우리들에게 미치는 영향은 쉽게 제거할 수 없다. 따라서 우리들은 녹색 화학을 통해 화학적 변화를 사용하여 새로운 물질을 얻는 과정에서 발생할 수 있는 주변 환경의 파괴나 자연 훼손이라는 부정적인 측면을 최소화하기 위한 작업과 더불어, 화학적 지식을 활용하여 이미 파괴되거나 훼손된 자연과 환경을 복구하는 작업을 병행해야 한다.

녹색 화학(green chemistry)은 일상생활과 밀접한 관계에 놓여 있는 공업약품(industrial chemical)이나 의약품(pharmaceutical), 일상생활에서 사용하는 다양한 소비용품(consumer product)의 화학적 제조 과정에 관련되어 다음의 사항들을 달성함을 그 목표로 삼고 있다.

- 제조 과정의 효율성과 안정성을 증대시키고, 보다 더 양질의 품목을 제조한다.
- 필요한 시약(reagent)의 종류와 양을 감소시키고, 에너지 소비와 폐기물(waste) 방출을 최소화한다.

녹색화학(출처: ©ARTFULLY PHOTOGRAPHER/Shutterstock)

❷ 물질의 물리적 변화

그림 1.11에서처럼 얼음(ice)이 녹아 액체 상태의 물(water)로 변하고, 다시 기체 상태의 물인 수증기(water vapor)로 바뀌는 변화와 유리를 부수어 작은 조각들로 바꾸는 변화에서는 주어진 물질이 원래 가지고 있던 고유한 성질(property)들은 변하지 않고 그 물질의 상태(state)만 달라지는데, 이러한 변화를 **물리적 변화**(physical change)라고 한다.

다음은 주어진 변화가 물리적 변화인지 화학적 변화인지를 구분해 보는 예이다.

화학적 변화의 예
- 철이 녹슨다.
- 질산에 구리를 녹인다.
- 자동차 연료가 연소한다.
- 설탕을 녹여 캐러멜을 만든다.
- 철광석으로부터 철을 분리한다.

물리적 변화의 예
- 액체가 증발한다.
- 물이 언다.
- 고체를 분말 형태로 만든다.

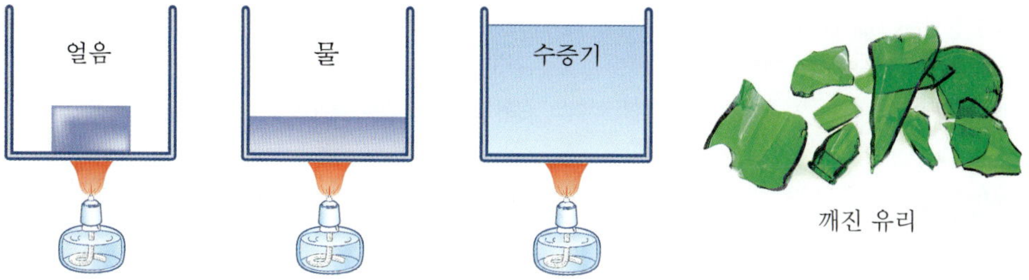

그림 1.11
물리적 변화.(출처: ©domnitsky/Shutterstock)

1.3 물질에 관한 정보를 얻고 활용하는 과학적 단계

앞에서 서술한 바와 같이 과학을 구성하는 각 세부 학문 분야에서는 연구 대상으로 삼고 있는 물질에 대한 관찰을 통해 원하는 정보를 알아낸다. 그림 1.12는 연구 대상 물질로부터 얻어지는 정보를 유용하게 활용하는 과학적 단계(scientific step)를 보여 준다. 이제 이러한 과학적 단계를 자세히 알아보기로 한다.

1.3.1 관찰

관찰이란 **자연을 구성하는 연구 대상 물질 및 그 물질이 관련된 제반 현상을 보고(듣고, 등) 기록하는 행위**이다. 그러나 주어진 관찰 활동으로부터 얻어진 정보가 모두 정확하거나 신뢰할 수 있는 것은 아니다. 주어진 관찰 활동으로부터 얻어진 정보가 과학적으로 유용하게 활용될 수 있기 위해서는 정보의 정확성(accuracy), 신뢰성(reliability), 재현성(reproducibility)이 확보되어야 한다. 예를 들어 보자. 그림 1.13의 (a)와 같이 착시현상(optical illusion)을 일으킬 수 있는 물질들에 대한 관찰로부터 얻어지는 정보들은 정확성이나 신뢰성 그리고 재현성을 가지기 어려우며, 이러한 정보들은 관찰 활동 이후 이어질 수 있는 일련의 과학적 단계(법칙의 발표, 가설의 설정 그리고 과학적 이론의 정립)에 그대로 활용되기도 힘들다. 반면에 그림 1.13의 (b)에서 볼 수 있는 현상들

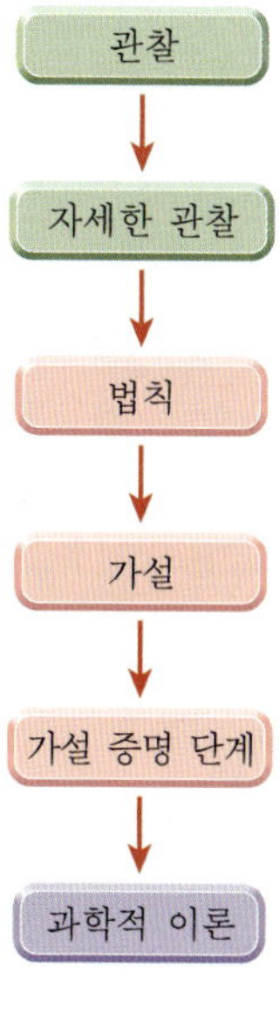

그림 1.12
과학적 이론의 성립 단계

을 관찰하여 얻게 되는 정보들은 재현성, 정확성 그리고 신뢰성이 높다. 따라서 이러한 관찰 활동으로 얻어지는 정보들은 이후의 과학적 단계에서 유용하게 활용될 수 있다.

코끼리의 발은 몇 개?

수평선들이 서로 평행?

(a) 관찰 결과의 정확도, 신뢰도, 재현성이 낮아질 수 있는 관찰 대상들

주어진 용기에 담아 놓은 물은 시간이 지나면 점차 증발(evaporation)하여 사라지고, 물을 데우면 증발하는 속도가 더 빨라진다.

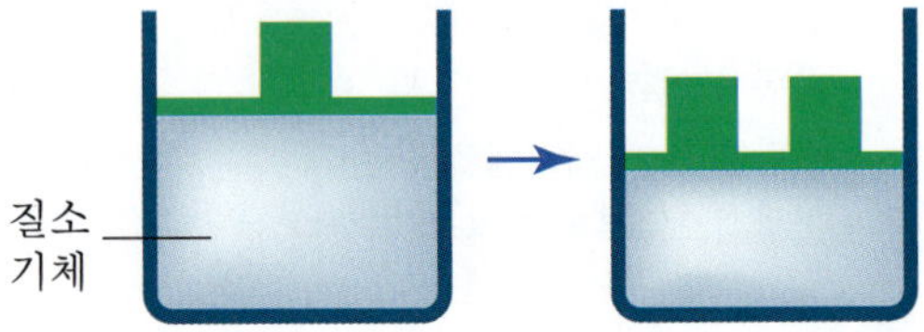

질소 기체(nitrogen gas)에 가해지는 압력(pressure)이 증가하면 부피(volume)는 감소한다. 즉, 질소 기체의 부피와 가해지는 압력은 서로 반비례한다.

(b) 재현성, 신뢰도, 정확성이 높은 관찰 결과들

그림 1.13
관찰 결과들

1.3.2 법칙

법칙은 **주어진 연구 대상 물질들을 체계적이고 자세하게 관찰(실험)하여 발견한 해당 물질들의 공통적 행동 양식을 서술해 놓은 것**이다. 그러나 주어진 법칙은 연구 대상 물질이 그러한 공통적 행동 양식을 보여 주는 이유, 즉 법칙이 성립하는 이유는 제시하지 않는다. 예를 들면 물이 증발하는 현상을 관찰한 후, 다음과 같은 의문이 있을 수 있다.

- 물이 증발하는 이유는 무엇인가?
- 물을 가열하면 더 빨리 증발하는 이유는 무엇인가?
- 다른 액체 물질도 물과 같은 행동 양식을 보여 줄 것인가?

이러한 의문에 관한 답을 찾기 위해서는 액체에 속하는 다양한 물질을 대상으로 체계적이고 자세한 관찰(실험)들을 수행함으로써, 그 물질의 행동 양식에 관한 정보를 수집해야 한다. 수집된 정보로부터 액체에 속하는 연구 대상 물질이 공통적으로 보여 주는 행동 양식을 발견한다면, 그러한 공통적인 행동 양식을 다음과 같은 내용으로 서술한 법칙을 발표할 수 있게 된다.

액체의 증발에 관한 법칙

- 액체는 증발한다.
- 가열하여 액체의 온도가 높아지면, 액체는 더 빨리 증발한다.
- 액체를 가열하여 온도를 높이는 과정에서 액체의 온도가 더 이상 높아지지 않는다면, 그 액체는 끓고 있는 것이다.

이와 마찬가지로 앞에서 예로 든 질소 기체의 행동 양식을 관찰한 경우에도,

- 고체나 액체와는 달리 질소 기체에 가하는 압력을 증가시키면, 질소 기체의 부피가 감소하는 이유는 무엇인가?
- 질소 기체가 보여 주는 이러한 행동 양식은 다른 기체에서도 관찰할 수 있을 것인가?

와 같은 의문이 생겨날 것이다. 이러한 의문에 대한 답을 찾기 위해서는 기체로 분류되는 다양한 물질을 선정하여 관찰(실험)을 수행하고, 그로부터 해당 물질의 행동 양식들에 관한 정보를 수집한다. 이제 수집된 정보를 근거로 기체로 분류되는 물질이 보여 주는 공통적인 행동 양식을 정리한 후, 기체에 관한 XX법칙이라는 이름으로 그 내용을 제시하게 된다.

주어진 법칙을 제시하는 경우 그 법칙이 성립하는 조건(condition)도 함께 나타내야 하며, 주어진 법칙을 보다 효과적으로 나타내기 위해 수학적 표현(mathematical expression)을 사용할 수도 있다. 예를 들어 기체에 관한 **Boyle 법칙**(Boyle's law)은 다음과 같이 표현할 수 있다.

일정한 온도에서 일정한 양의 주어진 기체가 나타내는 부피는 그 기체에 가해진 압력에 반비례한다.

- **수식으로 표현한 Boyle 법칙**

  $P \times V = k$ (온도: 일정, 기체의 양: 일정)

  P : 기체에 가해진 압력(단위: atm)

  V : 기체의 부피(단위: L, k: 상수)

※ 주어진 법칙을 서술하거나 수식으로 표현할 경우, 반드시 그 법칙이 성립하는 조건을 명시해야 한다. 예를 들어 기체의 압축성을 보여 주는 Boyle 법칙은 기체의 온도가 변하거나 기체의 양이 변하는 경우에는 '$P \times V =$ 상수'에서 상수의 값이 일정하지 않게 된다.

1.3.3 가설

가설은 **주어진 법칙이 성립하는 이유를 추측하여 제안한 것**이다. 앞에서 서술한 바와 같이 주어진 법칙은 그 법칙이 적용되는 물질들이 보여 주는 공통적인 행동 양식을 소개하고는 있지만, 그러한 법칙이 성립하는 이유는 제시하지 않는다. 만일 누군가가 주어진 법칙이 성립하는 이유를 추측하여 발표한다면, 그것은 가설이 되는 것이다. 이렇듯 주어진 가설은 주로 추측에 근거하여 제안되므로, 그 가설이 담고 있는 내용(들)에 대한 **과학적 근거**(scientific evidence)는 제시하지 못한다. 따라서 가설은 증명되지 않은 과학적 이론이라고 부르기도 한다.

예를 들면, 액체의 증발에 관한 법칙과 기체의 압축성(compressibility)에 관한 Boyle 법칙이 성립하는 이유에 대해서는 다음과 같은 내용의 가설들을 제안할 수 있다.

'액체의 증발에 관한 법칙'에 관한 가설

액체는 작은 입자(액체 입자)로 이루어져 있고, 그 입자는 항상 무질서한 운동을 하고 있다. 액체 입자 중에서 충분히 큰 운동 에너지(kinetic energy)를 가진 입자는 액체 상태에서 벗어나 기체 상태의 물질로 변할 수 있다. 액체를 가열하여 전체 액체 입자의 운동 에너지가 증가하면, 기체 상태로 변하기에 충분한 크기의 운동 에너지를 가진 액체 입자의 수도 증가하면서 증발이 더 빠르게 진행된다.

낮은 온도에서는 액체 상태에서 벗어나 기체 상태로 변할 수 있는 에너지를 가진 물 분자의 수가 많지 않다.

액체를 가열하면, 기체 상태로 변할 수 있는 에너지를 가진 물 분자의 수가 많아진다.

'Boyle 법칙'에 관한 가설

형체를 직접 관찰할 수 없는 기체 상태의 물질은 기체 입자로 이루어져 있고, 그 입자는 항상 무질서한 운동을 하고 있다. 기체 입자는 그 크기가 충분히 작아 주어진 부피의 기체를 구성하는 기체 입자 사이에는 아주 넓은 공간이 존재한다. 그러므로 주어진 기체에 압력을 가하면, 기체 입자 사이의 공간이 줄어들면서 기체의 부피가 감소하게 된다.

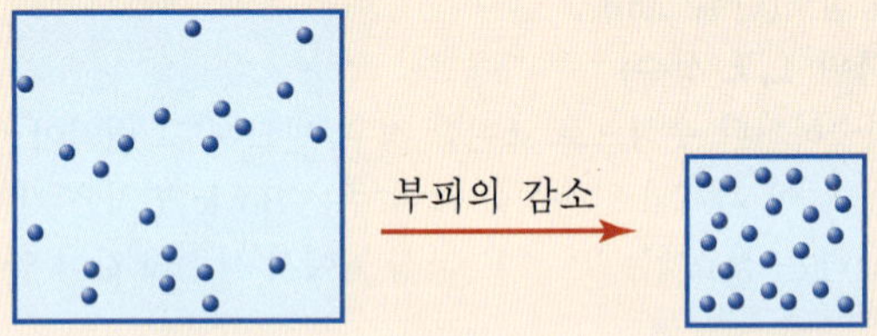

1.3.4 이론

과학적 이론은 **주어진 가설이 그 가설이 적용되는 모든 물질에 대해 예외 없이 적용될 수 있다는 점이 과학적으로 증명된 형태로서, 과학적인 근거를 바탕으로 물질에 관하여 축적된 정보와 법칙을 체계적으로 설명한 것**이다. 즉, 주어진 가설이 과학적인 근거를 바탕으로 물질에 관하여 축적된 정보와 법칙을 체계적으로 설명할 수 있다면, 그 가설은 과학에서 가장 중요한 단계인 이론으로 받아들여지게 되는 것이다. 참고자료 1.2는 과학적 이론의 하나인 **기체 분자 운동론**(kinetic molecular theory of gases)을 소개하고 있다.

지금까지 서술된 것처럼 물질에 대한 관찰(observation)을 통해 정보가 얻어지면, 그 정보에 대한 합리적인 의문을 바탕으로 보다 더 자세한 관찰을 수행하고, 그로부터 물질이 보여 주는 공통적 행동 양식을 서술한 법칙(law)을 발표한다. 이제 주어진 법칙이 성립하는 이유를 추정한 가설(hypothesis)이 제안되고, 가설 내용이 과학적으로 증명되면서 과학적 이론(scientific theory)으로 받아들여지게 된다.

그러나 여기서 제시된 단계와 그 순서가 반드시 지켜져야 하는 것은 아니다. 예를 들어 보자. 현재 우리들이 알고 있는 **Avogadro** 법칙(Avogadro's law)은 기체들이 보여 주는 여러 가지 공통된 행동 양식 중에서 **일정한 온도(temperature)와 압력(pressure)에서 주어진 부피(volume) 속에는 기체의 종류와 상관없이 같은 수의 기체 입자가 있다**는 것이다(그림 1.14). 그런데 Avogadro가 Avogadro 법칙이 담고 있는 내용을 처음 제안하였을 때에는 법칙이 아닌 **아보가드로의 가설**(Avogadro's hypothesis)이었는데, 그 이유는 당시 기체 입자의 수를 셀 수 있는 방법이 알려져 있지 않았기 때문이었다.

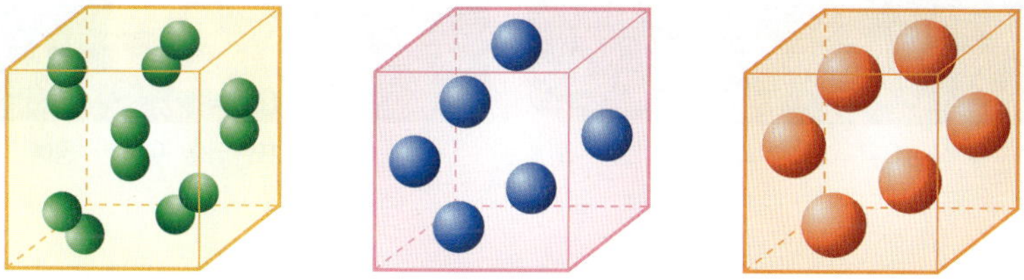

그림 1.14
Avogadro의 법칙: 동일한 온도와 압력에서 같은 부피의 공간에 기체가 들어 있는 경우, 그 부피에는 기체의 종류와 무관하게 모두 같은 수의 기체 입자가 들어 있다. (a) 두 개의 원자가 결합하여 만들어진 이원자 분자(diatomic molecule)로 구성된 기체, (b) 작은 크기의 원자로 구성된 기체, (c) 큰 크기의 원자로 이루어진 기체

다시 말해 Avogadro는 다양한 조건에서 기체 입자의 수를 세어보는 실험을 수행할 수 없었기 때문에, 추측에만 근거하여 Avogadro 법칙이 담고 있는 내용을 Avogadro의 가설로 제안한 것이다. Avogadro가 사망한 후, 기체 입자의 수를 셀 수 있는 방법이 알려지게 되면서 다양한 실험을 통해 Avogadro의 가설 내용이 과학적으로 증명되어, Avogadro의 가설은 Avogadro 법칙으로 인정받게 되었다.

1.4 과학과 기술

과학(science)이 물질에 대한 관찰에서 얻어진 정보가 축적되어 이루어진 학문이라면, 기술(technology)은 무엇이고, 과학과는 어떻게 다른가? 오늘날의 사회에서 우리들은 **과학 기술**(science & technology)이라는 용어를 자주 접할 수 있다. 과학과 기술은 서로 다른 분야이지만, 과학과 기술의 차이점을 명확하게 기술하는 작업은 쉽지 않다. 과학과 기술 두 분야 모두 비슷한 목표를 향해 나아가고 있으므로 두 분야 사이의 차이점을 정확하게 정의해야 할 필요가 없을 수도 있다. 따라서 여기서는 보편적으로 받아들일 수 있는 수준에서 각 분야에 대해 부여할 수 있는 간단하고 실용적인 정의를 알아봄으로써 두 분야의 차이점을 다루어 본다.

반도체 제조 공정에서 과학과 기술은 서로 밀접한 관계를 가진다.
(출처: ©Victor Moussa/Shutterstock)

1.4.1 과학이 의미하는 것

과학의 정의와 그 의미는 앞에서 서술한 바 있다.

1.4.2 기술이 의미하는 것

기술은 단순히 응용 과학(applied science)의 분야로 정의할 수 있다. 그러나 기술에 대한 이와 같은 정의 방식은 기술에 대해 과도한 제약을 초래하게 된다. 왜냐하면 기술은 과학에서 산출된 지식(정보)에 그 기반을 두어 성장하고 있기도 하지만, 그림 1.15에서 볼 수 있는 바와 같이 미술·공예(arts and crafts) 등에서 이루어지고 있는 발전을 통해서도 기술의 발전이 이루어지고 있기 때문이다.

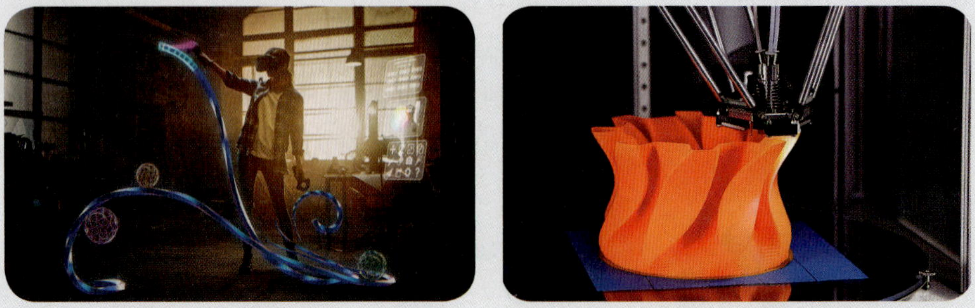

가상현실을 이용한 미술 / 3D 프린터를 이용한 공예

그림 1.15
미술 · 공예에서의 기술
(출처: ©Gorodenkoff, Alexander Tolstykh/Shutterstock)

따라서 우리는 기술을 인간의 지속적인 생존(existence)과 보다 더 윤택한 생활을 위해 필요한 물질적인 도구(tool)를 제공하기 위해 사용하는 수단으로 정의할 수 있다.

1.4.3 과학의 정신과 기술의 증진

과학의 정신(spirit of science)이 관찰을 통해 합리적인 의문을 가지는 것이라면, **기술의 증진**(promotion of technology)은 보다 유익한 물질적인 것을 더 많이 만들어 냄으로써 인간에게 보다 나은 물리적 환경을 조성해 주는 것을 의미한다.

과학에서는 지식이 중요한 산물(product)이지만, 기술에서는 새롭거나 개선된 산물을 만들어 내는 것이 그 목표이다. 과학은 그 산물인 명백한 지식이 신속하게 널리 퍼져 나가는 것을 원하지만, 기술은 그와 반대로 상업적인 업적을 이루기 위해서 특허 등록과 같은 작업이 완료되기 전에는 개발된 산물에 대한 정보를 비밀로 할 수도 있다.

1.4.4 과학과 기술의 상호연관성

기술은 과학에서 제공하는 물질이나 에너지에 관한 정보의 도움을 받을 수 있으며, 과학은 물질의 제조 과정에 기술이 제공하는 수단을 적용하거나 얻어진 정보의 저장이나 보급을 위해 기술이 제공하는 수단을 사용한다. 이와 같이 과학과 기술은 상호연관성을 가지고 발전하고 있다.

참고자료 1.1 물질-반물질의 쌍생성과 쌍소멸

❶ 반입자와 반물질이란 무엇인가?

반입자(antiparticle)란 원자를 구성하는 **입자**(subatomic particle)와 질량은 같지만, 그 밖의 성질(property)은 반대인 입자를 지칭한다. 예를 들어 그림 1.16의 (a)에서 볼 수 있듯이 전자(electron)의 반입자는 **양전자**(positron)이다. 양전자의 경우 질량은 전자 질량

($m = 9.1 \times 10^{-28}$ g)과 같고, 전하는 전자의 전하($e = -1.6 \times 10^{-19}$ coulomb)와 그 크기는 같지만 부호가 반대(+)이다. **양성자**(proton)의 반입자는 **반양성자**(antiproton)이다. 반양성자의 질량은 양성자의 질량($m = 1.7 \times 10^{-24}$ g)과 같고, 반양성자의 전하는 양성자의 전하($e = 1.6 \times 10^{-19}$ coulomb)와 크기는 같지만 부호는 반대(−)이다.

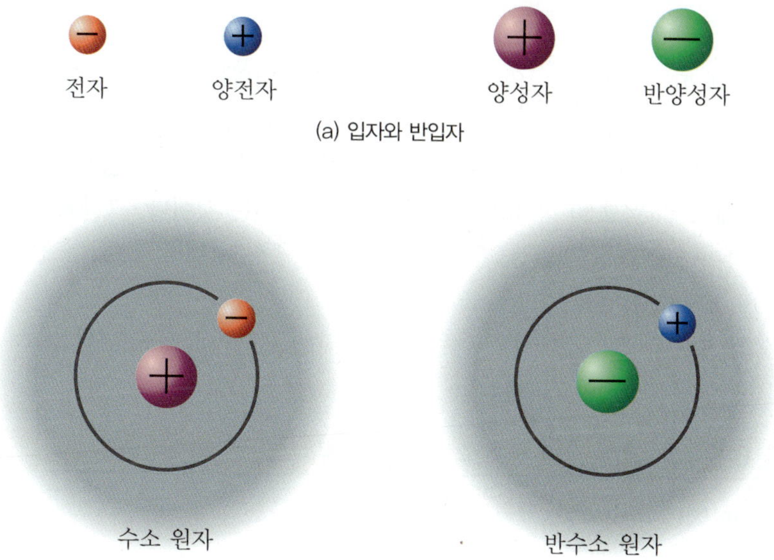

(a) 입자와 반입자

(b) 물질과 반물질

그림 1.16
입자와 반입자, 물질과 반물질

반물질(antimatter)은 반입자로 이루어진다. 그림 1.16의 (b)는 **수소 원자**(hydrogen atom)와 수소 원자의 반물질인 **반수소 원자**(antihydrogen atom)를 보여 준다. 수소 원자는 1개의 양성자와 1개의 전자로 이루어져 있지만, 반수소 원자는 1개의 반양성자와 1개의 양전자로 구성되어 있다.

❷ 물질과 에너지의 상호 변환: $E = mc^2$

1905년에 아인슈타인(Albert Einstein)은 다음과 같은 식을 제시하였다.

$$E = mc^2 \ (\text{여기서 } E: \text{에너지}, m: \text{질량}, c: \text{광속} = 2.997925 \times 10^8 \text{ m/s})$$

위 식의 의미는 '질량은 고도로 농축된 에너지와 같다'는 것이다.

Einstein 식에 의하면, **물질**(matter, m)과 **에너지**(energy, E)의 상호 변환에 대하여 다음과 같이 설명할 수 있다.

에너지(E)와 질량(m)을 자연에서 통용되는 두 가지 종류의 화폐인 **에너지 화폐**(energy currency)와 **질량 화폐**(mass currency)라고 가정하면, 광속의 제곱(c^2)항은 두 화폐 사이의 **환율**(exchange rate)로 받아들일 수 있다.

다음은 1.00 kg의 질량 화폐가 얼마만큼의 가치를 가진 에너지 화폐로 환전될 수 있는지를 나타낸다.

1.00 kg의 질량 화폐를 에너지 화폐로 바꾸면 얼마가 될까?

$$E = mc^2 = (1.00\ \text{kg}) \times (2.997925 \times 10^8\ \text{m/s})^2$$
$$= 8.99 \times 10^{16}\ \text{kg}\cdot\text{m}^2/\text{s}^2 = 8.99 \times 10^{16}\ \text{J}$$
$$= 8.99 \times 10^{16}\ \text{W}\cdot\text{s} = 2.50 \times 10^{13}\ \text{W}\cdot\text{h} = 2.50 \times 10^{10}\ \text{kW}\cdot\text{h}$$

위의 계산에 따르면, 1.00 kg의 질량 화폐는 8.99×10^{16} J의 에너지 화폐로 바꿀 수 있다. 다시 말해 1.00 kg의 설탕이나 물을 모두(100 %) 에너지로 변환시킬 수 있다면, 자동차 한 대가 100,000년 동안 멈추지 않고 달릴 수 있을 정도로 많은 양의 전기 에너지(electrical energy, 2.50×10^{10} kW·h)를 얻을 수 있는 것이다. 그리고 단지 1.00 g 정도의 설탕이나 물로도 웬만한 한 도시에서 하루 종일 소비할 수 있는 전기 에너지(2.50×10^7 kW·h)를 얻을 수 있음을 알 수 있다.

다음은 위 계산 과정에서 등장한 단위들과 그 단위들 사이의 상호 변환을 보여 준다.

에너지와 물질 사이의 상호 변환에 관련된 단위들

• **뉴턴(newton, N)**: 힘(force, F)의 단위

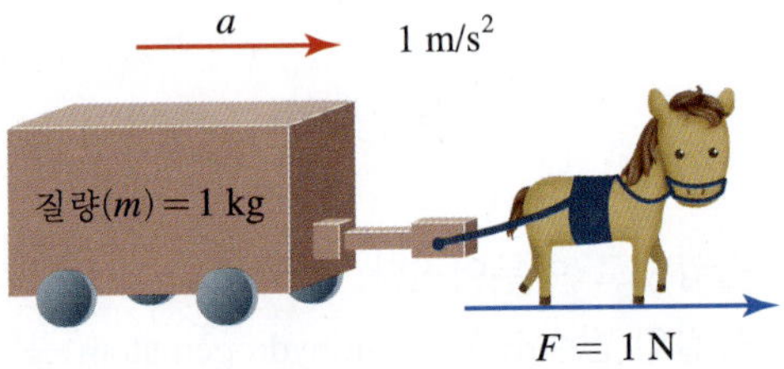

$$F = (1\ \text{kg})(1\ \text{m/s}^2) = 1\ \text{kg}\cdot\text{m/s}^2 = 1\ \text{N}$$

1 N은 1 kg의 물체를 1 m/s^2로 가속시키기 위해 필요한 힘이다.

$$1\ \text{N} = 1\ \text{kg}\cdot\text{m}/\text{s}^2$$

• **주울(joule, J)**: 에너지(energy, E)의 단위

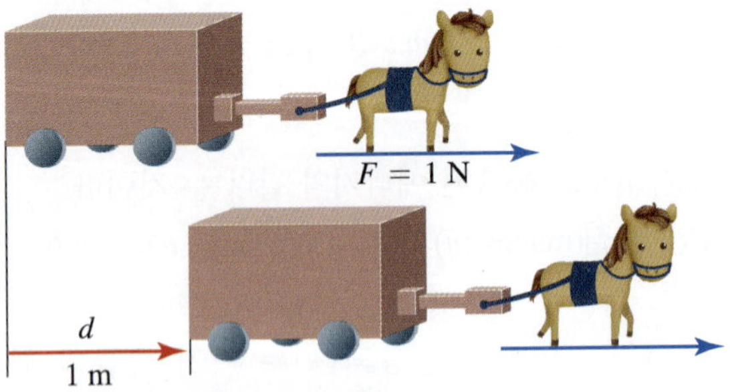

$$W = (1\ \text{m})(1\ \text{N}) = (1\ \text{m})(1\ \text{kg}\cdot\text{m/s}^2) = 1\ \text{kg}\cdot\text{m}^2/\text{s}^2$$
$$= 1\ \text{J}$$

1 J은 주어진 물체에 1 N의 힘을 가하여 그 물체를 1 m만큼 이동시키는 일(work)을 하기 위해 필요한 에너지이다.

$$1\ \text{J} = (1\ \text{N}) \times (1\ \text{m}) = (1\ \text{kg}\cdot\text{m/s}^2) \times (1\ \text{m}) = 1\ \text{kg}\cdot\text{m}^2/\text{s}^2$$

• **와트(watt, W)**: 동력(mechanical power) 또는 전력(electrical power)의 단위

동력의 단위로서 1 W는 주어진 물체에 가해진 1 N의 힘을 이겨내며 그 물체를 1 m/s의 속도로 이동시키는 과정에서 소비된 에너지이다.

$$1\ \text{W} = (1\ \text{N}) \times (1\ \text{m/s}) = (1\ \text{kg}\cdot\text{m/s}^2) \times (1\ \text{m/s})$$
$$= (1\ \text{kg}\cdot\text{m}^2/\text{s}^2) \times (\text{s}^{-1}) = 1\ \text{J/s}$$

➡ 1 W는 1 s 동안 소비한 에너지의 양(1 J)을 의미한다.

• 에너지(**J**)와 동력(**W**), 시간(*t*) 사이의 관계

Energy = Power × Time
1 J = (1 J/s) × (1 s)

Power = Energy ÷ Time
1 W = 1 J/s

에너지 (E) = (동력, P) × (시간, t) : 1 J
= 1 W·s
1 W·s: 1 와트의 동력을 1초 사용한 경우에 해당하는 에너지
1 W·h: 1 와트의 동력을 1시간 사용한 경우에 해당하는 에너지
동력 = (에너지, E) /(시간, t) : 1 W = 1 J/s

1W LED 램프(출처: ©Yarygin)

(가) 물질과 에너지의 상호 변환은 어떻게 일어나는 것일까?

지구로 접근하는 운석(출처: ©muratart/Shutterstock)

거대한 운석(meteorite)은 약 30 km/sec의 속도로 태양계를 가로질러 진행한다. 만일 그러한 운석 중 하나가 지구의 대기(atmosphere)로 진입한다면, 그 운석의 운동 에너지(kinetic energy)는 대기와의 마찰(friction)에 의해 100,000 ℃ 이상의 마찰열(heat of friction)을 발생시킨다. 그러한 고온의 마찰열은 그 운석을 가열하여 운석을 구성하는 대부분의 물질을 녹여버린다. 과학자들은 현재의 기술로는 광속(speed of light: 300,000 km/sec)처럼 빠르게 이동할 수 있는 운송 수단(예: 우주선)을 제작할 수 없지만, 입자 가속기(particle accelerator)를 사용하여 양성자와 같은 입자를 빛의 속도로 진행하게 만들 수 있다. 만일 2개의 양성자가 광속으로 진행하면서 서로 정면으로 충돌(collision)한다면, 그 양성자의 운동 에너지는 무려 10,000,000,000,000 ℃(섭씨 10조 도) 변환될 수 있다. 이러한 충돌로 초래되는 극단적 조건에서만 물질과 에너지 사이의 상호 변환이 일어날 수 있다. 현재 유럽 원자핵 공동 연구소(the European Organization for Nuclear Research, CERN)에서 강입자 충돌 장치(large hadron collider, LHC: 그림 1.17)를 사용하여 양성자 사이의 충돌 실험을 수행하고 있다.

강입자 충돌기

강입자 충돌기 원형 터널 구조

블랙홀에 의한 지구의 소멸

그림 1.17

CERN의 강입자 충돌 장치: 충분히 가속되어 광속에 가까운 속도로 진행하게 되는 양성자는 정지 상태의 질량에 비해 7,000배 정도 더 무거워지고, 운동 에너지는 7×10^{12} eV가 된다. 이러한 양성자 사이의 충돌(가속된 두 개의 양성자의 충돌로 발생하는 에너지 = 1.4×10^{13} eV)로 만들어지는 물질에 대한 연구를 통해 빅뱅(the Big Bang) 이후 오늘날의 우주가 생성되는 과정과 우주의 미래에 관한 사항을 알아낼 수 있을 것으로 기대하고 있다. 그러나 한편으로는 그러한 충돌로 블랙홀(black hole)이 생성될 수 있고, 그러한 블랙홀의 생성이 주변의 물질을 빨아들이면서 결국 지구를 소멸시킬 것이라는 주장도 등장하였다.(출처: 왼쪽부터 CERN, CERN, ©IgorZh/Shutterstock)

다음은 양성자나 전자와 같은 입자들의 운동 에너지의 단위인 eV에 대해 설명한 것이다.

(나) 에너지는 어떤 물질로 변환될 수 있는가?

동전(coin)을 제조하는 곳에서는 뜨거운 금속판으로부터 동전을 찍어내는데, 그러한 작업에서는 무한히 많은 종류의 동전을 만들어 내는 것이 아니라 1원, 5원, 10원, 50원, 100원, 500원 등과 같이 특정 가치의 동전만을 제조한다. 이와 마찬가지로 자연에서도 주어진 에너지가 무한한 종류의 물질로 변환되는 것은 아니다.

자연은 특정 물질을 만들어 내기 위한 한정된 종류의 거푸집(mold)만을 제공하며, 그 거푸집은 각각 고유한 성질과 특정 크기의 에너지를 소유한다. 따라서 주어진 거푸집에서 만들어지는 물질은 그 거푸집과 서로 닮은꼴이 된다. 이와 같은 방식으로 제조되는 입자 중에서 중요한 것으로는 양성자, 중성자, 전자를 들 수 있다.

쿨롬(coulomb), 볼트(volt), 암페어(ampere), 전자 볼트(eV)

- 쿨롬(**coulomb, C**): 전하(electrical charge)의 단위
  단위 전하(unit charge) = 전자(electron) 한 개의 전하
  = 1.6×10^{-19} C (− 부호 생략)

- 암페어(**ampere, A**): 전류(electrical current)의 단위
  전류는 전하의 흐름(flow of charge)이다. 1초 동안 주어진 지점을 통해 1 C의 전하가 이동하는 경우 1 A의 전류가 발생한 것으로 정의한다.

- 볼트(**volt, V**): 전위차(electrical potential difference)의 단위
  1 V는 1 A의 전류를 흐르게 하는 힘이다.

- 와트(**watt, W**): 전력의 단위
  1 W는 1 V의 전위차가 존재하는 조건에서 1 A의 전류가 자발적으로 흐르며 외부에 행하는 일이다.

$$1\ \text{W} = (1\ \text{V}) \times (1\ \text{A}) = 1\ \text{V}\cdot\text{A}$$

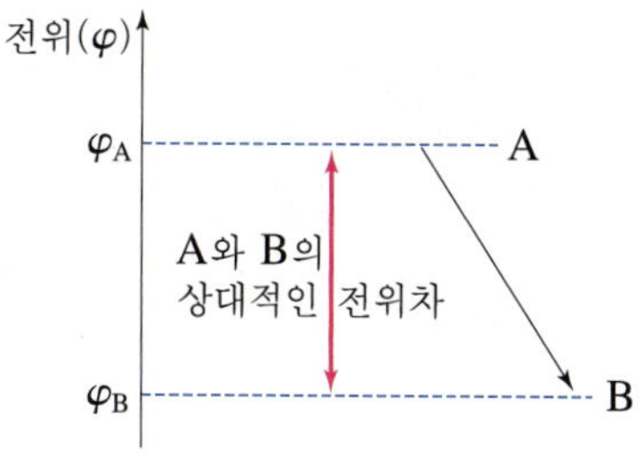

물질 A의 전위 (φ_A) > 물질 B의 전위 (φ_B)

A와 B를 도선(conducting wire)으로 연결하면 도선을 통하여 A에서 B로 전하가 자발적으로 이동하며(전류가 흐르며) 주위에 일을 할 수 있다.

- **전자볼트(electron volt, eV)**: 전자의 운동 에너지 단위

1 eV는 1 V의 전위차에서 전자가 가지는 운동 에너지이다.

1 eV = (전자 한 개의 전하) × (전위차)

$= (1.60 \times 10^{-19}\ \text{C}) \times (1\ \text{V})$

$= 1.60 \times 10^{-19}\ \text{C·V} = 1.60 \times 10^{-19}\ \text{J}$

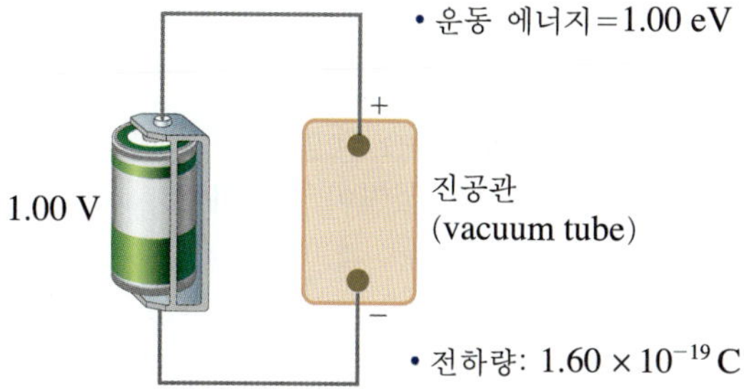

$$1.00\ \text{eV} = (1.60 \times 10^{-19}\ \text{C}) \times (1.00\ \text{V})$$
$$= 1.60 \times 10^{-19}\ \text{C·V} = 1.60 \times 10^{-19}\ \text{J}$$

∵ J = 1 W·s = 1 (V·A)·s

(전류 = 단위 시간 동안 흐른 전하량 : A = C/s)

1 J = 1 (V) × (C / s) × (s) = 1 V·C

❸ 에너지와 물질 사이의 상호 변환에서는 쌍생성과 쌍소멸이 일어난다.

주어진 에너지는 양성자나 전자와 같은 입자들로만 변환되는 것일까? 아니다. 입자와 반입자 그리고 물질과 반물질들은 개별적으로 만들어지거나 사라지지 않으며, 언제나 함께 생겨나거나 함께 사라지는데, 이와 같은 현상을 **쌍생성**(pair production)과 **쌍소멸**(pair annihilation)이라고 부른다.

여러 가지 실험을 통해 주어진 입자를 만들어 내는 작업에서는 해당 입자뿐만 아니라 그 입자의 반입자도 함께 만들어진다는 사실이 알려져 있다. 예를 들어 전자와 양전자가 만나게 되면, 두 입자가 함께 소멸되면서 그들이 가졌던 에너지는 **광자**(photon: 빛을 구성하는 입자)나 더 무거운 입자로 변환된다. 반대로 광자가 충분한 크기의 에너지($E > 2m_ec^2$, m_e: 전자의 질량)를 가지면 전자–양전자 쌍으로 변환될 수 있다. 그림 1.18은 전자(입자)와 양전자(반입자)의 쌍소멸과 쌍생성을 보여 준다.

중성자(neutron)와 **반중성자**(antineutron)도 역시 서로 합쳐지면서 **감마선**(gamma rays)의 형태로 사라진다. 따라서 1.5 × 10^{10}년(150억 년) 전에 일어난 대폭발(the Big Bang)의 에너지로부터 같은 수의 물질과 반물질이 쌍(pair)으로 만들어졌었다면, 그 물질과 반물질은 에너지의 형태로 변하면서 함께 쌍으로 사라져 버렸어야 한다. 그러나 우리

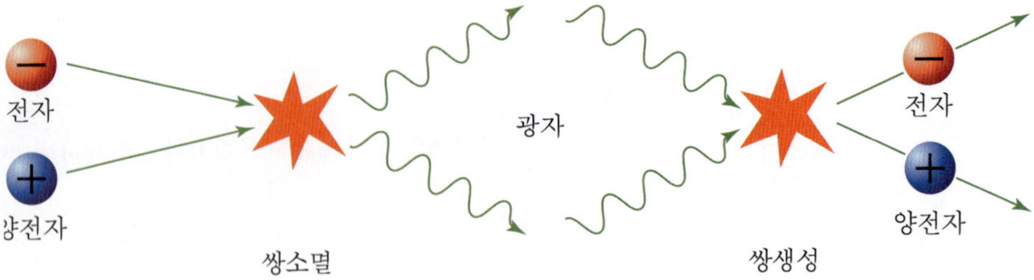

그림 1.18
전자와 양전자의 쌍소멸과 쌍생성

가 알고 있는 현재의 세상(우주, the universe)에서는 반물질을 거의 찾아볼 수 없는 반면, 물질만 압도적으로 많이 존재하고 있다. 현재의 세상에서 관찰되는 그러한 불균형에 대한 이유는 아직 찾아내지 못하고 있다.

참고자료 1.2 기체 분자 운동론

기체 분자 운동론(kinetic molecular theory of gases)을 사용하면 액체의 증발과 Boyle 법칙이 성립하는 이유에 대한 과학적인 설명이 가능하다.

❶ 기체 분자 운동론

기체 분자 운동론은 다음과 같은 5가지의 내용으로 요약될 수 있다.

- 기체는 아주 작은 크기의 입자(기체 입자)로 이루어져 있으며, 기체 입자는 무질서하게 **직선 운동**(straight-line motion)을 하고 있다.
- 각 기체 입자는 부피를 소유하지 않는 **점 질량**(point mass)이다.
- 기체 입자는 서로 너무 멀리 떨어져 존재하므로 입자 사이에는 그 어떠한 상호 작용도 존재하지 않는다. 다시 말해 기체 입자는 서로 인력(attractive force)이나 반발력(repulsive force)을 느끼지 않는다.

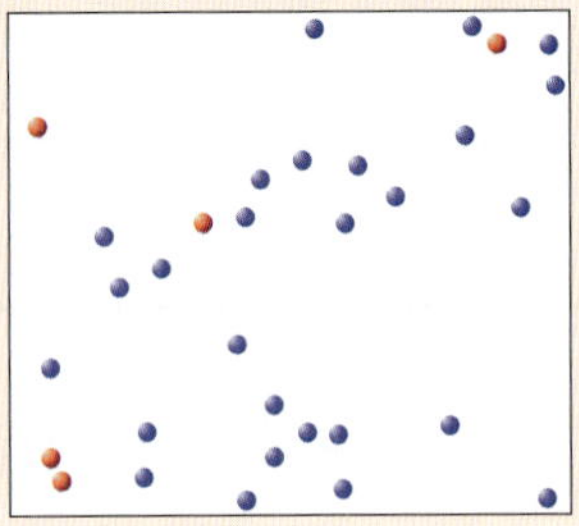

점 질량으로서의 기체 입자의 무질서한 직선 운동

- 기체 입자는 서로 충돌할 수 있지만, 그러한 충돌은 **완전 탄성 충돌**(perfectly elastic collision)이어서 충돌 전후 입자가 가진 운동 에너지(kinetic energy)는 변하지 않는다.
- 주어진 온도에 놓여 있는 기체의 경우, 기체 입자는 그 온도에 기인하는 운동 에너지를 가진다. 온도가 높아지면 기체 입자의 운동 에너지도 증가한다.

❷ 기체 분자 운동론으로 설명하는 물의 증발과 끓음

기체 분자 운동론은 기체를 구성하는 기체 입자의 행동 양식을 다루고 있지만, 기체 상태의 물질이 액체 상태의 물질로, 그리고 다시 고체 상태의 물질로 변하게 되므로 액체나 고체 상태의 물질에도 기체 분자 운동론을 적용할 수 있다는 사실을 알아둘 필요가 있다.

이제 물의 증발과 끓음에 대해 알아보기로 한다. 액체 상태인 물은 물 분자(water molecule)로 구성된다. 주어진 온도에서 그 온도에 기인하는 운동 에너지를 가진 물 분자들은 무질서하게 운동한다. 그러나 액체 상태의 물의 경우 그 구성 입자들인 물 분자들 사이의 거리가 충분히 가깝기 때문에, 물 분자들 사이에는 '분자 간 끌어당김(intermolecular attraction)'이라는 상호 작용(mutual interaction)이 존재한다. 물 분자들 사이에 존재하는 그러한 상호 작용은 각각의 물 분자가 독립적(개별적)으로 자유롭게 행동할 수 없게 만들기 때문에, 주어진 물 분자는 언제나 주위의 다른 물 분자와 함께 이동하는 모습(물이 흐르는 모습)을 보인다. 물속에 존재하는 물 분자는 주위 모든 방향(360°)에 존재하는 다른 물 분자와 서로 끌어당기고 있다. 그러나 물의 표면에 위치하여 공기(air)와 접촉하는 부분에 존재하는 물 분자의 경우 윗부분(공기 부분)에는 다른 물 분자가 존재하지 않으므로, 물 표면의 물 분자들은 물속의 물 분자들에 비해 상대적으로 더 약한 분자 간 끌어당김을 가지게 된다. 그 결과 물 표면의 물 분자들은 물속의 물 분자들에 비해 주변 물 분자들과의 인력을 이겨 내고 공기 중으로 탈출하여 기체 상태인 수증기(water vapor)로 변하기가 더 수월하다.

물의 표면에서 충분한 운동 에너지를 가진 액체 상태의 물 분자들이 기체 상태의 물 분자들로 변하는 이러한 기화 현상(vaporization: 액체 상태의 물질이 기체 상태의 물질로 변하는 물리적 변화 과정)을 **증발**(evaporation)이라고 한다.

증발과 평형 수증기압

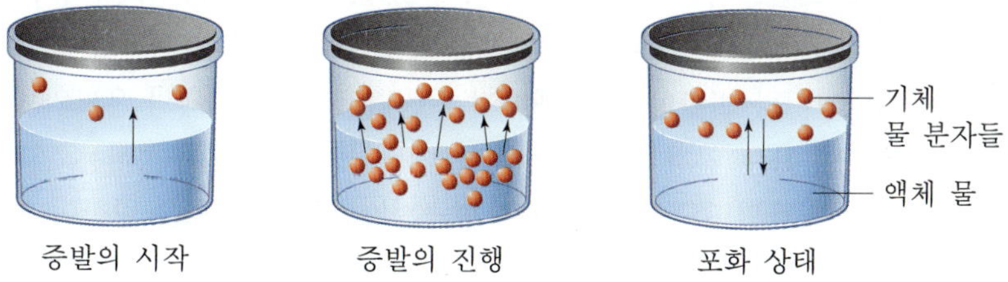

뚜껑이 닫힌 용기에 담겨 있는 물을 일정 온도까지 가열하는 과정에서 증발이 시작된다. 물은 별도로 가열해 주지 않아도 증발을 일으키지만, 여기서는 가열에 따른 물의 증발을 그 대상으로 한정한다.

증발이란 물의 표면에서 일어나는 물의 기화 현상이며, 물 표면의 물 분자들 중에서 충분한 운동 에너지를 가진 물 분자들이 주변 물 분자들과의 인력을 이겨 내고 기체 상태의 물 분자들로 변하는 현상을 의미한다.

증발의 초기 단계에서는 물 분자들의 기화만 진행되지만, 시간이 지남에 따라 무질서한 운동을 하던 기체 상태의 물 분자들 중 일부가 물의 표면과 충돌하면서 다시 액체 상태의 물로 돌아오는 현상도 일어나기 시작한다. 시간이 더 지나면 주어진 시간 동안 액체 상태의 물 분자들이 기체 상태로 변하는 정도와 기체 상태의 물 분자들이 다시 액체 상태로 돌아오는 정도가 똑같아지는 상태에 도달하게 된다. 이때 물 위의 기체 상태의 물 분자들이 나타내는 압력을 **평형 수증기압**(equilibrium vapor pressure of water)이라고 한다.

물의 온도가 어느 정도 이상으로 높아지면, 물속의 물 분자들도 충분한 운동 에너지를 갖게 되면서 주변 다른 물 분자들과의 인력을 이겨 내어 기체 상태의 물 분자들로 변하면서 기포(bubble)를 만들어 낸다. 이와 같이 물속에서 일어나는 물 분자의 기화 현상을 **끓음**(boiling)이라고 한다.

끓음

뚜껑이 없는 용기에 담겨 있는 물을 가열하면 증발이 일어나고, 시간이 지나면 물속에서도 기화가 일어나면서 기포가 발생하여 위쪽으로 상승하는 모습이 관찰된다. 이와 같이 물속에서 일어나는 기화 현상을 끓음이라고 부르는데, 물이 끓기 위해서는 물의 증기압이 대기압(atmospheric pressure, 단위: atm)과 같아져야 한다. 대기압이 1 atm일 때 물의 증기압이 대기압과 같아지는 온도(물의 끓는점: boiling point)는 100 ℃이다.

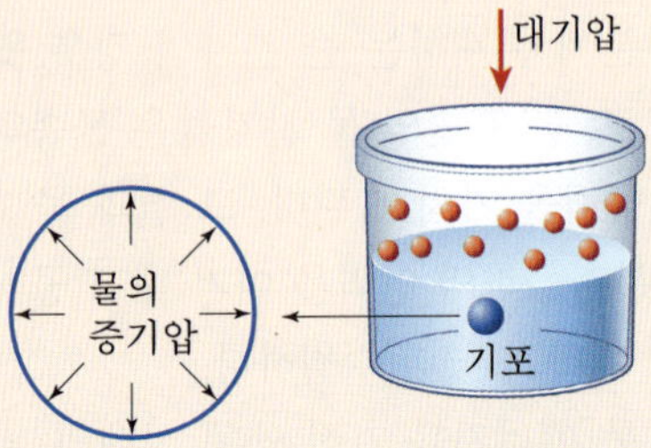

❸ 기체 분자 운동론으로 설명하는 Boyle 법칙

(가) 일정한 온도에서 일정량의 기체가 담긴 용기의 부피가 증가하면 기체의 압력은 감소한다.

기체는 아주 조그만 크기의 입자로 이루어져 있고, 기체 입자들이 차지하는 공간은 기체의 전체 부피에 비해 무시할 수 있을 만큼 작으므로, 기체 입자들 사이에는 아무런 상호 작용(끌어당김이나 반발함)이 존재하지 않는다. 그리고 기체의 온도와 양이 일정하므로, 기체를 구성하는 입자들의 평균 운동 에너지와 기체를 구성하는 입자들이 기체가 담긴 용기의 벽과의 충돌로 나타내는 **평균 힘**(average force)은 변함이 없다. 따라서 일정한 온도에서 주어진 양의 기체가 들어 있는 용기의 부피가 늘어나면, 기체를 구성하는 입자들과 기체가 담긴 용기의 벽 사이의 충돌로 인해 용기의 벽에 나타나는 단위 면적당 힘이 감소하게 되면서 기체의 압력이 낮아진다.

(나) 일정한 온도에서 일정량의 기체가 담긴 용기에 가해지는 압력을 증가시키면 기체의 부피가 감소한다.

기체는 아주 조그만 입자들로 이루어져 있고, 그 기체 입자들이 차지하는 공간은 기체의 전체 부피에 비해 무시할 수 있을 만큼 작다. 따라서 일정한 온도에서 주어진 양의 기체에 가해지는 압력이 증가하면, 기체가 나타내는 전체 공간이 줄어들면서 기체의 부피가 감소하게 되는 것이다. 기체의 부피가 감소하여도 그 기체를 구성하는 입자들이 차지하는 공간은 여전히 무시할 수 있을 만큼 작다.

알아두어야 할 용어(term)들

• 과학	• 화학	• 물질	• 순수한 물질
• 원소	• 화합물	• 혼합물	• 균일 혼합물
• 불균일 혼합물	• 원자	• 분자	• 상태 변화
• 물리적 성질	• 화학적 성질	• 물리적 변화	• 화학적 변화
• 관찰	• 법칙	• 가설	• 이론
• 과학과 기술	• 기체 분자 운동론		

요약

과학, 화학, 물질에 대한 정의를 다루었다. 물질들을 분류하는 방식, 분류된 물질들에 대한 정의와 설명, 물질의 상태와 성질 그리고 변화를 다루었으며, 과학 활동을 구성하는 네 가지 기본단계들(관찰, 법칙, 가설, 이론)도 소개하였다. 마지막으로 과학과 기술의 차이점과 상호 연관성을 소개하였다.

연 . 습 . 문 . 제

1. 화합물 C_2H_5OH를 구성하는 원소를 적으시오.

2. 다음 중 올바로 표현된 원소 기호들을 고르시오.
   ⓐ He ⓑ HE ⓒ AR ⓓ Ar ⓔ CL ⓕ C

3. 다음 중 순수한 물질을 고르시오.
   ⓐ CO_2 ⓑ Au(금원소) ⓒ 설탕($C_{12}H_{22}O_{11}$) ⓓ O_2 ⓔ H_2O ⓕ 소금(NaCl)

4. 다음 중 화합물이자 분자가 아닌 물질을 고르시오.
   ⓐ CO_2 ⓑ 소금(NaCl) ⓒ 산화 철(Fe_2O_3) ⓓ O_2 ⓔ H_2O ⓕ $CaCO_3$

5. 산소(O)는 다음 중 어떤 물질로 분류되는지 고르시오.
   ⓐ 화합물 ⓑ 불균일 혼합물 ⓒ 원소 ⓓ 균일 혼합물

6. 탄소(C)와 산소(O)는 결합하여 이산화 탄소(CO_2)를 형성할 수 있다. 다음 중 맞는 것을 고르시오.
   ⓐ 탄소(C)와 산소(O)는 그리고 이산화 탄소(CO_2)는 모두 다 화합물들이다.
   ⓑ 탄소(C)와 산소(O)는 그리고 이산화 탄소(CO_2)는 모두 다 원소들이다.
   ⓒ 탄소(C)와 산소(O)는 그리고 이산화 탄소(CO_2)는 모두 다 혼합물들이다.
   ⓓ 탄소(C)와 산소(O)는 순수한 물질들이고, 이산화 탄소(CO_2)는 균일한 혼합물이다.
   ⓔ 탄소(C)와 산소(O)는 원소들이고 이산화 탄소(CO_2)는 화합물이다.

7. 다음 중 화합물에 대해 올바르게 설명한 것을 고르시오.
   ⓐ 이산화 탄소(CO_2)는 탄소(C)와 산소(O)가 일정한 비율로 섞여 만들어진다.

ⓑ 이산화 탄소(CO_2)는 탄소(C)와 산소(O)가 일정한 비율로 결합해 만들어진 균일한 혼합물이다.

ⓒ 이산화 탄소(CO_2)는 세 개의 원소들이 일정한 비율로 결합해 만들어진 화합물이다.

ⓓ 이산화 탄소(CO_2)는 두 가지 원소들이 일정한 비율로 결합해 만들어진 화합물이다.

ⓔ 이산화 탄소(CO_2)는 세 가지 원자들이 일정한 비율로 결합해 만들어진 화합물이다.

8. 다음 중 두 가지 이상의 원소들이 주어진 일정한 비율로 결합하여 이루어진 화합물이자 분자를 모두 고르시오.

ⓐ CO_2 ⓑ 소금(NaCl) ⓒ 산화 철(Fe_2O_3) ⓓ O_2 ⓔ H_2O ⓕ $CaCO_3$

9. 설탕($C_{12}H_{22}O_{11}$)을 구성하고 있는 원자의 종류와 개수를 적으시오.

10. 다음 중 자연에서 발견되는 형태의 원소들을 고르시오.

ⓐ P_4 ⓑ H_2 ⓒ 산화 철(Fe_2O_3) ⓓ O ⓔ N ⓕ S_8

11. 다음 중 올바르게 기술된 것을 고르시오.

ⓐ 가설은 그 내용이 과학적으로 입증된 이론이다.

ⓑ 법칙은 이론으로부터 제시된 것이다.

ⓒ 주어진 이론은 기본적으로 그 이론과 관련된 법칙들을 모두 다 설명할 수 있어야 한다.

ⓓ 관찰은 가설을 거쳐 이론에 도달하고, 이론으로부터 법칙이 제시된다.

ⓔ 주어진 법칙이 제시되기 위해서는 기본적으로 그와 관련된 이론의 내용이 과학적으로 입증 되어야 한다.

12. 다음을 물리적 변화와 화학적 변화로 구분하시오.

ⓐ 우유가 상해 신맛이 난다.

ⓑ 손에 바른 알코올이 시간이 지나며 사라진다.

ⓒ 위에서 음식물이 소화된다.

ⓓ 전자레인지에서 음식물을 데운다.

ⓔ 불꽃놀이

ⓕ 소금을 물에 녹여 불순물들을 걸러낸다.

ⓖ 자동차 밑 부분이 녹슨다.

13. 다음은 그 세 가지 관점들에 근거하여 기술한 균일한 혼합물과 화합물 사이의 차이점들이다. 빈칸들을 채우시오.

화합물	균일한 혼합물
구성 물질들은 고유한 성질을 잃어버린다.	구성 물질들은 고유한 성질을 유지한다.

14. 물질에 관한 정보를 활용하는 과학적 단계란 '관찰 → 법칙 → 가설 → 이론을 지칭한다. 다음 질문에 답하시오.

① 법칙을 정의(설명)하시오.

② 과학적 단계는 그 순서가 뒤바뀔 수도 있다. 예를 들어, 현재의 아보가드로의 법칙(내용: 주어진 온도와 압력에서 같은 부피에는 기체의 종류와 무관하게 모두 동일한 기체 입자들이 들어 있다.)은 처음 발표될 당시에는 아보가드로의 가설이었지만, 나중에 그 가설의 내용이 과학적으로 증명된 후 아보가드로의 법칙으로 인정을 받게 되었다. 그렇다면 아보가드로가 그의 가설을 주장할 때, 그 가설의 내용을 증명할 수 없었던 이유는 무엇인지 설명하시오.

02

계산에서의 정확도와 유효 숫자

다양한 측정 도구들은 각각 고유한 크기의 불확실성(uncertainty)을 가지며, 그러한 측정 도구들을 사용하여 얻어지는 측정값(measured value) 역시 불확실성을 가지게 된다. 이 장의 전반부에서는 실험 도구에 따른 측정값의 불확실성의 크기에 대해 알아보고, 측정값과 측정값을 사용하는 계산 과정에 적용하는 유효 숫자(significant figure 또는 significant digit)의 개념을 다룬다.

주어진 실험자가 부피(volume)가 10.0 mL이고 무게는 10.0102 g인 어떤 수용액(aqueous solution)의 밀도(density, 단위 부피당 무게, g/mL)를 구하는 과정에서

수용액의 밀도
= 수용액의 무게 ÷ 수용액의부피
= 10.0102g ÷ 10.0 mL
= 1.00102g/mL(계산기결과)

와 같은 결과를 얻었다. 이제 실험자는 수용액의 밀도로 어떤 값을 보고해야 할까? 실험자는 위와 같은 계산기 사용으로 얻은 1.00102 g/mL를 수용액의 밀도로 보고할 수 있을까? 아니다! 실험자는 수용액의 밀도로 1.00 g/mL라는 값을 보고해야 한다. 그 이유는 다음과 같다.

수용액의 밀도
= 수용액의 무게 ÷ 수용액의 부피
= 10.0102 g(유효 숫자 6개) ÷ 10.0 mL(유효 숫자 3개)
= 1.00102 g/mL(계산기 결과)
→ 수용액의 밀도 = 1.00 g/mL(유효 숫자 3개)

또 다른 예를 살펴보자. 강원대학교 환경 분석화학 연구실의한 실험자는 낙동강수질 연구소, 영산강 수질 연구소, 한강 수질 연구소, 소양강 수질연구소로부터 각 지역의 강물에 함유된 카드뮴 이온(cadmium ion, Cd^{2+})의 농도로 각각 1.36 ppm(*w/v*),0.5 ppm(*w/v*),1.03 ppm(*w/v*),0.04 ppm(*w/v*)이라는 측정값(measured value)을 전달받았다. 그 실험자는 이 네 지역의 강물속에 함유된 Cd^{2+} 이온농도의 평균값을 구하는 과정에서

강물 속 Cd^{2+} 이온의 평균 농도
= (낙동강 강물 속 Cd^{2+} 이온의 농도 + 영산강 강물 속 Cd^{2+} 이온의 농도
+ 한강 강물 속 Cd^{2+} 이온의 농도 + 소양강 강물 속 Cd^{2+} 이온의 농도) ÷ 4
= {1.36 ppm(*w/v*) + 0.5 ppm(*w/v*) + 1.03 ppm(*w/v*) + 0.04 ppm(*w/v*) } ÷ 4
= 2.93 ppm(*w/v*) ÷ 4
= 0.7325 ppm(*w/v*) (계산기 결과)

와 같은 결과를 얻었다. 이제 실험자는 Cd^{2+} 이온의 평균 농도로 어떤 값을 보고해야 할까? 실험자는 위와 같은 계산기 사용으로 얻은 0.7325 ppm(*w/v*)를 Cd^{2+} 이온의 평균 농도로 보고할 수 있을까? 아니다! 실험자는 Cd^{2+} 이온의 평균 농도로 0.7 ppm(*w/v*)이라는 값을 보고해야 한다. 그 이유는 다음과 같다.

강물 속 Cd^{2+} 이온의 평균 농도
= (낙동강 강물 속 Cd^{2+} 이온의 농도 + 영산강 강물 속 Cd^{2+} 이온의 농도
+ 한강 강물 속 Cd^{2+} 이온의 농도 + 소양강 강물 속 Cd^{2+} 이온의 농도) ÷ 4
= 1.36 ppm(*w/v*) (정확도: 소수점 이하 두 자리)

+ 0.5 ppm(*w*/*v*) (정확도: 소수점 이하 한 자리)
+ 1.03 ppm(*w*/*v*) (정확도: 소수점 이하 두 자리)
+ 0.04 ppm(*w*/*v*) (정확도: 소수점 이하 두 자리)} ÷ 4
= 2.9 ppm(*w*/*v*) (정확도: 소수점 이하 한 자리) ÷ 4
= 0.7 ppm(*w*/*v*) (정확도: 소수점 이하 한 자리)

이와 같이 측정값을 사용하여 계산을 수행하는 경우에는 주어진 계산에 사용하는 측정값이 가지는 유효 숫자(significant figure 또는 significant digit)의 수 또는 정확도(degree of accuracy)를 고려해야 한다. 즉 측정값을 사용하는 곱하기(multiplication)와 나누기(division)에서는 측정값의 유효 숫자의 수를, 그리고 더하기(addition)와 빼기(subtraction)의 경우에는 각 측정값의 정확도를 고려해야 한다. 이제 주어진 측정값이 가지는 유효 숫자와 정확도에 관하여 알아본다.

2.1 측정값의 불확실성

2.1.1 부피 측정값의 불확실성

❶ 뷰렛을 사용하는 경우 부피 측정값의 불확실성과 크기

그림 2.1은 0.1 mL 단위의 최소 눈금이 표시되어 있는 뷰렛(buret, 또는 burette)에 담긴 수용액의 부피를 읽어내는 작업을 보여 주는데, 주어진 실험자는 이 뷰렛에 담긴 수용액(aqueous solution)의 부피로 소수점 이하 두 자리까지의 측정값(예: 12.00 mL)을 읽어낼 수 있다.

실험실에서 관찰되는 메니스커스란 유리관에 담긴 액체의 윗부분이 나타내는 곡면(curvature)을 의미하며, 그림 2.2에서 볼 수 있듯이 오목한 형태와 볼록한 형태가 있다.

그림 2.1에서 보면 뷰렛에 담긴 수용액의 메니스커스는 실험자가 정확하게 읽어낼 수 있는 눈금인 12.6 mL 눈금과 12.7 mL 눈금 사이에 위치해 있음을 알 수 있다. 이와 같이 수용액의 메니스커스가 뷰렛의 최소 눈금 사이에 위치하는 경우, 실험자는 자신의 주관적인 관점에 근거하여 최소 눈금 사이에 위치한 수용액의 메니스커스가 가리키는 수치를 최대한 정확하게 읽어내게 된다. 이와 같이 뷰렛에 표시된 주어진 최소 눈금 사

그림 2.1
최소 눈금 척도가 0.1 mL인 뷰렛에 실려 있는 수용액의 메니스커스(meniscus)가 가리키는 눈금 읽기: 수용액의 메니스커스가 12.6 mL 눈금과 12.7 mL 눈금 사이에 위치해 있음을 볼 수 있다. 뷰렛의 눈금을 읽을 때에는 까만 사각형 부분이 있는 흰 종이를 뷰렛의 뒤에 대고 눈금을 읽는 것이 도움이 된다. 이때 종이의 까만 부분은 메니스커스의 바로 아랫부분에 위치시키는 것이 좋다.
(출처: ©MoFarouk/Shutterstock)

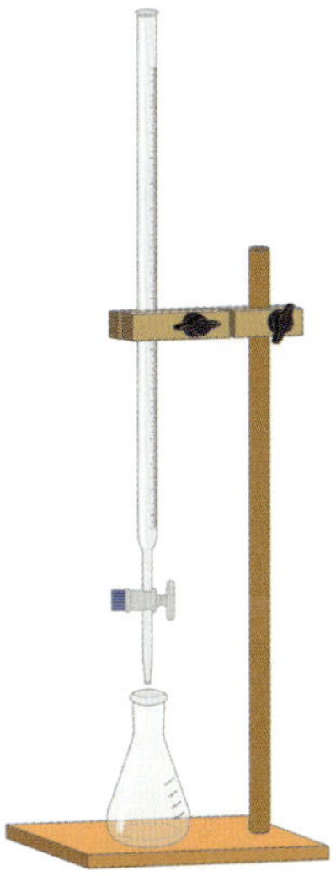

뷰렛

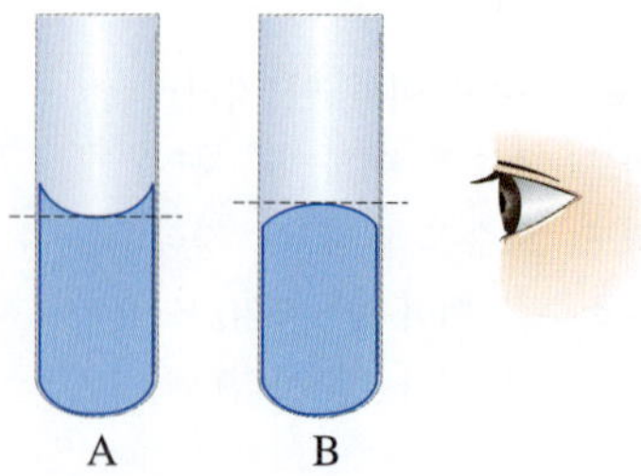

그림 2.2

두 가지 유형의 메니스커스. A: 물과 같은 액체가 유리관에 담긴 경우, 물 분자 사이의 인력(응집력, cohesive force)보다 물 분자와 유리관 내벽 사이의 인력(부착력, adhesive force)이 더 강하여 나타나는 오목한 메니스커스(concave meniscus). B: 수은과 같은 물질이 유리관에 담긴 경우, 수은과 유리관 내벽 사이의 인력보다 수은 사이의 인력이 더 강하여 나타나는 볼록한 메니스커스(convex meniscus). 뷰렛과 같이 눈금이 표시되어 부피의 측정이 가능한 도구에 담긴 액체의 부피를 읽어내는 경우, 오목한 메니스커스든 볼록한 메니스커스든 곡면을 접하는 가상적인 직선이 가리키는 눈금을 읽어낸다.

이에 위치한 수용액의 메니스커스가 가리키는 수치를 읽어내는 것은 실험자의 주관에 따라 결정되는 것이므로, 실험자에 따라 읽어내는 부피 측정값이 달라질 수도 있다. 다시 말해 한 실험자가 그림 2.1에서 뷰렛에 담긴 수용액의 부피로 12.69 mL라는 측정값을 읽을 수 있지만, 또 다른 실험자는 12.68 mL라는 측정값으로 읽을 수도 있다. 따라서 0.1 mL 단위로 최소 눈금이 표시되어 있는 뷰렛에 담긴 수용액의 부피로 읽는 측정값의 경우, 소수점 이하 두 번째 자리의 숫자(12.68 mL에서의 8, 12.69 mL에서의 9)는 불확실한 숫자가 될 수밖에 없다.

결과적으로 0.1 mL 단위로 최소 눈금이 표시되어 있는 부피 측정 도구(예: 뷰렛) 를 사용하여 읽는 수용액의 부피 측정값은 그 크기가 최소 ±0.01 mL인 불확실성을 가지게 된다.

❷ 비커를 사용하는 경우 측정값의 불확실성과 크기

뷰렛뿐만 아니라 그림 2.3에서 볼 수 있는 비커(beaker), 눈금 실린더(graduated cylinder), 부피 측정 피펫(volumetric pipette 또는 volumetric pipet)이나 부피 측정 플라스크(volumetric flask)와 같은 도구도 각각 다양한 크기의 최소 눈금이 표시되어 있으며, 일정 부피의 용액(solution)을 제조하거나 주어진 용기에 담겨 있는 용액의 일정 부피를 채취하여 다른 용기에 옮기는 작업 등과 같이 용액을 정량적으로 다루는 작업에 사용한다.

오른쪽 그림은 비커에 담긴 수용액의 부피를 읽는 모습을 보여 주고 있다. 그림에서와 같이 비커에 담긴 수용액의 메니스커스가 비커의 최소 눈금 사이에 위치하는 경우, 주어

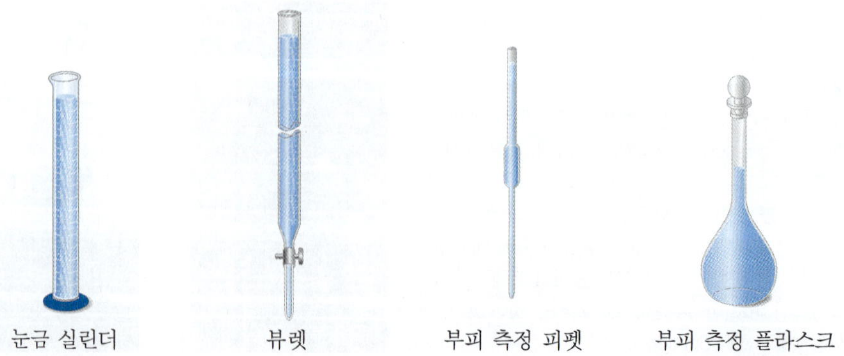

그림 2.3

액체의 부피를 다루는 도구들

진 실험자는 비커의 세부 눈금 사이에 위치한 메니스커스의 위치를 최대한 정확하게 읽도록 노력해야만 한다. 그리고 이 비커의 경우 10 mL 단위로 최소 눈금이 표시되어 있으므로, 주어진 실험자가 읽게 될 부피는 0.1 mL 단위까지 읽은 측정값(예: 54.0 mL)이나 0.01 mL 단위까지 읽은 측정값(예: 54.00 mL)이 아닌 54 mL가 될 수밖에 없다. 그런데 주어진 실험자가 이 비커에 담긴 수용액의 부피로 54 mL라는 측정값을 읽었다고 하더라도, 또 다른 실험자가 읽은 부피 측정값은 53 mL가 될 수도 있으므로, 이 비커에 담긴 수용액의 부피로 읽은 측정값의 마지막 자리의 숫자(54 mL에서 4, 53 mL에서의 3)는 불확실한 숫자이다. 따라서 최소 눈금 척도가 10 mL인 비커에 담긴 수용액의 부피로 읽는 측정값의 경우 최소 ±1 mL 크기의 불확실성을 가지게 된다.

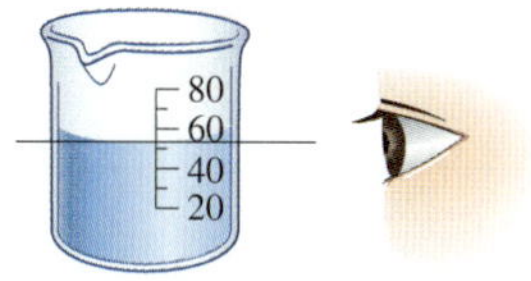

❸ 눈금 실린더를 사용하는 경우 측정값의 불확실성과 크기

오른쪽 그림에서 볼 수 있는 눈금 실린더는 1 mL 크기의 최소 눈금이 표시되어 있다. 따라서 이 눈금 실린더에 담겨 있는 수용액의 부피는 소수점 이하 한 자리인 0.1 mL 단위까지의 측정값으로 읽을 수 있다. 뷰렛이나 비커의 경우와 마찬가지로 그림에서와 같은 눈금 실린더에 담겨 있는 수용액의 메니스커스가 1 mL 크기로 표시된 최소 눈금 사이에 위치하는 경우, 주어진 실험자가 읽는 부피 측정값을 구성하는 숫자 중에서 0.1 mL 단위에 해당하는 숫자는 그 실험자의 주관적인 관점에 근거하여 얻어진 값이 될 수밖에 없다. 다시 말해 한 실험자는 이 눈금 실린더에 담겨 있는 수용액의 부피를 28.7 mL라는 측정값으로 읽는 반면, 다른 실험자는 28.8 mL라는 측정값으로 읽을 수도 있는 것이다. 그리고 이 눈금 실린더의 경우에도 28.7 mL와 28.8 mL라는 측정값 중 어떤 한 가지 측정값만을 올바른 값으로 받아들일 수 없다. 따라서 주어진 실험자가 이 눈금 실린더를 사용하여 읽는 용액의 부피 측정값은 최소 ±0.1 mL 크기의 불확실성을 가질 수밖에 없다.

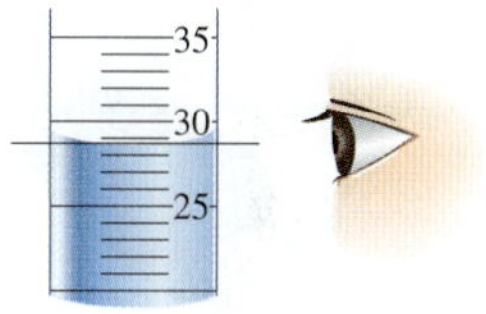

2.1.2 무게 측정값의 불확실성

앞에서 다룬 바와 같이 주어진 크기의 최소 눈금을 가진 부피 측정 도구의 경우, 그 최소 눈금의 크기에 따라 부피 측정값의 불확실성과 그 크기가 결정된다. 그러나 그림 2.4에서 볼 수 있는 것처럼 주어진 물질의 무게를 측정하는 도구인 저울(balance)의 경우, 저울이

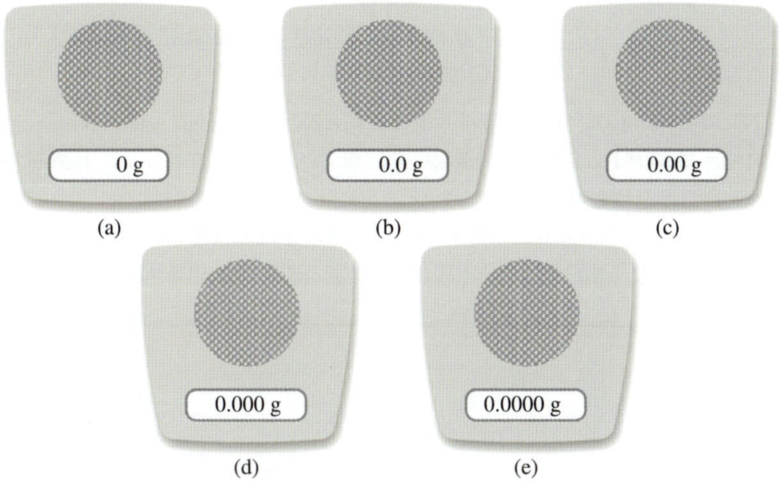

그림 2.4
다양한 감도(sensitivity)를 가지는 저울들. (a) 1 g 단위까지 무게 측정이 가능한 저울, (b) 0.1 g 단위까지 무게 측정이 가능한 저울, (c) 0.01 g 단위까지 무게 측정이 가능한 저울, (d) 0.001 g 단위까지 무게 측정이 가능한 저울, (e) 0.0001 g 단위까지 무게 측정이 가능한 저울

나타내는 무게 측정값의 소수점 이하 자릿수(감도, sensitivity)에 따라 저울(무게 측정값)의 불확실성과 그 크기가 결정된다.

다시 말해 1 g 단위까지 무게 측정값을 얻을 수 있는 저울의 경우 최소 ±1 g의 불확실성, 0.1 g 단위까지 무게 측정값을 얻을 수 있는 저울의 경우 최소 ±0.1 g의 불확실성, 0.01 g 단위까지 무게 측정값을 얻을 수 있는 저울의 경우 최소 ±0.01 g의 불확실성, 0.001 g 단위까지 무게 측정값을 얻을 수 있는 저울의 경우 최소 ±0.001 g의 불확실성, 0.0001 g 단위까지 무게 측정값을 얻을 수 있는 저울의 경우 최소 ±0.0001 g의 불확실성을 가지게 된다. 이러한 불확실성을 이해하기 위해 왼쪽 그림에서 볼 수 있는 것처럼 소수점 이하 네 자리까지 g 단위의 무게 측정값(예: 0.1234 g)을 얻을 수 있는 화학 저울(chemical balance)을 사용하는 경우를 예로 들어 본다.

화학 저울(출처: ©Thanandorn Sinphet/Shutterstock)

화학 저울의 경우, 무게를 측정하기 전에 0점을 얻는 단계에서 주변의 진동 등에 의한 영향으로 저울의 수치가 0.0000 g을 유지하지 못하여 소수점 이하 네 번째 자리의 0이 조금씩 변하는 현상이 발생할 수 있다. 따라서 0점이 정확하게 얻어지지 못한 상태에서 얻어지는 무게 측정값의 경우 그 크기가 최소 ±0.0001 g인 불확실성을 가지게 된다. 그리고 화학 저울의 0점으로 0.0000 g이 얻어진 경우라 하더라도, 그 0점(0.0000 g)이 저울에서는 나타나지 않는 소수점 이하 다섯 번째 자리의 수에 의한 영향을 고려해야 한다. 다시 말해 화학 저울에서 얻어진 0점(0.0000 g)이 0.00000 g, 0.00001 g, 0.00002 g, 0.00003 g, 0.00004 g 또는 0.00005 g 중에서 어떤 값으로부터 얻어진 것인지를 알 수 없다. 즉 화학 저울에 나타나지 않은 소수점 이하 다섯 번째 자리의 숫자가 화학 저울을 사용하여 구한 주어진 물질의 무게 측정값에 얼마나 영향을 미쳤는지를 알 수 없다. 따라서 화학 저울을 사용하여 구한 무게 측정값의 소수점 이하 네 번째 자리의 수치는 최소 ±0.0001 g의 불확실성을 가지게 된다.

일반적으로 저울을 사용하여 구하는 주어진 물질의 무게 측정값의 신뢰도(degree of reliability)를 높이기 위해서는 그 물질의 무게를 최소 3회 이상 반복하여 측정한 후, 그 물질의 무게를 대표하는 값인 평균값(average value)과 그 평균값이 가지는 불확실성을 함께 보고하게 된다. 예를 들어 보자. 만일 화학 저울을 사용하여 주어진 용액의 무게를 4회 반복하여 측정한 결과, 10.0109 g, 10.0107 g, 10.0108 g, 10.0108 g이라는 측정값을 얻었다면, 그 결과는 다음과 같이 보고하게 된다.

용액의 무게 = 평균값 ± 불확실성
= 평균값(average) ± 표준 편차(standard deviation)
= 10.0108 ± 0.0001 g

- 평균값은 3회 이상 반복하여 얻은 무게 측정값을 대표하는 값(nominal value)이다.
- 표준 편차는 평균값이 소유하는 불확실성이라고 할 수 있으며, 이 교재에서는 표준 편차를 구하는 방법은 다루지 않는다.

➡ 용액의 무게를 4회 반복하여 측정하여 얻어진 측정값을 대표하는 측정값은 10.0108 g이다. 그러나 실제 무게 측정 과정에서는 10.0107 g 이상과 10.0109 g 이하 사이의 측정값도 얻어졌다.

2.2 유효 숫자

지금까지 부피와 무게 측정에서 각 측정 도구가 가지는 불확실성과 그러한 도구의 사용으로 나타나는 측정값의 불확실성과 그 크기에 관하여 알아보았다. 이제 우리는 '주어진 크기의 불확실성을 가질 수밖에 없는 측정값을 구성하는 숫자 중에서 과학적 의미를 부여할 수 있는 숫자은 어떤 것인가?', '주어진 측정값에서 불확실성을 소유하는 숫자에는 과학적 의미를 부여할 수 있는가?' 그리고 '서로 다른 크기의 불확실성을 소유하는 측정값을 사용하여 계산을 수행하는 경우, 그 계산 결과를 구성하는 숫자 중 과학적 의미를 부여할 수 있는 숫자는 어떤 것인가?'에 관해 알아보기로 한다.

2.2.1 유효 숫자란

유효 숫자(significant figure 또는 significant digit)는 다음과 같이 정의할 수 있다.

> 주어진 측정값에서 유효 숫자란, 그 측정값을 구성하는 숫자(number) 중에서 의미를 가지는 숫자를 지칭한다.

유효 숫자에 관해 자세히 알아보기 전에 유효 숫자의 중요성을 말해 주는 이야기를 소개한다.

유효 숫자 이야기

영철은 무게가 83 g인 정육면체 형태의 금속 조각이 필요했고, 밀도가 8.67 g/cm^{3}인 금속 덩어리를 구할 수 있었다. 유효 숫자라는 개념은 학생들을 괴롭히기 위해 만들어진 것일 뿐 실제로는 별다른 의미가 없다고 생각한 영철은 다음과 같은 계산 과정을 통해 다음과 같이 그 금속 조각으로부터 만들어질 정육면체 금속 조각 한 변의 길이를 구하였다.

정육면체 금속 조각의 무게 = 83 g
금속 덩어리의 밀도 = 8.67 g/cm^3
➡

정육면체 금속 조각의 부피
= 무게 ÷ 밀도
= (83 g) ÷(8.67 g/cm^3)
= 9.57324106 cm^3 ⇒ 9.573 cm^3
➡

정육면체 금속 조각 한 변의 길이
= (부피)$^{1/3}$
= (9.573 cm^3)$^{1/3}$
= 2.12332278 cm ⇒ 2.123 cm

영철은 친구가 추천한 공작실을 찾아가 그곳 기술자에게 자신의 금속 덩어리를 건네며, 한 변의 길이가 2.123 cm인 정육면체 금속 조각을 만들어 줄 것을 요청하였다.
그러자 기술자는 의아해하며 "학생이 원하는 정육면체 금속 조각을 만들어 줄 수는 있지만 비용이 아주 많이 들 것입니다."라고 대답했다. 영철은 마음속으로 자신에게 공작실을 소개해 주었던 친구가 비슷한 작업에 대한 비용으로 50,000원을 지불했다는 사실을 떠올리며, "괜찮습니다. 아주 중요한 조각이니까, 비용은 걱정하지 마세요."라고 답하였다.

정육면체 금속 조각을 받기로 약속한 날 다시 공작실을 찾아간 영철에게 기술자는 48시간만 더 기다려 달라고 요청하였고, 이틀 후 영철은 다시 공작실을 방문하였다. 기술자는 영철에게 금속 조각을 하나 건네주었는데, 그것은 아름다운 광택을 내뿜는 정확한 정육면체 조각이었다. 기분이 무척 좋아진 영철이 제작 비용을 물어보자, 그 기술자는 "20만 원입니다."라고 대답하였다. 영철은 깜짝 놀라며 "아니, 이곳을 소개시켜 주었던 친구가 얼마 전에 비슷한 작업의 대가로 지불한 돈은 50,000원이라고 했는데요?"라고 반문하였다.

그러자 기술자는 다음과 같이 말했다. "학생! 학생의 친구는 한 변의 길이가 2.1 cm인 정육면체를 만들어 달라고 했었지만, 학생은 한 변이 2.123 cm인 정육면체 조각을 원했지 않았습니까? 내가 그 수치를 정확하게 지켜 조각을 만드느라 얼마나 고생을 했는지 알아요? 다른 일들에는 전혀 신경도 못쓰고 그 조각을 만들었다가 뭉개버리는 과정을 얼마나 많이 반복해야 했는지 알아요? 원래 20만 원보다 더 많은 비용을 청구해야 하겠지만 자네가 학생이니, 그 정도로 결정한 것입니다."

이 이야기에 따르면, 영철은 유효 숫자 개념을 적용하여 정육면체 금속 조각 한 변의 길이를 다음과 같이 구했어야 했다.

정육면체 금속 조각 한 변의 길이 구하기

정육면체 금속 조각의 무게 = 83 g (유효 숫자 2개)
금속 덩어리의 밀도 = 8.67 g/mL (유효 숫자 3개)

➡

정육면체 금속 조각의 부피
= 무게 ÷ 밀도
= (83 g) (유효 숫자 2개) ÷ (8.67 g/cm^3) (유효 숫자 3개)
= 9.57324106 cm^3 ⇒ 9.6 cm^3 (유효 숫자 2개)

➡

정육면체 금속 조각 한 변의 길이
= (부피)$^{1/3}$
= (9.6 cm^3)$^{1/3}$ (유효 숫자 2개)
= 2.125317138 cm ⇒ 2.1 cm (유효 숫자 2개)

2.2.2 측정값에서의 유효 숫자

주어진 측정값이 가지는 유효 숫자의 수는 어떻게 결정하는가? 앞에서 언급한 바와 같이 주어진 측정값의 경우, 적어도 마지막 자리의 수치는 어느 정도의 불확실성을 가지고 있다. 그렇다면 주어진 측정값에서 불확실성을 가지는 그 숫자도 유효 숫자에 포함되는가? 답은 '포함된다.'이며, 그 이유는 주어진 측정값을 구성하는 숫자 중에서 마지막 자리의 숫자는 불확실성을 가지기는 하지만, 나름대로의 의미를 가질 수 있기 때문이다.

예를 들어 앞에서 서술된 것처럼 최소 눈금 척도가 0.1 mL인 뷰렛(왼쪽 그림)에 담겨 있는 용액의 부피를 읽는 경우, 한 실험자는 용액의 부피로 12.68 mL라는 측정값으로 읽었고, 다른 실험자는 12.69 mL라는 측정값으로 읽었다. 따라서 이 뷰렛을 사용하여 얻은 용액의 부피 측정값의 두 번째 자리의 숫자인 '8'과 '9'는 의심의 여지없이 정확한 값으로 받아들일 수 없다. 그러나 뷰렛에 담긴 용액의 메니스커스가 가리키는 위치는 의심의 여지없이 12.65 mL와 12.70 mL의 사이에 위치하고 있다. 다시 말해 부피 측정값의 소수점 이하 두 번째 자리의 숫자는 적어도 1, 2, 3, 4 또는 5가 아닌 것은 확실하다. 그러므로 12.68 mL나 12.69 mL로 구해진 측정값의 마지막 자리의 숫자인 8이나 9는 불확실한 값이긴 하지만, 그 나름대로의 과학적 의미를 가질 수 있는 숫자로 받아들일 수 있다.

2.2.3 과학적 표기법의 사용과 유효 숫자

❶ 과학적 표기법

주어진 측정값이 가지는 유효 숫자들의 수를 정확하게 전달하기 위해서는 그 측정값을 과학적 표기(scientific notation)로 나타내는 것이 바람직하다. 예를 들어 보자. 그림 2.5에서 볼 수 있듯이, 자신의 키가 170 cm로 측정된 사람이 다른 사람들에게 자신의 키(170 cm)는 168 cm 또는 169 cm를 반올림한 수치가 아니라는 점을 확실히 하고 싶다면(170 cm라는 수치의 마지막 자리의 숫자인 0에 의미를 부여하고 싶다면), 자신의 키가 170 cm라고 말하는 대신 과학적인 표기법에 근거하여 1.70×10^2 cm라고 나타내야 한다.

또한 몸무게가 40 kg으로 측정된 사람도 마지막 자리의 숫자인 '0'을 강조하고 싶다면, 40 kg이 아닌 4.0×10^1 kg과 같은 과학적인 표기로 나타내는 것이 좋다. 다음은 주어진 측정값의 과학적 표기와 관련하여 몇 가지 지켜야 할 사항을 알려 준다.

그림 2.5
키와 몸무게의 과학적 표기
(출처: ©KimoMaru/Shutterstock)

과학적 표기법($x \times 10^y$)에서 지켜야 할 사항들

• x는 **1** 이상이고 **10**보다는 작아야 한다.

(예) 0.94×10^{-4}와 126×10^{-4}는 다음과 같이 바꾸어 표현해야 한다.

$0.94 \times 10^{-4} \rightarrow 9.4 \times 10^{-5}$ $126 \times 10^{-4} \rightarrow 1.26 \times 10^{-2}$

• y는 **0**이 아닌 정수이어야 한다.

(예 1) $1.0 \times 10^{-2.5}$

$= (1.0)$ (유효 숫자 2개) $\times$ $(10^{-2.5})$(유효 숫자 개념 미적용)

$= (1.0)$ (유효 숫자 2개) $\times$ (0.00316227766: 계산기 결과)(유효 숫자 개념 미적용)

$= 0.00316227766$(계산 결과)

$= 0.0032$(유효 숫자 2개, 반올림) 또는 3.2×10^{-3}(유효 숫자 2개, 과학적 표기)

(예 2) $4.05 \times 10^{0.25}$
= (4.05)(유효 숫자 3개) × ($10^{0.25}$)(유효 숫자 개념 미적용)
= (4.05)(유효 숫자 3개) × (1.77827941: 계산기 결과)(유효 숫자 개념 미적용)
= 7.202031611(계산기 결과)
= 7.20(유효 숫자 3개)

➡ 역 log 계산(예: $[H^+] = 10^{-pH}$)의 경우와 달리, 위의 예에서 볼 수 있는 것처럼 $x \times 10^y$에서 10^y 부분에서 정수가 아닌 y 값을 정수로 바꾸는 과정에서는 10^y 부분의 경우 유효 숫자 개념을 적용하지 않음을 기억해 두어야 한다.

표 2.1은 과학적 표기법($x \times 10^y$: $1 \le x < 10$, y : 0이 아닌 정수) 에 근거하여 틀린 표현과 올바른 표현을 보여 준다.

표 2.1 올바른 과학적 표기

틀린 표현	틀린 이유	올바른 표현
12×10^{-3}	$x < 10$이어야 함	1.2×10^{-2}
0.75×10^{-3}	$x \ge 1$이어야 함	7.5×10^{-4}
14.6×10^{3}	$x < 10$이어야 함	1.46×10^{4}
$1.5 \times 10^{2.5}$	y: 0이 아닌 정수이어야 함	4.7×10^{2}
$9.504 \times 10^{-7.5}$	y: 0이 아닌 정수이어야 함	3.005×10^{-7}
$9.504 \times 10^{-0.54}$	y: 0이 아닌 정수이어야 함	2.741

그렇다면 0.094×10^{-2} 또는 0.194×10^{-2}와 같은 표현이 필요한 경우는 없을까? 만일 주어진 실험을 통해 얻어진 두 개 이상의 측정값을 서로 효율적으로 비교하기 위해 0.094×10^{-2} 또는 0.194×10^{-2}와 같은 표현을 그대로 사용할 수 있다. 예를 들어 춘천, 원주, 강릉, 삼척에서 채취한 토양 시료 중에 함유된 특정 성분 A의 농도가 각각 9.4×10^{-4} ppm, 1.94×10^{-3} ppm, 1.0×10^{-2} ppm, 9.4×10^{-3} ppm으로 얻어졌다면, 이 경우 모든 농도 값을 0.094×10^{-2} ppm, 0.194×10^{-2} ppm, 1.0×10^{-2} ppm, 0.94×10^{-2} ppm으로 변화시킴으로써 지역별 농도 비교의 수월성을 높일 수 있다.

❷ 과학적 표기에서의 유효 숫자

다음은 주어진 과학적 표기에서 유효 숫자를 구분해 내는 방법을 보여 준다.

$[H^+] = \underline{3.2} \times 10^{-3}$ M $K_w = \underline{1.0} \times 10^{-3}$ M $K_{sp} = \underline{1.40} \times 10^{-10}$ M
유효 숫자 ➡ 3과 2 1과 0 1, 4, 0

$[Ca^{2+}] = \underline{1.020} \times 10^{-5}$ M
유효 숫자 ➡ 1, 0, 2, 0

❸ 0이 포함된 측정값의 과학적 표기와 유효 숫자

주어진 측정값을 과학적 표기로 바꾸어 표현하면, 사라질 수 있는 0(들)은 유효 숫자가 아니다. 다음의 예제들을 살펴보자.

예제 2.1 0.0012 g의 경우

풀이 »

0.0012 g이라는 측정값은 다음과 같이 과학적 표기법으로 바꾸어 표현할 수 있다.

$$0.0012\ \text{g} = 1.2 \times 10^{-3}\ \text{g}$$

0.0012 g에서 밑줄 친 부분에 위치한 세 개의 0은 단순히 무게 측정값의 '소수점 이하 자릿수'를 나타내기 위해 사용되었을 뿐이다. 따라서 이 세 개의 0은 유효 숫자가 아니다.

예제 2.2 0.0012 g의 경우

풀이 »

0.002010 g은 다음과 같이 과학적 표기로 바꾸어 표현할 수 있다.

$$0.002010\ \text{g} = 2.010 \times 10^{-3}\ \text{g}$$

0.002010 g에서 2 앞의 밑줄 친 부분에 위치한 세 개의 0은 단순히 '소수점 이하 자릿수'를 나타내고 있다. 그러나 2 바로 뒤의 0은 무게 측정값의 마지막 자리의 숫자가 아니므로 당연히 유효 숫자이고, 마지막 자리의 0도 역시 이 측정값이 2.011×10^{-3} g보다는 작고 2.009×10^{-3} g보다는 크다는 의미를 가지므로 유효 숫자이다.

표 2.2는 측정값이 0을 포함하는 경우, 유효 숫자의 수를 세는 방법을 나타낸 것이다.

표 2.2 0을 포함한 측정값에서의 유효 숫자

측정값	10.0102 g	1.0100 g	0.0100 g	0.00101 g	0.001010 g
과학적 표기법	1.00102×10^{1} g		1.00×10^{-2} g	1.01×10^{-3} g	1.010×10^{-3} g
유효 숫자	1.00102 6개	1.0100 5개	1.00 3개	1.01 3개	1.010 4개

0에 대한 유효 숫자 규칙

- 측정값에서 0이 아닌 숫자(non-zero digit)들은 유효 숫자이다.
  1) 12 g 유효 숫자들의 수: 2
  2) 123 mL 유효 숫자들의 수: 3
  3) 1.2344 g 유효 숫자들의 수: 5
  4) 12.12 g 유효 숫자들의 수: 4
- 측정값에서 유효 숫자들 사이의 0(들)이나 유효 숫자 다음의 0(들)은 유효 숫자이다.
  1) 102 g 유효 숫자들의 수: 3
  2) 1002 mL 유효 숫자들의 수: 4
  3) 102.0102 g 유효 숫자들의 수: 7
  4) 10.0200 g 유효 숫자들의 수: 6
- 1보다 작은 측정값의 소수점 이하 자리에서 유효 숫자 다음에 나오는 마지막 0(들)이나 유효 숫자들 사이에 나오는 0(들)은 유효 숫자이다.
  1) 0.050 g 유효 숫자들의 수: 2
  2) 0.0500 g 유효 숫자들의 수: 3
  3) 0.5004 g 유효 숫자들의 수: 4
- 1보다 작은 측정값에서 소수점 이하 자리수를 나타내는 0(들)은 유효 숫자가 아니다. 이러한 0(들)은 과학적 표기로 바꾸는 과정에서 사라진다.
  1) 0.0500 g = 5.00×10^{-2} g 유효 숫자들의 수: 3
  2) 0.0054 g = 5.4×10^{-3} g 유효 숫자들의 수: 2

- 정수인 측정값에서 마지막에 위치한 0(들)이 유효 숫자가 되기 위해서는 과학적 표기로 바꾸어 나타내어야 한다.
  1) 모든 0들이 유효 숫자이면, 200 g → 2.00×10^2 g 유효 숫자들의 수: 3
  2) 처음 0만 유효 숫자이면, 200g → 2.0×10^2 g 유효 숫자들의 수: 2
  3) 모든 0들이 유효 숫자가 아니라면, 200 g → 2×10^2 g 유효 숫자들의 수: 1

2.2.4 측정값을 사용한 계산에서의 유효 숫자

❶ 주어진 측정값의 단위 변환과 유효 숫자

주어진 단위를 가진 측정값을 다른 단위의 측정값으로 변환하는 작업에서 원래 측정값이 가졌던 유효 숫자의 수는 변하지 않아야 한다. 예를 들어 다음과 같이 어떤 물질의 밀도를 몇 가지 다른 단위의 값으로 바꾸어 표현하는 경우, 원래 측정값이 가지고 있던 유효 숫자의 수는 변하지 않아야 한다.

밀도	$\underline{8.67}$ g/mL =	$0.00\underline{867}$ kg/mL =	$\underline{8.67} \times 10^{-3}$ kg/mL
유효 숫자 개수	3개	3개	3개
질량	$\underline{83}$ mg =	$\underline{8.3} \times 10^{-2}$ g	
유효 숫자 개수	2개	2개	

❷ 곱하기와 나누기에서의 유효 숫자

측정값을 사용한 곱하기와 나누기에서 계산 결과가 가지는 유효 숫자의 수는 그 계산에 사용된 측정값 중에서 가장 적은 수의 유효 숫자를 가지는 측정값의 유효 숫자의 수보다 더 많아질 수 없다.

예제 2.3 부피 = 질량 ÷ 밀도 = (83 g) ÷ (8.67 g/cm³) = 9.5732410611 cm³의 경우

풀이 »

	($\underline{83}$ g) ÷	($\underline{8.67}$ g/cm³) =	9.573241061 cm³ ➡	$\underline{9.6}$ cm³
유효 숫자 개수	2개	3개		2개

예제 2.4 한 변의 길이 = $(9.6\ \text{cm}^3)^{\frac{1}{3}}$ = 2.125317138 cm의 경우

풀이 »

	$(\underline{9.6}\ \text{cm}^3)^{\frac{1}{3}}$ =	2.125317138 cm ➡	$\underline{2.1}$ cm
유효 숫자 개수	2개		2개

❸ 더하기와 빼기에서의 정확도

측정값을 사용한 더하기와 빼기에서 계산 결과의 정확도(소수점 이하 자릿수)는 그 계산에 사용된 측정값 중에서 가장 정확도가 낮은 측정값의 정확도를 넘어설 수 없다.

예제 2.5 $0.123 + 1.23 + 2.34675 = ?$

풀이 »

$$0.\underline{123} + 1.\underline{23} + 2.\underline{34675} = 3.69975 = 3.\underline{70}$$

소수점 이하 자릿수 세 자리 두 자리 다섯 자리 두 자리

(유효 숫자: 3개)

예제 2.6 $1.234 \times 10^{-2} + 1.234 \times 10^{-4} = ?$

풀이 »

$$1.234 \times 10^{-2} + 1.234 \times 10^{-4}$$
$$= 1.\underline{234} \times 10^{-2} + 0.\underline{01234} \times 10^{-2} = 1.\underline{246} \times 10^{-2}$$

소수점 이하 자릿수 세 자리 다섯 자리 세 자리

(유효 숫자: 4개)

❹ 측정값의 단순 배수 구하기와 정확도

주어진 물질의 무게를 구한 후 그 물질 여러 개의 무게를 표현하고자 한다면, 원래 무게(측정값)의 소수점 이하 자릿수를 고려해 주어야 한다.

예제 2.7 물질 1개의 무게가 1.014 g이라면, 그 물질 5개의 무게를 계산해 보자.

풀이 »

1.014 g (소수점 이하 세 자리) × 5 (유효 숫자 개념 미적용)

= 5.07 g (계산기 결과) ➡ 5.070 g (소수점 이하 세 자리)

왜냐하면 '1.014 g (소수점 이하 세 자리) × 5'의 경우 다음과 같이 더하기 개념이 적용되어야 하기 때문이다.

1.014 g(소수점 이하 세 자리) + 1.014 g (소수점 이하 세 자리) + 1.014 g (소수점 이하 세 자리)

+ 1.014 g (소수점 이하 세 자리) + 1.014 g (소수점 이하 세 자리)

= 5.070 g (소수점 이하 세 자리)

마찬가지로 물질의 무게를 구한 후, 그 물질의 $1/n(n = 1, 2, 3, ...)$에 해당하는 무게를 구하는 경우에도 소수점 이하 자릿수를 고려해야 한다.

예제 2.8 무게가 10.015 g인 물질이 있다. 이 물질의 $\frac{1}{3}$에 해당하는 무게를 계산해 보자.

풀이 »

10.015 g (소수점 이하 세 자리) × $\left(\frac{1}{3}\right)$ (유효 숫자 개념 미적용)

= 10.015 g (소수점 이하 세 자리) ÷ 3 (유효 숫자 개념 미적용)

= 3.338333333 g (계산기 결과) ➡ 3.338 g (소수점 이하 세 자리)

왜냐하면 '10.015 g (소수점 이하 세 자리) ÷ 3'의 경우 다음과 같이 더하기 개념이 적용되어야 하기 때문이다.

3.338 g (소수점 이하 세 자리) + 3.338 g (소수점 이하 세 자리) + 3.338 g (소수점 이하 세 자리)

= 10.014 g

이 결과가 10.015 g으로 나오지 않는 것은 유효 숫자의 개념에 따라 소수점 이하 세 자리만을 고려하였기 때문이다.

❺ 백분율 구하기와 유효 숫자

만일 주어진 분율을 근거로 백분율을 구하고자 한다면, 그 과정에서 분율에 곱해 주는 100의 경우 유효 숫자의 개념을 적용하지 않는다. 따라서 백분율을 구하는 과정에서 분율에 곱해 주는 100의 경우 10^2으로 표현하는 것이 좋다.

예제 2.9 분율이 0.102인 경우, 백분율을 구해 보자.

풀이 »

백분율 = 분율 × 10^2

= 0.102 (유효 숫자 3개) × 10^2 (유효 숫자 개념 미적용)

= 0.102 (유효 숫자 3개) × 10^2

= 10.2 % (유효 숫자 3개) 또는 1.02×10^1 % (과학적 표기)

예제 2.10 분율이 0.01234인 경우, 백분율을 구해 보자.

풀이 »

백분율 = 0.01234 (유효 숫자 4개) × 10^2 = 1.234 % (유효 숫자 4개)

❻ log 계산과 역 log 계산에서의 유효 숫자

측정값을 사용하는 log 계산과 역 log 계산은 다음과 같은 규칙에 따라 그 결과를 구한다.

$\log(x) = y$

x값의 유효 숫자들의 수 = y값에서 소수점 이하 자리들의 수

$10^y = x$

y값에서 소수점 이하 자리들의 수 = x값의 유효 숫자들의 수

예를 들어 log(0.0234) = −1.630784143의 경우 0.0234는 3개의 유효 숫자들을 가지므로, 그 답은 소수점 이하 자릿수는 세 개여야 한다. 따라서 반올림 규칙(⑧번의 내용 참조)을 적용하여 −1.631이라는 답으로 보고해야 한다.

예제 2.11 다음과 같은 계산의 결과들을 구해 보자.

(a) log(0.10), $10^{-1.00}$

(b) log(1.10)와 $10^{-1.0}$

(c) log(0.09550)와 $10^{-1.0200}$

(d) log(1.012)와 $10^{2.090}$

풀이 »

(a) log(0.$\underline{10}$)

= log(0.10)(유효 숫자 두 개) = −1(계산기 결과) = −1.$\underline{00}$(소수점 이하 자릿수 두 개)

$10^{-1.00}$ = $10^{-1.00}$(소수점 이하 자릿수 두 개) = 0.1(계산기 결과) = 0.$\underline{10}$(유효 숫자 두 개)

(b) log(1.10)

= log($\underline{1.10}$)(유효 숫자 세 개) = 0.04139268516(계산기 결과) = 0.$\underline{041}$(소수점 이하 자릿수 세 개)

$10^{0.041}$ = $10^{0.041}$(소수점 이하 자릿수 세 개) = 1.099005839(계산기 결과) = $\underline{1.10}$(유효 숫자 세 개)

(c) log(0.09550)

= log(0.0<u>9550</u>)(유효 숫자 네 개) = −1.019996628(계산기 결과) = −1.<u>0200</u>(소수점 이하 자릿수 네 개)

$10^{-1.0200} = 10^{-1.0200}$(소수점 이하 자릿수 네 개) = 0.0954992586(계산기 결과) = 0.<u>09550</u>(유효 숫자 네 개)

(d) log(1.012)

= log(<u>1.012</u>)(유효 숫자 네 개) = 0.005180512504(계산기 결과) = 0.<u>0052</u>(소수점 이하 자릿수 네 개)

$10^{0.0052} = 10^{0.0052}$(소수점 이하 자릿수 네 개) = 1.012045411(계산기 결과) = <u>1.012</u>(유효 숫자 네 개)

예제 2.12 $pH = -\log[H^+]$이면, 다음과 같은 계산의 결과들을 구해보자.

(a) $[H^+] = 10^{-7}$ M인 경우의 pH

(b) $[H^+] = 1 \times 10^{-7}$ M인 경우의 pH

(c) $[H^+] = 1.1 \times 10^{-6}$ M인 경우의 pH

(d) $[H^+] = 4.01 \times 10^{-11}$ M인 경우의 pH

(e) pH = 11인 경우의 $[H^+]$

(f) pH = 10.2인 경우의 [H+]

(g) pH = 9.28인 경우의 $[H^+]$

풀이 »

(a) $[H^+] = 10^{-7}$ M인 경우

$pH = -\log[H^+] = -\log(10^{-7}) = -\log(10^{-7})$(유효 숫자 없음) = 7(계산기 결과) = 7(소수점 이하 자릿수 없음)

(b) $[H^+] = 1 \times 10^{-7}$ M인 경우

$pH = -\log[H^+] = -\log(1 \times 10^{-7}) = -\log(\underline{1} \times 10^{-7})$(유효 숫자 한 개) = 7(계산기 결과)

= 7.<u>0</u>(소수점 이하 자릿수 한 개)

(c) $[H^+] = 1.1 \times 10^{-6}$ M인 경우

$pH = -\log[H^+] = -\log(1.1 \times 10^{-6}) = -\log(\underline{1.1} \times 10^{-6})$(유효 숫자 두 개) = 5.958607315(계산기 결과)

= 5.<u>96</u>(소수점 이하 자릿수 두 개)

(d) $[H^+] = 4.01 \times 10^{-11}$ M인 경우

$pH = -\log[H^+] = -\log(4.01 \times 10^{-11}) = -\log(\underline{4.01} \times 10^{-11})$(유효 숫자 세 개) = 10.39685563(계산기 결과) = 10.<u>397</u>(소수점 이하 자릿수 세 개)

(e) pH = 11인 경우

$[H^+] = 10^{-pH} = 10^{-11}$ M = 10^{-11} M(소수점 이하 자릿수 없음)

(f) pH = 10.2인 경우

$[H^+] = 10^{-pH} = 10^{-10.2}$ M = $10^{-10.2}$ M(소수점 이하 자릿수 한 개) = $6.309573445 \times 10^{-11}$ M(계산기 결과) = $\underline{6} \times 10^{-11}$ M(유효 숫자 한 개)

(g) pH = 9.28인

$[H^+] = 10^{-pH} = 10^{-9.28}$ M = $10^{-9.28}$ M(소수점 이하 자릿수 두 개) = $5.248074602 \times 10^{-10}$ M(계산기 결과) = $\underline{5.2} \times 10^{-10}$ M(유효 숫자 두 개)

예제 2.13 $pH = pK_a + \log(\frac{[A^-]}{[HA]})$은 완충 용액의 pH를 구하는 식이다.

(a) [HA] = 0.0030 M, $[A^-]$ = 0.030 M 그리고 $K_a = 1.75 \times 10^{-5}$인 완충 용액의 pH를 구하시오.

(b) $[A^-]$: [HA]= 3 : 4이고, $K_a = 1.75 \times 10^{-5}$인 완충 용액의 pH를 구하시오.

(c) $[A^-]$: [HA]= 4 : 1이고, $K_a = 1.75 \times 10^{-5}$인 완충 용액의 pH를 구하시오.

풀이 »

(a) $pH = pK_a + \log(\frac{[A^-]}{[HA]}) = -\log K_a + \log(\frac{[A^-]}{[HA]})$

$$= -\log(1.75 \times 10^{-5}) + \log(\frac{0.030}{0.0030})$$

$= -\log(\underline{1.75} \times 10^{-5})$(유효 숫자 세 개) $+ \log(\underline{10})$(유효 숫자 두 개)

$= 4.756961951$(계산기 결과) $+ 1$(계산기 결과)

$= 4.\underline{757}$(소수점 이하 세 자리) $+ 1.\underline{00}$(소수점 이하 두 자리)

$= 5.757$(계산기 결과)

$= 5.\underline{76}$(소수점 이하 두 자리)

(b) $pH = pK_a + \log(\frac{[A^-]}{[HA]}) = -\log K_a - \log(\frac{[A^-]}{[HA]})$

$= -\log(\underline{1.75} \times 10^{-5})$(유효 숫자 세 개) $+\log(\frac{3}{4})$(단순 비율, 유효 숫자 개념 미적용)

$= -\log(1.75 \times 10^{-5}) - 0.124938736$(계산기 결과)

$= 4.\underline{757}$(소수점 이하 세 자리) $- 0.124938736 = 4.\underline{632}$(소수점 이하 세 자리)

(c) $pH = pK_a + \log(\frac{[A^-]}{[HA]}) = -\log K_a + \log(\frac{[A^-]}{[HA]})$

$= -\log(\underline{1.75} \times 10^{-5})$(유효 숫자 세 개) $+\log(\frac{4}{1})$(단순 비율, 유효 숫자 개념 미적용)

$= -\log(1.75 \times 10^{-5}) + 0.6020599913$(계산기 결과)

$= 4.\underline{757}$(소수점 이하 세 자리) $+ 0.6020599913$(계산기 결과)

$= 5.359059991$(계산기 결과)

$= 5.\underline{359}$(소수점 이하 세 자리)

예제 2.14 24 °C에서 $K_w = 1.00 \times 10^{-14}$이고, 25 °C에서는 $K_w = 1.01 \times 10^{-14}$이다. 각 온도에서 pK_w를 구해 보자. 그리고 25 °C에서 $K_w = 1.0 \times 10^{-14}$일 때 pK_w를 구해 보자.

풀이 »

24 °C: $K_w = 1.00 \times 10^{-14}$

$pK_w = -\log(K_w) = -\log(\underline{1.00} \times 10^{-14})$(유효 숫자 세 개) $= 14.\underline{000}$(소수점 이하 세 자리)

25 °C: $K_w = 1.01 \times 10^{-14}$

$pK_w = -\log(\underline{1.01} \times 10^{-14})$(유효 숫자 세 개) $= 13.9956786 \Rightarrow 13.\underline{996}$(소수점 이하 세 자리)

25 °C: $K_w = 1.0 \times 10^{-14}$

$pK_w = -\log(K_w) = -\log(\underline{1.0} \times 10^{-14})$(유효 숫자 두 개) $= 14.\underline{00}$(소수점 이하 세 자리)

예제 2.15 다음과 같은 식의 값을 구해 보자.

$pH = pK_a + \log[A^-]/[HA] = 4.757 + \log(0.100/0.020) = ?$

풀이 »

$pH = 4.757 + \log(0.100/0.020)$

$\downarrow$ 0.100 (유효 숫자 3개) /0.020 (유효 숫자 2개) = 5.0 (유효 숫자 2개)

$pH = 4.757 + \log(5.0)$

$\downarrow$ $\log(5.0) = 0.6989700043$ (계산기 결과) = 0.70 (유효 숫자 2개)

$pH = 4.757 + 0.70$

$\downarrow$ 4.757 (소수점 이하 세 자리) + 0.70 (소수점 이하 두 자리)

$= 5.457 \rightarrow 5.46$ (소수점 이하 두 자리)

$\therefore pH = 4.757 + \log(0.100/0.020) = 5.46$

예제 2.16 $(474.4\times10^3) = -(2.303)(8.314)(298)\log K$와 같은 식에서 K 값을 구해 보자.

풀이 »

$(474.4 \times 10^3) = -(2.303)(8.314)(298)\log K$

$-(474.4 \times 10^3)/\{(2.303)(8.314)(298)\} = \log K$

↓ 474.4×10^3: 유효 숫자 4개, 2.303: 유효 숫자 4개

8.314: 유효 숫자 4개 298: 유효 숫자 3개

↓ $-(474.4 \times 10^3)/\{(2.303)(8.314)(298)\}$

$= -83.14276401$ (계산기 결과) → 83.1 (유효 숫자 3개)

-83.1 (유효 숫자 3개) $= \log K$

↓ $K = 10^{-83.1}$

: 역 log 계산의 경우 83.1의 유효 숫자는 한 개

$K = 10^{-83.1} = 7.943282347 \times 10^{-84}$ (계산기 결과) → 8×10^{-84} (유효 숫자 한 개)

∴ $K = 8 \times 10^{-84}$

다음의 표 2.3은 log 계산과 역 log 계산에 관련된 몇 가지를 정리한 것이다.

표 2.3 유효 숫자 개념을 적용한 log 계산

$[H^+]$	$pH = -\log[H^+]$	pH	$[H^+]=10^{-pH}$
10^{-7} M (유효 숫자: 없음)	7 (소수점 이하 자리수: 없음)	4 (소수점 이하 자리수: 없음)	10^{-4} M (유효 숫자: 없음)
<u>3.00</u> × 10^{-7} M (유효 숫자: 세 개)	계산기 결과 6.522878745 ↓ 6.<u>523</u> (소수점 이하 자리수: 세 개)	8.<u>789</u> (소수점 이하 자리수: 세 개)	계산기 결과 0.000000001625548756 ↓ <u>1.63</u> × 10^{-9} M (유효 숫자: 세 개)
<u>2</u> × 10^{-7} M (유효 숫자: 한 개)	계산기 결과 6.698970004 ↓ 6.<u>7</u> (소수점 이하 자리수: 한 개)	3.<u>5</u> (소수점 이하 자리수: 한 개)	계산기 결과 0.000316227 ↓ <u>3</u> × 10^{-4} M (유효 숫자: 한 개)
<u>2.0</u> × 10^{-7} M (유효 숫자: 두 개)	계산기 결과 6.698970004 ↓ 6.<u>70</u> (소수점 이하 자리수: 두 개)	3.<u>50</u> (소수점 이하 자리수: 두 개)	계산기 결과 0.000316227 ↓ <u>3.2</u> × 10^{-4} M (유효 숫자: 두 개)

❼ 곱하기와 나누기, 더하기와 빼기가 포함된 계산

측정값을 사용하는 계산 과정에서 곱하기와 나누기, 더하기와 빼기가 함께 포함된 경우에는 반드시 더하기나 빼기를 먼저 수행하여 정확도를 고려한 계산 결과를 얻은 후, 곱하기나 나누기를 수행하여 유효 숫자를 맞추어 준 최종 결과를 얻어야 한다.

예제 2.17 다음과 같은 식의 계산 결과를 구해 보자.

$(13.214 + 234.6 + 7.0350 + 6.38) \times 0.234 = ?$

풀이 »

$(13.214$(소수점 이하 세 자리) $+ 234.6$(소수점 이하 한 자리) $+ 7.0350$(소수점 이하 네 자리)
$+ 6.38$(소수점 이하 두 자리)$) \times 0.234$
$= 261.2$(소수점 이하 한 자리) $\times 0.234$
$= 261.2$(유효 숫자 4개) $\times 0.234$(유효 숫자 3개)
$= 61.1$(유효 숫자 3개)

예제 2.18 다음과 같은 식의 계산 결과를 구해 보자.

$\{(13.214 \times 234.6) + (7.0350 \div 6.38)\} \times 0.234 = ?$

풀이 »

$\{(13.214$(유효 숫자 5개) $\times 234.6$(유효 숫자 4개)$) + (7.0350 \div 6.38)\} \times 0.234$
$= \{3100$(유효 숫자 4개) $+ (7.0350$(유효 숫자 5개) $\div 6.38$(유효 숫자 3개)$)\} \times 0.234$
$= (3100$(유효 숫자 4개) $+ 1.10$(유효 숫자 3개)$) \times 0.234$
$= (3100$(소수점 자릿수 없음) $+ 1.10$(소수점 이하 두 자리)$) \times 0.234$
$= 3101$(소수점 자릿수 없음) $\times 0.234$
$= 3101$(유효 숫자 4개) $\times 0.234$(유효 숫자 3개)
$= 726$(유효 숫자 3개)

예제 2.19 근의 공식을 사용하여 $x^2 + 1.75 \times 10^{-5}x - 1.75 \times 10^{-6} = 0$와 같은 이차 방정식의 근을 구해 보자.

풀이 »

$x = [H_3O^+] = [CH_3COO^-]$
$= [-1.75 \times 10^{-5} \pm \{(1.75 \times 10^{-5})^2 + 4(1.75 \times 10^{-6})\}^{1/2}]/2$
$= [-1.75 \times 10^{-5}$
$\pm \{(1.75 \times 10^{-5}$(유효 숫자 3개)$)^2 + 4$(상수, 유효 숫자 개념 미적용)$(1.75 \times 10^{-6})\}^{1/2}]/2$
$= \{-1.75 \times 10^{-5} \pm (3.06 \times 10^{-10}$(유효 숫자 3개) $+ 7.00 \times 10^{-6}$(유효 숫자 3개)$)^{1/2}\}/2$
$= \{-1.75 \times 10^{-5}$
$\pm (0.000306 \times 10^{-6}$(소수점 이하 여섯 자리) $+ 7.00 \times 0^{-6}$(소수점 이하 두 자리)$)^{1/2}\}/2$
$= \{-1.75 \times 10^{-5} \pm (7.00 \times 10^{-6}$(소수점 이하 두 자리)$)^{1/2}\}/2$
$= \{-1.75 \times 10^{-5} \pm (7.00 \times 10^{-6}$(유효 숫자 3개)$)^{1/2}\}/2$
$= (-1.75 \times 10^{-5} \pm 2.65 \times 10^{-3}$(유효 숫자 3개)$)/2$
$= (-0.0175 \times 10^{-3}$(소수점 이하 다섯 자리) $\pm 2.65 \times 10^{-3}$(소수점 이하 두 자리)$)/2$
$= (2.63 \times 10^{-3}$(소수점 이하 두 자리)$)/2$
$= (2.63 \times 10^{-3}$(유효 숫자 3개)$)/2$(상수, 유효 숫자 개념 미적용)
$= 1.32 \times 10^{-3}$(유효 숫자 3개)(반올림 규칙 참조)

❽ 계산 결과의 반올림과 내림

측정값들을 사용한 계산 과정에서는 소수점 이하 자리수(정확도)와 유효 숫자의 개념에 따라 버려야 할 값(들)이 있을 수 있으며, 그러한 경우 다음과 같은 반올림과 내림의 규칙을 따른다.

덧셈과 뺄셈의 경우

1.00 g + 1.0151 g = 1.00 g(소수점 이하 두 자리) + 1.0151 g(소수점 이하 네 자리)
= 2.0151 g(계산기 결과)

이 경우 답은 정확도가 더 낮은 소수점 이하 두 자리까지만 얻어야 하므로, 소수점 이하 세 번째와 네 번째 자리의 수들인 51을 제외한 결과를 얻어야 한다. 그런데 51은 50보다 더 크므로, 반올림을 적용하여 다음과 같은 결과를 얻어야 한다.
= 2.02 g(소수점 이하 두 자리, 반올림)

1.00 g + 1.0149 g = 1.00 g(소수점 이하 두 자리) + 1.0149 g(소수점 이하 네 자리)
= 2.0149 g(계산기 결과)

이 경우 답은 정확도가 더 낮은 소수점 이하 두 자리까지만 얻어야 하므로, 소수점 이하 세 번째와 네 번째 자리의 수들인 49를 제외한 결과를 얻어야 한다. 그런데 49는 50보다 더 작으므로, 내림을 적용하여 다음과 같은 결과를 얻어야 한다.
= 2.01 g(소수점 이하 두 자리, 내림)

1.00 g + 1.0150 g = 1.00 g(소수점 이하 두 자리) + 1.0150 g(소수점 이하 네 자리)
= 2.0150 g(계산기 결과)

이 경우 답은 정확도가 더 낮은 소수점 이하 두 자리까지만 얻어야 하므로, 소수점 이하 세 번째와 네 번째 자리의 수들이 50을 제외한 결과를 얻어야 한다. 그런데 50은 반올림과 내림의 기준이 되는 값이므로, 또 다른 규칙을 적용해야 한다. 즉, 반올림의 결과 바로 앞의 수가 짝수로 얻어지는 경우, 반올림해준다. 이와는 달리 바로 앞의 수가 홀수가 되는 경우, 내림해준다. 따라서 이 계산 결과는 다음과 같이 얻어져야 한다.
= 2.02 g(소수점 이하 두 자리, 반올림)

곱셈과 나눗셈의 경우

10.0551 g ÷ 10.0 mL = 10.0501 g(유효 숫자 여섯 개) + 10.0 mL(유효 숫자 세 개)
= 1.00501 g/m(계산기 결과)

이 경우 답은 3개의 유효 숫자들만을 가져야 하므로, 마지막의 501은 버려야 한다. 그런데 501은 500보다 더 크므로, 반올림을 적용하여 다음과 같은 결과를 얻어야 한다.
= 1.01 g/mL(유효 숫자 세 개)

10.0449 g ÷ 10.00 mL = 10.0449 g(유효 숫자 여섯 개) + 10.0 mL(유효 숫자 네 개)
= 10.0449 g/mL(계산기 결과)

이 경우 답은 4개의 유효 숫자들만을 가져야 하므로, 마지막의 49는 버려야 한다. 그런데 49는 50보다 더 작으므로, 내림을 적용하여 다음과 같은 결과를 얻어야 한다.
= 1.004 g/mL(유효 숫자 네 개)

10.2500 g ÷ 10.0 mL = 10.2500 g(유효 숫자 여섯 개) + 10.0 mL(유효 숫자 세 개)
= 1.02500 g/mL(계산기 결과)

이 경우 답은 3개의 유효 숫자들만을 가져야 하므로, 마지막의 500은 버려야 한다. 그런데 500은 반올림과 내림의 기준이 되는 값이므로, 앞의 덧셈과 뺄셈에서와 같은 규칙을 적용한다. 즉, 반올림의 결과 바로 앞의 수가 짝수로 얻어지는 경우, 반올림해준다. 이와는 달리 바로 앞의 수가 홀수가 되는 경우, 내림해준다. 따라서 이 계산 결과는 다음과 같이 얻어져야 한다.
= 1.02 g/mL(유효 숫자 네 개, 내림)

알아두어야 할 용어(term)들

- 측정값의 불확실성
- 유효 숫자
- 측정값의 정확도
- 과학적 표기

요약

실험기구나 장비들을 사용하는 물리적 측정에서 그 기구들이나 장비들이 가지는 고유한 불확실성에 기인하여 필연적으로 발생할 수밖에 없는 측정값들의 불확실성을 소개하였고, 그에 따라 측정값을 사용하는 계산들(곱셈, 나눗셈, 덧셈, 뺄셈 그리고 log 계산과 역 log 계산 등)에서 필수적으로 고려해야 하는 유효 숫자의 개념과 정확도(소수점 이하 자리)의 개념을 다루었다.

연 . 습 . 문 . 제

올바른 과학적 표기

1. $4.5 \times 10^{-4.5}$를 올바른 과학적 표기로 나타내시오.
2. 0.45×10^{-5}를 올바른 과학적 표기로 나타내시오.
3. $0.45 \times 10^{-4.5}$를 올바른 과학적 표기로 나타내시오.

과학적 표기와 유효 숫자

4. 1.4×10^{-4}에서 유효 숫자를 고르시오.
5. 1.04×10^{-4}에서 유효 숫자를 고르시오.
6. 1.0400×10^{-4}에서 유효 숫자를 고르시오.
7. 0.00400450이라는 수치에서 유효 숫자는 몇 개인가? 그리고 이 수치를 과학적 표기로 바꾸어 표현하시오.
8. 0.0012020300이라는 수치에서 유효 숫자는 몇 개인가? 그리고 이 수치를 과학적 표기로 바꾸어 표현하시오.
9. 12020300이라는 수치를 모든 0에 의미를 부여하는 과학적 표현으로 나타내시오.

곱하기와 나누기에서의 유효 숫자

10. 2.05×2.1234
11. 0.02050×2.1234
12. $(1.3 \times 10^{-3}) \times (2.123 \times 10^{-6})$
13. 무게가 12.2345 g이고 부피는 12.02 mL인 물질의 밀도를 구하시오.

더하기와 빼기에서의 정확도

14. $2.1234 + 0.1$
15. $2.1234 + 0.01020 + 0.12$
16. $1.01 \times 10^{-2} + 11.0 \times 10^{-2}$
17. $1.01 \times 10^{-2} + 1.00 \times 10^{-3}$

18. $1.02 + 1.123 + 1.2 + 0.001234$
19. $1.1 \times 10^{-2} + 1.00 \times 10^{-4}$

주어진 측정값의 단순 배수 구하기

20. 주어진 물질 1개의 무게가 10.036 g이라면, 그 물질 2개의 무게를 구하시오.
21. 주어진 물질의 무게가 10.360 g이라면, 그 물질 $\frac{1}{4}$의 무게를 구하시오.
22. 어떤 물질 1몰(mol)의 무게는 28.0 g이다. (a) 이 무게의 두 배가 되는 무게, (b) 2.0몰의 무게, (c) 2.00몰의 무게를 구하시오.

백분율 농도 구하기에서의 유효 숫자

23. 분율이 0.1일 때, 백분율을 구하시오.
24. 분율이 0.10일 때, 백분율을 구하시오.
25. 분율이 1일 때, 백분율을 구하시오.
26. 분율이 1.0일 때, 백분율을 구하시오.

log 계산에서 유효 숫자

27. pH = 0.35인 수용액에 들어 있는 H^+의 농도를 구하시오.
28. pH = 0.3인 수용액에 들어 있는 H^+의 농도를 구하시오.
29. pH = 3.35인 수용액에 들어 있는 H^+의 농도를 구하시오.
30. pH = 3.3인 수용액에 들어 있는 H^+의 농도를 구하시오.
31. Ca^{2+}의 농도가 2.03×10^{-6} M일 때, pCa를 구하시오.

종 합

32. 다음 질문들에 답하시오.
    ① 어떤 액체 9.9 mL의 무게를 측정하였더니 9.90 g이 나왔다. 이 액체의 밀도를 구하시오.
    ② 무게가 1.0500 g인 물질이 있다. 이 물질보다 5배 더 무거운 물질의 무게를 구하시오.
    ③ $344 \times 10^{-0.5}$ M을 올바른 과학적 표기로 나타내시오.
    ④ 1.02×10^{-3} M + 5.10×10^{-2} M와 같은 계산 결과를 과학적 표기로 답하시오.
    ⑤ [HA] = 0.055 M, $[A^-]$ = 0.250 M 그리고 $Ka = 1.75 \times 10^{-5}$이면, ⓐ $pKa = -\log Ka$, ⓑ $\log([A^-]/[HA])$, ⓒ $pH = pKa + \log([A^-]/[HA])$를 구하시오.
    ⑥ $pH = -\log[H^+]$라면, pH = 6.80인 $[H^+]$의 값을 과학적 표기로 구하시오.
    ⑦ $(47.4/10.00) = -\log K$와 같은 식으로부터 구한 K의 값을 과학적 표기로 구하시오.

03

화학에서의 농도 표현법

농도란 주어진 양의 시료에 존재하는 특정 물질의 양을 정량적으로 나타낸 것이며, 이 장에서는 화학에서 다루는 농도 표현법 중 분율, 몰분율, 몰농도, 몰랄 농도를 소개한다.

©Matej Kastelic/Shutterstock

3.1 다양한 농도 표현법

화학에서의 농도(concentration)란 '주어진 양의 시료(sample)에 존재하는 특정 물질(분석 대상 성분 또는 연구 대상 성분)의 양을 정량적으로 나타낸 것'으로서, 기본적으로 다음과 같은 개념을 적용한다.

$$\text{농도} = \frac{(\text{특정 성분의 양})}{(\text{시료의 양})}$$

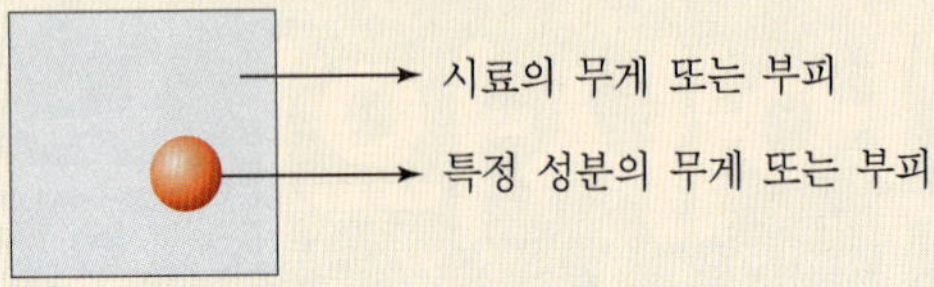

예를 들어 시료인 용액에 포함되어 있는 특정 성분으로서의 용질(solute)의 양을 다루는 농도의 경우, 용질과 용액의 양을 표현하는 방법(단위)에 따라 다음과 같은 농도 표현법을 사용한다.

화학에서 사용하는 몇 가지 농도 표현법

- **분율(fraction)**
  용질의 양(무게 또는 부피) ÷ 용액의 양(무게 또는 부피)
- **몰분율(mole fraction, X)**
  용질 또는 용매의 몰(mol) 수 ÷ 용액의 몰수(용질의 몰수 + 용매의 몰수)
- **몰농도(molar concentration 또는 molarity, M)**
  용질의 몰수 ÷ 단위 부피(L)의 용액
- **몰랄 농도(molal concentration 또는 molality, m)**
  용질의 몰수 ÷ 단위 무게(kg)의 용매
- **노말 농도(normal concentration 또는 normality, N)**
  용질의 당량(equivalent 또는 eq) 수 ÷ 단위 부피(L)의 용액

이 교재에서는 분율, 몰분율, 몰농도, 몰랄 농도만을 다룰 것이다. 이들 농도 표현법 중에서 몰분율과 몰농도, 몰랄 농도를 이해하기 위해서는 화학종의 수(number)를 세는 단위인 몰(mol)에 대한 이해가 필수적이지만, 이 교재에서는 6장에 이르러서야 화학종의 몰(mol)에 관한 개념을 본격적으로 다룰 것이다. 따라서 화학종의 몰(mol) 관련 개념을 확실하게 습득하고 있지 못한 학생의 경우 몰분율, 몰농도, 몰랄 농도를 다루는 것에 다소 어려움을 느낄 수도 있다. 하지만 여기서는 몰분율, 몰농도, 몰랄 농도를 이해하기 위해 필요한 화학종의 몰(mol) 관련 최소 정보를 제공할 것이므로, 모든 학생이 농도 표현법을 습득하는 데에 큰 어려움을 겪지 않을 것으로 생각한다.

3.2 분율

3.2.1 분율의 종류

주어진 양의 시료에 함유된 특정 성분의 양을 표현하는 한 가지 방법인 분율은 다음과 같은 세 가지 유형으로 구분한다.

분율의 종류

- **무게/무게 분율**(w/w)
  특정 성분의 무게 ÷ 시료의 무게
- **무게/부피 분율**(w/v)
  특정 성분의 무게 ÷ 시료의 부피
- **부피/부피 분율**(v/v)
  특정 성분의 부피 ÷ 시료의 부피

주어진 양의 시료에 함유된 특정 성분의 양은 시료의 양보다 많을 수 없으므로, 분율은 그 값이 1보다 커질 수 없다(분율 $\leq$ 1). 만일 주어진 분율이 1보다 크게 작아 다루기 쉽지 않은 경우(예: 0.010, 0.0000010 등)에는 분율에 100($=10^2$)을 곱하여 보다 더 간단하고 다루기 쉬운 백분율(part-per-hundred, 단위: %)로 바꾸어 표현하거나, 10^6을 곱하여 백만 분율(part-per-million, 단위: ppm)로 바꾸어 표현하거나, 또는 10^9을 곱하여 십억 분율(part-per-billion, 단위: ppb) 등으로 바꾸어 표현한다.

3.2.2 무게/무게 분율

무게/무게 분율이 나타내는 의미는 다음과 같이 정리할 수 있다.

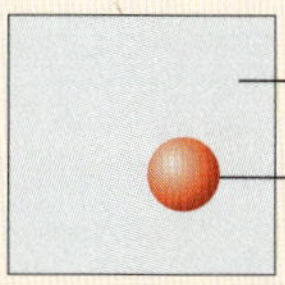

- **무게/무게 분율** = (특정 성분의 무게) ÷ (시료 전체의 무게), 단위 : (w/w)
- (무게/무게 분율) × 10^2 = **무게/무게 백분율, 단위 : % (*w/w*)**

※ 주어진 분율이 무게/부피 분율인 경우에는 분율 뒤에 w/v를 붙여 주어야 하며, 부피/부피 분율인 경우에는 분율 뒤에 v/v를 붙여 주어야 한다. 그러나 주어진 분율이 무게/무게 분율인 경우에는 분율 뒤에 w/w라는 단위를 붙여 주지 않아도 된다.
※ 무게/무게 분율은 질량 분율, 무게/무게 백분율은 질량 백분율이라고도 한다.

실험을 통해 무게/무게 분율을 계산하는 과정에서 특정 성분의 무게와 시료의 무게는 동일한 무게 단위를 가져야 한다. 무게/무게 분율과 무게/무게 백분율에 관한 이해를 돕기 위해 다음의 예들을 살펴보자.

예제 3.1 한 개의 무게가 200.0 mg인 진통제 알약에 함유된 실제 진통제 성분의 무게는 20.0 mg이며, 나머지는 충전제(filler)이다. 주어진 진통제 알약에 함유되어 있는 진통제 성분의 (a) 무게/무게 분율을 구하고, (b) 무게/무게 백분율을 구해 보자.

풀이 »

여기서 시료는 진통제 알약이고 특정 성분은 진통제 성분이므로, 진통제 성분의 무게/무게 분율은 다음과 같이 구할 수 있다.

진통제 알약에 들어 있는 진통제 성분의 무게/무게 분율
= (진통제 성분의 무게) ÷ (알약의 무게)
= (20.0 mg) (유효 숫자 3개) ÷ (200.0 mg) (유효 숫자 4개)
※ 성분과 시료의 무게 단위가 모두 mg이므로 그대로 나눌 수 있다.
= 0.100 (*w*/*w*) (유효 숫자 3개)

알약에 들어 있는 진통제 성분의 무게/무게 백분율
= (무게/무게 분율) × 10^2
= 0.100 (*w*/*w*) (유효 숫자 3개) × 10^2 (유효 숫자 개념 미적용)
= 10.0 % (*w*/*w*) (유효 숫자 3개)

예제 3.2 0.050 g의 염화 소듐(NaCl, sodium chloride)을 물에 녹여 NaCl 수용액 150.0 g을 제조하였다. NaCl 수용액에 함유된 NaCl의 무게/무게 백분율을 구해 보자.

풀이 »

여기서 시료는 NaCl 수용액이고 특정 성분은 용질인 NaCl이므로, NaCl의 무게/무게 분율은 다음과 같이 구할 수 있다.

무게/무게 분율
= NaCl의 무게 ÷ NaCl 수용액의 무게
= 0.050 g (유효 숫자 2개) ÷ 150.0 g (유효 숫자 4개)
※ 성분과 시료의 무게 단위가 모두 g이므로 그대로 나눌 수 있다.
= 3.3×10^{-4} (*w*/*w*) (유효 숫자 2개)

무게/무게 백분율
= 무게/무게 분율 × 10^2
= 3.3×10^{-4} (*w*/*w*) (유효 숫자 2개) × 10^2 (유효 숫자 개념 미적용)
= 3.3×10^{-2} % (*w*/*w*) (유효 숫자 2개)

철광석(출처: ©Aleksandr Pobedimskiy/Shutterstock)

예제 3.3 1.2304 kg의 철광석에 함유된 Fe_3O_4\{$Fe^{2+}(Fe^{3+})_2O_4$, 산화 철, iron oxide, magnetite(자철광)\}의 무게가 0.0101 g이라면, 철광석 시료 중 철(iron, Fe)의
(a) 무게/무게 분율을 구해 보자.
(b) 무게/무게 백분율을 구해 보자.
(단, 철(Fe)의 원자량은 55.85이고 산소(O)의 원자량은 16.0이다.)

풀이 »

여기서 시료는 철광석이고 특정 성분은 철(Fe)이므로, 철의 무게/무게 분율은 다음과 같이 구할 수 있다.

우선 0.0101 g의 Fe_3O_4에 들어 있는 Fe의 무게를 구한다.

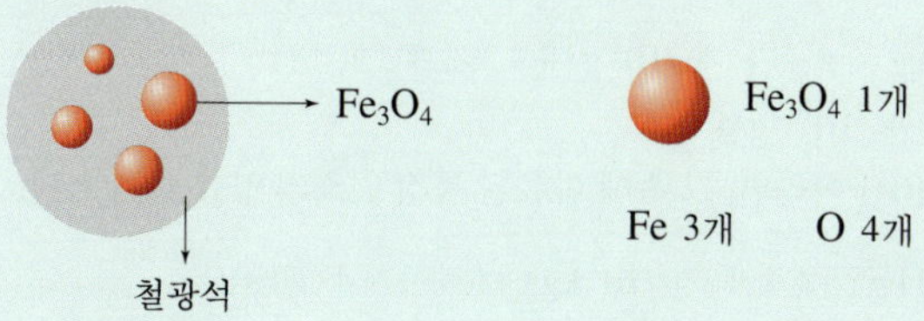

Fe_3O_4 속에 존재하는 철의 무게

= (Fe_3O_4의 무게) × {(Fe의 원자량 × 3) ÷ (Fe_3O_4의 화학식량)}

※ 원자량은 원자의 고유한 질량이고, 화학식량은 화학식을 가지는 물질이 소유하는 질량이다. 주어진 화학식을 가지는 물질의 화학식량은 그 화학식을 구성하는 원자의 원자량을 모두 더해 구할 수 있다.

= (0.0101 g) × {55.85 × 3 ÷ (55.85 × 3 + 16.0 × 4)}

여기서

- 0.0101 g : 유효 숫자 3개
- 55.85 (소수점 이하 두 자리) × 3 = 167.55 (소수점 이하 두 자리)
- 16.0 (소수점 이하 한 자리) × 4 = 64.0 (소수점 이하 한 자리)
- 55.85 (소수점 이하 두 자리) × 3 + 16.0 (소수점 이하 한 자리) × 4
  = 167.55 (소수점 이하 두 자리) + 64.0 (소수점 이하 한 자리)
  = 231.6 (소수점 이하 한 자리, 반올림)
- {55.85 × 3 ÷ (55.85 × 3 + 16.0 × 4) }
  = 167.55 (유효 숫자 5개) ÷ 231.6 (유효 숫자 4개)
  = 0.7234 (유효 숫자 4개)

그러므로

0.0101 g × {55.85 × 3 ÷ (55.85 × 3 + 16.0 × 4)}
= 0.0101 g (유효 숫자 3개) × 0.7234 (유효 숫자 4개)
= 0.00731 g (유효 숫자 3개, 반올림)

(a) 철광석 시료 중 철(Fe)의 무게/무게 분율
= (철의 무게, g) ÷ (철광석 시료의 무게, g)
= 0.00731 g ÷ 1.2304 kg

※ 성분과 시료의 무게 단위를 모두 g으로 바꾸어 주거나 kg으로 바꾸어 주어야 나누기가 가능해진다.

= 0.00731 g (유효 숫자 3개) ÷ 1.2304×10^3 g (유효 숫자 5개)
= 5.94×10^{-6} (w/w) (유효 숫자 3개)

(b) 철광석 시료 중 철(Fe)의 무게/무게 백분율
= 5.94×10^{-6} (w/w) (유효 숫자 3개) × 10^2 (유효 숫자 개념 미적용)
= 5.94×10^{-4} % (w/w) (유효 숫자 3개)

6장에서 배우게 될 원소 분석(elemental analysis)이라는 실험 과정에서는 주어진 화합물을 구성하는 원소의 종류와 각 원소의 무게/무게 백분율을 다룰 것이다. 예를 들어 원소 분석에서 주어진 물질을 구성하는 특정 원소의 농도가 1.0 % (w/w)로 얻어진다면, 그 의미는 다음과 같이 받아들일 수 있다.

1.0 % (w/w)가 의미하는 내용

1.0 % (*w*/*w*) = 1.0 g (유효 숫자 2개) /10^2 g (유효 숫자 개념 미적용)
= 1.0 × 10^{-2} g/g
➡ 화합물의 양이 10^2 g이라면, 그 속에 함유된 특정 원소의 양은 1.0 g이다.

1.0 % (*w*/*w*) = 1.0 kg (유효 숫자 2개) /10^2 kg (유효 숫자 개념 미적용)
= 1.0 × 10^{-2} kg/kg
➡ 화합물의 양이 10^2 kg이라면, 그 속에 함유된 특정 원소의 양은 1.0 kg이다.

1.0 % (*w*/*w*) = 1.0 mg (유효 숫자 2개) /10^2 mg (유효 숫자 개념 미적용)
= 1.0 × 10^{-2} mg/mg
➡ 화합물의 양이 10^2 mg이라면, 그 속에 함유된 특정 원소의 양은 1.0 mg이다.

이제 원소 분석에 관련된 다음과 같은 예들을 살펴보자.

예제 3.4 화합물인 물(H_2O, water)의 원소 분석 결과, 물은 11.2 % (*w*/*w*)의 수소(H)와 88.8 % (*w*/*w*)의 산소(O)로 되어 있음이 밝혀졌다. 그렇다면 물 100.0 g에 들어 있는 각 원소의 무게를 구해 보자.

풀이 »

수소(H)의 무게/무게 백분율
= 11.2 % (*w*/*w*) (유효 숫자 3개)
= 11.2 g (유효 숫자 3개) /10^2 g (유효 숫자 개념 미적용)
➡ 100.0 g (소수점 이하 한 자리) 의 물에는 11.2 g (소수점 이하 한 자리) 의 수소(H)가 들어 있다.

산소(O)의 무게/무게 백분율
= 88.8 % (*w*/*w*)
= 88.8 g/10^2 g
➡ 100.0 g (소수점 이하 한 자리)의 물에는 88.8 g (소수점 이하 한 자리)의 산소(O)가 들어 있다.

예제 3.5 화합물인 암모니아(NH_3, ammonia)에 대한 원소 분석 결과, 암모니아는 17.6 % (*w*/*w*)의 수소(H)와 82.4 % (*w*/*w*)의 질소(N)로 되어 있음이 밝혀졌다. 그렇다면 암모니아 100.0 g에 들어 있는 각 원소의 무게를 구해 보자.

풀이 »

수소 (H)의 무게/무게 백분율
= 17.6 % (*w*/*w*)
= 17.6 g/10^2 g
➡ 100.0 g (소수점 이하 한 자리) 의 암모니아에는 17.6 g (소수점 이하 한 자리) 의 수소(H)가 들어 있다.

질소(N)의 무게/무게 백분율
= 82.4 % (*w*/*w*)
= 82.4 g/10^2 g
➡ 100.0 g (소수점 이하 한 자리) 의 암모니아에는 82.4 g (소수점 이하 한 자리) 의 질소(N)가 들어 있다.

3.2.3 무게/부피 분율

무게/부피 분율이 나타내는 의미는 다음과 같이 정리할 수 있다.

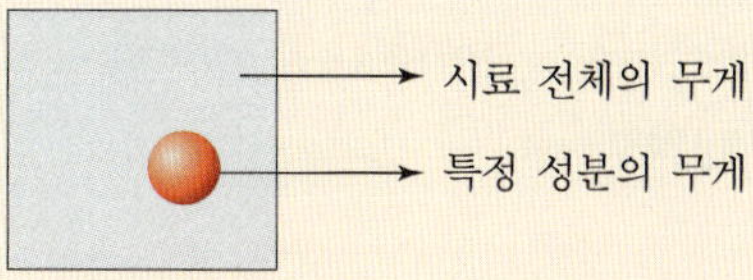

- **무게/부피 분율** = (특정 성분의 무게) ÷ (시료 전체의 부피), 단위 : (w/w)
- (무게/부피 분율) × 10^2 = **무게/부피 백분율, 단위 : % (w/w)**

실험을 통해 무게/부피 분율을 계산하는 과정에서 특정 성분의 무게와 시료의 부피는 서로 동일한 단위가 아니다. 따라서 무게 단위의 값을 부피 단위의 값으로 나누어 무게/부피 분율을 구하기 위해서는 서로 대등한 단위를 선택해야 한다. 예를 들어 무게 단위에서의 g과 부피 단위에서의 mL는 서로 대등한 단위이며, 무게 단위에서의 kg과 부피 단위에서의 L는 서로 대등한 단위이다.

예제 3.6 2.354 mg의 KNO_3(질산 포타슘, potassium nitrate)을 물에 녹여 제조한 250.0 mL KNO_3 수용액 중 K^+ 이온의 무게/부피 백분율을 구해 보자. 단, 원자량은 K: 39.1, N: 14.0, O: 16.0이다.

풀이 »

여기서 시료는 KNO_3 수용액이고 특정 성분은 K^+ 이온이므로, K^+ 이온의 무게/부피 분율은 다음과 같이 구할 수 있다.

먼저 2.354 mg의 KNO_3에 들어 있는 K^+ 이온의 무게를 구한다.

K^+ 이온의 무게
= (KNO_3의 무게) × { (K^+ 이온의 원자량) ÷ (KNO_3의 화학식량) }
= (2.354 mg) × {39.1 ÷ (39.1 + 14.0 + 16.0 × 3) }
= (2.354 mg) × {39.1 ÷ (39.1 + 14.0 + 48.0)}
※ 모두 소수점 이하 한 자리
= (2.354 mg) (유효 숫자 4개) × (39.1 (유효 숫자 3개) ÷ 101.1 (유효 숫자 4개))
= (2.354 mg) (유효 숫자 4개) × 0.387 (유효 숫자 3개)
= 0.911 mg (유효 숫자 3개)

부피가 250.0 mL인 KNO_3 수용액에 들어 있는 K^+ 이온의 무게/부피 분율을 계산하기 위해서는 무게 단위와 부피 단위가 서로 대등해야 한다. 따라서 단위 변환을 통해 다음과 같이 무게/부피 백분율을 구한다.

K^+ 이온의 무게/부피 분율
= K^+ 이온의 무게 ÷ KNO_3 수용액의 부피
= 0.911 mg (유효 숫자 3개) ÷ 250.0 mL (유효 숫자 4개)
= 0.911×10^{-3} g (유효 숫자 3개) ÷ 250.0 mL (유효 숫자 4개)
= 9.11×10^{-4} g (유효 숫자 3개) ÷ 250.0 mL (유효 숫자 4개)
= 3.64×10^{-6} (g/mL) (유효 숫자 3개) = 3.64×10^{-6} (w/v) (유효 숫자 3개)

∴ K^+ 이온의 무게/부피 백분율
= 3.64×10^{-6} (w/v) (유효 숫자 3개) × 10^2 (유효 숫자 개념 미적용)
= 3.64×10^{-4} % (w/v) (유효 숫자 3개)

※ 여기서 무게/부피 분율은 그 크기가 매우 작아서 10^2을 곱하여 얻은 무게/부피 백분율 역시 그 크기가 작아서 다루기 힘들다. 따라서 이러한 경우 다음과 같이 무게/부피 분율에 10^6을 곱하여 더 다루기 쉬운 무게/부피 백만분율로 바꾸어 줄 수도 있다.

K^+ 이온의 무게/부피 백만분율
$= 3.64 \times 10^{-6}$ (w/v) (유효 숫자 3개) $\times$ 10^6 (유효 숫자 개념 미적용)
$= 3.64$ ppm (w/v) (유효 숫자 3개)

3.2.4 부피/부피 분율

부피/부피 분율이 나타내는 의미는 다음과 같이 정리할 수 있다.

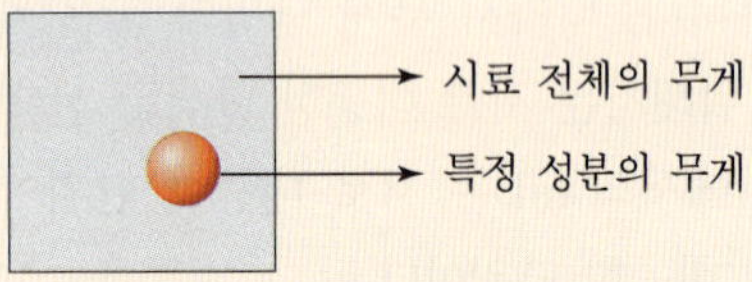

- **부피/부피 분율** = (특정 성분의 무게) ÷ (시료 전체의 부피), 단위 : (v/v)
- (부피/부피 분율) × 10^2 = **부피/부피 백분율, 단위 : % (v/v)**

실험을 통해 부피/부피 분율을 계산하는 과정에서 특정 성분의 부피와 시료의 부피는 서로 동일한 부피 단위를 가져야 한다.

예제 3.7 50.5 % (v/v)의 위스키(Whiskey) 750.0 mL에 들어 있는 알코올(alcohol)의 양(부피, mL)을 구해 보자.

풀이 »
알코올의 농도가 1.0 % (v/v)라는 것은 알코올 수용액이 10^2 mL인 경우, 그 수용액 중 알코올의 함량이 1.0 mL라는 것이다. 그렇다면 농도가 50.5 % (v/v)인 위스키의 경우 10^2 mL 위스키에 함유된 알코올이 50.5 mL라는 의미이다. 따라서 50.5 % (v/v) 위스키 750.0 mL에 들어 있는 알코올의 양은 다음과 같이 구한다.

(50.5 mL/10^2 mL) (유효 숫자 3개) × (750.0 mL) (유효 숫자 4개)
= 379 mL (유효 숫자 3개)

3.3 몰분율

3.3.1 몰과 몰질량

몰(mol)은 화학종의 수를 세는 단위로서 1몰(mol) = 6.02×10^{23}개이다. **몰질량**은 1몰(6.02×10^{23}개)의 물질이 나타내는 무게로서, 주어진 물질의 질량에 g을 붙여 표현한다. 표 3.1은 물질에 따른 몰질량을 표현하는 방법을 보여 준다.

표 3.1 물질의 몰질량		
물질의 종류	물질의 질량	몰질량
H 원자	H 원자의 원자량 = 1.0	1.0 g/mol
Na 원자	Na 원자의 원자량 = 23.0	23.0 g/mol
Na^+ 이온	Na^+ 이온의 화학식량 = Na 원자의 원자량 = 23.0	23.0 g/mol
NO_3^- 이온	NO_3^- 이온의 화학식량 = N 원자의 원자량 + O 원자의 원자량 × 3 = 14.0 (소수점 이하 한 자리) + 16.0 (소수점 이하 한 자리) × 3 = 62.0 (소수점 이하 한 자리)	62.0 g/mol
H_2 분자	분자량 = 분자를 구성하는 원자들의 원자량의 합 = H 원자의 원자량 + H 원자의 원자량 = 1.0 (소수점 이하 한 자리) + 1.0 (소수점 이하 한 자리) = 2.0 (소수점 이하 한 자리)	2.0 g/mol
HCl 분자	분자량 = 분자를 구성하는 원자들의 원자량의 합 = H 원자의 원자량 + Cl 원자의 원자량 = 1.0 (소수점 이하 한 자리) + 35.5 (소수점 이하 한 자리) = 36.5 (소수점 이하 한 자리)	36.5 g/mol
NaCl 화합물	화학식량 = 화합물을 구성하는 원자들의 원자량의 합 = Na 원자의 원자량 + Cl 원자의 원자량 = 23.0 (소수점 이하 한 자리) + 35.5 (소수점 이하 한 자리) = 58.5 (소수점 이하 한 자리)	58.5 g/mol
KNO_3 화합물	화학식량 = 화합물을 구성하는 원자들의 원자량의 합 = K 원자의 원자량 + N 원자의 원자량 + O 원자의 원자량 × 3 = 39.1 (소수점 이하 한 자리) + 14.0 (소수점 이하 한 자리) + 16.0 (소수점 이하 한 자리) × 3 = 101.1	101.1 g/mol

화학식량

주어진 화학종을 나타내는 화학식이 소유하는 고유한 질량으로, 화학종이 원자이면 원자량, 분자이면 분자량, 이온이나 화합물이면 화학식량으로 구분하여 기술한다.

3.3.2 물질의 몰수

주어진 물질의 몰질량을 사용하면, 일정 무게의 그 물질을 구성하는 구성 입자들의 몰수를 알아낼 수 있다. 다시 말해 주어진 물질의 무게(g)를 그 물질의 몰질량(g/mol)으로 나누면, 그 물질의 몰수를 구할 수 있다. 표 3.2는 몇 가지 물질들의 몰질량과 무게로부터 몰수를 구하는 방법을 보여 준다.

표 3.2 물질의 무게와 몰수

물질의 종류	물질의 물질량	물질의 무게	몰수
			무게 (g) ÷ 몰질량(g/mol)
Na 원자	23.0 g/mol	1.0 g	1.0 g (유효 숫자 2개) ÷ 23.0 g/mol (유효 숫자 3개) = 0.044몰(mol) (유효 숫자 2개)
NO_3^- 이온	62.0 g/mol	1.0 g	1.0 g (유효 숫자 2개) ÷ 62.0 g/mol (유효 숫자 3개) = 0.016몰(mol) (유효 숫자 2개)
NaCl 화합물	58.5 g/mol	1.0 g	1.0 g (유효 숫자 2개) ÷ 58.5 g/mol (유효 숫자 3개) = 0.017몰(mol) (유효 숫자 2개)

예제 3.8 2.354 mg의 KNO_3를 물에 녹여 제조한 수용액의 경우 KNO_3의 몰수를 구해 보자. 단, 원자량은 K: 39.1, N: 14.0, O: 16.0이다.

풀이 »

KNO_3의 몰 (mol) 수
= KNO_3의 무게 ÷ KNO_3의 몰질량
= 2.354 mg ÷ { (39.1 (소수점 이하 한 자리) + 14.0 (소수점 이하 한 자리)
+ 16.0 (소수점 이하 한 자리) × 3) g/mol}
= 2.354×10^{-3} g ÷ 101.1 g/mol (소수점 이하 한 자리)
= 2.354×10^{-3} g (유효 숫자 4개) ÷ 101.1 g/mol (유효 숫자 4개)
= 2.328×10^{-5} 몰 (mol) (유효 숫자 4개)

3.3.3 몰분율

주어진 시료에 함유된 특정 성분의 몰수를 그 시료의 몰수로 나누면, 특정 성분의 몰분율이 구해진다. 다음은 용질과 용매가 균일하게 혼합되어 이루어지는 용액의 경우, 용질의 몰분율과 용매의 몰분율을 구하는 방법을 보여 준다.

용액 중 용매와 용질의 몰분율

용액의 전체 몰수 = 용질의 몰수 + 용매의 몰수

$$\text{용질의 몰분율} = X_{\text{용질}} = \frac{\text{용질의 몰수}}{\text{용액의 전체 몰수}} \qquad \text{용매의 몰분율} = X_{\text{용매}} = \frac{\text{용질의 몰수}}{\text{용액의 전체 몰수}}$$

$$X_{\text{용질}} + X_{\text{용매}} = 1$$

예제 3.9 2.354 g의 KNO_3를 25.0 g의 물에 녹여 제조한 KNO_3 수용액의 경우 용질(KNO_3)과 용매(H_2O)의 몰분율을 구해 보자. 단, 원자량은 K: 39.1, N: 14.0, O: 16.0, H: 1.0이다.

풀이 »

KNO_3의 몰수

= KNO_3의 무게 ÷ KNO_3의 몰질량
= 2.354 g ÷ { (39.1 (소수점 이하 한 자리) + 14.0 (소수점 이하 한 자리)
+ 16.0 (소수점 이하 한 자리) × 3) g/mol}
= 2.354 g ÷ 101.1 g/mol (소수점 이하 한 자리)
= 2.354 g (유효 숫자 4개) ÷ 101.1 g/mol (유효 숫자 4개)
= 0.02328몰 (mol) (유효 숫자 4개)

H_2O의 몰수
= H_2O의 무게 ÷ H_2O의 몰질량
= 25.0 g ÷ { (1.0 (소수점 이하 한 자리) × 2 + 16.0 (소수점 이하 한 자리)) g/mol}
= 25.0 g ÷ 18.0 g/mol (소수점 이하 한 자리)
= 25.0 g (유효 숫자 3개) ÷ 18.0 g/mol (유효 숫자 3개)
= 1.39 mol (유효 숫자 3개)

용액의 몰수
= KNO_3의 몰수 + H_2O의 몰수
= 0.02328몰 (mol) (소수점 이하 다섯 자리) + 1.39몰 (mol) (소수점 이하 두 자리)
= 1.41몰 (mol) (소수점 이하 두 자리)

∴ KNO_3의 몰분율
= KNO_3의 몰수 ÷ 용액의 몰수
= 0.02328몰 (mol) (유효 숫자 4개) ÷ 1.41몰 (mol) (유효 숫자 3개)
= 0.0165 (유효 숫자 3개)

∴ H_2O의 몰분율
= H_2O의 몰수 ÷ 용액의 몰수
= 1.39몰 (mol) (유효 숫자 3개) ÷ 1.41몰 (mol) (유효 숫자 3개)
= 0.986 (유효 숫자 3개)

3.4 몰농도

몰농도(molarity)는 주어진 용액의 농도를 그 용액 1 L에 녹아 있는 용질(solute)의 몰수(mol수)로 표현한 것이다.

3.4.1 주어진 수용액의 몰농도 구하기

주어진 수용액의 몰농도를 구하기 위해서는 용질의 몰수를 구한 후, 그 용액의 부피(단위: L)로 나누어 준다.

예제 3.10 3.200 g의 NaCl을 물에 녹여 부피가 500.0 mL인 수용액을 만드는 경우, NaCl 수용액의 몰농도를 구해 보자. (단, 원자량은 Na: 23.0, Cl: 35.5)

풀이 »
우선 다음과 같이 수용액의 제조에 사용한 NaCl의 몰수를 구한다.

NaCl의 몰수
= NaCl의 무게 (g) ÷ NaCl의 몰질량 (g/mol)

= 3.200 g ÷ {23.0 (소수점 이하 한 자리) + 35.5 (소수점 이하 한 자리) g/mol}
= 3.200 g ÷ 58.5 g/mol (소수점 이하 한 자리)
= 3.200 g (유효 숫자 4개) ÷ 58.5 g/mol (유효 숫자 3개)
= 0.0547 mol (유효 숫자 3개)

이제 NaCl의 몰수를 수용액의 부피(L)로 나누어 몰농도를 구한다.

NaCl 수용액의 몰농도
= NaCl의 몰수 (mol) ÷ NaCl 수용액의 부피 (L)
= 0.0547 mol (유효 숫자 3개) ÷ 500.0 mL (유효 숫자 4개)
= 0.0547 mol (유효 숫자 3개) ÷ 0.5000 L (유효 숫자 4개)
= 0.109 mol/L (유효 숫자 3개) 또는 0.109 M (유효 숫자 3개)

예제 3.11 2.354 g의 KNO_3를 물에 녹여 부피가 250.0 mL인 수용액을 만드는 경우, KNO_3 수용액의 몰농도를 구해 보자. (단, 원자량은 K: 39.1, N: 14.0, O: 16.0)

풀이 »

우선 다음과 같이 수용액의 제조에 사용한 KNO_3의 몰수를 구한다.

KNO_3의 몰수
= KNO_3의 무게 (g) ÷ KNO_3의 몰질량 (g/mol)
= 2.354 g ÷ {39.1 (소수점 이하 한 자리) + 14.0 (소수점 이하 한 자리)
+ 16.0 (소수점 이하 한 자리) × 3 g/mol}
= 2.354 g ÷ 101.1 g/mol (소수점 이하 한 자리)
= 2.354 g (유효 숫자 4개) ÷ 101.1 g/mol (유효 숫자 4개)
= 0.02328 mol (유효 숫자 4개)

이제 KNO_3의 몰수를 수용액의 부피(L)로 나누어 몰농도를 구한다.

KNO_3 수용액의 몰농도
= KNO_3의 몰수 (mol) ÷ KNO_3 수용액의 부피 (L)
= 0.02328 mol (유효 숫자 4개) ÷ 250.0 mL (유효 숫자 4개)
= 0.02328 mol (유효 숫자 4개) ÷ 0.2500 L (유효 숫자 4개)
= 0.09312 mol/L (유효 숫자 4개) 또는 0.09312 M (유효 숫자 4개)

3.4.2 원하는 몰농도의 수용액 제조하기

제조하고자 하는 용액의 몰농도와 부피로부터 그 용액 속에 함유되어 있어야 할 용질의 몰수를 계산하고, 그로부터 사용할 용질의 양(용질이 고체인 경우 무게로, 액체인 경우 부피로)을 구한다. 구해진 양만큼의 용질을 물에 적절히 녹여(액체인 경우 물로 적절히 묽혀) 원하는 수용액을 제조한다. 그림 3.1은 고체 시료를 녹여 일정 부피의 용액을 제조하는 과정을 보여 준다.

다음은 몰농도와 관련하여 알아두어야 할 중요한 사항을 정리한 것이다.

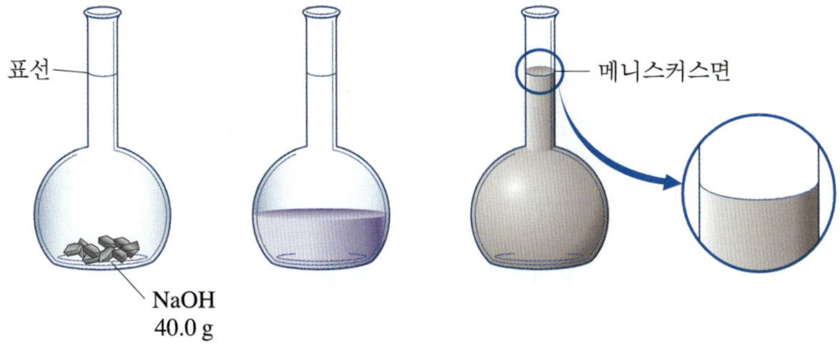

그림 3.1
원하는 몰농도를 가지는 수용액의 제조 과정(1.00 M NaOH 수용액을 제조하는 과정): 먼저 1.00 L 부피 플라스크(volumetric flask)에 1.00 mol의 NaOH(40.0 g의 NaOH)를 정확히 넣고, 소량의 물을 플라스크에 가해 준다. 플라스크를 가볍게 흔들어서 NaOH를 모두 녹인다. NaOH가 모두 녹은 후, 표시된 눈금 선(marker)까지 물로 채워 준다.

농도가 0.100 M인 HCl 수용액 50.0 mL로부터 알 수 있는 정보

이 용액은 표면적으로는 다음과 같은 세 가지 종류의 정보를 제공하고 있다.

용액의 농도: 0.100 M, 용질의 종류: HCl, 용액의 부피: 50.0 mL

이제 이들로부터 네 번째 정보를 얻어낼 수 있는데, 그것은 이 용액 속에 함유되어 있는 용질(HCl)의 몰수이다. 용질의 몰수를 알아내기 위해서는 용액의 몰농도에 부피를 곱해 주면 되는데, 이때 부피의 단위에 따라 얻어지는 몰수의 단위도 달라진다.

$(0.100\ \text{M}) \times (0.0500\ \text{L}) = (0.100\ \text{mol/L}) \times (0.0500\ \text{L}) = 0.00500\ \text{mol}$
또는
$(0.100\ \text{M}) \times (50.0\ \text{mL}) = (0.100\ \text{mol/L}) \times (50.0\ \text{mL})$
$= (0.100\ \text{mmol/mL}) \times (50.0\ \text{mL}) = 5.00\ \text{mmol}\ (= 0.00500\ \text{mol})$

즉, 주어진 수용액의 몰농도에 그 용액의 부피를 곱하면 용액에 함유되어 있는 용질의 몰수를 얻을 수 있다.

용액의 농도 (M, mol/L) × 용액의 부피 (L) = 용액 속 용질의 mol수
용액의 농도 (M, mmol/mL) × 용액의 부피 (mL) = 용액 속 용질의 mmol수
용액의 농도 (M, μmol/μL) × 용액의 부피 (μL) = 용액 속 용질의 μmol수

예제 3.12 NaCl을 사용하여 농도가 0.100 M인 Na^+ 이온 수용액 250.0 mL를 제조하는 방법을 알아보자. (단, 원자량은 Na: 23.0, Cl: 35.5)

풀이 »
우선 NaCl 수용액의 경우, NaCl은 물에 다 녹아 사라지면서 Na^+ 이온과 Cl^- 이온으로 변한다($NaCl \rightarrow Na^+ + Cl^-$). 따라서 NaCl 수용액 속 Na^+ 이온의 몰수는 원래 물에 녹아 들어온 NaCl의 몰수와 같다. 그러므로 농도가 0.100 M인 Na^+ 이온 수용액 250.0 mL에 들어 있어야 할 NaCl의 몰수를 구하면, Na^+ 이온의 몰수를 알 수 있다.

Na^+ 이온의 몰수
= NaCl의 몰수
= NaCl 수용액의 몰농도 (M) × NaCl 수용액의 부피 (L)
= 0.100 M (유효 숫자 3개) × 250.0 mL (유효 숫자 4개)
= 0.100 M (유효 숫자 3개) × 0.2500 L (유효 숫자 4개)
= 0.0250 mol (유효 숫자 3개)

이제 NaCl의 몰수를 사용하여 NaCl 시약 통에서 채취해야 할 NaCl의 양(무게, g)을 구한다.

필요한 NaCl의 무게 (g)
= NaCl의 몰질량 (g/mol) × NaCl의 몰수 (mol)
= {23.0 (소수점 이하 한 자리) + 35.5 (소수점 이하 한 자리) g/mol} × 0.0250 mol
= 58.5 g/mol × 0.0250 mol (소수점 이하 한 자리)
= 58.5 g/mol (유효 숫자 3개) × 0.0250 mol (유효 숫자 3개)
= 1.46 g (유효 숫자 3개)

용액의 제조 방법

1.46 g의 NaCl을 채취하여 반 정도 물을 채운 250.0 mL 부피 프라스크에 넣어 완전히 녹여 준다. 용기의 표선까지 물을 첨가하고 잘 섞어 준다.

예제 3.13 황산 구리 시약을 사용하여 Cu^{2+} 이온의 농도가 0.0100 M이고 부피가 500.0 mL인 수용액을 제조하는 과정에 대해 알아보자 (단, 사용할 황산 구리 시약은 오수화물의 형태로 화학식은 $CuSO_4 \cdot 5H_2O$(황산 구리 오수화물, copper sulfate pentahydrate)이고 화학식량은 249.69이다).

풀이 »

제조하려는 용액 (0.0100 M Cu^{2+} 이온 수용액 500.0 mL) 속에 존재해야 할 Cu^{2+} 이온의 몰수를 구한다.

Cu^{2+} 이온의 몰수
= (0.0100 M) (유효 숫자 3개) × (500.0 mL) (유효 숫자 4개)
= (0.0100 M) (유효 숫자 3개) × (0.5000 L) (유효 숫자 4개)
= 0.00500 mol (유효 숫자 3개)

용액의 제조를 위해 사용하는 시약은 $CuSO_4 \cdot 5H_2O$이므로 0.00500 mol의 Cu^{2+} 이온이 들어 있는 $CuSO_4 \cdot 5H_2O$의 무게를 구한다.
$CuSO_4 \cdot 5H_2O$의 화학식을 보면, 한 개의 $CuSO_4 \cdot 5H_2O$에 구리(Cu)가 한 개 들어 있으므로 0.00500 mol의 Cu^{2+} 이온을 함유할 $CuSO_4 \cdot 5H_2O$의 몰수도 0.00500 mol이다.

필요한 $CuSO_4 \cdot 5H_2O$의 무게
= ($CuSO_4 \cdot 5H_2O$의 g 화학식량, g/mol) × (필요한 $CuSO_4 \cdot 5H_2O$의 몰수, mol)
= (249.69 g/mol) (유효 숫자 5개) × (0.00500 mol) (유효 숫자 3개)
= 1.25 g (유효 숫자 3개)

용액의 제조

$CuSO_4 \cdot 5H_2O$ 1.25 g을 취하여 반 정도 물이 채워진 500.0 mL 부피 플라스크에 넣어 모두 녹여 준다. 플라스크의 상단에 표시된 선까지 물을 가해 500.0 mL 수용액을 제조한다.

3.4.3 진한 몰농도의 수용액으로 원하는 몰농도의 수용액 제조하기

다음의 예제들을 통해 주어진 몰농도의 수용액 일부를 묽혀 보다 묽은 몰농도의 수용액을 제조하는 과정(희석, **dilution**)을 알아보기로 한다. 여기서 한 가지 중요한 사항은 최종 용액(묽은 용액) 속에 들어 있어야 할 용질의 몰수는 최종 용액을 제조하기 위해 취한 부피의 초기 용액(진한 용액)에 들어 있는 용질의 몰수와 같아야 한다는 점이다.

예제 3.14 농도가 1.00 M인 HCl 수용액을 사용하여 농도가 0.10 M인 HCl 수용액 500.0 mL를 만드는 방법을 알아보자.

풀이 »

1.00 M HCl 수용액 중 일부를 사용하여 물로 묽혀 0.10 M HCl 수용액 500.0 mL를 제조하므로, 사용할 1.00 M HCl 수용액 속에 존재하는 HCl의 몰수는 제조할 0.10 M HCl 수용액 속에 들어 있는 HCl의 몰수와 같아야 한다. 따라서 다음과 같은 식을 사용하여 사용할 1.00 M HCl 수용액의 부피를 알 수 있다.

사용할 1.00 M HCl 수용액의 부피
= (0.10 M HCl) (유효 숫자 2개) × (500.0 mL) (유효 숫자 4개) ÷ (1.00 M) (유효 숫자 3개)
= 50 mL (유효 숫자 2개)

용액의 제조

500 mL 부피 플라스크에 적당량의 물을 가한 후, 1.00 M HCl 수용액 50 mL를 첨가하여 묽혀 준다. 플라스크에 표시된 선까지 물을 첨가해 준다.

※ 산 수용액을 물로 묽히는 경우, 묽혀야 할 산 수용액의 농도에 상관없이 적당량의 물에 산을 첨가해야 함을 잊지 말아야 한다!

예제 3.15 농도가 11.6 M인 진한 HCl 수용액을 사용하여 농도가 0.100 M인 HCl 수용액 500.0 mL를 만드는 방법을 알아보자.

풀이 »

11.6 M HCl 수용액 중 일부를 사용하여 물로 묽혀 0.10 M HCl 수용액 500.0 mL를 제조하므로, 사용할 11.6 M HCl 수용액 속에 존재하는 HCl의 몰수는 제조할 0.100 M HCl 수용액 속에 들어 있는 HCl의 몰수와 같아야 한다. 따라서 다음과 같이 사용할 11.6 M HCl 수용액의 부피를 구할 수 있다.

사용할 11.6 M HCl 수용액의 부피
= (0.100 M HCl) (유효 숫자 3개) × (500.0 mL) (유효 숫자 4개) ÷ (11.6 M) (유효 숫자 3개)
= 4.31 mL (유효 숫자 3개)

용액의 제조

500 mL 부피 플라스크에 적당량(250 mL 정도)의 물을 가한 후, 11.6 M HCl 수용액 4.31 mL를 조심스럽게 첨가하여 묽혀 준다. 플라스크에 표시된 선까지 물을 첨가해 준다.

3.5 몰랄 농도

몰랄 농도(molality)는 용매 1 kg과 섞여 용액을 이루는 용질의 몰수로 표현한다. 예를 들어 농도가 1.00 *m*인 NaOH 수용액은 1.00 kg의 물에 1.00 mol의 NaOH(40.0 g)를 섞어(녹여) 만든 용액이다.

3.5.1 몰랄 농도가 필요한 이유

고체 용질이 물에 녹아 용액을 이루는 경우를 예로 들어 보자. 용액은 액체인 물과 고체인 용질이 섞여 이루는 균일한 혼합물(수용액)이 된다. 주어진 몰농도의 수용액은 일정 양의 용질을 소량의 물에 녹인 다음, 다시 물을 첨가하여 수용액 전체의 부피가 1 L가 되도록 만들어 준다. 이렇게 수용액 전체의 양을 부피로 보는 경우 한 가지 문제점이 발생할 수 있는데, 그것은 온도 변화에 따른 수용액의 부피 변화이다. 물론 물은 기체와 달리 온도 변화에 따른 부피 변화가 그다지 크지 않다. 그러나 물의 부피는 온도에 따라 달라진다. 물은 1 atm일 때, 4 ℃에서 밀도가 0.9999750 g/mL이지만, 100 ℃에서는 0.9583665 g/mL로 변한다. 이와 같이 똑같은 양의 물이 그 **밀도**가 변한다는 것은 물의 부피가 변한다는 것을 의미하므로 몰농도와 같이 기준이 수용액 전체의 부피인 경우에는 온도에 따라 그 값이 달라질 수도 있다. 반면에, 몰랄 농도의 경우 기준으로 삼는 것은 수용액 전체의 부피가 아니라 용매인 물의 무게(1 kg)이다. 용매(물)의 무게는 온도에 따라 달라지지 않으므로 몰랄 농도는 그 값이 온도에 무관하다. 몰랄 농도는 일반적으로 **용액의 총괄성**(colligative property)을 다루는 작업 등에 사용하고 있다.

3.5.2 몰농도와 몰랄 농도

온도에 의한 영향을 고려하지 않는다면 묽은 농도의 수용액의 경우 몰농도와 몰랄 농도는 거의 같은 값을 가진다. 그 이유는 무엇일까? 물의 밀도는 보통 1 g/mL로 받아들여지고 있다. 몰농도의 경우 일정한 양의 용질이 섞여 있기는 하지만 농도가 묽다는 것은 용질의 양이 적다는 의미이고, 수용액 대부분이 용매인 물이라는 뜻이다. 따라서 몰농도의 경우 전체 수용액의 부피가 1 L일 때 용질의 몰수로 표현되고, 몰랄 농도에서는 물 1 kg당 용질의 몰수로 표현된다면 '수용액 1 L = 물 1 L = 물 1 kg'이라는 관계가 성립하므로 '몰농도 = 몰랄 농도'라는 등식도 성립한다. 다음은 같은 양의 용질(같은 몰수의 용질)을 함유하고 있는 용액의 몰농도(M)와 몰랄 농도(m)를 비교한 것이다.

- 많은 양의 용질을 함유하는 용액(진한 농도의 용액)인 경우에는 몰랄 농도의 수치가 몰농도의 수치보다 더 크고, 같은 농도의 두 가지 용액의 부피가 서로 다르다. 예를 들어 1.00 mol NaOH를 1.00 kg의 물과 섞어 만든 1.00 m NaOH 수용액의 부피는 1.00 mol NaOH를 물에 녹여 만든 1.00 M NaOH 수용액의 부피(1.00 L)보다 더 크다.
- 아주 적은 양의 용질을 함유한 용액(매우 묽은 용액)의 경우에는 용액의 몰농도와 몰랄 농도가 거의 비슷하고, 같은 농도의 두 가지 용액의 부피가 서로 같다.

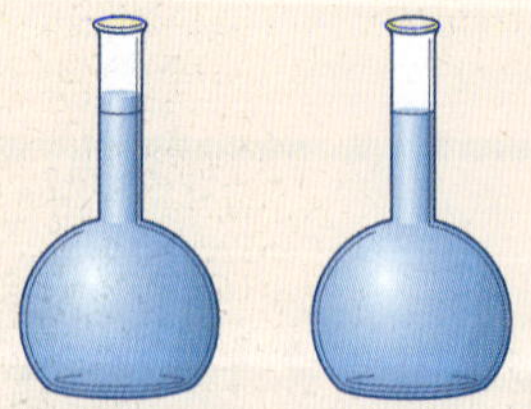

1.00 m NaOH 수용액 1.00 M NaOH 수용액

3.5.3 몰랄 농도 계산하기

이제 몰랄 농도에 관련된 계산법을 알아보기로 한다.

예제 3.16 NaCl(화학식량: 58.5) 11.5 g을 400.0 mL의 물에 녹여 제조한 NaCl 수용액의 몰랄 농도를 구해 보자.

풀이 »

용질의 경우

NaCl의 몰수
= NaCl의 무게(g) ÷ NaCl의 몰질량 (g/mol)
= 11.5 g (유효 숫자 3개) ÷ 58.5 g/mol (유효 숫자 3개) = 0.197 mol (유효 숫자 3개)

용매인 물의 경우

물의 kg수 = 400.0 mL (유효 숫자 4개) = 400.0 g (유효 숫자 4개) = 0.4000 kg (유효 숫자 4개)

그러므로 NaCl 수용액의 몰랄 농도는 다음과 같이 구한다.

NaCl 수용액의 몰랄 농도 = NaCl의 몰수 ÷ 물의 kg수
= 0.197 mol (유효 숫자 3개) ÷ 0.4000 kg (유효 숫자 4개)
= 0.492 mol/kg (유효 숫자 3개) = 0.492 m (유효 숫자 3개)

예제 3.17 2.45 M인 메탄올(methanol, methyl alcohol, CH_3OH) 수용액의 밀도는 0.976 g/mL 이다. 이 수용액의

풀이 »

먼저 2.45 M CH_3OH 수용액 1.00 L의 무게를 구한다.

$$(1.00 \times 10^3 \text{ mL}) \times (0.976 \text{ g/mL}) = 976 \text{ g}$$

2.45 M CH_3OH 수용액 1.00 L에는 2.45 mol의 CH_3OH가 들어 있고, CH_3OH의 분자량이 32.04이므로 2.45 M CH_3OH 수용액에 들어 있는 용질(CH_3OH)의 무게는 다음과 같이 구할 수 있다.

(2.45 mol) (유효 숫자 3개) × (32.04 g/mol) (유효 숫자 4개) = 78.5 g (유효 숫자 3개)

이제 2.45 M CH_3OH 수용액에서 용매(물)의 무게를 구한다.

물의 무게
= 용액의 무게 − 용질의 무게
= 976 g (소수점 이하 자리 없음) − 78.5 g (소수점 이하 한 자리)
= 898 g (소수점 이하 자리 없음)

그러므로 2.45 M CH_3OH 수용액의 몰랄 농도는 다음과 같다.

2.45 mol (유효 숫자 3개)/0.898 kg (유효 숫자 3개)
= 2.73 mol/kg (유효 숫자 3개) = 2.73 *m* (유효 숫자 3개)

예제 3.18 밀도가 1.25 g/mL인 3.00 M $Na_2S_2O_3$(화학식량: 158.0) 수용액의 농도를 (a) 몰랄 농도로 바꾸어 보자. 그리고 (b) 만일 $Na_2S_2O_3$ 수용액에서 $Na_2S_2O_3 \rightarrow 2Na^+ + S_2O_3^{2-}$와 같은 반응이 일어난다면, 이 수용액에 들어 있는 Na^+이온의 몰랄 농도를 구해 보자.

풀이 »

우선 밀도를 사용하여 $Na_2S_2O_3$ 용액 1 L의 무게를 구하면 다음과 같다.

$Na_2S_2O_3$ 용액의 밀도 = 1.25 g/mL = 1.25×10^3 g/L
→ $Na_2S_2O_3$ 용액 1 L의 무게 = 1.25×10^3 g

$Na_2S_2O_3$ 용액의 몰농도인 3.00 M을 사용하여 용액 1 L에 함유되어 있는 용질($Na_2S_2O_3$)의 무게를 구한다.

$Na_2S_2O_3$ 수용액의 몰농도 = 3.00 M = (3.00 mol $Na_2S_2O_3$)/L
용액 1 L 중 $Na_2S_2O_3$의 무게
= ($Na_2S_2O_3$의 몰수, mol) × ($Na_2S_2O_3$의 몰 질량, g/mol)
= (3.00 mol)(유효 숫자 3개) × (158.0 g/mol)(유효 숫자 4개) = 474 g(유효 숫자 3개)

이제 다음과 같이 $Na_2S_2O_3$ 수용액에 들어 있는 용매(물)의 무게를 구한다.

물의 무게 = $Na_2S_2O_3$ 수용액의 무게 − 용질인 $Na_2S_2O_3$의 무게
= 1.25×10^3 g − 474 g
= 1.25×10^3 g(소수점 이하 두 자리) − 0.474×10^3 g(소수점 이하 세 자리)
= 0.78×10^3 g(소수점 이하 두 자리)
= 0.78×10^3 g(유효 숫자 2개)

(a) $Na_2S_2O_3$ 수용액의 몰랄 농도는 다음과 같이 구한다.

$Na_2S_2O_3$ 수용액의 몰랄 농도 = ($Na_2S_2O_3$의 몰수, mol)/(물의 무게, kg)
= (3.00 mol)(유효 숫자 3개)/(0.78 kg)(유효 숫자 2개)
= 3.8 mol/kg(유효 숫자 2개) = 3.8 m(유효 숫자 2개)

(b) $Na_2S_2O_3$ 수용액의 경우 Na^+ 이온의 몰수는 초기 $Na_2S_2O_3$의 몰수의 두 배가 되므로

$Na_2S_2O_3$ 수용액에 들어 있는 Na^+ 이온의 몰랄 농도 = ($Na_2S_2O_3$ 수용액의 몰랄 농도) × 2
= 3.8 m × 2(단순 배수)
= 3.8 m(소수점 이하 한 자리) × 2
= 7.6 m(소수점 이하 한 자리)

알아두어야 할 용어(term)들

- 분율
- 무게/무게 분율
- 무게/부피 분율
- 부피/부피 분율
- 백분율
- 몰수
- 몰질량
- 몰분율
- 몰농도
- 몰랄 농도

요약

화학에서 사용하는 농도 표현법 중 세 가지 종류의 분율(무게/무게, 무게/부피, 부피/부피)과 백분율 그리고 몰분율, 몰농도와 몰랄 농도의 개념을 소개하고, 이들 농도 표현법들에 익숙해지도록 각 농도 표현법 별로 몇 가지 농도 구하기 예제들을 제공하였다. 또한 고체시약이나 액체시약을 사용하여 주어진 몰농도의 수용액을 제조하는 방법들을 다루었다.

연 . 습 . 문 . 제

분율 – 백분율 농도

1. 0.05000 kg의 $Mg_2P_2O_7$(피로인산마그네슘, magnesium pyrophosphate)에 함유된 Mg의 무게가 1.08 g이라면, Mg의 무게/무게 백분율을 구하시오.
2. NaCl(염화 소듐, sodium chloride)에는 30.3 % (*w*/*w*)의 소듐(sodium, Na)이 함유되어 있다. 2.00 g의 NaCl에 함유된 소듐(Na)의 무게(단위: g)를 구하시오.
3. NaCl 수용액은 물에 NaCl을 녹여 제조한다. 농도가 3.0 % (*w*/*v*)인 NaCl 수용액 30.0 mL에 함유된 NaCl의 무게를 구하시오.
4. 화합물인 물(H_2O)에 대한 원소 분석 결과, 물은 11.2 % (*w*/*w*)의 수소(H)와 88.8 % (*w*/*w*)의 산소(O)로 되어 있음이 밝혀졌다. 그렇다면 물 1.5 g에 들어 있는 각 원소들의 무게를 구하시오.
5. 2.00 g의 NaCl을 물에 녹여 제조한 NaCl 수용액의 부피가 0.2500 L라면, 이 수용액 속 NaCl의 무게/부피 백분율을 구하시오.
6. 알코올의 부피/부피 백분율이 21.0 % (*v*/*v*)인 소주 30.0 mL에 들어 있는 알코올의 양(mL)을 구하시오.

몰분율

7. 0.100몰의 NaCl을 물(H_2O) 100.0 g에 녹여 NaCl 수용액을 만든다면, NaCl의 몰분율을 구하시오. 단, 원자량은 H: 1.0, O: 16.0이다.

몰농도

8. 1.00 M HCl 수용액 일부를 채취한 후, 물로 묽혀 농도가 0.100 M인 HCl 수용액 100.0 mL를 제조하는 방법을 알아보시오.
9. 농도가 11.5 M인 진한 HCl 수용액을 사용하여 농도가 0.100 M인 HCl 수용액 500.0 mL를 제조하는 방법을 알아보시오.
10. NaCl을 사용해 0.100 M Na^+ 이온 수용액 250.0 mL를 제조해 보시오(단, NaCl의 화학식량은 58.5이다).
11. 3.200 g의 NaCl(Na : 23.0, Cl : 35.5)을 물에 녹여 NaCl 수용액 500.0 mL를 만든다면, NaCl 수용액의 몰농도를 구하시오.
12. 2.354 g의 KNO_3(K : 39.1, N : 14.0, O : 16.0)를 물에 녹여 250.0 mL 수용액을 만든다면, KNO_3 수용액의 몰농도를 구하시오.

몰랄 농도

13. 3.200 g의 NaCl(Na : 23.0, Cl : 35.5)을 물 500.0 g에 녹여 NaCl 수용액을 만든다면, NaCl 수용액의 몰랄 농도를 구하시오.
14. 2.354 g의 KNO_3(K : 39.1, N : 14.0, O : 16.0)를 물 100.0 g에 녹여 KNO_3 수용액을 만든다면, KNO_3 수용액의 몰랄 농도를 구하시오.
15. 0.001024 M NaCl 수용액의 밀도는 1.002 g/mL이다. NaCl 수용액의 몰랄 농도를 구하시오.

. 종 합 .

16. 어떤 시료 1.0 mL에는 9.924 mg의 $K_2Cr_2O_7$가 함유되어 있음이 밝혀졌다. 이 시료에 들어 있는 크로뮴(Cr)의 (a) 무게/부피 분율 (b) 무게/부피 백분율을 구하시오(단, 각 원자량은 K: 39.1, Cr: 51.996, O: 16.0이다).
17. 다음은 고체 시약인 KNO_3를 사용해 농도가 1.00×10^{-3} M인 KNO_3 수용액 250.0mL를 제조하는 과정이다. 각 질문에 답하시오. (단, KNO_3의 화학식량은 101.1이다).
    ① 농도가 1.00×10^{-3} M인 KNO_3 수용액 250.0 mL에 들어 있어야 할 KNO_3의 양 = (ⓐ) mol
    ② 용액의 제조에 필요한 KNO_3의 무게 = (ⓑ) g
    ③ 제조 방법 −250 mL 용기에 (ⓑ) g의 KNO_3를 넣고 소량의 물을 첨가하여 완전히 녹여 준다. 용기의 상단에 표시된 선까지 물을 첨가해 잘 섞어 250.0 mL 수용액을 제조한다.
18. 다음은 농도가 18.0 M인 진한 황산(H_2SO_4) 수용액을 사용하여 0.80 M H_2SO_4 수용액 500.0 mL를 제조하는 과정이다. 각 질문에 답하시오.
    ① 0.80 M H_2SO_4 수용액 500.0 mL에 들어 있어야 할 $H_2SO_4$4의 mol 수 = (ⓐ) mol
    ② 0.80 M H_2SO_4 수용액 500.0 mL를 제조하는 데 필요한 18.0 M H_2SO_4 수용액의 부피 = (ⓑ) mL
    ③ 제조 방법을 서술하시오.
19. 농도가 0.510 M인 KNO_3 수용액 500.0 mL에 대한 내용이다. 각 질문에 답하시오(단, KNO_3의 화학식량은 101.1이고, 물의 분자량은 18.0이다).
    ① 이 수용액 속 KNO_3의 양은 (ⓐ) mole이고, 무게는 (ⓑ) g이다.
    ② 이 수용액의 밀도가 1.02 g/mL라면, 이 수용액의 무게는 (ⓒ) g이다(과학적 표기로 답하시오).
    ③ 이 수용액에서 물의 무게는 (ⓓ) g이다(과학적 표기로 답하시오).
    ④ 이 수용액에서 물의 몰수는 (ⓔ) mol이다.
    ⑤ 수용액에서 물의 몰분율은 (ⓕ)이다.
20. 500.0 mL의 물에 2.5 g의 NaCl(화학식량은 58.5이다)을 녹여 NaCl 수용액을 제조하였다. 각 질문에 답하시오.
    ① 이 수용액에 녹아 있는 NaCl의 양은 (ⓐ) mole이다.
    ② 이 수용액의 농도는 (ⓑ) m이다.

04

기체 관련 법칙과 물질의 원자성

주어진 물질의 내부는 존재하는 것인가? 물질의 본질에 관한 이러한 의문에 대한 답으로 다음과 같은 두 가지 유형의 주장이 서로 대립하였다. 한 가지는 물질의 연속성이라는 개념에 따라 주어진 금덩어리를 반분하여 더 조그만 크기로 만들어나가는 과정을 무한히 반복할 수 있으며, 금덩어리가 아무리 작아져도 여전히 금의 성질을 가질 것이라는 주장이다. 또 다른 것은 물질의 불연속성(물질의 원자성)이라는 개념을 적용한 것으로서 주어진 금덩어리를 더 작은 크기의 금덩어리로 만들어가는 과정이 무한히 지속될 수는 없으며, 언젠가는 더 이상 작게 만들 수 없는 어떤 물질에 도달할 것이고, 그 물질은 더 이상 금덩어리가 가졌던 성질을 가지지 않을 것이라는 주장이다. 이제 우리는 과거의 과학자들이 어떠한 실험들을 고안하여 수행하였고 그 실험 결과에 대한 어떠한 해석을 통해 모든 물질을 구성하는 기본 입자로서의 원자라는 물질의 존재를 알아내었는지를 살펴본다.

©flocu/Shutterstock

4.1 물질의 본질에 관한 철학적 관점

4.1.1 철학적 원자사상

고체들은 작고 뾰족한 형태의 원자들로 이루어져 있다. **액체**들은 크고 둥근 형태의 원자들로 이루어져 있다. **기름**들은 서로 쉽게 미끄러지듯 지나칠 수 있는 아주 미세하고 작은 원자들로 이루어져 있다.

철학적 원자사상(Philosophical Atomism)이란 과학적으로 그 내용을 증명할 수 없는 철학적 관점에 근거를 두어 원자가 물질을 이루는 근본 입자라고 받아들이는 사고 방식이라고 할 수 있다.

물질의 원자성(atomic nature)을 처음 주장한 사람은 기원전 5세기의 철학자인 Leucippus(레우키푸스)였다. Leucippus의 제자인 Democritus(데모크리토스)는 '더 이상 쪼개어질 수 없는(indivisible)'이라는 의미를 가진 **원자**(atom)라는 단어를 처음으로 사용하였다. Democritus는 원자는 물질을 이루는 궁극적인 입자이므로 물질이 서로 다른 것은 그 물질을 이루는 원자들이 서로 다르기 때문이고, 원자들이 서로 다른 이유는 그 원자들의 크기(size)나 모양(shape)이 서로 다르기 때문이라는 주장을 펼쳤다.

4.1.2 아리스토텔레스와 플라톤의 4원소설

Aristotle(아리스토텔레스)와 Plato(플라톤)은 그림 4.1에 나타낸 것과 같은 '4원소설(Four Elements)'이라는 물질을 바라보는 철학적인 관점을 강요하였다. 이와 같이 Aristotle와 Plato에 의해 Democritus의 개념이 거부되고 물질의 원자성이 배척되면서 과학의 세계는 거의 2,000년 동안의 암흑기를 경험하였다.

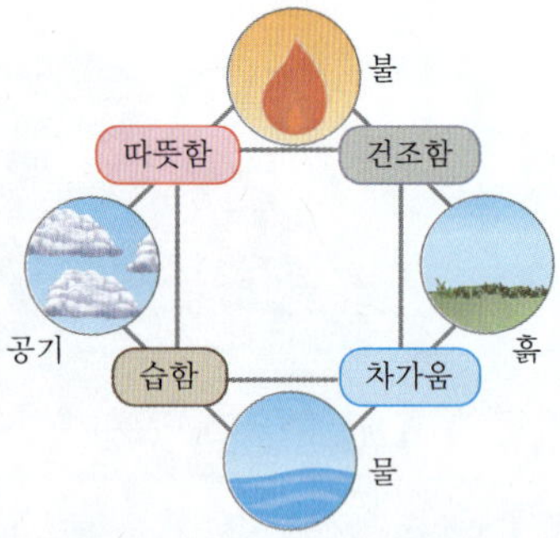

그림 4.1
4원소설: 세상을 구성하는 모든 물질은 물(근본적 성질: 차가움과 축축함), 불(근본적 성질: 뜨거움과 건조함), 공기(근본적 성질: 뜨거움과 축축함), 흙(근본적 성질: 차가움과 건조함)의 네 가지 원소(fundamental element)로 이루어진다.

4.2 물질의 원자성 확립에 기여한 기체에 관한 물리 법칙과 화학 법칙

일정 기간 동안 Aristotle와 Plato 같은 철학자들에 의해 물질의 본질에 관한 과학적 사고 방식이나 주장들이 억압된 상태의 암흑기를 거친 후, John Dalton(돌턴)에 의해 '물질의 본질은 원자'라는 개념이 다시 살아나게 되었다. Dalton의 원자 개념은 많은 사람들의 상상력에 불을 지피면서 현대 원자론의 근간을 이루었다. 물론 Dalton보다 앞서 물질이 입자로 이루어졌을 것이라는 과학적 생각을 펼친 사람들도 있었다. 예를 들면 Galileo Galilei(갈릴레이)는 Dalton보다 약 200년 전에 다음과 같은 주장을 펼쳤다.

> 화학 반응(chemical reaction)에 의해 새로운 물질이 생기는 것은 너무나 작아서 인간의 눈으로는 볼 수 없지만, 물질 내부의 어떤 것들이 새로운 배열(arrangement)을 이루기 때문이다.

또한 Francis Bacon(베이컨)은 다음과 같이 생각하였다.

> 열(heat)이라는 것은 육안으로는 물론 현미경(microscope)으로도 관찰할 수 없을 정도로 작은 물질의 흐름이다.

Robert Boyle(보일)과 Issac Newton(뉴턴)은 **물리 법칙**(physical law)을 구체화하는 과정에서 원자 개념을 사용하기도 하였다.

물질은 기본적으로 액체, 기체, 고체의 세 가지 상태 중 하나로 존재한다. 고체는 일정한 모양과 부피가 있고, 액체는 일정한 부피는 있지만 모양은 액체를 담는 용기의 형태에 따라 변한다. 그러나 기체는 부피와 모양이 모두 일정하게 고정되지 않는다. 물질은 그 상태가 변할 수 있는데, 예를 들면 물의 경우 온도나 압력의 조절을 통하여 한 상태의 물질이 다른 상태로 변화(수증기 ↔ 물 ↔ 얼음)할 수도 있다. 사람들은 주어진 상태의 물질이 다른 상태로 변하는 **물리적 변화**(physical change)의 방식에 대해서 어느 정도는 이해하고 있었다. 하지만 물리적 변화가 진행되는 과정에서 물질의 내부에 어떠한 변화가 일어나는지에 관해서는 정확한 지식이 없었다. 특히 육안으로 볼 수 없는 기체 상태의 물질에 관한 지식이 많이 부족하였기 때문에, 사람들은 기체를 대상으로 많은 연구를 수행하였다. Dalton도 기체 상태의 물질에 관한 연구를 수행하였고, 그러한 연구로부터 얻을 수 있었던 다양한 정보에 근거하여 물질의 내부 구조에 관한 이해에 접근할 수 있었다. 지금부터 기체상 물질이 나타내는 행동 양식에 관한 다양한 연구를 근거로 어떠한 정보가 얻어졌으며, 그러한 정보가 물질의 원자성과 어떻게 연관되는지를 알아보자.

4.2.1 물질의 원자성 확립에 기여한 기체에 관한 물리 법칙

❶ Boyle 법칙

(가) 법칙의 내용

Boyle은 한쪽 끝이 밀봉된 J자관의 막힌 부분의 끝에 일정량의 기체와 수은(mercury, Hg)을 차례로 주입한 후, 관의 열려진 부분에 압력을 가해 주면서 기체의 부피 변화를 관찰하였다. 일정량의 기체가 담긴 J자 관에 일정한 양의 기체를 넣은 후 양쪽 수은(Hg)의 높이가 똑같아질 때까지 Hg를 첨가한다. 이때 기체가 받는 압력은 대기압(760 mmHg)이고 기체의 부피는 V이다. 양쪽 Hg 기둥의 높이 차이가 760 mm가 될 때까지 Hg를 첨가하면, 기체가 받는 압력은 대기압(760 mmHg) + 760 mmHg = 1520 mmHg가 된다. 이때 기체의 부피는 (1/2) V이다.

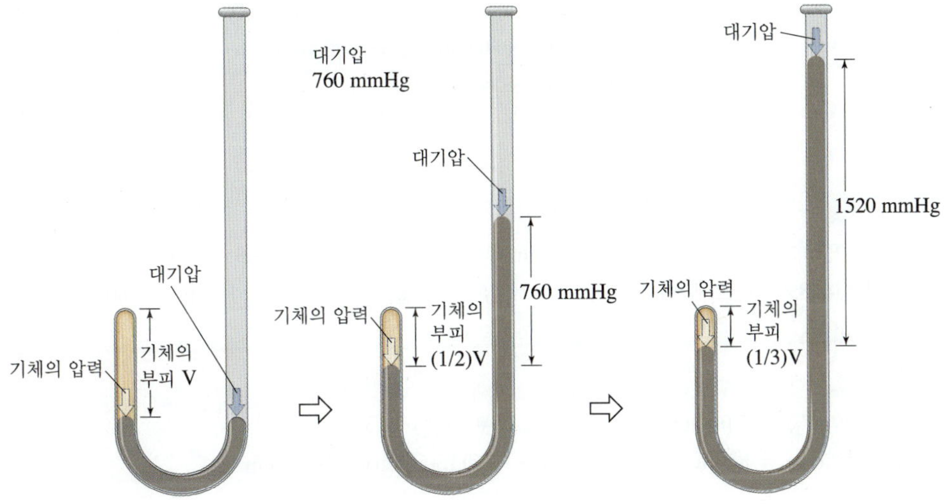

다시 양쪽 Hg 기둥의 높이 차이가 1520 mm가 될 때까지 Hg를 첨가하면, 기체가 받는 압력은 대기압(760 mmHg) + 1520 mmHg = 2280 mmHg가 된다. 이때 기체의 부피는 (1/3) V이다.

Boyle은 관찰 결과를 정리하여 다음과 같은 Boyle 법칙(Boyle's Law)을 발표하였다.

주어진 온도(temperature)에서 일정한 양의 기체의 부피(volume, V, 단위: L)와 압력(pressure, P, 단위: atm)은 서로 반비례한다.

PV = 일정한 상수(온도와 기체의 양 : 불변)
$P_1V_1 = P_2V_2$(온도와 기체의 양 : 불변)
(V_1: 초기 부피, P_1: 초기 압력, V_2: 최종 부피, P_2: 최종 압력)

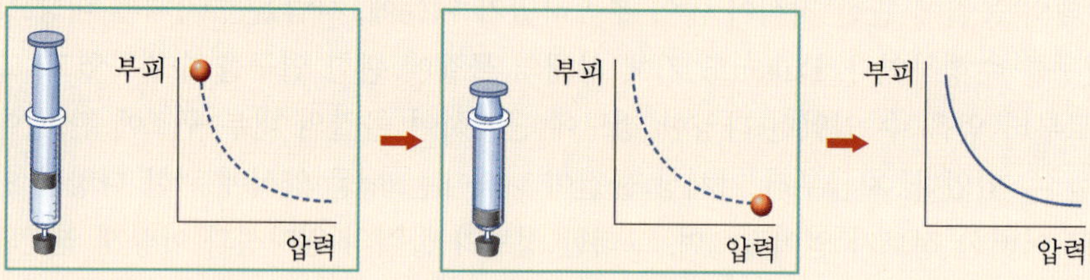

주사기를 사용한 그림으로 표현한 Boyle 법칙: 일정 온도에서 끝부분이 막힌 주사기의 플런저(plunger)에 압력을 가하는 동안 관측되는 주사기 내부(기체)의 부피 변화

※ 주어진 법칙을 서술하거나 수식으로 표현하는 경우, 반드시 그 법칙이 성립하는 조건을 명시해야 한다. 예를 들어 Boyle 법칙의 경우에는 온도와 기체의 양이 변하지 않는 조건을 명시해야 한다.

87쪽의 참고자료 4.1에서는 수은 기압계와 다양한 압력 단위가 소개되어 있다.

예제 4.1 Boyle 법칙이 적용되는 계산(1)

일정한 온도에서 500 torr의 압력이 가해진 기체의 부피는 50.0 mL이다. 기체에 가해진 압력을 800 torr로 올리는 경우 관찰되는 기체의 부피(단위: L)를 구해 보자.

풀이 »

초기 압력(P_1) = 500 torr 초기 부피(V_1) = 50.0 mL = 0.0500 L
최종 압력(P_2) = 800 torr

이므로 최종 부피는 다음과 같이 구한다.

$$\text{최종 부피}(V_2) = P_1V_1 \div P_2 = (500\ \text{torr}) \times (0.0500\ \text{L}) \div (800\ \text{torr}) = 0.0313\ \text{L}\ (\text{또는}\ 3.12 \times 10^{-2}\ \text{L})$$

예제 4.2 Boyle 법칙이 적용되는 계산(2)

주어진 양의 기체가 25.0 °C와 1.00 atm에서 나타내는 부피는 3.60 L이다. 같은 온도에서 압력이 850 torr로 변하는 경우, 그 기체의 부피를 구해 보자(단, 1 atm = 760 torr = 760 mmHg).

풀이 »

초기 압력(P_1) = 1.00 atm 초기 부피(V_1) = 3.60 L
최종 압력(P_2) = 850 torr = (850 torr) ÷ (760 torr/atm) = 1.12 atm

이므로 최종 부피는 다음과 같이 구한다.

최종 부피(V_2) = $P_1V_1 \div P_2$
= (1.00 atm) × (3.60 L) ÷ (1.12 atm) = 3.21 L

예제 4.3 Boyle 법칙이 적용되는 계산

대기압이 745 mmHg인 산 위에서 채취한 기체의 부피가 500.0 mL이다. 이 기체를 대기압이 760 mmHg인 지상의 실험실에 가져오는 경우, 기체의 부피는 얼마로 변하는가? (단, 온도 변화는 없다고 가정한다.)

풀이 »

초기 압력(P_1) = 745 mmHg 초기 부피(V_1) = 500.0 mL
최종 압력(P_2) = 760 mmHg

이므로 최종 부피는 다음과 같이 구한다.

최종 부피(V_2) = $P_1V_1 \div P_2$
= (745 mmHg) × (500.0 mL) ÷ (760 mmHg) = 490 mL

(나) Boyle 법칙은 '물질의 원자성 확립'에 어떠한 기여를 하였을까?

Boyle은 주어진 온도에서 일정한 양의 기체에 대한 압력을 증가시키면 기체의 부피가 줄어들 수 있다는 사실(기체가 압축될 수 있다는 사실)에 근거하여, 기체는 그 자체가 액체나 고체와 같이 하나의 덩어리 형태가 아니라 기체가 나타내는 넓은 공간에 기체를 이루는 아주 조그마한 입자들이 존재하는 형태의 물질이라는 주장을 내세웠다.

❷ Dalton의 부분 압력 법칙

(가) 법칙의 내용

Dalton과 같은 시대에 활동하던 과학자들은 공기가 산소와 질소, 물로 이루어진 화합물이라고 생각하였다. 하지만 Dalton은 공기를 대상으로 한 실험 결과에 근거하여 공기는 언제 어디에서나 21 %의 산소와 79 %의 질소의 혼합물로 존재하며, 물(수증기)의 경우 항상 일정한 양이 공기 중에 존재하는 것은 아니고 공기의 온도가 달라지면 공기 속에 함유된 물의 양도 변한다는 사실을 알 수 있었다. 또한 Dalton은 건조한 공기에 수증기를 섞어 준 후 공기의 압력을 측정하면 수증기를 섞어 주기 전에 측정한 공기의 압력보다 더 커지고, 증가된 공기 압력은 수증기만의 압력과 같음을 발견하였다. 이후 Dalton은 다양한 기체 혼합물을 사용한 실험에서도 같은 유형의 결과를 관찰하였다. 그림 4.2는 Dalton이 수행한 실험 중 한 가지 내용을 보여 준다.

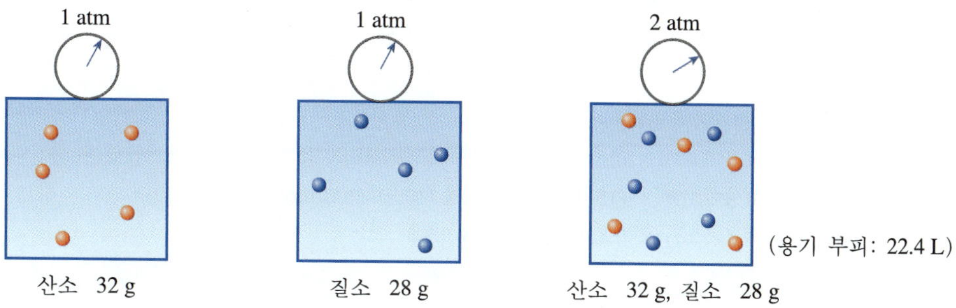

그림 4.2
Dalton의 실험: 0 ℃에서 22.4 L의 용기에 들어 있는 32 g의 산소 기체가 나타내는 압력은 1 atm이었고, 같은 온도와 부피의 용기에서 28 g의 질소 기체가 나타내는 압력도 1 atm이었다. 그리고 같은 온도와 부피의 용기에 32 g의 산소 기체와 28 g의 질소 기체를 넣어 주면, 이 기체 혼합물에 의한 압력은 2 atm으로 측정되었다.

Dalton은 기체 혼합물에 관한 실험 결과를 정리하여 다음과 같은 Dalton의 부분 압력 법칙(Dalton's law of partial Pressure)을 발표하였다.

Dalton의 부분 압력 법칙

일정한 온도에서 주어진 부피의 용기에 들어 있는 기체 A, B, C의 혼합물이 나타내는 압력은 혼합물을 구성하는 기체 A, B, C가 같은 용기에 독자적으로 존재할 때 나타내는 압력을 합한 것과 같다.

기체 A, B, C의 혼합물의 경우

$$P_A + P_B + P_C = P_{\text{기체 혼합물}} \text{ (온도: 일정, 용기 부피: 일정)}$$

여기서

P_A: 기체 A가 단독으로 존재하며 나타내는 압력(기체 A의 부분 압력)

P_B: 기체 B가 단독으로 존재하며 나타내는 압력(기체 B의 부분 압력)

P_C: 기체 C가 단독으로 존재하며 나타내는 압력(기체 C의 부분 압력)

$P_{\text{기체 혼합물}}$: 기체 A, B, C의 혼합물이 나타내는 압력

예제 4.4 Dalton의 부분 압력 법칙이 적용되는 계산(1)

일정한 온도에서 혼합 기체(수소 기체, 질소 기체, 산소 기체)가 들어 있는 용기의 압력은 4 atm이다. 같은 온도와 용기에 혼합 기체의 성분들인 수소 기체와 질소 기체가 각각 단독으로 들어 있을 때 나타내는 압력이 1 atm과 2 atm으로 측정되었다면, 혼합 기체 성분 중 산소 기체의 부분 압력은 얼마인가?

풀이 »

$$P_{\text{전체}} = P_{\text{혼합 기체}} = P_{\text{수소}} + P_{\text{질소}} + P_{\text{산소}} = 4 \text{ atm}$$

이므로 산소 기체의 부분 압력($P_{\text{산소}}$)은 다음과 같이 구할 수 있다.

$$P_{\text{산소}} = P_{\text{혼합 기체}} - (P_{\text{수소}} + P_{\text{질소}}) = 4 \text{ atm} - (1 \text{ atm} + 2 \text{ atm}) = 1 \text{ atm}$$

예제 4.5 Dalton의 부분 압력 법칙이 적용되는 계산(2)

15.0 mol의 산소 기체와 20.0 mol의 헬륨 기체가 들어 있는 용기가 나타내는 압력이 7.00 atm이다. 용기의 온도와 부피가 일정한 경우, 각 산소 기체의 부분 압력을 구해 보자.

풀이 »

온도와 부피가 일정한 용기에서는 기체의 종류와 무관하게 기체 1 mol이 나타내는 압력은 동일하므로(참고자료 4.3 Avogadro 법칙), 산소 기체가 나타내는 부분 압력은 다음과 같이 구할 수 있다.

산소 기체의 부분 압력
= 전체 압력 × 산소 기체의 몰분율
= 전체 압력 × (산소 기체의 몰수 ÷ 기체 전체의 몰수)
= 7.00 atm (유효 숫자 3개) × {15.0 mol (유효 숫자 3개)
÷ (15.0 mol (소수점 이하 한 자리) + 20.0 mol (소수점 이하 한 자리)) }
= 7.00 atm (유효 숫자 3개) × (15.0 mol (소수점 이하 한 자리) ÷ 35.0 mol (소수점 이하 한 자리))
= 7.00 atm (유효 숫자 3개) × (15.0 mol (유효 숫자 3개) ÷ 35.0 mol (유효 숫자 3개))
= 7.00 atm (유효 숫자 3개) × 0.429 mol (유효 숫자 3개)
= 3.00 atm (유효 숫자 3개)

예제 4.6 Dalton의 부분 압력 법칙이 적용되는 계산(3)

어떤 용기에 7.0 mol의 수소 기체와 3.0 mol의 질소 기체가 들어 있다. 수소 기체의 부분 압력이 273 mmHg이다. 용기의 온도와 부피가 일정한 경우, 기체 혼합물 전체 압력을 구해 보자.

풀이 »

수소 기체의 부분 압력 = 기체 혼합물의 전체 압력 × 수소 기체의 몰분율
이므로

기체 혼합물의 전체 압력
= 수소 기체의 부분 압력 ÷ 수소 기체의 몰분율
= 수소 기체의 부분 압력 ÷ (수소 기체의 몰수 ÷ 기체 전체의 몰수)
= 273 mmHg (유효 숫자 3개) ÷ {7.0 mol (유효 숫자 2개)
÷ (7.0 mol (소수점 이하 한 자리) + 3.0 mol (소수점 이하 한 자리)) }
= 273 mmHg (유효 숫자 3개) ÷ {7.0 mol (유효 숫자 2개) ÷ 10.0 mol (소수점 이하 한 자리)}
= 273 mmHg (유효 숫자 3개) ÷ 0.70 mol (유효 숫자 2개)
= 3.9×10^2 mmHg (유효 숫자 2개)

예제 4.7 Dalton의 부분 압력 법칙이 적용되는 계산(4)

760 mmHg의 대기압과 25.0 ℃의 온도에서 50.0 L의 질소 기체(nitrogen gas, N_2)를 수상 치환으로 포집하였다. 포집한 질소 기체의 부분 압력을 구해 보자(단, 25.0 ℃에서 물의 수증기압은 3.169 kPa이고, 1 Pa = 7.50×10^{-3} mmHg이다).

풀이 »

수상 치환에 의해 포집한 기체의 전체 압력 = 대기압
= 질소 기체의 부분 압력 + 수증기의 부분 압력
이므로
질소 기체의 부분 압력 = 대기압 − 수증기의 부분 압력
= 760 mmHg − 수증기의 부분 압력
수증기의 부분 압력
= 3.169 kPa = (7.50×10^{-3} mmHg/Pa) × (3.169×10^3 Pa) = 23.8 mmHg

따라서 질소 기체의 부분 압력 = 760 mmHg − 23.8 mmHg = 736 mmHg

(나) Dalton 법칙은 '물질의 원자성 확립'에 어떠한 기여를 하였는가?

Dalton은 실험 결과를 근거로 기체는 아주 작은 입자들로 이루어져 있기 때문에, 기체들을 서로 섞어 주면 각 기체 입자들은 서로 아무런 상호작용(인력이나 반발력) 없이 입자들 사이의 공간을 자유롭게 이동(확산, diffusion)할 수 있다고 주장하였다.

❸ Henry(헨리) 법칙

(가) 법칙의 내용

Dalton은 액체에 녹아들어 가는 기체의 양에 관련된 연구도 수행하였다. 그 결과 그림 4.3에서 볼 수 있는 것처럼 일정한 온도에서 주어진 양의 물에 기체를 녹이는 경우,

물 위에 있는 기체의 압력을 증가시키면 물에 녹아들어 가는 기체의 양이 더 많아진다는 사실을 알 수 있었다.

1803년 Dalton의 친구인 William Henry(헨리)는 몇 가지 기체와 액체 사이에서 관찰된 이러한 유형의 실험 결과를 요약하여 Henry **법칙**(Henry's law)을 발표하였다.

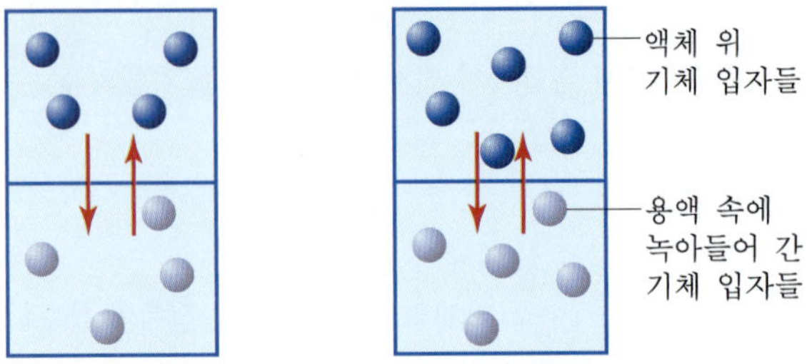

그림 4.3
기체의 액체에 대한 용해도

Henry 법칙

주어진 온도에서 주어진 양의 액체에 녹아들어 가는 기체의 양은 그 액체 위 기체의 압력(기체의 부분 압력)에 정비례한다.

① $C_{기체} = (1/k_H) \times P_{기체}$ (온도: 일정, 액체의 양: 일정)

여기서

$C_{기체}$: 액체 속에 녹아 있는 기체의 농도(단위: M 또는 mol/L)
k_H: 기체의 헨리의 법칙 상수(단위: atm · L/mol 또는 atm/M)
$P_{기체}$: 액체 위 기체의 부분 압력(단위: atm)

➡ 주어진 온도에서 주어진 양의 액체 위 기체의 부분 압력이 증가하면, 액체에 녹아들어 가는 기체의 양도 증가한다.
➡ 주어진 온도에서 주어진 양의 액체 위 기체의 부분 압력이 똑같은 경우, 헨리의 법칙 상수가 더 작은 기체가 액체에 더 많이(잘) 녹아들어 간다.

② $P_{기체} = k_H \times C_{기체}$ (온도: 일정, 액체의 양: 일정)

➡ 주어진 온도에서 주어진 양의 액체에 녹아 있는 기체의 농도가 진할수록 액체에서 기체로 돌아오는 기체의 양도 더 많아져서 액체 위 기체의 부분 압력도 더 높아진다.
➡ 주어진 온도에서 주어진 양의 액체에 녹아 있는 기체의 농도가 똑같은 경우, 헨리의 법칙 상수가 더 작은 기체의 경우 액체에서 기체로 돌아오는 기체의 양이 더 적기 때문에 액체 위 기체의 부분 압력도 더 낮아진다.

탄산 음료(carbonated drink)를 용기에 가득 채우지 않는 이유는 무엇인가?

시중에서 판매되고 있는 탄산 음료는 음료에 압력을 가해 이산화 탄소(CO_2, carbon dioxide) 기체를 녹인 후 용기에 넣고 밀봉하여 제조하는데, 탄산 음료를 용기에 넣고 밀봉하는 경우에는 음료의 윗부분에 최소한의 빈 공간을 만들어 주어야 한다. 온도가 변하지 않는다면 주어진 압력에 의해 음료 속에 강제로 녹아 있는 이산화 탄소의 양이 일정하게 유지될 수 있다. 그러나 용기가 가열되면 음료에 강제로 녹아 있던 이산화 탄소 기체가 빠져나와 기체 상태로 되돌아가면서 부피가 크게 증가하게 된다. 만일 탄산 음료의 윗부분에 최소한의 공간이 없다면, 그러한 부피 팽창은 그대로 용기의 벽에 전달되면서 용기가 폭발하듯 파손될 수 있다.

예제 4.8 **Henry 법칙이 적용되는 계산**

25 ℃와 1 atm에서 대기와 접촉하여 이루어진 대기 포화 용액(air saturated solution)에 녹아 존재하는 산소(용존 산소, dissolved oxygen: DO)의 농도(mol/L, M)는 얼마인가? (단, 대기 중 산소의 함유량은 20.1 mol %이고, 25 ℃에서 산소의 Henry의 법칙 상수(k_H)는 769.2 L·atm/mol이다.)

풀이 »

$$k_H = 769.2 \text{ L} \cdot \text{atm/mol}$$

이므로

$$1/k_H = (769.2 \text{ L} \cdot \text{atm/mol})^{-1} \text{ (유효 숫자 4개)} = 1.300 \times 10^{-3} \text{ mol/L} \cdot \text{atm (유효 숫자 4개)}$$

가 얻어진다. 그리고 공기 중 산소 기체의 함유량은 20.1 mol %이므로 공기 중 산소의 몰분율(mole fraction)은

$$(\text{산소의 mol \%}) \div (10^2 \text{ mol \%}) = (20.1 \text{ mol \%}) \div (10^2 \text{ mol \%}) = 0.201$$

∵ 주어진 화학종의 몰분율 = (화학종의 몰수) ÷ (화학종이 포함된 전체 시료의 몰수)
로 얻어진다. 이제 Dalton의 부분 압력 법칙을 적용하면, 다음과 같이 공기 중 산소의 부분 압력을 구할 수 있다.

$$\begin{aligned} \text{산소의 부분 압력 } (P_{\text{산소}}) &= (\text{대기압}) \times (\text{대기 중 산소의 몰분율}) \\ &= (1 \text{ atm}) \text{ (유효 숫자 1개)} \times (0.201) \text{ (유효 숫자 3개)} \\ &= 0.2 \text{ atm (유효 숫자 1개)} \end{aligned}$$

이제 Henry 법칙을 사용하면, 대기와 접촉하고 있는 용액 중에 녹아 있는 산소의 농도는 다음과 같이 구할 수 있다.

$$\begin{aligned} C_{\text{기체}} &= (1/k_H) \times P_{\text{기체}} \text{ (온도: 일정, 액체의 양: 일정)} \\ &= (1.300 \times 10^{-3} \text{ mol/L} \cdot \text{atm}) \text{ (유효 숫자 4개)} \times (0.2 \text{ atm}) \text{ (유효 숫자 1개)} \\ &= 3 \times 10^{-4} \text{ mol/L (유효 숫자 1개)} \end{aligned}$$

∵ 몰농도 = 용액 1 L당 함유된 용질의 mol수 (단위: mol/L 또는 M)

(나) Henry 법칙은 '물질의 원자성 확립'에 어떠한 기여를 하였는가?

덩어리 형태의 고체를 액체에 녹이는 경우 고체를 액체에 밀어 넣거나 액체와 접촉하는 고체의 면적을 넓혀 주어도 액체에 녹아들어 가는 고체의 양을 비례적으로 증가시켜 주지는 못한다. 그러나 기체를 액체에 녹이는 경우에는 일정한 온도에서 주어진 액체 위 기체의 압력(양)을 증가시키면, 기체가 비례적으로 더 많이 녹아들어 가므로 Dalton은 그 이유 역시 기체가 아주 작은 입자들로 이루어져 있기 때문이라고 주장하였다.

❹ Charles 법칙

(가) 법칙의 내용

Jacques Charles(샤를)은 Boyle의 J자관을 사용하여 기체에 관한 또 다른 연구를 수행한 결과, 다음과 같은 사실을 알아내었다.

> 일정한 압력에서 일정한 양의 기체(산소, 질소, 이산화 탄소, 공기)가 나타내는 부피는 섭씨 온도에 비례하여 변한다.
>
> ➡ 주어진 압력에서 기체의 온도를 0 ℃에서 1 ℃만큼 변화시키면 기체의 부피는 0 ℃에서 기체가 나타내던 부피의 $\frac{1}{273}$만큼 변한다.

그림 4.4는 Charles의 실험 결과를 보여 준다.

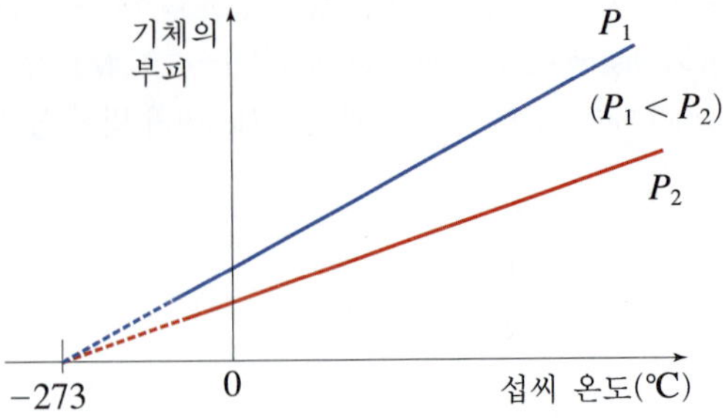

그림 4.4
섭씨 온도 척도를 사용한 실험 결과: 일정한 압력에서 일정한 양의 기체가 나타내는 부피는 섭씨 온도에 비례하여 변한다.

그 이후 1802년에 Joseph-Louis Gay-Lussac(게이뤼삭) 역시 Charles이 수행하였던 연구 내용과 비슷한 연구를 수행하였으며, 실험 결과를 보다 정돈된 형태로 다듬어 논문의 형태로 'Gay-Lussac의 법칙'을 발표하였다. 그러나 Gay-Lussac이 그의 논문에서 Charles이 수행한 실험 결과를 미발표된 논문으로 소개함으로써 Gay-Lussac의 법칙은 첫 번째 연구자인 Charles의 이름을 인용하여 다음과 같은 내용의 'Charles 법칙(Charles' law)'으로 명명되었다.

일정한 압력에서 주어진 양의 기체가 나타내는 부피는 절대 온도에 정비례한다.

$$\frac{V}{T} = \text{일정한 상수(압력과 기체의 양: 일정)}$$

$$\frac{V_1}{T_1} = \frac{V_2}{T_2} \text{ (압력과 기체의 양: 일정)}$$

여기서

T: 절대 온도(absolute temperature), K = °C + 273,

V_1: 초기 부피, T_1: 초기 온도, V_2: 최종 부피, T_2: 최종 온도

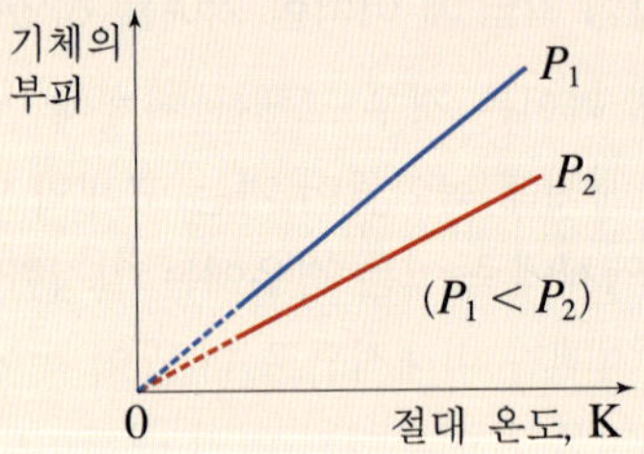

절대 온도 척도

주어진 압력에서 기체의 온도를 0 °C에서 1 °C만큼 변화시키면 기체의 부피는 0 °C에서 기체가 나타내던 부피의 $\frac{1}{273}$만큼 변한다. 이러한 관찰 결과에 따른다면 기체의 온도를 0 °C에서 −273 °C로 낮추어 주면 기체의 부피는 0이 될 것이다. (※ 주어진 기체는 온도가 내려가면 액체와 고체로 변하므로 −273 °C에 도달하여도 실제로는 부피가 0이 되지 않는다.)
이와 같이 기체의 부피가 0이 되는 −273 °C를 0 K(절대 영도, absolute zero), 그리고 물의 끓는점인 100 °C를 373 K로 정한 온도 척도이며, 섭씨 척도(celsius scale)와의 관계는 다음과 같다.

$$K = °C + 273$$

예제 4.9 **Charles 법칙이 적용되는 계산(1)**

온도가 25 ℃인 지상에서 부피가 200.0 mL인 풍선이 하늘 위로 날아가 온도가 10 ℃인 곳에 도달하면, 그 풍선의 부피는 얼마인가? (단, 풍선을 채운 기체의 양과 대기압은 변화없이 일정하다.)

풀이 »

Charles 법칙에 의해

$$\frac{V_1}{T_1} = \frac{V_2}{T_2} \text{ (압력: 일정, 기체의 양: 일정)} \Rightarrow V_2 = V_1 \times \left(\frac{T_2}{T_1}\right)$$

그런데

$$V_1 = 200.0 \text{ mL}, T_1 = 25 + 273 = 298 \text{ K}$$

그리고

$$T_2 = 10 + 273 = 283 \text{ K}$$

이므로 10 ℃인 곳에 도달한 풍선의 부피는 다음과 같이 구해진다.

$$V_2 = V_1 \times \left(\frac{T_2}{T_1}\right) = 200.0 \text{ mL} \times \left(\frac{283}{298}\right) = 190 \text{ mL}$$

예제 4.10 **Charles 법칙이 적용되는 계산(2)**

일정한 압력에서 20.0 ℃에 놓여 있는 부피가 3.00 L인 기체의 온도를 감소시켜 1.00 L의 부피로 만들기 위한 온도(단위: ℃)를 구해 보자.

풀이 »

$$\frac{V_1}{T_1} = \frac{V_2}{T_2} \Rightarrow T_2 = \frac{T_1 V_2}{V_1}$$

초기 상태

기체의 부피 $= V_1 = 3.00$ L

기체의 온도 $= T_1 = t_1 + 273 = (20.0 + 273)$ K $= 293$ K

최종 상태

기체의 부피 $= V_2 = 1.00$ L

기체의 온도 $= T_2 = \dfrac{T_1 V_2}{V_1} = (293 \text{ K} \times 1.00 \text{ L}) \div 3.00 \text{ L} = 97.7 \text{ K}$

따라서

$$t_2 = T_2 - 273 = (97.7 - 273)℃ = -175 ℃$$

(나) Charles 법칙은 '물질의 원자성 확립'에 어떠한 기여를 하였는가?

Charles은 기체의 온도가 증가하면 기체를 이루는 작은 입자들의 운동 속도가 빨라지고, 그만큼 기체가 담겨 있는 용기의 내벽과 기체 입자들과의 충돌이 증가하게 되어 기체의 부피가 늘어나는 것이라고 주장하였다.

4.2.2 물질의 원자성 확립에 기여한 기체에 관한 화학 법칙

기체에 관한 여러 가지 물리 법칙은 기체가 아주 작은 입자들로 이루어져 있다는 논리적인 가정을 내릴 수 있는 근거를 제시하였지만, 물질의 성질에 관한 화학 법칙이야말로 물질의 원자성을 확실하게 뒷받침하였다. 이제부터 그러한 화학 법칙을 알아보기로 한다.

❶ 질량 보존 법칙

18세기 말경에 많은 사람들은 다음과 같은 내용의 '플로지스톤 이론(Phlogiston theory)'을 받아⇄들이고 있었다.

> 주어진 물질이 공기 중에서 연소될 수 있는 것은 가연성 물질이 무색(colorless), 무취(odorless), 무미(tasteless)이고 질량도 소유하지 않은 플로지스톤(phlogiston)이라는 물질을 함유하고 있기 때문이다. 플로지스톤이 방출되는 동안에만 가연성 물질이 연소된다.

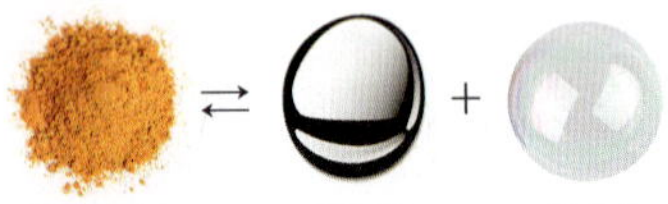

그러나 1785년에 Antoine-Laurent de Lavoisier(라부아지에)는 물질이 공기 중에서 연소되기 위해 필요한 것은 공기 중에서 무게를 가지고 존재하는 산소이고, 물질은 화학적 변화에 의해서 파괴되지도 않고 새롭게 생성되지도 않는다는 주장을 펼쳤다. Lavoisier는 실험을 통해 수은(Hg)을 공기의 성분인 산소와 결합시키면 산화 수은(HgO)을 얻을 수 있다는 사실과 오렌지색을 띤 분말 형태인 산화 수은을 가열하면 처음에 산화 수은을 얻는 과정에서 사용했던 수은을 모두 그대로 회수할 수 있고, 산화 수은의 제조에 사용하였던 산소도 산화 수은의 분해 과정에서 똑같은 양이 얻어진다는 사실을 알게 되었다. Lavoisier는 그러한 실험 결과들을 근거로 다음과 같은 **질량 보존 법칙**(the law of conservation of Mass)을 제시하였다.

> **질량 보존 법칙**
>
> 주어진 화학 반응에서 생성된 모든 물질의 무게의 합은 그 반응에 참여했던 반응 물질의 무게를 합한 것과 같다.

그림 4.5는 질량 보존 법칙을 보여 주는 또 다른 예이다

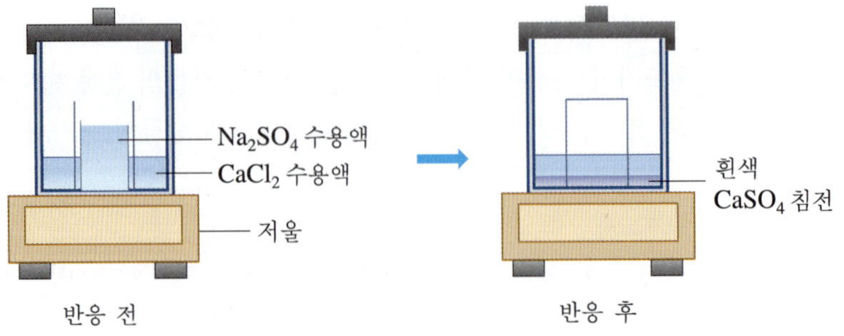

그림 4.5
침전 반응(precipitation reaction)에서 질량의 보존: 염화 칼슘(calcium chloride, CaC_{l2}) 수용액에 황산 소듐(sodium sulfate, Na_2SO_4) 수용액을 섞어 주면, 침전 반응(precipitation reaction)에 의해 흰색 황산 칼슘(calcium sulfate, $CaSO_4$) 침전이 생긴다. 이러한 화학 반응의 전과 후에 무게의 변화는 발생하지 않는다.

예제 4.11 질량 보존 법칙이 적용되는 계산(1)

4.0 g의 수소 기체가 산소 기체와 반응하여 모두 36.0 g의 수증기로 변해 버렸다면, 이 반응에서 수소 기체와 반응한 산소 기체의 무게를 구해 보자.

풀이 »

반응물의 무게 합 = 생성물의 무게 합

이므로

수소 기체의 무게 + 산소 기체의 무게 = 수증기의 무게

따라서

반응에 참여한 산소 기체의 무게
= 생성물인 수증기의 무게 − 반응물인 수소 기체의 무게
= 36.0 g − 4.0 g = 32.0 g

예제 4.12 질량 보존 법칙이 적용되는 계산(2)

철(iron, Fe)과 황(sulfur, S) 사이의 반응으로 황화 철(ferrous sulfide, FeS)이 만들어지는 화학 반응식은 Fe + S ⟶ FeS이다. 이 반응에서 55.85 g의 철이 32.0 g의 황과 만나면 모든 철과 황은 반응하여 황화 철로 변한다. 만일 65.0 g의 철과 32.0 g의 황을 반응시킨다면, 반응 후 생성되는 황화 철의 무게와 반응하지 않고 남는 철의 무게를 구해 보자.

풀이 »

	Fe	+	S	→	FeS
반응 전	55.85 g		32.0 g		0 g
반응 후	0 g		0 g		55.85 g + 32.0 g = 87.8 g

이므로

	Fe	+	S	→	FeS
반응 전	65.0 g		32.0 g		0 g

➡ 32.0 g의 황과 반응하는 철의 무게는 55.85 g이다. 따라서 다음과 같이 철의 일부분은 반응하지 않고 남는다.

반응 후	65.0 g − 55.85 g = 9.2 g		0 g		55.85 g + 32.0 g = 87.8 g

즉, 32.0 g의 황과 반응하지 않고 남는 철의 무게는 9.2 g이다.

예제 4.13 질량 보존 법칙이 적용되는 계산(3)

석회석(limestone, calcium carbonate, 탄산 칼슘, $CaCO_3$)을 강열하면, 분해되면서 석회(lime, calcium oxide, 산화 칼슘, CaO)와 이산화 탄소(carbon dioxide, CO_2)로 변한다. 이와 관련된 화학 반응식은 $CaCO_3 \longrightarrow CaO + CO_2$이고, 100.0 g의 $CaCO_3$를 모두 분해하면, 56.0 g의 CaO와 44.0 g의 CO_2가 얻어진다. 만일 2.0×10^4 kg의 석회석을 강열한다면, 얻어지는 산화 칼슘과 이산화 탄소의 무게를 구해 보자.

풀이 »

	$CaCO_3$	→	CaO	+	CO_2
반응 전	100.0 g		0 g		0 g
반응 후	0 g		56.0 g		44.0 g

이므로

	$CaCO_3$	→	CaO	+	CO_2
반응 전	2.0×10^4 kg		0 g		0 g

➡ 2.0×10^4 kg의 탄산 칼슘으로부터 얻어지는 산화 칼슘과 이산화 탄소의 양은 다음과 같이 구할 수 있다.

반응 후 0 g $(2.0 \times 10^4 \text{ kg}) \times (56.0/100.0) = 1.1 \times 10^4$ kg $2.0 \times 10^4 \text{ kg} - 1.1 \times 10^4 \text{ kg} = 0.9 \times 10^4 \text{ kg} = 9 \times 10^3$ kg

따라서 얻어지는 산화 칼슘과 이산화 탄소의 무게는 각각 1.1×10^4 kg과 9×10^3 kg이다.

❷ 일정 성분비 법칙

염화 소듐(sodium chloride, NaCl)을 분석해 보면, 언제 어디서든 39.4 %의 소듐(Na)과 60.6 %의 염소(Cl)의 무게비로 이루어져 있음을 알 수 있다. 설탕도 언제나 42.1 %의 탄소(C), 6.4 %의 수소(H), 51.5 %의 산소(O)로 이루어진다. 만일 이들 세 가지 원소가 다른 무게비로 결합되어 있다면, 그 화합물은 절대로 설탕이 될 수 없다. 1806년에 Joseph Louis Proust(프루스트)는 인위적으로 만든 탄산 구리(copper carbonate, $CuCO_3$)와 자연에서 얻어지는 탄산 구리를 비교한 결과 각 화합물이 똑같은 무게비의 구리(Cu)와 탄소, 산소로 이루어져 있음을 보였으며, 이와 유사한 다른 물질을 사용한 실험 결과를 근거로 다음과 같은 **일정 성분비 법칙**(the law of definite proportion)을 제시하였다.

일정 성분비 법칙

두 개 또는 그 이상의 원소가 결합하여 화합물을 이루는 경우 해당 원소들의 무게비는 언제나 일정하다.

예제 4.14 일정 성분비 법칙이 적용되는 계산(1)

이산화 탄소(carbon dioxide, CO_2)는 27 %의 탄소와 73 %의 산소의 무게비로 이루어져 있으며, 순수한 탄소를 공기 중에서 연소시켜 얻을 수 있다. 54 g의 탄소를 이산화 탄소로 바꾸기 위해 필요한 산소의 양은 얼마인가?

풀이 »

이산화 탄소는 27 %의 탄소와 73 %의 산소의 무게비로 이루어져 있다는 것은 27 g의 탄소가 73 g의 산소와 반응하여 100 g의 이산화 탄소를 만든다는 의미이다. 따라서 54 g의 탄소와 반응하는 산소는 다음과 같이 구할 수 있다.

$$27 \text{ g} : 73 \text{ g} = 54 \text{ g} : x \qquad \therefore x = 1.5 \times 10^2 \text{ g}$$

예제 4.15 일정 성분비 법칙이 적용되는 계산(2)

염화 소듐(NaCl)에는 무게비로 61 %의 염소가 함유되어 있다. 183 g의 염소를 함유하는 NaCl의 양은 얼마인가?

풀이 »

(방법 1)

염화 소듐을 구성하는 소듐과 염소의 무게비가 '39 g : 61 g'이므로 183 g의 염소와 반응하기 위해 필요한 소듐의 양(x)은 다음과 같이 구한다.

$$39\ g : 61\ g = x : 183\ g \qquad \therefore x = 1.2 \times 10^2\ g$$

그러므로 183 g의 염소를 함유하는 NaCl의 양은

$$183\ g + 1.2 \times 10^2\ g = 1.83 \times 10^2\ g + 1.2 \times 10^2\ g = 3.0 \times 10^2\ g$$

이다.

(방법 2)

염화 소듐에는 61 %의 염소가 함유되어 있으므로 100 g의 NaCl에는 61 g의 염소가 들어 있게 된다. 따라서 183 g의 염소를 함유하는 NaCl의 양(x)은 다음과 같은 비례 관계로부터 구할 수 있다.

$$100\ g : 61\ g = x : 183\ g \qquad \therefore x = 3.0 \times 10^2\ g$$

예제 4.16 일정 성분비 법칙이 적용되는 계산(3)

두 종류의 염화 소듐(soium chloride, NaCl) 시료를 분해하여 다음과 같은 결과를 얻었다. 이 실험 결과를 사용하여 일정 성분비 법칙을 설명하시오.

첫 번째 NaCl 분해 결과: 6.98 g의 소듐(Na)과 10.7 g의 염소(Cl)가 얻어졌다.

두 번째 NaCl의 분해 결과: 11.2 g의 소듐(Na)과 17.2 g의 염소(Cl)가 얻어졌다.

풀이 »

첫 번째 NaCl의 분해 결과

Na의 무게/무게 백분율

$= \{$Na의 무게 $\div$ (Na의 무게 $+$ Cl의 무게)$\} \times 10^2$

$= \{6.98\ g \div (6.98\ g + 10.7\ g)\} \times 10^2$

$= (6.98\ g \div 17.7\ g) \times 10^2$

$= 39.4\ \%\ (w/w)$

두 번째 NaCl의 분해 결과

Na의 무게/무게 백분율

$= \{$Na의 무게 $\div$ (Na의 무게 $+$ Cl의 무게)$\} \times 10^2$

$= \{11.2\ g \div (11.2\ g + 17.2\ g)\} \times 10^2$

$= (11.2\ g \div 28.4\ g) \times 10^2$

$= 39.4\ \%\ (w/w)$

두 종류의 NaCl을 사용한 실험에서 각 NaCl에 함유된 Na의 무게/무게 백분율은 동일한 값으로 얻어졌다. 따라서 일정 성분비 법칙이 성립함을 알 수 있다.

예제 4.17 일정 성분비 법칙이 적용되는 계산(4)

수화 황산 마그네슘(magnesium sulfate heptahydrate, $MgSO_4 \cdot 7H_2O$)에 함유된 물의 무게/무게 백분율을 구해 보자(단, $MgSO_4 \cdot 7H_2O$에 마그네슘(magnesium, Mg)은 24.0 g, 황은 32.0 g, 산소는 176.0 g, 수소(hydrogen, H)는 14.0 g 들어 있다) .

풀이 »

$MgSO_4 \cdot 7H_2O$에는 11개의 O가 들어 있고, 전체 O의 무게는 176.0 g이므로

7개의 O가 나타내는 무게 $= 176.0\ g \times (\frac{7}{11}) = 112.0\ g$

$MgSO_4 \cdot 7H_2O$에 들어 있는 물의 무게는 다음과 같이 구할 수 있다.

$MgSO_4 \cdot 7H_2O$에 들어 있는 물의 무게
= 수소의 무게 + 7개의 O의 무게
= 14.0 g + 112.0 g = 126.0 g

$MgSO_4 \cdot 7H_2O$ 중 H_2O의 '무게/무게 분율'
= H_2O의 무게 ÷ $MgSO_4 \cdot 7H_2O$의 무게
= 126.0 g ÷ (24.0 g + 32.0 g + 176.0 g + 14.0 g) = 0.5122 (w/w)

$MgSO_4 \cdot 7H_2O$ 중 H_2O의 '무게/무게 백분율'
= '무게/무게 분율' × 10^2
= 0.5122 (w/w) × 10^2 = 51.22 % (w/w)

❸ 배수 비례 법칙

이 법칙은 두 가지 원소가 결합하여 두 가지 이상의 화합물을 만들 수 있는 경우에 적용한다. 예를 들어 보자. 탄소(C)와 산소(O)는 서로 반응하여 일산화 탄소(carbon monoxide, CO)와 이산화 탄소(carbon dioxide, CO_2)를 만들 수 있고, 수소(H)와 산소(O)는 반응하여 물(H_2O)과 과산화 수소(hydrogen peroxide, H_2O_2)를 만들 수 있으며, 질소(N)와 산소(O)가 결합하면 여러 가지 질소 산화물(oxides of nitrogen, NO_x)로 변할 수 있다. 이러한 과정에서 관찰된 공통된 사실은 다음과 같은 Dalton의 **배수 비례 법칙**(the law of multiple proportion)으로 표현할 수 있다.

배수 비례 법칙

일정한 양의 첫 번째 원소와 두 번째 원소가 결합하여 두 가지 이상의 화합물을 만드는 경우, 각 화합물에 함유된 두 번째 원소의 무게 사이에는 작은 정수비가 성립한다.

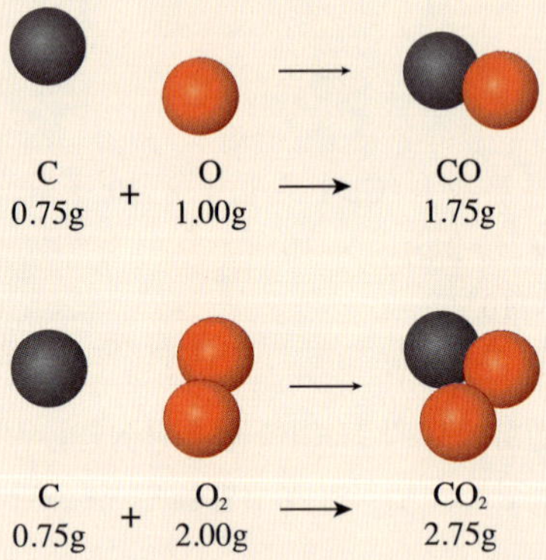

위 그림에서 같은 양(0.75 g)의 C 원자가 O 원자와 반응하여 생성된 CO와 CO_2에서 O 원자의 무게비는 1 : 2이다.

예제 4.18 배수 비례 법칙이 적용되는 계산(1)

탄소(C)와 산소(O) 사이의 화학 반응으로 두 종류의 화합물이 만들어졌다. 실험에 의해 첫 번째 화합물의 경우 무게비로 42.9 %의 탄소와 57.1 %의 산소를 함유하고, 두 번째 화합물은 무게비로 27.3 %의 탄소와 72.7 %의 산소로 이루어져 있음이 밝혀졌다. 실험 결과가 두 종류의 화합물 사이에서 배수 비례 법칙이 성립함을 보여 주는지를 알아보자.

풀이 »

각 화합물의 무게를 10^2 g이라고 한다면, 첫 번째 화합물에서는 다음과 같은 비례 관계가 성립한다.

57.1 g O : 42.9 g C = 1.33 g O : 1.00 g C

그리고 두 번째 화합물에서는 다음과 같은 비례 관계가 성립한다.

72.7 g O : 27.3 g C = 2.66 g O : 1.00 g C

이제 두 화합물에서 1.00 g의 C와 반응한 O의 무게를 살펴보면, 다음과 같은 비례 관계가 얻어진다.

1.33 g O : 2.66 g O = 1 : 2

따라서 배수 비례 법칙이 성립함을 알 수 있다.

예제 4.19 배수 비례 법칙이 적용되는 계산(2)

1.00 g의 소듐(sodium, Na)은 0.348 g의 산소와 반응하여 산화 소듐(sodium oxide, Na_2O)을 만들고, 0.696 g의 산소와 반응하여 과산화 소듐(sodium peroxide, Na_2O_2)을 생성할 수 있다. 이 반응의 생성물은 배수 비례 법칙에 따르는지를 알아보자.

풀이 »

1.00 g의 Na과 반응하여 Na_2O를 만든 O의 무게 = 0.348 g
1.00 g의 Na과 반응하여 Na_2O_2를 만든 O의 무게 = 0.696 g

Na_2O 중 O의 무게(0.348 g): Na_2O_2 중 O의 무게 (0.696 g)

$$= \left(\frac{0.348\text{ g}}{0.348\text{ g}}\right) : \left(\frac{0.696\text{ g}}{0.348\text{ g}}\right)$$
$$= 1.00 : 2.00$$
$$= 1 : 2$$

∴ 1.00 g의 Na과 반응하여 Na_2O와 Na_2O_2를 만든 O의 무게 사이에는 1 : 2와 같은 정수비가 성립하므로, 배수 비례 법칙을 따른다.

수은 기압계와 압력 단위 참고자료 4.1

❶ 수은 기압계

(가) 수은 기압계의 원리

수은 기압계(Hg Barometer)의 원리는 다음과 같다.

수은 기압계 한 쪽 끝부분이 밀봉된 1 m 길이의 유리관에 수은을 가득 채운 후 수은이 담긴 용기에 거꾸로 위치시키면, 유리관 내부의 수은은 자체 압력에 의해 아래로 내려온다. 그러나 용기에 담겨 있는 수은 표면에 작용하는 대기압이 반대 방향의 힘으로 작용하므로 수은의 하강은 일정한 높이에서 멈추게 되고, 유리관 내부에서 형성된 수은 기둥의 높이는 외부 대기압에 따라 달라진다. 대기압이 1기압(1 atm)인 경우 수은 기둥의 높이(수은 용기의 표면과 유리관 내부 수은 기둥의 위쪽 끝부분 사이의 거리)는 76.0 cm이다.

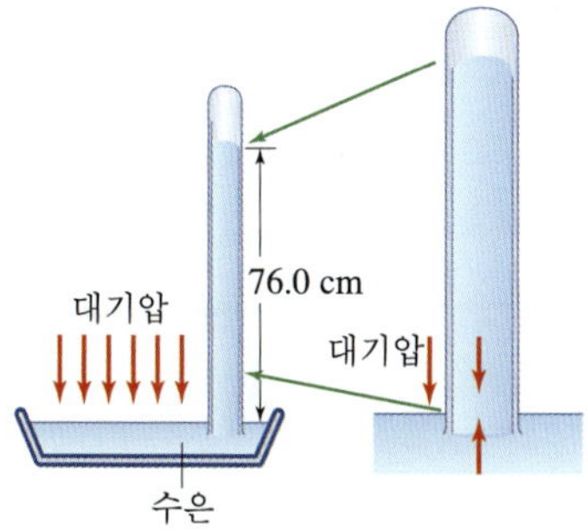

수은 기압계

(나) 수은과 같은 유체가 나타내는 압력은 어떻게 표현하는가?

여기서 **유체(fluid)**란 흐를 수 있는 물질을 지칭하며, 기체나 액체가 이에 속한다. 기본적으로 압력(P)은 '단위 면적(unit area)당 작용하는 힘(force)'이며, 다음과 같이 정의한다.

> 압력 (P)
> = 단위 면적당 작용하는 힘
> = 단위 면적당 작용하는 무게 = 무게(weight)/면적(area) = W/A = mg/A

그러므로 주어진 유체가 나타내는 압력은 다음과 같이 나타낼 수 있다.

> **유체의 압력 = $P_{유체} = dhg$**
>
> 여기서
>
> d: 유체의 밀도(density) , h: 유체의 높이(height),
> g: 중력 가속도(gravitational acceleration)
>
> ∵ 밀도 (d) = (질량, m) ÷ (부피, V)
> ➡ (질량, m) = (밀도, d) × (부피, V)
> ➡ 부피 (V) = (밑면적, A) × (높이, h)
> ➡ (밑면적, A) = (부피, V) ÷ (높이, h)
>
> $$P_{유체} = mg/A = (dV)\,g/(V/h) = dhg$$

따라서 수은 기압계에서 수은 기둥이 나타내는 압력은 다음과 같이 표현할 수 있다.

$$P_{수은} = d_{수은}h_{수은}g$$

(다) 기압계에서 물을 사용하지 않는 이유는 무엇인가?

주어진 대기압하에서, 물을 사용한 기압계에서 물기둥이 나타내는 압력과 수은을 사용한 기압계에서 수은 기둥이 나타내는 압력 사이에는 다음과 같은 등식이 성립해야 한다.

$$P_{수은} = P_{물}$$

그런데 $P_{유체} = dhg$이므로 위의 등식은 다음과 같이 바꾸어 표현할 수 있다.

$$d_{수은}h_{수은}g = d_{물}h_{물}g \;\Rightarrow\; d_{수은}h_{수은} = d_{물}h_{물} \;\Rightarrow\; h_{물} = \frac{d_{수은}h_{수은}}{d_{물}}$$

그러므로 대기압이 1 atm일 때 물을 사용한 기압계에서 물기둥의 높이는

$$h_{물} = \frac{d_{수은}h_{수은}}{d_{물}}$$
$$= \{(13.60\ g/cm^3) \times (760\ mm)\} \div (1.00\ g/cm^3) = 1.04 \times 10^4\ mm = 10.4\ m$$

가 되어야 한다. 따라서 기압계에 수은 대신 물을 사용하는 것은 비현실적이다. 물을 사용한 기압계의 경우 대기압이 1 atm일 때 물기둥의 높이가 10.4 m라는 사실은 물 펌프(water pump)를 사용하여 지하 10.4 m보다 더 깊은 곳에 위치한 지하수(underground water)를 지상으로 끌어올리는 작업이 불가능하다는 것을 의미한다. 물은 높은 곳에서 낮은 곳으로는 자발적으로 흐를 수 있지만, 물을 낮은 곳에서 더 높은 곳으로 흐르게 만들기 위해서는 외부의 힘이 필요하다. 예를 들면, 빨대를 사용하여 컵에 담긴 물을 마시는 과정을 살펴보자. 컵의 물을 마시려면 컵 속의 물에 빨대를 꼽고 빨대의 다른 쪽에 입을 대어 빨대 속의 공기를 흡입함으로써 빨대 안의 압력을 감소시켜야 한다. 공기의 흡입으로 빨대 속 압력이 낮아지면서 컵에 담긴 물이 빨대를 거쳐 입 안으로 들어오게 되는 것이다.

그림 4.6
작두 펌프(출처: ©Roland Magnusson/Shutterstock)

물 펌프의 작동 원리도 마찬가지이다. 그림 4.6의 작두 펌프와 같이 다양한 방식을 사용하여 물 펌프 내부에 감압(reduced pressure) 상태를 일으키고, 그로 인해 발생하는 압력 차이(pressure difference)를 활용하여 지하수를 지상으로 끌어올리는 것이다. 그러나 어떤 물 펌프라도 지하 10.4 m보다 깊은 곳에 있는 물을 지상으로 끌어올릴 수는 없다. 왜냐하면 앞에서 서술한 바와 같이 지하 10.4 m에 위치한 지하수를 지상으로 끌어올리는 경우 10.4 m의 물기둥이 형성되고, 그 물기둥이 나타내는 압력은 1 atm이 된다. 이것은 지하 10.4 m에 위치한 물을 지상으로 끌어올리기 위해서는 절대 진공(absolute vacuum: 0 atm)에 해당하는 압력으로 감압할 수 있는 물 펌프를 사용해야 한다는 사실을 의미한다. 그러나 어떤 물 펌프도 절대 진공보다 더 낮은 압력으로 감압할 수는 없으므로 물 펌프를 사용하여 10.4 m보다 아래에 있는 지하수를 끌어올리는 것은 불가능하다. 그렇다면 지하 깊은 곳(예: 지하 50 m 또는 100 m)에 위치한 지하수를 지상으로 퍼 올리는 방법은 없는가? 이 경우 일반적으로 감압 원리에 근거하여 지하수를 지상으로 끌어올리는 물 펌프를 사용하지 않고, 큰 압력을 발생시켜 지하수를 지상으로 밀어 올리는 원리로 작동하는 펌프인 수중 펌프(submersible pump)를 사용하면 지하 깊은 곳(10.4 m보다 깊은 곳)에 위치한 지하수를 지상으로 퍼 올릴 수 있다.

❷ 압력 단위

다음은 다양한 압력 단위를 정리한 것이다.

(가) 기압

1기압(atmosphere, 1 atm)은 76.0 cm인 수은 기둥이 나타내는 압력으로 정의한다.

1 atm = 760 mmHg = 760 torr ※ 우주 공간(outer space): 10^{-16} torr

(나) 파스칼

파스칼(pascal, Pa) 단위는 압력을 나타내는 SI 단위(국제 단위계, international System of Units: SI unit)이며, 다음은 Pa 단위의 압력이 나타내는 의미와 atm 단위의 압력과의 상관관계를 보여 준다.

압력(P)이란 '단위 면적 (A, cm^2)당 작용하는 힘(F, dyne)'이므로

$$P = F/A = mg/A$$

이다. 1 atm에 해당하는 압력의 경우 수은의 질량은

$$m_{수은} = V_{수은}d_{수은} = (76.00\ cm) \times (1.00\ cm^2) \times (13.595\ g/cm^3) = 1.03 \times 10^3\ g$$

이므로 수은 기둥이 나타내는 힘은

$$F = m_{수은}g = (1.03 \times 10^3\ g) \times (980.66\ cm/s^2) = 1.01 \times 10^6\ \underset{(dyne)}{\underline{g \cdot cm/s^2}}$$

로 표현될 수 있다. 따라서

$$P = F/A\ (단위\ 면적,\ cm^2) = 1.01 \times 10^6\ dyne/cm^2$$

가 된다. 이제 힘을 SI 단위의 값으로 바꾸어 보자. 힘의 SI 단위는 Newton(N)이고, dyne과는

$$1\ N = 1\ kg \cdot m/s^2 = 10^5\ g \cdot cm/s^2 = 10^5\ dyne$$

와 같은 관계에 있으므로, N/m^2 단위로 압력을 표현하면

$$P = 1.0133 \times 10^6\ dyne/cm^2 = 1.01 \times 10^5\ N/m^2$$

가 얻어진다. 그런데 압력의 SI 단위인 Pa은

$$1\ Pascal\ (Pa) = 1\ N/m^2$$

와 같이 정의하므로

$$1.01 \times 10^5\ N/m^2 = 1.01 \times 10^5\ Pa$$

가 얻어진다. 따라서

$$1\ atm = 1.01 \times 10^5\ Pa\ 또는\ 1\ Pa = 9.87 \times 10^{-6}\ atm$$

와 같은 상관관계가 얻어진다.

(다) 바

다음은 바(bar) 단위의 압력이 가지는 의미와 atm 단위의 압력과의 상관관계를 보여 준다.

1 bar는 1 m^2당 가해지는 힘이 10^5 N일 때의 압력 단위로 정의한다. 따라서

$$1\ bar = 10^5\ N/m^2\ (1\ millibar = 10^2\ N/m^2)$$

와 같이 표현할 수 있다. 그런데

$$1\ atm = 1.0133 \times 10^5\ N/m^2이므로$$

$$1\ atm = 1.01\ bars = 1013\ millibars\ 또는\ 1\ bar = 0.990\ atm$$

와 같은 상관관계가 얻어진다.

압력 단위 사이의 실제 상관관계는 다음과 같다.

	Pa	bar	atm	mmHg
1 Pa	1	10^{-5}	9.8688×10^{-6}	7.5003×10^{-3}
1 bar	100,000	1	0.98692	750.06
1 atm	1.0133×10^5	1.0133	1	760
1 mmHg	133.33	1.3333×10^{-3}	1.3158×10^{-3}	1

잠수와 Boyle 법칙, Dalton 법칙, Henry 법칙 참고자료 4.2

우리들이 호흡하는 공기는 약 21 %의 산소(oxygen, O_2)와 78 %의 질소(nitrogen, N_2)로 이루어져 있으며, 압력이 증가하면 공기 구성 입자 사이의 거리가 줄어들면서 부피가 줄어든다. 물의 경우 물 입자 사이의 거리가 훨씬 더 가까우며, 1기압에서 물의 밀도(density)는 공기의 밀도보다 약 800배 정도 더 크다. 잠수부가 물 밑으로 잠수(underwater diving)하는 경우 물은 공기와 마찬가지로 잠수부의 모든 방향에서 압력(pressure)을 나타낸다. 또한 기압(air pressure)과 마찬가지로 수압(water pressure)의 경우에도 역시 물의 무게에 따라 압력이 달라진다. 물의 경우에는 공기와 달리 압력이 달라져도 밀도는 크게 달라지지 않는다. 다시 말해 수심 10 m에서 1 cm^3의 물이 나타내는 무게는 수심 30 m에서 1 cm^3의 물이 나타내는 무게와 같다.

❶ 잠수와 Boyle 법칙

그림 4.7은 잠수부가 물속으로 잠수하면서 수심별로 느끼게 되는 압력의 변화와 인체 내 공기의 부피 변화를 보여 주고 있다. 대기압이 1기압일 때, 수심이 10 m, 20 m, 30 m에 이르면 잠수부가 느끼는 압력은 각각 2기압, 3기압, 4기압이 되면서 인체 내 공기의 부피는 물 밖에서의 부피의 $\frac{1}{2}$, $\frac{1}{3}$, $\frac{1}{4}$로 줄어든다. 압력 증가에 따른 부피 감소로 인해 인체 내 공기의 밀도는 같은 비율(물 밖의 공기의 밀도에 비해 각 수심별로 2배, 3배, 4배)로 커진다. 압력과 부피 사이의 이와 같은 상관관계는 앞에서 다루었던 Boyle 법칙에 따른다. 인체 내에서 공기를 함유하여 압축될 수 있는 공간을 가진 장기(organ)들로서 폐(lungs), 중이(middle ears), 코 속의 공기 통로(nasal passages), 위(stomach)나 창자(intestines), 심지어는 치아가 썩어 형성된 치아 속 공간을 들 수 있다.

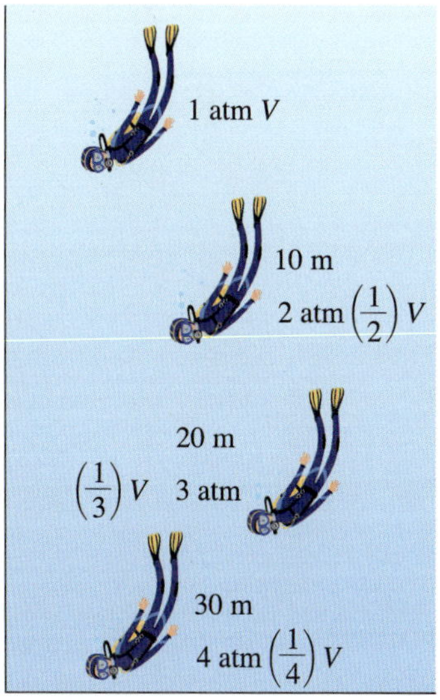

그림 4.7
수심별 압력 변화에 따른 기체 부피의 변화(출처: ©NotionPic/Shutterstock)

만일 잠수부가 잠수 장비를 착용하지 않고 단지 숨을 한 번 깊게 들이신 후 물속으로 잠수하는 경우를 살펴보자. 잠수부의 인체 내에 함유된 공기의 양(질량)은 일정한 상태가 되고, 잠수에 의한 물의 온도 변화를 고려하지 않는다면, 인체 내 공기가 나타내는 부피는 Boyle 법칙에 따라 변하게 된다. 그러나 인체 내의 공기 함유 장기의 경우 풍선과 달리 외부 압력이 증가함에 따라 장기의 부피 자체가 크게 감소하지는 않으므로 수압의 증가에 따라 발생하는 장기의 부피 감소를 알아보는 작업은 그렇게 간단하지 않다. 그러나 잠수부가 아주 깊은 곳으로 잠수를 하는 경우 공기 함유 장기의 수축 현상(부피 감소 현상)이 어느 정도 진행됨에 따라 그 장기의 내벽에 존재하는 모세혈관(capillary)을 흐르던 혈액(blood)이 수축된 공간으로 빠져나오는 출혈(hemorrhage), 고막 파손(ruptured tympanic membrane) 등의 증상을 유발할 수도 있다. 잠수부가 다시 물 밖으로 상승하는 과정에는 수심에 의한 압력이 감소하면서 공기 함유 장기의 부피가 원래 상태로 회복되며, 이 경우 과도한 압력 변화가 일어나지 않으므로 해당 장기는 손상을 입지 않는다.

❷ 잠수와 Dalton 법칙 그리고 Henry 법칙

압축 공기(compressed air)를 사용하는 스쿠버 다이빙(scuba diving)의 경우, 폐와 심장이 건강한 사람들은 장시간 다이빙을 할 수 있다는 장점이 있지만, 감압(decompression) 과정에 따른 병이나 색전증(air embolism)에 대한 걱정을 해야 한다는

압축 공기를 사용하는 스쿠버 다이빙(출처: ©Olesia Bilkei/Shutterstock)

단점도 있다. 압축 공기를 사용하는 스쿠버 다이빙에서 들이마시는 공기의 압력은 수심에 따른 외부 압력(수압)과 동일한 상태로 조절된다. Dalton 법칙에 따르면 물 밖 1기압인 상태에서 잠수부가 들이마시는 공기 중에는 약 0.2기압의 산소와 0.8기압의 질소가 들어 있고, 수심 20 m에 도달하여 수압이 3기압으로 증가하게 되면 잠수부가 들이마시는 압축 공기의 압력도 3기압으로 증가하므로, 압축 공기 중 산소와 질소의 부분 압력도 비례적으로 증가(산소의 부분 압력: 0.6기압, 질소의 부분 압력: 2.4기압)하게 된다.

Henry 법칙에 따르면, 산소와 질소의 부분 압력이 증가하는 경우 그 기체가 공급되는 장기 내 모세혈관을 통해 흐르는 혈액에 대한 기체의 용해도가 커지게 된다. 압축 공기의 흡입으로 인체 내로 들어온 산소의 경우 숨을 내쉬는 과정에서 외부로 방출되기도 하고, 일부는 인체의 물질대사(metabolism)에 사용될 수도 있으므로 수심이 그렇게 깊지 않은 일반적인 잠수에서는 과량으로 흡입된 산소에 의한 부정적인 영향을 고려할 필요는 없다. 그러나 압축 공기의 흡입으로 인체 내로 들어와 혈액이나 세포로의 유입이 일어난 질소의 경우 물질대사에 사용되지 않으며, 그대로 혈액이나 세포에 용존 기체(dissolved gas)로 머물게 된다. 이렇게 용존 기체로 머물던 질소는 수면으로의 상승 과정에서 수압이 감소하면 혈액이나 세포로부터 빠져나와 다시 기체 상태로 변하여 호흡을 통해 외부로 배출될 수도 있으나, 압축 공기의 사용을 통한 높은 부분 압력을 가진 질소의 흡입은 잠수부에 영향을 미치는데, 질소 기체에 의한 혼수 상태(nitrogen narcosis or inert gas narco-sis)와 감압에 의한 병(decompression sickness)이다. 이 중 질소 기체에 의한 혼수 상태는 일반적으로 수심이 30 m 이상으로 깊어지면서 증상이 심각하게 나타나지만 다시 수면으로 상승할 때 대부분 사라지므로 그렇게 우려할 만한 증상은 아니다. 그러나 감압에 의한 병의 경우 압축 공기의 흡입으로 혈액이나 세포에 녹아들어 가서 용존 기체로 존재하던 질소가 다시 수면으로의 상승과 감압이 급격하게 이루어지면서 Henry 법칙에 의해 다시 외부로 방출되어야 할 질소가 혈액이나 세포에서 기포의 형태로 변하여 머무는 현상에 기인하는 것으로, 심각한 신체적 손상을 초래할 수도 있다.

참고자료 4.3 이상 기체 법칙

❶ 이상 기체(ideal gas)

이상 기체는 다음과 같은 성질을 가지고 이상 기체 법칙을 따르는 기체를 의미한다.

- 이상 기체를 이루는 입자는 '점 질량 (point mass)'으로 부피가 없다.
- 무질서한 운동(random motion)을 하고 있다.
- 입자 사이의 상호작용(인력이나 반발력)이 존재하지 않는다.
- 입자 사이의 충돌은 완전 탄성 충돌(elastic collision)이다.

❷ 이상 기체 법칙

(가) Boyle 법칙과 이상 기체

Boyle 법칙을 따르는 기체를 이상 기체라고 한다.

Boyle 법칙 : PV = 상수 (질량: 일정, 온도: 일정)

(나) Charles 법칙과 이상 기체

Charles 법칙을 따르는 기체를 이상 기체라고 한다.

Charles 법칙: $\frac{V}{T}$ = 상수 (질량: 일정, 압력: 일정)

(다) Boyle 법칙과 Charles 법칙이 결합된 Boyle-Charles 법칙과 이상 기체

Boyle-Charles 법칙을 따르는 기체를 이상 기체라고 한다.

Boyle 법칙: $V \propto \frac{1}{P}$ (질량: 일정, 온도: 일정)
Charles 법칙: $V \propto T$ (질량: 일정, 압력: 일정)

두 식을 결합하면 $V \propto \frac{T}{P}$ (질량: 일정) ➡ Boyle-Charles 법칙

$\frac{PV}{T}$ = 상수 (질량: 일정) $\frac{P_1V_1}{T_1} = \frac{P_2V_2}{T_2}$ (질량: 일정)

(라) 이상 기체 법칙 또는 이상 기체 방정식

Avogadro 법칙(Avogadro's law)

Avogadro(아보가드로) 법칙을 따르는 기체는 이상 기체이다.

Avogadro 법칙: 일정 온도(T)와 압력(P)에서 주어진 부피 속에는 기체의 종류가 달라도 같은 몰수의 기체 입자들이 존재한다.

기체의 몰수 (n) $\propto V$ (압력: 일정, 온도: 일정) ➡ $V \propto n$ (압력: 일정, 온도: 일정)

Avogadro 법칙과 Boyle 법칙, Charles 법칙을 모두 결합하면 이상 기체 법칙이 얻어진다.

이상 기체 법칙에 따라 부피(V), 압력(P), 온도(T), 몰수(n)가 결정되는 기체를 이상 기체라고 한다.

Boyle 법칙: $V \propto \frac{1}{P}$ (질량: 일정, 온도: 일정)
Charles 법칙: $V \propto T$ (질량: 일정, 압력: 일정)
Avogadro 법칙: $V \propto n$ (압력: 일정, 온도: 일정)

$V \propto n\left(\frac{T}{P}\right)$

➡ $V = (\text{비례 상수})\left(\frac{nT}{P}\right) = \frac{nRT}{P}$

➡ $PV = nRT$: 이상 기체 법칙

여기서 $R = 0.0821\ \mathrm{L \cdot atm \cdot K^{-1} \cdot mol^{-1}}$
$= 8.3144\ \mathrm{J \cdot K^{-1} \cdot mol^{-1}} = 1.987\ \mathrm{cal \cdot K^{-1} \cdot mol^{-1}}$
$= 8.3144\ \mathrm{L \cdot kPa \cdot K^{-1} \cdot mol^{-1}}$

다음은 이상 기체 법칙에 관련된 몇 가지 예제이다. 그러나 몰수에 관한 개념을 6장에서 다루므로 몰수에 관한 지식을 습득한 후 이 예제들을 익히는 것이 좋다.

예제 4.20 이상 기체 법칙 적용되는 계산(1)

25 °C에서 수증기로 포화된 수소 기체의 부피는 250.0 mL이고 압력은 760.0 mmHg이다. 25 °C에서 물의 증기압이 21.0 mmHg라면 (a) 수소 기체의 부분 압력을 구하고, (b) 수소 기체의 몰수, (c) 수소 기체의 무게(단위: g)를 구해 보자(단, 수소의 원자량은 1.0이고, 1 atm = 760.0 mmHg이다).

풀이 »

(a) 수증기로 포화된 수소 기체의 압력 = 물의 증기압 + 수소 기체의 부분 압력

760.0 mmHg = 21.0 mmHg + 수소 기체의 부분 압력

∴ 수소 기체의 부분 압력 = 760.0 mmHg − 21.0 mmHg = 739.0 mmHg

(b) $PV = nRT \rightarrow n = \frac{PV}{RT}$

여기서

P = 수소 기체의 부분 압력 = 739.0 mmHg
= 739.0 mmHg ÷ (760.0 mmHg/atm) = 0.9724 atm

V = 수소 기체의 부피 = 250.0 mL = 0.2500 L

T = 수소 기체의 온도 = 25 °C = (25 + 273) K = 298 K

R = 기체 상수 = 0.0821 L·atm/mol·K

n = 수소 기체의 몰수

$= \frac{PV}{RT}$

= (0.9724 atm × 0.2500 L) ÷ (0.0821 L·atm/mol·K × 298 K)

$= 9.94 \times 10^{-3}$ mol

(c) 수소 기체의 몰수 = 수소 기체의 무게 ÷ 수소 기체의 몰질량

➡ 수소 기체의 무게 = 수소 기체의 몰질량 × 수소 기체의 몰수
$= (2.0\ \mathrm{g/mol}) \times 9.94 \times 10^{-3}\ \mathrm{mol} = 0.020\ \mathrm{g}$

예제 4.21 이상 기체 법칙이 적용되는 계산(2)

어떤 물질 2.96 g을 1.00 L 용기에 넣고 407 °C까지 가열한 결과, 그 물질이 모두 기체로 변하였고 그 기체가 나타내는 압력은 458.0 mmHg로 측정되었다. 이 물질의 분자량을 구해 보자(단, 1 atm = 760.0 mmHg이다).

풀이 »

$$PV = nRT = \frac{w}{M} RT$$

여기서

P = 기체의 압력 = 458.0 mmHg
= 458.0 mmHg ÷ (760.0 mmHg/atm)
= 0.6026 atm

V = 기체의 부피 = 1.00 L

T = 기체의 온도 = 407 °C = (407 + 273) K = 680 K

R = 기체 상수 = 0.0821 L·atm/mol·K

w = 기체의 무게 = 2.96 g

M = 기체의 몰질량

$$= \frac{wRT}{PV}$$

= (2.96 g × 0.0821 L·atm/mol·K × 680 K) ÷ (0.6026 atm × 1.00 L)

= 274 g/mol

∴ 기체의 분자량 = 274

알아두어야 할 용어(term)들

- 4원소설
- 물질의 원자성
- Boyle 법칙
- Dalton의 부분압력의 법칙
- Henry 법칙
- Charles 법칙
- 질량 보존 법칙
- 일정 성분비 법칙
- 배수 비례 법칙
- 이상 기체 법칙

요약

고대 그리스 시대의 일부 철학자들로부터 시작된 물질의 원자성 개념이 이론적으로 정립되는 일련의 과정을 다루었다. 물질의 원자성에 관련된 이론이 확립되는 과정에 기여한 다양한 물리 법칙들과 화학 법칙들과 그 법칙들에 대한 가설들을 소개하면서 각 법칙들과 가설들이 어떠한 방식으로 물질의 원자성 확립에 기여하였는지를 다루었다.

연 . 습 . 문 . 제

Boyle 법칙

1. 실온, 1.00 atm에서 196.0 L의 부피를 나타내는 기체의 부피를 26.0 L로 감소시키려면 그 기체에 얼마의 압력을 가해야 하는지 설명하시오.
2. 어떤 잠수부가 스쿠버(scuba) 장비를 사용하여 수심 20.0 m까지 잠수한 상태이고, 해당 수심에서 잠수부의 폐는 10.0 L의 부피이고 3.00 atm의 압력으로 공급되는 공기를 사용

하고 있었다. 그러나 scuba 장비의 계기판이 공기 부족을 알리는 신호를 감지한 잠수부는 공기를 절약하려고 숨을 참은 상태에서 수면으로 상승하였다. 잠수부에게는 어떤 일이 일어날 수 있는지 설명하시오.

Dalton의 부분 압력 법칙

3. 48.0 g의 산소 기체와 8.0 g의 헬륨 기체가 들어 있는 용기가 나타내는 압력이 3.5 atm이다. 각 산소 기체의 부분 압력을 구하시오(단, 같은 용기에서 32.0 g의 산소 기체만 들어 있을 때의 압력과 4.0 g의 헬륨 기체만 들어 있을 때의 압력은 동일하다).
4. 어떤 용기에 14.0 g의 수소 기체와 84.0 g의 질소 기체가 들어 있다. 수소 기체의 부분 압력이 273 mmHg라면, 기체 혼합물 전체 압력을 구하시오(단, 같은 용기에 2.00 g의 수소 기체만 들어 있을 때의 압력과 28.0 g의 질소 기체만 들어 있을 때의 압력은 동일하다).

Charles 법칙

5. 자동차 연료가 연소되는 과정에서는 이산화 탄소(carbon dioxide, CO_2) 기체가 방출된다. 1.00×10^3 °C에서 방출된 35.0 L의 CO_2 기체를 수집하여 실온(room temperature, 25 °C)까지 냉각시켰다. 실온(25.0 °C)에서 CO_2 기체의 부피를 구하시오.
6. 압력이 일정하게 유지된 상태에서 실온의 기체 15.0 L를 가열하여 20.0 L로 팽창시키려고 한다면, 도달해야 할 기체의 온도(단위: °C)를 구하시오.

질량 보존 법칙

7. 어떤 학생이 1.00 g의 화합물을 가열하여 0.64 g의 다른 화합물을 얻었고, 이 과정에서 알 수 없는 기체가 함께 발생하였다. 이 반응에서 얻어진 기체의 무게는 얼마인지 구하시오.
8. 65.4 g의 아연(zinc, Zn)은 32.1 g의 황(sulfur, S)과 반응하여 모두 황화 아연(zinc sulfide, ZnS)으로 변한다. 그렇다면 20.0 g의 아연을 모두 황과 반응시켜 황화 아연으로 바꾸려면, 필요한 황의 무게와 만들어지는 황화 아연의 무게는 각각 얼마인지 구하시오.
9. 어떤 학생이 2.55 g의 구리(copper, Cu)와 3.50 g의 아이오딘(iodine, I)을 반응시켜 5.25 g의 화합물을 만들었다. 이 반응에서 아이오딘은 모두 반응에 참가하여 사라졌지만, 구리 일부는 반응하지 않고 남았다면, 반응하지 않고 남은 구리의 무게는 얼마인지 구하시오.

일정 성분비 법칙

10. 두 종류의 염화 소듐(sodium chloride, NaCl) 시료를 분해하여 다음과 같은 결과를 얻었다. 이 실험 결과를 사용하여 일정 성분비 법칙을 설명하시오.
    첫 번째 NaCl 분해 결과: 6.98 g의 소듐(Na)과 10.7 g의 염소(chlorine, Cl)가 얻어졌다.
    두 번째 NaCl 분해 결과: 11.2 g의 소듐(Na)과 17.2 g의 염소(Cl)가 얻어졌다.
11. 두 종류의 암모니아(ammonia, NH_3) 시료를 분해하여 다음과 같은 결과를 얻었다. 이 실험 결과를 사용하여 일정 성분비 법칙을 설명하시오.
    첫 번째 NH_3 분해 결과: 1.513 g의 질소(N)와 0.327 g의 수소(H)가 얻어졌다.
    두 번째 NH_3 분해 결과: 1.644 g의 질소(N)와 0.356 g의 수소(H)가 얻어졌다.
12. 황산 구리(copper sulfate, $CuSO_4$)에 들어 있는 구리(copper, Cu)의 무게는 64.0 g이고, 황(sulfur, S)의 무게는 32.0 g, 산소(oxygen, O)의 무게는 64.0 g이다. 황산 구리에 함유된 구리의 무게/무게 백분율을 구하시오.

배수 비례 법칙

13. 탄소(C)와 산소(O)로만 이루어진 두 종류의 화합물이 있다. 각 화합물에서 탄소의 무게/무게 백분율이 42.9 %(w/w)와 27.3 %(w/w)라면, 이 두 화합물 사이에서 배수 비례 법칙이 성립하는지 검증하시오.

14. 1.00 g의 아이오딘(iodine, I)은 0.4490 g, 0.7495 g 그리고 1.0478 g의 플루오린(fluorine, F)과 각각 반응하여 세 종류의 화합물(compound)을 만들 수 있다. 이 반응들에서 만들어지는 화합물 사이에서 배수 비례 법칙이 성립하는지 검증하시오.

. 종 합 .

15. 다음은 Dalton의 원자론에 기여한 기체 관련 물리 법칙들을 소개하고 있다. ( ) 안에 들어갈 정확한 용어들을 제시하시오.

> 기체는 (ⓐ), (ⓑ) 그리고 (ⓒ)이라는 3가지 특성들을 소유하고 있다. 이러한 3가지 특성 중 첫 번째 특성을 다룬 물리법칙은 Boyle의 법칙이고, 두 번째 특성을 다룬 물리법칙은 Charles의 법칙이며, 세 번째 특성을 다룬 물리법칙은 Dalton의 기체 부분압의 법칙이다. 그리고 Henry의 법칙은 일정한 (ⓓ)에서 주어진 양의 (ⓔ)에 녹아 들어가는 기체의 공통적인 행동양식을 서술한 것이다.

16. 다음은 Dalton의 원자론에 기여한 기체 관련 화학 법칙들을 소개하고 있다. ( ) 안에 들어갈 정확한 용어들을 제시하시오.

> 일정 성분비의 법칙 - 두 개 또는 그 이상의 (ⓐ)들이 결합하여 (ⓑ)을 이루는 경우, 해당 (ⓐ)들의 (ⓒ) 비는 언제나 일정하다. 배수비례의 법칙 - 일정한 양의 첫 번째 (ⓐ)와 두 번째 (ⓐ)가 결합하여 두 가지 이상의 (ⓑ)들을 만드는 경우, 각 (ⓑ)에 함유된 두 번째 (ⓐ)들의 (ⓒ) 사이에는 작은 (④) 비가 성립한다. 질량보존의 법칙 - 주어진 화학 반응에서 생성된 모든 물질의 (ⓒ)의 합은 그 반응에 참여했던 반응물질들의 (ⓒ)를 합한 것과 같다.

05

Dalton의 원자론-물질의 원자성 확립

Dalton은 앞에서 서술한 물리적 법칙과 화학적 법칙을 모두 알고 있었고, 그 중 일부는 자신이 직접 발견하였다. Dalton은 자신이 발견한 법칙이 성립하는 이유를 설명하기 위해 미시적 관점(microscopic point of view)에서 물질을 다루는 원자론을 발표하였다.

©allstars/Shutterstock

5.1 원자론의 내용

5.1.1 원소와 원자에 관한 내용

탄소 원소를 구성하는 탄소 원자들

산소 원소를 구성하는 산소 원자들

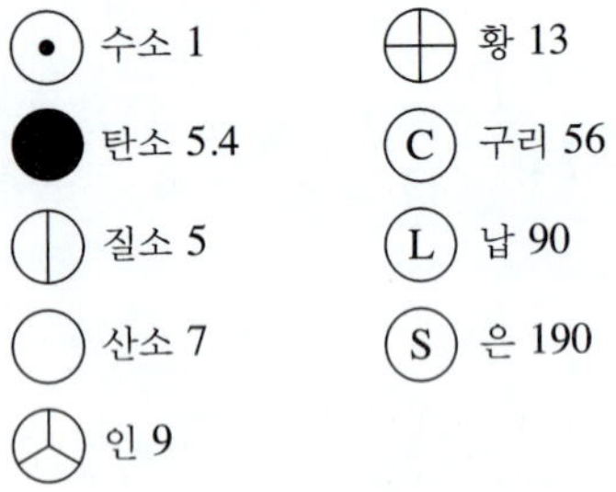

❶ 원소는 원자라고 부르는 입자로 이루어져 있으며, 주어진 원소를 구성하는 원자는 모두 똑같다.

탄소 원소는 동일한 탄소 원자로 이루어져 있고, 산소 원소를 구성하는 산소 원자도 모두 동일하다는 의미이다. 그러나 이후 동위 원소(isotope)의 발견으로 이러한 내용은 옳지 않은 것으로 판명된다.

❷ 원소들이 서로 다른 것은 원자들의 무게가 서로 다르기 때문이다.

산소 원소가 탄소 원소와 다른 이유는 산소 원소를 구성하는 산소 원자와 탄소 원소를 구성하는 탄소 원자가 서로 다르기 때문이고, 산소 원자와 탄소 원자가 서로 다른 이유는 두 원자의 무게가 서로 다르기 때문이라는 의미이다.

❸ 원소는 원자 차원까지 쪼갤 수 있지만, 원자는 더 작은 크기의 물질로 쪼갤 수 없다.

주어진 물질을 쪼개어 더 작은 조각들로 만드는 과정은 무한히 계속할 수 있는 것이 아니라, 원자라는 물질에 도달할 때까지만 가능하다는 의미이다. 그러나 이후 실험을 통해 원자가 양성자(proton), 전자(electron), 중성자(neutron)와 같은 더 작은 입자로 이루어져 있다는 사실이 밝혀진다. 또한 최근에는 중성자 역시 더 작은 입자(쿼크, quark)로 쪼개어질 수 있음도 받아들여지고 있다.

❹ 원자는 새로 만들어 내거나 파괴할 수 없다.

화학 반응에서는 물질(반응물, reactant)이 사라지면서 전혀 다른 성질을 가진 새로운 물질(생성물, product)이 생겨난다. 그러나 화학 반응에서 원래 반응물을 구성하던 원자들이 사라지거나, 생성물을 구성하는 원자들이 새로 생겨나는 것은 아니라는 의미이다. 이러한 내용에 근거하면, 화학 반응에서 질량이 보존되는 이유(질량 보존의 법칙이 성립하는 이유)를 다음과 같이 설명할 수 있다.

Dalton의 원자론은 질량 보존 법칙을 설명할 수 있다

두 개의 원자로 이루어진 반응물 A와 한 개의 원자로만 구성된 반응물 B가 서로 반응하여 전혀 다른 성질을 가진 새로운 물질 C가 만들어지는 화학 반응을 예로 들어 본다.

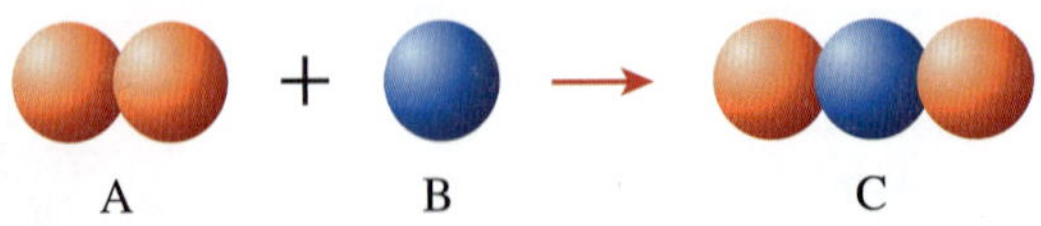

원자는 새로 만들어지거나 파괴할 수 없는 입자라는 Dalton의 원자론에 따르면, 이 화학 반응에서 반응물인 A와 B가 사라진다고 하여도, A와 B를 구성하던 원자들이 소멸되는 것은 아니다. 그리고 새로운 물질 C가 생겨난다고 하여도, C를 구성하는 새로운 원자들이 생겨나는 것도 아니다. 즉 반응물 A를 구성하던 원자와 반응물 B를 구성하던 원자가 그대로 새로 생겨난 물질 C를 구성하는 원자가 되는 것이다. 동시에 새로 생겨난 물질 C가 가지는 성질은 반응물 A와 B가 가진 성질과는 완전히 달라야 하므로, A를 구성하던 원자와 B를 구성하던 원자가 단순히 서로 섞여 C를 구성하는 것이 아니라, 그림에서와 같이 원자들이 반응물 A나 반응물 B에서와는 완전히 다른 배열 방식으로 결합하여 물질 C를 구성하는 것이다.
따라서 이 화학 반응을 통해 만들어지는 물질 C를 구성하는 원자들의 질량은 반응물 A를 구성하던 원자의 질량과 반응물 B를 구성하던 원자의 질량을 합한 값과 같아지면서, 질량 보존 법칙이 성립하게 된다.

그러나 이후에 그림 5.1에서 볼 수 있는 것처럼, 원자 수준에서 일어나는 화학 반응이 아니라 원자의 핵(nucleus)이 관련된 **핵융합 반응**(nuclear fusion reaction)에 의해 주어진 가벼운 원자가 사라지고 더 무거운 원자가 생겨나거나, **핵분열 반응**(nuclear fission reaction)에 의해 주어진 무거운 원자가 사라지면서 더 가벼운 원자가 생겨날 수 있음이 알려지게 된다.

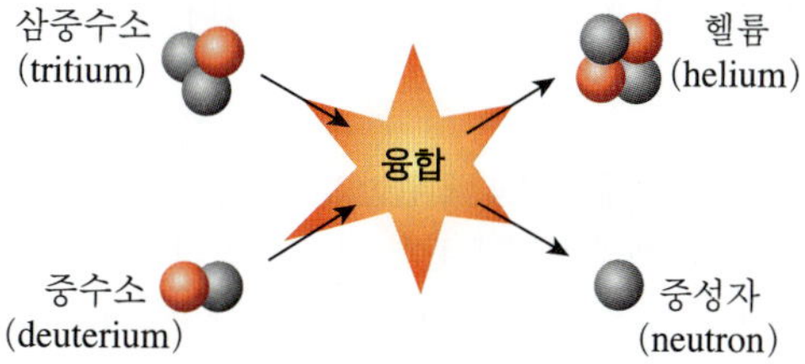

(a) 핵융합: 한 개의 중성자와 한 개의 양성자를 가진 중수소(deuterium, D)의 원자핵(atomic nucleus)이 두 개의 중성자와 한 개의 양성자를 가진 삼중수소(tritium, T)의 원자핵과 융합하여 양성자와 중성자를 두 개씩 가진 헬륨(helium, He) 원자핵으로 변한다. 즉, 가벼운 원자로부터 더 무거운 원자가 생겨날 수 있다.

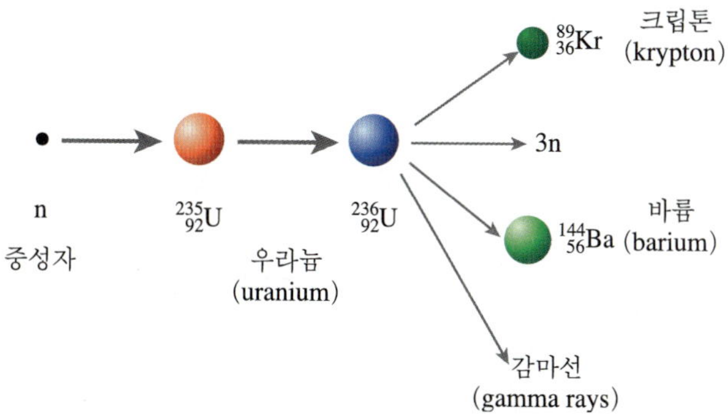

(b) 핵분열: 질량수가 235인 우라늄(uranium, U)의 동위 원소(isotope) U-235에 충분한 운동 에너지(kinetic energy, KE)를 가진 중성자가 충돌하면, U-235는 불안정한 상태의 U-236(질량수가 236인 우라늄 동위 원소)를 거쳐 질량수가 89인 크립톤(krypton, Kr)과 질량수가 144인 바륨(barium, Ba)으로 변한다. 즉, 주어진 무거운 원자가 더 가벼운 원자로 변할 수 있다.

그림 5.1
핵융합과 핵분열

5.1.2 화합물과 분자에 관한 내용

❶ 화합물의 최소 구성 단위는 분자이며, 분자는 적어도 두 개 이상의 서로 다른 원자가 결합하여 만들어진다.

Dalton은 질소 원소의 질소 원자와 산소 원소의 산소 원자로부터 이루어지는 **일산화 질소**(nitrogen monoxide, NO) 그리고 탄소 원소의 탄소 원자와 산소 원소의 산소 원자가 결합하여 이루어지는 **일산화 탄소**(carbon monoxide, CO)와 같이 서로 다른 원소의 원자

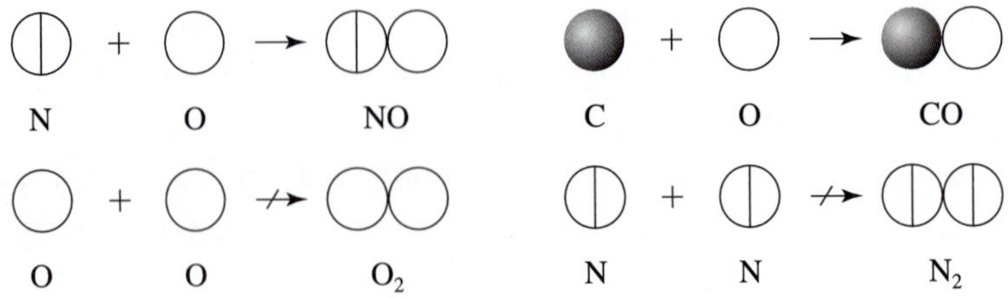

그림 5.2
이원자 분자: Dalton은 O_2나 N_2와 같이 동일한 원소의 원자들로만 이루어진 이원자 분자는 인정하지 않았다.

들이 결합하여 이루는 **이원자 분자**(diatomic molecule)는 받아들였지만, 그림 5.2에서 볼 수 있는 것과 같은 동일한 원소의 원자들이 결합하여 이루는 H_2(수소 원소를 구성하는 동일한 수소 원자들 사이의 결합)와 O_2(산소 원소를 구성하는 동일한 산소 원자들 사이의 결합)와 같은 이원자 분자는 인정하지 않았다.

이 때문에 Dalton의 원자론은 그 시점까지 알려진 화학 법칙 중 유일하게 Gay-Lussac이 발표한 **결합 부피 법칙**(the law of combining volumes)을 설명할 수 없었다. 다음은 Gay-Lussac이 발표한 결합 부피 법칙을 소개하고 있다.

Gay-Lussac은 Charles보다 기체의 부피에 관한 연구를 한 단계 더 진행시켰고, 그의 연구 내용은 화학 반응에 관련된 기체의 부피에 관한 것이었다. 그는 주어진 화학 반응에 관련된 기체의 양 사이에는 어떤 관계가 성립하는지를 알아보고 싶었다. 이 과정에서 Gay-Lussac은 주어진 화학 반응에 관련된 기체의 양을 부피로 표현하였으며, 화학 반응 결과 온도가 변하거나 압력이 변하는 경우 Charles 법칙과 Boyle 법칙을 적용하여 기체의 부피를 보정해 주었다. 다음은 Gay-Lussac이 얻은 몇 가지 실험 결과를 보여 준다.

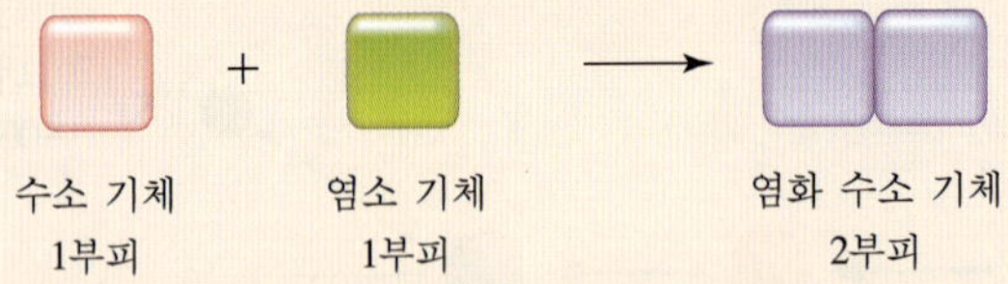

1부피의 수소와 1부피의 염소가 반응하여 2부피의 염화 수소 기체를 만든다.

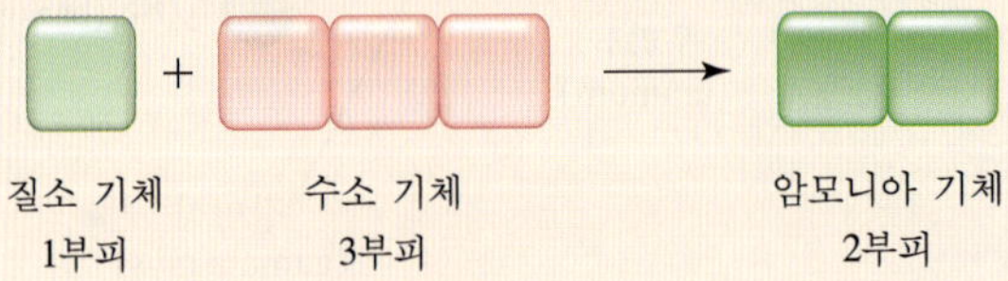

1부피의 질소와 3부피의 수소가 반응하여 2부피의 암모니아 기체를 만든다.

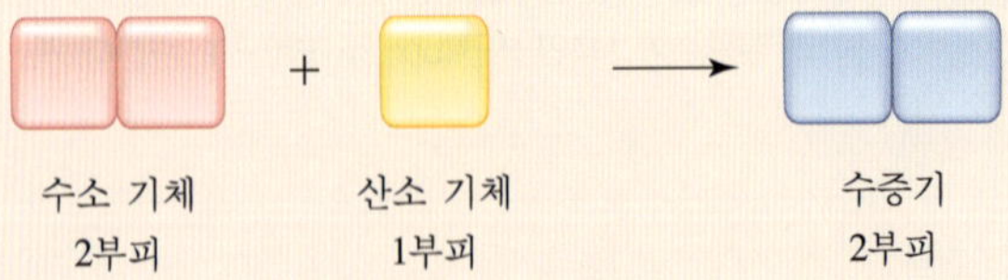

2부피의 수소와 1부피의 산소가 반응하여 2부피의 수증기를 만든다.

Gay-Lussac은 이러한 그의 관찰 결과들을 토대로 다음과 같은 내용의 기체 결합 부피 법칙을 발표하였다.

Gay–Lussac의 기체 결합 부피 법칙

일정한 온도와 압력에서 주어진 화학 반응에 관련된 기체들의 부피 사이에는 항상 작은 정수비가 성립한다.

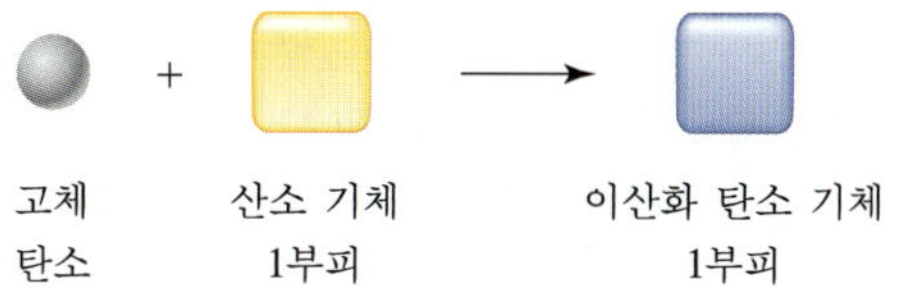

그림 5.3
고체 탄소가 산소 기체와 반응하여 이산화 탄소를 만드는 반응: 반응물인 산소 기체와 생성물인 이산화 탄소 기체의 부피 사이에는 1:1의 정수비가 성립한다.

기체 결합 부피 법칙이 적용되기 위해서 주어진 화학 반응의 반응물이나 생성물이 모두 기체일 필요는 없다. 그림 5.3에서 볼 수 있듯이 고체 탄소가 산소 기체와 반응하여 이산화 탄소를 만드는 반응의 경우에도 반응물인 산소 기체와 생성물인 이산화 탄소 기체의 부피 사이에는 1:1의 정수비가 성립한다.

❷ 원자가 결합하여 주어진 분자를 이룰 때, 각 분자는 모두 같고, 그 분자를 구성하는 원자의 무게비는 똑같다.

이 내용에 근거하면 일정 성분비 법칙을 설명할 수 있다. 일산화 탄소(CO) 기체의 경우를 예로 들어 보자. 일산화 탄소 기체는 무게비로 42.5 %의 탄소와 57.5 %의 산소가 결합하여 만들어진 CO 분자로 이루어져 있다. 이렇게 탄소 원자와 산소 원자가 결합하여 CO 분자를 이루는 방법은 한 가지밖에 없기 때문에 CO 분자는 모두 똑같을 수밖에 없다. 다시 말해 항상 일정한 성분비로 만들어질 수밖에 없는 CO 분자가 몇 개 모여 있어도 각 CO 분자에서 탄소와 산소의 무게비는 항상 똑같다.

Dalton의 원자론으로 일정 성분비 법칙을 설명한다.

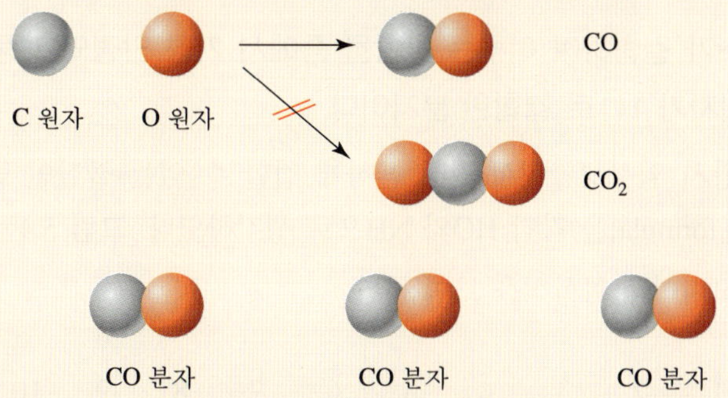

C 원자와 O 원자가 각각 한 개씩 참여하는 화학 반응에서는 CO만 만들어질 수 있다. 이 경우 모든 CO 분자에서 다음 내용이 성립한다.

$$(\text{C의 무게}) \div (\text{O의 무게}) = \text{일정}$$

❸ 두 종류 이상의 원자가 여러 가지 방식으로 결합하여 두 가지 이상의 화합물을 만들 수 있다.

이 내용은 배수 비례 법칙을 설명할 수 있다. 일산화 탄소(CO)와 이산화 탄소(carbon dioxide, CO_2)의 경우를 예로 들어 보자. CO 분자를 형성하든 CO_2 분자를 형성하든 그 반응에 참여하는 탄소 원자들은 모두 그 무게가 같고, 산소 원자들의 무게도 서로 같다. 그리고 화학 결합에 참여하는 최소 단위는 원자이다. 탄소 원자 한 개와 산소 원자 한 개가 결합하여 CO 분자 한 개를 만들고, 탄소 원자 한 개와 산소 원자 두 개가 결합하여 CO_2 분자 한 개를 만든다. 두 개의 CO 분자에는 두 개의 탄소 원자가 들어 있고, 두 개의

CO_2 분자에도 두 개의 탄소 원자가 존재한다. 그러나 산소 원자의 경우에 두 개의 CO 분자에는 두 개, 두 개의 CO_2 분자에는 네 개(2×2)가 존재한다. 따라서 다음과 같이 CO 분자와 CO_2 분자에서 탄소 원자 한 개와 결합하는 산소 원자 사이에는 정수비(1:2)가 성립한다.

Dalton의 원자론으로 배수 비례 법칙을 설명한다.

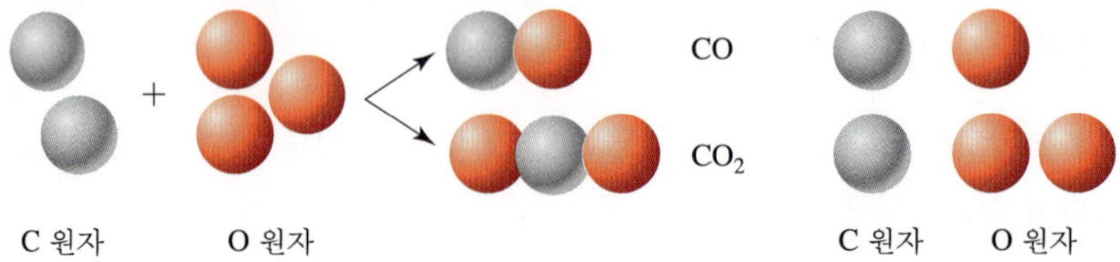

C 원자와 O 원자는 서로 반응하여 CO 분자와 CO_2 분자를 만들 수 있으며, 이 경우 CO 분자와 CO_2 분자에서 탄소 원자 한 개와 결합하는 산소 원자 사이에 1:2라는 정수비가 성립한다.

❹ 원자가 분자를 이루는 경우 원자 사이에는 1:1, 1:2 그리고 1:3과 같은 작은 정수비가 성립한다.

Dalton은 원자 사이에 정수비가 성립하지 않는 분자는 인정하지 않았다. 하지만 실제로는 Fe_xO(0.833 < x < 0.957)와 같은 물질도 존재한다.

❺ 두 개의 원소가 결합하여 이루는 화합물 중에서 가장 안정되고 풍부한 화합물은 각 원소의 원자가 1:1로 결합한 분자이다.

Dalton은 그 당시 일상생활에서 가장 흔하게 접할 수 있는 물질인 물과 암모니아의 화학식(chemical formula)을 각각 HO와 NH으로 생각하였다. 그림 5.4는 Dalton의 원소 기호와 물과 암모니아의 화학식을 보여 준다.

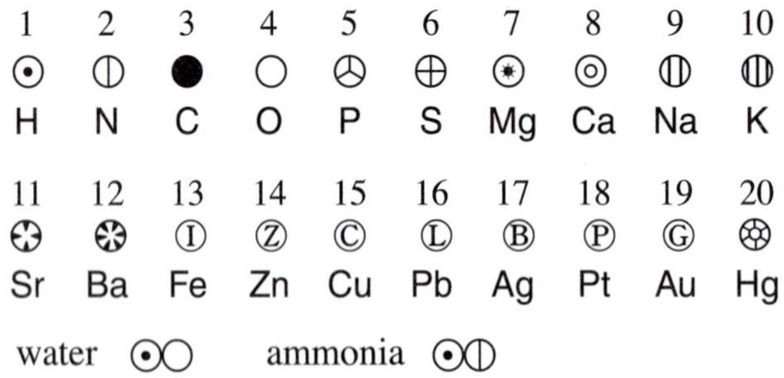

그림 5.4
Dalton의 원소 기호와 물과 암모니아의 화학식

5.2 원자론과 Gay-Lussac의 결합 부피 법칙 사이의 충돌

Dalton은 원자론에 근거하여 질량 보존 법칙, 일정 성분비 법칙, 배수 비례 법칙은 설명할 수 있었지만 결합 부피 법칙은 설명하지 못하였다.

5.2.1 충돌의 내용

❶ 수소와 산소 사이의 반응

(가) Gay-Lussac의 실험 결과

그림 5.5(a)에서와 같이 2부피의 수소와 1부피의 산소를 반응시키면 2부피의 수증기가 만들어지므로 반응에 관련된 각 기체의 부피 사이에는 2:1:2의 부피비가 성립하였다.

(나) Dalton에 의한 예측

수소의 화학 기호는 H이고, 산소의 화학 기호는 O, 그리고 물의 화학식은 HO이므로 수소와 산소 사이의 반응은 H + O → HO로 받아들여야 하기 때문에 1부피의 수소 기체와 1부피의 산소 기체가 반응하면 1부피의 수증기를 만든다. 그러므로 그림 5.5(b)에 나타낸 것처럼 기체들의 부피 사이에는 1:1:1이 성립해야 한다. 만일 Dalton이 Gay-Lussac의 실험 결과(수소 부피 : 산소 부피 : 수증기 부피 = 2:1:2)를 적용한다면, 산소의 화학식이 $\frac{1}{2}$O 또는 $O_{0.5}$이 되어야 하므로(2H + O → $2HO_{0.5}$), 이것은 Dalton의 원자론을 지탱하는 기본 개념인 '원자는 더 이상 쪼갤 수 없다.'에 위배되는 것이다.

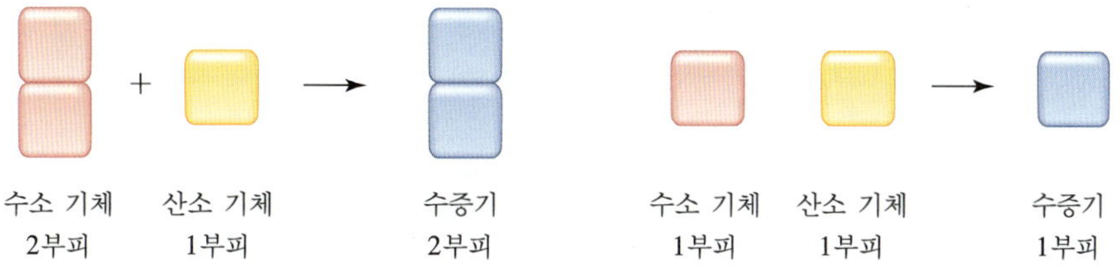

(a) Gay-Lussac의 실험 결과 (b) Dalton에 의한 예측

그림 5.5
수소와 산소 사이의 반응에 대한 Gay-Lussac의 실험 결과와 Dalton에 의한 예측

❷ 질소와 수소 사이의 반응

(가) Gay-Lussac의 실험 결과

그림 5.6(a)에서 볼 수 있는 바와 같이 1부피의 질소 기체와 3부피의 수소 기체가 반응하면, 2부피의 암모니아 기체가 만들어진다. 따라서 각 기체의 부피 사이에는 1:3:2가 성립한다.

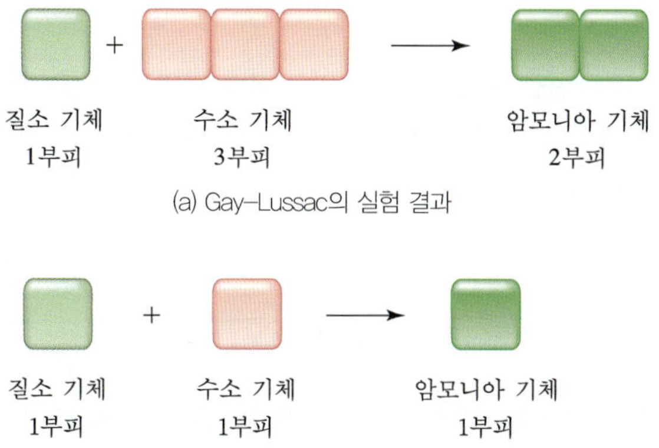

(b) Dalton에 의한 예측

그림 5.6
질소와 수소 사이의 반응에 대한 Gay-Lussac의 실험 결과와 Dalton에 의한 예측

(나) Dalton에 의한 예측

질소와 수소의 화학 기호는 각각 N과 H이고, 암모니아의 화학식은 NH이므로 질소 기체와 수소 기체 사이의 화학 반응은 N + H → NH로 표현할 수 있다. 이 반응식에 따르면, 1부피의 질소 기체와 1부피의 수소 기체가 반응하면 1부피의 암모니아를 만들므로 이 반응에서 그림 5.6(b)에서와 같이 각 기체의 부피 사이에는 1:1:1이 성립해야 한다.

5.2.2 Avogadro의 가설이 원자론과 기체 결합 부피 법칙 사이의 충돌을 해결

물의 화학식을 HO로, 암모니아의 화학식을 NH라고 생각한 Dalton은 그의 원자론을 사용하여 Gay-Lussac의 결합 부피 법칙을 설명할 수 없다는 사실에 무척 곤혹스러워하면서도 Gay-Lussac이 발표한 법칙이 잘못된 것이라고 주장하였다.

❶ Avogadro의 가설

1811년 이탈리아의 물리학자인 Amedeo Avogadro(아보가드로)는 Dalton 원자론의 기본 개념(원자는 더 이상 깨어질 수 없다)을 보존하면서도 Gay-Lussac의 결합 부피 법칙을 설명할 수 있는 다음과 같은 가설을 발표함으로써 두 사람 사이의 충돌을 해결할 수 있었다.

Avogadro의 가설

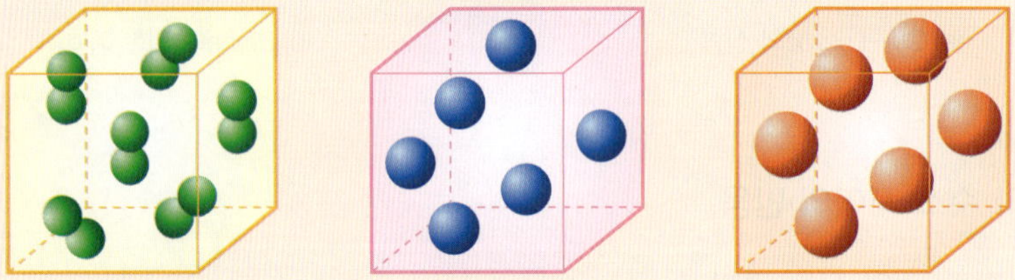

- 같은 온도와 압력에서 부피가 같은 기체에는 같은 수의 분자가 존재한다. 그러므로 큰 분자든 작은 분자든 주어진 부피의 기체에 들어 있는 분자수는 같다.
- 어떤 원소는 두 개의 똑같은 원자로 이루어져 있다(이원자 원소, diatomic element). 예를 들면 수소(H_2), 산소(O_2), 질소(N_2), 염소(Cl_2), 플루오린(F_2) 등과 같은 분자는 두 개의 똑같은 원자로 이루어져 있다.

Avogadro는 그의 가설을 뒷받침할 수 있는 과학적인 증거를 제시할 수는 없었는데, 그 이유는 당시의 과학 기술로는 분자의 수를 세거나 분자의 무게를 측정할 수 없었기 때문이었다. 그러나 Avogadro는 그의 가설과 물 분자의 화학식으로 HO가 아닌 H_2O를 사용하여 Gay-Lussac의 결합 부피 법칙을 정확히 설명할 수 있었다.

❷ Avogadro의 가설에 의한 충돌의 해결

(가) 1부피의 수소와 1부피의 염소가 반응하여 생성물로 2부피의 염화 수소가 만들어진다면, 수소와 염소의 화학식은 어떻게 주어져야 하는가?

기체의 경우 기체 부피의 비는 각 기체 부피 속에 존재하는 분자수의 비와 같다. 그러므로 수소 분자 한 개와 염소 분자 한 개로부터 두 개의 염화 수소 분자(HCl: 이 화학식은 그대로 인정됨)가 만들어지려면 수소 분자와 염소 분자는 각각 두 개의 원자로 이루어져 있어야 한다. 결국 그림 5.7에서 볼 수 있는 것처럼 수소 분자의 화학식은 H_2, 염소 분자의 화학식은 Cl_2이어야 한다.

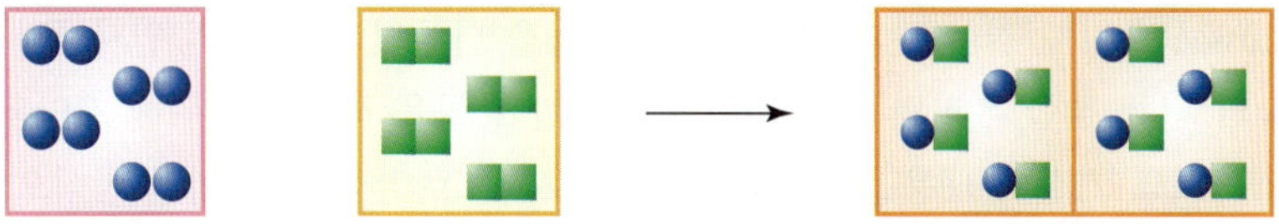

그림 5.7
수소와 염소 사이의 반응에 대한 Avogadro의 해석: 수소와 염소가 각각 동일한 원자로 이루어진 이원자 분자라는 사실을 받아들이면, 1부피의 수소 기체와 1부피의 염소 기체 사이의 반응으로 생겨나는 염화 수소(HCl)는 2부피가 될 수 있다.

(나) 2부피의 수소와 1부피의 산소가 반응하여 2부피의 수증기가 만들어진다면, 물의 화학식은 어떻게 주어져야 하는가?

두 개의 수소 분자와 한 개의 산소 분자가 반응하여 두 개의 물 분자를 만든다. 만일 수소 분자의 화학식이 H_2이고 산소 분자의 화학식이 O_2임을 받아들이고 기체의 부피가 같다면, 기체의 종류와 상관없이 기체 분자의 수도 같음에 근거하면, 두 개의 수소 분자와 한 개의 산소 분자 사이의 반응으로 두 개의 물 분자가 만들어지기 위해서는 한 개의 물 분자에는 수소 원자 두 개와 산소 원자 한 개가 들어 있어야 한다. 따라서 그림 5.8에서 볼 수 있는 것처럼 물 분자의 화학식은 H_2O이어야 한다.

이러한 해결 방안을 제시할 수 있었던 Avogadro의 가설은 불행히도 그 후 약 50년이 지난 시점인 1860년에 원자량에 관한 문제를 다루는 학회에서 Stanislao Cannizzaro(카니짜로)에 의해 재조명을 받게 될 때까지는 별 호응을 받지 못하였다.

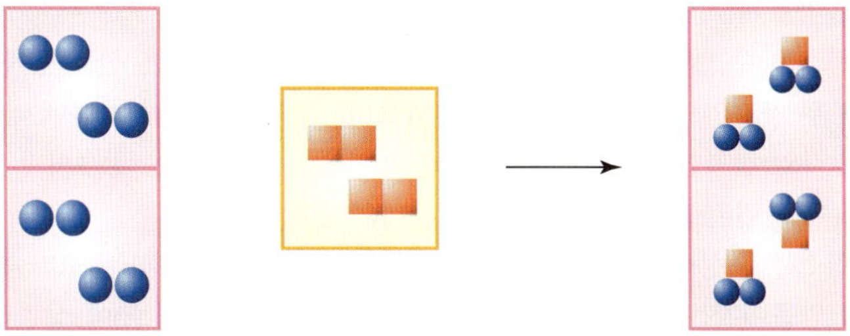

그림 5.8
수소와 산소 사이의 반응에 대한 Avogadro의 해석: 수소와 산소가 각각 동일한 원자들로 이루어진 이원자 분자라는 사실을 받아들인다면, 2부피의 수소 기체와 1부피의 산소 기체 사이의 반응으로 2부피의 물이 만들어진다. 이 경우 물의 화학식은 H_2O가 된다.

알아두어야 할 용어(term)들

- Dalton의 원자론
- Gay-Lussac의 기체 결합 부피의 법칙
- 아보가드로의 가설

요약

물질의 원자성 확립에 기여했던 다양한 물리 법칙들과 화학 법칙들 그리고 그 법칙들에 관련된 가설들을 바탕으로 제기된 이론인 돌턴의 원자론과 그 내용들을 소개하였다. Dalton의 원자론이 내포하고 있던 두 가지 중요한 오류들을 소개하면서, 그러한 오류들로 인해 돌턴의 원자론으로 설명할 수 없었던 유일한 화학 법칙인 Gay-Lussac의 기체 결합 부피의 법칙과의 충돌을 다루었다. 돌턴의 원자론과 Gay-Lussac의 기체 결합 부피의 법칙 사이의 그러한 충돌을 해소하기 위해 제안되었던 아보가드로의 가설의 내용을 소개하면서, 아보가드로의 가설이 어떤 방식으로 그러한 충돌을 해소할 수 있었는지도 다루었다.

연 . 습 . 문 . 제

1. 다음 중 돌턴의 원자론에 실려 있는 내용이 아닌 것들을 고르시오.
   ① 원자들이 서로 다른 이유는 그 크기나 모양이 다르기 때문이다.
   ② 모든 원소들은 원자들로 이루어져 있다.
   ③ 주어진 원소를 구성하는 원자들은 무게가 모두 동일하다.
   ④ 원자들은 항상 운동하고 있다.
   ⑤ 원자들이 결합하는 경우, 간단한 정수비로 결합한다.
   ⑥ 주어진 원소의 원자들은 서로 결합하여 이원자 분자를 만들 수 있다.

2. 다음 중 올바르게 기술된 것들을 고르시오.
   ① 탄소 원소를 구성하는 탄소 원자(C)와 산소 원소를 구성하는 산소 원자(O)는 서로 결합하여 두 가지의 화합물들을 만들 수 있으며, 그 두 가지 화합물들에서 주어진 무게의 탄소 원자와 결합한 산소 원자들의 무게 사이에는 1:2와 같은 정수비가 성립한다. 이러한 서술에 관련된 화학 법칙은 일정 성분비의 법칙이다.
   ② 염소 원소를 구성하는 염소(Cl) 원자와 포타슘 원소를 구성하는 포타슘(K) 원자가 결합하여 만들어지는 염화 포타슘(KCl)은 만들어지는 과정(장소)에 상관없이 그 무게는 동일하다. 이러한 서술에 관련된 화학 법칙은 배수 비례의 법칙이다.
   ③ 탄소 원소를 구성하는 탄소 원자(C)와 산소 원소를 구성하는 산소 원자(O)는 서로 결합하여 두 가지의 화합물들을 만들 수 있으며, 그 두 가지 화합물들에서 주어진 무게의 탄소 원자와 결합한 산소 원자들의 무게 사이에는 1 : 2와 같은 정수비가 성립한다. 이러한 서술에 관련된 화학 법칙은 배수 비례의 법칙이다.
   ④ 염소 원소를 구성하는 염소(Cl) 원자와 포타슘 원소를 구성하는 포타슘(K) 원자가 결합하여 만들어지는 염화 포타슘(KCl)은 만들어지는 과정(장소)에 상관없이 그 무게는 동일하다. 이러한 서술에 관련된 화학 법칙은 일정 성분비의 법칙이다.

3. 다음은 돌턴이 그의 원자론에서 제시한 내용이다. 원자들에 대해 현재 우리가 알고 있는 내용과 일치하지 않는 것들을 고르시오.
   ① 원자들은 더 작은 물질들로 변할 수 없다.
   ② 주어진 원소의 원자들은 그 무게가 모두 동일하다.
   ③ 서로 다른 원소들을 구성하는 원자들은 항상 간단한 정수비로만 결합하여 화합물들을 만든다.

④ 주어진 원소의 원자들은 서로 결합하지 않는다.

4. 다음의 서술 중 동위 원소의 발견으로 수정되어야 했던 내용을 고르시오.
① 원자들이 서로 다른 이유는 그 크기나 모양이 다르기 때문이다.
② 모든 원소들은 원자들로 이루어져 있고, 원자들은 더 작은 물질로 쪼개질 수 없다.
③ 주어진 원소를 구성하는 원자들은 무게가 모두 동일하다.
④ 원자들은 항상 운동하고 있다.
⑤ 원자들이 결합하는 경우, 간단한 정수비로 결합한다.
⑥ 주어진 원소의 원자들은 서로 결합하여 이원자 분자를 만들 수 있다.

5. 다음 그림은 질소 기체와 수소 기체로부터 암모니아 기체가 만들어지는 화학 반응에 대한 게이-뤼삭의 실험결과를 보여준다. 그러나 돌턴의 원자론에 따르면, 질소 기체와 수소 기체로부터 암모니아 기체가 만들어지는 화학 반응은 이와는 다른 결과가 얻어져야 한다. 다음 빈칸에 돌턴의 원자론에 따라 예측할 수 있는 결과를 보기의 그림과 같은 형태로 나타내시오.

게이-뤼삭의 실험결과

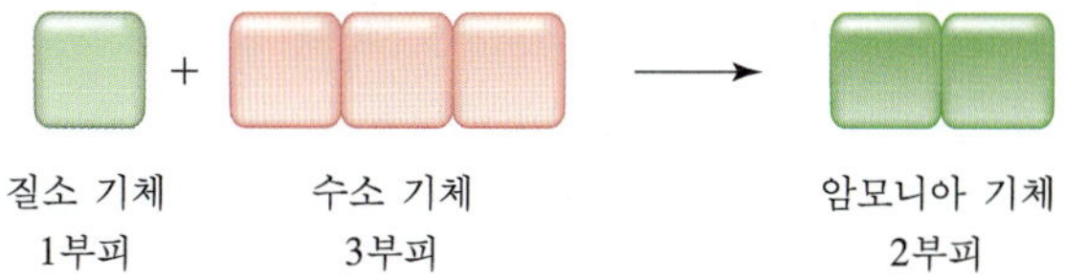

돌턴의 원자론에 따라 예측할 수 있는 결과

6. 돌턴이 게이-뤼삭의 결합 부피의 법칙을 설명할 수 없었던 이유는 그의 원자론에서 두 가지의 중대한 오류들을 범하였기 때문이었다. 그 두 가지 오류들을 제시하시오.

7. 아보가드로는 그의 가설을 사용하면, 게이-뤼삭의 실험결과를 설명할 수 있다고 주장하였다. 돌턴의 원자론과 게이-뤼삭의 기체 결합부피의 법칙 사이의 충돌을 해결할 수 있었던 아보가드로의 가설이 담고 있는 내용을 제시하시오.

8. 다음 그림에서 모든 정사각형들의 내부에 조그마한 정사각형(질소 원자를 나타냄)과 원(수소 원자를 나타냄)을 사용한 그림들을 삽입하여, 아보가드로 가설의 내용을 정확하게 따르는 질소 기체와 수소 기체 사이의 반응으로 암모니아 기체가 만들어지는 반응에 대한 아보가드로의 설명을 나타내시오.

아보가드로의 설명

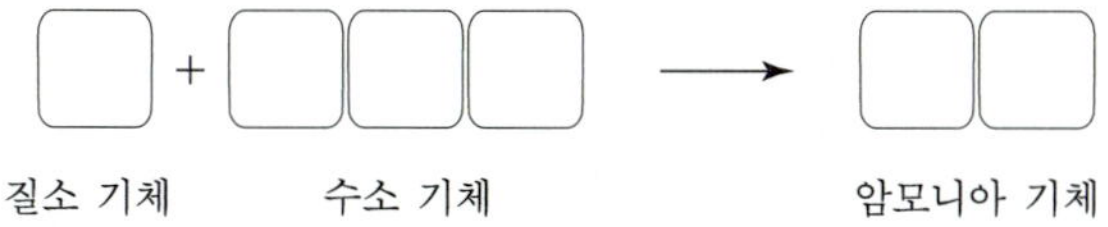

06

원자량과 화학량론

과학자들은 Dalton이 제시한 원자론 내용 중 '원자들이 서로 다른 이유는 원자들의 무게가 서로 다르기 때문이다.'에 근거하여 그때까지 알려진 원자들 사이의 무게비를 알아내어 원자들을 가장 가벼운 원자부터 무거운 원자의 순서로 나열하는 작업을 수행하였다. 하지만 이 작업에서 전혀 예기치 못한 결과들이 얻어짐으로써 과학자들은 한동안 혼돈에 빠지게 되었으며, 그러한 혼돈이 수소, 산소, 질소와 같은 원소의 화학식이 각각 H, O, N이며, 물의 화학식은 HO이고, 암모니아의 화학식은 NH라는 Dalton의 주장을 그대로 받아들인 탓이라는 사실을 알 수 있었다. 그 이후 과학자들은 올바른 화학식에 근거한 작업 결과를 토대로 다양한 원자 사이의 상대적인 무게비를 얻을 수 있었다. 이제 각 원자에 고유한 질량(원자 질량, atomic mass)을 부여하고, 화합물(compound)에는 정확한 화학식을 부여함으로써, 화학 변화에 관련된 물질들의 양을 알아내는 작업(화학량론, stoichiometry)에 대해 알아보기로 한다.

6.1 원자의 고유한 질량(원자량)과 원자의 무게

6.1.1 원자의 상대적 무게비를 규명하는 작업에서의 혼돈

원자의 상대적인 무게 사이에서의 일관성을 찾을 수 없는 이유는 무엇인가?

❶ 혼돈의 내용

Dalton이 내세운 원자론에서 과학자들의 관심을 많이 끌었던 것은 '서로 다른 물질을 구성하는 원자들은 무게가 다르다.'라는 내용이었으며, 그러한 내용에 동의한 사람들은 다양한 원자 사이의 상대적인 무게비를 찾아내려고 노력하였다. 하지만 과학자들은 원자들 사이에서 그들이 기대했던 일관성 있는 상대적인 무게비를 발견할 수 없었다. 이후에 밝혀졌지만, 그러한 혼란이 초래된 가장 근본적인 이유는 '수소와 같은 몇 가지 원소들은 두 개의 원자로 이루어져 있다.'라는 Avogadro의 가설을 받아들이지 않았고, 물의 화학식은 HO이고, 암모니아의 화학식은 NH라는 Dalton의 주장을 그대로 받아들였기 때문이었다. 다음과 같은 실험 결과를 보면, 그 당시 과학자들이 직면했던 혼란스러운 상황을 이해할 수 있다.

(가) 물을 분석하여 얻은 산소 원자와 수소 원자의 상대적 무게비

1860년에 이르러 주어진 화합물을 구성하는 원소의 종류와 무게를 알아낼 수 있는 실험 방법(**원소 분석법**, method of elemental analysis)이 개발되었고, 그러한 실험에 의해 물은 무게비로 88.8 %의 산소(oxygen, O)와 11.2 %의 수소(hydrogen, H)로 이루어져 있다는 결과를 얻을 수 있었다. 이러한 실험 결과와 물의 화학식이 HO라는 주장에 근거하면, 다음과 같은 결론이 얻어진다.

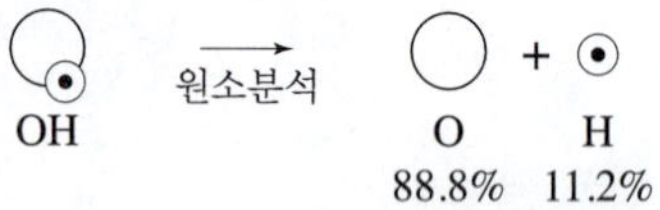

물은 수소 원자 '⊙(H)'와 산소 원자 '○(O)'가 한 개씩 참여하여 이루어진 이원자 분자이고, 무게 백분율로 11.2 %의 수소와 88.8 %의 산소로 이루어져 있다. 이것은 물 분자 한 개의 무게를 100이라고 가정하면, 산소 원자의 무게는 88.8, 수소 원자의 무게는 11.2가 된다는 의미이다. 따라서 산소 원자는 수소 원자보다 약 8배(88.8 ÷ 11.2 = 7.93) 더 무겁다.

(나) 암모니아를 분석하여 얻은 질소 원자와 수소 원자의 상대적 무게비

암모니아(ammonia)에 대한 원소 분석 결과 암모니아는 무게비로 82.4 %의 질소(nitrogen, N)와 17.6 %의 수소로 이루어져 있음을 알아내었다. 이러한 결과와 NH가 암모니아의 화학식이라는 주장을 받아들인다면, 다음과 같은 결론이 얻어진다.

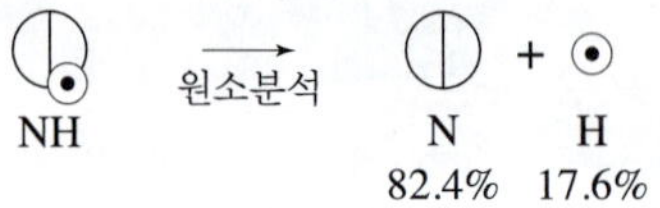

무게 백분율로 17.6 %의 수소와 82.4 %의 질소로 이루어진 암모니아는 한 개씩의 수소 원자 '⊙(H)'와 질소 원자 '⦶(N)'에 의해 만들어진 이원자 분자 '⊙⦶(HN)'이다. 만일 암모니아 분자 한 개의 무게를 100이라고 가정하면, 질소 원자의 무게는 82.4, 수소 원자의 무게는 17.6이 된다는 의미이다. 따라서 질소 원자는 수소 원자보다 약 5배(82.4 ÷ 17.6 = 4.68) 더 무겁다.

(다) 물과 암모니아에 대한 원소 분석에서 얻어진 질소 원자와 산소 원자의 상대적 무게비

앞에서 소개한 바와 같이 물의 화학식이 HO이고 암모니아의 화학식은 NH라

고 받아들인 상태에서 얻을 수 있었던 원자들 사이의 상대적인 무게비(H:O = 1:8, H:N = 1:5)를 사용하면, 다음과 같은 결론이 얻어진다.

> 물 '⊙○(HO)'과 암모니아 '⊙⦶(HN)'에 대한 원소 분석 결과들에 근거하여 밝혀낸 수소 원자와 산소 원자의 상대적 무게비(1:8)와 수소 원자와 질소 원자 사이의 상대적 무게비(1:5)에 의하면, 질소 원자와 산소 원자 사이의 상대적 무게비는 '5:8(1:1.6)'이다.

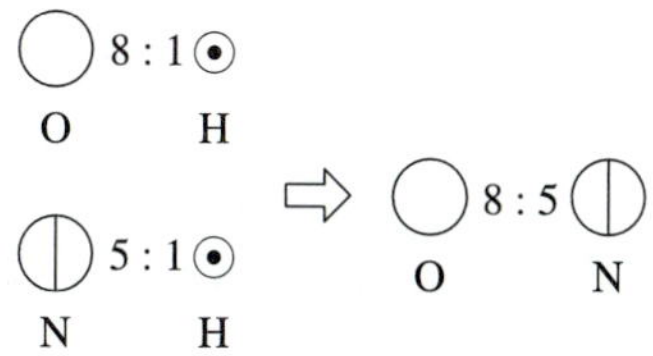

(라) 산화 질소에 대한 원소 분석 결과

• N 원자와 O 원자 사이의 상대적 무게비에 근거한 예측

앞의 두 가지 실험에 의해 N 원자와 O 원자 사이의 상대적 무게비로 5:8(1:1.6)이 얻어졌고, 그러한 상대적 무게비에 근거하면, 한 개의 질소 원자와 한 개의 산소 원자로 이루어진 산화 질소(nitrogen monoxide, NO)에 대한 원소 분석에서 얻어질 실험 결과를 다음과 같이 예측할 수 있다.

> 산화 질소(NO, ⦶○)에서 질소 원자 '⦶(N)'와 산소 원자 '○(O)'의 무게비는 5:8이므로 NO를 분석하면 다음과 같은 결과를 얻을 것이다.
>
> NO 중 N 원자의 무게 백분율 = {5 ÷ (5 + 8)} × 100 = 38.5 %
> NO 중 O 원자의 무게 백분율 = {8 ÷ (5 + 8)} × 100 = 61.5 %

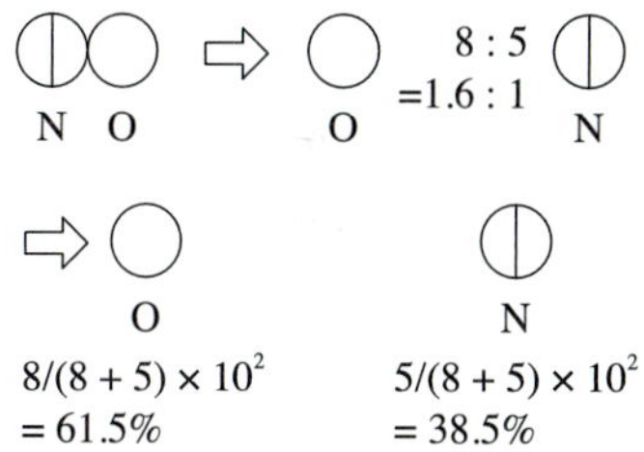

• 산화 질소에 대한 실제 원소 분석 결과

NO에 대한 실제 원소 분석 결과에 의하면, NO는 무게로 46.7 %의 N 원자와 53.3 %의 O 원자로 이루어져 있음이 밝혀졌다. N 원자와 O 원자 사이의 상대적인 무게비는 1:1.6(5:8)이 아닌 1:1.14(= 46.7:53.3)이다.

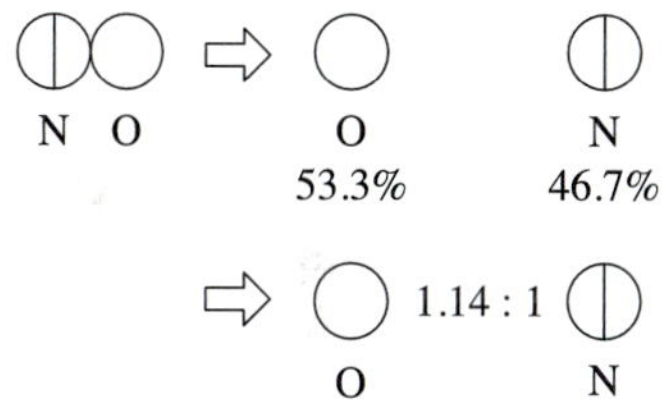

❷ 혼돈의 해결

1860년 독일에서 원자의 무게에 관한 당시의 혼돈을 해결하기 위해 화학 관련 학회가 개최되었다. 그 학회에서 Cannizzaro는 'Avogadro의 가설'이 Gay-Lussac의 '결합 부피 법칙'을 설명할 수 있으며, Avogadro의 가설에서 제시하였던 '동일 원자로 이루어진 이원자 분자' 개념을 받아들인다면 원자의 무게와 관련된 혼돈을 해결할 수 있다는 점을 강력하게 주장하였다. 그러나 Cannizzaro의 노력에도 불구하고 몇 년의 시간이 더 지난 이후에야 비로소 과학자들은 Avogadro의 가설을 인정하기 시작하였고, 원자들의 상대적 무게에 관련된 혼돈에서 벗어나게 되었다. 다음은 Cannizzaro가 제안했던 내용이다.

Cannizzaro가 제안한 내용

• Avogadro의 가설에 근거하여 물의 화학식이 '⊙○⊙(H_2O)'인 것으로 받아들인다면

한 개의 물 분자는 두 개의 H 원자와 한 개의 O 원자로 이루어져 있다. 그리고 물에 대한 원소 분석에 의하면 물은 무게비로 88.8 %의 O 원자와 11.2 %의 H 원자를 함유하고 있다. 물 분자 한 개의 무게를 100이라고 가정하면 O 원자 한 개의 무게는 88.8이고, 11.2는 H 원자 두 개의 무게가 된다. 즉, H 원자 한 개의 무게는 11.2 ÷ 2 = 5.6이 된다. 따라서 O 원자와 H 원자의 무게비는

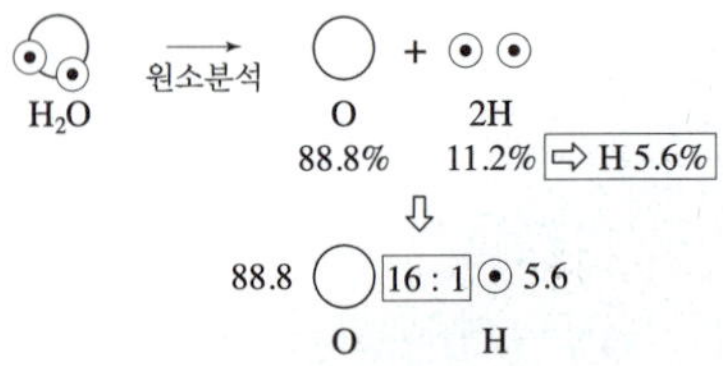

8 : 1(88.8 : 11.2)이 아닌 16 : 1(88.8 : 5.6)이 된다. 즉, O 원자는 H 원자에 비해 16배 더 무겁다.

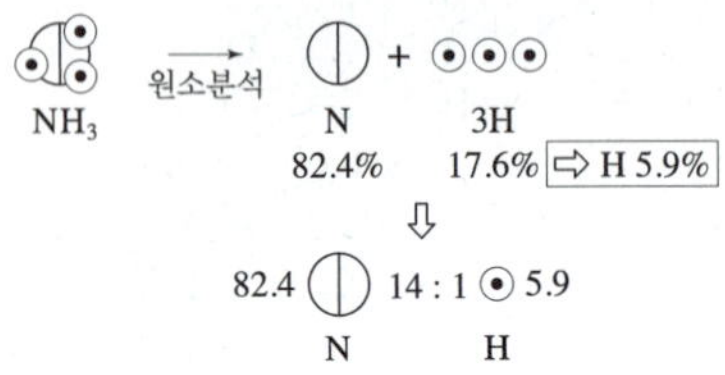

- Avogadro의 가설에 근거하여 암모니아의 화학식을 '(H_3N)'으로 받아들인다면

한 개의 암모니아 분자는 세 개의 H 원자와 한 개의 N 원자로 이루어져 있다. 그리고 암모니아에 대한 원소 분석에 의하면 암모니아는 무게로 82.4 %의 질소와 17.6 %의 수소로 이루어져 있다. 암모니아 분자 한 개의 무게를 100이라고 가정하면 N 원자 한 개의 무게는 82.4이고, 17.6은 수소 원자 세 개의 무게가 된다. 즉, H 원자 한 개의 무게로 17.6 ÷ 3 = 5.9가 얻어진다. 따라서 N 원자와 H 원자의 무게비는 5 : 1(82.4 : 17.6)이 아닌 14 : 1(82.4 : 5.9)이 된다. 즉, N 원자는 H 원자에 비해 14배 더 무겁다.

- 따라서 O 원자와 N 원자 사이의 상대적 무게비는

H 원자와 O 원자의 상대적 무게비(1 : 16)와 H 원자와 N 원자 사이의 상대적 무게비(1 : 14)로부터 N 원자와 O 원자의 상대적 무게비로 14 : 16(1 : 1.14)라는 값을 얻을 수 있다.

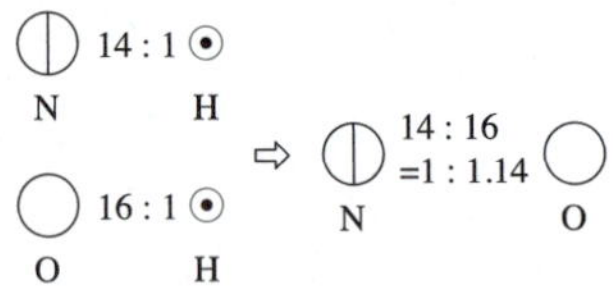

6.1.2 원자량에 관한 척도의 등장

산소와 수소의 경우와 비슷한 방법에 의해 탄소(carbon, C) 원자는 수소 원자에 비해 12배 더 무겁고, 질소 원자는 수소 원자에 비해 14배, 염소(Cl) 원자는 수소 원자에 비해 35.5배, 그리고 황(sulfur, S) 원자는 수소 원자에 비해 32배 더 무겁다는 사실을 알 수 있었다. 그러나 이러한 수치는 '원자마다의 고유한 무게'가 아니라 '원자 사이에서 성립하는 상대적 무게비'이다. 이제 원자에 고유한 무게를 부여하는 방법에 대하여 알아보기로 한다.

❶ 원자량

원자에 무게를 부여하기 위해서는 기준 원자를 선정하고 그 기준 원자에 **원자량**(atomic mass)을 부여하는 작업이 선행되어야 한다. 왜냐하면 주어진 기준 원자에 원자 질량을 부여할 수 있다면, 그 원자와 다른 원자 사이의 상대적 무게비에 근거하여 다른 원자에게도 원자량을 부여할 수 있기 때문이다. 이제 몇 가지 기준 원자 설정 방식에 근거하는 원자량 척도를 알아보기로 한다.

(가) 수소 원자가 기준 원자인 경우의 원자량 척도

수소 원자가 가장 가벼운 원자라는 사실에 근거하여 H 원자에 1이라는 원자량을 부여하였으며, 이를 기준으로 수소 원자와 다른 원자 사이의 상대적 무게비를 사용하여 다른 원자에 원자량을 부여한 척도이다. 예를 들어, H 원자와 O 원자가 결합하여 이루어진 화합물인 물(H_2O)에서 H 원자와 O 원자 사이의 결합비(combining ratio)(1 : 2)와 물에 대한 원소 분석 결과에 근거하면, H 원자와 O 원자 사이의 상대적 무게비가 1 : 15.873이라는 사실이 얻어지므로, O 원자의 원자량으로 15.873이라는 값을 부여하는 것이다. 이러한 과정은 H 원자와 화합물을 구성하는 모든 원자에 적용될 수 있었다.

(나) 산소 원자를 기준 원자로 선정한 경우의 원자량 척도

H 원자의 경우 다른 원자와 다양한 종류의 화합물을 구성하지 못하므로, H 원자를 기준 원자로 삼아 다른 원자에게 상대적인 원자량을 부여하는 작업은 한계에 직면하게 되었다. 따라서 H 원자에 비해 더 많은 종류의 화합물을 형성할 수 있는 O 원자를 기준

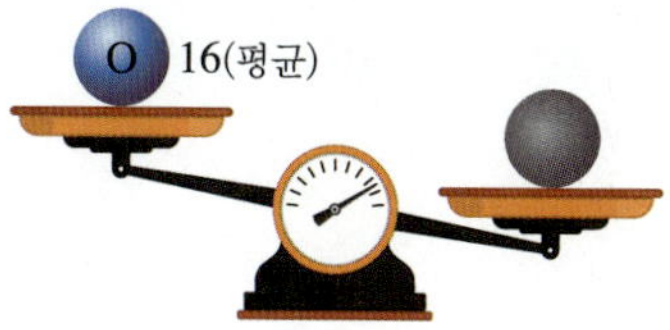

으로 하는 원자량 척도가 마련되었다. 즉, O 원자의 원자량을 16으로 정한 후, O 원자와 다른 원자 사이에서 성립하는 상대적 무게비에 근거하여 다른 원자에 상대적인 원자량을 부여하는 척도이다. 그러나 동위 원소(isotope, 원자 번호는 같지만 질량수가 다른 원소)의 발견으로 O 원자가 기준 원자인 원자량 척도에는 복잡한 상황이 초래되었다. 예를 들어, O 원소의 경우 Dalton이 원자론에서 주장한 내용인 '모든 O 원소는 무게가 똑같은 O 원자들로 이루어진다.'는 것과 달리, 질량수가 16인 O 원자(O-16 원자)로 이루어진 O 원소와 질량수가 17인 O 원자(O-17 원자)로 이루어진 O 원소, 그리고 질량수가 18인 O 원자(O-18 원자)로 이루어진 O 원소와 같은 세 종류의 O 원소가 존재함을 알게 된 것이다. 다시 말해 세 가지 O 원자 중 어떤 O 원자를 기준으로 삼아야 하는지에 관한 혼란이 초래된 것이다. 물질에 관한 정보를 얻는 과정에서 원자 차원의 정확도를 필요로 하던 물리학자(Physicist)들은 O-16 원자의 원자량을 16으로 규정한 원자량 척도를 사용하였지만, 세 가지 원자가 나타내는 무게 차이가 그다지 중요하게 취급될 필요가 없는 화학 반응에 관심을 기울였던 화학자(Chemist)들은 O 원자의 평균 원자량을 16으로 규정한 원자량 척도에 근거한 상대적 원자량을 사용하고 있었다.

(다) C−12 원자(^{12}C)가 기준 원자인 원자량 척도

1961년에 통일된 새로운 원자량 척도가 마련되었고, 원자량 척도는 물리학자와 화학자 모두에게 받아들여졌다. 새로운 원자량 척도는 질량수가 12인 C 동위 원소를 구성하는 C-12 원자를 기준 원자로 삼고, 원자량으로 12.0000을 부여하였으며, C-12 원자와 다른 원자 사이의 상대적 무게비에 근거하여 다른 원자에 상대적인 원자량을 부여하였다. 새로운 원자량 척도에 의하면 산소 원자의 평균 원자량('평균 원자량' 개념은 7장에서 다룸)은 15.9994이고, 수소 원자의 평균 원자량은 1.008이 된다.

❷ 원자량에 근거한 원자의 무게

원자에 원자량을 부여하고 원자량에 무게 단위를 붙여 주면, 그 값은 바로 원자의 '무게'가 된다. 무게 단위로 amu와 g을 사용할 수 있다.

(가) amu 단위를 가진 원자의 무게

원자 질량 단위(atomic mass unit)의 앞 글자를 따온 amu는 다음과 같이 정의한다.

1.0000 amu = C-12 원자의 원자 질량의 $\frac{1}{12}$에 해당하는 무게
= (C-12 원자의 원자 질량 ÷ 12) amu
= (12.0000 amu ÷ 12)

amu는 일반적인 무게 단위가 아니라 원자나 분자처럼 무게가 극히 가벼워 실제로는 측정할 수 없는 물질의 무게를 표현하기 위해 사용하는 단위이다. 즉, 주어진 원자(분자 또는 화합물) 한 개의 무게를 amu 단위로 표현하기 위해서는 다음과 같이 그 원자(화학종)의 원자량(분자량, 화학식량)에 amu를 붙여 주면 된다.

- C-13 원자 한 개의 무게 = (C-13 원자의 원자량) amu = 13.00335 amu
- H 원자 한 개의 무게 = (수소 원자의 원자량) amu = 1.008 amu

- 수소 분자(H_2) 한 개의 무게 = (수소 분자의 분자량) amu = 2.016 amu
- NaCl 한 개의 무게
  = (NaCl의 화학식량) amu
  = (Na의 원자량 + Cl의 원자량) amu = (23.0 + 35.5) amu = 58.5 amu

(나) Avogadro 수와 몰질량

Avogadro 수

Avogadro 수는 다음과 같이 정의한다.

Avogadro 수는 12.0000 g의 C-12 원소에 들어 있는 C-12 원자의 수이며, 6.02×10^{23}이다.

그렇다면 Avogadro 수는 얼마나 큰 수일까? 종이 한 장의 평균 두께를 '8.0×10^{-3} cm'라고 가정하고, Avogadro 수만큼의 종이를 쌓아올리면 그 높이는

$$(8.0 \times 10^{-3}\ \text{cm/종이 한 장}) \times (6.02 \times 10^{23}\text{장}) = 4.8 \times 10^{21}\ \text{cm} = 4.8 \times 10^{19}\ \text{m}$$

이고, 이 높이(거리)는 지구에서 태양까지의 거리(1.5×10^{11} m)보다 더 길다! 다음은 Avogadro 수를 실험적으로 구하는 한 가지 방법을 보여 준다.

아보가드로수를 구하는 한 가지 방법

체심 입방 구조(body-centered cubic structure)를 가지는 격자(lattice)들이 삼차원적으로 배열되어 이루어진 타이타늄(titanium, Ti)의 단위 셀(unit cell)은 두 개의 Ti 원자로 구성되고, 단위 셀 한 변의 길이(edge length)가 330.6 pm(1 pm = 10^{-12} m = 10^{-10} cm) 그리고 Ti의 밀도가 4.401 g/cm^{3}라는 실험 결과에 근거하여 다음과 같이 Avogadro 수를 얻을 수 있다.

체심 입방 격자

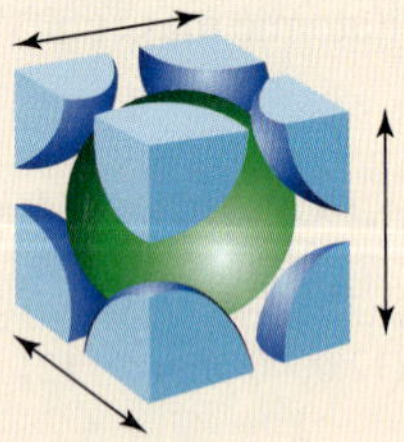

단위 셀

이 경우 Avogadro 수는 1 g 원자량의 Ti(47.88 g)에 들어 있는 Ti 원자의 수와 같으므로 Avogadro 수는 다음과 같이 구해진다.

Avogadro 수

$$= \frac{(\text{Ti 원자 두 개/단위 셀}) \times \{\text{단위 셀}/(3.306 \times 10^{-8})^3\text{cm}^3\} \times (1\ \text{cm}^3/4.401\ \text{g Ti}) \times (\text{Ti } 47.88\ \text{g})}{(1\ \text{g원자량 Ti})}$$

$$= 6.022 \times 10^{23}$$

화학종의 수를 셀 때 사용하는 '몰'

몰(mol)은 화학종의 수를 세는 단위이며, 다음과 같이 어떤 화학종이든 1몰은 Avogadro 수(6.02×10^{23}) 만큼의 화학종을 의미한다.

- 1 mol Na 원자 = 6.02×10^{23}개의 Na 원자
- 1 mol HCl 분자 = 6.02×10^{23}개의 HCl 분자
- 1 mol Na^+ 이온 = 6.02×10^{23}개의 Na^+ 이온
- 1 mol NaCl 화합물 = 6.02×10^{23}개의 NaCl 화합물

예제 6.1 다음 ( ) 안에 들어갈 수치를 구해 보자.

(a) NaCl 화합물 0.1 mol = NaCl 화합물 ( ) 개

(b) N_2 분자 0.010 mol = N_2 분자 ( ) 개

(c) H^+ 이온 1.0×10^{-4} mol = H^+ 이온 ( ) 개

(d) C 원자 2.55×10^{-3} mol = C 원자 ( ) 개

풀이 »

(a) (NaCl 화합물 6.02×10^{23}개/mol) × 0.1 mol = NaCl 화합물 6×10^{22}개

(b) (N_2 분자 6.02×10^{23}개/mol) × 0.010 mol = N_2 분자 6.0×10^{21}개

(c) (H^+ 이온 6.02×10^{23}개/mol) × (1.0×10^{-4} mol) = H^+ 이온 6.0×10^{19}개

(d) (C 원자 6.02×10^{23}개/mol) × (2.55×10^{-3} mol) = C 원자 1.54×10^{21}개

몰질량

주어진 화학종의 몰질량(molar mass, 단위: g/mol)이란 화학종 1몰이 나타내는 무게이다. 다음과 같이 어떤 화학종이든 1몰이 나타내는 무게는 화학종의 화학식량에 g 단위를 붙여 준 값으로 나타낸다. 여기서 주어진 화학종의 화학식량은 화학종의 형태에 따른 질량을 의미한다. 즉, 화학종이 원자(예: H 원자)인 경우에는 화학식량이 원자량(1.01)이고, 화학종이 분자(예: HCl)인 경우에는 분자량(1.01 + 35.5 = 36.5)이 되며, 화학종이 화합물(예: KCl)인 경우에는 화학식량(39.1 + 35.5 = 74.6)이 된다. 만일 주어진 화학종이 H^+, Na^+, Ca^{2+}, Mg^{2+}, I^-, Cl^-, S^{2-} 등과 같이 한 개의 원자로 이루어진 **단원자 이온**(momoatomic ion)인 경우에는 그 이온을 이루는 원자의 원자량을 화학식량으로 사용하며, NO_3^-, HCO_3^-, MnO_4^-, SO_4^{2-}, PO_4^{3-} 등과 같이 여러 개의 원자로 구성된 **다원자 이온**(polyatomic ion)인 경우에는 그 이온을 이루는 원자의 원자량을 합한 값을 화학식량으로 사용한다.

- **Na의 몰질량**
  = Na 원자 1 mol의 무게
  = Na 원자 6.02×10^{23}개의 무게 = (Na의 원자량) g = 23.0 g
- **HCl 분자의 몰질량**
  = HCl 분자 1 mol의 무게
  = HCl 분자 6.02×10^{23}개의 무게 = (HCl의 분자량) g = (1.0 + 35.5) g = 36.5 g
- **NaCl 화합물의 몰질량**
  = NaCl 1 mol의 무게

= NaCl 화합물 6.02×10^{23}개의 무게 = (NaCl의 화학식량) g = (23.0 + 35.5) g
= 58.5 g

- **Na^+ 이온의 몰질량**
  = Na^+ 이온 1 mol의 무게
  = Na^+ 이온 6.02×10^{23}개의 무게 = (Na의 원자량) g = 23.0 g
- **CO_3^{2-}의 몰질량**
  = CO_3^{2-} 1 mol의 무게
  = CO_3^{2-} 6.02×10^{23}개의 무게 = (CO_3^{2-}의 화학식량) g
  = (12.0 + 16.0 × 3) g = 60.0 g

이와 같이 주어진 화학종의 몰질량(1몰이 나타내는 무게)을 화학종의 화학식량에 g 단위를 붙여 준 값으로 구할 수 있다면, g 단위로 표현한 화학종 한 개의 무게는 어떻게 구할 수 있을까?

- **Na 원자의 경우**
  Na 원자의 몰질량은
  Avogadro 수만큼의 Na 원자의 무게 = (Na 원자의 원자량) g = 23.0 g이므로
  Na 원자 1개의 무게 = (23.0 g/mol) ÷ (6.02×10^{23}/mol) = 3.82×10^{-23} g이다.
- **HCl 분자의 경우**
  HCl 분자의 몰질량은
  Avogadro 수만큼의 HCl 분자의 무게 = (HCl 분자의 분자량) g = 36.5 g이므로
  HCl 분자 1개의 무게 = (36.5 g/mol) ÷ (6.02×10^{23}/몰) = 6.06×10^{-23} g이다.
- **Na^+ 이온의 경우**
  Na^+ 이온의 몰질량은
  Avogadro 수만큼의 Na^+ 이온의 무게 = (Na^+ 이온의 원자량) g = 23.0 g이므로
  Na^+ 이온 1개의 무게 = (23.0 g/mol) ÷ (6.02×10^{23}/mol) = 3.82×10^{-23} g이다.
- **NaCl 화합물의 경우**
  NaCl 화합물의 몰질량은
  NaCl 화합물 6.02×10^{23}개의 무게 = NaCl 화합물의 g화학식량 = 58.5 g이므로
  NaCl 화합물 1개의 무게 = (58.5 g/mol) ÷ (6.02×10^{23}/mol) = 9.72×10^{-23} g이다.

예제 6.2 다음 ( ) 안에 들어갈 수치를 구해 보자(단, H의 원자량: 1.01, O의 원자량: 16.0).

(a) H_2O 분자 한 개의 무게 = ( ) amu
(b) H_2O 분자 한 개의 무게 = ( ) g

풀이 »

(a) H_2O 분자 한 개의 무게
  = (H_2O 분자의 분자량) amu
  = (1.01 × 2 + 16.0) amu = 18.0 amu

(b) H_2O 분자의 몰질량 = (H_2O 분자의 분자량) g/mol
  ➡ H_2O 분자 한 개의 무게
  = (H_2O 분자의 몰질량, g/mol) ÷ (6.02×10^{23}/mol)
  = (18.0 g/mol) ÷ (6.02×10^{23}/mol) = 2.99×10^{-23} g

6.2 화합물의 화학식

원자에 원자량을 부여하고 원자의 무게를 규정할 수 있게 되면서 과학자들은 다양한 종류의 화합물(compound)이 어떤 원소의 원자가 어떤 방식으로 결합되어 있는지에 대한 의문을 풀 수 있게 되었다. 즉, 다양한 화합물의 **화학식**(chemical formula)에 대한 정보를 얻을 수 있게 된 것이다. 화학식에는 실험식과 분자식이 있다.

❶ 실험식

실험식(empirical formula)은 다음과 같이 정의한다.

> 주어진 화합물을 이루는 원자 사이의 결합비를 가장 간단한 정수비로 나타낸 화학식이다.

❷ 분자식

분자식(molecular formula)은 다음과 같이 정의한다.

> 주어진 화합물을 이루는 원자의 실제 최소 결합비를 고려하여 표현한 화학식이다.

주어진 화합물의 분자식을 규명하는 작업은 그리 간단한 작업이 아니다. 실험식이 CH_3인 화합물의 경우를 예로 들어 보자. 해당 화합물에는 실제로 몇 개씩의 원자가 1:3의 정수비로 결합되어 있을까? 즉, CH_3, C_2H_6, C_3H_9 또는 C_4H_{12} 등과 같은 다양한 종류의 화학식 중 어떤 화학식이 해당 화합물의 실제 화학식일까? 이제 이러한 의문을 풀 수 있는 방법을 알아보기로 한다.

6.2.1 화합물의 실험식 알아내기

몇 가지 예를 들어 화합물의 실험식을 규명하는 방법을 알아보기로 한다.

❶ 산화 규소의 실험식

산화 규소에 대한 원소 분석 결과, 무게비로 46.7 %의 규소(silicon, Si, 원자량: 28.09)와 53.3 %의 산소(oxygen, O, 원자량: 16.0)로 이루어져 있음을 알 수 있었다면, 산화 규소의 실험식은 다음과 같이 구할 수 있다.

> 원소 분석 결과에 근거하여 산화 규소 전체의 무게가 100 amu라고 가정하면, 산화 규소 중 Si 원자의 무게는 46.7 amu이고, O 원자의 무게는 53.3 amu이다. 이제 각 원자의 원자량을 사용하여 다음과 같이 각 원자의 수를 알 수 있다. Si의 경우 Si 원자의 원자량이 28.09이므로 Si 원자 한 개의 무게는 28.09 amu이다. 따라서 46.7 amu의 규소를 구성하는 Si 원자의 수는
>
> $$(46.7\ \text{amu}) \div (28.09\ \text{amu/Si 원자}) = 1.66\text{개의 Si 원자}$$
>
> 이다. 그리고 O 원자의 원자량은 16.0으로 주어졌으므로 O 원자 한 개의 무게는 16.0 amu이므로 53.3 amu의 산소를 구성하는 O 원자의 수는
>
> $$(53.3\ \text{amu}) \div (16.0\ \text{amu / O 원자}) = 3.33\text{개의 O 원자}$$

이다.
이러한 결과에 따라 100 amu의 산화 규소를 이루는 Si 원자와 O 원자 사이에는 1:2(= 1.66:3.33)라는 '최소 결합비'가 성립함을 알 수 있다. 따라서 산화 규소의 가장 간단한 화학식인 실험식은 SiO_2가 된다.

❷ 미지 화합물(unknown compound)의 실험식

주어진 화합물의 원소 분석 결과, 202.0 amu의 아연(zinc, Zn)과 49.4 amu의 산소로 이루어져 있음이 밝혀졌다면, Zn의 원자량으로 65.4를 사용하여 이 화합물의 실험식을 구해 보면 다음과 같다.

Zn의 경우 Zn 원자의 원자량이 65.4이므로 Zn 원자 한 개의 무게는 65.4 amu이다. 따라서 202.0 amu의 아연은

$$(202.0 \text{ amu}) \div (65.4 \text{ amu/Zn 원자}) = 3.09\text{개의 Zn 원자}$$

에 해당한다. 그리고 O 원자의 원자량이 16.0으로 주어졌고 O 원자 한 개의 무게는 16.0 amu이므로 49.4 amu의 산소는

$$(49.4 \text{ amu}) \div (16.0 \text{ amu/O 원자}) = 3.09\text{개의 O 원자}$$

에 해당한다.
결국 이 화합물을 이루는 Zn 원자와 O 원자 사이에는 1:1(= 3.09:3.09)이라는 '최소 결합비'가 성립하므로 이 화합물의 가장 간단한 화학식인 실험식은 ZnO이다.

예제 6.3 무게비로 68.42 %의 크로뮴(chromium, Cr)과 31.58 %의 산소로 이루어진 화합물의 실험식을 구해 보자(단, Cr의 원자량은 52.0이고, 산소의 원자량은 16.0이다).

풀이 »

100.00 amu의 화합물에는 68.42 amu의 Cr과 31.58 amu의 O가 들어 있으므로, 다음과 같이 각 원자의 개수를 구한 후, 원자 개수 사이의 최소 정수비를 구한다.

$$68.42 \text{ amu} \div (52.0 \text{ amu/Cr 원자 한 개}) = \text{Cr 원자 } 1.32\text{개}$$
$$31.58 \text{ amu} \div (16.0 \text{ amu/O 원자 한 개}) = \text{O 원자 } 1.97\text{개}$$
$$\text{Cr 원자의 수} : \text{O 원자의 수} = 1.32 : 1.97 = 1 : 1.5 = 2 : 3$$

따라서 이 화합물의 실험식은 Cr_2O_3이다.

예제 6.4 무게비로 70.95 %의 철(iron, Fe)과 29.05 %의 산소로 이루어진 화합물의 실험식을 구해 보자(단, Fe의 원자량은 55.85이고, 산소의 원자량은 16.0이다).

풀이 »

100.00 amu의 화합물에는 70.95 amu의 Fe와 29.05 amu의 O가 들어 있으므로, 다음과 같이 각 원자의 개수를 구한 후, 원자 개수 사이의 최소 정수비를 구한다.

$$70.95 \text{ amu} \div (55.85 \text{ amu/Fe 원자 한 개}) = \text{Fe 원자 } 1.270\text{개}$$
$$29.05 \text{ amu} \div (16.0 \text{ amu/O 원자 한 개}) = \text{O 원자 } 1.82\text{개}$$

$$\text{Fe 원자의 수} : \text{O 원자의 수} = 1.27 : 1.82$$
$$= \frac{1.270}{1.270} : \frac{1.82}{1.270}$$

= 1.000 : 1.43 = 2.000 : 2.86 = 2 : 3
따라서 이 화합물의 실험식은 Fe_2O_3이다.

6.2.2 화합물의 분자식 알아내기

❶ 분자식을 규명하기 위해서는 '몰부피'에 대해 알아야 한다.

기체의 경우에도 주어진 기체의 분자량에 g을 붙여 주면, 기체 1몰이 나타내는 무게인 몰질량을 얻을 수 있다. 그리고 1 mol의 기체가 나타내는 부피를 **몰부피**(molar volume)라고 한다.

몰부피

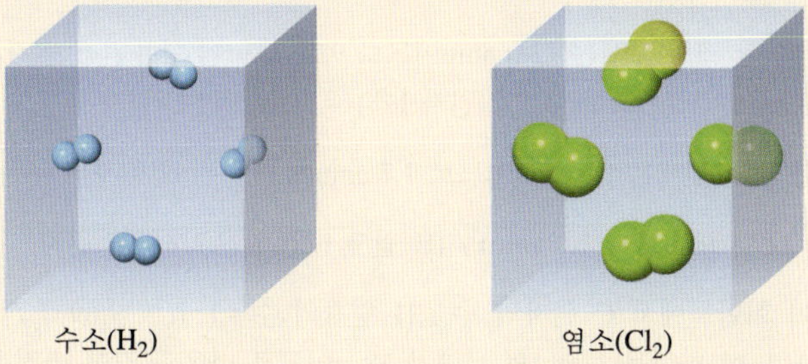

표준 온도와 압력(standard temperature and pressure, STP: 0 °C와 1 atm)에서 1 mol의 기체가 나타내는 부피는 22.4 L이고, 이 부피를 몰부피라고 하며, 이 값은 기체의 종류에 관계없이 같다.
예를 들어 STP에서 수소 기체 1 mol 또는 수소 기체 2.02 g(∵ 수소 기체는 H_2 분자로 이루어져 있으므로, 수소 기체의 몰질량 = 2.02 g/mol)이 나타내는 부피는 22.4 L이고, 1 mol의 염소 기체 또는 71.0 g의 염소 기체(염소 기체는 Cl_2 분자로 이루어져 있으므로, 염소 기체의 몰질량 = 71.0 g/mol)가 나타내는 부피도 22.4 L이다.

❷ 에테인의 분자식

에테인(ethane)에 대한 원소 분석 결과, 에테인에 함유된 C 원자와 H 원자의 결합비는 1:3임을 알 수 있고, 이 비율에 근거하여 에테인의 실험식은 CH_3로 나타낼 수 있다. 이제 에테인의 분자식을 알아보아야 한다. 왜냐하면 C 원자와 H 원자 사이의 결합비가 1:3인 경우로는 CH_3뿐만 아니라 C_2H_6와 C_3H_9 등의 경우도 해당하기 때문이다. 따라서 앞에서 예로 든 화학식 중 어떤 것이 에테인의 실제 분자식인가를 밝혀야 한다. 이를 위해 STP(standard temperature and pressure, 표준 온도와 압력)에서 22.4 L의 에테인이 나타내는 무게를 측정하는 실험을 수행하였고, 그 결과 에테인의 몰질량은 30 g/mol임을 알 수 있었다. 이제 다음과 같은 과정을 통하여 에테인의 분자식을 알아낼 수 있다.

에테인의 경우 실험식은 CH_3이고, 몰질량은 30 g/mol이므로
(에테인 실험식인 CH_3의 화학식량, 즉 CH_3의 실험식량) × n = (미지 분자식의 분자량)
(CH_3의 실험식량) × n = 30
(12.0 + 1.0 × 3) × n = 30
➡ (15.0) × n = 30 ➡ n = 2

➡ 에테인의 분자량은 실험식량의 2배 ➡ 에테인의 분자식은 실험식 × 2 ➡ (CH_3) × 2
따라서 에테인의 분자식은 C_2H_6으로 표현한다.

❸ 미지 물질의 실험식과 분자식 구하기

예를 들어 탄소와 수소로 이루어진 화합물에 대한 원소 분석 결과, 무게로 92.3 %의 탄소를 함유하고 있었다. 이 화합물 1 mol의 무게가 78 g으로 구해졌다면, 이 화합물의 실험식과 분자식은 어떻게 나타내야 할까?

화합물 전체의 무게가 100.0 amu라면 원소 분석 결과에 따라 화합물 중 C 원자의 무게는 92.3 amu이고 H 원자의 무게는 7.7 amu이다. 그러므로 이 화합물의 실험식은 다음과 같이 구할 수 있다.

C 원자 한 개의 무게는 12.0 amu이므로 92.3 amu에 함유된 C 원자의 수는
(92.3 amu) ÷ (12.0 amu / C 원자 1개) = 7.69개의 C 원자

이고, H 원자 한 개의 무게는 1.0 amu이므로 7.7 amu에 함유된 H 원자의 수는

(7.7 amu) ÷ (1.0 amu) / (H 원자 1개) = 7.7개의 H 원자

이다. 따라서 이 화합물에서 C 원자의 수 : H 원자의 수=1:1(= 7.69:7.7)이므로 실험식 CH가 얻어진다. 또한 화합물 1 mol의 무게가 78 g이므로 다음과 같은 과정을 통해 분자식을 알아낼 수 있다.

(실험식인 CH의 화학식량, 즉 CH의 실험식량) × n = (미지 분자식의 분자량)
(CH의 실험식량) × n = 78.0
(12.0 + 1.0) × n = 78.0 ➡ 13.0 × n = 78 ➡ n = 6

미지 분자식은 실험식인 CH를 구성하는 원자(C 원자와 H 원자)의 수보다 6배 더 많은 원자로 구성되어야 하므로, 미지 분자식은 C_6H_6으로 표현한다.

6.3 화학량론

원자량과 원자의 무게를 다룰 수 있게 되면서 주어진 화학 반응을 정량적으로 취급하는 화학량론(stoichiometry)이 가능하게 되었다. 화학량론에서는 주어진 화학 반응에 관련된 화학종의 무게, 몰수, 부피, 열량 등을 다룬다.

6.3.1 화학 반응식에서 계수는 해당 화학종의 몰수이다

예를 들어 $C(s) + O_2(g) \longrightarrow CO_2(g)$와 같은 화학 반응식이 의미하는 것은

- 한 개의 고체 탄소와 한 개의 산소 기체가 반응하여 이산화 탄소 기체 한 개를 만든다.
- 1 mol의 고체 탄소와 1 mol의 산소 기체가 반응하여 1 mol의 이산화 탄소 기체를 만든다.

이며, 이 반응에 대한 다음과 같은 해석은 잘못된 것이다.

- 1 g의 고체 탄소와 1 g의 산소 기체가 반응하여 1 g의 이산화 탄소 기체를 만든다.
- 1 g의 고체 탄소와 1 mL의 산소 기체가 반응하여 1 mL의 이산화 탄소 기체를 만든다.

6.3.2 기체의 경우에는 화학 반응의 계수를 '부피 단위'로 받아들여도 괜찮다

예를 들어 $N_2(g) + 3H_2(g) \longrightarrow 2NH_3(g)$의 경우 다음과 같은 해석이 가능하다.

- 1 mol의 질소 기체와 3 mol의 수소 기체가 반응하여 2 mol의 암모니아 기체를 만든다.
- 1부피의 질소 기체와 3부피의 수소 기체가 반응하여 2부피의 암모니아 기체를 만든다.
- 1 L의 질소 기체와 3 L의 수소 기체가 반응하여 암모니아 기체 2 L를 만든다.

왜냐하면 Avogadro 법칙에 따라 주어진 온도와 압력에서 각 기체의 '부피비'는 '몰수비'와 같기 때문이다.

6.3.3 화학량론의 몇 가지 기본 유형

몇 가지 화학 반응을 대상으로 화학량론을 다루어 보자.

❶ 6 mol의 수소(H_2) 기체 모두와 결합하여 암모니아(NH_3) 기체를 만들기 위해 필요한 질소(N_2) 기체의 몰수를 구해 보자.

우선 질소와 수소 사이의 반응식을 써 보면 다음과 같다.

$$N_2(g) + 3H_2(g) \longrightarrow 2NH_3(g)$$

이 반응식에 의하면, 1 mol의 질소와 3 mol의 수소가 반응하면 2 mol의 암모니아가 생성됨을 알 수 있다. 따라서 6 mol의 수소와 반응하기 위해서는 2 mol의 질소가 필요하다.

❷ 일산화 질소(NO) 기체가 4 mol의 산소(O_2) 기체 모두와 반응하면 몇 mol의 이산화 질소(NO_2) 기체가 생성되는가?

우선 일산화 질소와 산소 사이의 반응식을 써 보면 다음과 같다.

$$2NO(g) + O_2(g) \longrightarrow 2NO_2(g)$$

2 mol의 일산화 질소와 1 mol의 산소가 반응하면 2 mol의 이산화 질소가 만들어진다. 따라서 4 mol의 산소가 반응하면 8 mol의 이산화 질소가 만들어진다.

❸ 2,650 g의 휘발유(gasoline, C_8H_{18})를 연소시키면 몇 g의 이산화 탄소(CO_2) 기체가 발생하는가?

휘발유의 연소 반응식과 그 해석은 다음과 같다.

$$2C_8H_{18}(l) + 25O_2(g) \longrightarrow 16CO_2(g) + 18H_2O(g)$$

➡ 2 mol의 휘발유가 25 mol의 산소와 반응하면, 이산화 탄소 16 mol과 물 18 mol이 생겨난다.

그렇다면 2,650 g의 휘발유는 몇 mol인가?

$$\begin{aligned}&2{,}650\ \text{g} \div \{(12.0 \times 8 + 1.0 \times 18)\ \text{g/mol}\}\\&= 2{,}650\ \text{g} \div (114.0\ \text{g/mol})\\&= 23.25\ \text{mol}\end{aligned}$$

그리고 반응식에 의하면, 23.25 mol의 휘발유가 모두 연소하여 186.00 mol(휘발유의 mol 수 × 8)의 이산화 탄소가 생기므로, 186.00 mol의 이산화 탄소의 무게는 다음과 같이 구할 수 있다.

$$\begin{aligned}&\{(12.0 + 16.0 \times 2)\ \text{g/mol}\} \times 186.00\ \text{mol}\\&= (44.0\ \text{g/mol}) \times 186.00\ \text{mol}\\&= 8.18 \times 10^3\ \text{g}\end{aligned}$$

❹ 10 L의 산소 기체와 모두 반응하여 물을 만드는 데 필요한 수소 기체의 부피를 구해 보자.

우선 물의 생성 과정을 반응식으로 써 보면 다음과 같다.

$$2H_2(g) + O_2(g) \longrightarrow 2H_2O(l)$$

2 mol의 수소와 1 mol의 산소가 반응하면 2 mol의 물이 만들어진다. 따라서 10 L의 산소와 반응하기 위해서는 그의 두 배인 20 L의 수소가 필요하다.

6.3.4 한계 시약과 과잉 시약

주어진 화학 반응에서 반응물이 모두 생성물로 바뀌는 것은 아니다. 다음과 같은 화학 반응을 예로 들어 보자.

화학 반응식: $A + B \longrightarrow C$

➡ 1 mol의 A와 1 mol의 B가 반응하면 1 mol의 생성물 C가 만들어진다.

이 화학 반응식에 의하면 1 mol의 반응물 A를 모두 생성물 C로 바꾸어 주기 위해 필요한 반응물 B의 몰수는 1 mol이다. 그러나 이러한 화학량론은 이론적인 면만을 다루는 것이고, 실제 화학 반응에서는 상황이 달라진다. 일반적으로 1 mol의 반응물 A를 모두 생성물 C로 바꾸어 주기 위해 반응물 B는 1 mol보다 훨씬 더 많은 양이 필요하며, 이와 같이 과량의 B가 필요한 이유는 다음과 같다.

충돌론(collision theory)의 관점에서 바라보는 화학 반응

• A와 B 사이의 충돌 횟수가 많아지면 반응이 더 잘 일어난다.

A와 B 사이의 모든 충돌이 반응으로 이어지는 것은 아니다. A와 B 사이의 충돌 중 유효한 충돌만이 생성물 C를 만들어 낸다. 여기서 유효 충돌이란 충분한 에너지를 가진 A와 B가 적절한 방향으로 충돌하는 것을 의미한다.

• 화학 반응 A + B ⟶ C를 일으키는 목적이 주어진 양의 A를 모두 C로 바꾸는 것이라면 과량의 B를 반응시킨다.

A와 B를 같은 양 반응시키는 경우 반응 초기에는 A와 B 사이에서 충분히 많은 수의 유효 충돌이 일어나고, 그로부터 생성물 C가 잘 만들어질 수 있지만, 반응이 진행되면서 A와 B의 양이 모두 감소하여 A와 B 사이의 유효 충돌 횟수가 줄어들면서 생성물 C가 잘 생겨나지 않게 된다. 만일 주어진 A의 양에 비해 충분히 많은 양의 B를 사용한다면 반응이 진행되어 A의 양이 감소하여도 B의 양은 여전히 충분히 많으므로 A와 B 사이에서 유효 충돌이 잘 일어날 수 있기 때문이다.

A와 B 사이의 반응으로부터 A를 모두 C로 바꾸어 주기 위해 과량의 B를 반응시켜 주면, 반응물 A는 모두 생성물인 C로 변해 사라지지만 일정량의 반응물 B는 남는다. 이러한 반응에서 반응물 A를 **한계 시약**(limiting reagent)이라고 하는데, 그 이유는 반응물 A의 양이 반응 후 얻어지는 생성물 C의 양을 결정하기 때문이다. 그리고 반응이 끝난 후 일정량이 남게 되는 반응물 B를 **과잉 시약**(excess reagent)이라고 한다.

예제 6.5 한계 시약이 관련된 화학량론의 예

16.0 g의 산소 기체와 16.0 g의 수소 기체가 반응하면 생겨나는 물의 양은 몇 g인가?

$$2H_2(g) + O_2(g) \longrightarrow 2H_2O(l) \quad (단, H: 1.0, O : 16.0)$$

풀이 »

화학 반응식에 의하면 2 mol의 수소 기체와 1 mol의 산소 기체가 반응하여 2 mol의 물이 만들어진다.

16.0 g의 산소 기체와 반응하는 16.0 g의 수소 기체의 몰수는 다음과 같이 얻어진다.

$$O_2: 16.0\text{ g} \div (32.0\text{ g/mol}) = 0.500\text{ mol}$$
$$H_2: 16.0\text{ g} \div (2.0\text{ g/mol}) = 8.0\text{ mol}$$

화학 반응식에 의하면

수소 기체와 산소 기체의 반응 몰수비 = 2 mol : 1 mol

이므로 만일 8.0 mol의 수소 기체가 모두 반응하여 물로 바뀌려면 4.0 mol의 산소 기체가 필요하지만, 산소 기체의 양은 0.500 mol밖에 되지 않는다. 만일 0.500 mol의 산소 기체가 모두 반응하여 물로 바뀌려면 1.00 mol의 수소 기체가 필요한데, 수소 기체는 8.0 mol로 그 양이 충분하다. 즉, 이 경우 산소 기체가 한계 시약이 되고, 산소 기체의 양이 생성물인 물의 양을 결정하게 된다.

화학 반응식에 의하면

산소 기체와 물 사이의 몰수비 = 1 mol : 2 mol

이므로 0.500 mol의 산소 기체가 모두 반응하여 만들어지는 물의 양은 1.000 mol이다. 따라서 생겨나는 물의 무게는 다음과 같다.

1.000 mol의 물 = (18.0 g/mol) × 1.000 mol = 18.0 g

6.3.5 화학 반응에서의 수득률

주어진 화학 반응에서 한계 시약이 모두 반응했을 경우 얻어지는 생성물의 양을 **이론적 수득량**(theoretical yield)이라 하며, 실제로 얻어진 생성물의 양을 **실제 수득량**(actual yield)이라고 한다. 주어진 화학 반응이 얼마나 효율적으로 진행되는가를 나타내는 **퍼센트 수득률**(percent yield)은 다음과 같이 구한다.

$$\% \text{ 수득률} = \frac{\text{실제 수득량}}{\text{이론적 수득량}} \times 100$$

예제 6.6 수득률을 구하는 화학량론의 예

2 mol의 수소 기체와 1 mol의 산소 기체가 모두 반응하여 30.6 g의 물이 얻어졌다면, 이 반응의 퍼센트 수득률을 구해 보자.

풀이 »

화학 반응식에 의하면 2 mol의 수소 기체와 1 mol의 산소 기체가 반응하면 2 mol의 물이 만들어진다. 즉, 이론적 수득량은 2 mol의 물에 해당하는 36.0 g의 물이고, 실제 얻어진 물의 양(실제 수득량)은 30.6 g이므로 퍼센트 수득률은 다음과 같다.

$$\% \text{ 수득률} = \frac{30.6\text{ g}}{36.0\text{ g}} \times 10^2 = 85.0\ \%$$

알아두어야 할 용어(term)들

- 원소 분석법
- 상대적 무게비
- 원자량
- 원자량 척도
- 기준 원자
- 기준 원자량
- 원자의 무게
- 아보가드로 수
- 몰
- 몰질량
- 화학식
- 실험식
- 몰부피
- 화학량론
- 화학 반응 계수
- 한계 시약
- 과잉 시약
- 수득률

요약

원자마다 무게를 부여하기 위한 시도들이 실패한 배경과 아보가드로의 가설을 사용하여 그러한 실패를 극복할 수 있는 방법을 소개하였다. 원자마다 무게를 부여하기 위해 선결되어야 했던 각 원자의 상대적 원자량들의 부여과정에서 시도되었던 몇 가지 방법들과 원자들 사이에 성립하는 상대적 무게비에 근거하여 오늘날 우리가 사용하고 있는 원자량들이 등장하게 된 배경을 다루었다. 원자들의 무게를 나타낼 수 있게 되면서 원자들과 화합물들이 참여하는 화학 반응들을 양적으로 취급하는 화학량론이 소개되었고, 주어진 화학 반응식에 관련된 반응물들과 생성물들의 양을 다룰 수 있게 되었다. 또한 주어진 화학 반응을 진행시키기 위해 이론적으로 필요한 양에 비해 실제로는 과도하게 더 많은 양의 반응물을 과잉 시약으로 사용하는 이유와 그러한 화학 반응에서 실제로 얻어지는 생성물들의 양은 과잉 시약의 상대 물질인 한계 시약의 양에 의해 결정되는 이유를 다루었다. 마지막으로 주어진 화학 반응에서 이론적으로 예측할 수 있는 생성물의 양과 실제 얻어지는 생성물의 양을 다루는 수득률도 소개하였다.

연 . 습 . 문 . 제

화학식량과 화합물의 무게 그리고 몰질량

1. 에탄올(ethanol, C_2H_5OH)에 관한 다음의 질문에 답하시오(단, 원자량은 C: 12.0, H: 1.0, O: 16.0이다).
   (a) 에탄올의 분자량을 구하시오.
   (b) 에탄올의 몰질량을 구하시오.
   (c) 에탄올 분자 한 개의 무게를 amu 단위와 g 단위로 구하시오.

2. 질산 포타슘(potassium nitrate, KNO_3) 화합물에 관한 다음 질문에 답하시오(단, 원자량은 K: 39.1, N: 14.03, O: 16.0이다).
   (a) 질산 포타슘의 화학식량을 구하시오.
   (b) 질산 포타슘의 몰질량을 구하시오.
   (c) 질산 포타슘 화합물 한 개의 무게를 amu 단위와 g 단위로 구하시오.

화학식 – 실험식과 분자식

3. 어떤 화합물에 대한 원소 분석 결과, 무게비로 53.0 %의 알루미늄(aluminum, Al) 원소와 47.0 %의 산소(O) 원소로 이루어져 있음이 밝혀졌다. 이 화합물의 실험식을 구하시오(단, Al의 원자량은 27.0이고 O의 원자량은 16.0이다).

4. 무게비로 30.45 %의 질소(nitrogen, N)와 69.55 %의 산소로 이루어진 화합물의 몰질량이 91.0 g/mol이라면 이 화합물의 실험식과 분자식을 구하시오(단, 질소의 원자량은 14.0이고, 산소의 원자량은 16.0이다).

화학량론

5. 황화 아연(zinc sulfide, ZnS)을 연소시키면 이산화 황(sulfur dioxide, SO_2) 기체를 얻을 수 있다. 그렇다면 3 kg의 ZnS을 연소시켜 얻어지는 SO_2의 양은 몇 mol인가?(단, 원자량은 Zn: 65.4, S: 32.0, O: 16.0이고, $2ZnS(s) + 3O_2(g) \longrightarrow 2ZnO(s) + 2SO_2(g)$이다.)

6. 아연(Zn)이 염산(hydrochloric acid, HCl)과 반응하면 염화 아연(zinc chloride, $ZnCl_2$)과 수소 기체(H_2)가 만들어진다. 20.6 mol의 염산과 반응하게 되는 Zn의 양은 몇 g인가?
   (단, Zn의 원자량은 65.4이고, $Zn(s) + 2HCl(aq) \longrightarrow ZnCl_2(aq) + H_2(g)$이다.)

7. $2H_2O_2(aq) \longrightarrow 2H_2O(l) + O_2(g)$와 같은 반응으로 2 mol의 과산화 수소(hydrogen peroxide, H_2O_2)가 분해된다면 그로부터 생겨나는 산소의 양은 몇 mol인가?

. 종 합 .

8. 다음 글의 ( ) 안에 들어갈 정확한 용어나 수치들을 제시하시오.

> Avogadro의 가설에 근거하여 암모니아의 화학식이 NH3인 것으로 받아들인다면, 한 개의 암모니아 분자는 세 개의 H 원자들과 한 개의 N 원자로 이루어져 있다. 그리고 암모니아에 대한 (ⓐ)에 의하면 암모니아는 무게로 82.4 %의 질소와 17.6 %의 수소로 이루어져 있다. 암모니아 분자 한 개의 무게를 100.0 amu라고 가정하면, N 원자 한 개의 무게는 82.4 amu이고 H 원자 한 개의 무게로는 (ⓑ)(수치) amu가 얻어진다. 따라서 H 원자와 N 원자의 무게비는 (ⓒ)(정수비)이 된다. 즉, H 원자는 N 원자에 비해 (ⓓ)(수치)배 더 가볍다.

9. 다음 글의 ( ) 안에 들어갈 정확한 용어나 수치들을 제시하시오.

> 1961년에 새로운 원자량 척도가 마련되었다. 새로운 원자량 척도에서는 C(탄소) 원자들 중 질량수가 12인 C−12 동위 원소를 구성하는 (ⓔ)(용어)를 기준원자로 삼고 그 원자량으로 (ⓕ)(수치)를 부여하였다. 그리고 이 (ⓔ)와 다른 원자들 사이의 (ⓖ)(용어)에 근거하여 다른 원자들에게 상대적인 원자량들을 부여하였다. 새로운 원자량 척도에 의하면 산소의 평균 원자량은 정확히 15.9994이고, 수소 원자의 평균 원자량은 1.008이 된다.

10. 어떤 의약품에 대한 원소 분석의 결과 75.7 %의 탄소, 8.80 %의 수소 그리고 15.5 %의 산소로 이루어져 있었다. 그리고 이 의약품 1/2 몰(mol)의 무게가 103.0 g임이 밝혀졌다. 이 의약품의 실험식과 분자식을 구하시오(단, 각 원자량은 C: 12.0, H: 1.0, O: 16.0이다).

11. $2C_8H_{18}(l) + 17O_2(g) \rightarrow 16CO(g) + 18H_2O(g)$는 휘발유의 불완전 연소를 보여주는 반응식이다. 1.26×10^3 g의 휘발유가 모두 불완전 연소되는 경우, 배출되는 CO의 양(단위: g)을 구하시오(단, 각 원자량은 C: 12.0, H: 1.0, O: 16.0이다).

12. $2C_2H_6 + 7O_2 \rightarrow 4CO_2 + 6H_2O$(2 mol의 C_2H_6은 7 mol의 O_2와 반응하여 모두 다 사라지고, 4 mol의 CO_2와 6 mol의 H_2O가 생긴다.)와 같은 화학 반응에 대한 다음 질문들에 답하시오(단, 각 원자량은 C: 12.01, H: 1.01, O: 16.0이다).

    만약 1.75 g의 C_2H_6과 6.75 g의 O_2를 반응시킨다면 어떤 반응이 나타나는지 물음에 답하시오.

    ① (ⓐ) mol의 C_2H_6과 (ⓑ) mol의 O_2가 반응에 참여하게 되는 것이다.
    ② 그런데 (ⓐ) mol의 C_2H_6과 반응하는 데 필요한 O_2의 몰수는 (ⓒ) mol이므로, C_2H_6과 O_2 중에서 (ⓓ)가 과잉 시약이 된다.
    ③ 결국 과잉 시약인 (ⓓ)의 경우, 실제로 반응에 참여하는 무게는 (ⓔ) g입니다. 그러므로 반응하지 않고 남게 되는 과잉 시약의 무게는 (ⓕ) g로 구해진다.
    ④ 이 반응에서 생겨나는 CO_2의 무게는 (ⓖ) g이다.

07

Thomson과 Rutherford의 원자 모형

19세기 말에 이르러서는 Dalton이 그의 원자론에서 제기한 내용과 모순되는 실험 결과들이 알려졌기 때문에 Dalton의 원자론은 많은 부분이 수정되기 시작하였다. 그러나 Dalton의 원자론이 대부분의 화학 법칙과 물리 법칙을 잘 설명할 수 있었기 때문에 20세기가 시작되는 시점까지도 원래의 내용 그대로 널리 활 용되고 있었으며, Dalton의 원자 개념은 이후에 제시되는 새로운 원자 모형의 근간이 되었다. 여기서는 Dalton의 원자론의 내용이 수정되는 과정과 그러한 과정에서 등장하는 Thomson(톰슨)과 Ruterford (러더포드)의 원자 모형에 대해 살펴보기로 한다.

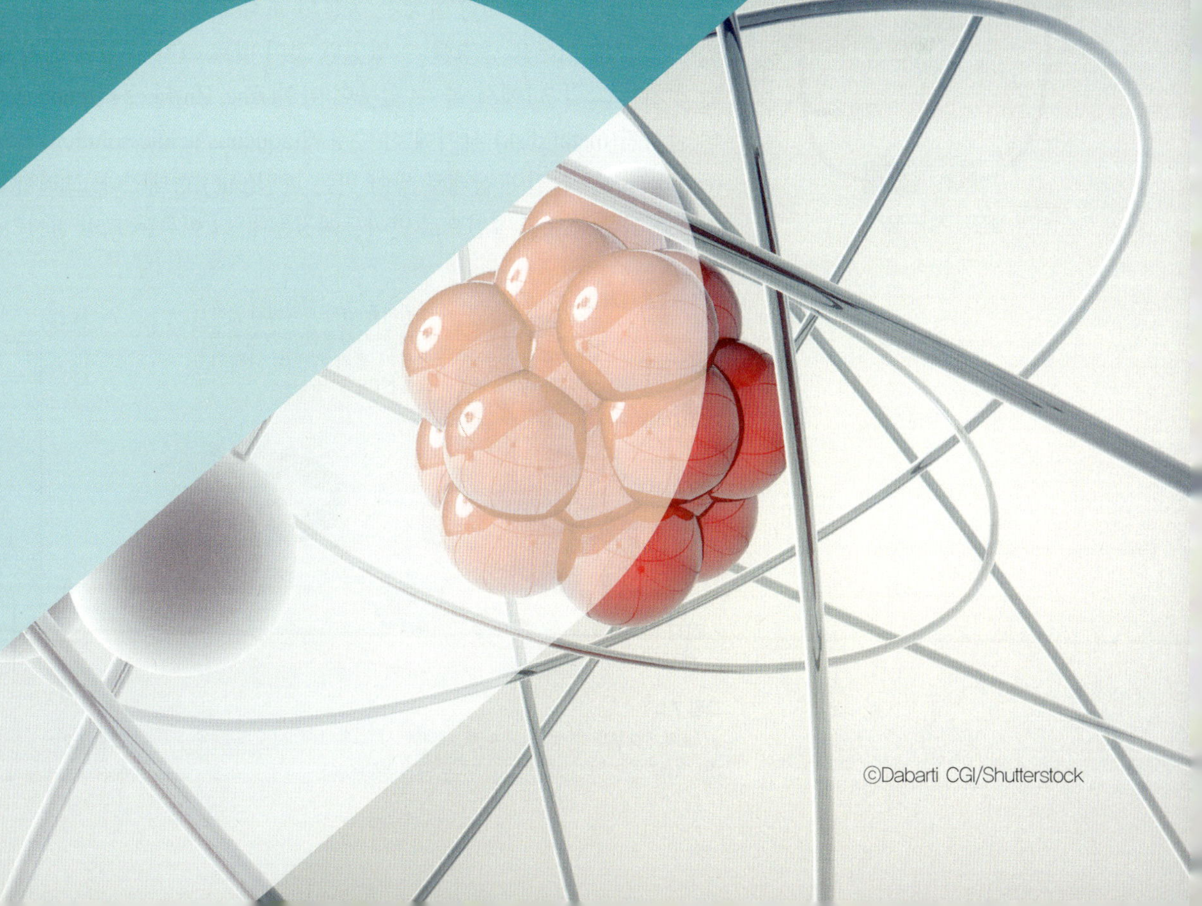

ⓒDabarti CGI/Shutterstock

7.1 물질이 소유한 전기적 성질의 발견

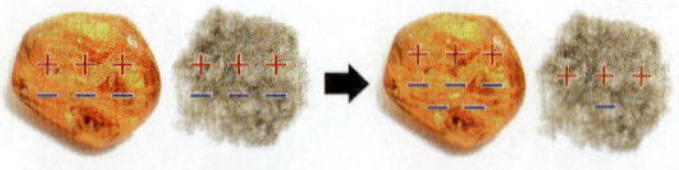

전기적으로 중성 (출처: Shutterstock)

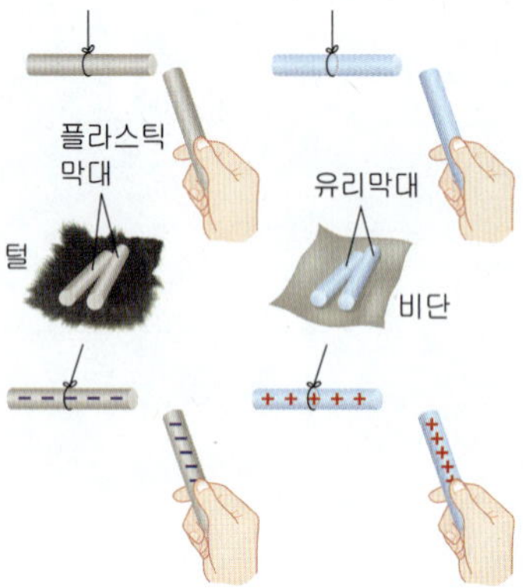

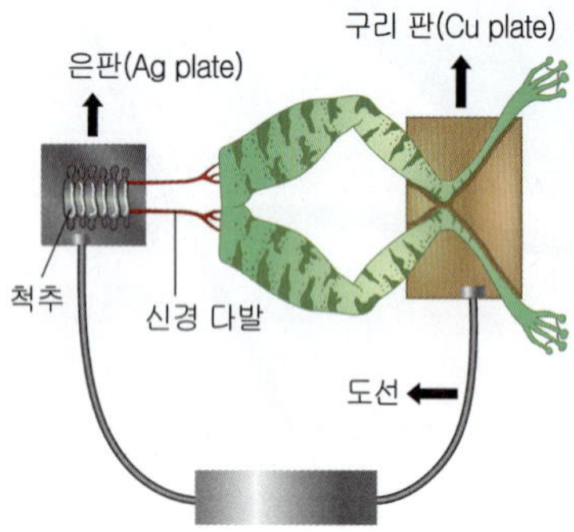

Galvani의 정전기 자극 장치

주물질이 전기적 성질(electrical property)을 소유한다는 사실, 즉 물질이 전하를 띨 수 있다는 사실은 오래전부터 알려져 오고 있었다. 오늘날 우리들이 사용하고 있는 **전기**(electricity)라는 용어는 호박(amber)을 뜻하는 그리스어인 'elektron'에서 유래되었는데, 기원전 600년경에 그리스인들은 호박을 문질러주면 호박이 가벼운 종이(paper)나 코르크(cork) 조각을 끌어당기는 성질을 관찰하였다. 1600년에는 William Gilbert(길버트)가 호박뿐만 아니라 몇몇 물질을 서로 접촉시켜 문질러주면, 그 물질 사이에서 **인력**(서로 끌어당기는 힘, attractive force)이 발생한다는 사실을 관찰하였다. Gilbert는 그러한 물질의 성질을 정리하여 발표하면서 '호박과 같은'이라는 뜻을 가진 라틴어 'electricus'라는 단어를 사용하였고, 그로부터 오늘날의 전기라는 용어가 등장하게 되었다.

1747년에는 Benjamin Franklin(프랭클린)이 비단(silk)과 유리 막대(glass rod)를 서로 마찰시키면 유리 막대는 양의 전하(positive charge)를 띠고, 양털(wool)과 고무(rubber)를 서로 마찰시키면 고무는 음의 전하(negative charge)를 띠는 현상이 발생한다는 내용의 실험 결과를 발표하였다. 1791년 생물학자인 Luigi Galvani(갈바니)는 정전기 제조 장치(static electricity generator)로 만들어 낸 전류를 개구리의 척수(spinal cord)를 통해 흐르게 하면 개구리의 몸 전체에 걸쳐 근육 경련이 일어난다는 사실과, 절단되어 몸에서 분리된 상태의 다리에도 전류를 흘려 주면 개구리의 다리가 요동치듯 움직이는 현상 등을 목격하였다. 그러한 관찰 결과를 토대로 Galvani는 자신이 관찰한 것이 '동물 전기(animal electricity)'이고, 전기가 그런 방식으로 통한다는 것은 살아 있는 섬유 조직(living tissue)만이 갖는 특성이며, 따라서 동물 전기는 근육에 존재하는 생명력이라는 결론을 내렸다.

1800년에 Alessandro Volta(볼타)는 최초의 전지(battery)를 만들었다. Volta는 '전기 전도(electrical conductivity) 현상'은 동물의 조직에서만 관찰되는 것이 아니라는 이론을 펼쳤는데, 그의 이론을 증명할 수 있었던 것이 바로 그가 제작한 전지였다. 그가 처음 제작한 전지는 그림 7.1에서 볼 수 있듯이 아연(zinc, Zn)과 구리(copper, Cu)로 만든 두 종류의 금속판(metal disk) 사이에 산 수용액(aqueous acidic solution)에 적신 두꺼운 마분지(cardboard)를 삽입한 상태로 쌓아 만든 파일(pile) 형태였다. 그러한 전지의 제작은 과학적으로 아주 중요한 발견으로 받아들여졌는데, 그 이유는 그의 전지가 연속적으로 전류를

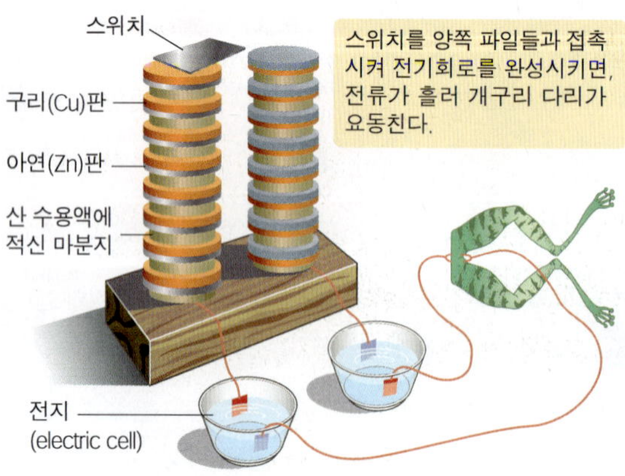

그림 7.1
Volta의 전지: 두 종류의 금속판 사이에 산 수용액에 적신 두꺼운 마분지를 삽입한 상태로 쌓아 만든 파일 형태이다.

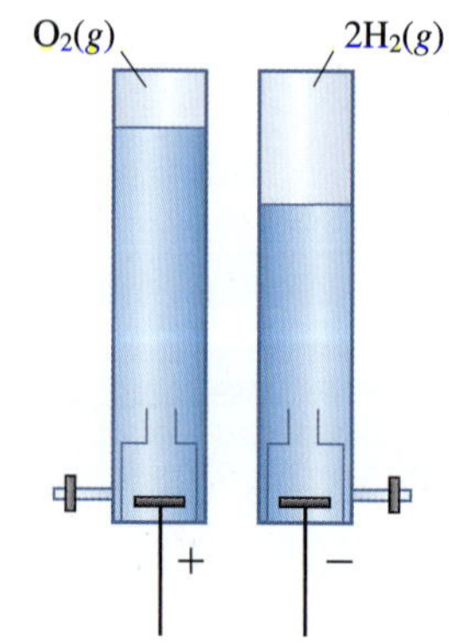

$$2H_2O(l) \longrightarrow 2H_2(g) + O_2(g)$$

그림 7.2
물의 전기 분해

발생시킬 수 있는 최초의 방법을 제시하였기 때문이었다.

William Nicholson(니콜슨)과 Anthony Carlisle(칼라일)은 그림 7.2에서와 같이 전지를 사용하여 전기 에너지를 물에 공급하면 물이 전기 분해(electrolysis)되어 수소 기체와 산소 기체가 발생하는 현상을 발견하였으며, Humprey Davy(데이비)와 Michael Faraday(패러데이)도 다양한 화합물을 전기적으로 분해할 수 있었다. Dalton과 같은 시대에 수행되었던 이러한 실험과 그 밖의 유사한 실험 결과는 물질과 전기 사이에는 근본적인 관련성이 있음을 암시하고 있다. 그러나 Dalton의 원자론에서는 그와 같은 연관성을 다루지 않았기 때문에 원자론(atomic theory)과 전기론(electric theory)은 상호 연관성을 이루지 못한 채로 각각 개별적인 학문 분야로 발전해 나가야 하였다.

7.2 캐소드선 실험과 전자의 발견

7.2.1 전기 방전관을 사용한 실험

1748년 무렵에 과학자들은 그림 7.3과 같이 내부가 진공(vacuum) 상태에 가까운 유리관에서 일어나는 전기 방전(electrical discharge) 현상에 관련된 연구를 수행하고 있었다.

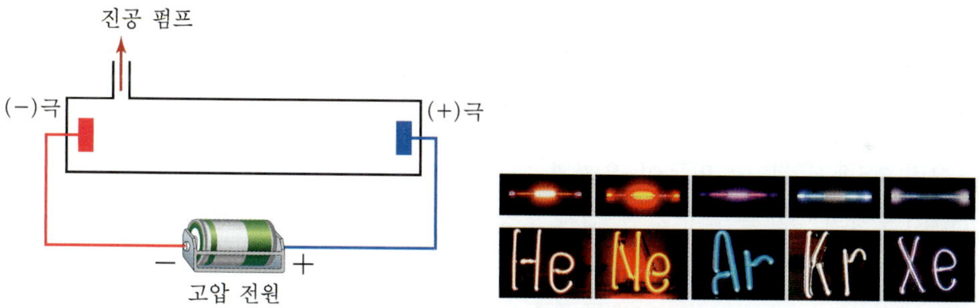

그림 7.3
전기 방전관(electric discharge tube): 양쪽 전극에 충분히 높은 전압을 걸어주면, 방전관 내부에 존재하는 기체 입자들의 일부분은 이온화(ionization)에 의해 전자들과 양이온들로 변한다. 양이온들은 (−)극으로 이동하면서 (−)극의 표면과 충돌하고, 그 결과 (−)극의 표면에서 전자들이 방출된다. (−)극에서 방출된 전자들은 (+)극 쪽으로 이동하면서 기체 입자들과 충돌하고, 그러한 충돌은 기체 입자들이 보다 더 높은 에너지 준위(energy level)로 들뜨게 만든다. 들뜬 상태(excited state)에 있던 기체 입자들은 가시광선(visible light) 영역의 빛을 방출하며 원래 상태로 돌아온다.

Eugene Goldstein(골드스타인)과 William Crookes(크룩스) 등의 연구자는 기체가 들어 있는 유리관 내부 양쪽 끝에 연결되어 있는 원판 형태의 금속 전극(metal electrode)에 높은 전압을 걸어주면 금속 전극 사이에 색을 띤 빛살(beam of light)이 형성되는 현상을 관찰하였다. 빛살의 색은 실험에 사용한 기체의 종류에 따라 달라졌으며, 진공 펌프를 사용하여 유리관 내부의 기체를 제거하기 시작하면 빛살의 색이 감소하기 시작하였다. 유리관 내부의 기체를 거의 대부분 제거한 상태에서는 육안으로는 더 이상 빛살을 관찰할 수 없었다. 그러나 여전히 어떤 물질이 전극 사이를 흐르고 있다고 추정할 수 있는 다음과 같은 실험 결과가 얻어졌다.

- 유리관 내부의 전극 사이에 얇은 금속판을 놓아두면 금속판이 빨갛게 달아오른다.
- 유리관 내부에 황화 아연(zinc sulfide, ZnS)과 같이 인광(phosphorescence)을 방출할 수 있는 물질(인광성 물질, phosphor)을 놓아두면 물질 표면에서 전극 사이를 흐르는 물질이 도달하는 경로를 따라 빛이 방출된다.

이러한 실험 결과에 의하면 진공에 가까운 상태에서 유리관 내부를 흐르는 물질은 적지 않은 양의 에너지(energy)를 소유하고 있다는 사실도 추측할 수 있었다.

7.2.2 진공 상태의 전기 방전관을 사용한 Thomson의 실험

❶ 실험을 통해 알아낸 것들

Joseph John Thomson(톰슨)은 진공 상태의 전기 방전관을 사용한 일련의 실험을 수행하였고, 다음과 같은 결과를 얻었다.

(가) 전극 사이에서 발생하는 물질의 흐름은 캐쏘드선이다.

전극 사이에서 일어나는 물질의 흐름을 **캐쏘드선**(cathode ray)이라고 부른 이유는 그 물질이 언제나 (−)극에서 나와 (+)극 방향으로 흐른다는 사실을 알게 되었기 때문이다. 그림 7.4에서 볼 수 있는 것처럼 좁은 구멍이 있는 금속판(slit)을 위치시키고, 금속판 뒤에는 한쪽 면이 인광 물질(phosphor)로 입혀진 불투명한 판을 놓아두면 인광 물질이 입혀진 면 위에 캐쏘드선이 진행하는 경로를 따라 직선 형태의 밝은 선이 생겨남을 볼 수 있다.

(나) 캐쏘드선은 직진한다.

그림 7.5에서 볼 수 있듯이 유리관 내부의 캐쏘드선이 흐르는 경로(path)에 십자(cross) 모양의 물체를 놓아 두면, 십자 모양의 물체 뒤쪽에 놓인 감광판 위에 십자 모양

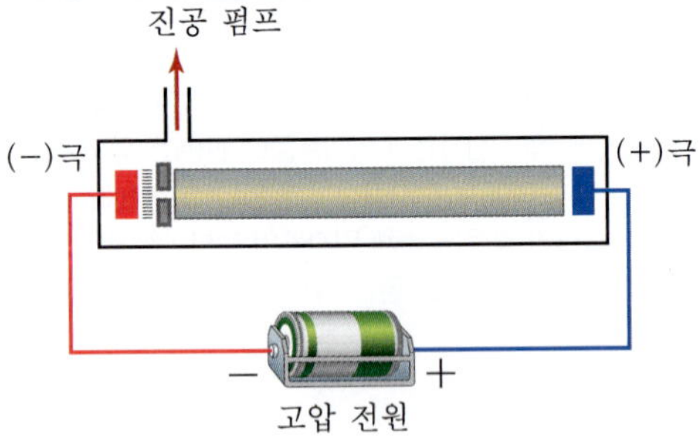

그림 7.4
캐쏘드선: 두 개의 전극 사이에 인광 물질을 입힌 판을 위치시키면 음극에서 방출된 물질의 흐름 경로를 따라 판의 표면에서 인광(phosphorescence)이 발생한다.

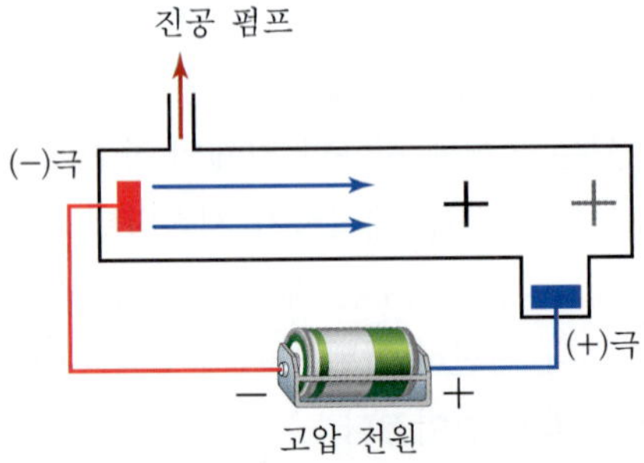

그림 7.5
직진하는 캐쏘드선: 캐쏘드선이 진행하는 경로에 십자 모형을 세워 두면 십자 모형의 뒤쪽으로 그림자가 생긴다.

의 명확한 그림자가 생기는 현상을 볼 수 있다.

(다) 캐쏘드선은 음으로 하전되어 있다.

그림 7.6(a)에서 볼 수 있듯이 전기 방전관의 위쪽에 음으로 하전된 판을 위치시키고 양으로 하전된 판을 아래쪽에 위치시키면, 캐쏘드선은 아래쪽으로 휘어진다. 이와 같은 현상이 의미하는 것은 캐쏘드선은 단순한 빛살이 아니라는 점인데, 그 이유는 일반적인 빛살의 경우에는 약한 전기장(electric field)에서 캐쏘드선처럼 심하게 휘어지지 않기 때문이다. 캐쏘드선이 음으로 하전되어 있다는 사실은 그림 7.6(b)에서와 같이 자기장(magnetic field) 내에서 캐쏘드선의 진행 경로를 관찰해도 알 수 있다.

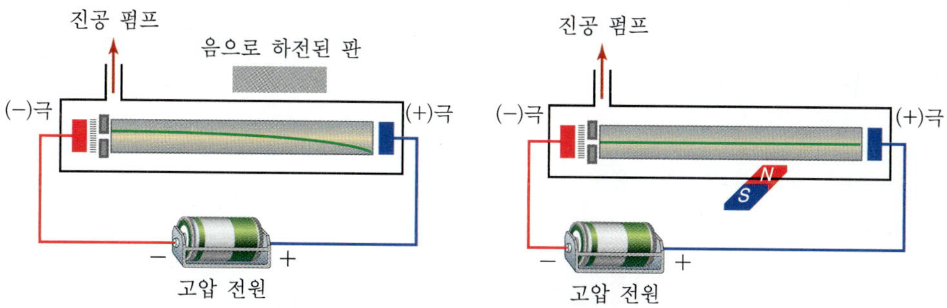

(a) 전기장에서 캐쏘드선의 진행 경로
(b) 자기장에서 캐쏘드선의 진행 경로

그림 7.6
전기장 또는 자기장에서 캐쏘드선의 진행 경로: (a) 음으로 하전된 판을 유리관 위쪽에 근접시키면, 캐쏘드선은 아래쪽 방향으로 휘어지지만, 반대로 유리관 아래쪽에 위치시키면 캐쏘드선은 윗방향으로 휘어져 진행한다. (b) 자석의 N극을 종이 면에 수직 방향으로 캐쏘드선관에 근접시키면, 캐쏘드선은 아래쪽 방향으로 휘어지지만, 반대로 S극 쪽을 근접시키면, 위쪽 방향으로 휘어져 진행한다.

(라) 캐쏘드선은 불연속적인 입자로 이루어져 있다.

앞의 인광 물질을 사용한 실험 결과를 자세히 살펴보면, 인광이 지속적으로 방출되는 것이 아니라 깜빡거리는 현상을 보여 주는데, 이는 캐쏘드선이 불연속적인 입자(discrete particle)로 이루어져 있다는 사실을 의미한다. 즉, 운동 에너지(kinetic energy)를 소유한 캐쏘드선 구성 입자가 차례로 인광 물질 표면에 충돌하면서 그 결과 깜박거리는 인광이 발생하는 것이다.

(마) 캐쏘드선은 (−)극의 제작에 사용한 금속의 종류에 상관없이 같다.

캐쏘드선 실험으로부터 얻은 또 다른 중요한 실험 결과는 원자로만 이루어진 다양한 금속을 사용하여 제조한 (−)극이 모두 동일한 성질을 소유한 캐쏘드선을 방출한다는 것이다. 결국 이와 같은 실험 결과는 캐쏘드선을 구성하는 입자는 모든 금속 원자가 공통적으로 가지는 입자라는 사실을 의미한다.

❷ 결론

Thomson은 이상과 같은 관찰 결과를 근거로 캐쏘드선이 모든 물질에 공통적이고 기본적인 입자인 전자(electron)로 이루어져 있다는 사실을 알 수 있었다. 다음은 캐쏘드선 실험에서 관찰된 사실에 근거하여 도달한 결론을 보여 준다.

> 캐쏘드선은 음으로 하전된 입자인 전자로 이루어져 있으며, 전기 방전관의 (−)극으로부터 방출(emission)된 후 아주 높은 에너지를 소유한 채 (+)극 쪽으로 직진한다.

7.2.3 전자는 어떤 입자일까? 전자의 발견은 어떤 의미를 가지는가?

앞에서와 같은 캐쏘드선 실험에서 사람들의 마음속에는 다음과 같은 두 가지 의문점들이 생겨났으며, 이러한 의문을 해소하기 위해 다음과 같은 일련의 실험을 수행하였다.

전자의 질량은 얼마인가?	전자가 소유한 전하의 크기는 얼마인가?

❶ 전자의 전하(e)와 질량(m) 사이의 비(e/m)를 구하는 실험

1897년 Thomson은 앞의 질문에 대한 답을 얻을 수 있는 획기적인 기반을 조성하였다. Thomson은 그림 7.7에서 볼 수 있는 것처럼 전지 방전관에 자기장과 전기장을 동시에 적용하고, 전기장과 자기장의 세기를 변화시키면서 캐쏘드선에서 일어나는 변화를 살펴보는 실험을 수행하였다.

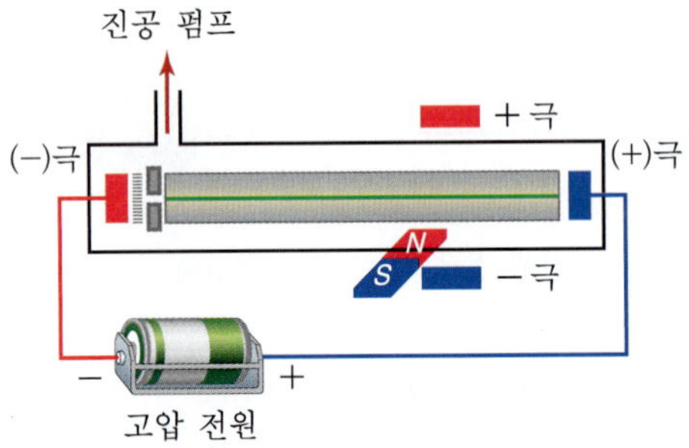

그림 7.7
전기장과 자기장이 동시에 적용된 캐쏘드선 실험: 자기장만을 적용하면, 캐쏘드선이 휘어져 진행한다. 그 상태에서 전기장을 반대로 걸어 주면서 캐쏘드선의 휘어짐이 감소하도록 전기장의 세기를 조절한다. 걸어 준 전기장과 자기장에 의한 영향이 균형을 이루면, 캐쏘드선은 휘어짐 없이 직진한다.

Thomson은 그러한 실험에 주어진 전기장과 자기장의 세기에서는 캐쏘드선이 전혀 휘어짐 없이 직진한다는 것을 관찰하였으며, 캐쏘드선이 직진하는 이유는 캐쏘드선에 작용하는 전기장과 자기장에 의한 영향이 서로 균형을 이루었기 때문이라고 하였다. 자기장과 전기장에 의한 영향이 균형을 이룬 상태는 다음 식으로 표현할 수 있다.

$$e/m = E/H^2r$$

(e: 전자의 전하, m: 전자의 질량, E: 전기장의 세기, H: 자기장의 세기, r: 자기장만을 사용하는 경우 얻어지는 곡률 반경(radius of curvature))

Thomson은 위 식의 값 중 E, H 그리고 r을 알 수 있었으므로 다음과 같이 전자의 전하와 무게 사이의 비(e/m)를 구할 수 있었다.

$$e/m = 1.76 \times 10^8 \text{ coulomb/g}$$

전자의 e/m 값을 구하였으므로 이제 전자의 전하(e)와 전자(m)의 질량 중 한 가지 값을 알게 된다면 다른 값도 알 수 있게 된 것이다.

❷ 전자의 전하를 알아내는 기름방울 실험(oil drop experiment)

전자의 전하를 알아내기 위한 Robert A. Millikan(밀리칸)의 실험에서는 그림 7.8과 같은 장치를 사용하였다.

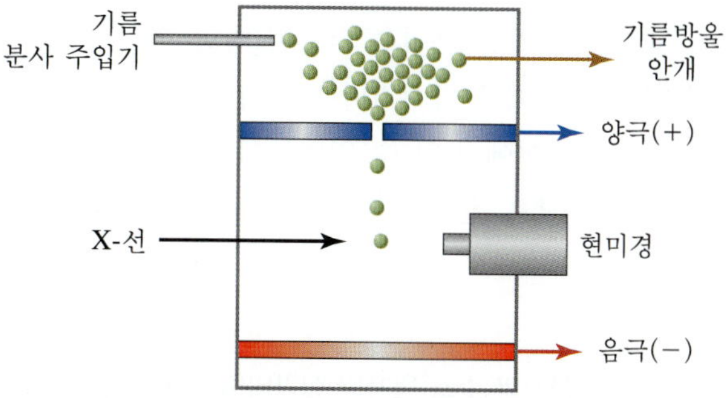

그림 7.8
기름방울 실험 장치

분사 주입기(aspirator)를 사용하여 장치의 윗부분에 기름방울을 분사하여 그 기름방울들이 하단부의 조그마한 구멍을 통해 전기장이 걸려 있는 시험 공간으로 하강하여 들어오도록 유도하였다. 전기장이 걸린 시험 공간 내부로 들어온 기름방울은 전기장의 영향을 받지 않고 자유 낙하를 계속한다. 그러나 전기장이 걸린 시험 공간의 중간 부분에 설치된 높은 에너지의 X선 조사 장치가 가동되면 시험 공간에 존재하는 공기 분자가 X선이 가진 에너지를 흡수하여 전자를 방출하는데, 방출된 전자들은 자유 낙하를 계속하고 있던 기름방울에 전달된다. 이때 전자가 전달된 기름방울의 자유 낙하와 반대로 작용하는 전기장의 세기를 조절하면 기름방울 중 일부가 자유 낙하를 멈춘 상태로 떠 있거나 오히려 위쪽으로 상승하는 모습을 볼 수 있었다. 전자를 가진 기름방울이 자유 낙하를 멈추고 한 곳에 그대로 머무는 현상이 관측되는 순간에는 기름방울에 미치는 중력의 힘(mg)과 전기장에 의한 힘(qE)의 크기(magnitude)는 같지만, 작용하는 방향은 서로 반대이다. 이와 같은 관찰 결과로부터 Millikan은 기름방울이 가진 '전하($q = mg/E$)'를 계산할 수 있었다. Millikan은 기름방울의 크기가 다르면 기름방울이 가진 전하(전자들의 수)도 다름을 발견하였고, 여러 번에 걸친 실험 결과 얻어진 전하의 크기는 항상 어떤 기본값의 정수배임을 알게 되었다. Millikan은 그 값이 바로 전자 한 개의 전하(e)인 것으로 받아들였다.

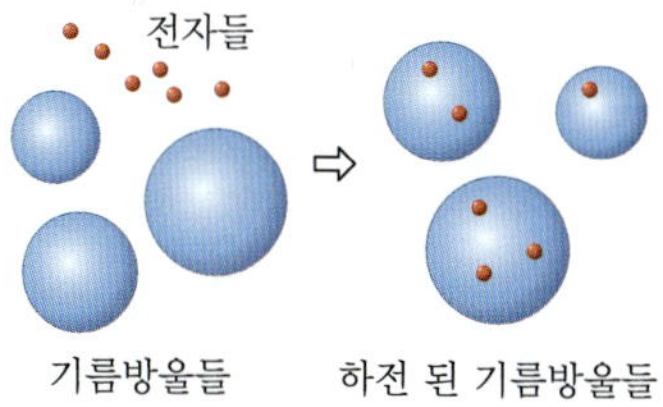

$$\text{전자의 전하}\ (e) = 1.60 \times 10^{-19}\ \text{coulomb}$$

❸ 전자의 질량(m)을 알아내다.

Thomson이 구한 전자의 e/m 값에 Millikan이 구한 전하(e)를 대입하면 전자 한 개의 질량(m)을 계산할 수 있었으며, 그 결과

$$\text{전자의 질량}\ (m) = 8.96 \times 10^{-28}\ \text{g}$$

이라는 값이 얻어졌다.

현재 사용하는 가장 정확한 값들은 다음과 같다.

$$e = 1.60217733 \times 10^{-19}\ \mathrm{C} \qquad m = 9.109389 \times 10^{-28}\ \mathrm{g}$$

❹ 전자 발견의 의미

전자의 무게는 이 세상에서 가장 가벼운 수소 원자의 무게의 약 $\frac{1}{1838}$배로 가벼웠다. 그리고 전자보다 더 가벼운 무게를 가지거나 더 작은 크기의 전하를 소유하는 입자가 알려지지 않았고, 캐쏘드선 실험에서 알 수 있었듯이 전자는 어떤 시료(전극)에서도 얻을 수 있는 공통된 입자였으므로 전자의 발견은 원자를 구성하는 기본 입자의 발견으로 받아들일 수 있었다.

전자와 수소 원자의 질량비(무게비)

전자 한 개의 무게 = 9.109×10^{-28} g

➡ 전자의 몰 질량

= (9.109×10^{-28} g/개) × (6.022×10^{23}개/몰) = 5.485×10^{-4} g/몰

➡ 전자 한 개의 질량 = 5.485×10^{-4} 또는 0.0005485

전자 한 개의 무게 = 5.485×10^{-4} amu 또는 0.0005485 amu

수소 원자의 질량(원자량) = 1.008

➡ 수소 원자 한 개의 무게 = 1.008 amu

수소 원자의 몰 질량 = 1.008 g/몰

수소 원자 한 개의 무게 = (1.008 g/6.022×10^{23}) = 1.674×10^{-24} g

∴

전자의 질량: 수소 원자의 질량 = 0.0005485:1.008 = 1:1838

전자 한 개의 무게: 수소 원자 한 개의 무게 = 0.0005485 amu : 1.008 amu = 1:1838

또는

= 9.109×10^{-28} g:1.674×10^{-24} g

= 1:1838

7.3 애노드선 실험과 양성자의 발견

애노드선에 관련된 실험은 더 이상 쪼갤 수 없는 입자로서의 원자를 다룬 Dalton의 원자론과 상반되는 내용, 즉 원자는 쪼갤 수 있다는 사실을 보여 주고 있으며, 원자를 구성하는 또 하나의 입자인 양성자의 존재와 그 특성을 알아낼 수 있는 근거를 제공하였다.

7.3.1 애노드선의 발견

전자가 발견된 이후 Goldstein은 주어진 원자 내부에 음으로 하전된 전자가 존재한다면 그 전하를 상쇄시킬 수 있는 양으로 하전된 입자가 존재해야 한다는 생각을 하였다. 1886년에 Goldstein은 캐쏘드선관을 사용한 실험을 수행하던 중 아주 흥미로운 발견을 하였다. 그림 7.9와 같이 구멍이 여러 개 뚫려 있는(그림에는 단 한 개의 구멍으로 표현

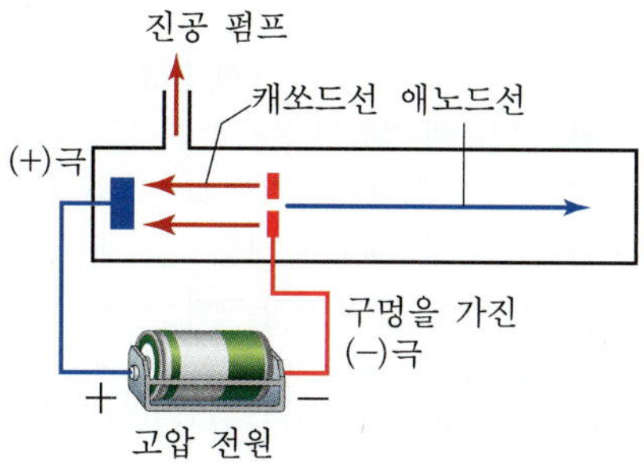

그림 7.9
애노드선 관찰 실험 장치: 캐쏘드선관 내부에 충전되어 있는 기체로부터 양으로 하전된 입자가 생겨나고, 그 입자는 (−)극 원판의 방향으로 이끌려 진행하면서 일부는 원판에 뚫려 있는 구멍을 통해 지나간다.

되었다.) (−)극 원판을 사용하면 (−)극 원판의 뒤쪽 부분에서 또 다른 빛살이 관찰되는 현상을 목격한 것이다.

Goldstein은 양으로 하전된 입자로 이루어진 **애노드선**(anode ray)을 관찰한 것이었고, 애노드선이 양으로 하전된 입자로 이루어져 있다는 사실은 전기장을 가해 주었을 때 빛살이 휘어지는 모습을 보면 알 수 있었다('−'극 쪽으로 휘어져 진행함). Goldstein은 애노드선을 구성하는 양으로 하전된 입자가 바로 양성자일 것이라고 추정하였지만, 사실 그 입자는 캐쏘드선관 내부에 충전된 기체로부터 생겨난 이온이었다. 즉, 캐쏘드선관 내부에 충전되어 있던 기체로부터 양으로 하전된 입자가 생겨나고, 그 입자가 (−)극 원판의 방향으로 이끌려 진행하면서 일부는 원판에 뚫려 있는 구멍을 통해 지나간 것이었다.

7.3.2 애노드선을 구성하는 입자에 관한 연구

❶ Wilheim Wien(빈)의 실험 결과

Wien은 질량 분석기(mass spectrometer: 7.6.1에서 설명됨)를 사용한 실험을 통해 애노드선에 관하여 다음과 같은 결과를 얻을 수 있었다.

- 애노드선을 구성하는 입자의 e/m 값은 캐쏘드선의 경우와는 다르게 사용한 기체의 종류에 따라 달라진다.
- 어떠한 기체를 사용하든 애노드선을 구성하는 입자의 e/m 값은 캐쏘드선을 구성하는 전자의 e/m 값에 비해 수천 배 가량 더 작다.
- 수소 기체를 사용하여 얻은 e/m 값이 가장 크다.

❷ Wien의 실험 결과의 의미

헬륨(helium, He) 기체를 사용한 실험을 고려해 보자. (−)극에서 나온 전자는 높은 에너지를 가지고 (+)극 쪽으로 빠르게 이동하면서 He 기체 분자와 충돌한다. 그 결과 He 분자는 다음과 같이 이온화(ionization)한다.

$$He + e^- \longrightarrow He^+ + 2e^-$$

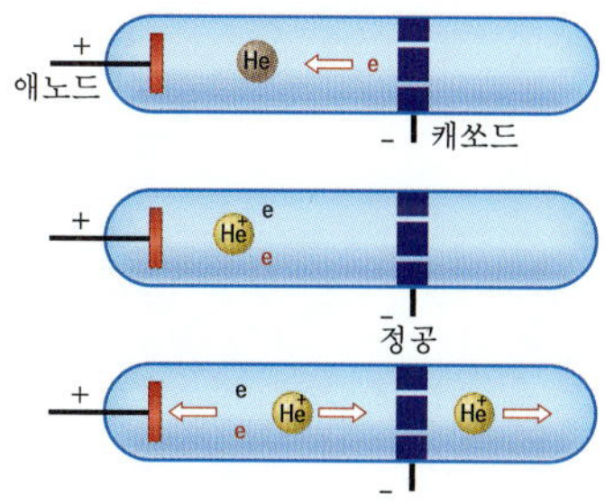

여기서 생겨난 He^+ 이온의 흐름은 (−)극 방향으로 이동하게 되고, (−)극 원판에 있는 구멍을 통과하여 진행하는 애노드선이 되는 것이다. 이와 같은 현상을 근거로 다음과 같은 사실을 생각해 볼 수 있다.

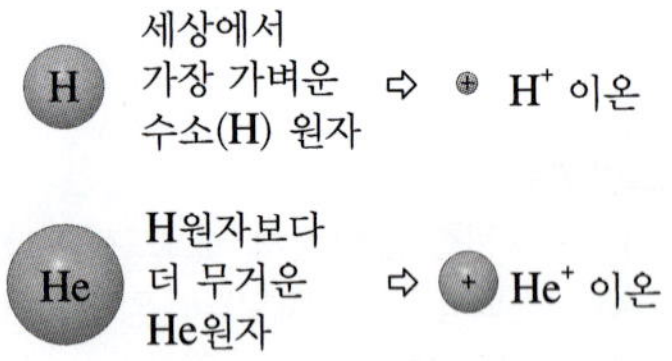

- H^+ 이온의 경우 e/m이 가장 크다.
- e는 모든 이온에서 같으므로 H^+ 이온의 m이 가장 작다.
- 따라서 중성원자인 H 원자로부터 생겨난 H^+ 이온은 H 원자를 구성하는 원자 내 입자임과 동시에 모든 원자를 구성하는 원자 내 입자인 양성자(proton)이다.

- He 원자 1개가 이온화하여 He^+ 이온 1개와 전자 1개가 생겨난다면 He 원자는 전기적으로 중성이므로 그로부터 생겨난 He^+ 이온의 전하는 전자의 전하와 그 크기가 같다.
- He^+ 이온의 전하가 전자의 전하와 그 크기가 같다면 He^+ 이온의 질량(m)은 전자의 질량보다 더 크므로 He^+ 이온의 e/m 값이 전자의 e/m 값에 비해 더 작게 된다.
- 수소 기체를 사용했을 때 얻어지는 e/m 값이 가장 크다는 사실은 세상에서 가장 가벼운 원자인 수소 원자로부터 생겨나는 H^+ 이온이 바로 원자를 구성하는 기본 입자일 것이라는 사실을 암시한다. 즉, H^+ 이온이 바로 양성자(proton)이며, 양성자의 무게는 근본적으로 수소 원자의 무게와 같다.

원자량의 상대적인 척도에 따르면, 각 입자의 무게는 다음과 같다.

양성자 : 1.007277 amu 수소 원자 : 1.007826 amu 전자 : 0.000549 amu

양성자를 발견한 사람은 누구인가?

원자의 구성 입자인 전자가 발견되면서 전기적으로 중성이어야 하는 원자의 특성을 유지하기 위하여 양으로 하전된 입자의 필요성이 대두되었다. Ernest Rutherford(러더포드)의 금박 실험을 통해 주어진 원자의 아주 작은 공간에 전자의 전하를 중화시킬 수 있는 양으로 하전된 중심부가 존재함을 알게 되었다. 1919년에 Rutherford는 실험을 통해 주어진 원소에 입자를 충돌시키면 그 원소를 다른 종류의 원소로 변환시킬 수 있음을 발견하였다. 1920년에는 Rutherford와 다른 많은 과학자들이 주어진 원자를 다른 원자로 변환시키는 실험을 수행하였는데, 그러한 실험에서 공통적으로 관찰된 사실은 모든 실험에서 수소 이온(H^+ 이온: 수소의 원자핵)이 방출된다는 것이었다. 따라서 수소 이온이 주어진 원자를 이루는 기본 입자일 것이라는 추정이 가능하였으며, 모든 원자핵이 소유하는 양전하의 크기가 수소 이온이 소유한 양전하의 크기의 정수배가 된다는 사실도 밝혀졌다. 그 이후 1920년 후반경부터 과학자들은 수소 이온을 양성자라고 부르기 시작하였다.

7.4 Thomson의 원자 모형

1900년까지 과학자들은 정전기와 캐쏘드선 그리고 애노드선과 같은 현상을 설명하기 위해 Dalton의 원자론을 개정하는 작업에 몰두하였다. 그 결과 여러 가지 원자론이 주장되었고, 그 중 일부는 어느 정도 의미를 가질 수 있었지만, 결국은 여러 가지 이유로 모두 받아들여지지 않았다. 반면에, Thomson은 다음과 같은 내용의 아주 흥미로운 원자 모형을 발표하였다.

Thomson의 원자 모형

원자는 양으로 하전된 공 모양의 입자로 이루어져 있고, 이 입자가 원자의 대부분을 차지하며, 전자는 그 공의 표면에 떠돌아다니고 있다. 물질이 나타내는 '정전기 현상'은 공 모양인 원자 입자의 표면으로부터 전자가 이탈됨에 따라 일어나는 현상이고, '캐쏘드선'은 원자로부터 이탈한 전자가 정전기적 인력에 의해 (+)극으로 이동하는 현상이다. '애노드선'은 한 개 이상의 전자가 이탈하여 생겨난 양으로 하전된 원자가 (−)극 쪽으로 흐르는 현상이다.

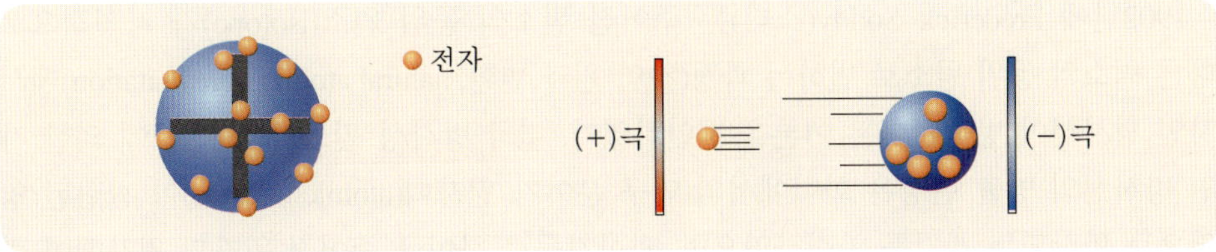

Thomson의 원자 모형을 여기에 소개한 이유는 그의 원자론이 Dalton의 원자론에 비해 획기적으로 개선된 내용을 담고 있어서도 아니며, 이후의 원자론에 관련된 연구 활동을 위한 표석이 될 수 있어서도 아니다. 그것은 당시의 과학자들이 원자 내부의 세계에 관한 자신들의 지식을 어떤 식으로 활용하려고 노력했는가를 보여 주기 위해서이다.

7.5 방사성 원소와 자연 복사

7.5.1 핵반응을 다루는 핵화학의 등장

방사성 원소와 그 원소에 의한 자연 복사의 방출 현상은 화학에서의 연구 분야가 관련된 영역으로 확장되는 계기가 되었으며, 사람들로 하여금 주어진 원자의 원자핵이 변하면서 그 원자가 다른 종류의 원자로 변하는 과정인 **핵반응**(nuclear reaction)에 대해 많은 관심을 갖게 만들었다. 프랑스의 Antoine Henri Becquerel(베크렐)은 우라늄염(uranium salt)을 태양 빛(자외선: ultraviolet radiation, UV-rays)에 노출시키면 가시광선(visible radiation, VIS-rays)을 방출하게 되는 인광(phosphorescence) 현상에 관한 연구를 수행하고 있었다. 인광 현상이란 그 당시에 잘 알려진 현상으로, '**광발광**(photoluminescence: 주어진 물질이 빛의 형태인 에너지를 흡수한 후 다시 빛의 형태로 에너지를 방출하는 현상)'의 한 유형이다.

광발광(photoluminescence)
빛 에너지를 흡수한 후, 흡수한 빛보다 더 긴 파장의 빛을 방출하는 현상

형광(fluorescence)
- 에너지를 흡수한 즉시 빛의 방출이 이루어진다.
- 에너지 공급원이 사라지는 즉시 빛의 방출이 사라진다.

인광(phosphorescence)
- 에너지를 흡수한 후, 짧은 지연시간이 지나면 빛의 방출이 일어난다.
- 에너지 공급원을 제거해도 주어진 시간 동안 빛의 방출의 기속된다.

1898년에 Becquerel은 사용하지 않은 사진 건판(photographic plate)이 들어 있는 밀봉된 두꺼운 종이 봉투와 우라늄염을 한동안 외부 빛이 차단된 서랍 속에 함께 보관하였는데, 시간이 흐른 후 다시 꺼내 보았더니 사진판이 알 수 없는 어떤 복사(radiation)에 노출되어 검게 변해버린 상태였다. 이후 Becquerel은 몇 가지 후속 실험을 통해 우라늄염은 햇빛에 노출되지 않아도 육안으로는 볼 수 없는 복사를 방출하며, 그 복사는 사진판이 들어 있던 두꺼운 종이 봉투를 통과할 수 있는 능력을 갖고 있다는 사실을 알게 되었다. 그 이후 Marie Curie(마리 퀴리)가 토륨(thorium, Th)과 폴로늄(polonium, Po), 라듐(Radium, Ra)과 같은 원소도 우라늄(uranium, U) 원소의 경우와 동일한 복사를 방출하며, 그 복사는 우라늄 원소가 방출한 복사보다 사진판을 훨씬 더 검게 만들 수 있는 능력을 가졌다는 사실을 발견하였다. 이와 같이 '광발광' 현상과는 달리 외부로부터 빛을 흡수하지 않고도 복사를 방출하는 특성을 가지는 원소를 '**방사성 원소**(radioactive element)'라고 분류하고, 그러한 방사성 원소로부터 방출되는 복사를 '**자연복사**(natural radiation): 자연 방사선'라고 부르게 되었다. Marie Curie는 방사성 원소가 방출하는 자연 방사선의 세기(intensity)는 방사성 원소의 양에 비례한다는 사실을 밝혀내었고, 방사성 원소를 함유하는 화합물(예 : 우라늄염)에 의한 자연 방사선의 방출 현상은 화합물 전체로서의 성질(property)이 아니라 화합물을 이루는 특정 방사성 원소의 원자가 소유한 독특한 성질에 기인한 것이라는 가설도 내세웠다.

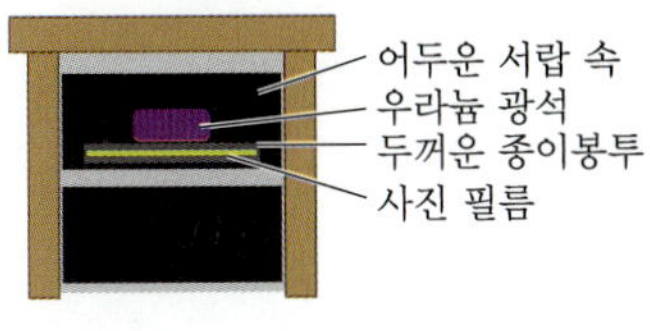

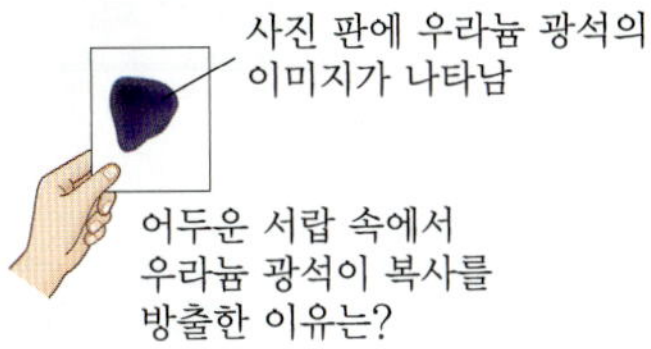

$$^{230}_{90}\mathrm{Th} \Rightarrow \, ^{226}_{88}\mathrm{Ra} + \, ^{4}_{2}\mathrm{He}$$

토륨 (thrium) 라듐 (radium) α입자

1902년에 Frederick Soddy(소디)는 주어진 원소의 동위 원소(isotope)가 자연적으로 다른 원소의 동위 원소로 변하는 과정(자연 원자 변환, natural atomic transmutation)에서 자연 방사선이 방출된다는 이론을 제안하였다. 결국 방사성 원소와 그 원소에 의한 자연 방사선의 방출 현상은 화학에서의 연구 분야가 원자핵(atomic nucleus)이 관련된 영역으로 확장되는 계기를 마련하였으며, 과학자들로 하여금 주어진 원자의 원자핵이 변하여 다른 종류의 원자로 변하는 과정인 핵반응(nuclear reaction)과 핵반응을 다루는 핵화학(nuclear chemistry)에 대해 많은 관심을 가지게 만들었다.

참고자료 7.1은 발광에 관하여 소개하고 있다.

7.5.2 자연 방사선의 세 가지 구성 요소

방사성 원소가 방출하는 자연 복사 또는 자연 방사선은 α-입자(He^{2+} 이온: He의 원자핵)로 이루어진 α-복사, 전자로 이루어진 β-복사, 에너지가 아주 큰 γ-복사와 같은 세 가지 성분으로 구성되어 있다. 그림 7.10의 (a)는 라듐으로부터 방출된 자연 복사가 전기장을 통과하면서 세 가지 유형의 성분으로 분리되는 모습을 보여 준다. He^{2+} 이온(α-입자)으로 이루어진 α-복사의 경우 전기장의 (−)극 쪽으로 휘어져 진행하고, 전자로 이루어진 β-복사는 전기장의 (+)극 쪽으로 휘어져 진행하지만, γ-복사는 전기장에 의한 영향을 받지 않고 직진한다.

그림 7.10의 (b)는 자연 복사의 세 가지 성분이 각각 매우 다른 침투력(penetrat-ing power)이 있음을 보여 준다. α-입자는 아주 얇은 두께의 알루미늄 박(aluminum foil)을 통과할 수 있지만, 일반적인 두께의 종이는 통과하지 못한다. β-입자는 얇은 두께의 알루미늄 박판(aluminum sheet)을 통과할 수는 있지만, 5 mm 정도 두께의 알루미늄 판(aluminum plate)은 통과하지 못한다. γ-복사는 약 20~30 cm 정도의 두께를 가진 납판(또는 1 m 정도의 두께를 가진 콘크리트 벽)만 그 투과를 막을 수 있다. 알루미늄(aluminum, Al)을 사용하여 이들 입자의 상대적 투과력을 비교해 나타낸다면, α-입자의 투과력 : β-입자의 투과력 : γ-복사의 투과력 = $1 : 10^2 : 10^4$과 같이 표현할 수 있다.

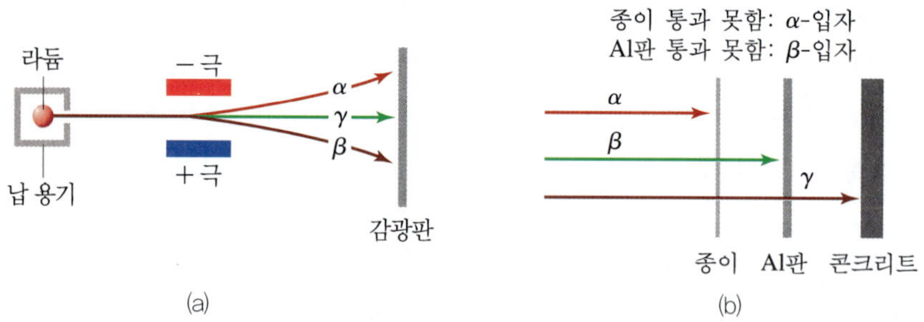

그림 7.10
자연 복사의 세 가지 성분

7.6 동위 원소와 중성자의 발견

7.6.1 동위 원소(isotope)

❶ 질량 분석기의 등장

캐쏘드선과 애노드선 현상을 관찰하여 얻어진 지식에 근거하여 그림 7.11과 같은 질량 분석기(mass spectrometer)가 개발되었다.

이 장치에서는 분자나 원자를 전기 방전과 같은 높은 에너지에 노출시켜 양이온(positive ion)을 만든다. 양이온은 전기장에서 가속되면서 첫 번째 슬릿(slit)을 통과하며 진행한다. 가속된 양이온은 자기장을 통과하는 동안 자기장에 의한 영향을 받아 진행 경로가 휘어지면서 두 번째 슬릿에 도달한다. 주어진 자기장의 세기에서 두 번째 슬릿을 통과할 수 있는 양이온의 흐름만이 수집 장치에 도달하게 된다.

이와 같이 양이온은 자기장의 영향을 받으면서 진행 경로가 휘어지게 되고, 휘어짐의 정도는 양이온의 'e/m' 값에 따라 달라진다. 전하의 크기는 같지만 질량이 서로 다른 두 가지 종류의 양이온을 예로 들어 보면, 자기장의 영향권을 통과해 진행하면서 보다 무거운 질량의 양이온과 가벼운 질량의 양이온의 진행 경로가 서로 달라진다. 즉, 더 무거운 질량의 양이온은 자기장의 영향을 덜 받게 되어 휘어지는 정도가 약하므로 곡률 반지름이 크지만, 가벼운 양이온은 자기장의 영향을 받아 더 많이 휘어지면서 더 작은 곡률 반지름을 나타낸다. 자기장의 세기를 조절해 주면 질량이 서로 달라 진행 경로가 서로 다른 양이온을 선택적으로 두 번째 슬릿을 통과시킨 후 수집 장치에 모을 수 있다.

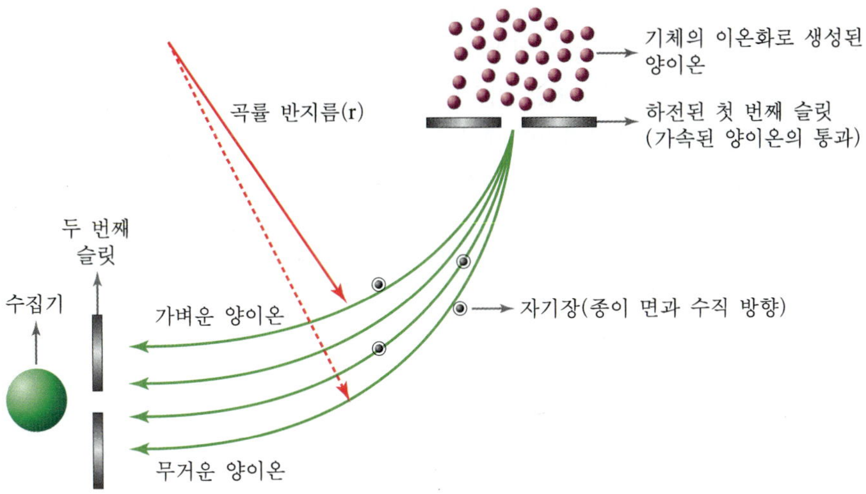

그림 7.11
질량 분석기에 의한 양이온들의 분리: 주어진 기체 시료의 이온화(ionization)로부터 생성된 양이온들 중 무거운 양이온은 가벼운 양이온에 비해 자기장에서 덜 휘어져 진행하면서 보다 더 큰 곡률 반지름(radius of curvature, r)을 나타낸다. 만일 양이온들의 무게가 같은 경우에는 전하의 크기가 커질수록 자기장에 의한 영향을 더 크게 받으므로 더 많이 휘어져 진행하면서 곡률 반지름이 작아진다. 자기장의 세기를 조절함으로써 두 번째 슬릿을 통과하여 수집 장치에 모여지는 양이온들의 종류를 선택할 수 있다.

예제 7.1 다음은 질량 분석기의 계통도를 보여 준다. 그림에서 주어진 기체의 이온화로 생성된 양이온은 M^+ 이온, M^{2+} 이온 그리고 M^{3+} 이온(여기서 모든 양이온은 동일한 질량을 가진다)이고, 그림에서 두 번째 슬릿(slit)에 도달하는 양이온을 위치별로 A, B, C로 표현하였다. 그림의 (   ) 안에 적절한 양이온을 써 넣어 보자.

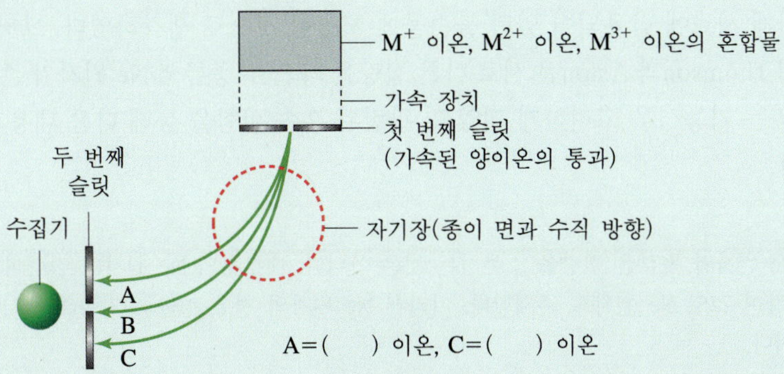

A=(   ) 이온, C=(   ) 이온

풀이 »

이온의 질량은 동일하므로, 이온이 가진 전하의 크기가 커질수록 자기장에 의한 영향을 많이 받기 때문에 보다 더 많이 휘어져 진행한다.

따라서 A는 M^{3+} 이온, C는 M^{+} 이온이다.

❷ 동위 원소의 발견

자연 복사 현상이 발견되면서 방사성 원소에 대한 많은 연구가 수행되었으며, 그러한 연구 과정에서 몇 가지 방사능 원소는 방사성 특성과 원자량은 서로 다르지만 화학적 성질이 같은 경우를 관찰할 수 있었다. 또한, 납(lead, Pb)을 함유하는 광물의 종류에 따라 그로부터 얻어진 납의 원자량이 달라질 수도 있다는 사실도 알려지게 되었다. Soddy(소디)는 이와 같이 방사능 원소 중 화학적 성질은 같지만 방사성 특성과 원자량이 서로 다른 원소에 **동위 원소**라는 이름을 부여하였다. 이후 Thomson과 그의 제자인 Francis William Aston(애스톤)은 주어진 원소가 동위 원소로 구성된다는 사실을 확증할 수 있는 실험 결과를 얻었다. 1912년에 Thomson은 네온(neon, Ne) 기체로부터 얻어지는 애노드선에 관한 연구를 수행하였고, 질량 분석기를 사용하여 Ne^{+} 이온과 Ne^{2+} 이온, Ne^{3+} 이온으로 이루어진 빛살을 분리하여 얻을 수 있었다(그림 7.12(a)) .

Thomson의 이러한 실험에서 Ne^{+} 이온의 흐름을 수집 장치 위에 모은 후, 자기장의 세기를 조절해 주는 과정에서 자기장의 세기가 약간 변화된 시점에 이르러 원자량이 22(Ne의 원자량은 20)에 해당하는 *e*/*m* 값을 가진 입자의 흐름이 수집 장치에 모여졌다(그림 7.12(b)).

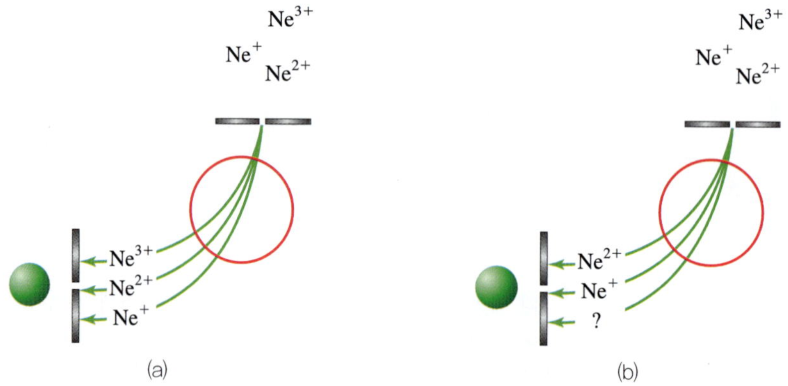

그림 7.12
Ne 기체를 사용한 질량 분석

Thomson은 이러한 결과에 대해 원자량이 22에 해당하는 *e*/*m* 값을 가진 이온의 흐름은 Ne 기체 시료에 함유되어 있던 불순물에 기인한 것으로 생각하였다. 그러나 시간이 지나면서 Thomson과 Aston은 서로 다른 질량을 가진 두 종류의 Ne 원자가 존재할 수 있을 것이라는 가능성을 고려하게 되었고, 관련된 후속 실험을 통해 다음 내용과 같이 주장하였다.

모든 Ne 원자가 똑같은 질량을 소유하는 것은 아니다. 대부분의 Ne 원자의 질량이 '20'이지만, 질량이 22인 Ne 원자도 존재한다. 따라서 Ne 원자의 경우 평균 원자량(뒤에서 설명)은 20.18이다.

이후 방사성 원소가 아닌 일반 원소에 있어서도 질량이 서로 다른 원자로 이루어지는 원소가 존재하는 경우, 그 원소를 동위 원소라고 부르게 되었다. 예를 들면, 탄소 원소의 경우 질량이 12인 탄소 원자로 이루어진 탄소 원소(C-12), 질량이 13인 탄소 원자로 이루어진 탄소 원소(C-13)를 탄소의 동위 원소라고 한다.

❸ 평균 원자량

가장 최근에 마련된 원자량 척도에 의해 탄소 동위 원소 중 질량이 12인 탄소 동위 원소(C-12)를 구성하는 탄소 원자의 원자량으로 12.0000을 부여하였음은 이미 앞에서 다룬 적이 있다. 그러나 우리가 실제 사용하고 있는 탄소의 원자량은 12.01인데, 이 원자량은 탄소의 여러 가지 동위 원소를 고려하여 구한 평균 원자량이다. 이와 같은 평균 원자량의 개념은 동위 원소를 고려해야 하는 모든 원소에 적용된다. 그렇다면 **평균 원자량**(average atomic weight)은 어떻게 구하는가? 다음은 평균 원자량을 구하는 식을 보여 준다.

$$\text{평균 원자량} = \Sigma B_i M_i$$

(B_i : 동위 원소 i의 존재 비율, M_i : 동위 원소 i의 원자 질량)

➡ 주어진 원소의 경우 평균 원자량이란 그 원소의 모든 동위 원소를 대상으로 각 동위 원소를 이루는 원자의 원자량에 해당 동위 원소의 존재 비율을 곱한 값을 구하여 더해준 값이다.

예제 7.2 평균 원자량 구하기(1)

탄소를 분석하면 원자량이 12.0000인 탄소 원자로 이루어진 동위 원소(C-12)는 98.89 %, 원자량이 13.00335인 탄소 원자로 이루어진 동위 원소(C-13)는 1.11 %임을 알 수 있다. 이 경우 탄소의 평균 원자량은 다음과 같이 구할 수 있다.

풀이 »

탄소의 평균 원자량
= (C-12를 구성하는 탄소 원자의 원자량) × (C-12의 존재 비율)
  + (C-13을 구성하는 탄소 원자의 원자량) × (C-13의 존재 비율)
= 12.0000 × (98.89 ÷ 100) + 13.00335 × (1.11 ÷ 100)
= 11.87 + 0.144 = 12.01

예제 7.3 평균 원자량 구하기(2)

산소의 경우 99.757 %의 O-16 동위 원소(원자량: 15.995)와 0.038 %의 O-17 동위 원소(원자량: 16.999), 0.205 %의 O-18(원자량: 17.999) 동위 원소로 이루어진다면, 산소의 평균 원자량을 구해 보자.

풀이 »

산소의 평균 원자량
= (O-16을 구성하는 산소 원자의 원자량) × (O-16의 존재 비율)
  + (O-17을 구성하는 산소 원자의 원자량) × (O-17의 존재 비율)
  + (O-18을 구성하는 산소 원자의 원자량) × (O-18의 존재 비율)
= 15.995 × (99.757 ÷ 100) + 16.999 × (0.038 ÷ 100) + 17.999 × (0.205 ÷ 100)
= 15.956 + 0.0065 + 0.0369
= 15.999

7.6.2 중성자

❶ Rutherford가 가진 의문

동위 원소의 발견은 Rutherford에게 다음과 같은 의문을 던져 주었다.

> 질량이 22인 Ne 원자와 질량이 20인 Ne 원자로부터 생겨나는 이온(예: Ne^+ 이온)의 전하가 같은 이유는 무엇인가?

그러한 의문점에 대해 Rutherford는 다음과 같은 추정을 하였다.

> - 질량이 22인 Ne 원자와 질량이 20인 Ne 원자로부터 같은 크기의 전하를 가진 Ne 이온이 만들어지므로 각 Ne 원자를 구성하는 양성자의 수는 서로 같다.
> - 그러나 서로 다른 질량을 가진 Ne 원자로부터 같은 크기의 전하를 소유한 Ne 이온이 만들어진다는 것은 Ne 원자 내부에는 이미 알려진 양성자 이외에도 양성자의 무게와 비슷하지만 전하를 가지지 않은 중성 입자(neutral particle)가 존재한다는 사실을 의미한다. 이 중성 입자는 양성자가 전자와 합쳐지면 만들어질 수 있을 것이다.

Rutherford의 이러한 추정은 중성자의 발견으로 이어지는 일련의 연구 활동을 유발시켰으며, 이후 중성자의 존재가 확인되면서 Rutherford는 동위 원소를 다음과 같이 정의하였다.

> 동위 원소의 경우 개별 동위 원소를 구성하는 원자의 질량이 서로 다른데, 그 이유는 각 동위 원소를 구성하는 원자에 존재하는 양성자의 수는 같지만 중성자의 수가 다르기 때문이다.

❷ 중성자의 존재를 확인하다.

Rutherford가 원자 내부에 중성 입자가 존재해야 하는 필요성을 주장한 이후 1930년에 Walther Bothe(보데)와 Herbert Becker(베커)가 방사능 원소인 폴로늄(Po)으로부터 방출되는 강한 에너지의 α 입자를 베릴륨(beryllium, Be), 붕소(boron, B), 리튬(lithium, Li)과 같은 가벼운 원소에 충돌시키면, 강한 침투력을 소유하고 전기적으로는 중성인 강한 에너지의 복사가 방출된다는 사실을 발견하였다. 사람들은 복사의 침투력이 그 당시 알려진 γ 복사의 침투력보다 더 강하다는 점에도 불구하고, 그 미지 복사를 강한 에너지를 소유한 γ 복사인 것으로 생각하였다. 1932년 퀴리 부부(Iréne Joliot Curie와 Frédéric Joliot Curie)는 미지 복사를 파라핀(paraffin)이나 수소를 함유하는 표적 화합물(target compound)에 충돌시키면 강한 에너지를 소유한 양성자가 방출된다는 실험 결과를 얻었다. 그들의 실험 결과는 받아들이기 힘들 정도로 놀라운 것이었는데, 그 이유는 입자로 이루어진 α 복사와 β 복사와 달리 광자(photon)로 이루어진 γ 복사가 주어진 표적 물질에 충돌하면, 그 표적 물질로부터 양성자가 방출된다는 결과가 얻어졌다고 발표했기 때문이었다. 퀴리 부부는 그와 같은 의문에 답하기 위해 다음과 같은 내용의 답을 내어 놓았다.

> 광자가 금속 표면에 충돌하면 금속 표면으로부터 전자가 방출되는 현상과 유사하게 γ 복사

를 이루는 광자(photon)가 표적 물질을 구성하는 수소 원자에 충돌하여 양성자를 방출하는 것이다.

그러나 아무리 강한 에너지를 소유하더라도 γ 복사를 구성하는 광자가 표적 물질에 충돌하여 전자보다 약 1836배 정도 더 무거운 질량을 소유한 양성자를 표적 물질로부터 방출할 수 있다는 생각은 받아들여질 수 없었다. 같은 해에 Rutherford의 제자인 James Chadwick(채드윅)은 베릴륨뿐 아니라 헬륨(helium, He)과 질소(nitrogen, N_2) 원소 등과 같은 표적 물질에 α 입자를 충돌시킨 후, 각 표적 물질이 방출하는 하전된 입자의 에너지에 관한 정보를 수집하였다. Chadwick은 그러한 과정에서 베릴륨으로부터 방출된 복사의 경우 하전되지 않은 중성 입자를 함유하고 있다는 사실과 그 입자의 질량은 양성자의 질량과 거의 같다는 사실을 발견하였고, 그 입자를 **중성자**(neutron)라고 불렀다. 중성자의 질량은 원자량의 척도로 1.008 amu이다.

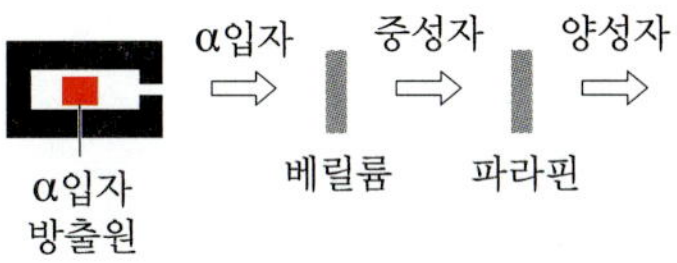

❸ 동위 원소의 표기법

이제 양성자, 전자, 중성자의 존재가 확인됨으로써 주어진 원소를 구성하는 원자의 질량수(mass number)와 전자의 수, 그리고 양성자의 수 사이에서 성립하는 다음과 같은 관계를 알게 되었다.

양성자의 수 = 전자의 수
질량수 = 양성자의 수 + 중성자의 수

중성자의 발견은 원자를 구성하는 기본 입자로 양성자와 전자만 알려진 시기에 대두되었던 의문(주어진 원자에 함유된 전자와 양성자 중에서 양성자의 질량이 그 원자의 질량을 대변하는 것으로 생각했으나, 양성자 수만을 고려한 원자의 질량이 원자의 실제 질량보다 더 작은 값을 나타냄)에 대한 답을 얻을 수 있게 되었다. 다시 말해, 전하와는 무관하게 양성자와 중성자의 수에 의해 모든 원자의 질량이 결정될 수 있다는 사실이 밝혀지게 된 것이다. 동위 원소의 경우 $^{\text{질량수}}_{\text{양성자 수}}\mathrm{X}$와 같은 표기법을 사용하여 각 동위 원소를 구분한다. 표 7.1은 수소 동위 원소의 표기법을 보여 주고 있다.

표 7.1 수소의 동위 원소

동위 원소	수소	중수소	삼중수소
표기법	$^{1}_{1}H$	$^{2}_{1}H$	$^{3}_{1}H$
$^{\text{질량수}}_{\text{양성자 수}}\mathrm{X}$	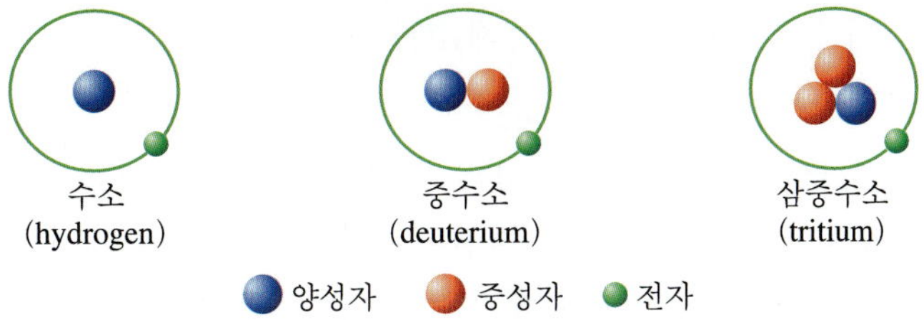		
양성자의 수	1	1	1
중성자의 수	0	1	2
전자의 수	1	1	1
질량수	1	2	3

예제 2.18 다음 표는 마그네슘(magnesium, Mg)에 대한 자료이다. 빈칸에 알맞은 수를 넣어 보자.

동위 원소 표기법	$^{24}_{12}Mg$	$^{25}_{12}Mg$	$^{26}_{12}Mg$
양성자 수			
중성자 수			
전자 수			
질량수			
원자량	23.985042	24.985837	25.982593
존재 %	78.99	10.00	11.01
Mg의 평균 원자량			

풀이 »

$^{질량수}_{양성자\ 수}X$와 '질량수 = 양성자 수 + 중성자 수', '양성자 수 = 전자 수'이므로 다음과 같이 나타낼 수 있다.

동위 원소 표기법	$^{24}_{12}Mg$	$^{25}_{12}Mg$	$^{26}_{12}Mg$
양성자 수	12	12	12
중성자 수	12	13	14
전자 수	12	12	12
질량수	24	25	26
원자량	23.985042	24.985837	25.982593
존재 %	78.99	10.00	11.01
Mg의 평균 원자량	$23.985042 \times 0.7899 + 24.985837 \times 0.1000 + 25.982593 \times 0.1101 = 18.95 + 2.499 + 2.861 = 24.31$		

이제 원자는 더 이상 쪼개지지 않는다는 Dalton의 원자론과 달리 원자는 아주 작은 기본 입자로 이루어져 있다는 사실을 받아들여야 한다는 당위성은 명백해진 것이다. 다시 말해, 다음 사실을 인정해야 하는 것이다.

- 어떤 원자는 전자를 잃거나 얻어서 이온이 될 수 있다는 사실
- 같은 원소의 원자라도 질량이 서로 다른 원자(동위 원소)가 존재할 수 있다는 사실
- 원자를 이루는 기본 입자가 존재한다는 사실

그러므로 새로운 원자론에서는 상대적인 질량이 1이고, 양으로 하전된 양성자와 질량은 무시할 수 있는 음으로 하전된 입자인 전자, 질량이 1인 중성자를 원자를 구성하는 기본 입자로 받아들여야 하는 것이다. 이제 남은 과제는 각 원자 내부에 이런 입자가 몇 개씩 어떤 방식으로 배열되어 있는가에 관한 정보를 알아내는 것이다.

7.7 Rutherford의 원자 모형

7.7.1 원자핵의 존재를 확인한 Rutherford의 금박 실험

❶ 금박 실험(gold foil experiment)

Rutherford와 그의 제자들인 Hans Geiger(가이거)와 Ernest Marsden(마스든)은 얇은 금박(gold foil)을 향해 α 입자(방사능 원소가 방출하는 자연 복사를 구성하는 α 복사를 이루는 He^{2+} 이온)를 충돌시키는 실험을 수행하였으며, Thomson의 원자 모형에 근거하여 그들이 예상한 실험 결과는 다음과 같다.

금 원자의 경우 큰 원자이기 때문에 주어진 양전하가 넓은 공간에 퍼져 존재하므로 양전하의 밀도가 아주 낮다. 그러한 금 원자가 배열된 금박에 금 원자보다 훨씬 더 작은 크기의 α 입자를 충돌시키면 α 입자는 금 원자가 소유한 양전하의 영향을 받지 않고 그대로 직진하여 통과할 것이다.

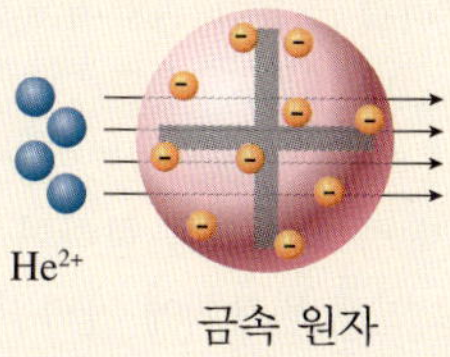

그러나 금박 뒷면에 위치한 인광 스크린에 α 입자가 충돌하여 발생하는 빛의 세기를 주의 깊게 관찰한 결과, 실제로 얻어진 실험 결과는 Thomson의 원자 모형에 근거한 예상과 벗어나는 다음과 같은 세 가지 현상을 보여 주었다.

Rutherford의 금박 실험 결과

- α 입자 대부분은 금박을 직진하여 통과한다.
- α 입자 중 일부는 그 진행 경로가 휘어진다.
- α 입자 중 극히 일부는 거꾸로 반사된다.

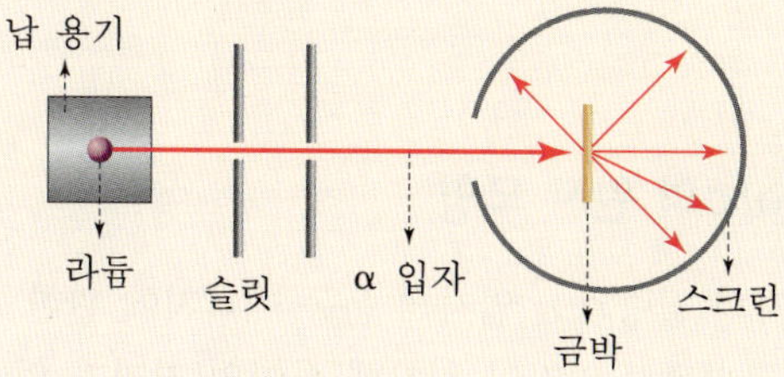

Geiger와 Marsden은 진행 경로가 바뀌게 되는 α 입자의 굴절각을 정확히 측정한 실험 결과를 근거로 다음과 같은 추정을 하였다.

금박을 통과하는 α 입자 중 어떤 것은 원래의 진행 경로에서 벗어나게 되는데, 그 이유는 금 원자의 내부에 존재하는 전자의 인력 때문이다.

그러나 전자보다 약 8000배 무거운 질량을 소유한 α 입자가 전자로부터 발생하는 인력에 의한 영향을 받는다는 것은 불가능하므로 그들의 추정은 과학자들의 동의를 얻을 수 없었다.

❷ 원자핵 개념의 도입

Rutherford는 α 입자의 산란 현상을 이해하기 위해서는 원자 내부 어딘가에 질량을 소유하고, 양으로 하전된 입자가 모여 존재한다는 개념이 필요함을 알게 되었고, 그 결과 다음과 같이 서술되는 원자핵이라는 개념을 도입하였다.

- 원자 내부에 아주 작은 원자핵이 존재하고, 그 핵의 내부에 원자의 모든 양전하와 질량이 모여 있다.
- 원자핵 주위의 아주 넓은 공간에 전자가 여기저기 분산되어 존재한다면, 그러한 원자가 배열된 금박을 통과하는 α 입자 대부분이 원자핵 근처에는 접근하지 않은 상태로 그대로 금박을 통과할 수 있다.
- 반면에, α 입자 중에서 원자핵 근처로 진행하는 입자의 경우에는 α 입자보다 약 50배 무거운 질량과 α 입자보다 더 큰 양전하를 소유한 원자핵에 의한 반발력 때문에 α 입자의 진행 방향이 바뀌는 것으로 생각할 수 있다.
- 되돌아 나오는 α 입자의 경우에는 다음과 같은 설명이 가능하다.
  금박을 통과하여 진행하는 α 입자 중 원자핵을 향하여 진행하는 입자는 원자핵의 전하에 의해 반발력을 느끼게 되고, 이로 인해 원자핵에 가까워진 α 입자는 원자핵에 다가가면서 점차 그 운동 에너지(kinetic energy)가 소멸되는 상태에 이른다. 이제 α 입자와 원자핵 사이에는 큰 반발력만 존재하고, 그로 인해 α 입자는 큰 퍼텐셜 에너지(potential energy)를 소유하게 되며, α 입자의 큰 퍼텐셜 에너지는 다시 운동 에너지로 전환되면서 α 입자는 원래의 진행 방향과는 반대로 빠르게 이동해 나온다.

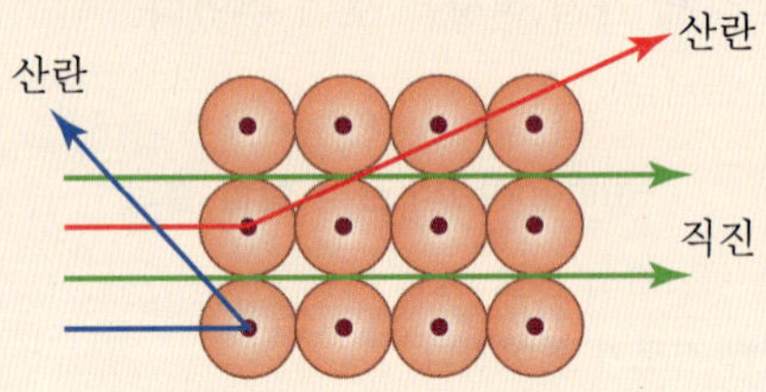

원자핵에 의한 α 입자의 경로 변화

7.7.2 Rutherford의 원자 모형

Rutherford는 α 입자의 질량과 α 입자의 운동 에너지에 관한 개략적인 계산과 α 입자와 원자핵의 전하를 근거로 α 입자와 원자핵 사이의 거리가 얼마나 가까워져야 α 입자의 운동 에너지가 모두 퍼텐셜 에너지로 전환될 수 있는지를 계산할 수 있었고, 그 결과 얻어진 값은 10^{-12} cm이었다. 다음은 Rutherford의 원자 모형을 보여 준다.

원자 내부는 대부분이 빈 공간이고, 원자의 중심 부분의 아주 작은 공간에 원자의 질량을 거의 모두 소유하고 원자의 전하를 모두 소유한 원자핵이 존재하며, 원자핵이 가진 양전하의 크기와 같은 수의 전자가 원자핵에서 상당히 멀리 떨어진 곳에 분포하고 있다.

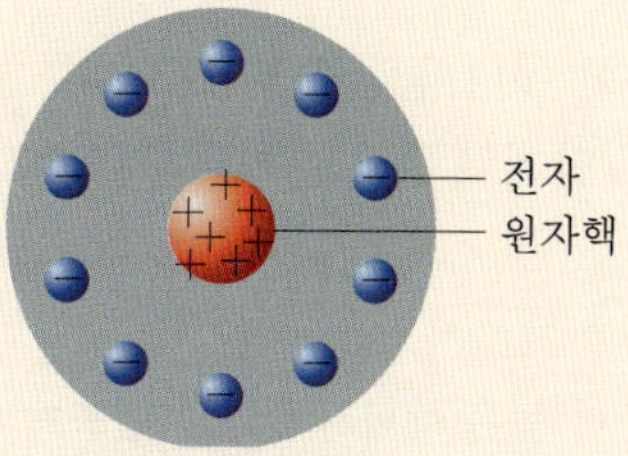

전자: 원자핵이 가지는 + 전하를 상쇄할 수 있는 수의 전자가 원자핵에서 멀리 떨어져 존재한다.
원자핵: 전하는 양성자의 수에 의해 결정되고, 질량은 양성자에 의해 결정된다.

Rutherford가 위와 같은 모형을 제시할 때에는 중성자가 발견되지 않았으며, 따라서 원자핵에는 중성자가 나타나 있지 않다. 이와 같은 Rutherford의 원자 모형은 여전히 개선될 여지가 있긴 하지만, 그 당시에 주장된 원자 모형 중에서는 가장 좋은 것이었다.

금 원자의 반지름

원자핵의 크기(10^{-12} cm)와 원자의 크기를 비교하기 위해 1 mol의 금(197 g)이 차지하는 부피를 그 금에 존재하는 금 원자의 수로 나누어 얻은 금 원자 한 개의 부피로부터 계산한 금 원자의 반지름은 다음과 같다.

금 1 mol의 무게 = 197 g
금 원자 한 개의 무게 = (197 g) ÷ (6.02×10^{23})
= 3.27×10^{-22} g
금의 밀도가 19.3 g/cm^{3}이므로
금 원자 한 개의 부피 = (3.27×10^{-22} g) ÷ (19.3 g/cm^3)
= 1.69×10^{-23} cm^3
∴ 금 원자의 부피를 구하는 공식은 $V = \frac{4}{3}\pi r^3$이므로
금 원자 한 개의 반지름 = 2.33×10^{-8} cm이다.

참고자료 7.1 발광

발광(luminescence)이란 다음과 같은 현상을 말한다.

> 낮은 온도의 물리-화학적인 수단을 사용하여 주어진 물질에 에너지(energy)를 공급하면 물질이 에너지를 흡수(absorption)한 후, 흡수된 에너지의 일부를 빛의 형태로 다시 방출(emission)하는 현상

이러한 발광 현상을 사용한 예로 시계판 위의 숫자가 어두운 곳에서도 빛을 내는 경우를 들 수 있다. 이와 달리 백열(incandescence)이란 물질을 높은 온도로 가열해 주면 빛을 방출하는 현상이다.

시계 판 숫자의 발광

백열등(incandescent lamp)

(출처: 왼쪽 ©Felix Schier/Shutterstock, 오른쪽 ©Africa St udio/Shutterstock)

❶ 발광의 과정

어떤 물질은 주위로부터 에너지를 흡수한 후, 흡수한 에너지 전체 또는 일부를 빛의 형태로 방출할 수 있으며, 이러한 과정은 다음과 같이 두 단계로 구분하여 생각할 수 있다.

- **첫 번째 단계**
물질에 에너지를 공급하면 물질은 에너지를 흡수하여 더 높은 에너지 상태로 들뜨게 된다. 즉, 물질을 이루는 원자 내의 전자가 에너지를 흡수하여 바닥 상태(ground state)로부터 들뜬 상태(excited state)로 전이(transition)한다.
- **두 번째 단계**
들뜬 상태로 전이하였던 전자가 다시 원래의 낮은 에너지 상태로 돌아오면서 흡수했던 에너지를 빛의 형태로 방출한다.

❷ 발광의 종류

발광의 종류로는 광발광(photoluminescence), 화학발광(chemiluminescence), 바이오 발광(bioluminescence), 전기발광(electroluminescence) 등이 있다. 여기서는 광발광, 화학발광, 바이오 발광에 대해서 알아보기로 한다.

(가) 광발광

어떤 물질은 빛 형태의 에너지 입자를 흡수하여 보다 더 높은 에너지 상태로 들뜬 후, 낮은 에너지 상태로 돌아오며 다시 빛을 방출할 수도 있다. 이러한 과정에 의한 발광을 **광발광**(photoluminescence)이라고 한다. 광발광에서는 주어진 물질이 흡수하는 빛과 방출하는 빛의 파장이 같을 수도 있고 다를 수도 있다.

공명 광발광

주어진 물질에 의해 흡수된 빛 에너지가 그 크기에 아무런 변화 없이 그대로 다시 방출될 수도 있는데, 이러한 현상을 **공명 광발광**(resonant photoluminescence)이라고 한다. 공명 광발광의 경우에는 물질에 의한 빛 에너지 흡수 단계와 빛 에너지 방출 단계 사이의 시간 간격이 10^{-9}초 정도로 매우 짧다.

형광과 인광

주어진 물질에 의해 흡수된 빛 에너지의 일부가 그 물질 내부에서의 '내부 에너지 전이(internal energy transition)' 과정에서 소멸된 후, 나머지 에너지가 다시 빛의 형태로 방출될 수도 있다. 이와 같이 물질에 의해 방출되는 빛 에너지가 흡수한 빛 에너지보다 더 작아지는(방출되는 빛의 파장이 흡수된 빛의 파장보다 더 길어짐, 예: 자외선을 흡수한 후 가시광선을 방출함) 발광 현상을 **형광**(fluorescence)이라고 한다. 형광의 발생 과

형광(fluorescence)

인광(phosphorescence)

정에서도 빛의 흡수와 방출 단계 사이의 시간 간격은 여전히 짧다. 형광등(fluorescent lamp)은 그 내부에 코팅된 형광 물질에 육안으로는 볼 수 없는 자외선을 쪼여 주면 가시광선 영역의 빛을 방출하는 원리를 적용한 것이다.

주어진 물질이 빛 에너지를 흡수하여 들뜬 상태로 전이된 전자가 특정 에너지 상태로 이동하게 되면, 그 상태에서는 빛을 방출하면서 더 낮은 에너지 상태로 돌아오기 힘들게 된다. 즉, 주어진 에너지 상태에 놓이는 전자가 더 낮은 에너지 상태로 돌아오는 과정이 원만하게(신속하게) 일어나지 못하게 되므로 에너지 흡수 단계와 방출 단계 사이의 시간 간격과 발광 지속 시간이 몇 분 또는 몇 시간으로 길어질 수 있는 것이다. 이와 같이 주어진 물질이 빛 에너지를 흡수한 후 다시 빛을 방출하는 과정이 지연되는(길어지는) 발광 현상을 **인광**(phosphorescence)이라고 하며, 인광을 방출하는 물질(phosphor)들의 경우 빛 에너지를 흡수한 후 빛의 방출이 서서히 이루어지기 때문에 주변에서 빛이 사라진 어두운 밤에도 발광을 지속하는 현상을 볼 수 있다.

(나) 화학발광

화학발광(chemiluminescence)이란 화학 반응에 의해 빛이 방출되는 현상을 말한다. 루미놀(luminol)에 의한 화학발광 기법은 범죄 현장에서 육안으로는 잘 보이지 않는 혈흔(blood stain)을 확인하는 작업에 사용한다. 이 경우 적절한 촉매(catalyst)를 사용하면 루미놀과 과산화 수소 사이의 반응이 촉진되어 발광의 세기가 증폭될 수 있는데, 혈액 속의 헤모글로빈(hemoglobin)에 함유된 철(iron, Fe)이 바로 촉매 역할을 한다. 즉, 육안으로는 잘 보이지 않지만 혈흔이 있다고 추정되는 부분에 루미놀과 과산화 수소의 혼합 용액(이 용액에는 염기와 그 밖의 다른 물질들도 함유되어 있음)을 뿌려주면 헤모글로빈의 철 성분에 의해 루미놀과 과산화 수소 사이의 산화−환원 반응이 촉진되어 발광 현상을 관찰할 수 있게 된다.

그림 7.13은 루미놀이 과산화 수소(hydrogen peroxide, H_2O_2)와 산화−환원 반응(oxidation-reduction reaction)을 일으키면서 형광을 방출하는 현상을 보여 준다.

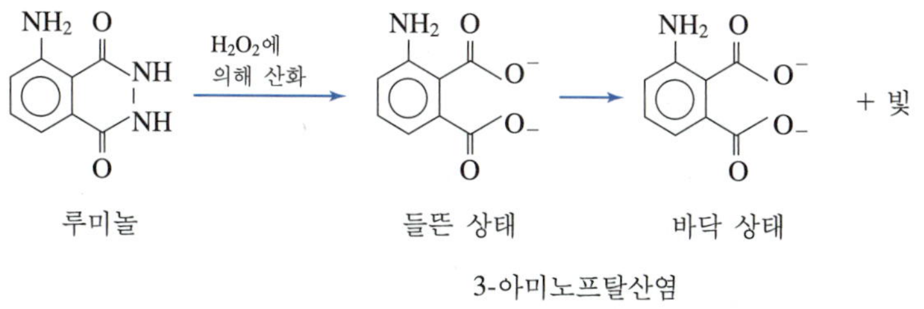

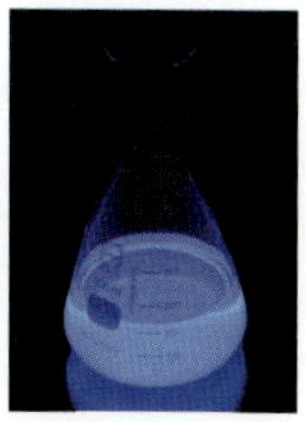

그림 7.13
H_2O_2에 의한 루미놀의 산화−환원 반응: 루미놀이 H_2O_2에 의해 산화되면서 들뜬 상태로 전이한 후, 다시 바닥 상태로 돌아오며 형광을 방출한다.

(다) 바이오 발광

바이오 발광(bioluminescence)은 생물체(living organism)에서 일어나는 화학 반응에 의해 빛이 방출되는 현상을 일컫는다. 아래의 왼쪽 그림은 개똥벌레(firefly)의 발광, 오른쪽 그림은 National Geographic에서 소개된 바이오 발광 곰팡이(bio-luminescent fungi)에 의한 발광을 보여 준다. 바이오 발광을 일으키는 물질은 루시페린(luciferin)과 발광 효소(enzyme)인 루시퍼레이스(luciferase)인데, 이 효소는 생물체마다 다르기 때문에 발광색도 달라지게 된다.

개똥벌레에 의한 바이오 발광

브라질에서 발견된 바이오 발광 곰팡이

알아두어야 할 용어(term)들

- 정전기
- 음극(캐쏘드)선
- 전자
- (전하/무게) 비
- 기름방울 실험
- 전자의 전하
- 전자의 질량
- 양극(애노드)선
- 양성자
- 원자모형
- 발광
- 인광/인광성 물질
- 방사성 원소
- 자연복사(방사선)
- 알파선/알파입자
- 베타선/베타입자
- 감마선
- 질량 분석기
- 동위 원소
- 평균 원자량
- 중성자
- 원자핵

요약

물질의 원자성을 다루는 원자론이 발표되고 많은 과학자들이 이와 관련된 연구들을 수행하는 동안 다른 한편에서는 물질이 소유한 전기적 성질에 관한 일련의 발견들이 물질의 전기론으로 이어지는 과정이 전개되었다. 물질들이 소유한 전기적인 성질들에 관한 체계적인 연구 중 하나인 음극선 실험들의 결과 원자를 구성하는 기본 입자 중 하나인 전자의 존재가 발견·확인되었으며, 양극선 실험들을 통해 원자를 구성하는 두 번째 기본 입자인 양성자의 발견이 이루어졌다. 원자를 구성하는 기본 입자들인 전자와 양성자의 발견으로 많은 과학자들이 전자들과 양성자들을 가진 원자 모형을 제안하였으며, 톰슨의 원자 모형도 그들 중 하나로 소개되었다. 외부로부터의 에너지 공급이 없이도 스스로 복사를 방출하는 특성을 가진 방사성 원소들의 존재와 그 방사성 원소들이 방출하는 자연 방사선(자연 복사)의 존재와 자연 복사에 관한 연구들을 통해 방사성 원소들이 자연 복사를 방출하면서 다른 종류의 원소로 변하는 자연 원자 변환도 관찰되었다. 질량 분석기를 사용한 연구들을 통해서는 방사성 원소들뿐 아니라 대부분의 원소들의 경우에도 동위 원소들이 존재함을 밝혀내었고, 주어진 원자의 원자량으로 평균 원자량을 사용하게 되었다. 그리고 톰슨의 원자 모형을 확인하기 위한 연구들을 수행하던 러더포드는 원자의 내부 중심부에 원자의 질량이 집중되어 있는 원자핵이 존재함을 밝혔다.

연 . 습 . 문 . 제

평균 원자량

1. 염소(chlorine, Cl)의 경우 75.77 %의 Cl-35(원자량: 34.968852)와 24.23 %의 Cl-37(원자량: 36.965903)로 구성되어 있다. Cl의 평균 원자량을 구하시오.

2. 규소(silicon, Si)의 경우 92.23 %의 Si-28(원자량: 27.976927)와 7.77 %의 Si-29(원자량: 28.976495)로 구성되어 있다. Si의 평균 원자량을 구하시오.

. 종 합 .

3. 다음 중 톰슨이 발견한 현상(것)이 아닌 것들을 고르시오.
   ① 전자의 발견
   ② 중성자의 발견
   ③ 전기 방전관의 내부를 채우는 기체의 종류가 달라져도, 동일한 성질의 음극선이 얻어진다.
   ④ 전기 방전관의 내부를 채우는 기체의 종류가 달라지면, 음극선의 성질이 달라진다.
   ⑤ 전자의 e/m 값

4. 다음 중 러더포드가 발견한 현상(것)이 아닌 것들을 고르시오.
   ① 원자핵의 발견
   ② 중성자의 발견
   ③ 금박을 향해 충돌시킨 것은 베타입자들이다
   ④ 금박을 향해 날아간 입자들은 대부분 금박으로부터 튕겨 나왔다.
   ⑤ 원자의 질량을 차지하는 양성자들은 원자의 중심부에 존재한다.

5. 방사성 원소들에 대해 올바르게 서술한 것들을 고르시오.
   ① 원방사성 원소들은 외부에서 에너지를 공급해 주어야 복사를 방출한다.
   ② 방사성 원소들이 방출하는 복사의 세 가지 성분들은 전자들로 이루어진 β-복사, 헬륨 원자들로 이루어진 α-복사 그리고 γ-복사이다.
   ③ 방사성 원소들은 그대로 방치하면, 다른 원소로 변한다.
   ④ 방사성 원소들은 가시광선을 쪼여주면, 자외선 형태의 인광을 방출한다.
   ⑤ 방사성 원소들은 자외선을 쪼여주면, 가시광선 형태의 인광을 방출한다.

6. 다음의 서술 중 올바른 것들을 고르시오.
   ① 극히 일부 원소들만이 동위 원소들을 가진다.
   ② 대부분의 원소들이 동위 원소들을 가진다.
   ③ 방사성 원소들만이 동위 원소들을 가진다.
   ④ 러더포드의 금박 실험을 통해 톰슨의 원자 모형이 옳지 않음을 확인하였는데, 그 이유는 금박을 향해 날아간 입자들이 대부분 금박으로부터 튕겨 나왔기 때문이다.
   ⑤ 러더포드의 원자 모형에 따르면 전자들은 원자 중심부에 모여 존재한다.
   ⑥ 전기 방전관을 사용한 톰슨의 실험에서 관찰된 음극선은 관의 내부가 거의 진공 상태에서 얻어진 것이다.

7. 다음 글의 ( ) 안에 들어갈 정확한 용어를(또는 화학식을) 제시하시오.

> (ⓐ)기체를 사용하였을 때 얻어지는 입자의 (ⓑ)값이 가장 크다는 사실은 세상에서 가장 가벼운 원자인 (ⓐ)원자로부터 생겨나는 입자인 (ⓒ)이 바로 원자를 구성하는 또 하나의 기본입자일 것이라는 사실을 암시한다. 즉, (ⓒ)이 바로 양성자(proton)이며, 양성자의 무게는 (ⓐ)원자의 무게와 거의 같다.
> 우라늄(U), 라듐(Ra), 토륨(Th) 그리고 폴로늄(Po)과 같이 외부로부터 빛을 흡수하지 않고도 복사를 방출하는 특성을 가지는 원소들을 (ⓓ)들이라고 분류하고, 그러한 원소들로부터 방출되는 복사는 (ⓔ)라고 부른다. (ⓔ)는 (ⓕ)복사, (ⓖ)복사 그리고 감마복사로 이루어져 있으며, (ⓕ)복사를 구성하는 입자들은 전자들이고, (ⓖ)복사를 구성하는 입자들은 (ⓗ)들이다.

8. 다음 질문에 답하시오.

① Thomson의 음극선 실험 결과 중에서 음극선을 구성하는 전자들은 모든 원자들을 구성하는 공통입자라는 결론에 도달할 수 있게 만든 실험 결과를 제시하시오.

② 아래 문장의 ( ) 안에 정확한 수치를 적으시오.

> • 전자 한 개의 무게가 9.109×10^{-31} kg라면, 전자 한 개의 질량은 (ⓐ)이 된다. 따라서 수소(H)
> • 원자(원자량 = 1.008)는 전자의 질량에 비해 (ⓑ)배 더 크다. (아보가드로 수 = 6.022×10^{23})

③ 중성자 한 개의 무게가 1.675×10^{-27} kg라면, amu 단위를 가진 중성자의 무게를 구하시오.

9. 다음은 규소(silicone, Si) 동위 원소들의 상대적 존재비율을 알아내기 위한 질량분석을 진행한 결과들이다. 다음 질문에 답하시오.

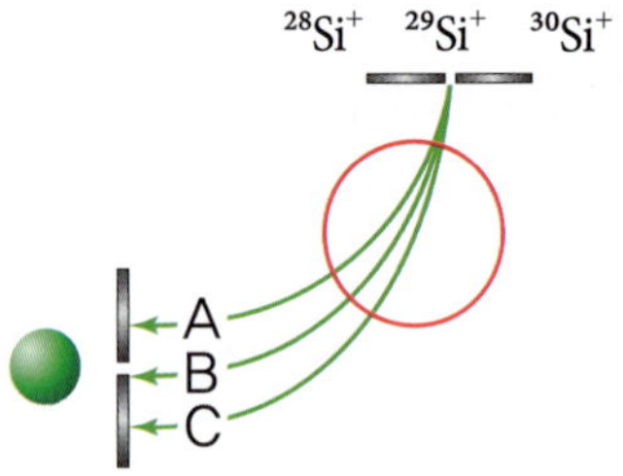

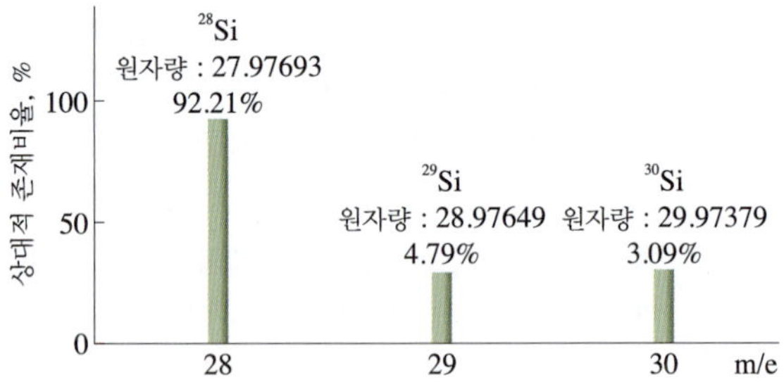

① ( ) 안에 정확한 수치들을 적으시오.

$^{30}_{14}Si$	양성자의 수 = ( )	전자의 수 = ( )	질량수 = ( )	중성자의 수 = ( )

② 중위 왼쪽 그림에서 A는 ($^{28}Si^+$ 이온들, $^{29}Si^+$ 이온들, $^{30}Si^+$ 이온들)이다. 올바른 것을 고르고 그 이유를 제시하시오.

③ 위 왼쪽 그림에서 $^{28}Si^+$ 이온들을 수집하려면 현재보다 자기장의 세기를 더 (증가, 감소)시켜야 한다. 올바른 것을 고르시오.

④ 위 오른쪽 그림과 같은 질량 분석결과(mass spectrum)에 근거하여 Si의 평균 원자량을 풀이과정과 함께 제시하시오.

10. 다음은 마그네슘(magnesium, Mg) 동위 원소들에 관한 정보이다. 다음 질문에 답하시오.

① 아래 표의 ( ) 안에 적절한 수치들을 적으시오.

동위 원소	$^{24}_{12}Mg$
양성자의 수	
중성자의 수	
전자의 수	
질량수	

② 아래 표에서 마그네슘 원자의 평균 원자량을 그 풀이과정과 함께 적으시오.

동위 원소	존재비율	원자 질량	평균 원자량
Mg-24	78.99 %	23.9850	
Mg-25	10.00 %	24.9858	
Mg-26	11.01 %	25.9826	

11. 다음 그림은 질량 분석기 실험 결과를 보여준다. 다음 질문에 답하시오.

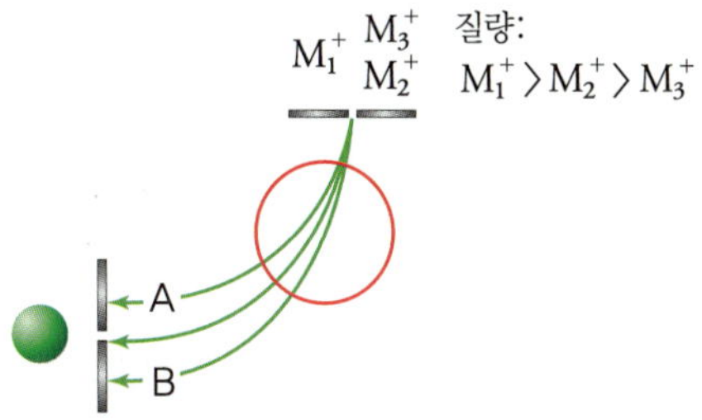

① B는 (M_1^+ 이온들, M_2^+ 이온들, M_3^+ 이온들)이다. 올바른 것을 고르시오.

② ①번에서 고른 답의 이유를 제시하시오.

③ M_1^+이온들을 구멍으로 통과하게 하기 위해서는 현재보다 자기장의 세기를 더 (증가, 감소)시켜야 한다. 올바른 것을 고르시오.

12. 위 11번의 그림을 활용하여 다음의 질문에 답하시오.

① B는 (CH_3CO^+ 이온들, $(CH_3)_2CO^+$ 이온들)이다. 올바른 것을 고르고 그 이유를 제시하시오.

② 그리고 B와 같은 경로로 이동하는 이온들을 구멍을 통과시켜 수집하기 위해서는 현재보다 자기장의 세기를 더 (증가, 감소)시켜야 한다. 올바른 것을 고르시오.

08

주기율표와 화합물의 명명

주기율표는 원소를 적절한 순서와 형태로 배열해 놓은 것이다. 주기율표가 나타내는 기본 개념은 주기율표에 배열된 원소의 물리 · 화학적 성질이 주기적으로 반복되어 나타난다는 점과 어떤 원소든 주기율표를 근거로 그 원소의 물리 · 화학적 성질을 비교적 정확하게 예측할 수 있다는 점이다.

8.1 주기율표

많은 사람들에 의해 이미 그 존재가 알려져 있었던 원소인 금(gold, Au), 은(silver, Ag), 주석(tin, Sn), 구리(copper, Cu), 납(lead, Pb), 수은(mercury, Hg) 등의 원소와는 달리, 1649년에 처음으로 과학적 발견을 통해 그 존재가 알려진 원소는 인(phosphorous, P)이다. 1869년에 이르는 시점에서는 63개 원소의 존재가 알려지게 되었으며, 그 과정에서 화학자들은 주어진 원소와 그 원소가 참여한 화합물이 소유한 성질에 관한 다양한 연구 결과를 얻었다. 그 결과 원소들은 몇 가지 특징적인 유형으로 구분할 수 있는 성질이 있음을 알아내었고, 그러한 유형에 근거하여 원소를 구분하려는 시도가 등장하게 되었다.

8.1.1 원자량에 근거한 Mendeleev의 주기율표

주기율표는 1820년부터 약 50년의 기간에 걸쳐 수많은 화학자에 의해 제안되고 수정되어 왔으며, 1869년에 러시아의 화학자인 Dmitri Ivanovich Mendeleev(멘델레에프)가 처음으로 거의 완벽한 형태의 주기율표를 완성하였다.

❶ 가장 가벼운 원소부터 시작하여 원자량의 순서로 원소를 배열하였다.

Mendeleev는 원소를 원자량이 작은 것부터 시작하여 큰 것의 순서로 왼쪽에서 오른쪽으로 배열하였으며, 그러한 원소의 수평 배열 과정에서 화학적 성질이 비슷한 원소가 위아래로 위치할 수 있도록 수평 배열의 길이를 조절하였다. 주어진 주기율표에서 각 수평 배열을 **주기**(period)라고 하고, 수직 배열을 **족**(group)이라고 한다. Mendeleev의 작업이 완료된 후, 그의 **주기율표**에서 주어진 '족'에 속하는 모든 원소는 거의 비슷한 화학적 성질을 갖는다는 것을 알게 되었다.

Mendeleev의 주기율표가 등장한 시점과 거의 비슷한 시기에 독일의 Lothar Meyer(마이어)는 주기율표에서 원소의 물리적 성질도 화학적 성질과 마찬가지로 주기성을 보인다는 사실을 밝혀내기도 하였다. 그림 8.1은 Mendeleev의 주기율표를 보여 주고 있다.

Reihen	Gruppe I. — R^2O	Gruppe II. — RO	Gruppe III. — R^2O^3	Gruppe IV. RH^4 RO^2	Gruppe V. RH^3 R^2O^5	Gruppe VI. RH^2 RO^3	Gruppe VII. RH R^2O^7	Gruppe VIII. — RO^4
1	H=1							
2	Li=7	Be=9,4	B=11	C=12	N=14	O=16	F=19	
3	Na=23	Mg=24	Al=27,3	Si=28	P=31	S=32	Cl=35,5	
4	K=39	Ca=40	—=44	Ti=48	V=51	Cr=52	Mn=55	Fe=56, Co=59, Ni=59, Cu=63.
5	(Cu=63)	Zn=65	—=68	—=72	As=75	Se=78	Br=80	
6	Rb=85	Sr=87	?Yt=88	Zr=90	Nb=94	Mo=96	—=100	Ru=104, Rh=104, Pd=106, Ag=108.
7	(Ag=108)	Cd=112	In=113	Sn=118	Sb=122	Te=125	J=127	
8	Cs=133	Ba=137	?Di=138	?Ce=140	—	—	—	— — — —
9	(—)	—	—	—	—	—	—	
10	—	—	?Er=178	?La=180	Ta=182	W=184	—	Os=195, Ir=197, Pt=198, Au=199.
11	(Au=199)	Hg=200	Tl=204	Pb=207	Bi=208	—	—	
12	—	—	—	Th=231	—	U=240	—	— — — —

그림 8.1
Mendeleev의 주기율표: Zn의 다음에 위치한 두 칸이 비어 있다. Mendeleev는 3족(Group III)의 빈칸은 원자량이 68 정도인 원소가 들어갈 것으로 예측하였고, 'eka-Aluminum, ekaAl'라고 불렀다. 또한, 4족(Group IV)의 빈칸은 원자량이 72 정도인 원소가 들어갈 것으로 예측하였고, 'eka-Silicon, ekaSi'으로 불렀다.

❷ 필요한 경우 원자량 순서를 무시한 후, 화학적 성질의 주기성에 근거하여 두원 소의 위치를 맞바꾸었다.

Mendeleev는 원소를 원자량의 순서로 배열하여 만든 주기율표에서 원소의 화학적 성질이 주기적으로 반복되는 현상에 예외적인 경우가 나타남을 발견하였다. 다시 말해 원소를 배열하는 동안 화학적 성질의 주기성을 위해 원자량이 더 작은 원소를 원자량이 더 큰 원소의 다음에 배열해 줄 필요가 있었던 것이다. Mendeleev는 그러한 필요성이 발생하는 경우에는 원자량의 크기 순서에 근거하는 배열 방식을 무시하고, 해당 원소의 위치를 맞바꾸어 주었다.

예를 들면, 코발트(cobalt, Co, 원자량: 58.93)를 니켈(nickel, Ni, 원자량: 58.71)의 바로 앞에, 아르곤(argon, Ar, 원자량: 39.95)을 포타슘(potassium, K, 원자량: 39.10)의 바로 앞에 배열하였다.

❸ 그 당시 발견되지 않고 있는 원소를 위해 빈칸을 남겨 두었다.

주기율표를 완성하는 동안 Mendeleev는 당시까지 발견되지 않은 원소가 존재한다는 사실도 알 수 있었고, 그림 8.1에서와 같이 그러한 원소가 기재될 공간은 빈칸으로 남겨 두었다.

Mendeleev가 그의 주기율표에서 빈칸으로 남겨 둔 곳에 기재될 원소의 경우 화학적 성질을 예측할 수 있었으므로 이후 여러 과학자들이 해당 원소를 발견하는 데 큰 도움이 되었다.

즉, Mendeleev의 주기율표는 그때까지 알려지지 않은 몇 가지 원소의 발견과 그 원소의 성질을 미리 예측할 수 있었다는 점에서 그 유용성이 명확히 증명될 수 있었다.

표 8.1 eka-Al과 Ga, eka-boron과 Sc 그리고 eka-Si과 Ge의 성질 비교

	eka-Al에 대해 예측한 성질	Ga의 성질	eka-Si에 대해 예측한 성질	Ge의 성질	eka-B에 대해 예측한 성질	Sc의 성질
원자량	약 68	69.7	약 72	72.6	44	43.79
녹는점(℃)	낮음	30	높음	958	–	–
밀도(g/cm^3)	5.9	5.94	5.5	5.47	3.5	3.864
산화물의 화학식	eka-Al_2O_3	Ga_2O_3	eka-SiO_2	GeO_2	eka-B_2O_3	Sc_2O_3
염화물의 화학식	eka-Al_2Cl_3	$GaCl_3$	eka-$SiCl_4$	$GeCl_4$	–	–
수산화물의 화학식	eka-$Al(OH)_3$는 산과 염기에 녹는다.	$Ga(OH)_3$는 산과 염기에 녹는다.	–	–	–	–
염화물의 끓는점(℃)	eka-$AlCl_3$는 $ZnCl_2$보다 휘발성이 더 크다.	$GaCl_3$는 $ZnCl_2$보다 휘발성이 더 크다.	<100	<86	–	–

예를 들면 1875년에 Mendeleev가 eka-aluminum(에카-알루미늄, eka-Al)이라고 부른 원소와 유사한 성질을 가진 갈륨(gallium, Ga)이 발견되었고, 1879년에 Mendeleev가 eka-boron(에카-보론, eka-B)이라고 부른 원소와 유사한 성질을 가진 스칸듐(scandium, Sc)이 발견되었고, 1886년에는 저마늄(germanium, Ge)이 발견되었는데 Ge의 성질은 Mendeleev가 예측한 eka-silicon(에카-실리콘, eka-Si)의 성질과 유사하였다. 표 8.1은 eka-Al과 Ga, eka-Si과 Ge 그리고 eka-B과 Sc의 성질을 비교한 것이다.

8.1.2 원자 번호에 근거한 주기율표의 등장

Mendeleev의 주기율표가 소개된 이후 사람들은 원소를 원자량 순서로 배열하여 주기율표를 완성하면서 발생하는 몇 가지 예외 사항 때문에 원소의 배열 기준으로 원자량 이외의 방법이 존재할 것이라는 생각을 하게 되었다.

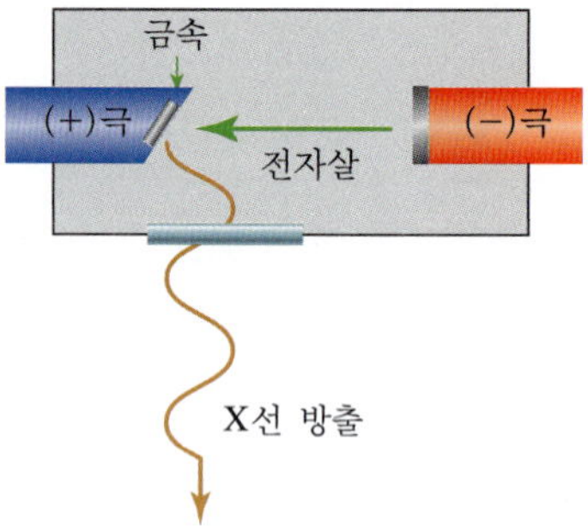

그림 8.2
X선관(X-ray tube). (+)극과 (−)극 사이에 높은 전압을 걸어주면 (−)극에서 발생한 전자 살이 (+)극으로 이동한다. (+)극에 다양한 금속을 위치시키면 전자 살에 의해 X선의 선 방출 스펙트럼을 얻을 수 있다.

1913년에 Henry Moseley (모즐리)는 그림 8.2에서 볼 수 있는 X선관을 사용한 실험을 통해 주기율표에서 원소의 배열 기준으로 원자 번호를 사용해야 한다는 사실을 보여 주었다. 모즐리에 따르면, 원소를 원자 번호 순서로 배열하여 주기율표를 완성하는 경우 앞에서와 같은 예외적인 상황이 발생하지 않으면서도 원소의 물리 · 화학적 성질이 주기적으로 반복되어 나타날 수 있었다. Moseley의 실험은 다음과 같다. (−)극으로부터 발생한 높은 에너지의 전자 살(electron beam)은 (+)극에 도달하고, (+)극 표면에는 표적 물질로써 다양한 금속을 위치시킨다. 전자 살이 금속에 충돌하면서 금속마다 독특한 진동수(frequency, ν)를 가진 X선을 선 스펙트럼(linear spectrum)의 형태로 방출한다. 그림 8.3에 실려 있는 금속마다 얻어지는 선 스펙트럼을 자세히 살펴보면, 금속 핵의 양전하(Z)가 증가함에 따라 금속이 방출하는 X선의 진동수가 증가함을 알 수 있다. 또한, 특정한 진동수의 X선의 세기(intensity)가 다른 선보다 더 크게 나타나는데(굵은 선), 이와 같이 선 스펙트럼에서 상대적으로 큰 세기(굵은 선)에 해당하는 진동수는 금속 핵의 양전하(Z)의 제곱과 비례 관계가 성립한다. 방출되는 X선의 진동수가 크다는 것은 X선의 에너지가 크다는 것이고, 그러한 X선을 방출하는 금속의 경우 전자를 더 강하게 끌어당기는 힘이 작용하고 있다는 사실, 즉 해당 금속 원자의 경우 양전하의 크기가 커야 한다는 사실을 의미한다.

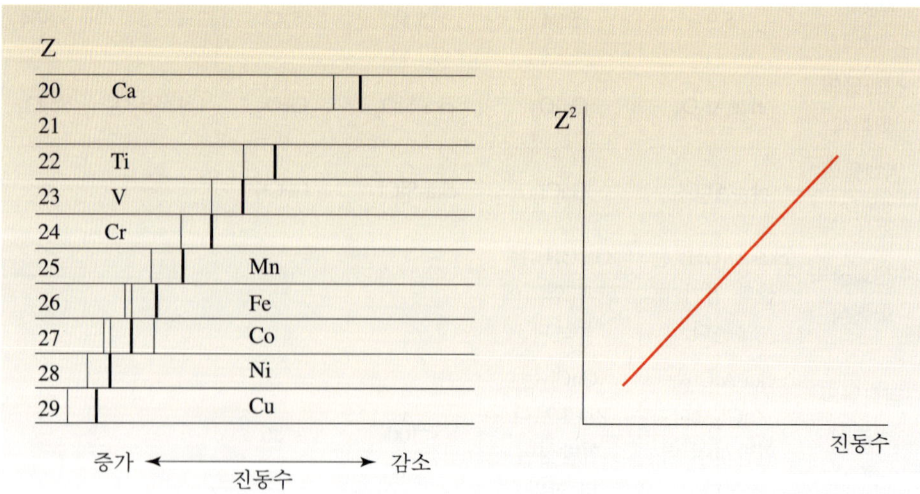

그림 8.3
Moseley의 실험 결과

Moseley는 그의 실험 결과를 근거로 원자핵이 가지는 정확한 양전하의 크기를 계산할 수 있었으며, 원자마다 다른 양전하의 크기는 총 전자가 소유한 음전하의 크기와 같다는 것을 알게 되었다. 이렇게 구해진 양전하의 크기가 바로 원자 번호(atomic number)이다.

원자 번호 = 양성자의 수 = 전자의 수

표 8.2는 1930년에 원자 번호에 근거하여 만들어진 주기율표를 나타낸 것이다.

표 8.2 원자 번호에 근거하여 만들어진 주기율표

0족	I족	II족	III족	IV족	V족	VI족	VII족	VIII족
	H 1							
He 2	Li 3	Be 4	B 5	C 6	N 7	O 8	F 9	
Ne 10	Na 11	Mg 12	Al 13	Si 14	P 15	S 16	Cl 17	
Ar 18	K 19 Cu 29	Ca 20 Zn 30	Sc 21 Ga 31	Ti 22 Ge 32	V 23 As 33	Cr 24 Se 34	Mn 25 Br 35	Fe 26 Co 27 Ni 28
Kr 36	Rb 37 Ag 47	Sr 38 Cd 48	Y 39 In 49	Zr 40 Sn 50	Nb 41 Sb 51	Mo 42 Te 52	 I 53	Ru 44 Rh 45 Pd 46
Xe 54	Cs 55 Au 79	Ba 56 Hg 80	57-71* TI 81	Hf 72 Pb 82	Ta 73 Bi 83	W 74 Po 84	Re 75	Os 76 Ir 77 R 46
Rn 86		Ra 88	Ac 89	Th 90	Pa 91	U 92		

8.1.3 현대 주기율표

그림 8.4에서 볼 수 있는 현대 주기율표에서는 일반적으로 원소 기호와 원자 번호를 함께 기재하고 있다.

원자 번호는 주어진 원소의 원자가 소유한 양성자의 수(또는 전자의 수)를 나타낸다. 원소를 원자 번호의 순서로 나열했을 때, 원소의 물리 · 화학적 성질이 비슷한 원소가 일정

	1A	2A	3B	4B	5B	6B	7B	8B	8B	8B	1B	2B	3A	4A	5A	6A	7A	8A
1	1 H																	2 He
2	3 Li	4 Be											5 B	6 C	7 N	8 O	9 F	10 Ne
3	11 Na	12 Mg											13 Al	14 Si	15 P	16 S	17 Cl	18 Ar
4	19 K	20 Ca	21 Sc	22 Ti	23 V	24 Cr	25 Mn	26 Fe	27 Co	28 Ni	29 Cu	30 Zn	31 Ga	32 Ge	33 As	34 Se	35 Br	36 Kr
5	37 Rb	38 Sr	39 Y	40 Zr	41 Nb	42 Mo	43 Tc	44 Ru	45 Rh	46 Pd	47 Ag	48 Cd	49 In	50 Sn	51 Sb	52 Te	53 I	54 Xe
6	55 Cs	56 Ba	57 *La	72 Hf	73 Ta	74 W	75 Re	76 Os	77 Ir	78 Pt	79 Au	80 Hg	81 Tl	82 Pb	83 Bi	84 Po	85 At	86 Rn
7	87 Fr	88 Ra	89 †Ac	104 Rf	105 Db	106 Sg	107 Bh	108 Hs	109 Mt	110 Ds	111 Rg	112 Cn	113 Nh	114 Fl	115 Mc	116 Lv	117 Ts	118 Og

*란타넘 계열	58 Ce	59 Pr	60 Nd	61 Pm	62 Sm	63 Eu	64 Gd	65 Tb	66 Dy	67 Ho	68 Er	69 Tm	70 Yb	71 Lu
†악티늄 계열	90 Th	91 Pa	92 U	93 Np	94 Pu	95 Am	96 Cm	97 Bk	98 Cf	99 Es	100 Fm	101 Md	102 No	103 Lr

그림 8.4
현대 주기율표

한 간격으로 반복하여 나타나는 현상(법칙)을 **원소 주기율**(the periodic law of element)이라고 한다. 주기율표에서 가로줄을 **주기**(period)라고 하고, 세로줄을 **족**(group)이라고 한다.

❶ 금속, 비금속, 준금속, 주족 금속

그림 8.5는 주기율표를 구성하는 원소를 금속(metal), 준금속(metalloid), 비금속(nonmetal)으로 분류하여 나타낸 것이다. 그림 8.6은 주기율표에서 **주족 원소**(representative element : 1A, 2A, 3A, 4A, 5A, 6A, 7A 그리고 비활성 기체에 속하는 원소) 중 금속 원소만을 보여 주고 있다. 주족 금속(representative metal)은 **알칼리 금속**(alkali metal: 1A족 금속), **알칼리 토금속**(alkaline earth metal : 2A족 금속), **후전이 금속**(post-transition metal: 3A족, 4A족, 5A, 6A 금속)으로 구성되어 있다.

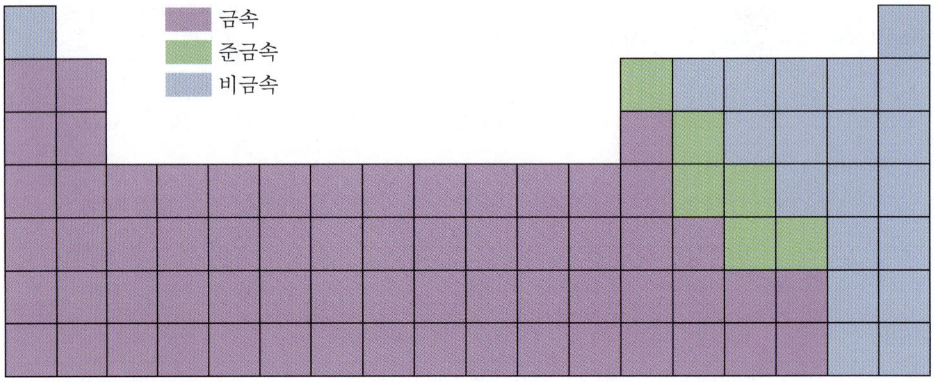

그림 8.5
금속, 비금속, 준금속 원소

그림 8.6
금속 원소

❷ 주족 금속의 물리적 성질과 화학적 성질

(가) 물리적 성질

주족 금속은 광택(luster)을 나타내고, 열과 전기의 도체(conductors of heat and electricity)라는 물리적 성질이 있다. 또한 밀도와 녹는점이 높으며, 대부분의 금속은 가는 철사 형태로 만들어질 수 있는 **늘림성**(ductile, 연성)과 얇은 판의 형태로 만들어질 수 있는 **펴짐성**(malleability, 전성)을 가진다.

(나) 화학적 성질

주족 금속은 산화되기 쉬워서 쉽게 전자를 잃고, 양이온으로 변하려는 경향성이 크며, 쉽게 산화물을 만드는 화학적 성질이 있다.

❸ 주족 금속

(가) 1A족: 알칼리 금속

1A족 금속은 염기성이 매우 강한 금속의 수산화물(metal hydroxide, MOH)을 형성하기 때문에 **알칼리 금속**(alkali metal)이라고 한다. 1A족 금속은 매우 높은 반응성을 가지기 때문에 자연에서 원소 형태로는 존재하지 않는다. 1A족 금속은 쉽게 전자를 잃고, 일가 양이온(M^+ 이온)으로 변하기 쉬워 7A족 원소에 전자를 주어 음이온으로 만든 후 이온 결합 화합물(ionic compound)을 이루려는 경향성이 있다. 이 금속은 물과 접촉하면 폭발적으로 반응한다.

(나) 2A족: 알칼리 토금속

2A족 금속은 주로 지표 껍질(Earth's crust)에서 발견되며, 석회(lime, CaO)나 마그네시아(magnesia, MgO)와 같이 이들 금속의 금속 산화물(metal oxide, MO)이 염기성을 나타내므로 **알칼리 토금속**(alkaline earth metal)이라고 한다. 2A족 금속은 전자를 잃고 이가 양이온(M^{2+} 이온)으로 변하기 쉬워 다른 원소에 전자를 주어 음이온으로 만든 후 이온 결합 화합물을 이루려는 경향성이 있다. 이 금속은 반응성이 크기 때문에 자연에서 원소 형태로 존재하지 않는다.

❹ 전이 금속과 내부 전이 금속

그림 8.7은 **전이 금속**(transition metal)과 **내부 전이 금속**(inner transition metal)을 보여준다.

3B	4B	5B	6B	7B	8B	8B	8B	1B	2B
21 Sc	22 Ti	23 V	24 Cr	25 Mn	26 Fe	27 Co	28 Ni	29 Cu	30 Zn
39 Y	40 Zr	41 Nb	42 Mo	43 Tc	44 Ru	45 Rh	46 Pd	47 Ag	48 Cd
57 *La	72 Hf	73 Ta	74 W	75 Re	76 Os	77 Ir	78 Pt	79 Au	80 Hg
89 †Ac	104 Rf	105 Db	106 Sg	107 Bh	108 Hs	109 Mt	110 Ds	111 Rg	112 Cn

*란타넘 계열	58 Ce	59 Pr	60 Nd	61 Pm	62 Sm	63 Eu	64 Gd	65 Tb	66 Dy	67 Ho	68 Er	69 Tm	70 Yb	71 Lu
†악티늄 계열	90 Th	91 Pa	92 U	93 Np	94 Pu	95 Am	96 Cm	97 Bk	98 Cf	99 Es	100 Fm	101 Md	102 No	103 Lr

그림 8.7 전이 금속과 내부 전이 금속

전이 금속은 2A족과 3A족 사이에 위치한 금속 원소를 지칭하며, 다양한 색의 화합물을 형성한다. 예를 들어, 오렌지색의 중크로뮴산 포타슘(potassium dichromate, $K_2Cr_2O_7$), 노란색의 크로뮴산 포타슘(potassium chromate, K_2CrO_4), 연한 녹색을 나타내는 염화 니켈(nickel chloride, $NiCl_2$), 푸른색의 황산 구리(copper sulfate, $CuSO_4$), 자주색의 과망가니즈산 포타슘(potassium permanganate, $KMnO_4$) 등을 들 수 있다. 이 금속 원소들은 대부분 한 가지 이상의 금속 양이온(metal cation)을 형성한다. 예를 들어 보자. 철(iron, Fe)은 Fe^{2+} 이온과 Fe^{3+} 이온, 망가니즈(manganese, Mn)는 Mn^{2+} 이온, Mn^{3+} 이온, Mn^{4+} 이온, Mn^{5+} 이온, Mn^{6+} 이온, Mn^{7+} 이온을, 크로뮴(chromium, Cr)은 Cr^{2+} 이온, Cr^{3+} 이온, Cr^{6+} 이온으로 변할 수 있다. 내부 전이 금속은 희토류 원소(rare earth element)이며, 원자 번호가 58인 란타넘(lanthanum, La)부터 71번인 루테튬(leutetium, Lu)으로 구성되는 **란타넘 계열**(lanthanide series)과 90번인 악티늄(actinium, Ac)부터 103번인 로렌슘(lawrencium, Lr)으로 구성되는 **악티늄 계열**(actinide series)로 구분되어 있다. 원자 번호가 93번인 넵투늄(neptunium, Np)부터 시작하여 그 이후의 원소들은 자연 발생 원소가 아니고, 핵반응

(nuclear reaction)이나 입자 가속기(particle accelerator)에 의해 만들어진 인위적인 원소 (artificial element)이다.

❺ 비금속

그림 8.8은 비금속 원소를 보여 주며, **비금속 원소**(nonmetal element)를 고체, 액체, 기체 상태의 원소로 구분하여 나타내었다.

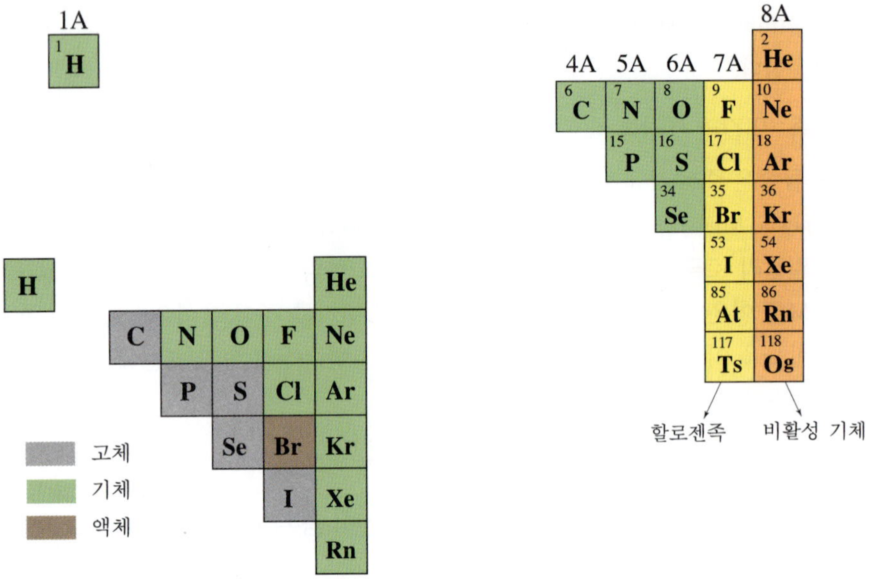

그림 8.8
비금속 원소

(가) 비금속의 물리적 성질과 화학적 성질

• 물리적 성질

비금속의 물리적 성질은 광택이 없고, 열과 전기를 잘 전달하지 못한다는 것이다. 또 무르고(깨어지기 쉬움) 녹는점이 낮으며, 밀도가 낮고, 늘림성과 펴짐성이 없다.

• 화학적 성질

금속은 전자를 잃고 **산화**되려는(**양이온**이 되려는) 경향성을 가지는 반면, 비금속은 전자를 얻어 **환원**되려는(음이온으로 되려는) 경향성을 가지므로 금속 원소와 비금속 원소는 서로 만나 화합물을 이루기 쉽다. 이 경우 생성되는 화합물은 **이온 결합 화합물**(ionic compound)이다. 두 가지 이상의 비금속도 서로 결합해서 화합물을 만들 수 있는데, 이 경우 **공유 결합 화합물**(covalent compound)이라고 한다.

(나) 비활성 기체(8A족)

비활성 기체(inert gas)는 무취(odorless) 무색(colorless)의 단원자 기체(monoatomic gas)로, 전자를 잃거나 얻을 필요가 없는 안정한 상태에 있는 원자로 이루어진 원소이며, 다른 원소에 비해 반응성이 현저히 낮다. 주기가 증가할수록 반응성이 증가(상대적인 증가이며, 절대적인 면에선 여전히 반응성이 낮음)하므로 네온과 헬륨의 반응성이 가장 낮다.

(다) 할로젠족 원소(7A족)

할로젠족(halogen group) 원소는 전자 한 개를 얻어 일가 음이온(X^- 이온)으로 변하여 안정화되려는 경향성이 있다. 할로젠족 원소는 수소와 함께 HX로 표현하는 산(acid)을 만든다. 주기가 증가할수록 산의 세기가 증가한다(HI > HBr > HCl > HF).

❻ 준금속

그림 8.9는 **준금속**(metalloids 또는 semi-metals)을 보여 준다. 준금속은 고체이지만 광택을 나타내기도 하고, 투박한 외양을 가질 수도 있다. 늘림성과 펴짐성이 있으며, 열과 전기에 대한 전도는 금속보다는 약하지만 비금속보다는 강하다.

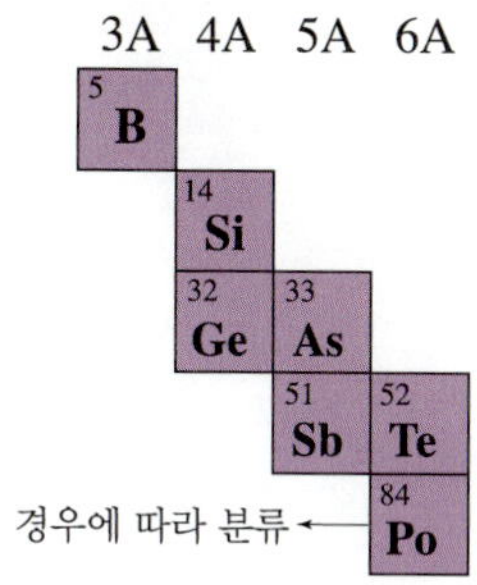

그림 8.9
준금속

8.2 화합물의 명명

8.2.1 화합물을 형성하는 양이온과 음이온의 명명

표 8.3은 주족 원소가 양이온과 음이온으로 변하는 경우, 그 양이온과 음이온에 대한 명명법을 보여 준다.

표 8.3 주족 원소의 양이온과 음이온의 명명

1A	2A	3A	4A	5A	6A	7A
H^- hydride 수소화						
Li^+ lithium 리튬	Be^{2+} beryllium 베릴륨		C^{4-} carbide 탄화	N^{3-} nitride 질소화	O^{2-} oxide 산화	F^- fluoride 플루오린화
Na^+ sodium 소듐	Mg^{2+} magnesium 마그네슘	Al^{3+} aluminum 알루미늄		P^{3-} phosphide 인화	S^{2-} sulfide 황화	Cl^- chloride 염화
K^+ potassium 포타슘	Ca^{2+} calcium 칼슘				Se^{2-} selenide 셀렌화	Br^- bromide 브로민화
Rb^+ rubidium 루비듐	Sr^{2+} strontium 스트론튬				Te^{2-} telluride 텔루르화	I^- iodide 아이오딘화
Cs^+ cesium 세슘	Ba^{2+} barium 바륨					

8.2.2 화학종의 수를 세는 방법

표 8.4는 화합물 형성에 참여하는 양이온과 음이온의 수를 세는 방법을 보여 준다.

표 8.4 양이온과 음이온의 수를 나타내는 용어들

수	1	2	3	4	5	6	7	8	9	10
명명	일, 모노 (mono)	이, 다이 (di)	삼, 트라이 (tri)	사, 테트라 (tetra)	오, 펜타 (penta)	육, 헥사 (hexa)	칠, 헵타 (hepta)	팔, 옥타 (octa)	구, 노나 (nona)	십, 데카 (deca)

예제 8.1 N_2O, NO, N_2O_3, NO_2, N_2O_4, N_2O_5를 명명해 보자.

풀이 »

N_2O	NO	N_2O_3	NO_2	N_2O_4	N_2O_5
일산화 이질소 (dinitrogen monoxide)	일산화 질소 (nitrogen monoxide)	삼산화 이질소 (dinitrogen trioxide)	이산화 질소 (nitrogen dioxide)	사산화 이질소 (dinitrogen tetroxide)	오산화 이질소 (dinitrogen pentoxide)

8.2.3 금속-비금속 화합물에 대한 이름 붙이기

❶ 금속-비금속 이성분 화합물

(가) 한 가지로만 하전되는 금속과 비금속 사이의 화합물

다음은 한 가지로만 하전되는 금속과 비금속 사이의 몇 가지 이성분 화합물(binary compound)을 명명하는 방법을 보여 준다.

참여 이온들	이온 결합 화합물	영어 이름	우리말 이름
Ba^{2+} 이온과 H^- 이온	BaH_2	barium hydride	수소화 바륨
Li^+ 이온과 O^{2-} 이온	Li_2O	lithium oxide	산화 리튬
Al^{3+} 이온과 Cl^- 이온	$AlCl_3$	aluminum chloride	염화 알루미늄
Mg^{2+} 이온과 N^{3-} 이온	Mg_3N_2	magnesium nitride	질소화 마그네슘

(나) 두 가지 이상으로 하전되는 금속과 비금속 사이의 화합물

다음은 두 가지 이상으로 하전되는 금속과 비금속 사이의 몇 가지 이성분 화합물을 명명하는 방법을 보여 준다.

이온	Stock식 이름	고전적 이름	이온	Stock식 이름	고전적 이름
Cr^{2+}	크로뮴(II) chromium(II)	제1크로뮴 chromous	Cu^+	구리(I) copper(I)	제1구리 cuprous
Cr^{3+}	크로뮴(III) chromium(III)	제2크로뮴 chromic	Cu^{2+}	구리(II) copper(II)	제2구리 cupric
Fe^{2+}	철(II) iron(II)	제1철 ferrous	Mn^{2+}	망가니즈(II) manganese(II)	제1망가니즈 manganous
Fe^{3+}	철(III) iron(III)	제2철 ferric	Mn^{3+}	망가니즈(III) manganese(III)	제2망가니즈 manganic
Pb^{2+}	납(II) lead(II)	plumbous	Sn^{2+}	주석(II) tin(II)	제1주석 stannous
Pb^{4+}	납(IV) lead(IV)	plumbic	Sn^{4+}	주석(IV) tin(IV)	제2주석 stannic
Au+	금(I) gold(I)	aurous	Co^{2+}	코발트(II) cobalt(II)	제1코발트 cobaltous
Au^{3+}	금(III) gold(III)	auric	Co^{3+}	코발트(III) cobalt(III)	제2코발트 cobaltic

예제 8.2 SnO_2과 Co_2S_3를 명명해 보자.

풀이 »

- SnO_2 : 여기서 O는 O^{2-} 이온이므로 Sn은 Sn^{4+} 이온이 된다. 따라서 SnO_2는 산화 주석(IV) [tin(IV) oxide]이다.
- Co_2S_3 : 여기서 S는 S^{2-} 이온이므로 Co는 Co^{3+} 이온이 된다. 따라서 Co_2S_3는 황화 코발트(III) [cobalt(III) sulfide]이다.

예제 8.3 산화 납(IV) [lead (IV) oxide]과 염화 철 (II) [iron (II) chloride]의 화학식을 써 보자.

풀이 »

- 산화 납(IV) [lead(IV) oxide] : Pb^{4+} 이온과 O^{2-} 이온 사이의 결합이다. 따라서 산화 납(IV)의 화학식은 PbO_2이다.
- 염화 철(II) [iron(II) chloride] : Fe^{2+} 이온과 Cl^- 이온 사이의 결합이다. 따라서 염화 철(II)의 화학식은 $FeCl_2$이다.

❷ 다원자 이온을 함유한 화합물의 명명

다음은 몇 가지 **다원자 이온**(polyatomic ion)의 명명법을 보여 준다.

NO_3^-	NO_2^-	CN^-	$C_2H_3O_2^-$	NH_4^+
질산 이온 nitrate	아질산 이온 nitrite	사이안화 이온 cyanide	아세트산 이온 acetate	암모늄 이온 ammonium
$C_2O_4^{2-}$	HCO_3^-	CO_3^{2-}	OH^-	
옥살산 이온 oxalate	탄산수소 이온 hydrogen carbonate	탄산 이온 carbonate	수산화 이온 hydroxide	

예제 8.4 K_2CO_3와 $Fe_2(SO_4)_3$를 명명해 보자.

풀이 »

- K_2CO_3 : 두 개의 K^+ 이온(포타슘 이온)과 한 개의 CO_3^{2-} 이온(탄산 이온)이 결합하여 있으므로 K_2CO_3은 탄산 포타슘(potassium carbonate)이다.
- $Fe_2(SO_4)_3$: SO_4^{2-} 이온이 세 개이므로 음이온의 전하수는 -6이다. 이러한 음전하를 모두 중화시키기 위해서는 두 개의 Fe가 $+6$의 양전하를 제공해야 하므로 Fe의 경우 Fe^{3+} 이온이어야 한다. 따라서 $Fe_2(SO_4)_3$은 황산 철(III) [iron(III) sulfate]이 된다.

다음은 몇 가지 **산소산 이온**의 경우 산소 원자의 수에 따른 명명법을 보여 준다.

ClO^-	ClO_2^-	ClO_3^-	ClO_4^-	CrO_4^{2-}	$Cr_2O_7^{2-}$
하이포아 염소산 이온 hypochlorite	아염소산 이온 chlorite	염소산 이온 chlorate	과염소산 이온 perchlorate	크로뮴산 이온 chromate	중크로뮴산 이온 dichromate
SO_4^{2-}	SO_3^{2-}	HSO_4^-	HSO_3^-	MnO_4^-	PO_4^{3-}
황산 이온 sulfate	아황산 이온 sulfite	황산 수소 이온 hydrogen sulfate	아황산 수소 이온 hydrogen sulfite	과망가니즈산 이온 permanganate	인산 이온 phosphate

예제 8.5 $NaBrO_4$, $Cu(IO_3)_2$를 명명해 보자.

풀이 »

- $NaBrO_4$: Na는 Na^+ 이온만 가능하므로 BrO_4는 BrO_4^- 이온이어야 한다. BrO_4^- 이온은 ClO_4^- 이온과 유사하므로 $NaBrO_4$은 과브로민산 소듐 (sodium perbromate) 이다.
- $Cu(IO_3)_2$: IO_3는 IO_3^- 이온의 형태이므로 Cu는 Cu^{2+} 이온이어야 한다. 따라서 $Cu(IO_3)_2$는 이름은 아이오딘산 구리(II) , [copper(II) iodate]이다.

8.2.4 금속-비금속 이성분 화합물

❶ 관용명

다음은 몇 가지 화합물의 **관용명**(conventional name)을 보여 준다.

H_2O : 물, water NH_3 : 암모니아, ammonia CH_4 : 메테인, methane

❷ 수소와 비금속 화합물

(가) H와 6A족, 7A족 원소

다음은 수소와 6A족, 7A족 원소 사이에 형성되는 몇 가지 화합물의 명명법을 보여 준다.

H_2O_2 : 과산화 수소, hydrogen peroxide HCl : 염화 수소, hydrogen chloride
H_2O : 산화 수소, hydrogen oxide H_2S : 황화 수소, hydrogen sulfide

(나) H와 3A족, 4A족, 5A족 원소

다음은 수소와 3A족, 4A족, 5A족 원소 사이에 형성되는 몇 가지 화합물의 명명법을 보여 준다.

NH_3 : 삼수소화 질소 (nitrogen trihydride), 암모니아 (ammonia)
CH_4 : 사수소화 탄소 (carbon tetrahydride), 메테인 (methane)

8.2.5 산의 명명

❶ 이성분산

다음은 몇 가지 이성분산(acid)의 명명법을 보여 준다.

화학식	물에 녹기 전		수용액	
HCl	hydrogen chloride	염화 수소	hydrochloric acid	염산
HF	hydrogen fluoride	플루오린화 수소	hydrofluoric acid	플루오린화수소산
HI	hydrogen iodide	아이오딘화 수소	hydroiodic acid	아이오딘화수소산
H_2S	hydrogen sulfide	황화 수소	hydrosulfuric acid	황화수소산
HCN	hydrogen cyanide	사이안화 수소	hydrocyanic acid	사이안산

❷ 산소산

다음은 몇 가지 산소산(oxy acid)의 명명법을 보여 준다.

$HC_2H_3O_2$	H_2CO_3	HNO_3	H_3PO_4
아세트산 acetic acid	탄산 carbonic acid	질산 nitric acid	인산 phosphoric acid
$HClO_2$	$HClO_4$	H_2SO_3	H_2SO_4
아염소산 chlorous acid	과염소산 perchloric acid	아황산 sulfurous acid	황산 sulfuric acid

알아두어야 할 용어(term)들

- 주기율표
- 원자 번호
- 원소 주기율
- 족
- 주기
- 금속 원소
- 비금속 원소
- 준금속 원소
- 늘림성
- 펴짐성
- 주족 원소
- 알칼리 금속
- 알칼리 토금속
- 후전이 금속
- 전이 금속
- 내부 전이 금속
- 란타넘 계열
- 악티늄 계열
- 이온 결합 화합물
- 공유 결합 화합물
- 비활성 기체
- 할로젠족
- 이성분 화합물
- 다원자 이온
- 관용명

요약

다양한 원소들의 존재가 확인되고 원소들의 물리적/화학적 성질들에서 유사성이 발견되면서 원소들을 물리적/화학적 성질들에 따라 적절히 배열하는 방식들이 제안되었다. 대표적인 연구결과로 원자들의 원자량 순서로 원소들을 배열하여 원소들의 물리적/화학적 성질들이 주기적으로 나타나는 멘델레에프의 주기율표를 소개하였고, 멘델레에프의 주기율표가 가지는 단점을 보완하기 위해 원자 번호에 근거하여 만들어진 주기율표가 등장하게 되었다. 현재 사용되고 있는 주기율표를 소개하면서, 주기율표에 관련되어 알아두어야 할 사항들을 소개하였고, 마지막으로는 다양한 유형의 화학종들(다원자 이온, 분자, 화합물)의 명명법을 다루었다.

연 . 습 . 문 . 제

명명법

1. 다음 화학식을 각각 바르게 고치고, 정확한 우리말 이름과 영어 이름을 적으시오.
   (a) ClNa (b) CaCl (c) NH_4SO_4
   (d) H_2S (e) FXe

2. 다음 화학종의 정확한 우리말 이름과 영어 이름을 적으시오.

(a) Na^{+} (b) Cl^{-} (c) PO_4^{3-}
(d) $H_2PO_4^{-}$ (e) HS^{-} (f) Mg^{2+}
(g) ClO_4^{-} (h) $HCrO_4^{-}$ (i) HCO_3^{-}
(j) SO_3^{2-}

3. 다음 화학종의 정확한 우리말 이름과 영어 이름을 적으시오.

(a) $FeCl_2$ (b) $KClO_4$ (c) $KNaHPO_4$
(d) SF_6 (e) H_3PO_3 (f) H_2SO_3

❖화합물 명명법 ☞ 대한 화학회 사이트(http://new.kcsnet.or.kr/iupacname)

09

양자화된 에너지와 Bohr의 원자 모형

Rutherford의 원자 모형은 α 입자 산란 현상을 설명할 수는 있었지만, 원자가 에너지를 흡수하거나 방출하는 과정은 설명할 수 없었다. 1913년에 덴마크의 물리학자인 Niels Bohr(보어)는 Rutherford의 원자 모형을 수정하여 에너지를 흡수하거나 방출하는 과정을 설명하였다.

©Labutin.Art/Shutterstock

9.1 빛은 전자기 복사이다

현대 원자 모형을 이해하기 위해서는 **전자기 복사**(electromagnetic radiation)와 그 성질에 관하여 알 필요가 있다. 1865년에 스코틀랜드의 물리학자인 James Clerk Maxwell(맥스웰)은 그림 9.1의 (a)와 같은 내용을 제안하였다.

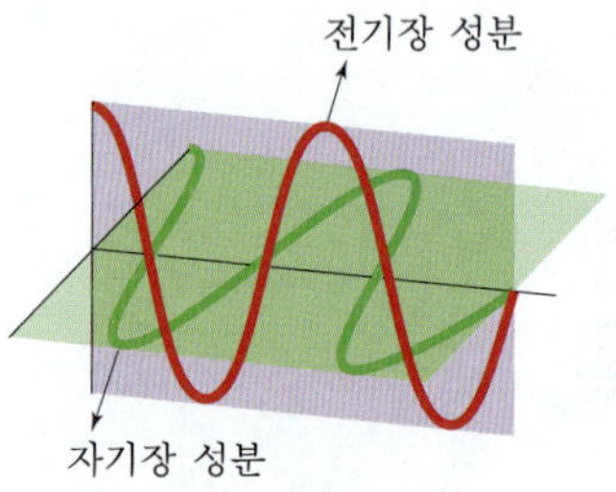

(a) 전자기 복사

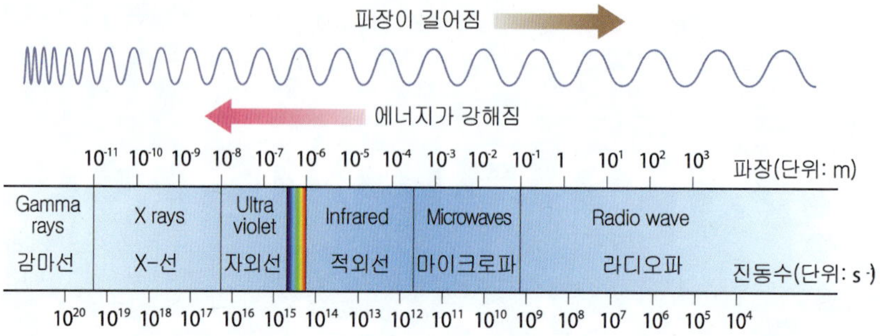

(b) 전자기 복사 스펙트럼

그림 9.1

전자기 복사: 파장(wavelength)이 동일한 전기장(electric field) 성분과 자기장(magnetic field) 성분이 서로 수직으로 진동하며 진행하는 전자기파(electromagnetic wave)로서, 빛(light)은 전자기 복사이다.

즉, 빛은 전기장 성분과 자기장 성분을 소유하는 에너지의 한 형태이다. 그림 9.1(b)는 **전자기 복사 스펙트럼**(spectrum of electromagnetic radiation)을 보여 주며, 전자기 복사는 파장이 짧은 것부터 시작해서 길어지는 순서로 γ선(γ rays), X선(X rays), 진공 자외선(vacuum ultraviolet rays, vacuum UV), 자외선(ultraviolet rays, UV), 가시광선(visible rays, VIS), 적외선(infrared rays, IR), 마이크로파(microwave), 라디오파(radiowave)로 구성된다. 육안으로 볼 수 있는 가시광선은 대략 400 nm에서 700 nm 사이의 파장을 갖는 빛으로 이루어져 있다.

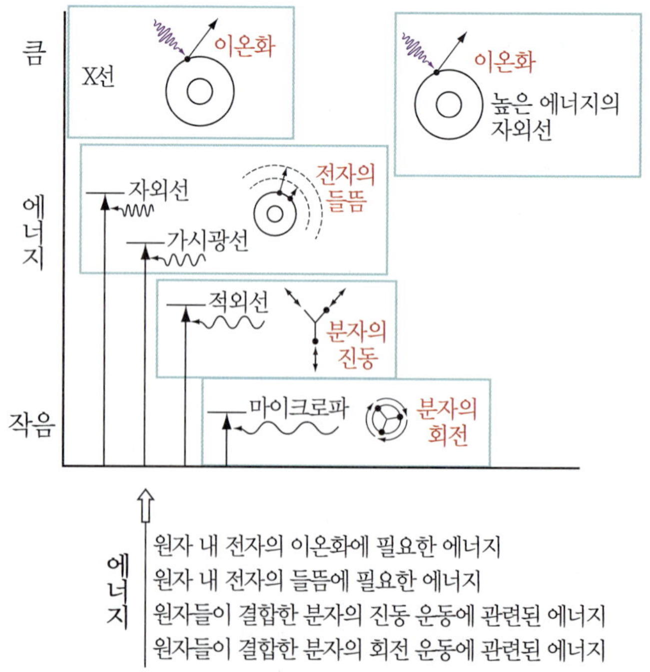

9.1.1 빛의 파동성을 기술하는 데 필요한 요소들

파동성(wave nature)을 소유하는 빛은 통과하는 매질에 따라 진행 속도가 달라질 수 있는데, 진공에서 빛의 진행 속도(c)는 3.00×10^8 m/s이다. 일반적으로 공기 중에서 빛이 진행하는 속도는 진공에서의 속도를 그대로 사용한다. **파동**(wave motion)을 쉽게 이해하기 위해 그림 9.2에서 볼 수 있는 파도와 같은 수면파를 예로 들어 보자.

바다에 가만히 떠 있는 갈매기는 파도가 밀려오면 넘실대는 파도의 고랑(trough)과 능선(crest)을 오르내리게 된다. 밀려오는 파도의 능선 사이의 거리가 1 m이고, 그러한 파도에 의해 갈매기가 1초 동안 10번을 오르내렸다면, 파도의 진행 속도는 다음과 같다.

> 파도의 진행 속도
> = (갈매기가 1초 동안 오르내린 횟수) × (능선이 1회 반복될 때 능선 사이의 거리)
> = (10회/s) × (1 m/회) = 10 m/s

그림 9.2
수면파

그림 9.3은 파동을 규정하는 몇 가지 요소를 보여 주고 있다. 수면파 위에 가만히 떠 있는 갈매기가 1초 동안 위아래로 오르내린 횟수는 파동에서의 **진동수**(frequency, ν : 1초당 사이클의 수, cycle/s = hertz(Hz))에 해당하며, 수면파에서의 능선(crest) 사이의 거리는 **파장**(wavelength, λ)에 해당한다. 수면파에서 능선과 해수면(sea level) 사이의 높이 차이를 파고(wave height)라고 하는데, 이것은 파동에서의 '진폭(amplitude, A)'에 해당한다. 주어진 파동의 진폭이 크다는 것은 파동의 세기가 크다는 것을 의미한다. 파동의 진행 속도는 수면파의 진행 속도를 구하는 방법과 같다.

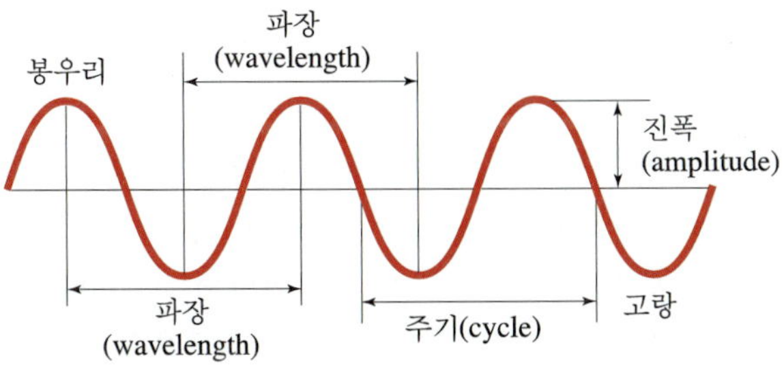

그림 9.3
파동을 규정하는 요소

파동의 진행 속도(υ) = 파동의 진동수(ν) × 파장(λ)

이 등식에 의하면, 파동의 진행 속도가 일정할 때 진동수와 파장은 서로 반비례함을 알 수 있다.

파장이 짧아지면 진동수는 증가한다.

예제 9.1 초록색 빛(대표 파장, nominal wavelength: 550 nm, 1 nm = 10^{-9} m)이 3.00×10^8 m/s의 속도로 우주 공간을 진행하는 경우, 그 빛의 진동수를 구해 보자.

풀이 »

파동의 진행 속도 (υ) = 파동의 진동수 (ν) × 파장 (λ)이므로

$$3.00 \times 10^8\ \text{m/s} = \nu \times (550 \times 10^{-9}\ \text{m})$$

$$\therefore \text{진동수}\ (\nu) = (3.00 \times 10^8\ \text{m/s}) \div (550 \times 10^{-9}\ \text{m}) = 5.45 \times 10^{14}/\text{s} = 5.45 \times 10^{14}\ \text{Hz}$$

9.1.2 파동은 어떠한 성질을 가질까?

❶ 전자기 복사의 회절

그림 9.4와 같이 입자(particle)의 경우에는 주어진 방향으로 직진하며 진행하는 동안에 작은 크기의 구멍(hole)이 있는 어떤 물체를 만나면, 그 구멍 내부 영역에 도달한 입자만 구멍을 통과하여 직선 경로로 진행할 수 있다.

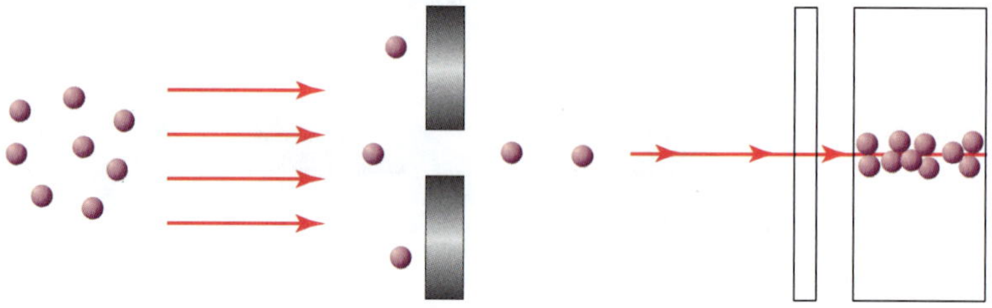

그림 9.4
입자의 직진 경로와 장애물: 장애물의 구멍 내부 영역에 도달한 입자만 그대로 직진하여 그 구멍을 통과할 수 있다.

그러나 파동의 경우에는 똑같은 장애물을 만나더라도 구멍 내부 영역에 도달하는 직선 경로를 따라 진행하며, 구멍 주변에 도달하게 되는 파 역시 구멍 주변을 돌아 통과하게 된다. 이와 같이 주어진 직선 진행 경로에 의해서는 주어진 물체를 통과하여 진행할 수 없는 영역에 파동이 휘어진 경로를 통해 진행하게 되는데, 이 현상을 **회절**(diffraction)이라고 한다.

예를 들어 보자. 그림 9.5에서 볼 수 있는 것처럼 어떤 담장을 사이에 두고 두 사람이 위치한 경우에 서로 상대방을 볼 수는 없지만, 서로 말하는 소리는 들을 수 있다. 그 이유는 공기를 매질로 하는 파동으로서의 소리(음파, sound wave)가 회절을 일으키기 때문이다. 전자기 복사인 빛도 역시 진행 경로에 구멍을 가진 장애물을 만나는 경우 회절을 일으킨다. 즉, 구멍에 도달한 빛살은 구멍을 그대로 통과하는 직선 경로뿐만 아니라 구멍 주변을 돌아 진행하는 경로도 있게 된다. 그 결과 구멍은 하나의 광원(light source)으로 작용하면서 구멍에서 나오는 빛은 모든 방향으로 진행하는 빛살로 이루어져 있게 된다.

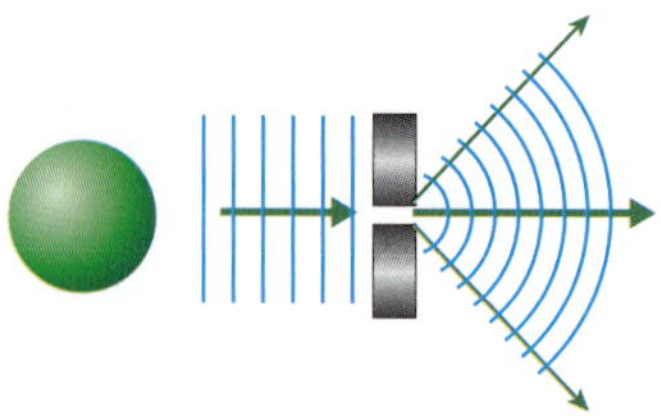

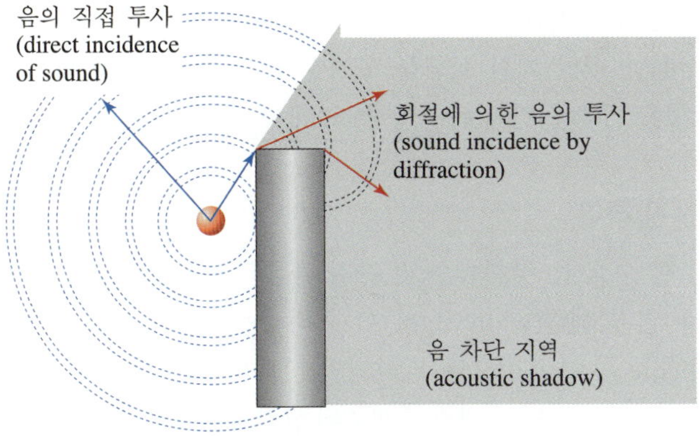

그림 9.5
음파의 회절: 주어진 담장의 한 쪽에서 발생한 소리는 담장의 끝부분에서 일어나는 회절 현상에 의해 직선 경로에 의해서는 소리가 도달할 수 없는 곳으로 전달된다.

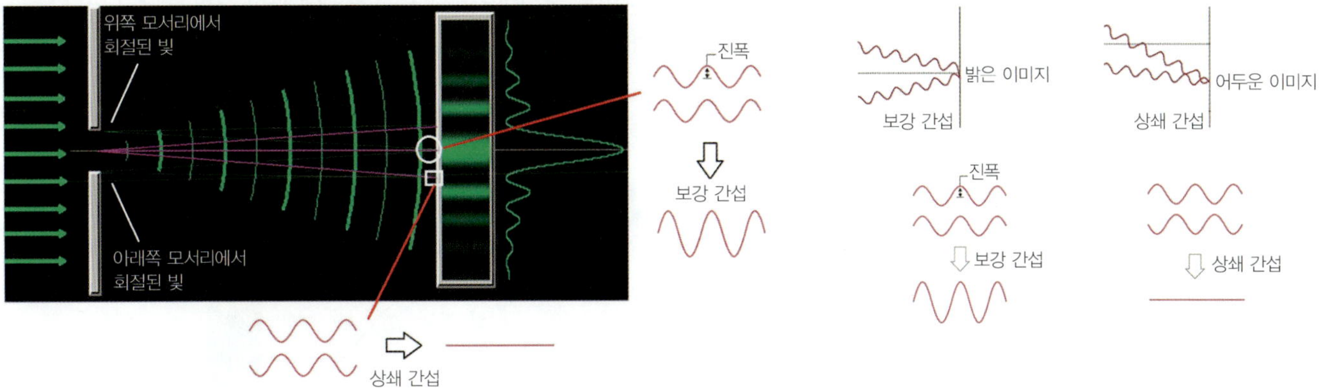

그림 9.6
단일 슬릿(single slit)에 의한 빛의 회절: 슬릿을 통과하면서 빛의 회절이 발생하여 멀리 위치한 스크린 위에는 붉은색 선과 같은 회절에 의한 간섭무늬가 나타난다. 여기서 슬릿이란 빛의 파장과 같은 크기의 구멍을 가진 금속판이다.

그림 9.6에서 볼 수 있듯이 슬릿(slit)에 조사된 초록색 빛은 슬릿의 뒤편 멀리 떨어진 곳에 위치한 스크린 위에 회절에 의한 간섭무늬를 발생시킨다. 이 경우 초록색 빛은 슬릿을 통과하는 과정에서, 슬릿의 위와 아래의 모서리 부분에서 회절을 일으킨 약한 빛이 슬릿을 통과하는 강한 빛과 함께 진행하며 서로 간섭을 일으킨다. 이러한 빛 사이의 위상차(phase difference)에 의해 발생하는 보강 간섭(constructive interference)과 상쇄 간섭(destructive interference) 결과 스크린 위에는 위치에 따라 밝고 어두운 이미지가 반복

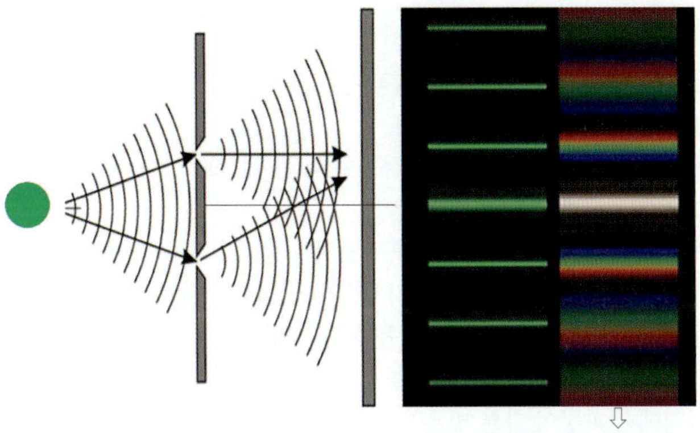

그림 9.7
이중 슬릿(double slit)에 의한 빛의 회절과 간섭

하여 나타나게 된다. 이러한 현상은 파동이 소유하는 고유한 성질이다. 그림 9.7은 두 개의 슬릿을 사용한 빛의 회절 실험을 보여 주고 있으며, 이 실험에서는 빛의 회절과 간섭무늬의 발생을 더 확실하게 관찰할 수 있다.

❷ 전자기 복사의 분산

그림 9.8에서 볼 수 있는 것처럼 여러 가지 파장의 빛으로 이루어진 다색광(polychromatic radiation)인 **백색광**(white light)이 프리즘을 통과하면 다양한 파장의 빛(**단색광**, monochromatic radiation)으로 분리되어 나타나는데, 이것을 전자기 복사의 **분산**(dispersion)이라고 한다. 투명한 재질로 제조된 삼각형 프리즘은 가시광선 중 파장이 제일 짧은 보라색 빛을 가장 많이 굴절(refraction)시키는 반면, 파장이 제일 긴 붉은색의 빛은 가장 적게 굴절시킨다. 다음은 빛의 **굴절률**(refractive index)에 관한 설명을 담고 있다.

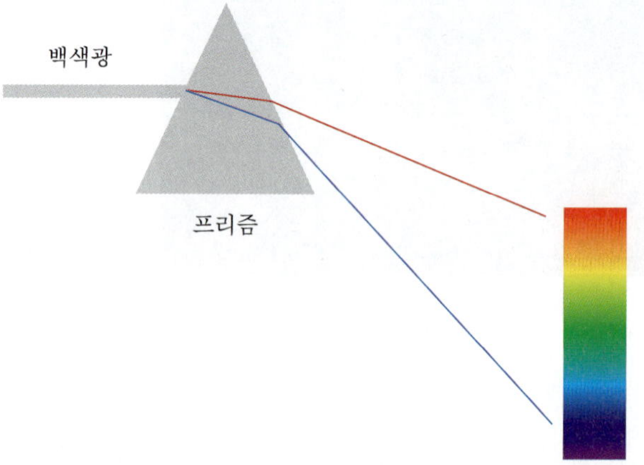

그림 9.8
삼각형 프리즘은 가시광선 중 파장이 제일 짧은 보라색 빛을 가장 많이 굴절(refraction)시키는 반면, 파장이 제일 긴 붉은색의 빛은 가장 적게 굴절시킨다. 분산된 빛은 연속적인 가시광선 스펙트럼(continuous visible spectrum)을 이룬다.

빛과 굴절률

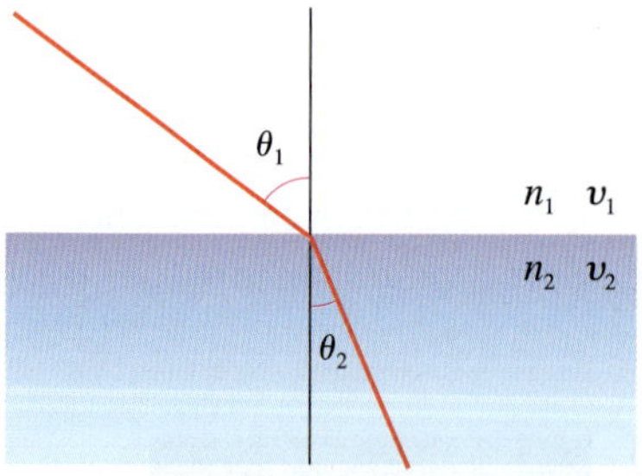

θ_1: 입사각(angle of incidence)
θ_2: 굴절각(angle of refraction)
n_1: 매질 1에서의 굴절률
v_1: 매질 1에서의 진행 속도
n_2: 매질 2에서의 굴절률
v_2: 매질 2에서의 진행 속도

스넬(Snell)의 법칙
$n_1\sin\theta_1 = n_2\sin\theta_2$ 또는

$$\frac{\sin\theta_1}{\sin\theta_2} = \frac{v_1}{v_2} = \frac{n_2}{n_1}$$

물질의 굴절률(n)은 진공에서 빛의 속도(c)와 통과하는 물질 속에서 빛의 진행 속도($v_{물질}$)와의 비($c/v_{물질}$)로 정의하며, 진공에서 빛의 굴절률은 1이다.

- 주어진 파동이 굴절률이 작은 매질로부터 굴절률이 더 큰 매질로 입사하는 경우에는 입사각보다 굴절각이 작아진다.
- 동일한 물질이라도 빛(광파)이나 소리(음파)를 전달하는 능력에 차이가 있다. 다시 말해 동일한 매질이라도 파동의 종류에 따라 전달 속도가 다르기 때문에 굴절률도 달라진다.
- 동일한 종류의 파동이라도 파장에 따라 굴절률이 달라질 수 있다. 파장에 따라 굴절률이 달라지는 예로 백색광이 프리즘을 통과하는 경우 색깔별로 굴절되는 정도가 달라져서 분산되는 현상을 들 수 있다. 가시광선 영역에서 파장이 다른 빛은 다른 색으로 보인다. 따라서 프리즘은 빛의 파장에 따라 다른 굴절률을 가진다는 것을 알 수 있다.

9.1.3 물질에 의한 전자기 복사의 흡수와 방출

빛이 주어진 물질을 통과하여 진행하는 경우 물질의 종류에 따라 빛의 일부가 물질에 의해 흡수(absorption)되기도 하고 방출(emission)되기도 한다. 이러한 사실은 빛이 물질에 의해 흡수되거나 방출되는 방식을 이해함으로써 물질의 구조에 관한 정보를 얻을 수 있다는 것을 암시한다.

❶ 연속 스펙트럼과 선 스펙트럼

그림 9.9(a)에서 볼 수 있듯이 **연속 스펙트럼**(continuous spectrum)은 고체에 열을 가했을 때 방출되는 빛에 의해 얻어지며, 연속 스펙트럼의 경우 파장별로 명확하게 구분하여 관찰할 수 없다. **선 스펙트럼**(line spectrum)은 물질에 의해 특정 파장의 빛만 흡수 또는 방출되어 얻어진다. 그림 9.9(b)는 가시광선 영역에서 밝은 선의 형태로 방출되는 빛만을 보여 주는 선 스펙트럼이다.

(a) 주어진 광원에서 방출된 가시광선을 보여 주는 연속 방출 스펙트럼(continuous emission spectrum)

(b) 주어진 광원에서 특정 파장의 빛만 방출되는 모습을 보여 주는 선 방출 스펙트럼(line emission spectrum)

그림 9.9
연속 스펙트럼과 선 스펙트럼

❷ 흡수 스펙트럼과 방출 스펙트럼

그림 9.10은 광원으로 작용한 백열등(incandescent lamp)에서 방출된 백색광이 프리즘에 의해 분산되어 얻어지는 가시광선 영역의 **연속 방출 스펙트럼**(continuous emission spectrum), 뜨겁게 가열된 기체가 방출하는 빛(높은 에너지 상태로 전이한 기체 분자들이 다시 낮은 에너지 상태로 돌아오며 방출하는 빛)이 프리즘을 통과하여 분산되어 얻어진 몇 개의 밝은 선으로 이루어진 **선 방출 스펙트럼**(line emission spectrum), 백열등에서 나온 백색광이 주어진 기체를 통과하는 동안 백색광의 구성 파장 중 일부 파장의 빛이 기체 분자에 의해 선택적으로 흡수된 후 나머지는 그대로 통과한 후 프리즘에 의해 분산되어 얻어지는 **선 흡수 스펙트럼**(line absorption spectrum)의 모습을 보여 주고 있다.

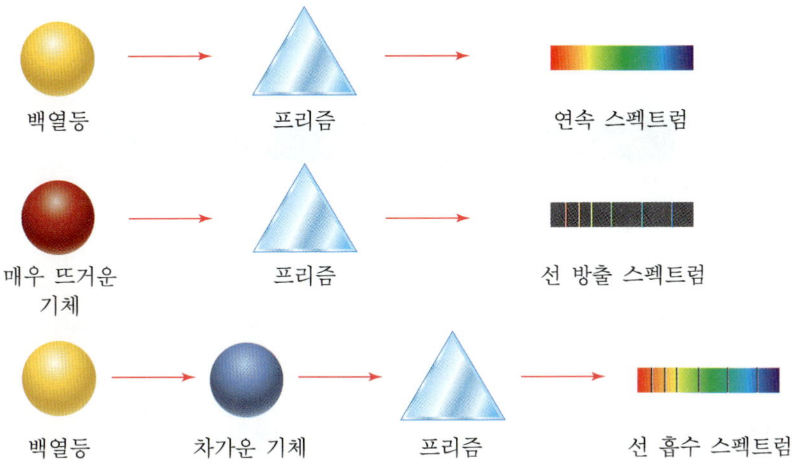

그림 9.10
연속 스펙트럼, 선 방출 스펙트럼, 선 흡수 스펙트럼

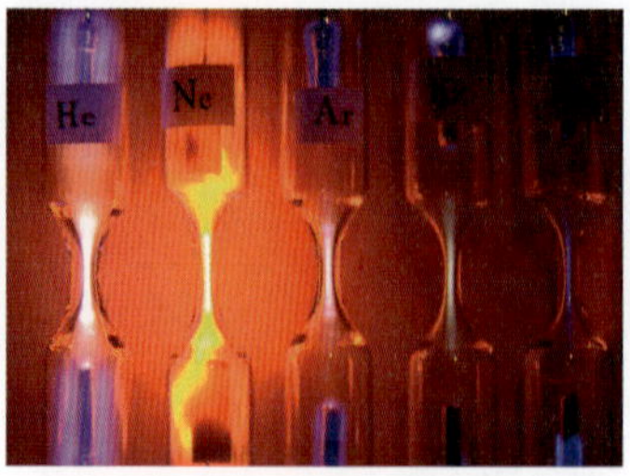

방전관(electrical discharge tube)(출처: ©Kim Christensen/Shutterstock)

9.1.4 수소 원자의 방출 스펙트럼

불꽃놀이를 할 때 여러 가지 원소의 화합물을 화약에 섞어 다양한 색의 불꽃을 만든다. 구리(Cu)의 경우 초록색의 불꽃, 소듐(Na)은 노란색 불꽃, 칼슘(Ca)은 붉은 벽돌색 불꽃을 방출한다. 그림 9.11은 다양한 원소에 의해 얻어지는 선 방출 스펙트럼을 보여 준다. 이와 같이 원소마다 방출하는 빛의 종류(빛의 파장)가 다르다는 사실은 방출하는 빛의 파장이 원자의 내부 구조와 관련이 있다는 것을 암시해 준다.

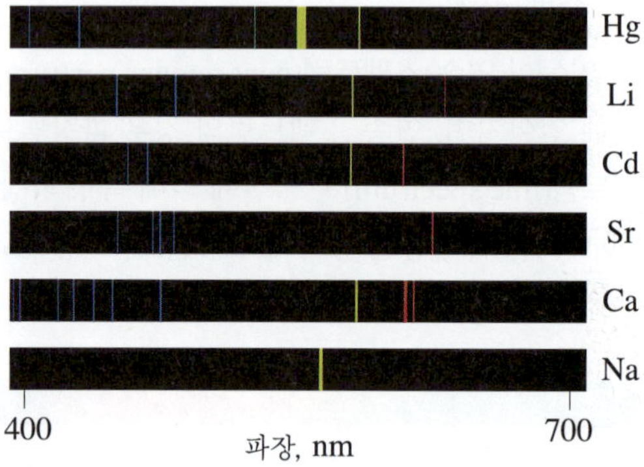

그림 9.11
다양한 원소의 방출 스펙트럼

특정 원소에 의해 방출되는 빛의 파장은 프리즘을 이용하여 분산시킴으로써 알 수 있다. 따라서 다양한 종류의 원소를 사용하여 만든 전기 방전관(electrical discharge tube)을 이용하여 방출 스펙트럼을 측정하면 각 원소가 방출하는 고유한 빛의 파장을 알아낼 수 있다. 수소 전기 방전관 실험에서 가시광선 영역에 나타나는 수소의 방출 스펙트럼을 보면 선들이 푸른색 파장 쪽으로 접근하면서 그 간격이 좁아지는 것을 볼 수 있는데, 이 선들을 Balmer **계열**(Balmer series)이라고 한다. 발머 계열은 1885년 수소 원자의 방출 스펙트럼 중 가시광선 영역에서 얻어지는 선들의 파장을 수학적 식으로 표현한 Johann Balmer(발머)의 이름을 딴 것이다. Balmer 식을 이용하면 수소의 방출 스펙트럼을 구성하는 선들의 파장을 예측할 수 있는데, 예를 들어 다음과 같이 Balmer 식에 $n = 3$을 대입하여 얻은 파장은 수소의 방출 스펙트럼에서 나타난 붉은색 선의 파장과 거의 일치한다.

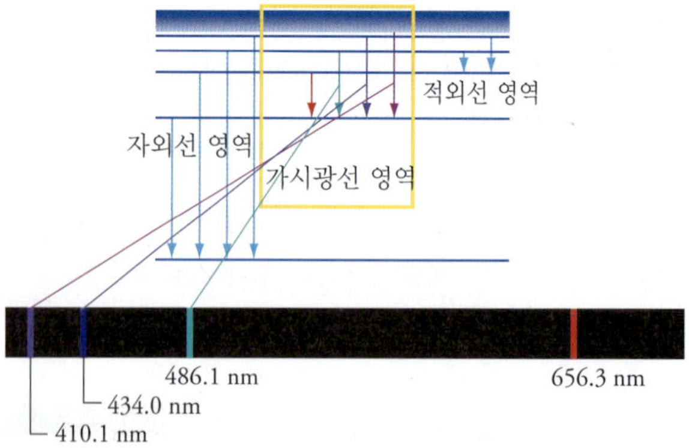

Balmer 식

$$\lambda = b\frac{n^2}{n^2 - 4}$$

λ : 주어진 선의 파장,
b : 상수 = 3.6450682×10^{-7} m,
n : 3 이상의 정수 (3, 4, 5, 6, ... , ∞)
$n = 3$인 경우

$$\lambda = b\frac{n^2}{n^2 - 4}$$
$$= (3.6451 \times 10^{-7}\ \text{m}) \times \frac{3^2}{(3^2 - 4)}$$
$$= 6.5611 \times 10^{-7}\ \text{m} = 656.11\ \text{nm}$$

수소의 방출 스펙트럼 중 Balmer 계열

9.2 양자론이 탄생하게 된 배경: 미시 세계에 대한 관심

19세기 말 원자 수준의 미시적 세계를 접하기 전까지 과학자들은 고전 물리학을 사용하여 자연 현상을 기술하는 작업에서 그 어떤 어려움도 느끼지 않았다. 그러나 고전 물리학으로는 설명하기 어려운 미시적 세계에서 일어나는 여러 가지 현상이 발견되면서 새로운 개념의 학문 체계의 필요성을 인식하게 되었고, 그러한 인식으로부터 양자론이 서서히 탄생하게 되었다.

Max Planck (1858~1947)

9.2.1 Planck(플랑크)의 양자 가설

고온으로 가열된 물질(고체)에서는 빛이 방출되며, 이 경우 가시광선뿐만 아니라 자외선과 적외선에 해당하는 전자기 복사도 관찰된다. 또한 가열된 고체의 온도에 따라 방출되는 가시광선의 파장별 세기 분포가 달라진다. 예를 들어, 철의 경우 가열 초기에 온도가 낮을 때에는 둔탁한 붉은색을 띠지만, 온도가 높아질수록 차츰 밝은 붉은색과 오렌지색으로 변한 후, 아주 높은 온도로 가열하면 푸른색으로 변한다.

예를 들어 쇠파이프를 가열하여 온도를 높여주면, 가열된 쇠파이프의 온도가 올라갈수록 쇠파이프가 방출하는 빛의 색이 붉은색에서 주황색을 거쳐 노란색으로 변한다. 인체의 경우 정상적 체온은 36.5 ℃(약 310 K)이며, 인체가 가장 많이 방출하는 빛(전자기 복사)의 파장은 9.36 μm로 바로 원적외선 영역의 빛이다. 따라서 인체의 경우 빛이 없는 어두운 방에서는 육안으로는 볼 수 없으며, 인체가 발생시키는 열 신호를 감지할 수 있는 장치를 사용하여야만 주변 사물들과 인체를 구분할 수 있다. 쇠를 녹인 뜨거운 쇳물의 경우 통상적인 온도는 약 1810 K이며, 이러한 쇳물이 가장 많이 방출하는 빛의 파장은 1,600 nm로서 적외선 영역에 속한다. 그러나 뜨거운 쇳물이 가장 많이 방출하는 빛이 적외선 영역의 빛이라 하더라도 쇳물은 육안으로 관찰할 수 있는 가시광선 영

흑체 복사체의 색온도

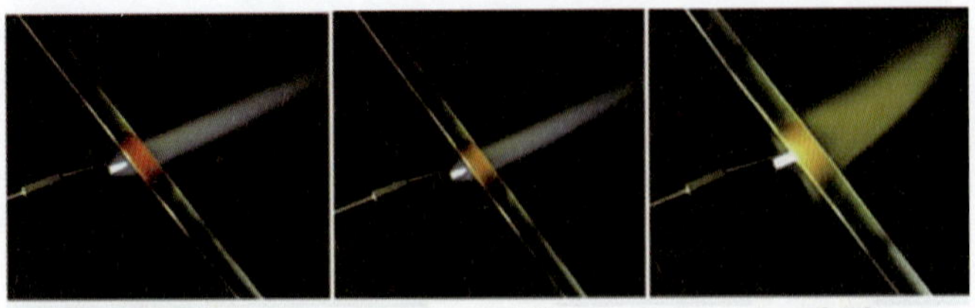

철근이 가열되면서 온도가 높아질수록 가장 많이 방출되는 빛의 파장은 짧아진다.

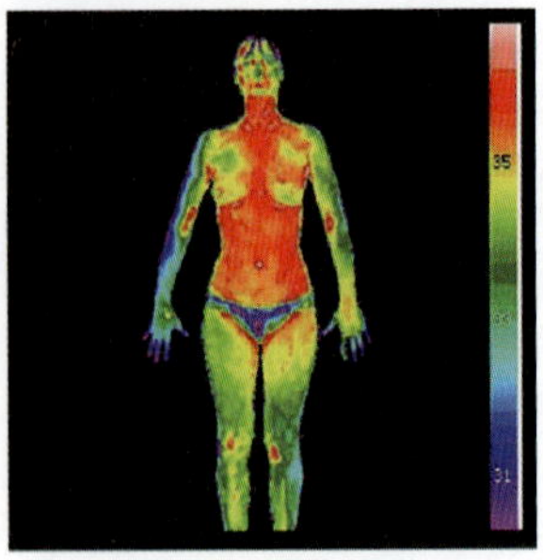

인체(온도: 약 310 K)
–가장 많이 방출되는 빛의 파장: 9.35 μm(원적외선 영역)

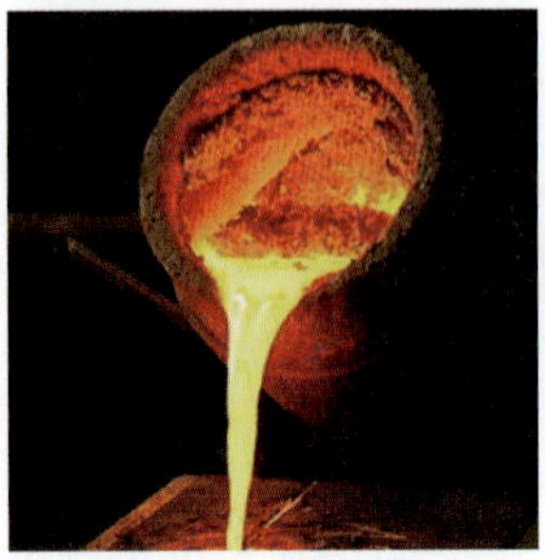

쇳물(온도: 약 1810 K)
–가장 많이 방출되는 빛의 파장: 1,600 nm(적외선 영역)

역의 빛(특히 노란색 빛)도 많이 방출하므로, 육안으로는 노란색으로 보인다. 다시 말해 뜨거운 쇳물은 직접 바라보기에는 눈에 해로울 정도로 밝은 노란색으로 보임과 동시에 가까이 접근하기에는 너무나 뜨거운 열기를 발생시킨다. 마지막으로 온도가 약 5900 K에 이르는 태양의 경우 많은 양의 적외선과 가시광선, 그리고 자외선 영역의 빛을 고루 방출한다. 그중 가장 많이 방출하는 빛의 파장은 500 nm로서 푸른색 빛과 초록색 빛의 경계 영역에 해당한다. 맑은 날 하늘이 푸르게 보이는 이유는 태양이 방출한 가시광선 영역의 빛 중에서 푸른색 빛이 대기 중 미세입자에 의해 가장 많이 산란되기 때문이다. 반대로 지평선 너머로 해가 질 무렵 바로 위 하늘이 붉은색 빛으로 물드는 이유는 가시광선 영역의 빛 중에서 대기 중 미세입자에 의해 산란되지 않고 육안으로 도달하는 특성을 가진 붉은색 계통의 빛들 때문이다. 붉게 물든 노을 위 하늘은 여전히 산란된 푸른색 계통의 빛들 때문이다.

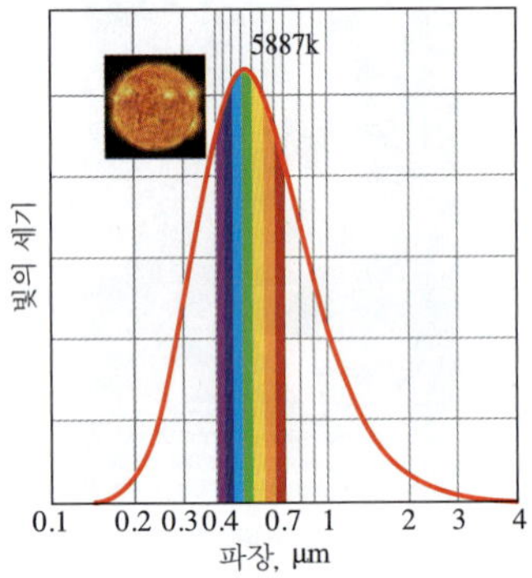

태양(온도: 약 5887 K)
–가장 많이 방출되는 빛의 파장: 500 nm(가시광선 영역, 초록색과 푸른색의 경계)

❶ 흑체 복사에 대한 고전적인 이론

이상적인 **흑체**(ideal blackbody)란 도달하는 모든 빛을 흡수하거나, 주어진 온도로 가열되는 경우 그 온도에 따라 발생하는 모든 빛을 방출할 수 있는 물체를 지칭한다. 그러나 이러한 이상적인 흑체는 실제로 존재하지 않는다. 따라서 이상적인 흑체를 대신하여 아주 작은 구멍을 가진 속이 빈 검은 상자를 사용하여 주어진 온도로 가열됨에 따라 보여 주는 행동 특성을 관찰하였다. 이 상자의 경우 구멍으로 들어간 빛은 상자 내부에서 끝없이 반사되거나 상자의 내부 표면에 흡수되어 다시 구멍을 통해 나올 수 없다. 다시 말해 구멍을 통해서는 상자 내부를 전혀 볼 수 없다.

그림 9.12는 3000 K, 4000 K, 5000 K, 6000 K로 가열된 흑체의 구멍을 통해 밖으로 나온 빛의 종류와 세기를 나타낸 것이다. 이 그림을 살펴보면 다음과 같은 두 가지 점을 알 수 있다.

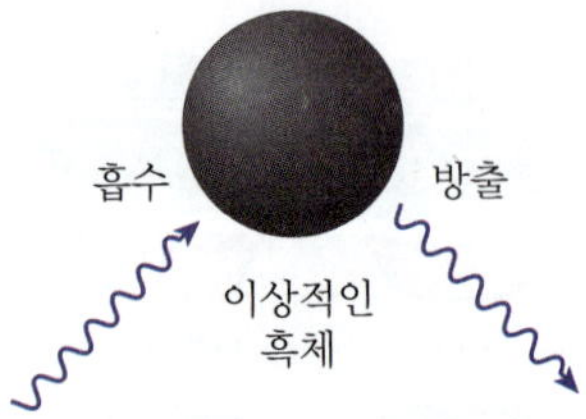

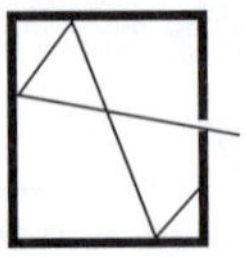

아주 작은 구멍을 가진 속이 빈 검은 상자

- 흑체의 온도가 높아지면 모든 파장에 걸쳐 방출되는 빛의 세기가 증가한다.
- 푸른색 빛과 같이 파장이 아주 짧은 빛은 온도가 4000 K 이상이 되어야 비로소 방출되고, 그 세기도 관측할 수 있다. 다시 말해 아주 짧은 파장의 빛을 방출시키기 위해서는 붉은빛과 같은 긴 파장의 빛을 방출시키는 경우보다 더 많은 열이 필요하다.

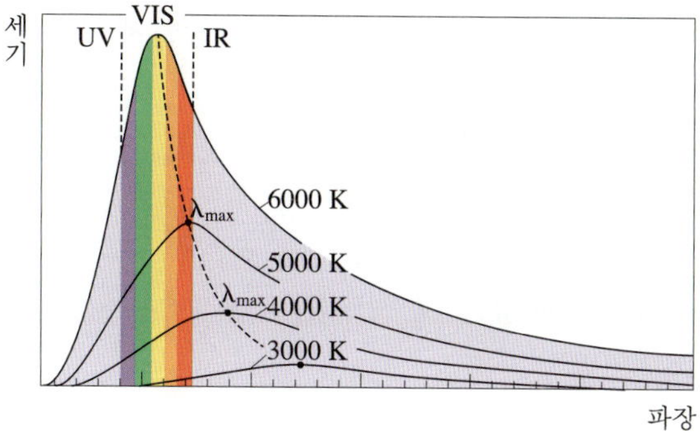

그림 9.12
온도 변화에 따른 흑체 복사의 파장별 분포

1900년대에 과학자들은 고체의 미시적(microscopic) 내부 구조에는 다양한 진동수를 갖는 진동자가 존재하며, 온도가 높을수록 높은 진동수를 갖는 진동자의 비율이 커진다고 생각하였다. 이 진동자가 각각 0에서부터 무한대까지 연속적인 에너지를 갖는다고 하면 진동자의 평균 에너지가 '$\overline{E}_{진동자} = k_BT$'로 얻어진다. 그 결과 다음과 같이 가열된 고체의 경우, 내부에 존재하는 진동자에 의하여 다양한 진동수의 전자기 복사를 방출하며, 온도가 높아질수록 높은 진동수(짧은 파장)를 가진 전자기 복사의 양이 증가할 것이라는 결론에 도달하였다.

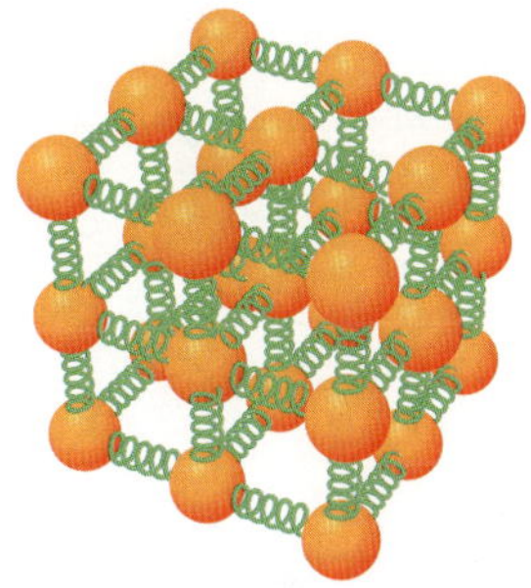

1900년대 과학자들이 생각했던 고체의 미시적 내부 구조

방출되는 빛의 세기 = $8\pi k_B T/\lambda^4$
(k_B : Boltzmann 상수(1.38×10^{-23} kg · m^2 · s^{-2} · K^{-1}), T : 절대 온도, λ : 방출되는 빛의 파장)

이 식에 의하면, 주어진 온도로 가열된 고체가 방출하는 빛의 파장(λ)이 짧아지고 자외선 영역 쪽으로 다가갈수록 세기가 급격히 증가(점선)하게 된다. 그러나 그림 9.13에서처럼 실제 실험 결과에 의하면, 주어진 온도로 가열된 고체가 방출하는 빛의 파장이 짧아지면 빛의 세기는 점차 증가하여 최댓값에 도달한 후 다시 감소(실선)한다.

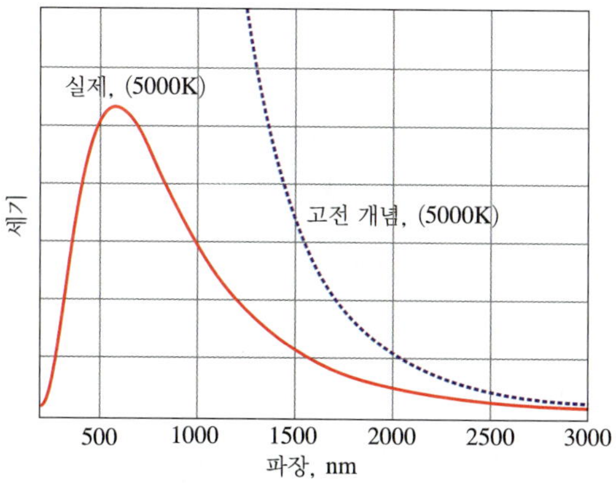

그림 9.13
흑체 복사: 고전적 개념에 의한 흑체 복사의 파장별 세기(점선)와 실제 흑체 복사의 파장별 세기(실선)

❷ 흑체 복사에 대한 Planck의 이론

Max Planck(플랑크)는 다음과 같은 내용의 **양자가설**(quantum hypothesis)을 제시하였다.

진동자는 양자들(quanta)이라고 부르는 불연속적인 에너지 덩어리들의 형태로 전자기 복사 에너지를 흡수하거나 방출한다.
➡ 진동자는 양자화된 에너지(quantized energy)를 소유한다.

플랑크 상수 (Planck's constant)

$$E = h\nu$$

광자의 양자 에너지 (quantum energy of photon)

진동수 (frequency)

Planck는 그의 양자 가설에 근거하여 흑체 복사의 파장별 세기 분포를 설명하기 위해 다음과 같은 식을 제시하였다.

$$\text{방출되는 빛의 세기} = \frac{8\pi}{\lambda^5}\frac{hc}{e^{hc/\lambda k_B T} - 1}$$

(k_B : Boltzmann 상수, T : 절대 온도, λ: 방출되는 빛의 파장)

9.2.2 빛에 대한 아인슈타인(Einstein)의 해석

❶ 광전 효과

충분한 크기의 에너지를 갖는 빛이 금속 표면에 조사되면 표면에서 전자들이 방출되는데, 이러한 현상을 **광전 효과**(photoelectric effect)라고 한다. 그림 9.14와 같이 진공 상태인 용기 내부의 (+)극과 (−)극 사이에 적절한 전압이 걸린 상태(두 전극 사이의 전위차가 방전이 일어날 정도로 크지는 않음)에서, 빛에 의해 (−)극의 표면으로부터 방출되는 전자(광전자, photoelectron)는 (+)극으로 이동하면서 흐르는 전류의 크기가 측정된다.

광전자가 생기는지는 조사되는 빛의 종류(파장)에 따라 결정되는데, (−)극을 구성하는 금속 표면으로부터 전자가 방출되려면 전자에게 금속 내부 구조와의 인력을 이겨내고 표면으로부터 벗어날 수 있는 크기 이상의 에너지가 전달되어야 한다. 19세기 말 과학자들은 고전 물리학에 근거하여 다음과 같은 해석을 하였다.

> 파동성을 소유한 빛의 경우 그 세기(에너지)는 파동의 진폭(amplitude)에 비례하므로, 긴 파장의 빛이라도 아주 강한 빛(진폭이 아주 큰 빛)은 충분히 큰 에너지를 소유한다. 따라서 주어진 금속 표면에 강한 빛을 조사하면, 금속 표면으로부터 전자가 방출될 수 있다.

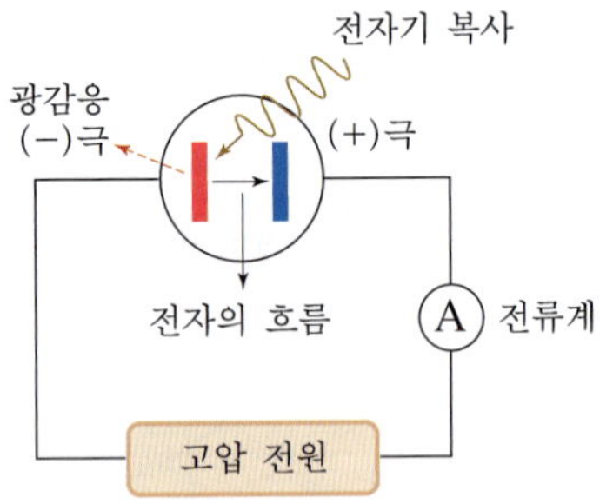

그림 9.14
광전 효과: (−)극의 표면에 충분한 크기의 에너지를 갖는 빛이 조사되면, (−)극을 구성하는 금속 표면으로부터 전자(광전자)들이 방출되어 (+)극으로 이동한다.

그러나 실제 실험에서는 진동수(ν)가 작은 적외선(IR)의 경우에는 그 진폭이 아무리 커져도 광전자가 방출되지 않음을 발견하였다. 이러한 현상을 설명하기 위해 1905년에 Einstein은 다음과 같은 가설을 제안하였다.

> 빛 에너지는 파동에 실려 있는 것이 아니라 빛을 구성하는 입자(광자, photon)가 소유하고 있다.
>
> 광자의 에너지 : $E_{photon} = h\nu$ 빛의 전체 에너지 : $E = nh\nu$
> (n : 광자의 수 h : Planck 상수 ν : 빛의 진동수)

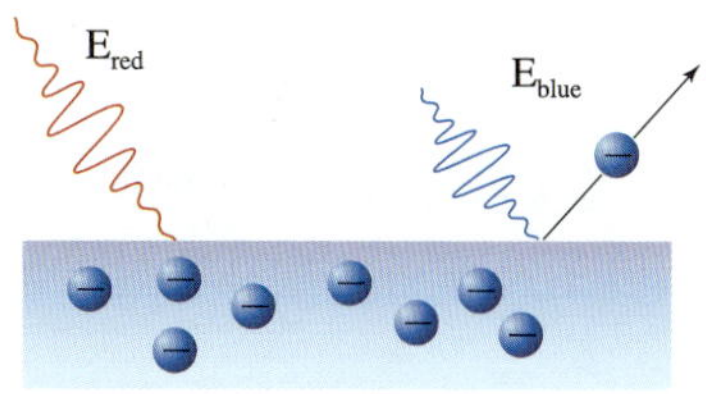

그림 9.15
광전자 방출 여부와 빛의 진동수: 진동수가 더 큰(에너지가 더 큰) 광자들로 이루어진 푸른색 빛만 광전 효과를 유발한다.

Einstein에 따르면, 빛은 파동성뿐만 아니라 입자로서의 특성을 가지고 있다. 즉, 빛은 광자라고 부르는 입자들로 이루어져 있다. 서로 다른 진동수의 빛은 각각의 빛을 구성하고 있는 광자의 에너지가 다르며, 그림 9.15와 같이 충분한 크기의 에너지를 가진 광자들로 이루어진 빛만이 금속((−)극) 표면과의 충돌을 통해 표면에 있는 전자들에게 충분한 에너지를 전달한다. 이렇게 되면 전자들이 금속 내부 구조에서 느끼는 인력을 이겨낸 후 표면으로부터 빠져나올 수 있게 되어 광전 효과를 일으키게 된다.

다시 말해서 빛이 순수한 파동이라고 가정했을 때, 빛의 세기를 세게 해주면 충분한 에너지를 전달할 수 있으므로 전자가 나오는 것이 관찰되어야 한다. 그렇지만 이는 실험 관찰 결과와 달라서 빛을 순수하게 파동으로만 이해할 수는 없다. 만일 빛이 입자이고 빛의 세기를 입자의 개수에 비례하는 것으로 생각한다면 다음과 같이 광전효과를 설명할 수 있다. 빛의 입자 개수가 많더라도 각각의 광자가 충분한 에너지를 가지고 있지 않다면 충돌을 통해 전자가 탈출할 만큼의 에너지를 얻을 수 없다. 반대로 광자의 개수는 적지만 각각의 광자가 전자가 탈출하기에 충분한 에너지를 가지고 있다면 광전효과를 관찰할 수 있다.

9.3 Bohr의 원자 모형과 고전 양자론

1900년대 초반 지배적이었던 톰슨 모델에 따르면 원자는 양전하를 띤 원형의 물질이 공간에 퍼져있는 가운데 전자들이 수박의 씨처럼 박혀있는 것으로 인식되었다. 1909년 가이거와 마스덴은 알파 입자(helium의 원자핵)을 얇은 금박에 쏜 후, 알파 입자들이 산란되는 형태를 실험으로 관찰하였다. 이 실험에서 대부분의 알파 입자가 직선에 가까운 궤적을 가지고 금박을 통과했지만 소수의 알파 입자들이 큰 각도를 가지고 산란되는 것이 관찰되었다. 원자 크기의 세계에서 알파입자는 상당히 무거운 질량과 큰 전하량을 가지고 있으므로 톰슨의 모델로는 큰 각도의 산란을 설명할 수 없었다. 이 실험의 결과를 설명하기 위해서 러더포드는 양전자를 띤 무거운 입자들이 가운데 모여서 원자핵을 이루고 음전하를 띤 전자가 그 주변을 공전하는 모델을 제안하였다.

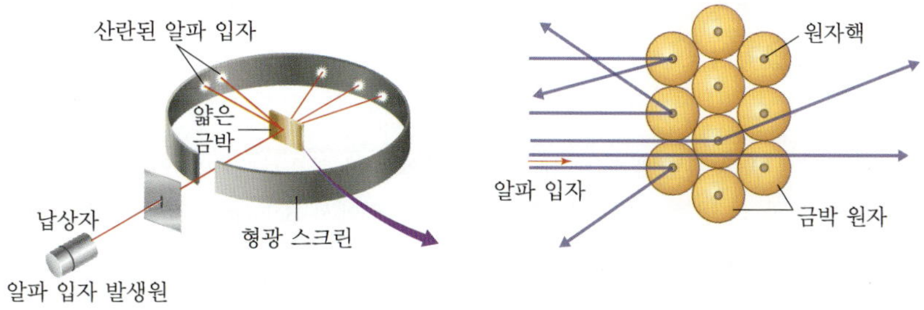

그림 9.16
가이거–마스덴 실험(Geiger – Marsden experiment): Rutherford의 지도하에 수행한 이 실험에서 대부분의 알파 입자는 거의 휘지 않고 금박을 통과한다.

9.3.1 Rutherford가 제시한 원자 모형의 문제점

크기는 작지만 원자의 무게가 집중되어 있는 원자핵과 원자핵으로부터 멀리 떨어져 전자들이 존재한다는 Rutherford의 원자 모형은 원자의 안정성에 관련하여 다음과 같은 의문을 갖게 한다.

서로 다른 부호의 전하들 사이에는 인력이 존재함에도 불구하고 왜 음전하를 띠는 전자들은 양전하를 띠는 원자핵에 접근하여 달라붙지 않는 것인가?

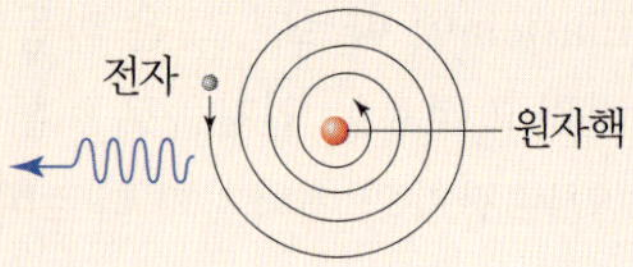

Rutherford는 이러한 의문에 대한 답으로 다음과 같은 개념을 제시하였다.

원자의 구조는 조그마한 태양계에 비유할 수 있고, 전자들은 원자핵을 중심으로 원운동을 하고 있다.

그러나 James Clerk Maxwell(맥스웰)의 이론에 따르면 전자가 빠른 속도로 원운동을 하면 고리 전류(ring current)가 발생하고, 전기장과 자기장이 시간에 따라 서로 번갈아 가며 생기면서 결국 전자기 복사가 발생하게 된다. 1879년에 독일의 물리학자인 W, H. Hertz(헤르츠)는 실험을 통해 도선을 따라 흐르는 전하의 운동 방향을 주기적으로 바꾸어 줌으로써 처음으로 인위적으로 조절할 수 있는 라디오파(radio wave)를 만들었다. 이 실험으로부터 Maxwell의 이론이 옳다는 것이 입증되었다. 만일 전자들이 원자핵 주위에서 원운동을 한다면, 전자들이 소유했던 에너지를 전자가 복사의 형태로 방출함으로써 나선형의 경로를 따라 점차 원자핵에 접근하게 되고, 전자들은 결국 원자핵과 충돌할 수밖에 없다.

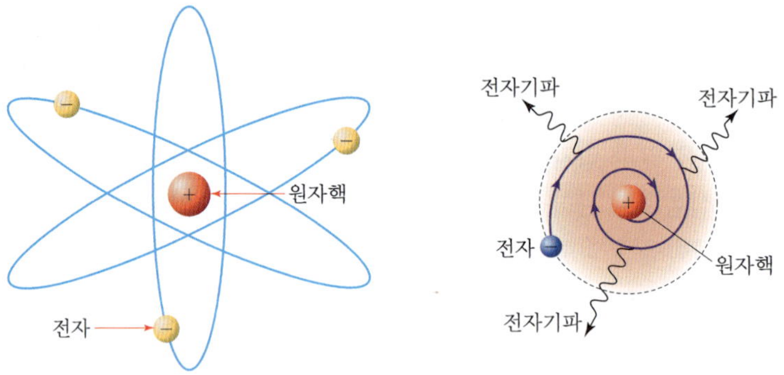

그림 9.17
Rutherford의 원자 모형과 그 문제점: 고전 전자기 이론에 따르면 양전하를 띤 입자 주변을 회전하는 음전하를 띤 입자는 가속운동을 하게 된다. 가속운동을 하는 전하를 띤 입자는 전자기파를 방출하게 되고 점차 에너지를 잃어버려 결국 원자핵과 충돌하게 된다.

9.3.2 Bohr의 원자 모형

다양한 물질에 의한 방출 스펙트럼을 연구하던 분광학자들(spectroscopists)은 다음과 같은 의문을 품고 있었다.

- 물질이 에너지를 받아 들뜨게 되면, 왜 특정 파장의 빛만 방출하는가?
- 수소 원자에 의한 선 방출 스펙트럼 중 가시광선 영역에서 Balmer 계열로 부르는 선이 발생하는 이유는 무엇인가?

1913년 덴마크의 물리학자인 Niels Bohr(보어)는 그러한 의문에 답을 얻기 위해 다음과 같은 가정에 기초하여 새로운 원자 모형을 제안하였다.

Niels Bohr(1886~1962)

- 원자 내의 전자는 원자핵 주위에 있는 궤도(orbit)에 존재한다.
- 원자핵에서 가장 가까운 궤도에 있는 전자는 가장 낮은 에너지를 갖고 있으며, 주어진 궤도가 원자핵으로부터 멀어질수록 그 궤도에 있는 전자의 에너지는 높아진다.
- 원자 내의 전자는 특정한 크기의 에너지(양자화된 에너지)만을 가질 수 있으며, 전자가 갖는 에너지에 따라 궤도가 정해진다.
- 전자는 한 궤도에서 다른 궤도로 이동할 수 있으며, 전자가 이동하려면 두 궤도의 에너지 차이에 해당하는 특정한 크기의 에너지(양자화된 에너지)를 흡수하거나 방출해야 한다.

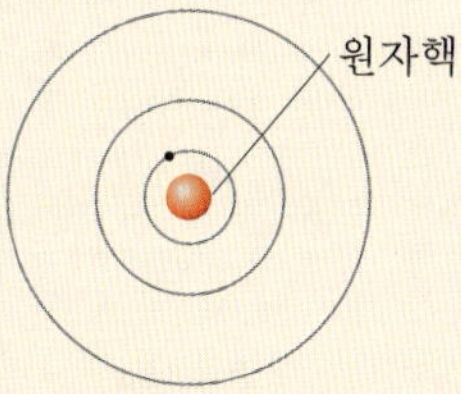

Bohr의 원자 모형에 따르면, 안정한 원자의 경우, 전자는 원자핵 주위의 일정한 궤도에서만 존재하며, 전자는 에너지를 잃거나 얻지 않는다. 이는 고전 전자기 이론과 대비되는 가정이지만 실험 결과를 설명하기 위해 Bohr가 과감히 도입하였다. 그림 9.18에서처럼 원자가 더 높은 에너지 상태로 들뜨는 것은 주어진 궤도에 있던 전자가 원자핵에서 보다 더 멀리 떨어진 궤도로 이동하는 것이며, 두 궤도의 에너지 차이에 해당하는 에너지(양자화된 에너지, quantized energy)를 흡수해야 한다. 원자핵으로부터 보다 멀리 떨어진 궤도로 이동했던 전자가 원래의 궤도로 돌아오는 과정에서 똑같은 에너지의 빛을 방출한다.

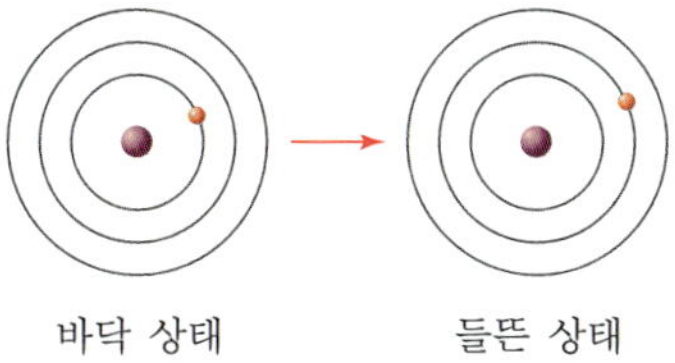

그림 9.18
Bohr의 원자 모형에서 전자가 소유한 에너지의 양자화: 바닥 상태의 전자는 특정 크기의 에너지만을 흡수하여 보다 높은 에너지 상태의 특정 궤도로 이동한다.

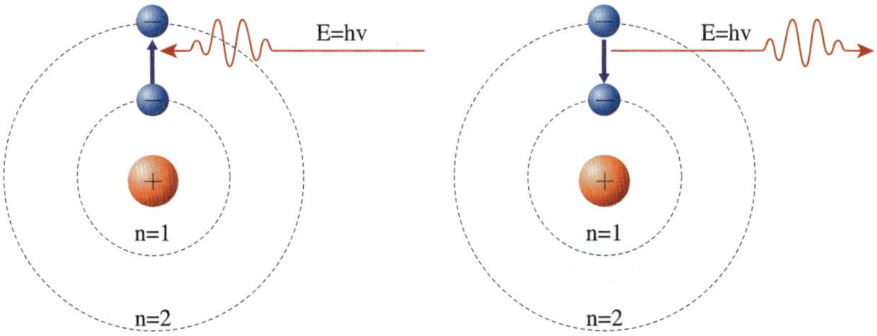

그림 9.19
보어의 원자 모델에서는 전자가 에너지를 흡수하여 바닥 상태에서 들뜬 상태로 있을 수 있고, 전자가 에너지를 방출하여 들뜬 상태에서 바닥 상태로 돌아올 수도 있다.

원자에 의해 흡수되는 양자화된 에너지의 크기(또는 원자가 방출하는 빛의 파장)는 원자의 고유한 특성과 관련이 있다. 수소 원자의 경우 몇 가지 가능한 에너지 준위가 존재한다. 따라서 그 에너지 준위 사이에서 전자가 이동하면, 해당 에너지 준위 사이의 에너지 차이에 해당하는 파장의 빛이 흡수 또는 방출될 수 있다. 그림 9.20에서 볼 수 있는 것처럼 만일 수소 원자의 에너지 준위가 다섯 개이면, 들뜬 상태의 수소 원자가 보다 낮은 에너지 준위로 돌아오는 과정은 모두 10가지가 있을 수 있다.

즉, 수소 원자가 방출할 수 있는 빛의 종류가 10가지이므로 수소 원자의 방출 스펙트럼

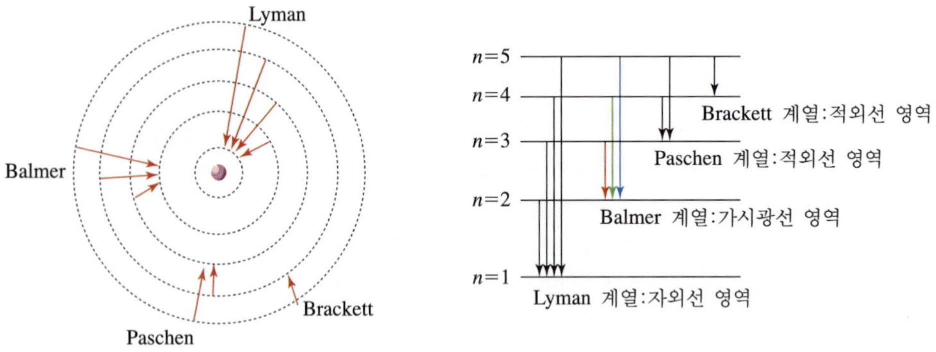

그림 9.20
Bohr의 원자 모형을 이용한 수소의 방출 스펙트럼의 이해와 구성 계열

은 모두 10개의 선으로 구성될 수 있다. 수소 원자가 빛을 방출하면서 돌아오는 에너지 준위의 종류에 따라 방출 스펙트럼의 선을 '계열'로 구분할 수 있다.

Rydberg식

1888년 스코틀랜드의 물리학자인 Johannes Robert Rydberg(리드버그)는 수소 원자의 모든 영역의 방출 스펙트럼을 설명하기 위하여 다음과 같이 Balmer 식을 일반화한 Rydberg 식을 제안하였다.

$$\frac{1}{\lambda} = \frac{4}{b}\left(\frac{1}{n_1^2} - \frac{1}{n_2^2}\right) = R_{\mathrm{H}}\left(\frac{1}{n_1^2} - \frac{1}{n_2^2}\right)$$

여기서

R_{H} : 리드버그 상수 $= 1.0973732 \times 10^7\ \mathrm{m}^{-1}$
$n_1 = 1, 2, 3, \ldots$
$n_2 = n_1 + 1$

Lyman 계열($n_1 = 1$인 경우이며, 1906~1914년 Theodore Lyman에 의해 자외선 영역에서 발견됨), Balmer 계열($n_1 = 2$인 경우), Paschen 계열($n_1 = 3$인 경우이며, 1908년 Friedrich Paschen에 의해 적외선 영역에서 발견됨), 그리고 Brackett 계열($n_1 = 4$인 경우이며, 1922년 Frederick Brackett에 의해 적외선 영역에서 발견됨)을 관찰함으로서 Rydberg 식으로 비교적 정확하게 설명할 수 있게 되었다. Bohr는 이러한 수소 원자의 방출 스펙트럼을 설명할 수 있는 원자 모형을 제안하였다.

알아두어야 할 용어(term)들

• 전자기 복사	• 전자기 복사 스펙트럼	• 파동성	• 진동수
• 파장	• 회절	• 백색광	• 다색광
• 단색광	• 굴절률	• 연속 스펙트럼	• 선 스펙트럼
• 선 방출 스펙트럼 선	• 흡수 스펙트럼	• 발머 계열	• 흑체 복사
• 양자가설	• 양자화된 에너지	• 광전 효과	• 궤도

요약

전자기 복사의 파동성을 알려주는 전자기 복사의 회절 그리고 전자기 복사의 입자성을 알려주는 광전 효과를 통해 전자기 복사의 이중성을 다루었다. 물질에 의한 전자기 복사의 흡수 및 방출을 보여주는 전자기 복사의 흡수 스펙트럼과 방출 스펙트럼을 다루면서 물질마다 흡수하거나 방출하는 전자기 복사의 스펙트럼이 다르다는 사실을 근거로, 주어진 물질에 의한 전자기 복사의 흡수/방출 스펙트럼과 그 물질의 구조 사이의 연관성을 가진다는 점을 예측할 수 있었다. 예를 들어 가장 간단한 원자인 수소원자로부터 얻어지는 발머 계열의 선 방출 스펙트럼을 바탕으로 수소 원자의 구조를 예측할 수 있는 것이다. 흑체 복사 현상에 대해 고전적인 해석이 불가능해 짐에 따라 흑체 복사 현상의 정확한 해석을 위해 양자론의 출발점이 된 플랑크의 양자가설이 소개되었다. 또한 에너지의 양자화 또는 양자화된 에너지 개념이 도입된 보어의 원자 모형은 수소 원자로부터 생겨나는 발머 계열의 선 스펙트럼을 설명할 수 있었다.

연 . 습 . 문 . 제

1. 다음 글의 ( ) 안에 들어갈 정확한 용어를 제시하시오.

> 자기 복사인 빛은 (ⓐ)현상과 그로 인한 (ⓑ)무늬가 얻어짐에 근거하여 파동성을 소유함을 알 수 있었으며, 금속의 표면에 충분한 크기의 에너지를 소유한 전자기 복사를 쪼여주는 경우, 금속의 표면에서 (ⓒ)가 방출되는 현상인 (ⓓ)에 의해 입자성도 소유함을 알 수 있었다.

2. 다음 글의 ( ) 안에 들어갈 정확한 용어를 제시하시오.

> 수소 원자에 Rutherford의 원자 모형을 적용하면 원자핵은 한 개의 (ⓐ)로 이루어져 있고, 그 원자핵의 주변에 한 개의 전자가 원운동을 하며 존재하는 구조가 된다. 그러나 전자가 원운동을 하는 경우, 그러한 원운동의 결과 전자는 외부로 (ⓑ)를 방출하게 되어, 결국은 전자는 원자핵에 이끌려 충돌해야 한다.

3. 수소 원자에 Bohr의 원자 모형을 적용하면, 위 2번에서 제시된 문제점이 해결될 수 있다. 그 이유를 서술하시오.

4. 다음 글의 ( ) 안에 들어갈 정확한 용어를 제시하시오.

> Bohr의 원자 모형의 수소 원자는 원자핵의 주위에 전자가 머물 수 있는 여러 개의 (ⓐ)들을 가지고 있다. 각 (ⓐ)들은 특정한 크기의 (ⓑ)된 에너지들을 소유하며, 주어진 (ⓐ)에 머무는 전자는 그 (ⓐ)의 에너지를 그대로 소유하게 된다. 원자 내의 전자는 외부 에너지를 흡수하거나 외부로 에너지를 방출하면서 머무는 (ⓐ)들이 달라진다. 전자가 주어진 두 (ⓐ)들 사이를 이동하며 흡수하거나 방출하는 에너지의 크기는 그 두 (ⓐ)들 사이의 (ⓒ)와 정확히 일치해야 한다.

5. Bohr의 원자 모형이 등장하기 전 물질이 에너지를 흡수한 후 빛을 방출하는 현상에 관련하여 당시 과학자들이 가졌던 두 가지 의문점들을 제시하시오.
6. 프리즘에 의한 다색광의 분산을 정의하시오.
7. Bohr의 원자 모형이 가지는 단점(한계점)을 서술하시오.
8. 보어의 원자 모형에 관련된 서술 중 옳은 것들을 고르시오.
   ① 원전자는 원자핵과 궤도 사이를 이동할 수 있다.
   ② 주어진 궤도에서 존재하는 전자는 원운동을 통해 에너지를 잃어 점차 원자핵 쪽으로 이동한다.
   ③ 주어진 양자화 된 에너지를 소유한 궤도에서 존재하는 전자는 외부 에너지의 흡수를 통해 더 높은 에너지를 가진 궤도로 이동할 수 있다.
   ④ 주어진 궤도에서 존재하는 전자는 그 궤도가 가진 양자화 된 에너지를 소유하므로, 원운동을 통해 에너지를 잃지 않는다.
   ⑤ 보다 높은 에너지를 가진 궤도에 존재하는 전자는 특정 크기의 양자화 된 에너지를 잃으면서 더 낮은 에너지의 궤도로 이동할 수 있으며, 이를 들뜸이라 한다.
9. 전자기 복사에 관련된 서술 중 옳은 것들을 고르시오.
   ① 라디오파는 전자기 복사이다.
   ② 물질은 전자기 복사를 방출하거나 흡수할 수 있다.
   ③ 방사성 원소들은 자연 복사를 통해 전자기 복사를 방출할 수 있다.
   ④ 전자기 복사의 진폭은 파장에 따라 달라진다.
   ⑤ 전자기 복사들을 서로 상쇄 간섭을 통해 진폭이 증가한다.
   ⑥ 전자기 복사들은 서로 보강 간섭을 통해 파장이 늘어난다.
10. 광전효과에 관련된 서술 중 옳은 것들을 고르시오.
   ① 금속에 빛의 종류에 무관하게 많은 양의 빛을 쪼여주면, 금속의 표면에서 전자들이 방출될 수 있다.
   ② 금속에 빛의 세기(양)에 무관하게 충분히 큰 에너지를 가진 빛을 쪼여주면, 금속의 표면에서 전자들이 방출될 수 있다.
   ③ 광전 효과란 금속에 빛을 쪼여주면 빛을 구성하는 입자(광자)들이 금속의 표면에 흡수되는 현상이다.
   ④ 금속에 적외선을 충분히 많이 쪼여주면, 금속의 표면에서 전자들이 방출될 수 있다.
   ⑤ 금속에 자외선을 쪼여주면, 금속의 표면에서 전자들이 방출될 수 있다.
11. 전자기 복사의 회절과 분산에 관련된 서술 중 옳은 것들을 고르시오.
   ① 분산이란 주어진 다색광이 성분 단색광들로 분리되는 현상이다.
   ② 분산이란 주어진 단색광들이 다색광으로 변하는 현상이다.
   ③ 회절 된 빛들이 서로 보강간섭을 일으키면, 진폭이 감소한다.
   ④ 회절 된 빛들이 서로 보강간섭을 일으키면, 진폭이 증가한다.
   ⑤ 회절은 가시광선 영역의 전자기 복사에서만 관찰된다.
   ⑥ 분산은 가시광선 영역의 전자기 복사에서만 관찰된다.
12. 수소기체에 의한 전자기 복사 스펙트럼에 관련된 서술 중 옳은 것들을 고르시오.
   ① 수소기체에 충분한 에너지를 공급하면, 가시광선 영역의 선 방출 스펙트럼만이 얻어진다.
   ② 수소기체에 충분한 에너지를 공급하면, 가시광선 영역과 자외선 영역의 선 방출 스펙트럼들만이 얻어진다.
   ③ 발머계열이란 수소기체에 충분한 에너지를 공급하여 얻어지는 가시광선 영역의 선 방출 스펙트럼을 의미한다.
   ④ 발머계열이란 수소기체에 충분한 에너지를 공급하여 얻어지는 적외선 영역의 선 방출

스펙트럼을 의미한다.

⑤ 발머계열이란 수소기체에 충분한 에너지를 공급하여 얻어지는 선 방출 스펙트럼을 의미하며, 더 높은 에너지의 궤도들로 들떴던 전자들이 원자핵에서 가장 가까운 궤도($n = 1$)로 돌아오면서 방출한 가시광선 영역의 전자기 복사들로 구성되어 있다.

⑥ 발머계열이란 수소기체에 충분한 에너지를 공급하여 얻어지는 적외선 영역의 선 방출 스펙트럼을 의미하며, 더 높은 에너지의 궤도들로 들떴던 전자들이 $n = 2$인 궤도로 돌아오면 방출한 가시광선 영역의 전자기 복사들로 구성되어 있다.

13. 양자화된 에너지에 관련된 서술 중 옳은 것들을 고르시오.

① 양자화된 에너지란 주어진 에너지가 특정 크기의 에너지 덩어리들로 구성되어 있다는 것을 의미한다.

② 주어진 물질이 더 높은 에너지로 들뜨기 위해서는 그 두 에너지 준위들 사이의 에너지 차이의 정수배만큼의 에너지를 공급받아야 한다.

③ 주어진 물질이 더 높은 에너지로 들뜨기 위해서는 그 두 에너지 준위들 사이의 에너지 차이의 두 배 만큼의 에너지를 공급받아야 한다.

④ 주어진 물질이 더 높은 에너지로 들뜨기 위해서는 정확히 그 두 에너지 준위들 사이의 에너지 차이만큼의 에너지를 공급받아야 한다.

⑤ 주어진 물질이 흡수하거나 방출하는 에너지는 그 크기가 무한하게 다양하다.

⑥ 주어진 물질은 특정한 크기의 에너지들만을 흡수하거나 방출할 수 있다.

10

다전자 원자와 현대 원자 모형

1920년대 초에 이르러 Bohr의 원자 모형에 한계가 드러나기 시작하였다. Bohr의 원자 모형은 한 개의 전자만을 갖고 있는 수소 원자를 표현하기에는 아주 적절하였지만, 여러 개의 전자를 갖고 있는 원자의 행동 양식이나 원자가 모여 분자를 이루는 현상을 설명할 수 없었다. Bohr의 원자 모형에서는 전자의 궤도, 운동량, 에너지에 관한 사항을 고전적인 관점에서 다루었기 때문이었다. 이제 20세기 초반 원자 모형이 어떤 방식으로 수정되어 현재 우리가 받아들이고 있는 원자 모형으로 나타나게 되었는지 알아보자.

©Quality Stock Arts/Shutterstock

10.1 전자는 파동의 성질을 가진다

10.1.1 de Broglie의 물질파

Louis de Broglie(1892~1987)

20세기 초 양자론의 등장과 더불어 과학자들의 관심을 끌었던 것은 빛의 이중성이었다. 빛은 회절(diffraction)에 근거하여 파의 특성(wave nature)을 가지는 것으로 받아들여졌으며, 광전 효과(photoelectric effect)를 유발하는 입자로서의 특성(particle nature)도 가진다는 사실을 알게 되었기 때문이다. 그 결과 파의 특성만을 가진다고 받아들여지던 빛이 입자로서의 성질도 가진다면, 전자나 양성자, 중성자 등과 같이 입자로서만 취급되어 오던 것들도 파의 특성을 가질 수 있지 않을까라는 생각을 하게 되었다. 전자와 같은 입자가 파의 특성을 가질 수 있을 것이라는 가능성을 처음으로 제안한 과학자는 프랑스의 물리학자인 Louis de Broglie(드브로이)이다. 1924년 de Broglie는 다음과 같은 가설을 제시하였다.

> 정지 상태에 있는 전자의 경우 e/m값에 근거하여 실험을 통해 전자의 질량을 구할 수 있지만, 움직이고 있는 전자는 특정한 파장을 가진 파동의 특성을 가진다.

그의 가설에 따르면 전자와 같은 입자가 가지는 파장은 다음과 같이 정의된다.

> 입자의 de Broglie 파장(de Broglie wavelength): $\lambda = h/p$
> h: Planck 상수 = $6.6260699 \times 10^{-34}$ J·s, p: 입자의 운동량
>
> 물질(matter)과 에너지(energy) 사이의 관계를 보여 주는 아인슈타인(Einstein)의 식
> $E = mc^2$ 여기서 E: 입자의 에너지, m: 입자의 질량, c: 빛의 속도
>
> 플랑크(Planck)의 가설에 따른 빛의 양자화된 에너지
> ↓ $E = h\nu$ 여기서 ν: 진동수
>
> de Broglie에 의하면, 입자와 파는 동일한 특성을 소유하므로
> ↓ $mc^2 = h\nu = h(c/\lambda)$
>
> 여기서 실제 입자들은 빛의 속도를 소유할 수 없으므로, c를 v로 치환하여
> ↓ $m\mathrm{v}^2 = h\mathrm{v}/\lambda$ 여기서 v: 입자의 운동 속도
>
> $\lambda = h\mathrm{v}/m\mathrm{v}^2 = h/m\mathrm{v} = h/\mathrm{p}$

이후 전자살(electron beam)이 전자기 복사처럼 회절 현상을 보이거나 회절 및 간섭 현상을 보여 주는 실험을 통해 de Broglie의 가정이 옳다는 것이 입증되었다. 그림 10.1은 X선과 전자살이 알루미늄 포일(aluminum foil)을 통과하면서 발생한 회절 무늬를 비교하여 보여 주고 있다.

여기서 입자(물질)의 **이중성**(duality)에 관해 다음과 같은 중요한 개념에 대해 언급하고자 한다.

> 주어진 입자가 이중성을 가진다는 것은 입자가 파의 성질과 입자의 성질을 동시에 나타낸다는 것은 아니다. 입자는 하나의 주어진 상황에서 파의 특성을 보이지만, 또 다른 상황에서는 입자의 특성을 보인다는 것을 의미한다.

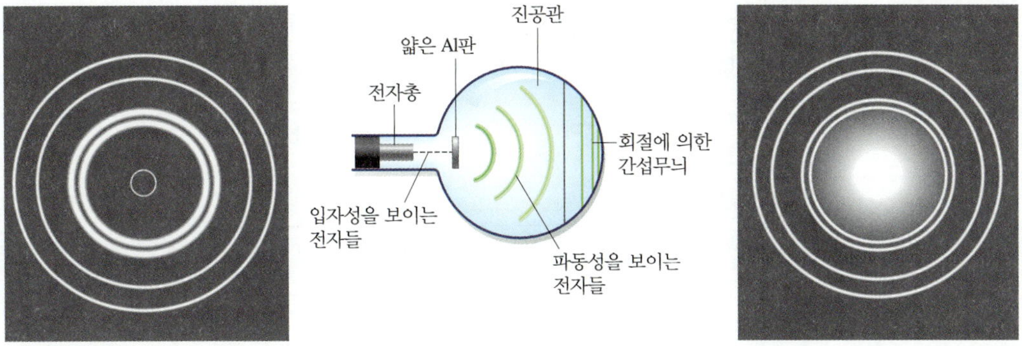

(a) X선의 회절에 의한 무늬 (b) 전자살의 회절에 의한 무늬

그림 10.1
X선과 전자살이 각각 알루미늄 포일을 통과할 때 발생하는 회절 무늬에 대한 비교

그런데 모든 입자(물질)에 실질적인 파동성을 부여할 수는 없다. 그 이유는 야구공과 같은 물질의 경우 de Broglie의 파장을 구할 수는 있지만, 야구공이 실질적인 파로서의 특성을 소유한다고 받아들이기는 힘들기 때문이다. 이제 두 가지 유형의 물질을 대상으로 de Broglie의 파장을 구한 후, 각 물질에 실질적 파동성을 부여할 수 있는지를 알아보기로 한다.

❶ 첫 번째 유형: 질량이 1.0 kg인 물질

이 물질이 1.0×10^5 m/s의 속도로 운동한다면, 이 물질에 파동성을 부여할 수 있을까?

물질의 운동량

$$p = mv = (1.0\ \text{kg}) \times (1.0 \times 10^5\ \text{m/s}) = 1.0 \times 10^5\ \text{kg}\cdot\text{m/s}$$

de Broglie 파장

$$\lambda = \frac{h}{p} = (6.63 \times 10^{-34}\ \text{kg}\cdot\text{m}^2/\text{s}) \div (1.0 \times 10^5\ \text{kg}\cdot\text{m/s}) = 6.6 \times 10^{-39}\ \text{m}$$

➡ 파장이 너무 짧아 파동성을 부여할 수 없다.

❷ 두 번째 유형: 질량이 9.1×10^{-31} kg인 물질

이 물질이 1.0×10^5 m/s의 속도로 운동한다면, 이 물질에 파동성을 부여할 수 있을까?

물질의 운동량

$$p = mv = (9.1 \times 10^{-31}\ \text{kg}) \times (1.0 \times 10^5\ \text{m/s}) = 9.1 \times 10^{-26}\ \text{kg}\cdot\text{m/s}$$

de Broglie 파장

$$\lambda = \frac{h}{p} = (6.63 \times 10^{-34}\ \text{kg}\cdot\text{m}^2/\text{s}) \div (9.1 \times 10^{-26}\ \text{kg}\cdot\text{m/s}) = 7.3 \times 10^{-9}\ \text{m}$$

➡ 전자기 복사의 파장 영역이므로 파동성을 부여할 수 있다.

10.1.2 정류파로 기술되는 전자

전자의 파동성과 그에 따른 de Broglie 파장을 부여할 수 있다면, Bohr의 원자 모형에서의 궤도(orbit)에 존재하는 전자 역시 파로서의 특성을 갖게 된다. 그런데 주어진 원형 궤도에서 전자가 파로서의 특성을 보이려면, 그 파는 정류파의 생성 조건을 만족시켜야 한다. **정류파**(standing wave 또는 stationary wave)는 다음과 같이 정의한다.

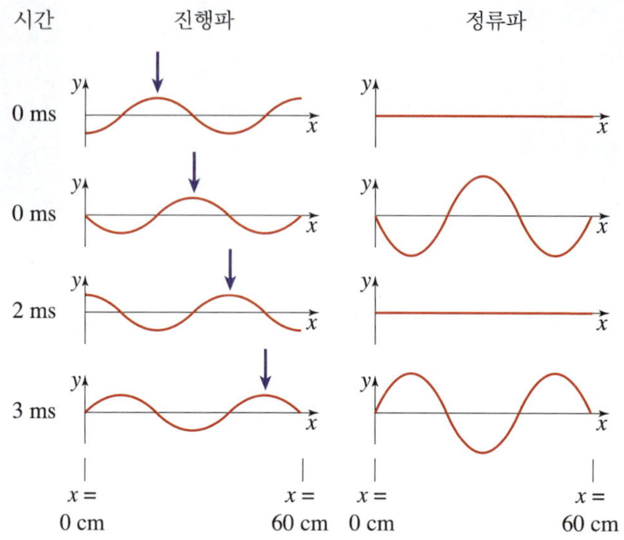

그림 10.2
진행파는 시간에 따라서 능선과 골의 위치가 변화하는 반면, 정류파는 능선과 골의 위치가 시간에 따라서 변화하지 않는다.

❶ 주어진 선에서 정류파의 생성 조건

양 쪽 끝부분이 고정되어 있고, 길이가 L인 선(string)의 경우, 다음과 같은 조건(양자화 조건, quantization condition)을 만족시키는 정류파만 만들어진다.

정류파의 생성 조건

$$n\left(\frac{\lambda}{2}\right) = \mathrm{L}$$

여기서

n = 양의 정수 (1, 2, 3, ⋯)

: 길이가 L인 선의 경우, 주어진 정류파의 반파장(half wavelength, $\lambda/2$)의 정수배의 반파(half wave)만을 가질 수 있다.

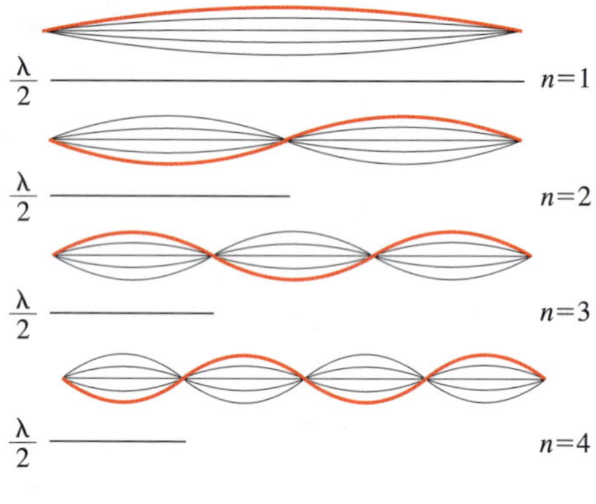

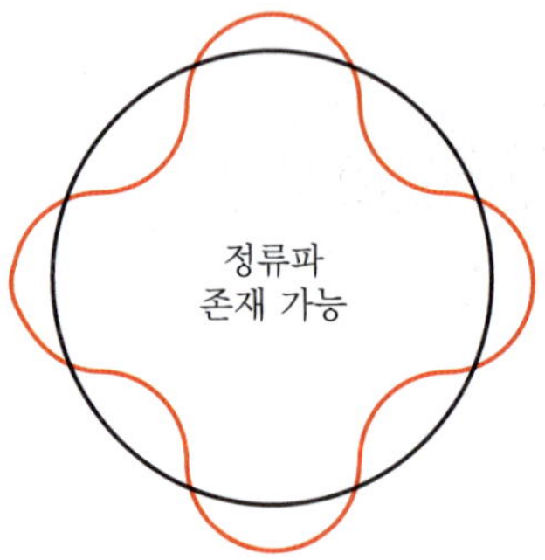

주어진 파에서 진폭이 0인 부분을 마디(node)라고 하는데, 마디의 위치가 시간에 따라 변하지 않는 파를 정류파라고 한다. 다시 말해 정류파는 주어진 마디와 마디 사이에서 단지 위와 아래로만 진동하는 파이다.

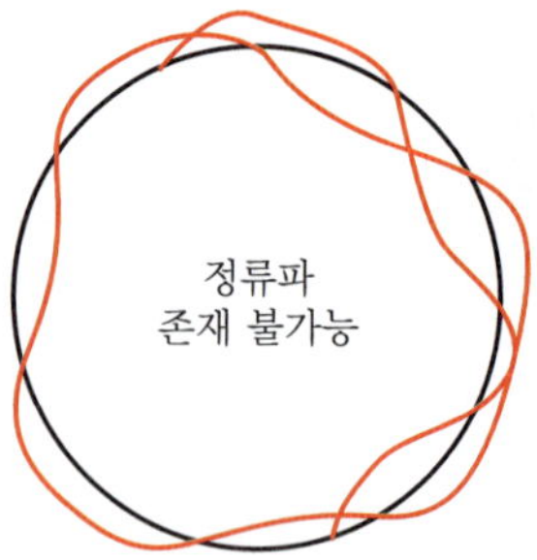

파장의 정수배가 원형 궤도의 둘레와 일치하지 않을 때

❷ 원형 궤도에서 정류파의 생성 조건

Bohr의 원자 모형과 같이 주어진 전자가 원형 궤도에 존재하면서 정류파로서의 특성을 가지려면 다음과 같은 조건을 만족해야 한다.

즉, 파장의 정수배가 원형 궤도의 둘레와 같은 정류파만 Bohr의 원형 궤도에서 존재할 수 있으며, Bohr의 원자 모형에서 정류파가 존재할 수 있는 궤도 반지름은 다음과 같은 조건을 만족시켜야 한다.

Bohr의 원자 모형에서 정류파로서의 특성을 갖는 전자의 존재를 위한 조건

보어의 궤도를 반지름이 r인 원으로 가정하면,

$$\frac{2\pi r}{\lambda} = n \text{ 또는 } 2\pi r = n\lambda$$

여기서

$2\pi r$: 반지름이 r인 원형 궤도의 둘레

λ: 정류파의 파장

n: 양의 정수 (1, 2, 3, ⋯)

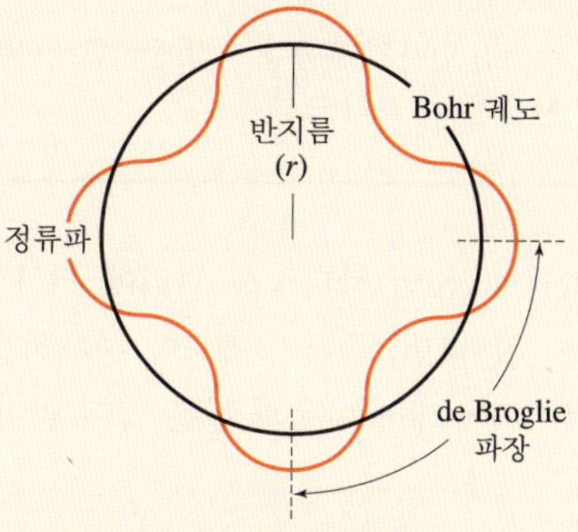

$2\pi r = 4\lambda$인 정류파

$$r = \frac{n\lambda}{2\pi}$$

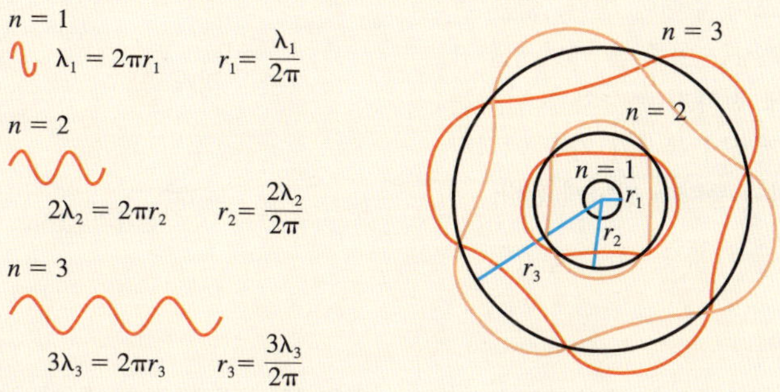

이처럼 위의 조건을 만족시키는 여러 개의 반지름이 가능하므로, 그 결과 반지름이 서로 다른 여러 개의 궤도가 존재할 수 있음을 알 수 있다.

10.2 원자 차원의 세계를 보는 새로운 관점: 불확정성 원리

de Broglie가 제시한 내용에 근거하여 사람들은 다음과 같은 의문을 가지게 되었다.

Werner Karl Heisenberg(1901~1976)

전자가 파로서의 특성을 갖는다면, 주어진 궤도에 존재하는 전자의 경우 그 정확한 위치를 어떻게 알아낼 수 있을까?

원자 차원의 미시적인 세계에 존재하는 물질의 독특한 행동 양식을 기술하기 위해서는 거시적인 세계를 기술하는 방식과는 전혀 다른 새로운 관점이 필요하다. 1927년 독일의 물리학자인 Werner Karl Heisenberg(하이젠베르크)는 다음과 같은 **불확정성 원리**(uncertainty principle)를 제시하였다.

불확정성 원리

파동성을 소유한 입자의 위치(position, X)와 운동량(momentum, P)을 측정하는 경우, 두 가지를 동시에 원하는 정확도로 알아낼 수는 없다. 다시 말해 주어진 입자의 위치를 측정하면서 위치 측정의 정확도를 높이고자 한다면, 그 입자의 운동량 측정에서 얻어지는 측정값의 정확도를 감소시키게 된다. 이러한 내용을 식으로 표현하면 다음과 같다.

$$(\Delta P)(\Delta X) \geq \frac{h}{4\pi}$$

주어진 입자의 운동량 측정에서 발생하는 오차와 그 입자의 위치 측정에서 발생하는 오차를 곱한 값은 $\frac{h}{4\pi}$보다 크다.

Heisenberg의 불확정성 원리에 의하면 앞에서 제기되었던 의문(전자가 파로서의 특성을 갖는다면, 주어진 궤도에 존재하는 전자의 경우 정확한 위치를 어떻게 알아낼 수 있을까?)에 대해 다음과 같은 답이 얻어진다.

전자의 위치를 정확하게 측정하려면 그 전자의 크기보다 더 짧은 파장을 가진 전자기 복사를 쪼여 주어야 한다. 짧은 파장의 전자기 복사는 아주 큰 에너지를 가지므로 전자에 전자기 복사가 도달하는 순간 전자는 전자기 복사가 가진 에너지를 흡수하면서 운동량이 변하게 된다.

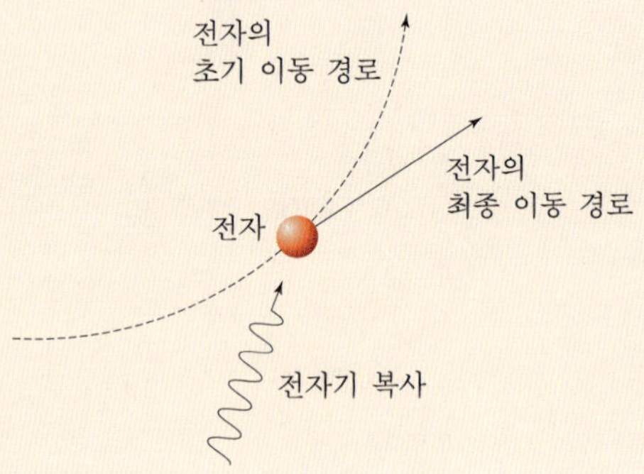

결국 전자의 운동량과 위치라는 두 가지 값을 동시에 정확하게 알아낼 수는 없다는 것이 Heisenberg의 설명이다.

10.3 양자 역학으로의 발전: 슈뢰딩거의 파동 방정식

10.3.1 Schrödinger의 파동 방정식

Erwin Schrödinger(1887~1961)

1926년 오스트리아의 물리학자 Erwin Schrödinger(슈뢰딩거)는 de Broglie의 물질파 개념에 영향을 받아 전자를 **파동 방정식**(wave equation)으로 다루는 수학적 방법(양자 역학, quantum mechanics)을 제안하였다. 예를 들어, 수소 원자에서 전자는 핵의 중심에서 무한대에 이르는 거리 사이에 존재할 수 있고, 전자의 위치는 시간에 따라 변한다. 시간에 따른 전자의 상태를 결정해 주는 것이 시간 의존-Schrödinger 파동 방정식이며, 이 방정식으로 얻어지는 파동 함수(wave function, ψ)는 전자의 상태를 양자 역학적으로 기술한다. 초기에 Schrödinger는 파동 방정식에서 얻어지는 파동 함수의 제곱 값(ψ^2)을 **전자 밀도**(electron density)로 이해하였지만 Bohr, Max Born(보른), Heisenberg 등에 의해 주어진 시간에 공간상의 단위 부피에서 전자가 존재할 확률을 알려주는 **확률 밀도**(probability density)로 다시 정의하게 되었다. 즉, 파동 함수의 제곱 값(ψ^2)은 원자 내 전자가 어느 순간에 어디에서 발견될 것인가를 알려 주는 것이 아니라 주어진 시간에 주어진 공간에서 전자가 발견될 확률을 알려 주는 것이다. 만일 전자의 움직임을 나타냄에 있어서 시간 의존성을 배제하면 바로 정류 상태에 있는 전자의 상태를 기술할 수 있게 되며, 이를 표현하는 것이 시간 비의존-Schrödinger 파동 방정식이다.

10.3.2 양자수

한 개의 전자만을 가진 수소 원자의 Schrödinger 파동 방정식을 풀면 원자 내 공간에서 전자가 나타낼 수 있는 모든 가능한 상태를 기술할 수 있는 파동 함수를 얻을 수 있으며, 각 상태에 상응하는 에너지(energy)와 각운동량(angular momentum)을 계산할 수 있다. 파동 함수는 **양자수**(quantum number)라고 하는 세 가지 값(n, l, m_l)에 의해 그 종류가 분류되며, 각각의 파동 함수를 **원자 오비탈**(atomic orbital)이라고 한다. 원자 내의 주어진 공간에서 전자를 발견할 수 있는 확률은 원자 오비탈의 제곱으로 표시하며, 이를 일반적으로 삼차원 공간에 나타낸 것을 오비탈의 모양으로 나타내고 있다. 두 개 이상의 전자를 가지는 **다전자 원자**(multi-electron atom) 내의 전자를 다루기 위해서는 세 가지 양자수(n, l, m_l) 이외에 네 번째 양자수(m_s)가 필요하다. 네 번째 양자수는 Wolfgang Pauli(파울리)에 의해 제안되었으며, 전자의 회전(spin) 방향으로 나타낸다(Pauli의 배타 원리, exclusion principle 참조). 다음은 네 가지 양자수를 자세히 소개하고 있다.

Wolfgang Pauli(1900~1958)

네 가지 양자수

- n: 주양자수(principal quantum number)
  오비탈의 크기, 에너지, 마디(전자 발견 확률이 0인 점)의 수를 결정한다.
- l: 각운동량 양자수(angular momentum quantum number)
  오비탈의 모양과 각운동량을 결정한다.
- m_l: 자기 양자수(magnetic quantum number)
  오비탈의 방향을 결정한다.
- m_s: 스핀 양자수(spin quantum number)
  전자의 스핀 각운동량을 결정한다.

10.3.3 양자수와 오비탈

❶ 주양자수는 오비탈의 크기와 에너지를 결정한다.

주양자수 n은 원자 오비탈의 에너지 준위를 나타내며, 다음과 같은 정수값을 가진다.

$$n = 1, 2, 3, \cdots$$

$n = 1$인 오비탈은 원자핵에 가장 가까우며, 가장 안정한(낮은) 에너지 준위가 부여된다. 주양자수의 값이 커질수록 오비탈은 원자핵으로부터 더 멀리 퍼져 나가면서 크기가 커지고, 보다 더 높은 에너지 준위에 놓이게 된다. 또한, 주양자수는 전자 발견 확률 밀도가 0이 되는 마디의 수를 결정하기도 하는데, 그림 10.3은 $n = 1$인 1s 오비탈, $n = 2$인 2s 오비탈, $n = 3$인 3s 오비탈로부터 얻어진 전자 발견 확률 밀도의 이차원 공간 분포를 나타낸 것이며, (a)의 경우 마디 평면(nodal plane)이 없지만, (b)의 경우 한 개의 마디 평면, (c)의 경우에는 두 개의 마디 평면을 볼 수 있다.

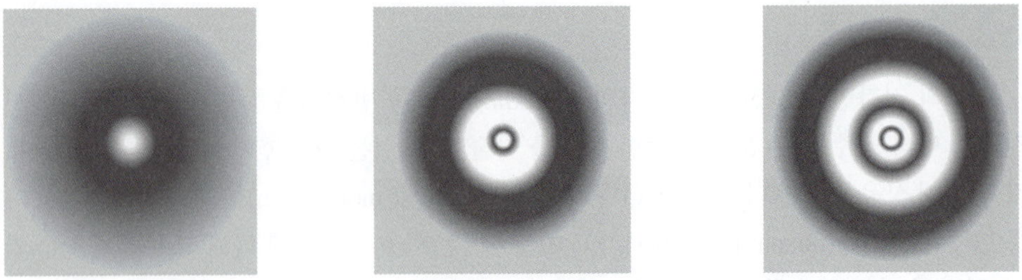

(a) $n=1$인 $1s$ 오비탈로부터 얻어진 전자 발견 확률 밀도의 이차원 공간 분포 : 마디 평면이 없다.

(b) $n=2$인 $2s$ 오비탈로부터 얻어진 전자 발견 확률 밀도의 이차원 공간 분포: 한 개의 마디 평면(중간의 흰색 고리 부분)을 볼 수 있다.

(c) $n=3$인 $3s$ 오비탈로부터 얻어진 전자 발견 확률 밀도의 이차원 공간 분포: 두 개의 마디 평면(두 개의 흰색 고리 부분)을 볼 수 있다.

그림 10.3
전자 발견 확률 밀도의 이차원 공간 분포

❷ 각운동량 양자수는 원자 오비탈의 모양을 결정한다.

각운동량 양자수 l은 주양자수에 따라 달라지며 다음과 같은 값들을 가진다.

$$l = 0, 1, 2, 3, 4, \cdots, (n-1)$$

다음은 각운동량 양자수(l)에 따른 오비탈에 대해 서술하고 있다.

$l = 0$이면 s 오비탈, $l = 1$이면 p 오비탈, $l = 2$이면 d 오비탈, $l = 3$이면 f 오비탈이라고 하며, 이것은 초기 소듐 원자의 방출 스펙트럼 연구에서 유래된 명칭이다.

- $n = 1$이면, $l = 0$인 오비탈만 가능하고, 이 오비탈을 $1s$ 오비탈이라고 한다.
  ➡ $n = 1$에는 한 가지 오비탈(s)만 존재한다.
- $n = 2$이면, $l = 0$과 $l = 1$인 두 가지 오비탈이 가능하고, $2s$ 오비탈($l = 0$)과 $2p$ 오비탈($l = 1$)이라고 한다.
  ➡ $n = 2$에는 두 가지 오비탈($2s$와 $2p$)이 존재한다.
- $n = 3$이면 $l = 0$, $l = 1$, $l = 2$인 세 가지 오비탈이 가능하고, $3s$ 오비탈($l = 0$), $3p$ 오비탈($l = 1$), $3d$ 오비탈($l = 2$)이라고 한다.
  ➡ $n = 3$에는 세 가지 오비탈($3s$, $3p$, $3d$)이 존재한다.
- $n = 4$이면 $l = 0$, $l = 1$, $l = 2$, $l = 3$인 네 가지 오비탈이 가능하고, 각각 $4s$ 오비탈($l = 0$), $4p$ 오비탈($l = 1$), $4d$ 오비탈($l = 2$), $4f$ 오비탈($l = 3$)이라고 한다.
  ➡ $n = 4$에는 네 가지 오비탈($4s$, $4p$, $4d$, $4f$)이 존재한다.

❸ 자기 양자수는 공간상에서 오비탈의 방향을 결정한다.

자기 양자수 m_l의 값은 각운동량 양자수에 의해 정해지고, 다음과 같은 값을 가질 수 있다.

$$m_l = -l, \cdots, 0, \cdots, l$$

다음은 자기 양자수(m_l)에 관련된 내용을 다루고 있다.

- **$l = 0$인 s 오비탈은**
  $m_l = 0$인 s 오비탈만으로 구성된다. s 오비탈로부터 얻어지는 전자 발견 확률 밀도의 삼차원 공

간 분포는 원자핵을 중심으로 구형 대칭(spherical symmetry)의 모습을 보여 준다(왼쪽 그림). 1*s* 오비탈로부터 얻어진 전자 발견 확률 밀도의 삼차원 공간 분포(구형 대칭)에서 전자를 발견할 확률이 90 %가 되는 경계면을 그린 것이 오른쪽 그림이다. 즉, 구 안에서 전자가 발견될 확률은 90 %이다. 이것이 일반적으로 우리가 알고 있는 오비탈 그림이다.

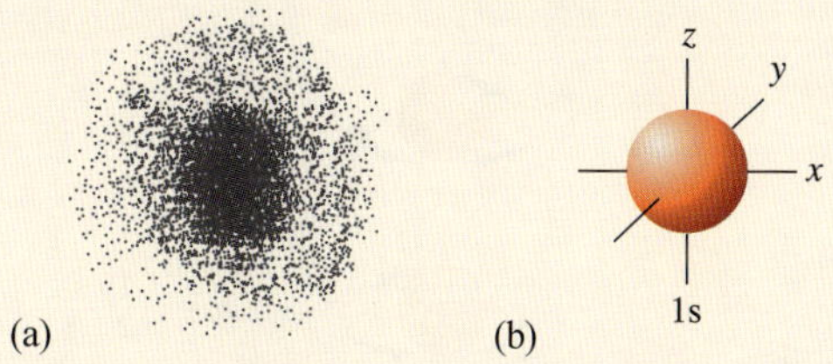

1*s* 오비탈의 구 안의 전자 발견 확률은 전체 90 %로써, 일반적으로 오비탈의 확률 밀도 그림을 오비탈로 사용한다.

그림 10.4 1*s* 오비탈의 전자 발견 확률의 (a) 삼차원 공간 분포와 (b) 확률 밀도 경계면

- **$l = 1$인 *p* 오비탈은**

  $m_l = -1, m_l = 0, m_l = +1$에 해당하는 세 가지 *p* 오비탈로 구성되며, 서로 직교성을 가진다. 편의상 *p* 오비탈의 전자 발견 확률 밀도를 p_x, p_y, p_z로 표시하며, 이들은 직교 좌표계의 각 축을 따라 배향되어 있다.

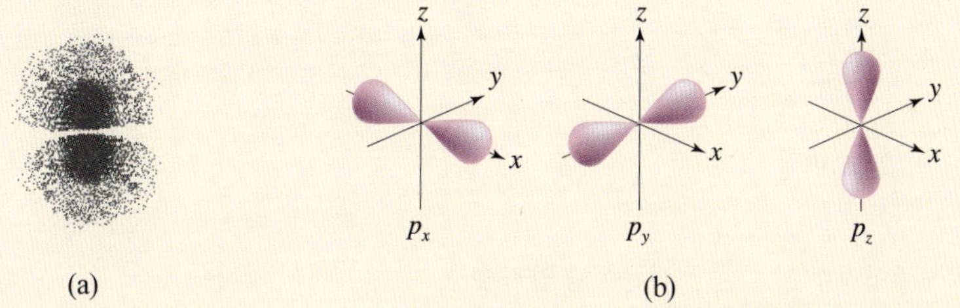

p_x, p_y와 p_z는 실수로 표시된 오비탈의 확률 밀도 그림으로, *p* 오비탈의 방향을 표현해 준다.

그림 10.5 2*s* 오비탈의 전자 발견 확률의 (a) 삼차원 공간 분포와 (b) 확률 밀도 경계면

- **$l = 2$인 *d* 오비탈은**

  $m_l = -2, m_l = -1, m_l = 0, m_l = +1, m_l = +2$에 해당하는 다섯 가지 *d* 오비탈로 구성된다.

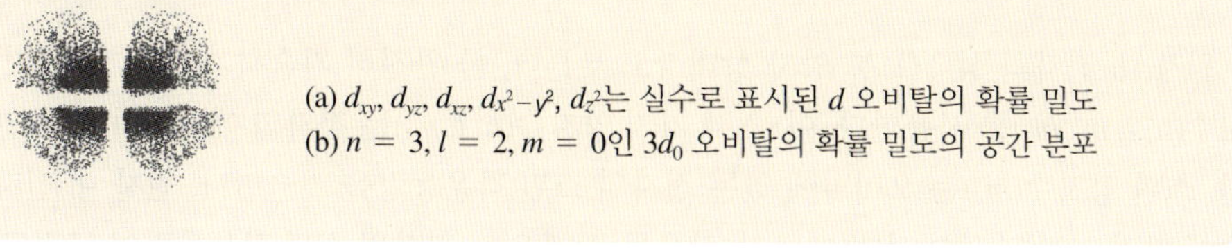

그림 10.6 3*d* 오비탈

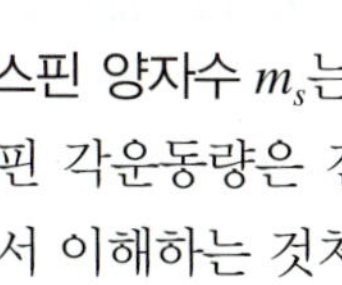

(a) $d_{xy}, d_{yz}, d_{xz}, d_{x^2-y^2}, d_{z^2}$는 실수로 표시된 *d* 오비탈의 확률 밀도
(b) $n = 3, l = 2, m = 0$인 $3d_0$ 오비탈의 확률 밀도의 공간 분포

❹ 스핀 양자수는 각 오비탈에 있는 전자의 스핀 각운동량을 결정한다.

스핀 양자수 m_s는 원자 내 오비탈에 있는 전자의 스핀 각운동량을 결정한다. 전자의 스핀 각운동량은 전자 고유의 성질이다. 엄밀하게 말해서 스핀 각운동량은 고전 역학에서 이해하는 것처럼 전자 입자 자체가 3차원에서 회전하는 것과는 다르다. 같은 오비

탈에 두 개의 전자가 있는 경우 서로 반대 방향의 스핀 각운동량을 갖는다(여기서는 편의상 각운동량의 고전 개념으로 전자의 경우 두 가지 회전 방향으로 기술한다).

다음과 같이 두 개의 전자 중 한 쪽 방향으로 회전하는 전자에게 $+\frac{1}{2}$의 스핀 양자수를 부여하고, 다른 전자에게 $-\frac{1}{2}$인 스핀 양자수를 부여한다.

$m_s = +\frac{1}{2}$이면 전자는 ↑ 방향으로 채워지고,

$m_s = -\frac{1}{2}$이면 전자는 ↓ 방향으로 채워진다.

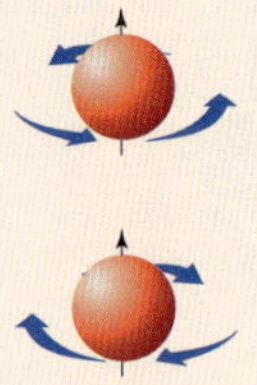

그림 10.7 스핀 양자수

❺ 오비탈에서 양자수 찾기

다음은 주어진 오비탈로부터 해당 양자수를 찾는 과정(방법)을 보여 주고 있다.

↑↓	↑	↑

$2p$ 오비탈

주양자수	각운동량 양자수	자기 양자수	스핀 양자수
$n = 2$	$l = 1$	$m_l = -1$	↑ : $m_s = +\frac{1}{2}$
주양자수	각운동량 양자수	자기 양자수	스핀 양자수
$n = 2$	$l = 1$	$m_l = -1$	↓ : $m_s = -\frac{1}{2}$
주양자수	각운동량 양자수	자기 양자수	스핀 양자수
$n = 2$	$l = 1$	$m_l = +1$	↑ : $m_s = +\frac{1}{2}$

10.4 오비탈에 전자 채우기 : 전자 배치

원자 내 전자의 상태(보통 양자 상태라고 부른다.)를 완전히 기술하기 위해 네 가지 양자수(n, l, m_l, m_s)를 사용한다. 이 중 세 가지 양자수(n, l, m_l)는 전자의 에너지와 공간 분포를, 스핀 양자수(m_s)는 오비탈에 있는 전자의 스핀 각운동량을 기술한다. 원자 내 전자의 수에 따라 가장 안정한 상태(에너지, 각운동량)에 있는 전자의 스핀 각운동량이 고려된 오비탈을 표현한 것을 **전자 배치**(electronic configuration)라고 한다. 일반적으로 전자 배치를 구하는 과정을 "오비탈에 전자를 채운다."라고 표현한다. 오비탈에 전자를 채우는 데 사용하는 몇 가지 원리와 규칙을 알아보자.

10.4.1 Pauli의 배타 원리와 스핀 양자수

다전자 원자의 전자 배치에 **파울리의 배타 원리**(Pauli's exclusion principle)를 사용하는데, 이 원리는 다음과 같은 내용을 담고 있다.

> 주어진 원자 내에서 네 개의 양자수(quantum number)가 모두 같은 전자는 없다.

이 원리에 따르면, 두 개의 전자가 같은 오비탈에 채워져도(두 전자의 n, l, m_l 값이 같아도) 각 전자의 스핀 각운동량의 경우 한 개의 전자는 $+\frac{1}{2}$, 다른 전자는 $-\frac{1}{2}$이어야 한다.

예제 10.1 He의 s 오비탈에 두 개의 전자를 배정하는 방법은?

풀이 »

He의 전자 배치: $1s^2$

↑↓	↑↑	↓↓
$1s^2$(○)	$1s^2$(×)	$1s^2$(×)

10.4.2 Hund 규칙

원자 내 오비탈에 전자를 채워나가는 과정에서는 다음과 같은 **훈트 규칙**(Hund's rule)을 따른다.

> 전자의 가장 안정한 배치는 가장 큰 수의 평행 스핀을 가지는 배치이다.

예제 10.2 p 오비탈에 네 개의 전자를 배정하는 방법은?

풀이 »

[↑ | |] → [↑ | ↑ |] → [↑ | ↑ | ↑] → [↑↓ | ↑ | ↑]

p 오비탈

각각의 p 오비탈에 한 개씩의 전자를 모두 채운 후, 다시 나머지 전자를 짝을 지어 채워나간다.

주양자수에 따라 배정될 수 있는 전자수: $2n^2$

$n = 1$인 경우에 배정될 수 있는 전자수 합계: $2n^2 = 2$개

$n = 2$인 경우에 배정될 수 있는 전자수 합계: $2n^2 = 8$개

$n = 3$인 경우에 배정될 수 있는 전자수 합계: $2n^2 = 18$개

$n = 4$인 경우에 배정될 수 있는 전자수 합계: $2n^2 = 32$개

n	오비탈에 채워지는 전자들의 수	전자수 ($2n^2$)
4	4*s* 오비탈: ↑↓ 4*p* 오비탈: ↑↓ ↑↓ ↑↓ 4*d* 오비탈: ↑↓ ↑↓ ↑↓ ↑↓ ↑↓ 4*f* 오비탈: ↑↓ ↑↓ ↑↓ ↑↓ ↑↓ ↑↓ ↑↓	32
3	3*s* 오비탈: ↑↓ 3*p* 오비탈: ↑↓ ↑↓ ↑↓ 3*d* 오비탈: ↑↓ ↑↓ ↑↓ ↑↓ ↑↓	18
2	2*s* 오비탈: ↑↓ 2*p* 오비탈: ↑↓ ↑↓ ↑↓	8
1	1*s* 오비탈: ↑↓	2

10.4.3 전자 배치에서는 쌓음 원리를 지켜야 한다

❶ 쌓음 원리

그림 10.8(a)에서 볼 수 있는 것처럼 한 개의 전자만을 소유한 수소 원자의 경우 주양자수 (n)에 의해서만 오비탈의 에너지가 달라진다.

그러나 여러 개의 전자를 가지는 원자의 경우에는 오비탈에 전자를 채울 때, 서로 간의 상호작용에 따라 주양자수(n)뿐만 아니라 각운동량 양자수(l)에 의해서도 오비탈에 채워진 전자의 에너지가 달라진다. 따라서 오비탈의 에너지 준위는 그림 10.8(b)와 같이 n과 l 모두에 의존한다. 전자를 채우는 과정에서는 다음과 같은 방식을 따른다.

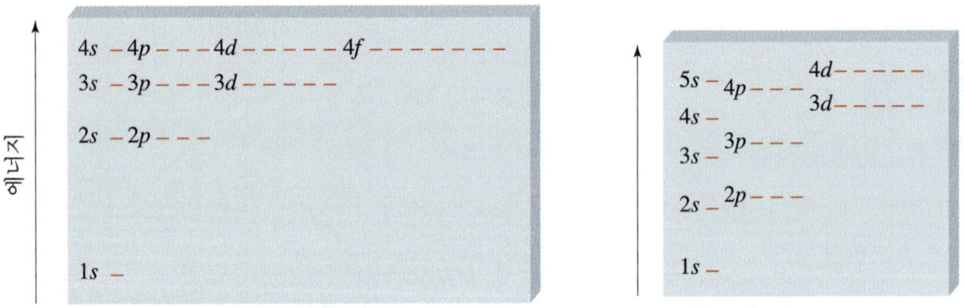

(a) 수소 원자 (b) 다전자 원자

그림 10.8
오비탈의 에너지 준위

($n + l$)의 값이 작은 오비탈을 먼저 채우고, ($n + l$)의 값이 같은 경우에는 n값이 작은 오비탈부터 먼저 채운다.

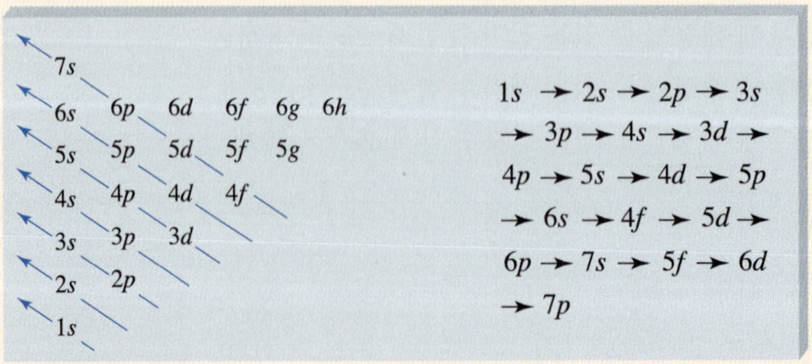

그림 10.9 전자 배치 순서

예제 10.3 $3d$ 오비탈과 $4p$ 오비탈의 경우 어떤 오비탈을 먼저 전자로 채울까?

풀이 »

$3d$ 오비탈의 경우: $n + l = 3 + 2 = 5$

$4p$ 오비탈의 경우: $n + l = 4 + 1 = 5$

그런데 $3d$ 오비탈의 n값이 더 작으므로 $3d$ 오비탈부터 먼저 채운다.

이제 다음과 같은 내용의 쌓음 원리(The aufbau principle)에 의해 몇 가지 원자들의 전자 배치를 알아보기로 한다.

- 각 오비탈에는 최대 두 개의 전자가 채워진다.
- 전자들은 가장 낮은 에너지를 가지는 오비탈부터 채워나간다.
- Hund 규칙에 따라 에너지가 같은 두 개 이상의 오비탈이 있는 경우 전자들은 우선 짝을 형성하지 않도록 각 오비탈에 나누어 채워준다.

예제 10.4 탄소(C, 원자 번호 = 6 = 양성자수 = 전자수)의 바닥 상태 전자 배치를 알아보자.

풀이 »

전자 배치: $1s^2 2s^2 2p^2$

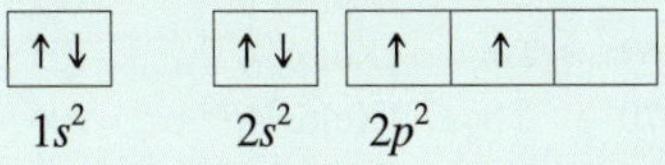

예제 10.5 산소(O, 원자 번호 = 8 = 양성자수 = 전자수)의 바닥 상태 전자 배치를 알아보자.

풀이 »

전자 배치: $1s^2 2s^2 2p^4$

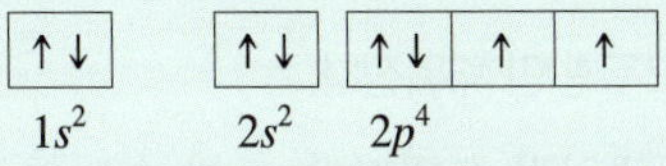

※ 전자들은 우선 짝을 형성하지 않도록 각 오비탈에 나누어 채워야 하는 Hund 규칙을 잊지 말아야 한다.

❷ 원자들의 전자 배치

표 10.1은 원자 번호 1부터 108까지 원자의 전자 배치를 보여 준다.

표 10.1 원자의 바닥 상태 전자 배치

1	H	$1s^1$	37	Rb	$[Kr]5s^1$	73	Ta	$[Xe]6s^2 4f^{14} 5d^3$
2	He	$1s^2$	38	Sr	$[Kr]5s^2$	74	W	$[Xe]6s^2 4f^{14} 5d^4$
3	Li	$[He]2s^1$	39	Y	$[Kr]5s^2 4d^1$	75	Re	$[Xe]6s^2 4f^{14} 5d^5$
4	Be	$[He]2s^2$	40	Zr	$[Kr]5s^2 4d^2$	76	Os	$[Xe]6s^2 4f^{14} 5d^6$
5	B	$[He]2s^2 2p^1$	41	Nb	$[Kr]5s^1 4d^4$	77	Ir	$[Xe]6s^2 4f^{14} 5d^7$
6	C	$[He]2s^2 2p^2$	42	Mo	$[Kr]5s^1 4d^5$	78	Pt	$[Xe]6s^1 4f^{14} 5d^9$
7	N	$[He]2s^2 2p^3$	43	Tc	$[Kr]5s^2 4d^5$	79	Au	$[Xe]6s^1 4f^{14} 5d^{10}$
8	O	$[He]2s^2 2p^4$	44	Ru	$[Kr]5s^1 4d^7$	80	Hg	$[Xe]6s^2 4f^{14} 5d^{10}$
9	F	$[He]2s^2 2p^5$	45	Rh	$[Kr]5s^1 4d^8$	81	Tl	$[Xe]6s^2 4f^{14} 5d^{10} 6p^1$

(계속)

표 10.1 원자의 바닥 상태 전자 배치

10	Ne	$[He]2s^2 2p^6$	46	Pd	$[Kr]4d^{10}$	82	Pb	$[Xe]6s^2 4f^{14} 5d^{10} 6p^2$
11	Na	$[Ne]3s^1$	47	Ag	$[Kr]5s^1 4d^{10}$	83	Bi	$[Xe]6s^2 4f^{14} 5d^{10} 6p^3$
12	Mg	$[Ne]3s^2$	48	Cd	$[Kr]5s^2 4d^{10}$	84	Po	$[Xe]6s^2 4f^{14} 5d^{10} 6p^4$
13	Al	$[Ne]3s^2 3p^1$	49	In	$[Kr]5s^2 4d^{10} 5p^1$	85	At	$[Xe]6s^2 4f^{14} 5d^{10} 6p^5$
14	Si	$[Ne]3s^2 3p^2$	50	Sn	$[Kr]5s^2 4d^{10} 5p^2$	86	Rn	$[Xe]6s^2 4f^{14} 5d^{10} 6p^6$
15	P	$[Ne]3s^2 3p^3$	51	Sb	$[Kr]5s^2 4d^{10} 5p^3$	87	Fr	$[Rn]7s^1$
16	S	$[Ne]3s^2 3p^4$	52	Te	$[Kr]5s^2 4d^{10} 5p^4$	88	Ra	$[Rn]7s^2$
17	Cl	$[Ne]3s^2 3p^5$	53	I	$[Kr]5s^2 4d^{10} 5p^5$	89	Ac	$[Rn]7s^2 6d^1$
18	Ar	$[Ne]3s^2 3p^6$	54	Xe	$[Kr]5s^2 4d^{10} 5p^6$	90	Th	$[Rn]7s^2 6d^2$
19	K	$[Ar]4s^1$	55	Cs	$[Xe]6s^1$	91	Pa	$[Rn]7s^2 5f^2 6d^1$
20	Ca	$[Ar]4s^2$	56	Ba	$[Xe]6s^2$	92	U	$[Rn]7s^2 5f^3 6d^1$
21	Sc	$[Ar]4s^2 3d^1$	57	La	$[Xe]6s^2 5d^1$	93	Np	$[Rn]7s^2 5f^4 6d^1$
22	Ti	$[Ar]4s^2 3d^2$	58	Ce	$[Xe]6s^2 4f^1 5d^1$	94	Pu	$[Rn]7s^2 5f^6$
23	V	$[Ar]4s^2 3d^3$	59	Pr	$[Xe]6s^2 4f^3$	95	Am	$[Rn]7s^2 5f^7$
24	Cr	$[Ar]4s^1 3d^5$	60	Nd	$[Xe]6s^2 4f^4$	96	Cm	$[Rn]7s^2 5f^7 6d^1$
25	Mn	$[Ar]4s^2 3d^5$	61	Pm	$[Xe]6s^2 4f^5$	97	Bk	$[Rn]7s^2 5f^9$
26	Fe	$[Ar]4s^2 3d^6$	62	Sm	$[Xe]6s^2 4f^6$	98	Cf	$[Rn]7s^2 5f^{10}$
27	Co	$[Ar]4s^2 3d^7$	63	Eu	$[Xe]6s^2 4f^7$	99	Es	$[Rn]7s^2 5f^{11}$
28	Ni	$[Ar]4s^2 3d^8$	64	Gd	$[Xe]6s^2 4f^7 5d^1$	100	Fm	$[Rn]7s^2 5f^{12}$
29	Cu	$[Ar]4s^1 3d^{10}$	65	Tb	$[Xe]6s^2 4f^9$	101	Md	$[Rn]7s^2 5f^{13}$
30	Zn	$[Ar]4s^2 3d^{10}$	66	Dy	$[Xe]6s^2 4f^{10}$	102	No	$[Rn]7s^2 5f^{14}$
31	Ga	$[Ar]4s^2 3d^{10} 4p^1$	67	Ho	$[Xe]6s^2 4f^{11}$	103	Lr	$[Rn]7s^2 5f^{14} 6d^1$
32	Ge	$[Ar]4s^2 3d^{10} 4p^2$	68	Er	$[Xe]6s^2 4f^{12}$	104	Rf	$[Rn]7s^2 5f^{14} 6d^2$
33	As	$[Ar]4s^2 3d^{10} 4p^3$	69	Tm	$[Xe]6s^2 4f^{13}$	105	Db	$[Rn]7s^2 5f^{14} 6d^3$
34	Se	$[Ar]4s^2 3d^{10} 4p^4$	70	Yb	$[Xe]6s^2 4f^{14}$	106	Sg	$[Rn]7s^2 5f^{14} 6d^4$
35	Br	$[Ar]4s^2 3d^{10} 4p^5$	71	Lu	$[Xe]6s^2 4f^{14} 5d^1$	107	Bh	$[Rn]7s^2 5f^{14} 6d^5$
36	Kr	$[Ar]4s^2 3d^{10} 4p^6$	72	Hf	$[Xe]6s^2 4f^{14} 5d^2$	108	Hs	$[Rn]7s^2 5f^{14} 6d^6$

❸ 예외적인 전자 배치

이제 몇 가지 유형의 예외적인 전자 배치를 알아보기로 한다.

(가) 4s 오비탈과 3d 오비탈이 모두 반만 채워진다.

Hund 규칙에 따르면, 반만 채워진 오비탈은 평행 스핀의 수가 많아져서 에너지가 낮아지면서 안정화된다.

$_{24}$Cr의 경우

$1s^2 2s^2 2p^6 3s^2 3p^6 4s^2 3d^4$

4s	3d				
↑↓	↑	↑	↑	↑	

이어야 하지만, 4s 오비탈로부터 전자 한 개를 3d 오비탈로 옮겨

$1s^2 2s^2 2p^6 3s^2 3p^6 4s^1 3d^5$

4s	3d				
↑	↑	↑	↑	↑	↑

와 같이 4s 오비탈과 3d 오비탈이 모두 반만 채워지면서 안정화된다.

(나) 3d 오비탈을 다 채우기 위해 4s 오비탈로부터 전자를 가져오는 경우

$_{29}Cu$의 경우

$1s^22s^22p^63s^23p^64s^23d^9$

4s	3d				
↑↓	↑↓	↑↓	↑↓	↑↓	↑

이어야 하지만, 4*s* 오비탈을 채운 전자 중 한 개를 3*d* 오비탈로 가져와서

$1s^22s^22p^63s^23p^64s^13d^{10}$

4s	3d				
↑	↑↓	↑↓	↑↓	↑↓	↑↓

와 같이 3*d* 오비탈이 모두 채워지면서 안정화된다.

10.5 원자의 전자 배치와 주기성

10.5.1 전자 배치와 주기율표에서의 주기성

❶ 원자 반지름(atomic radius)과 이온 반지름(ionic radius)

(가) 원자 반지름

같은 주기에서는 원자 번호가 증가할수록(왼쪽에서 오른쪽으로 갈수록) 원자의 반지름(원자의 크기)은 작아진다.

주양자수는 같지만, 원자 번호가 증가하면서(원자핵 속의 양성자 수가 증가하면서) 원자핵의 전하(nuclear charge)도 증가하여 전자를 끌어당기는 힘이 증가하기 때문이다.

같은 족에서는 원자 번호가 증가할수록(위에서 아래로 갈수록) 원자의 반지름(원자의 크기)은 커진다.

원자 번호가 증가하면 주양자수가 증가함에 따라 전자들의 오비탈이 퍼져서 원자핵으로부터 멀어지기 때문이다. 원자 번호가 증가하면 원자핵의 전하도 커지지만 주양자수의 크기 증가에 따른 원자 크기 증가에 미치는 영향은 작다.

(나) 이온 반지름

금속의 경우

금속 양이온의 반지름은 금속 원자의 반지름보다 더 작아진다. 왜냐하면 중성 원자보다 전자가 한 개 이상 줄어들어 전자 사이의 반발력이 감소하고 양의 전하를 소유한 핵

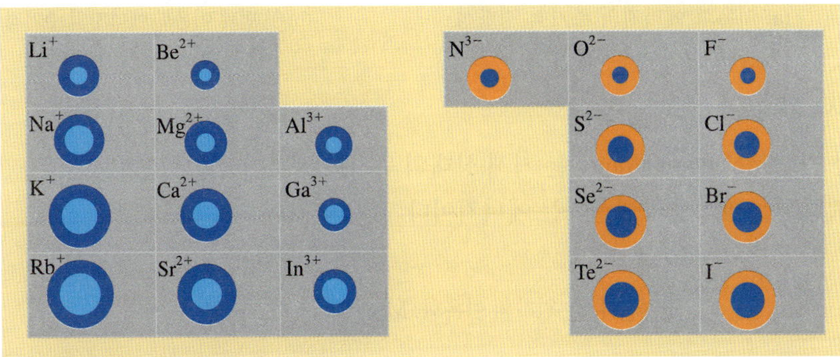

그림 10.10
원자와 이온의 크기: 푸른색 원은 중성 원자를 나타내고, 하늘색 원은 금속 양이온, 오렌지색 원은 비금속 음이온을 나타낸다.

에 의한 인력을 더 크게 받음으로써 이온의 크기가 중성 금속 원자의 크기보다 더 작아지기 때문이다.

비금속의 경우

주어진 비금속의 음이온은 비금속의 중성 원자의 크기보다 더 커진다. 왜냐하면 비금속의 음이온은 중성 원자보다 첨가된 전자의 반발력에 의하여 전자 분포가 더 확장되면서 그 크기가 더 커지기 때문이다.

❷ 이온화 에너지

기체 상태의 원자로부터 전자가 떨어져 원자가 양이온으로 변하는 과정을 **이온화**(ionization)라고 하며, 그에 필요한 에너지를 **이온화 에너지**(ionization energy)라고 부른다.

중성 원자의 이온화: $M(g) \longrightarrow M^+(g) + e^-$

그림 10.11에서 볼 수 있는 것처럼 수소부터 시작하여 주기율표의 원소에서 전자를 제거하면서 각 원소의 이온화 에너지를 구해 보면 주기성이 나타난다. 이러한 이온화 에너지의 주기성은 다음과 같이 설명할 수 있다.

- 그림 10.11(a)를 보면, 상대적으로 낮은 이온화 에너지를 보여 주는 원소들은 전자 배치가 서로 비슷한 알칼리 금속(1A족) 원소임을 알 수 있다.
- 상대적으로 큰 이온화 에너지를 나타내는 원소들은 *s* 오비탈과 *p* 오비탈이 모두 채워진 비활성 기체 원소임을 알 수 있다.
- 1A족과 비활성 기체 사이의 원소의 경우에도 서로 비슷한 전자 배치를 나타내기 때문에 그림 10.11(a)에서처럼 원소들의 전자 배치의 주기성에 따라 이온화 에너지도 주기적인 성질을 나타냄을 알 수 있다.

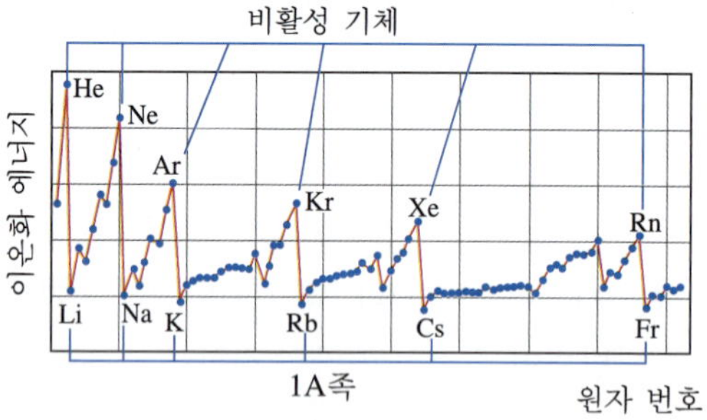

(a) 이온화 에너지의 주기적 경향성

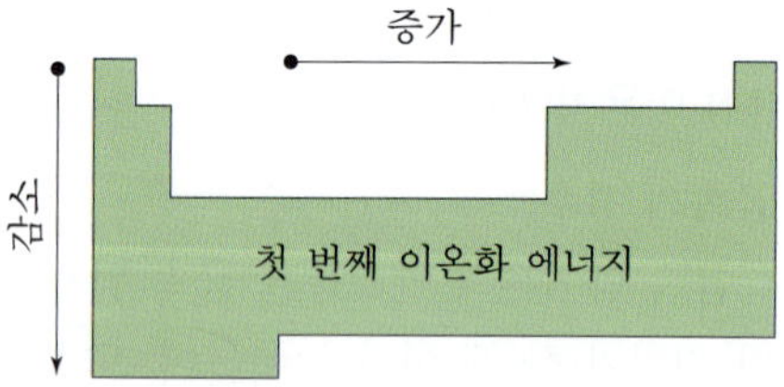

(b) 첫 번째 이온화 에너지의 주기적 경향성

그림 10.11
이온화 에너지

❸ 전자 친화도

전자 친화도(electron affinity)는 기체 상태의 원자에 전자가 첨가됨에 따라 원자가 음이온으로 변하는 과정에서 방출하는 에너지이다.

중성 비금속 원자의 이온화: $M(g) + e^- \longrightarrow M^-(g)$

방출하는 에너지가 크면 '원자 → 음이온'이 더 잘 일어난다. 그림 10.12는 전자 친화도의 주기성을 보여 준다.

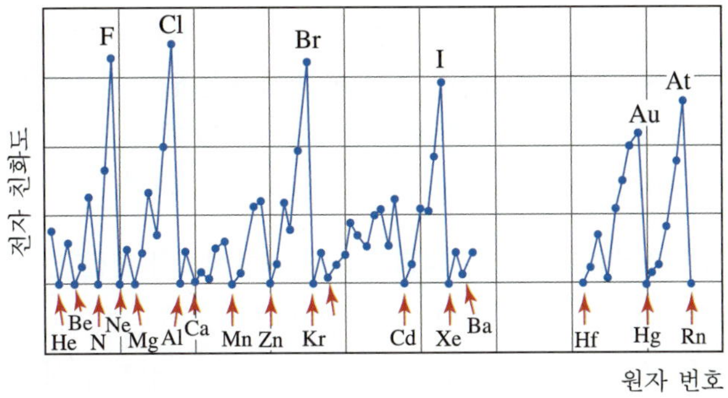

그림 10.12
전자 친화도의 주기적 경향성

다음은 전자 친화도의 경향성을 설명한 것이다.

- 비활성 기체, 1A족, 2A족 원자는 전자 친화도가 0에 가까운 값을 나타낸다. 즉, 이들 원자는 외부로부터 전자를 얻어 음이온으로 변하려는 성질을 거의 소유하지 않음을 알 수 있다.
- 비금속 원소, 특히 7A족(할로젠족) 원소는 전자 친화도가 크므로 음이온이 되려는 경향성이 높다.

❹ 전기 음성도의 경향성

전기 음성도(electronegativity)란 주어진 화학 결합에 참여한 원자들의 전자에 대한 인력의 척도로써 원소들을 서로 비교하여 측정한다. 전기 음성도는 엄밀한 물리적 양이 아니므로 물리적인 단위가 없다. 또한 원자들 사이의 경향을 상대적으로 비교하는 척도이기 때문에 다양한 계산방법이 존재한다. 현재 가장 많이 사용되는 방법은 Linus Pauling(라이너스 폴링)이 제안한 방법이다. HCl 분자의 경우 H 원자의 전기 음성도보다 Cl 원자의 전기 음성도가 더 크다. 따라서 HCl 공유 결합에 참여한 전자쌍은 Cl 원자 주위에서 발견될 확률이 더 커지므로 HCl이 중성 분자이기는 하지만 H 원자는 부분적인 양전하를 가지고, Cl 원자는 같은 크기의 부분적인 음전하를 가지는 극성 분자가 된다. 화학 결합에서 전기 음성도 차이의 정도에 따라 극성 공유 결합, 비극성 공유 결합, 이온 결합으로 분류하기도 한다. 그림 10.13은 주기율표상 원소들의 전기 음성도를 보여 준다.

		H 2.2					He
Li 0.98	Be 1.57	B 2.04	C 2.55	N 3.04	O 3.44	F 3.98	Ne
Na 0.93	Mg 1.31	Al 1.61	Si 1.90	P 2.19	S 2.58	Cl 3.16	Ar
K 0.82	Ca 1.00	Ga 1.81	Ge 2.01	As 2.18	Se 2.55	Br 2.96	Kr 2.9
Rb 0.82	Sr 0.95	In 1.78	Sn 1.96	Sb 2.05	Te 2.1	I 2.66	Xe 2.6
Cs 0.79	Ba 0.89	Tl 2.04	Pb 2.33	Bi 2.02	Po 2.0	At 2.2	Rn

그림 10.13
전기 음성도

(가) 주어진 주기에서 왼쪽에서 오른쪽 방향으로 전기 음성도가 커진다.

주기율표의 왼쪽 부분의 원자들(1A족과 2A족 원소의 원자들)은 한 개 또는 두 개의 최외각 전자만을 가지므로 외부에서 전자를 받아들이기보다는 최외각 전자를 잃고 양이온이 되려는 경향성이 있기 때문에 전기 음성도가 작다. 그러나 주기율표의 오른쪽 부분의 원자들(6A족과 7A족 원소의 원자들)의 경우 여섯 개 또는 일곱 개의 최외각 전자를 가지므로 외부로부터 두 개 또는 한 개의 전자를 받아들여 여덟 개의 최외각 전자를 갖는 안정한 상태로 변하려는 경향성이 강하므로 전기 음성도가 아주 크다.

(나) 주어진 족에서 아래에서 윗부분 방향으로 전기 음성도가 커진다.

주기율표의 윗부분에 위치한 원소의 원자들은 소유하고 있는 전자의 수가 더 적으므로 외부로부터 전자를 받아들이려는 경향성이 크다. 따라서 큰 전기 음성도를 가진다. 그러나 주기율표의 아래 부분에 위치한 원소의 원자들은 충분한 수의 전자를 소유하고 있으므로 [원자핵으로부터 최외각 전자에 미치는 인력이 내부 전자에 의해 그 크기가 감소하는 **차폐 효과**(가리움 효과, shielding effect)에 의해] 윗부분의 원자들에 비해 소수의 전자를 잃거나 받아들임에 따른 영향이 그다지 크게 나타나지 않는다. 그 결과 전기 음성도가 작아진다.

10.5.2 현대 원자 모형과 원자의 방출 스펙트럼

Bohr의 원자 모형으로 설명하지 못한 다전자 원자의 방출 스펙트럼을 현대 원자 모형에서 얻어진 원자 구조를 사용하여 설명할 수 있게 되었다. 즉, 다전자 원자가 주어진 열원(heat source)으로부터 방출된 에너지를 흡수하면, 다전자 원자를 구성하는 전자가 에너지를 흡수하여 보다 높은 에너지 준위(energy level)로의 전이(transition)를 일으킨다. 보다 높은 에너지 준위로 전이한 전자는 다시 안정한 전자 배치의 에너지 준위로 돌아오면서 빛을 방출하는데, 그 빛을 검출하여 기록하면 **방출 스펙트럼**(emission spectrum)을 얻을

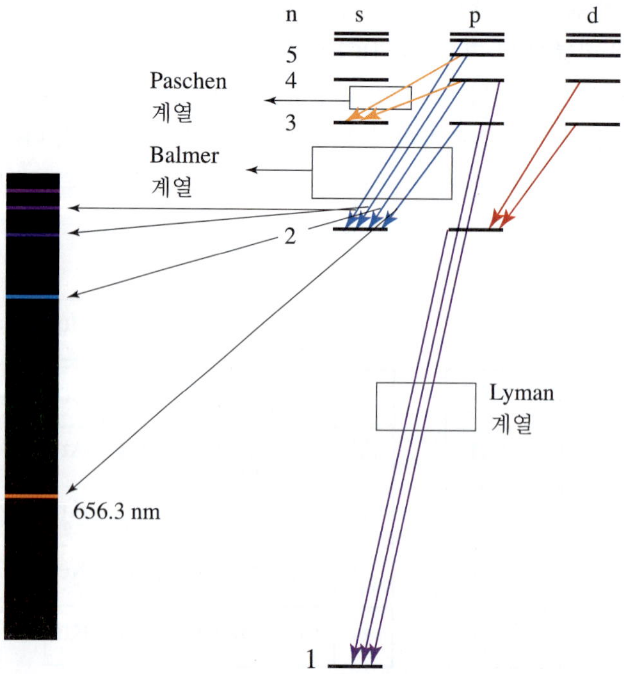

그림 10.14
Grotrian 도표를 이용한 수소 원자의 선 스펙트럼 분석

수 있다. 이제 그림 10.14와 같은 Grotrian **도표**(Grotrian diagram)를 살펴보면, 다전자 원자에 의한 방출 스펙트럼을 더 잘 이해할 수 있다. 여기서는 원자에서 일어나는 전자 전이(electronic transition)에 관한 자세한 내용은 다루지 않는다.

원자 오비탈로 정의되는 껍질 참고자료 10.1

고전 물리학의 관점에서 원자 모형은 그 중심에 핵이 있고 핵 주위에 전자가 존재하는 이른바 **껍질 모형**이다. Rutherford의 원자 모형과 양자론이 도입되었던 Bohr의 원자 모형 역시 구분이 명확한 껍질 모형의 한계를 벗어날 수는 없다. Schrödinger 파동 방정식의 해인 원자 오비탈에 고전적인 껍질 모형을 도입한다면, 같은 주양자수(n)값을 갖는 오비탈을 **껍질**(shell)이라 하고, n과 l 값이 같은 오비탈들을 **부껍질**(sub-shell)이라고 할 수 있다. 또한, 각 껍질은 부껍질로 구성되며, 각 부껍질은 한 개 이상의 오비탈로 이루어져 있다. 그림 10.15에서 볼 수 있듯이 s 오비탈의 확률 밀도 그림에 고전적인 껍질 모형이 일부 나타남을 알 수 있다. 그러나 원자 내 전자의 공간 분포(정확히는 공간에서 전자가 발견될 확률)의 정의는 양파의 껍질에 의한 묘사보다는 지구 주위의 공기로 이루어진 대기권 묘사가 더 가까울 것이다. “과연 지구로부터 어디까지 공기가 존재할 것인가?”하는 물음이나 “정확하게 대류권, 성층권, 중간권, 열권의 경계는 어디인가?” 하는 물음에 답할 때 위의 묘사는 명확해진다.

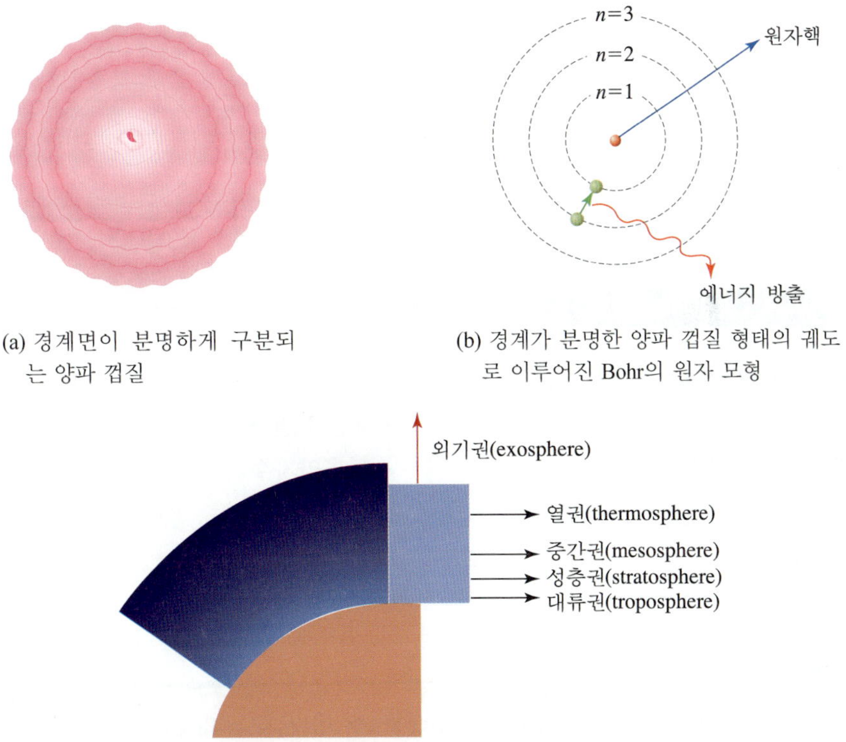

(a) 경계면이 분명하게 구분되는 양파 껍질

(b) 경계가 분명한 양파 껍질 형태의 궤도로 이루어진 Bohr의 원자 모형

(c) 경계면의 구분이 불분명한 지구 대기층

그림 10.15

참고자료 10.2 제만 효과(zeeman effect)와 전자 스핀

1896년 Pieter Zeeman(제만)은 자기장하에서 소듐의 방출 스펙트럼이 분리되는 현상을 발견하였는데, 이를 라고 한다. 예를 들어, 수소 원자의 $2p$ 오비탈($l=1$) 세 개는 에너지 준위는 같지만 각운동량이 다르다. 자기장하에서 $2p$ 오비탈은 자기 양자수(m_l)에 따라 세 개로 갈라진다($2l+1$). 그러나 은(Ag) 원자의 최외각 전자 배치는 $5s^1$이므로($l=0$) 단일선이 나타날 것을 기대하였으나 이중선이 관찰되었는데, 이를 **비정상 제만 효과**(anomalous Zeeman effect)라고 한다. 이는 전자의 궤도 각운동량과 스핀 각운동량의 상호작용에 의한 결과인데, 이 시기에는 아직 스핀 각운동량에 대한 개념이 도입되기 이전이다. 1922년 독일의 물리학자인 Otto Stern(슈테른)과 Walther Gerlach(게를라흐)는 은(Ag) 원자살(atom beam)을 불균일한 자기장 속으로 통과시켰을 때, 살이 두 개로 갈라지는 비정상 제만 효과를 관찰하였다. Ag 원자($1s^2 2s^2 2p^6 3s^2 3p^6 4s^2 3d^{10} 4p^6 5s^1 4d^{10}$)의 최외각 전자 배치는 $5s^1$이므로 대칭 오비탈인 $5s$ 오비탈의 전자는 궤도 각운동량이 0일 것으로 받아들여졌던 상황(고전 역학적인 개념에 의하면 Ag 원자살이 두 개로 갈라지기 위해서는 그 어떤 요인에 의해 $\frac{1}{2}$의 각운동량이 존재해야 한다.)에서는 의외의 실험 결과였다. 1925년 Pauli는 그러한 실험 결과를 설명하기 위해 주양자수, 각운동량 양자수, 자기 양자수 이외에 제4의 양자수의 존재를 가정하였으며, 그러한 가정에 근거하여 Pauli의 배타 원리를 제시하였다. 이후 제4의 양자수는 전자의 스핀으로 해석되어 스핀 양자수라고 불리며, 스핀 양자수가 $+\frac{1}{2}$과 $-\frac{1}{2}$의 경우 전자의 회전 방향을 서로 반대로 묘사하기도 한다.

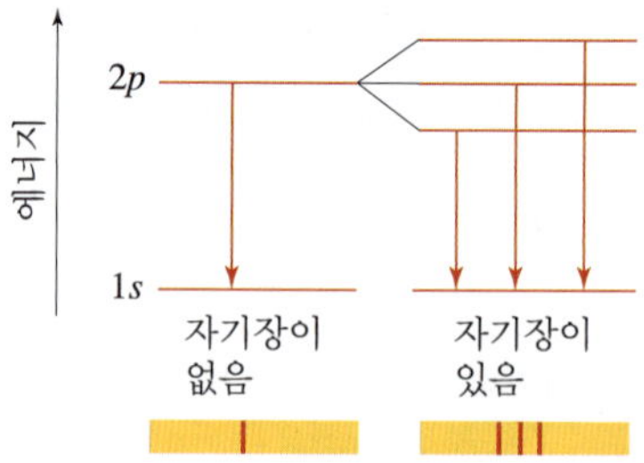

그림 10.16
은(Ag) 원자의 방출 스펙트럼

알아두어야 할 용어(term)들

- de Broglie의 가설
- 양자수
- 각운동량 양자수
- 파울리의 배타 원리
- 전자 친화도
- 정류파
- 원자 오비탈
- 자기 양자수
- 훈트의 규칙
- 전기 음성도
- 불확정성 원리
- 다전자 원자
- 스핀 양자수
- 쌓음 원리
- 파동 방정식
- 주양자수
- 정자 배치
- 이온화 에너지

요약

전자와 같은 미세입자들이 파동성을 소유할 수 있다는 de Broglie의 가설이 실험을 통해 증명되면서 보어의 원자 모형의 원형 궤도에 존재하는 전자 역시 정류파의 형태로 존재하므로, 원자 내 전자의 위치는 특정할 수 없다는 Heisenberg의 불확정성 원리도 소개되었다. 원자 내 전자의 파동으로서의 행동양식을 근거로 Schrödinger가 제시한 파동 방정식을 수소 원자에 적용하는 경우, 수소 원자 내 전자의 상태를 기술할 수 있었다. 한 개의 전자만을 가지는 수소 원자에 대해 마련된 파동 방정식을 풀면 전자가 나타낼 수 있는 모든 가능한 상태를 기술할 수 있는 파동함수가 얻어지고, 그 파동 함수는 세 가지 양자수들(주양자수, 각운동량 양자수, 자기 양자수)에 의해 그 종류가 분류된다. 파동 함수의 제곱은 원자 내 원자핵의 주변 공간에서 전자를 발견할 확률 밀도를 나타내며, 원자 내 주어진 공간에서 전자를 발견할 확률이 90 % 이상인 공간영역을 오비탈이라 한다. 다전자 원자들의 경우 전자들을 다루기 위해서 네 번째 양자수인 스핀 양자수가 도입되었으며, 네 가지의 양자수들을 사용하여 다 전자 원자들에서 전자들의 배치를 위한 오비탈의 위치, 오비탈의 모양, 오비탈의 방향성 그리고 주어진 오비탈에서 전자의 회전방향을 결정하여, 전자들을 배치하였다. 마지막으로 원자들의 전자배치와 주기율표에서 원소들의 물리적/화학적 성질의 주기성사이의 상관관계를 소개하였다.

연 . 습 . 문 . 제

1. 다음 내용이 옳으면 ○, 틀리면 × 표를 쓰고 그 이유를 적으시오.
   (a) 원자 번호가 20인 Ca의 전자 배치는 $1s^22s^22p^63s^23p^64s^2$이다. Ca은 전이 원소이다. ( )
   (b) 일반적으로 가장 바깥 껍질을 차지하는 p 오비탈이 전자로 전부 채워진 원자 또는 이온은 특히 안정하다. ( )
   (c) Li($1s^22s^1$), Na($1s^22s^22p^63s^1$), K($1s^22s^22p^63s^23p^64s^1$)는 전자 배치로 볼 때 전자를 한 개 얻어 s 오비탈을 전자로 완전히 채우려는 경향성이 강하다. ( )
   (d) O($1s^22s^22p^4$)와 S($1s^22s^22p^63s^23p^4$)는 전자 배치로 볼 때 전자를 한 개 잃어 모든 p 오비탈에 짝을 짓지 않은 전자를 가지려는 경향성이 강하다. ( )

2. 다음의 표는 원자 속 전자를 나타내는 네 가지 양자수의 가능한 조합들이다. 빈칸에 적절한 값을 채우시오.

<table>
<tr><th>n</th><th>l</th><th>m_l</th><th>m_s</th></tr>
<tr><td rowspan="2">1</td><td rowspan="2">0</td><td rowspan="2">0</td><td>$+\frac{1}{2}$</td></tr>
<tr><td>$-\frac{1}{2}$</td></tr>
<tr><td rowspan="8">2</td><td rowspan="2"></td><td rowspan="2"></td><td></td></tr>
<tr><td></td></tr>
<tr><td rowspan="6"></td><td rowspan="2"></td><td></td></tr>
<tr><td></td></tr>
<tr><td rowspan="2"></td><td></td></tr>
<tr><td></td></tr>
<tr><td rowspan="2"></td><td></td></tr>
<tr><td></td></tr>
</table>

3. 다음 그림을 활용하여 다음 원자 또는 이온의 전자 배치를 나타내시오. 단, ( ) 안은 원자 번호이다.

(a) F (9) (b) O (8) (c) As (33) (d) O^{2-} (8)
(e) Cl^{-} (17) (f) Li^{+} (3) (g) K^{+} (19) (h) Ca^{2+} (20)

$1s \rightarrow 2s \rightarrow 2p \rightarrow 3s \rightarrow 3p \rightarrow 4s \rightarrow 3d \rightarrow 4p \rightarrow 5s \rightarrow 4d \rightarrow 5p \rightarrow 6s \rightarrow 4f \rightarrow 5d \rightarrow 6p \rightarrow 7s \rightarrow 5f \rightarrow 6d \rightarrow 7p$

4. 다음 빈칸에 화살표를 그려 넣어 전자 배치를 완성하시오.

(a) F(9)

1*s*	2*s*	2*p*		

(b) As(33)

1*s*	2*s*	2*p*			3*s*	3*p*			4*s*	3*d*					4*p*		

(c) V(23)

1*s*	2*s*	2*p*			3*s*	3*p*			4*s*	3*d*				

(d) Cr(24)

1*s*	2*s*	2*p*			3*s*	3*p*			4*s*	3*d*				

(e) Mn(25)

1*s*	2*s*	2*p*			3*s*	3*p*			4*s*	3*d*				

5. de Broglie가 내세운 가설의 내용을 서술하시오.

6. 다음 각 질문에 답하시오.
① 전기 음성도를 정의하시오.
② 훈트(Hund)의 규칙을 서술하시오.
③ 파울리(Pauli)의 배타원리를 서술하시오.

7. 다음 각 질문에 답하시오.
① 아래 상자에 인($_{15}$P, phosphorus) 원자의 전자 배치와 원자가 전자들만을 나타내는 전자 배치를 적으시오.

인($_{15}$P) 원자의 전자 배치	원자가 전자들의 전자 배치

② 위 ①번에서 제시한 전자 배치에 근거하여 아래의 상자 안에 화살표들을 그려 넣어 인($_{15}$P) 원자의 전자 배치를 나타내 보시오.

1*s*	2*s*	2*p*			3*s*	3*p*		

③ 위 ②번에서 2*s* 오비탈 배치한 두 개의 전자들이 가지는 4가지 양자수들을 제시하시오.

	n	l	m_l	m_s
첫 번째 전자				
두 번째 전자				

④ 아래의 상자 안에 화살표들을 그려 넣어 $_{24}$Cr의 전자 배치를 완성하시오.

1*s*	2*s*	2*p*			3*s*	3*p*		

3*d*					4*s*

8. 다음의 서술 중 틀린 것들을 고르시오.
① 전기 음성도는 원자들이 전자들에 대해 나타내는 인력의 척도이다.
② 전자 친화도는 원자들이 전자들을 받아들여 음이온들로 변하는 과정에서 흡수하는 에너지이다.
③ 이온화 에너지는 원자들이 전자들을 잃고 양이온이 되는 과정에서 흡수하는 에너지이다.
④ 주기율표에서 주어진 주기의 경우 왼쪽에서 오른쪽으로 갈수록 전기 음성도가 커지는데, 그 이유는 원자가 전자들의 수가 증가하기 때문이다.
⑤ 주기율표에서 주어진 족의 경우 위쪽에서 아래쪽으로 갈수록 전기 음성도가 커지는데, 그 이유는 유효 핵전하가 작아지기 때문이다.

9. 정류파에 관한 다음의 서술 중 옳은 것들을 고르시오.
① 전자는 파로서의 특성을 소유하므로, 전자들도 역시 회절현상을 보여준다.
② 주어진 원형 궤도에서 전자가 정류파로서 존재하기 위해서는 그 원형 궤도의 원주가 정류파의 파장보다 정수배만큼 길어야 한다.
③ 정류파란 파의 마디(들)의 위치가 시간에 따라 변하면서 위아래로 진동하는 파를 의미한다.
④ 정류파의 경우 마디(들)의 위치가 고정되어 있는 상태에서 주어진 방향으로 진행하는 파를 의미한다.
⑤ 주어진 원형 궤도에서 전자가 정류파로서 존재한다는 것은 전자가 그 원형 궤도에서만 머문다는 것을 의미한다.
⑥ 주어진 원형 궤도에서 전자가 정류파로서 존재한다는 것은 전자가 그 원형 궤도에서만 머무는 것이 아니라 원형 궤도에서 벗어난 곳들에서도 위치할 수도 있다는 것을 의미한다.

10. 불확정성 원리에 관련된 서술 중 옳은 것들을 고르시오.
① 원자 내 전자를 관찰하기 위해서는 붉은색 빛보다 푸른색 빛이 더 좋다.
② 원자 내 전자를 관찰하기 위해서는 진동수가 충분히 낮은 전자기 복사를 사용해야 한다.
③ 원자 내 전자를 관찰하기 위해서는 진동수가 충분히 큰 전자기 복사를 사용해야 한다.
④ 원자 내 전자의 운동량 측정에서 필연적으로 발생하는 오차를 최소화하기 위해서는 가능한 파장이 짧은 전자기 복사를 사용해야 하지만, 그 경우 위치 측정에서의 오차는 더 커진다.
⑤ 원자 내 전자의 운동량측정에서 필연적으로 발생하는 오차를 최소화하기 위해서는 가능한 파장이 긴 전자기 복사를 사용해야 하지만, 그 경우 운동량 측정에서의 오차는 더 커진다.

11

화학 결합

20세기 양자 역학을 배경으로 현대 원자론은 비약적인 발전을 하였고, 원자의 결합으로 이루어진 분자를 이해하는 발판을 마련하였다. '원자는 어떻게 결합을 이루며 분자를 구성하는가?', '원자가 서로 결합하여 생성된 분자의 구조와 이들의 에너지 준위는 어떻게 기술할 것인가?', 나아가 '분자의 전자 구조와 반응성은 어떠한 관계가 있는가?'에 대하여 설명할 수 있게 되었다. 이 장에서는 화학 결합과 분자 구조, 원자의 경우에서처럼 분자의 양자화된 에너지에 관한 이론들을 소개한다. 화학 결합을 설명하는 Lewis(루이스) 구조에 대해 간략히 소개하고, 원자의 혼성 오비탈과 분자 오비탈을 이용하여 화학 결합과 분자 구조에 대해 설명하고자 한다.

11.1 화학 결합의 종류

원자들이 서로 화학적으로 결합하는 이유는 원자(atom)들은 이원자 규칙(duet rule)과 옥텟 규칙(팔전자 규칙, octet rule)에 따라 최외각 껍질(outermost shell)에 완전한 수(두 개 또는 여덟 개)의 전자들을 소유하려는 경향성을 가지며, 이러한 경향성 때문에 원자들은 다른 원자들과 결합을 하게 된다.

원자들이 서로 결합하여 만들어지는 화합물(compound)들에서 원자들을 결합상태로 유지하는 힘을 화학 결합(chemical bond)이라 부른다.

11.1.1 공유 결합과 이온 결합

❶ 공유 결합

F + F → F_2

C + O → CO

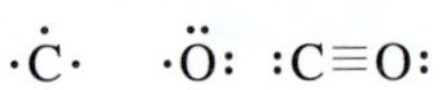

공유 결합(covalent bond)이란 원자들이 한 쌍 이상의 전자를 공유하면서 이루어지는 결합을 의미한다. 이때 공유되는 전자쌍을 **공유 전자쌍**(shared electron pair)이라고 한다. 공유 결합에는 같은 종류의 원자가 전자쌍을 공유하는 **비극성 공유 결합**(nonpolar covalent bond)과 서로 다른 원자가 전자쌍을 공유하는 **극성 공유 결합**(polar covalent bond)이 있다. 비극성 공유 결합에 의해 형성된 분자의 예로는 F_2 분자를 들 수 있으며, 극성 공유 결합의 예로는 CO 분자를 들 수 있다. 공유 결합으로 이루어진 화합물을 **분자**(molecule)라고도 한다.

❷ 이온 결합

Na + Cl → Na^+ + Cl^- → NaCl

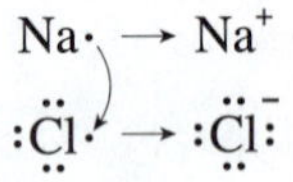

이온 결합(ionic bond)이란 주어진 원자의 전자가 다른 원자로 이동하면서 이루어지는 화학 결합을 의미한다. 여기에서 전자를 주는(잃는) 원자는 **양이온**(cation)이 되고, 전자를 얻는(받는) 원자는 **음이온**(anion)이 되면서 두 이온 사이의 강한 정전기적 인력(electrostatic attraction)에 의해 결합이 이루어진다. 이온 결합의 예로는 NaCl을 들 수 있다. 이온 결합으로 이루어진 화합물은 분자라고 하지 않는다.

11.1.2 공유 결합과 이온 결합의 구분

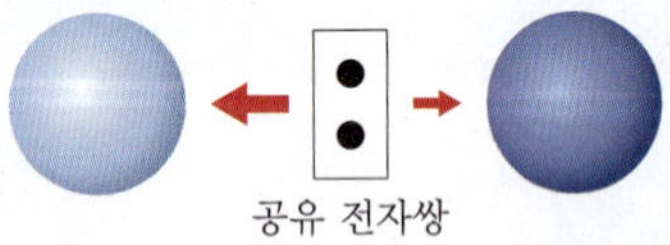

원자의 **전기 음성도**(electronegativity, EN)란 결합에 참여한 원자가 공유 전자쌍에 대해 나타내는 인력을 말한다. 주어진 화학 결합에 참여한 원자들의 전기 음성도의 차이(ΔEN)로 그 결합이 비극성 공유 결합, 극성 공유 결합 또는 이온 결합인지를 판단할 수 있다. 그림 11.1은 몇 가지 원자들의 전기 음성도를 보여 준다. 주기율표에서 아래에서 위로, 왼쪽

		H 2.2					He
Li 0.98	Be 1.57	B 2.04	C 2.55	N 3.04	O 3.44	F 3.98	Ne
Na 0.93	Mg 1.31	Al 1.61	Si 1.90	P 2.19	S 2.58	Cl 3.16	Ar
K 0.82	Ca 1.00	Ga 1.81	Ge 2.01	As 2.18	Se 2.55	Br 2.96	Kr 2.9
Rb 0.82	Sr 0.95	In 1.78	Sn 1.96	Sb 2.05	Te 2.1	I 2.66	Xe 2.6
Cs 0.79	Ba 0.89	Tl 2.04	Pb 2.33	Bi 2.02	Po 2.0	At 2.2	Rn

그림 11.1
주기율표에 나타낸 원자들의 전기 음성도

에서 오른쪽으로 갈수록 원자의 전기 음성도가 커지는 경향을 보인다. 다음은 주어진 화학 결합이 공유 결합인지 이온 결합인지를 판단할 수 있는 기준을 보여 준다.

전기 음성도 차이에 따른 결합의 특성 구분의 예–절대적인 기준 값은 아님!

	ΔEN
• 비극성 공유 결합, 매우 약한 극성 공유 결합	< 0.5
• 극성 공유 결합	0.5~2.1
• 이온 결합	> 2.1

	NaCl	**LiF**	**$SrBr_2$**
EN	Cl: 3.16	F: 3.98	Br: 2.96
	Na: 0.93	Li: 0.98	Sr: 0.95
ΔEN	2.23	3.00	2.01

이들은 모두 이온 결합 화합물(ionic compound)이다.

	CH_4	**NO_2**	**SO_2**
EN	C: 2.55	O: 3.44	O: 3.44
	H: 2.20	N: 3.04	S: 2.58
ΔEN	0.35	0.40	0.86

이들은 모두 아주 약한 극성 공유 결합 화합물이다.

	H_2O	**HF**
EN	O: 3.44	F: 3.98
	H: 2.20	H: 2.20
ΔEN	1.24	1.78

- H_2O 분자는 극성 공유 결합 화합물이다. H 원자는 부분적으로 양전하(partial positive charge, δ^+)를 띠고, O 원자는 두 배 크기의 부분적인 음전하(partial negative charge, δ^-)를 띤다.
- HF 분자는 극성 공유 결합 화합물이다. HF 분자에서 H 원자는 부분적으로 양전하를 띠고, F 원자는 같은 크기의 부분적인 음전하를 띤다.

11.1.3 극성 분자와 비극성 분자

선형 분자(linear molecule)인 HCl의 경우 H 원자(EN = 2.20)와 Cl 원자(EN = 3.16) 사이의 전기 음성도 차이(ΔEN)는 0.96이므로 H–Cl 결합은 극성 공유 결합이다. 즉, HCl 분자에서 H 원자는 부분적으로 양전하(partial positive charge, δ^+)를 띠고, Cl 원자는 같은 크기의 음전하(partial negative charge, δ^-)를 띤다. 이러한 극성 공유 결합을 가진 HCl 분자는 극성 공유 결합 화합물이다. 그러나 주어진 분자가 극성 공유 결합을 갖는다고 그 분자가 반드시 극성 공유 결합 화합물이 되는 것은 아니다. 주어진 분자가 극성 공유 결합 화합물인지 여부를 판단하기 위해 다음과 같은 **쌍극자 모멘트**(dipole moment, μ)를 사용한다.

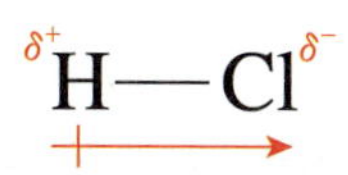

쌍극자 모멘트는 크기와 방향을 가진다.

쌍극자 모멘트는 크기와 방향을 가진 벡터량으로 정의된다.

$$\mu = Q \times r \text{ [단위: D (Debye)]}$$

여기서
Q: 하전량 (단위: coulomb, C) r: 전하 사이의 거리 (단위: m)
1 Debye (D) = 3.33564×10^{-30} C · m

그림 11.2(a)에서 볼 수 있는 것처럼 선형 구조를 갖는 CO_2 분자의 C═O 결합은 극성 공유 결합이지만 두 개의 C═O 결합이 서로 대칭을 이루고 있으므로 쌍극자 모멘트가 0이 되고, 그 결과 CO_2 분자는 **비극성 분자**(nonpolar molecule)이다.

정사면체 구조인 CCl_4 분자의 경우에도 네 개의 C—Cl 극성 공유 결합으로 구성되어 있지만, C—Cl 결합이 서로 대칭적으로 배열되어 있으므로 CCl_4 분자는 비극성 분자이다. 그림 11.2(b)에서처럼 삼각뿔 구조인 NH_3 분자의 경우 세 개의 N—H 극성 공유 결합이 모두 비공유 전자쌍의 반대 쪽에 위치하므로 극성 분자가 된다. NF_3 분자에도 N—F 결합이 N—H 결합과 반대인 극성을 갖는 점만 다를 뿐 NH_3 분자와 같이 극성 분자이다. 다시 말해 분자 내에 존재하는 모든 쌍극자 모멘트의 벡터합이 분자의 극성 유무를 결정한다.

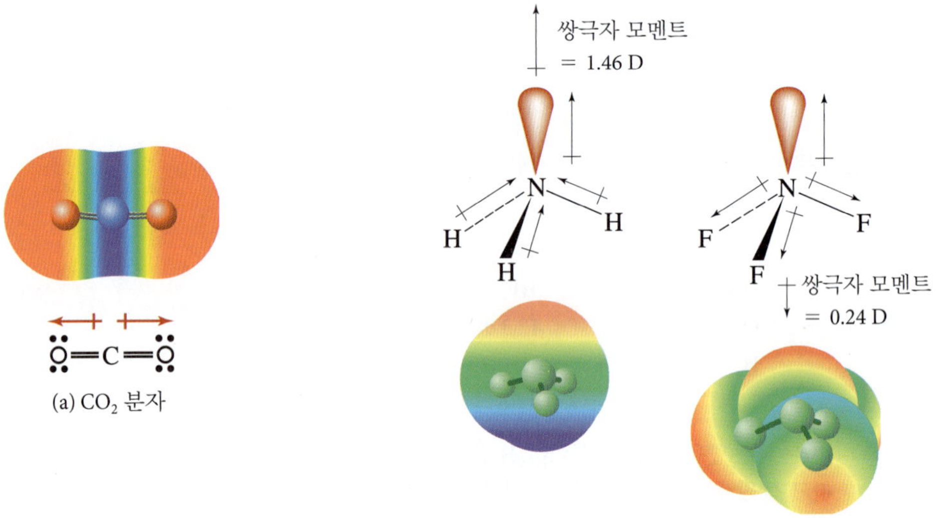

(a) CO_2 분자
(b) NH_3 분자와 NF_3 분자

그림 11.2
CO_2 분자의 합성된 쌍극자 모멘트는 0이지만, NH_3 분자와 NF_3 분자의 합성된 쌍극자 모멘트는 0이 아니다.

11.2 화학 결합에 대한 고전적 관점: Lewis 구조

11.2.1 원자가 전자와 옥텟 규칙

❶ 원자가 전자

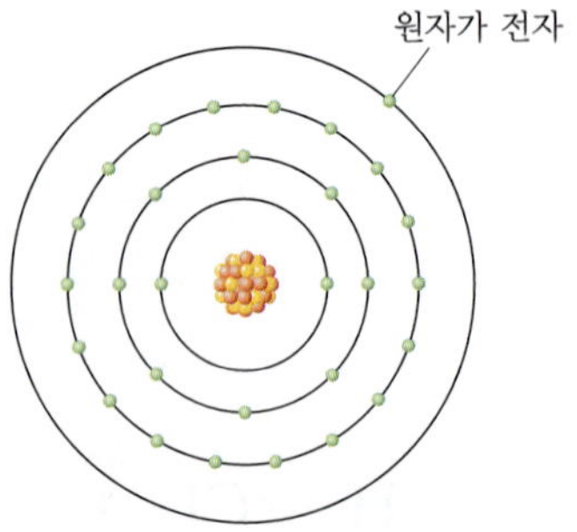

원자가 전자는 가장 바깥 오비탈(껍질)에 존재하는 전자를 의미한다.

원자가 전자(valence electron)란 원자가 갖고 있는 전자 중에서 화학 결합에 참여하는 전자를 말하며, 주족 원소(main group element: 1A족, 2A족, 3A족, 4A족, 5A족, 6A족, 7A족, 비활성 기체)의 경우 가장 바깥쪽 껍질(최외각 껍질: outermost shell, valence shell, n의 값이 가장 큰 껍질)에 위치한 s 오비탈과 p 오비탈에 있는 전자들이 된다.

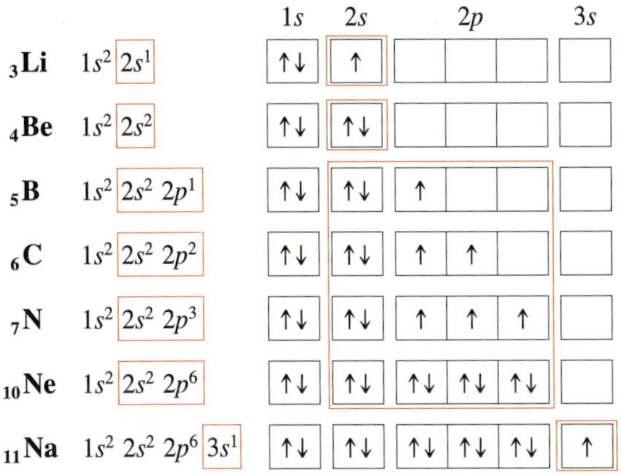

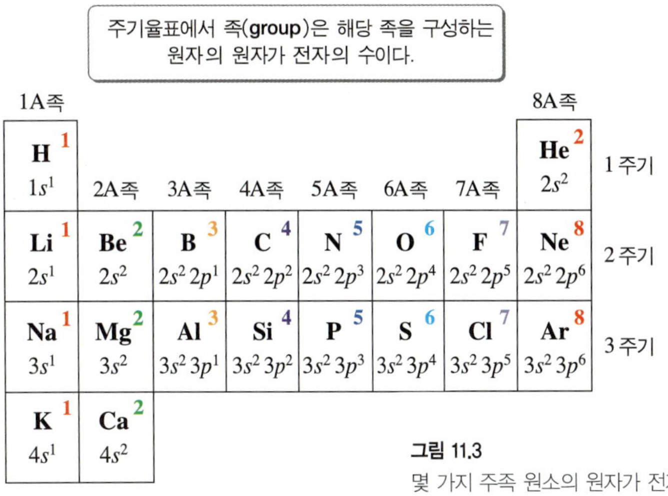

그림 11.3
몇 가지 주족 원소의 원자가 전자

❷ 옥텟 규칙

주기율표에서 주족 원소의 원자들은 주어진 화학 결합(금속–비금속 결합 또는 비금속–비금속 결합)을 통해 그 결합에 참여한 원자들이 각각 8개씩의 원자가 전자를 가지면서 안정한 상태로 변하려는 경향을 나타낸다. 이러한 경향성을 '옥텟 규칙(octet rule)'이라고 한다. 옥텟 규칙에 예외인 경우로는 H 원자, He 원자, Li 원자를 들 수 있는데, 이들 원자는 두 개의 원자가 전자를 가지며 안정화되려는 경향을 보인다.

11.2.2 화합물의 Lewis 구조 표기

1916년 미국의 물리화학자인 Gilbert Newton Lewis(루이스)는 원자 기호(atomic symbol)에 원자가 전자를 점으로 표현함으로써 원자들의 화학 결합을 설명하는 도구로 사용하였다.

Gilbert Newton Lewis(루이스)는 원자 기호(atomic symbol)에 원자가 전자를 점으로 표현함으로써 원자들의 화학 결합을 설명하는 도구로 사용하였다.

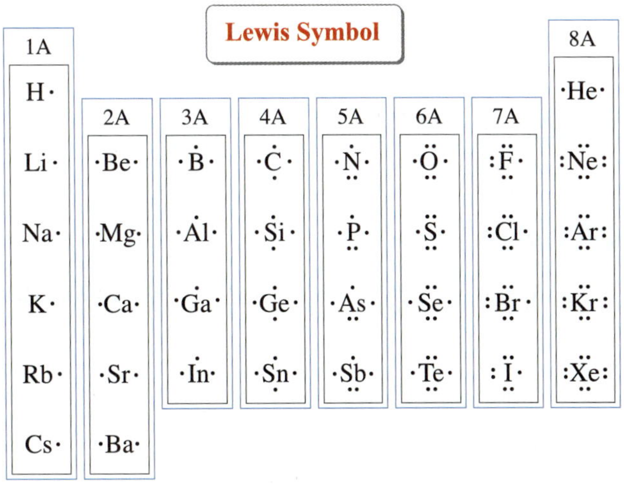

그림 11.4
주기율표에서 원자의 원자가 전자를 나타내는 Lewis 점 구조

Lewis 구조(Lewis structure)의 표기에서는 원자들이 결합하여 화합물을 이루면 결합에 참여하지 않은 전자쌍(비공유 전자쌍, unshared electron pair)을 원자 주위에 점의 형태로 나타내고, 공유 전자쌍은 해당 원자 사이에 점이나 선으로 표기한다. 공유 전자쌍의 표기는 원자 사이에 형성되는 결합의 종류에 따라 다음과 같은 표기 방법을 따른다.

- 단일 결합(single bond, 한 쌍의 공유 전자로 이루어진 결합): 한 쌍의 공유 전자를 점(:)이나 단일선(−)으로 표기한다.
- 이중 결합(double bond, 두 쌍의 공유 전자로 이루어진 결합): 두 쌍의 공유 전자를 점(::)이나 두 개의 선(=)으로 표기한다.
- 삼중 결합(triple bond, 세 쌍의 공유 전자로 이루어진 결합): 세 쌍의 공유 전자를 점(:::)이나 세 개의 선(≡)으로 표기한다.

❶ 이온 결합 화합물

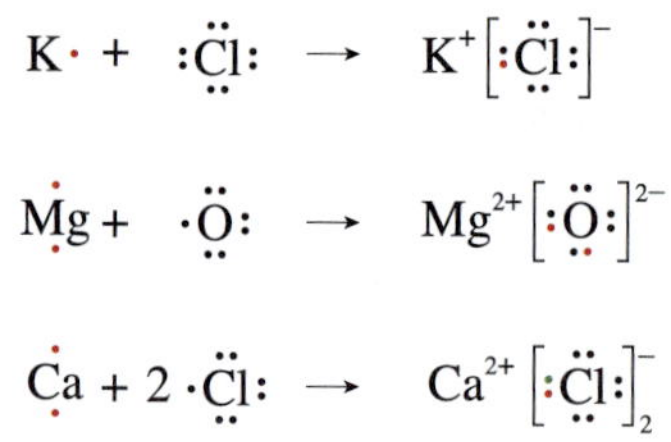

NaCl의 형성 KBr의 형성

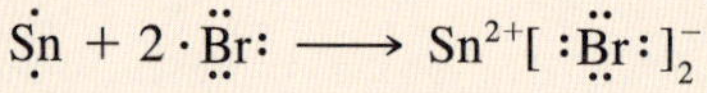

$SnBr_2$의 형성

❷ 공유 결합 화합물

다음은 공유 결합 화합물(covalent compound)인 H_2O의 공유 결합 형성 과정을 Lewis 점 표기로 보여 준다.

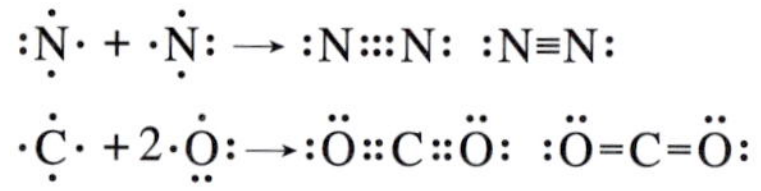

H_2O 분자의 형성

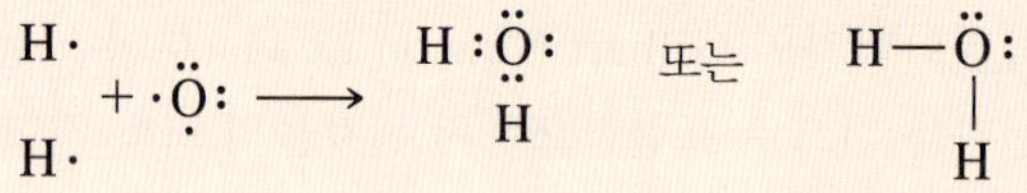

공유 전자쌍: 2쌍 비공유 전자쌍: O 원자에 2쌍

11.2.3 옥텟 규칙[(D−S)/2 규칙]을 적용하여 화합물의 Lewis 구조 알아내기

❶ (D−S)/2 규칙

주어진 화합물 내 공유 결합의 수는 다음과 같이 알아낼 수 있다.

화합물 내 결합의 수 = (D − S)/2

여기서

D: demand (수요)

결합에 참여한 원자가 옥텟 규칙에 근거하여 요구하는 전자의 수

S: supply (공급)

결합에 참여하는 원자의 원자가 전자의 수

이제 화합물 형성에 참여하는 원자를 적절히 배치한 골격 구조를 마련한다. 이때 전기

음성도가 더 낮은 원자를 중심에 위치시키고, 다른 원자는 그 주변에 위치시킨다. 위에서 구한 수의 공유 결합을 주어진 골격 구조에 부여한 후, 각 원자 주위에 8개씩의 전자가 위치할 수 있도록 전자쌍들을 그려 넣는다.

예제 11.1 C_2H_4의 경우

풀이 »

S = C 원자의 원자가 전자 수 + H 원자의 원자가 전자 수
 $= 4 \times 2 + 1 \times 4 = 12$개

D = C 원자의 필요한 전자 수 + H 원자의 필요한 전자 수
 $= 8 \times 2 + 2 \times 4 = 24$개

결합의 수 $= (24 - 12) / 2 = 6$개

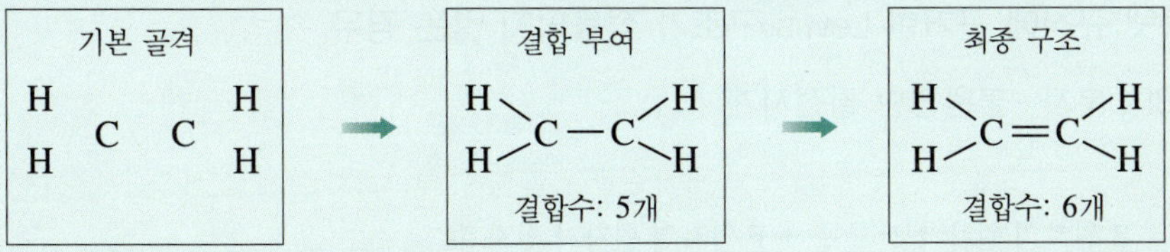

전기 음성도가 더 낮은 원자가 중심부에 위치한다. 그러나 2개의 전자만을 필요로 하는 H 원자의 경우 단 한 개의 결합만 가능하므로, C 원자가 중심부에 위치하고 H 원자는 주변에 위치한다.

일단, 원자 사이에 단일 결합을 부여한다.

나머지 한 개의 결합을 C 원자 사이에 부여하여 이중 결합으로 만든다.
C 원자 주변에 전자 8개
H 원자 주변에 전자 2개

예제 11.2 CO_2의 경우

풀이 »

S = C 원자의 원자가 전자 수 + O 원자의 원자가 전자 수
 $= 4 \times 1 + 6 \times 2 = 16$개

D = C 원자의 필요한 전자 수 + O 원자의 필요한 전자 수
 $= 8 \times 1 + 8 \times 2 = 24$개

결합의 수 $= (24 - 16) / 2 = 4$개

결합의 수 $= (24 - 12) / 2 = 6$개

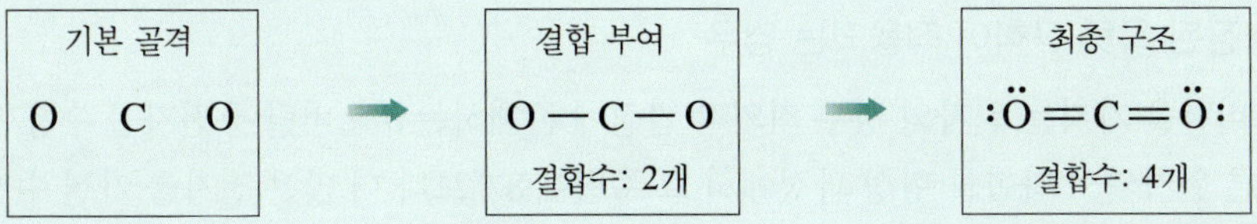

전기 음성도가 더 낮은 C 원자를 중앙에 그리고, O 원자를 양 옆에 배치한다.

각 원자 사이에 두 개의 단일 결합을 부여한다.

나머지 2개의 결합을 사용하여 단일 결합을 이중 결합으로 만든다. C 원자 주변에는 전자 8개, 각 O 원자 주변에는 4개씩의 전자만 존재하므로, 옥텟 규칙을 따르기 위해 각 O 원자 주변에 2쌍(4개)의 전자를 배치한다.

예제 11.3 NO_2^- **이온의 경우**

풀이 »

S = 5 +(6 × 2)+ 1 (일가 음이온이므로 한 개의 전자를 더 가지고 있음)
= 18

D = 8 + 8 × 2 = 24

결합의 수 = (24 − 18) / 2 = 3

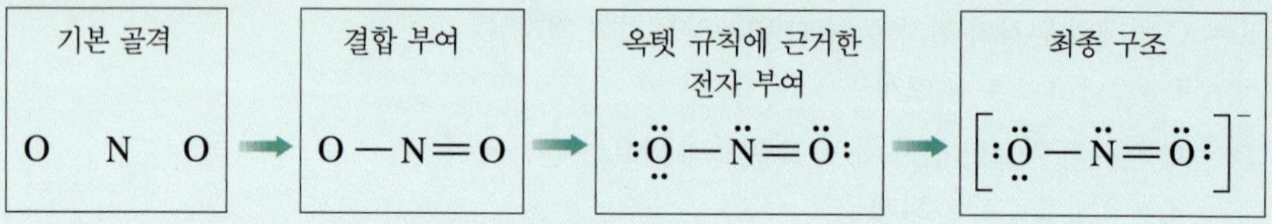

❷ 옥텟 규칙에 근거한 Lewis 구조가 적용되지 않는 경우

(가) BF_3 분자–불완전한 팔전자계

S = B 원자의 원자가 전자 수 + F 원자의 원자가 전자 수
= 3 × 1 + 7 × 3 = 24개

D = B 원자의 필요한 전자 수 + F 원자의 필요한 전자 수
= 8 × 1 + 8× 3 = 32개

결합의 수 = (32 − 24) / 2 = 4개

따라서 BF_3 분자는 그림 11.5(a)와 같이 한 개의 이중 결합과 두 개의 단일 결합으로 이루어져 있게 되어 중심 원자인 B 원자는 여덟 개의 원자가 전자를 가지게 되고, B—F 단일 결합의 F 원자는 각각 세 쌍(여섯 개)의 전자가 첨가되어 여덟 개씩의 원자가 전자를 가지며, B=F 이중 결합의 F 원자는 두 쌍(네 개)의 전자가 첨가되어 역시 여덟 개씩의 원자가 전자를 가지게 된다. 그러나 실제 BF_3 분자는 그림 11.5(b)에서와 같이 옥텟 규칙을 적용하여 얻은 결과와는 다른 모습을 보인다.

(a) 예측한 구조 (b) 실제 구조

그림 11.5
BF_3의 구조

(나) 확장된 옥텟 규칙이 적용되는 경우

d 오비탈을 가지는 원자의 경우 최외각 껍질에 존재하는 *d* 오비탈에 전자를 수용함으로써, 다른 원자와의 화합물 형성 과정에서 그 주변에 8개보다 더 많은 전자를 가질 수 있다.

• PCl_5 분자

S = P 원자의 원자가 전자 수 + Cl 원자의 원자가 전자 수
= 5 × 1 + 7 × 5 = 40개

D = P 원자의 필요한 전자 수 + Cl 원자의 필요한 전자 수

= 8 × 1 + 8 × 5 = 48개
결합의 수 = (48 − 40) / 2 = 4개

기본 골격

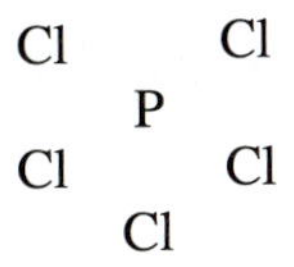

5개의 결합이 필요하므로 옥텟 규칙으로는 Lewis 구조를 제시할 수 없음.

실제 구조

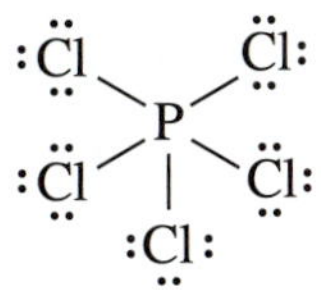

P 원자 주위에는 10개의 전자

3주기에 속하는 P 원자는 비어 있는 d 오비탈을 사용할 수 있어서 10개의 전자가 배치될 수 있음.

• SF_6 분자

S = S 원자의 원자가 전자 수 + F 원자의 원자가 전자 수
= 6 × 1 + 7 × 6 = 48개
D = S 원자의 필요한 전자 수 + F 원자의 필요한 전자 수
= 8 × 1 + 8 × 6 = 56개
결합의 수 = (56 − 48) / 2 = 4개

기본 골격

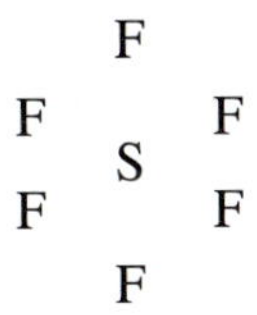

6개의 결합이 필요하므로 옥텟 규칙을 적용한 Lewis 구조는 제시할 수 없음.

실제 구조

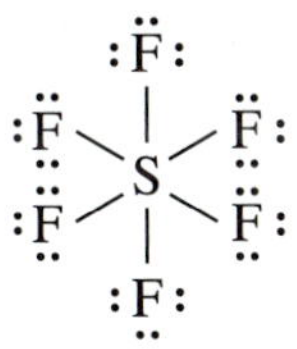

S 원자 주위에는 12개의 전자

3주기에 속하는 S 원자는 비어 있는 d 오비탈을 사용할 수 있어서 12개의 전자가 배치될 수 있음.

11.2.4 공명 구조

옥텟 규칙에 근거하여 화학종의 Lewis 구조를 결정하는 경우 한 가지 이상의 Lewis 구조가 존재할 수 있는 화학종을 발견할 수 있다. 이와 같이 한 가지 이상의 Lewis 구조가 가능한 경우를 **공명**(resonance)이라고 하고, 해당 구조를 **공명 구조**(resonance structure)라고 한다. 또한, 가능한 모든 공명 구조를 조합하여 **공명 혼성**(resonance hybrid) 구조로 표현할 수도 있다. 알아야 할 것은 공명 구조는 실재하는 것이 아니라 Lewis 구조의 불완전성으로부터 파생되어 수정된 또 다른 표기라는 점이다. 여기서는 두 가지 화학종의 공명 구조를 소개한다.

(가) CO_3^{2-} 이온

CO_3^{2-} 이온을 Lewis 구조식을 이용하여 나타내는 경우 세 개의 C—O 단일 결합 중 한 개를 O═C 이중 결합으로 만들어 주어야 한다. 이때 세 개의 C—O 결합 중 어떤 것이라도 O═C 이중 결합으로 바꾸어 줄 수 있으므로 CO_3^{2-} 이온의 경우 그림 11.6과 같이 세 가지 Lewis 구조로 표현할 수 있다.

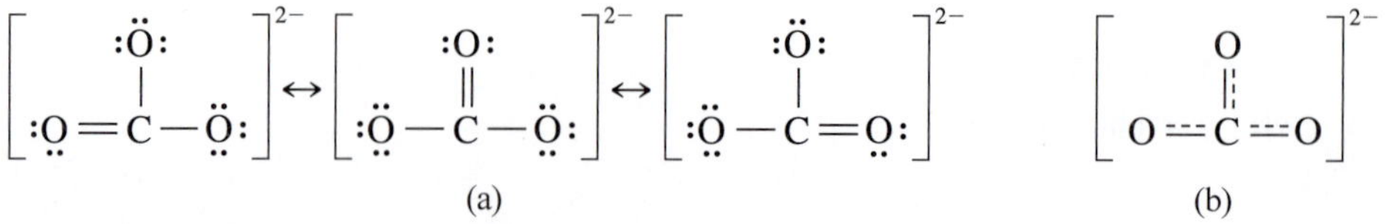

그림 11.6
CO_3^{2-} 이온의 (a) 공명 구조와 (b) 공명 혼성 구조

(나) SO_2 분자

SO_2 분자의 Lewis 구조는 한 개의 S—O 결합과 한 개의 S═O 이중 결합으로 구성되므로 그림 11.7과 같은 공명 구조가 가능하다.

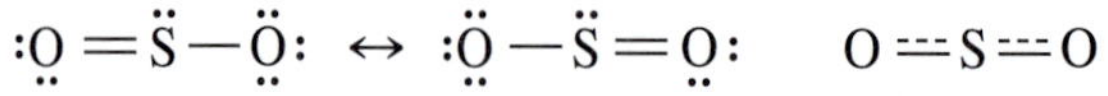

그림 11.7
SO_2 분자의 (a) 공명 구조와 (b) 공명 혼성 구조

11.2.5 형식 전하

주어진 원자들 사이의 공유 결합을 통해 만들어지는 분자가 전기적으로 중성이라 하더라도 그 원자들도 반드시 전기적으로 중성이어야 하는 것은 아니며, 그 원자들은 전기적으로 중성이거나 양(+)의 전하나 음(−)의 전하를 소유할 수도 있다. 이처럼 분자나 다원자 이온을 구성하는 원자들이 실질적으로 소유하게 되는 전하를 **형식 전하**(formal charge)라고 한다.

분자나 다원자 이온을 구성하는 주어진 원자의 형식전하는 그 원자가 다른 원자와 공유 결합을 이루기 전에 중성 원자로서 소유하던 전자(들)의 수가 공유 결합 후에 얼마나 더 많아지거나 작아지는지를 반영하여 얻어진다. 만일 공유 결합을 통해 주어진 원자가 소유하는 전자(들)의 수가 변하지 않는다면 그 원자의 형식 전하는 0이 되고, 전자들의 수가 증가하는 경우 그 원자는 음의 형식 전하를 가지게 되고, 전자들의 수가 감소하는 경우 그 원자는 양의 형식 전하를 가지게 된다.

이렇게 주어진 분자에서 전기적으로 중성이 아닌 원자들을 알아낼 수 있다면, 그 분자의 반응성(reactivity)을 이해하거나 예측하는 데에 활용할 수 있다. 예를 들어, 산소 분자(oxygen molecule, O_2)와 오존(ozone, O_3)의 경우, O 원자들의 형식전하는 다음과 같이 구해진다.

오존의 경우 두 개의 이중 결합을 가지는 산소 분자에 비해 한 개씩의 이중 결합과 단일 결합으로 이루어져 있고, 그에 따라 산소 분자보다 더 작은 에너지로도 오존의 결합이 끊어질 수 있다. 더불어 오존의 경우에는 +1과 −1인 형식 전하들을 소유하므로, 산소 분자와 비교하면 안정성이 더 낮아서 반응성이 더 높아진다.

또한 두 개 이상의 원자들의 공유 결합으로 이루어진 **다원자 이온**(polyatomic ion. 예: NH_4^+, NO_2^+, NO_2^-, CO_3^{2-})들의 경우에도 그 이온의 전하를 실질적으로 소유하는 원자나 원자들을 알아낼 수 있다면, 그 이온의 반응성도 이해하거나 예측할 수 있다.

❶ 형식 전하를 구하는 방법

1. 정확한 Lewis 구조 그리기
2. 각 원자의 형식 전하 구하기

$$\text{형식 전하} = \text{원자가 전자의 수} - \text{비공유 전자의 수} - \frac{\text{결합 전자의 수}}{2}$$

3. 각 원자의 형식 전하를 합하여 분자나 이온이 가지는 전하와 동일한지 확인하기

예를 들어, CO_3^{2-} 이온의 경우 구성 원자의 형식 전하는 다음과 같이 구한다.

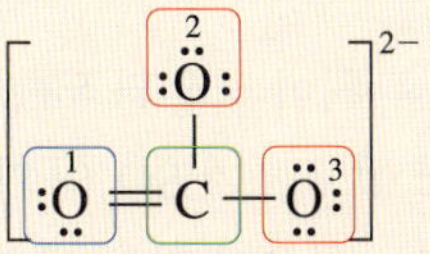

1번 O 원자의 형식 전하

$$= \text{원자가 전자의 수} - \text{비공유 전자의 수} - \frac{\text{결합 전자의 수}}{2} = 6 - 4 - \frac{4}{2} = 0$$

2번과 3번 O 원자의 형식 전하

$$= \text{원자가 전자의 수} - \text{비공유 전자의 수} - \frac{\text{결합 전자의 수}}{2} = 6 - 6 - \frac{2}{2} = -1$$

C 원자의 형식 전하

$$= \text{원자가 전자의 수} - \text{비공유 전자의 수} - \frac{\text{결합 전자의 수}}{2} = 4 - 0 - \frac{8}{2} = 0$$

❷ 형식 전하를 고려한 Lewis 구조

주어진 화합물에서 가장 바람직한 Lewis 구조는 화합물에 참여한 모든 원자의 형식 전하가 최소인 구조이다. 예를 들어 SO_2의 경우, 형식 전하를 고려한 구조는 다음과 같이 구한다.

우선 옥텟 규칙에만 근거하여 예측할 수 있는 Lewis 구조는 다음과 같이 나타낼 수 있다.

S = S 원자의 6개 + O 원자의 6개 × 2 = 18개
D = S 원자의 8개 + O 원자의 8개 × 2 = 24개
결합의 수 = (24 − 18) / 2 = 3개

옥텟 규칙에 의해 예측할 수 있는 구조

:O̤ = S̈ — Ö̤:

이와 같은 Lewis 구조의 경우 구성 원자의 형식 전하를 구해 보면, 다음과 같은 결과가 얻어진다.

각 원자의 형식 전하

:O̤ = S̈ — Ö̤: O(1) : 6 − 4 − (4/2) = 0 O(2) : 6 − 6 − (2/2) = −1
1 2 S : 6 − 2 − (6/2) = +1

이제 구성 원자의 형식 전하가 더 작아질 수 있는 구조가 가능한지를 알아보기 위해 위 구조의 오른쪽 O 원자의 비공유 전자쌍 중 한 쌍을 사용하여 S—O 결합을 이중 결합으로 변경한 구조를 만들고, 그 구조에서 구성 원자의 형식 전하를 구해 보자.

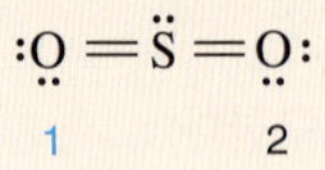

O(1) : 6 − 4 −(4/2) = 0 O(2) : 6 − 4 −(4/2) = 0

S : 6 − 2 −(8/2) = 0

이와 같이 S 원자에 확장된 옥텟 규칙이 적용된 두 번째 구조의 경우, 구성 원자의 형식 전하가 최소임을 알 수 있다. 따라서 이 구조가 SO_2의 가장 바람직한 구조가 된다.

그러므로 SO_2의 Lewis 구조의 경우 다음과 같은 세 가지 구조 중 하나로 답해도 된다.

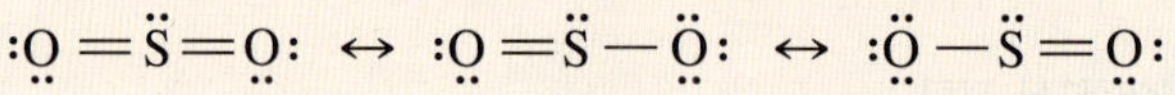

이들 중 가장 안정한 구조는 첫 번째 구조이며, 실제 구조는 세 가지 구조의 혼성 형태이다.

11.2.6 원자가 껍질 전자쌍 반발 이론에 근거한 기하 구조

주어진 화합물이 극성 분자인지의 여부는 그 화합물을 구성하는 화학 결합의 대칭성(화합물의 대칭성)에 달려 있다. 이제 주어진 화합물을 이루는 결합의 대칭적 분포 여부를 알 수 있는 화학종의 기하 구조를 다룬다.

❶ 원자가 껍질 전자쌍 반발 이론

원자가 껍질 전자쌍 반발 이론(valence shell electron pair repulsion theory: VSEPR 이론)은 화합물 내의 원자가 각 원자의 원자가 전자 사이의 반발을 최소화하도록 배열된다는 내용을 담고 있으며, 화합물의 기하 구조(geometrical structure)를 간단히 예측할 수 있는 도구이다. 다음은 전자 사이에 작용하는 반발력의 상대적 세기를 보여 준다.

'비공유 전자쌍 − 비공유 전자쌍' 반발력
> '비공유 전자쌍 − 공유 전자쌍 (shared electron pair)' 반발력
> '공유 전자쌍 − 공유 전자쌍' 반발력

❷ 화합물의 구조 유형

다양한 화합물의 구조 유형(structural type)은 다음과 같이 표현한다.

AX_nE_m
A : 중심 원자, X : 중심 원자와 결합한 원자, E : 중심 원자에 위치한 비공유 전자쌍
$n = 0, 1, 2, 3, \cdots$ $m = 0, 1, 2, 3, \cdots$

예를 들면, AX_4는 A 원자에 네 개의 X 원자가 결합한 형태이고, AX_2E_2는 두 쌍의 비공유 전자쌍을 가진 A 원자에 두 개의 X 원자가 결합한 형태이다.

❸ 중심 원자에 비공유 전자쌍이 없는 경우의 기하 구조

(가) AX_2 유형(예: CO_2, BeF_2) – 선형 구조

BeF_2 분자에는 두 개의 Be—F 결합이 있고, 각 F 원자 주위에 세 쌍의 비공유 전자가 있다. Be—F 결합에 참여한 공유 전자쌍 사이의 반발력과 F 원자 주위의 비공유 전자쌍 사이의 반발을 최소화하기 위해서는 두 개의 Be—F 결합이 서로 정반대(180°) 방향으로 위치해야 한다. 따라서 그림 11.8에서 볼 수 있는 것처럼 BeF_2의 기하 구조는 선형이다.

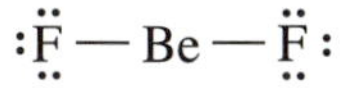

그림 11.8
선형(linear) 구조

(나) AX_3 유형(예: BF_3, CO_3^{2-}) – 삼각 평면 구조

BF_3 분자에는 세 개의 B—F 결합이 있으며, 각 F 원자에 세 쌍(6개)의 비공유 전자가 있다. 이들 비공유 전자쌍 사이의 반발을 최소화하기 위해서는 그림 11.9에서와 같이 B 원자가 중심에 위치한 삼각형의 꼭짓점에 F 원자가 위치(B—F 결합 사이의 각도: 120°)해야 한다.

그림 11.9
삼각 평면(trigonal planar) 구조

(다) AX_4 유형(예: CH_4, ClO_4^-) – 정사면체 구조

CH_4 분자는 네 개의 C—H 결합만 존재하고, 비공유 전자를 소유하지 않는다. 삼차원 공간에서 네 개의 C—H 결합에 참여하는 공유 전자쌍 사이의 반발력이 최소인 구조는 C—H 결합 사이의 각도가 109.5°인 정사면체 구조(그림 11.10)이다.

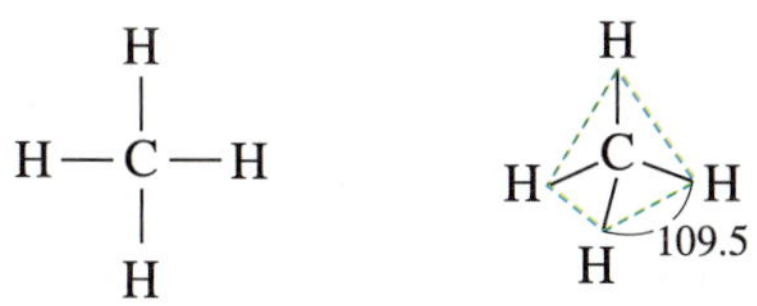

그림 11.10
정사면체(tetrahedral) 구조

(라) AX_5 유형(예: PCl_5) – 삼각쌍뿔 구조

PCl_5 분자는 다섯 개의 Cl—P 결합으로 구성되며, 각 Cl 원자는 세 쌍(6개)의 비공유 전자를 갖는다. 따라서 그림 11.11에서 볼 수 있는 것처럼 중심에 P 원자가 위치하는 주어진 삼각 평면의 꼭짓점에 세 개의 Cl 원자가 위치하고, 삼각 평면의 위와 아래에서 두 개의 Cl 원자가 서로 마주보며 위치하는 삼각쌍뿔 구조를 가진다.

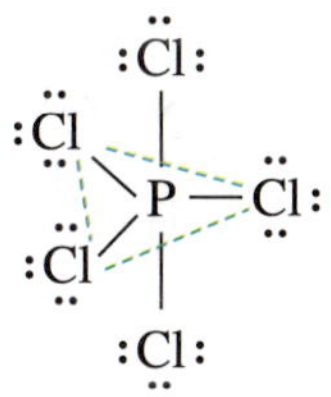

그림 11.11
삼각쌍뿔(trigonal bipyramidal) 구조

(마) AX_6 유형(예: SF_6) – 정팔면체 구조

SF_6 분자는 여섯 개의 S—F 결합으로 구성되며, 각 F 원자는 세 쌍(6개)의 비공유 전자를 갖는다. 따라서 중심에 S 원자가 위치하는 주어진 사각 평면의 꼭짓점에 네 개의 F 원자가 위치하고, 사각 평면의 위와 아래에서 두 개의 F 원자가 서로 마주보며 위치하는 정팔면체 구조(그림 11.12)를 가진다.

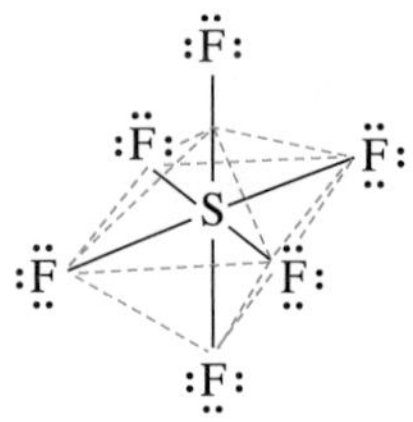

그림 11.12
정팔면체(octahedral) 구조

❹ 중심 원자에 비공유 전자쌍이 있는 경우의 기하 구조

(가) AX_2E 유형(예: SO_2, NO_2^-) – 굽은 구조

SO_2 분자에서 두 개의 S—O 결합에 참여한 공유 전자쌍 사이의 반발력보다 중심 원자인 S 원자 주위의 비공유 전자쌍과 각 공유 전자쌍 사이의 반발력이 더 강하다. 따라서 SO_2 분자는 굽은 구조(120° 이하의 결합각, 그림 11.13)를 가진다. 실제는 약 119.5°의 결합각을 가진다.

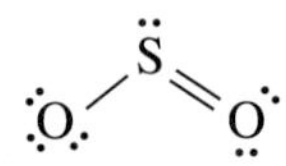

그림 11.13
굽은(bent) 구조

(나) AX_2E_2 유형(예: H_2O, SCl_2) – V형 구조

H_2O 분자는 두 개의 H—O 결합을 소유하고, 중심 원자인 O 원자에 두 쌍의 비공유 전자가 있다. O 원자의 비공유 전자쌍 사이의 반발력이 가장 크다. 또한 H—O 결합에 참여한 공유 전자쌍과 O 원자의 비공유 전자쌍 사이의 반발력은 H—O 결합에 참여한 공유 전자쌍 사이의 반발력보다 더 크다. 따라서 H_2O 분자는 각 O—H 결합 사이의 각도가 120° 이하인 V형 구조(그림 11.14)이다. 실제 결합 각도는 약 104.5°이다.

그림 11.14
V형(V-shaped) 구조

(다) AX_3E 유형(예: NH_3, ClO_3^-) – 삼각뿔 구조

NH_3 분자의 경우 세 개의 N—H 결합에 참여한 공유 전자쌍 사이의 반발력보다 중심 원자인 N 원자에 존재하는 비공유 전자쌍과 N—H 결합의 공유 전자쌍 사이의 반발력이 더 크다. 따라서 각 N—H 결합 사이의 각도가 정사면체 구조의 결합각인 109.5°보다 작아져 삼각뿔 구조(그림 11.15)를 가지게 된다(107° 정도의 결합각).

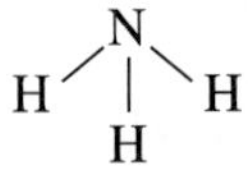

그림 11.15
삼각뿔(trigonal pyramidal) 구조

11.3 원자가 결합 이론으로 설명하는 화학 결합

VSEPR 이론은 화합물의 구조를 예측하는 데 도움이 되지만 그러한 구조를 구성하는 화학 결합에 대해서는 설명할 수 없다. 화학 결합을 설명하는 양자 역학적 이론의 하나인 원자가 결합 이론과 다원자 분자의 화학 결합을 설명하는 혼성 오비탈을 이용한 화학 결합에 대해 설명하고자 한다.

11.3.1 원자가 결합 이론

원자가 결합 이론(Valence bond theory)에서는 화학 결합을 다음과 같이 설명한다.

> 화학 결합에 참여하는 원자가 전자가 차지하는 오비탈의 겹침

그림 11.16은 양자 역학적으로 구해진 수소 분자의 에너지를 핵 간 거리의 함수로 보여 주고 있다. 두 핵이 멀리 떨어져 있을 때보다 가까이 접근할수록 각각의 1*s* 원자 오비탈의 겹침으로 인하여 에너지가 낮아진다. 즉, 화학 결합이 만들어짐으로써 원자 상태로 있는 것보다 더 안정해진다. 원자가 결합 이론에서 화학 결합이 만들어지는 것은 결합에 참여하는 원자가 전자의 원자 오비탈 겹침에 의해 에너지가 낮아지는 것으로 설명할 수 있다.

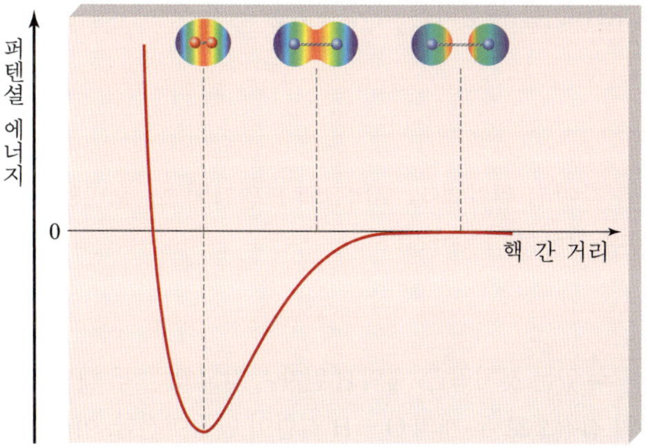

그림 11.16
H 원자의 1*s* 오비탈 사이에서 일어나는 겹침으로 H−H 공유 결합이 만들어진다.

원자 오비탈 겹침에 의해 설명되는 화학 결합은 σ 결합과 π 결합으로 구분한다. 그림 11.17에서 볼 수 있는 것처럼 **σ 결합**(σ bond)은 두 개의 오비탈이 서로 같은 축 선상에서 겹쳐지며(동축 겹침, coaxial overlap) 형성된다. 반면에 **π 결합**(π bond)은 두 개의 오비탈이 서로 평행하게 겹쳐지며(평행 겹침, parallel overlap) 형성된다.

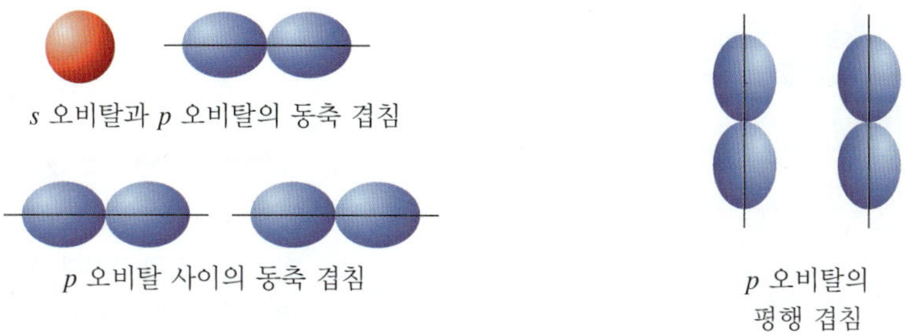

그림 11.17
원자 오비탈의 동축 겹침과 평행 겹침

11.3.2 혼성 오비탈

❶ 원자 오비탈의 혼성

혼성(hybridization)이란 화학 결합에 참여하는 원자의 각 원자 오비탈(atomic orbital)을 혼합하여 (겹침) 혼성 오비탈을 만들어 결합에 참여하는 전자를 배치하는 것이다.

주어진 화학 결합에 참여하는 원자의 오비탈은 두 가지 이상의 오비탈이 혼합되어 이루어진 **혼성 오비탈**(hybrid orbital)의 형태일 수 있는데, 혼성 오비탈은 혼성 오비탈 형성에 참여한 개별 오비탈의 성질을 갖게 된다. 그림 11.18은 원자 오비탈의 몇 가지 혼성을 보여 준다.

❷ 혼성 오비탈이 필요한 이유

그림 11.16에서 보듯이 결합에 참여하는 전자의 오비탈 겹침은 결합이 만들어짐에 따라 에너지를 낮게 하여 원자 상태보다 분자를 형성하는 것이 더 안정하다. H_2 분자와 HF 분자와 같은 선형 분자의 경우에는 결합에 참여하는 원자의 오비탈의 단순 겹침으로 해당 분자를 구성하는 화학 결합을 설명할 수 있다. 그러나 H_2O, NH_3, CH_4 분자와 같은 비선형 분자를 구성하는 화학 결합은 원자 오비탈의 단순 겹침으로 구조를 설명할 수 없다. 화합물의 구조를 정확히 설명하기 위해 혼성 오비탈의 개념이 필요하다. 다음은 선형 분자(HF)와 비선형 분자(H_2O)를 구성하는 화학 결합을 원자 오비탈의 단순 겹침으로 설명한 것이다.

(가) HF 분자

그림 11.19에서와 같이 H 원자의 1*s* 오비탈과 F 원자의 $2p_z$ 오비탈 사이에서 일어나는 겹침으로 H—F 공유 결합이 만들어진다.

(나) H_2O 분자

그림 11.20에서 볼 수 있는 것처럼 두 개의 H 원자가 갖고 있는 두 개의 1*s* 오비탈과 O 원자의 2*p* 오비탈 사이의 겹침으로 두 개의 O—H 결합이 만들어진다. 이러한 결합으로 O—H 결합 사이의 각도는 90°가 되어야 하지만, 실제 O—H 결합 사이의 각도는 104.5°이다.

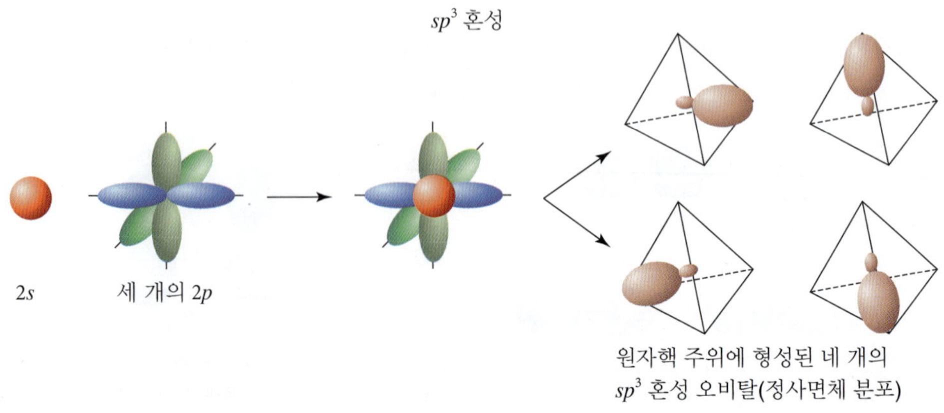

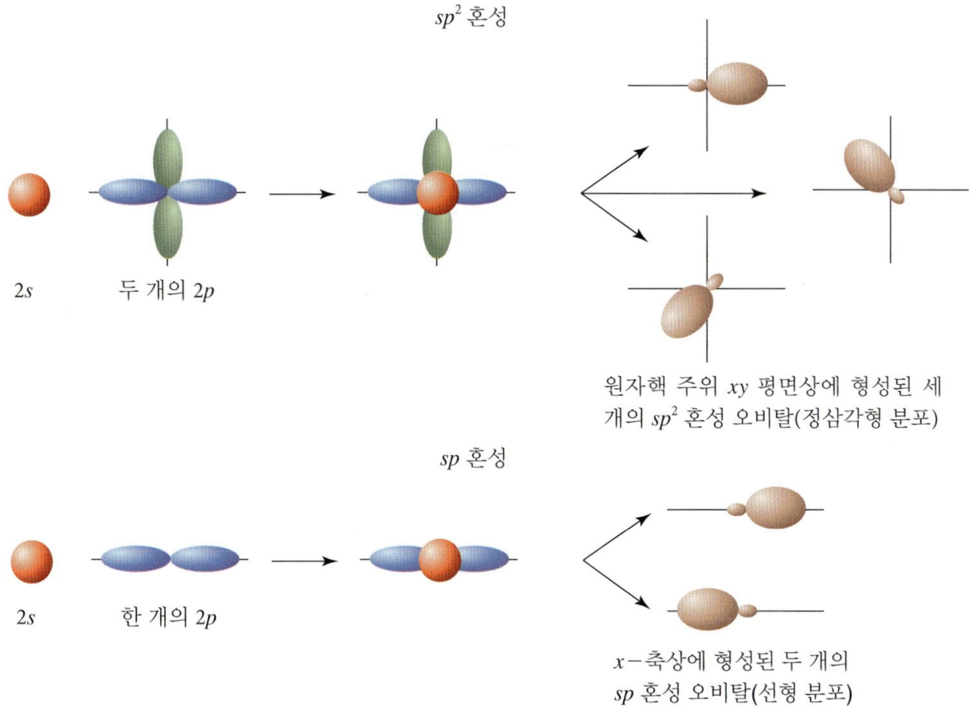

그림 11.18
몇 가지 종류의 혼성

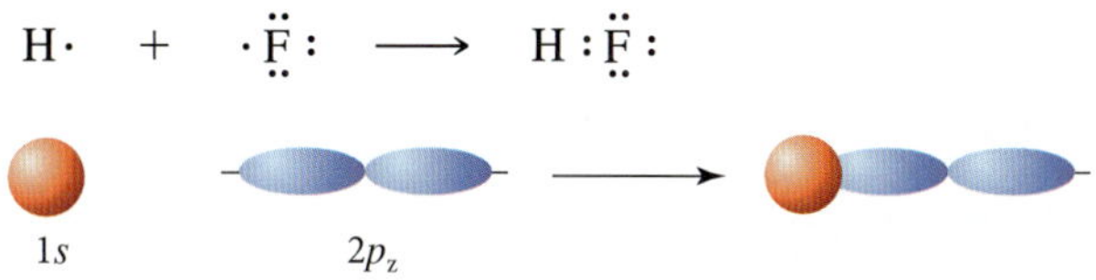

그림 11.19
HF 분자 형성을 위한 오비탈 겹침

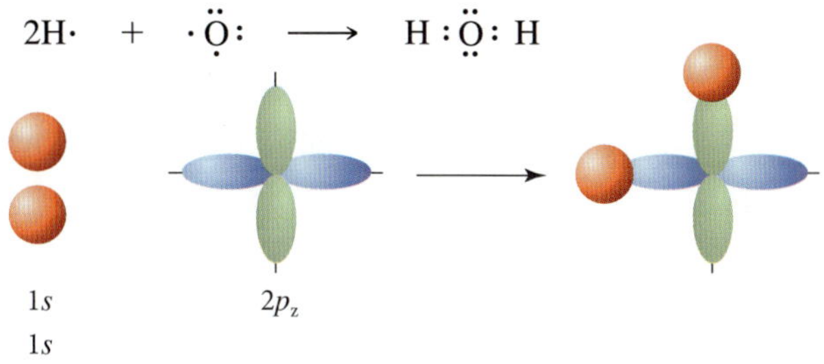

그림 11.20
H_2O 분자에서 O–H 결합을 위한 오비탈 겹침

11.3.3 혼성 오비탈과 화학 결합

CH_4 분자의 중심에서 C 원자가 H 원자와 화학 결합을 이룰 때 C 원자 오비탈의 sp^3 혼성 오비탈의 형성과 에너지 준위의 변화를 알아보자.

C 원자의 바닥 상태 전자 배치는 두 개의 $2p$ 오비탈에 두 개의 짝짓지 않은 전자를 갖기 때문에 수소 원자 두 개와 화학 결합을 할 것이다. 그러나 CH_4 분자가 네 개의 수소 원자와 화학 결합을 하려면 네 개의 짝짓지 않은 전자가 있어야 한다. $2s$ 오비탈에서 하나의 전자가 $2p$ 오비탈로 전이가 일어나면 네 개의 짝짓지 않은 전자($2s^1 2p^3$)를 가질 수 있다. 이렇게 하면 탄소는 네 개의 수소 원자와 결합할 수 있지만 $2p$ 오비탈과 결합하는 세 수소 원자의 H—C—H 결합 각도는 $2p$ 오비탈의 방향에 따라 90°가 되어 실제 구조에서 결합 각도(107.3°)와 맞지 않게 된다. 즉, 한 개의 $2s$ 오비탈과 세 개의 $2p$ 오비탈의 혼성이 CH_4 분자의 결합 각도를 설명할 수 있게 되는 것이다. 그림 11.21은 sp^3 혼성 오비탈의 형성 과정과 에너지 변화를 보여 준다.

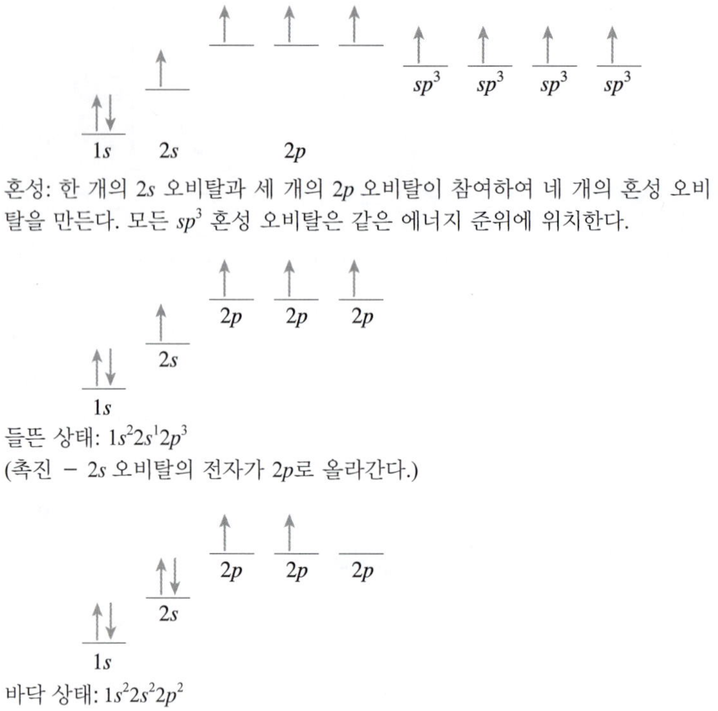

그림 11.21
sp^3 혼성 오비탈의 형성 과정과 에너지 변화

❶ sp^3 혼성(예: CH_4)

C 원자(원자 번호 : 6)는 다음과 같은 과정을 통해 그림 11.18에서 볼 수 있는 것처럼 네 개의 sp^3 혼성 오비탈을 갖게 된다.

> 바닥 상태: $1s^2 2s^2 2p^2 \xrightarrow{\text{촉진}} 1s^2 2s^1 2p^3 \xrightarrow{\text{혼성체화}}$ 한 개의 $2s$와 세 개의 $2p$ 오비탈을 사용한 네 개의 sp^3 혼성 오비탈 형성

H 원자(원자 번호: 1, 전자 배치: $1s^1$)는 완전히 채워지지 않은 $1s$ 오비탈을 갖고 있다. 이제 C 원자는 네 개의 H 원자와 한 개씩의 'sp^3 혼성 오비탈 − $1s$' 동축 겹침을 통해 그림 11.22와 같이 모두 네 개의 C—H 공유 결합(σ 결합)을 만든다.

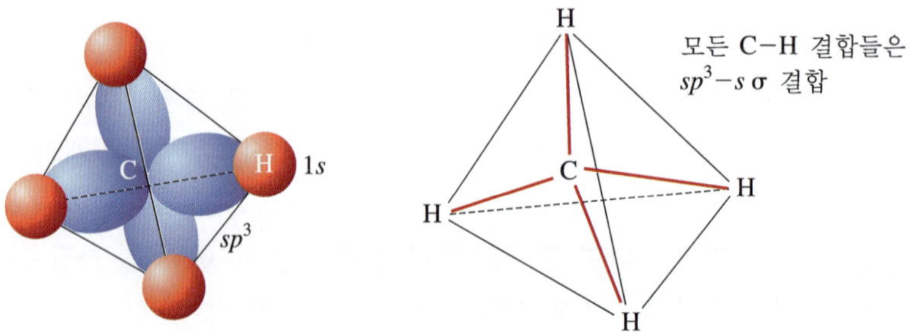

그림 11.22
sp^3 혼성 오비탈 − $1s$ 동축 겹침에 의한 C–H 공유 결합(σ 결합)

❷ sp^2 혼성(예: C_2H_4)

C 원자는 다음과 같은 과정을 통해 세 개의 sp^2 혼성 오비탈을 갖게 된다.

> 촉진 / 혼성체화
> 바닥 상태: $1s^22s^22p^2$ ⟶ $1s^22s^12p^3$ ⟶ 한 개의 2s와 두 개의 2p 오비탈을 사용한 세 개의 sp^2 혼성 오비탈 형성

그 결과 sp^2 혼성에 참여하지 않고 완전히 채워지지도 않은 나머지 2p 오비탈과 세 개의 sp^2 혼성 오비탈을 갖는다. H 원자(원자 번호: 1, 전자 배치: $1s^1$)는 완전히 채워지지 않은 1s 오비탈을 갖고 있다. 이제 그림 11.23에서처럼 각 C 원자는 두 개의 H 원자와 두 개의 'sp^2 혼성 오비탈 − 1s' 동축 겹침을 통해 두 개의 H—C 공유 결합(σ 결합)을 만든다. 또한 두 개의 C 원자 사이에서도 나머지 sp^2 혼성 오비탈이 동축으로 겹쳐지면서 첫 번째 C—C 공유 결합(σ 결합)이 만들어진다. 각 C 원자의 나머지 2p 오비탈은 평행 겹침(parallel overlapping)을 통해 두 번째 C—C 공유 결합(π 결합)을 만든다.

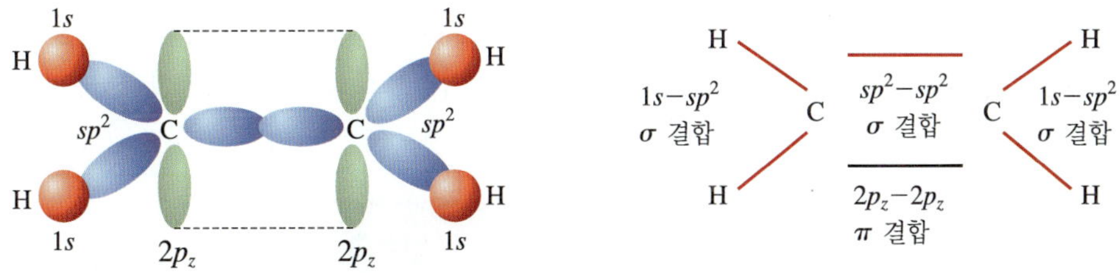

그림 11.23
sp^2 혼성 오비탈 − 1s 동축 겹침을 통해 형성되는 두 개의 H–C 공유 결합(σ 결합)과 2p 오비탈의 평행 겹침을 통해 형성되는 두 번째 C–C 공유 결합(π 결합)

❸ *sp* 혼성(예: C_2H_2)

C 원자(원자 번호: 6)는 다음과 같은 과정을 통해 두 개의 sp 혼성 오비탈을 갖게 된다.

> 촉진 / 혼성체화
> 바닥 상태: $1s^22s^22p^2$ ⟶ $1s^22s^12p^3$ ⟶ 한 개의 2s와 한 개의 2p 오비탈을 사용하여 두 개의 sp 혼성 오비탈 형성

그 결과 sp 혼성에 참여하지 않고 완전히 채워지지도 않은 두 개의 2p 오비탈과 두 개의 sp 혼성 오비탈을 갖는다. H 원자(원자 번호: 1, 전자 배치: $1s^1$)는 완전히 채워지지 않은 1s 오비탈을 갖고 있다. 이제 그림 11.24에서처럼 C 원자의 sp 혼성 오비탈과 H 원자의 1s

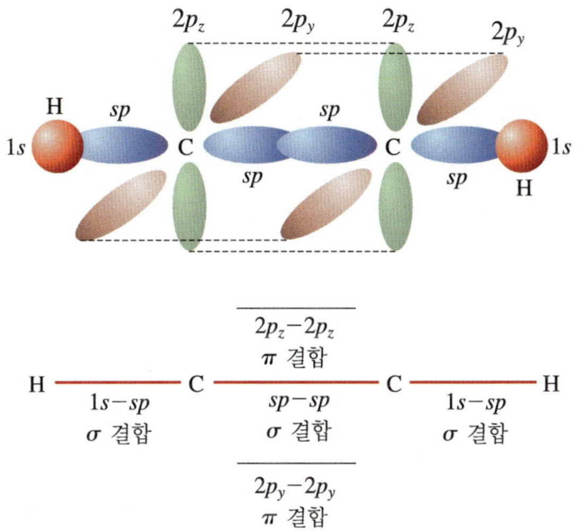

그림 11.24
sp 혼성 오비탈 − 1s 동축 겹침을 통해 형성되는 두 개의 H–C 공유 결합(s 결합)과 2p 오비탈의 평행 겹침을 통해 형성되는 두 번째와 세 번째의 C–C 공유 결합(π 결합)

오비탈 사이의 동축 겹침으로 두 개의 H—C 공유 결합(σ 결합)이 만들어지고, 두 개의 C 원자 사이에서도 나머지 *sp* 혼성 오비탈이 동축으로 겹쳐지면서 첫 번째 C—C 공유 결합(σ 결합)이 형성된다. 각 C 원자의 나머지 두 2*p* 오비탈은 평행 겹침을 통해 두 개의 C—C 공유 결합(π 결합)을 만든다.

11.4 분자 오비탈과 화학 결합

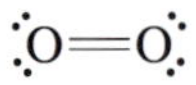

산소 분자의 Lewis 전자 구조만으로는 산소 분자의 상자기성을 설명하기 어렵다.

산소 분자(O_2)는 O 원자 오비탈의 단순 겹침으로 화학 결합을 설명할 수 있다. 전자 배치가 [He]$2s^2 2p^4$인 각 O 원자의 2*p* 오비탈의 두 개의 짝짓지 않은 전자가 서로 결합하여 이중 결합을 이루고, 각각 두 쌍의 비공유 전자쌍을 갖는다. 따라서 산소 분자 내 모든 전자는 짝을 지어 **반자기성**(diamagnetic)을 가질 것으로 예측할 수 있다. 그러나 실험을 통해 산소 분자는 **상자기성**(paramagnetic)을 띠고(그림 11.25), 두 개의 짝짓지 않은 전자를 갖는 것이 발견되었다. 이것은 원자 오비탈의 단순 겹침으로 화학 결합을 설명하는 것의 한계를 보여 주는 예로 분자의 성질을 설명할 수 있는 새로운 이론이 필요하게 되었다.

그림 11.25
액체 산소가 자석의 두 극 사이에 잡혀 있는데, 이것은 산소 분자가 상자기성을 띠기 때문이다.

11.4.1 분자 오비탈 이론

양자 역학적 배경을 가지고 있는 분자 오비탈은 원자 오비탈을 더하거나 뺀 **선형 결합**(linear combination)에 의해 만들어지며, 원자에서처럼 분자에 있는 전자를 배치하는 데 사용된다. **분자 오비탈 이론**(molecular orbital theory)은 다음과 같은 가정에 근거를 둔다.

- 결합에 참여한 원자핵은 안정한 핵 간 거리를 유지하며 고정된 위치에 있다.
- 전자는 원자핵의 영향권 안에서 움직인다.
- 적당한 방향성과 비슷한 크기의 에너지를 갖는 원자 오비탈의 선형 결합으로 분자 오비탈이 만들어진다.
- 전자는 원자 오비탈이 아니라 분자 오비탈에 배정된다.

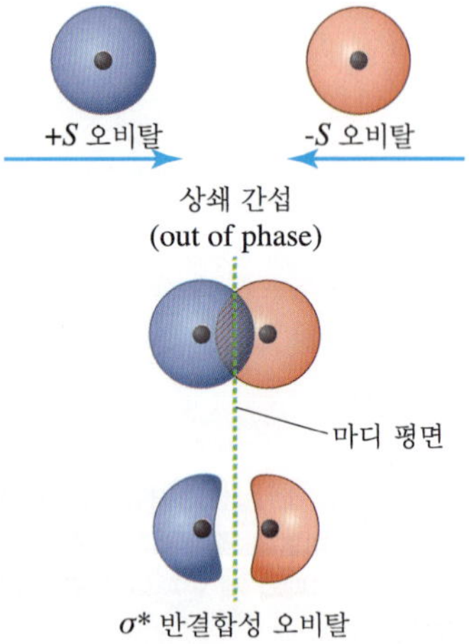

❶ 분자 오비탈

10장의 현대 원자 모형에서는 가장 간단한 H 원자의 Schrödinger(슈뢰딩거) 방정식을 풀어서 얻어지는 오비탈을 이용하여 전자 배치를 구하여 원자에 대해 설명하였다. 전자가 한 개밖에 없는 가장 간단한 분자인 수소 분자 이온(H_2^+ 이온)에 대해 위의 가정과 같이 핵

간 거리를 일정하게 하면, 수소 원자와 마찬가지로 Schrödinger 방정식을 풀어 오비탈을 구할 수 있다. 이렇게 구해진 오비탈은 **분자 오비탈**(molecular orbital)로서 전자가 핵의 영향권 안, 즉 핵의 양전하에 의해 만들어진 핵 간 축방향에 만들어진 전기장의 영향하에 놓여 있게 되므로 궤도 각운동량이 이 전기장에 의해 결정된다. 전자의 궤도 각운동량 양자수(l)별로 원자의 오비탈을 $s, p, d, \cdots$ 등으로 구별하였듯이, 분자 오비탈도 궤도 각운동량 양자수(분자에서는 일반적으로 Λ로 표시함,: 0. 1, 2, ⋯)에 따라 $\sigma, \pi, \delta, \cdots$로 구별한다. 얻어진 분자 오비탈은 결국 원자 오비탈의 선형 결합으로 표시되어 오비탈의 모양이 결정된다. 예를 들어 수소 원자의 $1s$ 오비탈과 또 하나의 수소 원자 $1s$ 오비탈의 선형 결합에 대해 생각해 보자. 가정한 대로 같은 에너지를 갖는 이 두 오비탈의 선형 결합으로 분자 오비탈이 만들어진다. 두 오비탈을 더하는 선형 결합으로 얻어지는 분자 오비탈에 해당하는 에너지는, 핵이 멀리 떨어져 있을 때보다 고정된 핵 간 거리에서 더 낮아진다. 이 오비탈의 전자는 에너지를 낮아지게 하므로 화학 결합이 만들어지는 데 기여하게 된다. 이와 반대로 두 오비탈을 빼는 선형 결합을 하면, 얻어지는 분자 오비탈에 해당하는 에너지는 핵이 멀리 떨어져 있을 때보다 모든 핵 간 거리에서 더 높고, 따라서 이 오비탈의 전자는 결합에 기여하지 못한다. 두 분자 오비탈 중 낮은 에너지 분자 오비탈을 **결합성 오비탈**(bonding orbital), 높은 에너지 분자 오비탈을 **반결합성 오비탈**(anti-bonding orbital)이라고 한다. 그림 11.26에 두 개의 1s 오비탈의 선형 결합에 의해 만들어진 분자 오비탈을 표시하였다. 분자 오비탈을 표시하는 방법은 여러 가지가 있을 수 있지만, 여기에서는 선형 결합한 원자 오비탈과 함께 분자 오비탈을 표시하는 방법, 예를 들어 $\sigma_{1s}, \sigma^*_{1s}, \pi_{2p}, \cdots$ 등으로 표시하기로 한다.

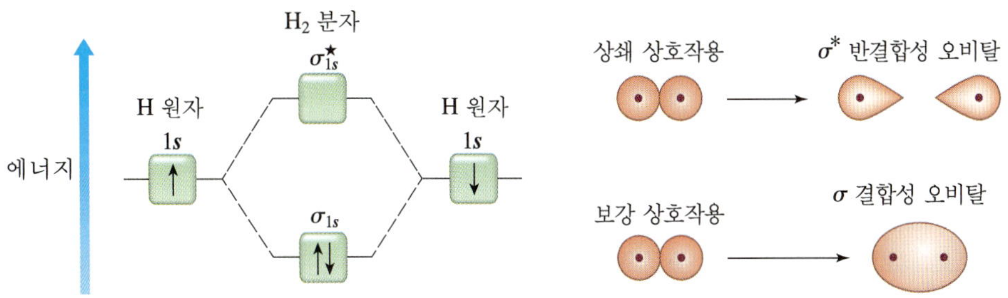

그림 11.26
수소 분자의 경우 두 수소 원자의 1s 오비탈의 선형 결합에 의해 분자 오비탈을 만든다. (a) 분자 오비탈의 에너지 준위. (b) 결합성 오비탈에 비해 반결합성 오비탈은 $s^\star_{1s}$로 표시한다.

❷ σ 분자 오비탈

σ 분자 오비탈 (sigma molecular orbital) 은 궤도 각운동량이 0인 오비탈로, 핵 간 축에 대해 원통 대칭(cylindrically symmetric)형이다. 그림 11.26에 두 개의 1s 오비탈의 선형 결합에 의해 만들어지는 분자 오비탈을 나타내었다. 이 그림은 엄밀히 말하면 오비탈 자체를 나타낸 것이 아니라 분자 내에서 전자가 발견될 확률 밀도를 나타낸 것이지만, 편의상 원자의 경우에서처럼 오비탈이라고 부를 것이다. 앞에서 가정한 대로 방향성이 적당하고 에너지가 비슷한 원자 오비탈의 선형 결합으로 분자 오비탈이 만들어지므로 x축을 핵 사이의 축으로 했을 때, 그림 11.27에서처럼 두 개의 p_x 원자 오비탈의 선형 결합에 의해 원통 대칭형의 분자 오비탈이 만들어질 수 있다. 두 개의 $2p_x$ 오비탈의 선형 결합으로 만들어지는 두 개의 결합성 분자 오비탈과 반결합성 분자 오비탈은 두 개의 1s 또는 두 개의 2s 원자 오비탈을 선형 결합하여 얻어지는 분자 오비탈보다 에너지가 더 높다.

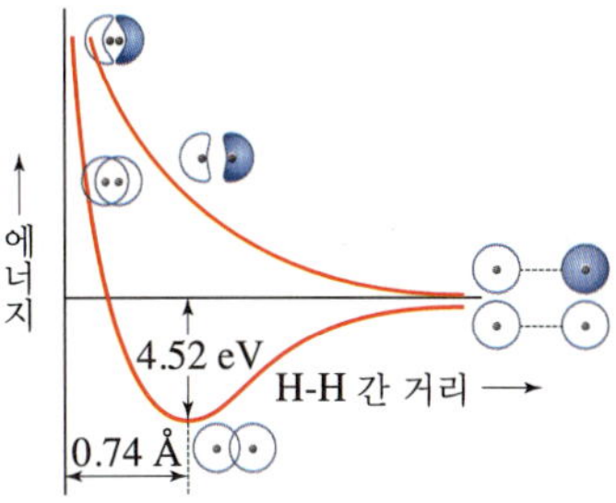

H_2의 결합성 및 반결합성 분자 오비탈 에너지

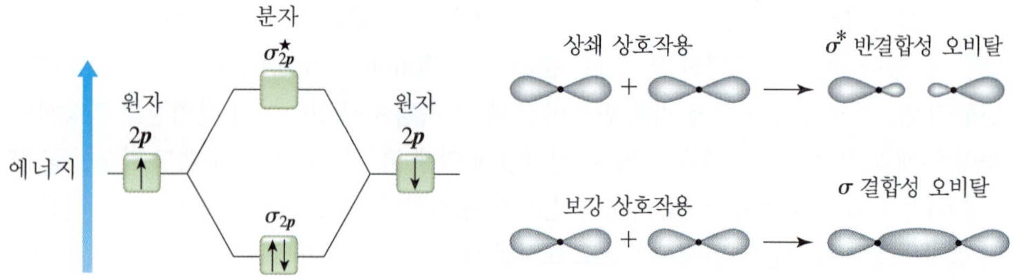

그림 11.27
(a) $2p_x$ 원자 오비탈의 선형 결합으로 얻어지는 분자 오비탈, (b) p_x 원자 오비탈의 선형 결합으로 얻어지는 반결합성 분자 오비탈에는 두 핵 사이에 마디가 존재한다.

❸ π 분자 오비탈

π 분자 오비탈(Pi molecular orbital)은 궤도 각운동량이 1인 오비탈이며, p 원자 오비탈의 선형 결합으로 만들어진다. 그림 11.28에 두 개의 p_y 오비탈의 선형 결합으로 얻어지는 분자 오비탈을 나타내었다. p_y 오비탈로부터 얻어지는 분자 오비탈은 p_z 오비탈로부터 얻어지는 분자 오비탈과 방향만 다를 뿐 모양과 에너지가 같다. 그림 11.28에서처럼 분자 오비탈은 핵 사이의 축을 포함하는 평면에 대해 대칭과 반대칭의 성질을 갖고 있다. 가정에 따라 p_x 오비탈, p_y 오비탈, p_z 오비탈은 방향성이 다르므로 선형 결합하여 분자 오비탈을 만들 수 없다.

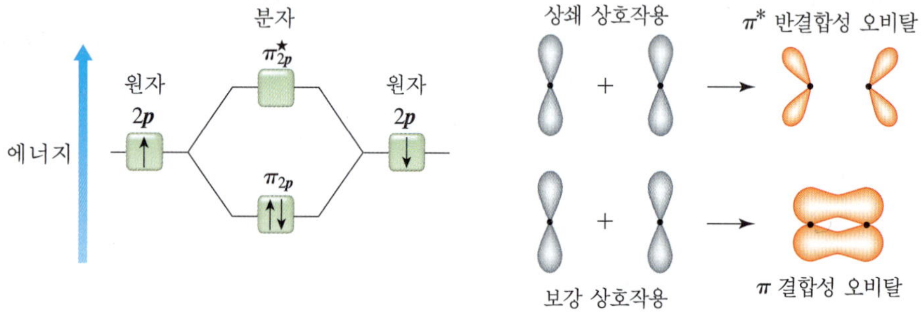

그림 11.28
p_y 오비탈의 선형 결합으로 만들어지는 결합성 분자 오비탈과 반결합성 분자 오비탈

11.4.2 분자의 전자 배치

원자의 경우에서와 마찬가지로 분자에서도 낮은 에너지 분자 오비탈에 전자를 채우는 것으로 분자의 전자 배치를 쓸 수 있다. 분자 오비탈에 전자를 채울 때 원자의 경우에서와 같이 배타 원리에 따라 낮은 에너지 분자 오비탈에 두 개씩의 전자를 채우며, 두 개의 전자를 에너지가 같은 두 개의 분자 오비탈에 채울 때에는 Hund 규칙에 따라 각각의 분자 오비탈에 먼저 채운다.

❶ s 오비탈이 관련된 이원자 분자의 전자 배치

H_2, He_2, Li_2, Be_2와 같이 분자 형성에 각 원자의 s 오비탈 전자만 관련된 경우 분자의 전

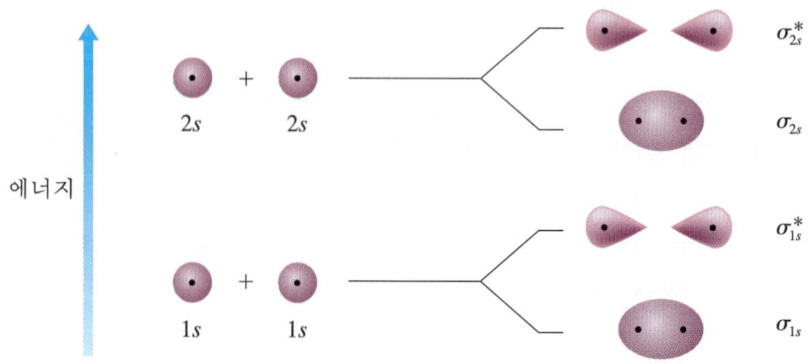

그림 11.29
s 오비탈에 의해 형성된 분자 오비탈과 에너지 준위

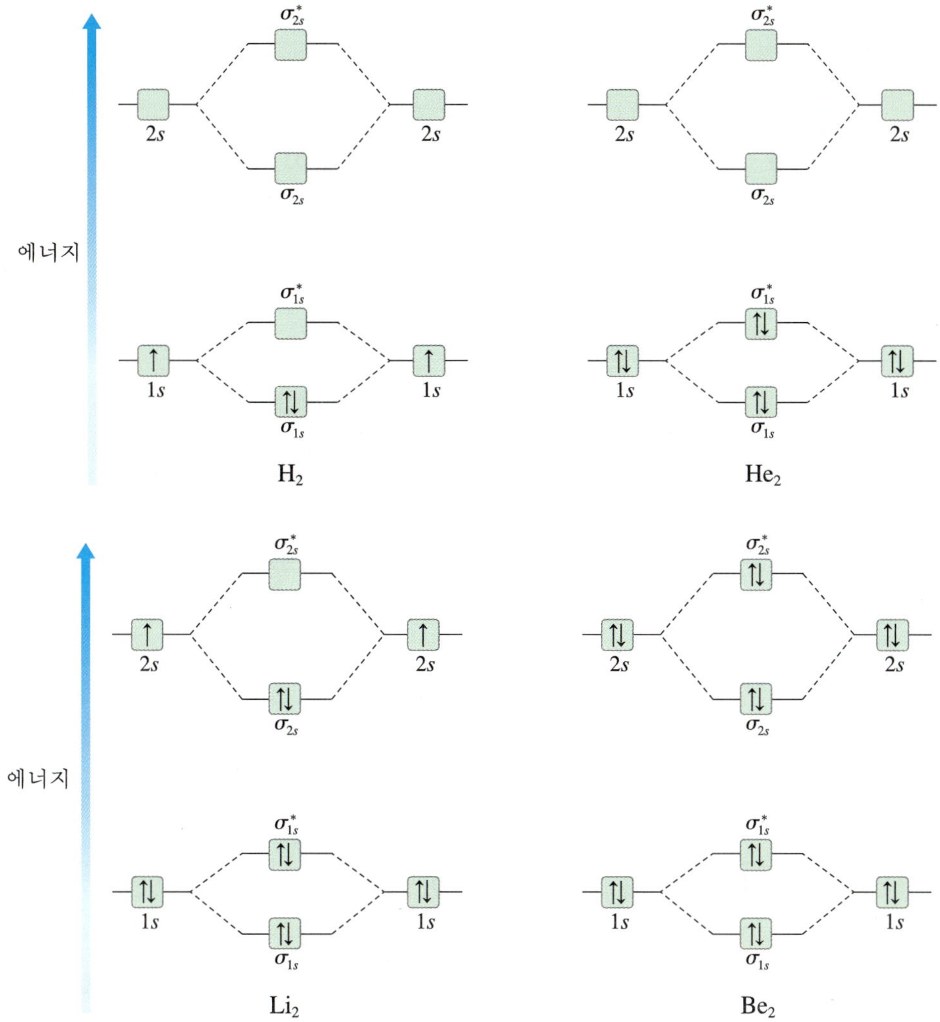

그림 11.30
H_2, He_2, Li_2, Be_2의 전자 배치

자 배치는 상대적으로 간단하며, 그림 11.29는 *s* 오비탈만 참여하여 형성된 분자 오비탈의 종류와 에너지 준위를 보여 주고 있다. 그림 11.30은 이들 분자에서의 전자 배치를 보여 주고 있다.

❷ *s* 오비탈과 *p* 오비탈이 관련된 이원자 분자의 전자 배치

B_2, C_2, N_2, O_2, F_2, Ne_2와 같은 이원자 분자의 경우 분자 오비탈 형성에 각 원자의 *s* 오비탈뿐 아니라 *p* 오비탈도 참여한다. 이러한 분자의 경우 분자 오비탈에 전자를 배치하는 작업은 상대적으로 복잡하다. 그림 11.31은 *s* 오비탈과 *p* 오비탈이 형성하는 분자 오비탈의 종류와 에너지 준위를 보여 주고 있으며, 그림 11.32는 이들 분자에서의 전자 배치를 보여 주고 있다. 그런데 그림 11.32를 보면 B_2, C_2, N_2 분자에 적용하는 분자 오비탈의 에너지 준위와 O_2, F_2, Ne_2 분자에 적용하는 분자 오비탈의 에너지 준위에는 차이가 있음을 볼 수 있다. 다시 말해 N_2 분자에 이르는 동안에는 σ_{2p_x}의 에너지 준위가 π_{2p_y}, π_{2p_z}의 에너지 준위에 비해 더 높지만, O_2 분자부터는 σ_{2p_x}의 에너지 준위가 π_{2p_y}, π_{2p_z}의 에너지 준위보다 더 낮아지는 현상이 나타난다. 이러한 현상에 관한 자세한 설명은 이 책에서 다룰 내용이 아니며, 여기서는 단순히 분자 오비탈에 전자가 채워지면서 일어나는 현상으로 받아들이기로 한다.

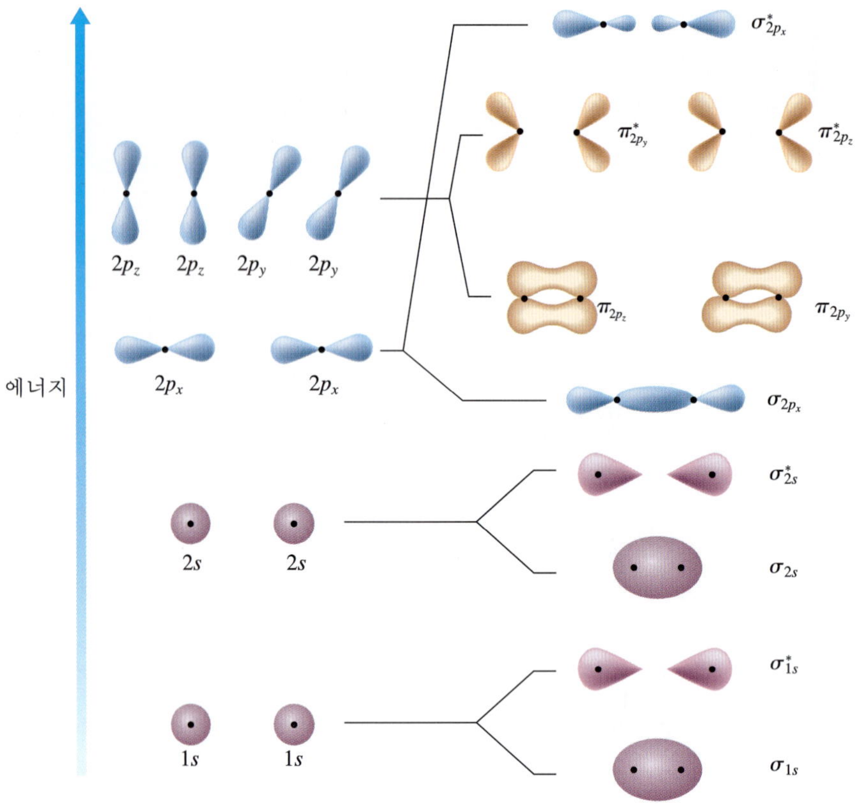

그림 11.31
s 오비탈과 p 오비탈에 의해 형성된 분자 오비탈의 종류와 에너지 준위

	B_2	C_2	N_2	O_2	F_2	Ne_2	
$\sigma^*_{2p_x}$	□	□	□	□	□	↑↓	$\sigma^*_{2p_x}$
$\pi^*_{2p_y}$, $\pi^*_{2p_z}$	□□	□□	□□	↑ ↑	↑↓ ↑↓	↑↓ ↑↓	$\pi^*_{2p_y}$, $\pi^*_{2p_z}$
σ_{2p_x}	□	□	↑↓	↑↓ ↑↓	↑↓ ↑↓	↑↓ ↑↓	π_{2p_y}, π_{2p_z}
π_{2p_y}, π_{2p_z}	↑ ↑	↑↓ ↑↓	↑↓ ↑↓	↑↓	↑↓	↑↓	σ_{2p_x}
σ^*_{2s}	↑↓	↑↓	↑↓	↑↓	↑↓	↑↓	σ^*_{2s}
σ_{2s}	↑↓	↑↓	↑↓	↑↓	↑↓	↑↓	σ_{2s}

그림 11.32
B_2, C_2, N_2, O_2, F_2, Ne_2 분자에서의 전자 배치

❸ 분자 오비탈의 에너지 차이를 알아볼 수 있는 실험 결과

H 원자에서 $1s$ 오비탈의 전자를 떼어내어 이온화되는 데 필요한 이온화 에너지와 $2s$ 오비탈에 있는 전자를 떼어내어 이온화되는 데 필요한 이온화 에너지와의 차이는 실제 $1s$ 오비탈의 에너지와 $2s$ 오비탈의 에너지 차이가 될 것이다. 분자에서도 각각의 분자 오비탈의 에너지 차이를 측정할 수 있을까? 분자의 경우에도 적당한 크기의 에너지를 공급하면 전자가 떨어져 분자 이온이 만들어진다. 에너지가 큰 진공 자외선이나 X선 영역의 빛은 분자를 이온화시킬 수 있다. 에너지가 일정한 빛, 즉 진동수가 일정한 단색광($E = h\nu$)을 분자에 조사하여 튀어 나오는 전자(광전자)의 운동 에너지는 광자의 에너지에서 서로 다른 분자 오비탈에서의 이온화 에너지를 뺀 값이 된다. 광전자의 운동 에너지를 측정하여 얻은 스펙트럼을 **광전자 스펙트럼**(photoelectron spectrum)이라고 한다. 그림 11.33에 실험에서 얻어진 N_2 분자의 광전자 스펙트럼을 나타내었다. 스펙트럼에 보이는 피크(peak)들은 서로 다른 운동 에너지를 갖는 광전자가 관측됨을 나타내며, 작은 이온화 에너

지에서 얻어진 광전자는 큰 이온화 에너지에서 얻어진 광전자에 비해 높은 에너지 분자 오비탈에 있던 전자임을 의미한다. 스펙트럼에서 광전자가 갖는 운동 에너지가 불연속임은 분자 오비탈의 에너지가 원자 오비탈에서처럼 불연속, 즉 양자화되어 있음을 나타낸다.

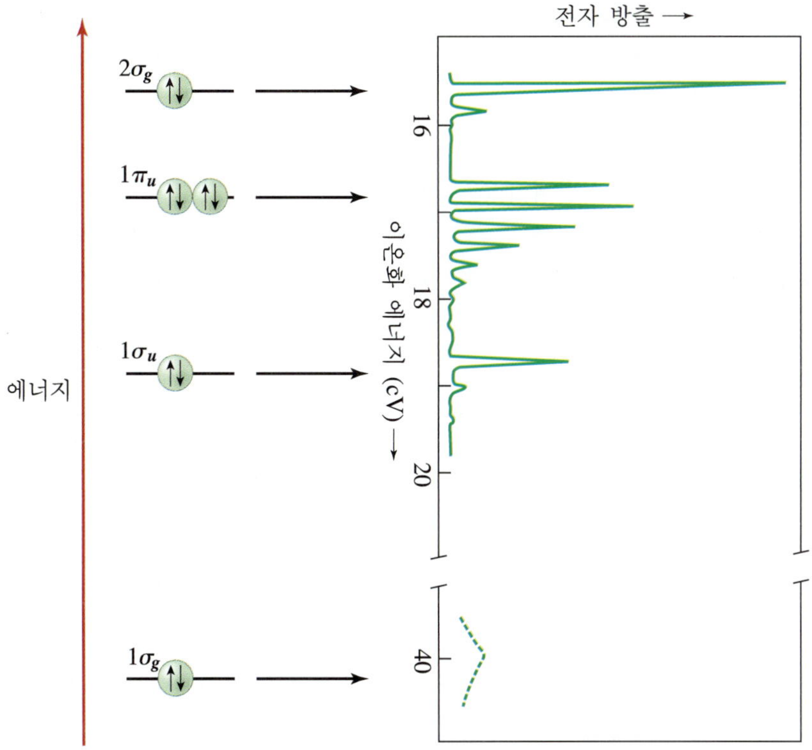

그림 11.33
N_2 분자의 분자 오비탈 에너지 준위와 광전자 스펙트럼

❹ 결합 차수

전자가 각각 두 개와 네 개인 수소 분자(H_2)와 헬륨 분자(He_2)의 전자 배치를 살펴보면 다음과 같다. 수소 분자에서 두 개의 전자는 가장 낮은 에너지 분자 오비탈인 σ_{1s} 오비탈을 채우게 된다. 따라서 전자 배치는 $(\sigma_{1s})^2$가 된다. 헬륨 분자의 네 개의 전자는 σ_{1s} 오비탈에 두 개, 그리고 그 다음 높은 에너지 분자 오비탈인 σ_{1s}^* 분자 오비탈을 채워 $(\sigma_{1s})^2(\sigma_{1s}^*)^2$ 전자 배치를 갖게 된다. 분자 오비탈 이론에서 **결합 차수**(bond order)는 다음과 같이 정의한다.

$$\text{결합 차수} = \frac{\text{결합성 오비탈의 전자 수} - \text{반결합성 오비탈의 전자 수}}{2}$$

결합 차수가 클수록 화학 결합의 세기가 크며, 결합 길이가 짧다. 정의에 따라 결합 차수를 구하면 H_2 분자의 경우 결합 차수가 1이지만 He_2 분자에서는 결합 차수가 0이 된다. 헬륨 분자(이원자 분자)가 자연 상태에서 안정한 상태로 발견되지 않는 이유는 결합 차수가 0이어서 두 개의 He 원자의 결합에 의해 에너지가 낮아지는 효과가 없기 때문이다. 수소 분자(결합 길이: 0.75 Å)보다 수소 분자 이온(결합 길이: 1.06 Å)의 화학 결합 길이가 더 긴 것은 수소 분자 이온의 전자 배치에서 얻어지는 결합 차수($\frac{1}{2}$)가 수소 분자의 결합 차수(1)보다 작아 화학 결합이 더 약한 것으로 간단히 설명할 수 있다.

알아두어야 할 용어(term)들

- 공유 결합
- 공유 전자쌍
- 비극성 공유 결합
- 극성 공유 결합
- 이온 결합
- 양이온
- 음이온
- 전기 음성도
- 쌍극자 모멘트
- 원자가 전자
- Lewis 구조
- 단일 결합
- 이중 결합
- 삼중 결합
- 이온 결합 화합물
- 공유 결합 화합물
- 옥텟 규칙
- 공명
- 공명 구조
- 공명 혼성 구조
- 다원자 이온
- 형식 전하
- 원자가 껍질 반발 이론
- 선형 구조
- 삼각 평면 구조
- 정사면체 구조
- 삼각쌍뿔 구조
- 정팔면체 구조
- 굽은 구조
- V형 구조
- 삼각뿔 구조
- 원자가 결합 이론
- 시그마 결합
- 파이 결합
- 혼성 오비탈
- 분자 오비탈
- 선형 결합
- 결합성 오비탈
- 반 결합성 오비탈
- 시그마 분자 오비탈
- 파이 분자 오비탈
- 결합 차수

요약

원자들이 서로 결합하여 이루는 과정인 공유 결합과 이온 결합 그리고 공유 결합 화합물과 이온 결합 화합물을 소개하였다. 전기 음성도의 차이에 근거하여 극성 공유 결합 화합물(극성 분자)과 비극성 공유 결합 화합물(비극성 분자) 그리고 이온 결합 화합물을 구분할 수 있음을 다루었고, 화합물들의 Lewis 구조 표기에 관련되어 원자가 전자와 옥텟 규칙 그리고 공명 혼성 구조도 소개하였으며, 원자가 껍질 전자쌍 반발 이론에 근거하여 화합물의 기하 구조를 결정하는 과정도 다루었다. 화학 결합을 설명하는 원자가 결합 이론을 소개하면서 혼성 오비탈 개념을 다루었고, 원자가 결합 이론으로는 설명할 수 없는 화학 결합을 분자 오비탈 이론으로 다루는 과정도 소개하였다.

연 . 습 . 문 . 제

Lewis 구조

1. 다음 원자의 Lewis 구조를 그리시오.
   (a) B(3A족) (b) C(4A족) (c) N(5A족) (d) O(6A족) (e) F(7A족) (f) Ne(8A족)

2. 다음 화합물의 Lewis 구조를 그리시오.
   (a) Cl_2(Cl: 7A족) (b) H_2O (c) NaF(이온 결합 화합물, Na: 1A족)
   (d) NF_3 (e) HCN (f) NH_4Cl(이온 결합 화합물)
   (g) OH^- (h) NH_2^-

공명 구조

3. 다음 이온의 공명 구조를 그리시오.
   (a) NO_3^- 이온 (b) NO_2^+ 이온

형식 전하

4. NO_3^- 이온의 공명 구조 중 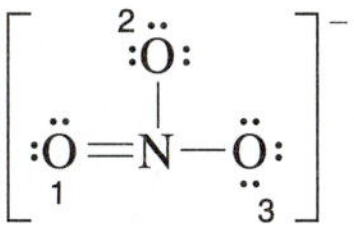 에서 각 원자의 형식 전하를 구하시오.

5. $H_3C-C\equiv N-\ddot{\underset{..}{O}}:$ 에서 N과 O의 형식 전하를 구하시오.

6. 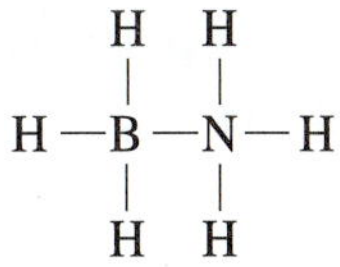 에서 B와 N의 형식 전하를 구하시오.

7. $[:O_1\equiv N-\ddot{\underset{..}{O}}_2:]^+$ 에서 각 O 원자와 N 원자의 형식 전하를 구하시오.

극성 분자와 비극성 분자

8. 다음 분자 중에서 비극성 분자를 고르시오.

BF_3 NH_3 CH_2O H_2O CS_2

σ 결합과 π 결합

9. $H_2C{=}CHC{\equiv}N$ 분자의 경우 (a) 몇 개의 σ 결합을 가지는가? (b) 몇 개의 π 결합을 가지는가? (c) 몇 개의 비공유 전자를 가지는가?

분자의 기하 구조

10. Cl_2CO 분자의 기하 구조를 그 이유와 함께 제시하시오.

전자 배치

11. 다음 화학종의 전자 배치를 쓰시오.
(a) O_2　(b) N_2^+ 이온　(c) O_2^{2-} 이온　(d) Ne_2^+ 이온　(e) F_2^- 이온

결합 차수

12. 다음 각 화학종의 결합 차수를 구하시오.
(a) O_2　(b) N_2^+ 이온　(c) O_2^{2-} 이온　(d) Ne_2^+ 이온　(e) F_2^- 이온

. 종 합 .

13. 아래 표의 빈칸에 각 원자의 원자가 전자들을 나타내는 전자배치와 Lewis 점 표기를 제시하시오.

화학종	Li	Sr	N	Cl	Ge	S
원자가 전자	$\dot{Li}$			$:\ddot{\underset{..}{Cl}}\cdot$	$\cdot\dot{\underset{\cdot}{Ge}}\cdot$	
원자가 전자 전자 배치		$5s^2$	$2s^2 2p^3$			$3s^2 3p^4$

14. 아래 표의 빈칸에 각 화학종의 옥텟 규칙을 따르는 Lewis 구조를 제시하시오. 단, 공유 전자쌍(들)은 반드시 선으로 표시하시오.

H_2CO	PH_4^+ 이온	OH^- 이온	KI (이온 결합 화합물)
		$[:\ddot{\underset{..}{O}}-H]^-$	

15. 다음 질문들에 답하시오.

① 아래 문장의 빈칸에 정확한 용어를 고르시오.

> 주어진 결합에 참여한 원자들이 소유하는 (   )의 차이를 근거로 그 결합이 극성 공유 결합인지 아니면 이온 결합인지를 결정할 수 있다. 그리고 주어진 화합물이 두 개 이상의 극성 공유 결합들을 소유하는 경우, 결합들의 대칭성을 근거로 그 화합물이 극성 화합물인지 아니면 비극성 화합물인지를 알아낼 수 있다. 예를 들어, 3개의 B−F 극성 공유 결합들을 가지는 BF_3의 경우 그 기하 구조가 (   )이므로 (극성분자, 비극성 분자)가 된다.

② 위 문장의 첫 번째 (   )에 들어가는 용어에 대해 정의하시오.

16. 분자 궤도 함수 이론에 의하면 Ne_2 분자의 전자 배치는 $(\sigma_{1s})^2(\sigma_{1s})^2(\sigma_{2s})^2(\sigma_{2s})^2(\sigma_{2px})^2(\pi_{2py})^2(\pi_{2pz})^2(\pi_{2py})^2(\pi_{2pz})^2(\sigma_{2px})^2$와 같이 나타낼 수 있다. 다음 표에 정확한 답을 써넣으시오.

	Hund의 법칙을 적용하여 나타낸 전자 배치	결합 차수
Be_2^+ 이온		
C_2 분자		
Ne_2 분자		

17. ClO_3^- 이온에 관한 다음의 질문들에 답하시오.

① 아래 왼쪽 상자 안에 옥텟 규칙을 만족시키는 ClO_3^- 이온의 Lewis 구조를 그려 넣으시오.

② 아래 오른쪽 상자 안에 구성 원자들의 형식 전하가 최소인 ClO_3^- 이온의 가장 바람직한 Lewis 구조를 그려 넣으시오.

③ ①번의 구조에서 Cl 원자의 형식 전하는 (   )이고, O 원자들의 형식 전하는 (   )이다.

④ ③번의 구조에서 Cl 원자는 총 (   )개의 전자들을 소유하게 된다. 이처럼 Cl 원자가 8개보다 더 많은 수의 전자들을 소유할 수 있는 것은 Cl 원자에게는 확장된 옥텟 규칙이 적용될 수 있기 때문이다. Cl 원자에게 확장된 옥텟 규칙을 적용할 수 있는 이유를 기술하시오.

⑤ ③번의 구조에서 Cl 원자의 형식 전하를 구하면 (   )이고, Cl 원자와 이중 결합으로 연결된 O 원자(들)의 형식 전하는 (   )이다.

⑥ ③번에서 제시한 구조의 경우, 그 구조와 동등한 (   )개의 또 다른 구조들이 가능하다.

⑦ VSEPR(원자가 껍질 전자쌍 반발) 이론에 근거하면, ClO_3^- 이온이 나타내게 될 기하 구조는 (   )이다.

18. C_2H_2에 관한 다음의 질문들에 답하시오.

① C_2H_2의 구조에 혼성 궤도 함수 개념을 도입하는 경우, 다음 표의 빈칸에 화살표를 그려서 C 원자가 보여주는 바닥 상태 전자 배치를 나타내시오.

1s	2s	2p		

② C_2H_2의 구조에 혼성 궤도함수 개념을 도입하는 경우, 다음 표의 빈칸에 화살표를 그려서 혼성 궤도 함수를 만들기 위해 C 원자가 보여주는 들뜬 상태의 전자 배치를 나타내시오.

1s	2s	2p		

③ 다음의 질문에 답하시오.

C_2H_2의 구조에 혼성 궤도 함수 개념을 도입하는 경우, 각 C 원자는 어떤 유형의 혼성 궤도 함수들을 만들게 되는가?	( )	
C_2H_2의 구조에 혼성 궤도 함수 개념을 도입하는 경우, 각 C 원자는 몇 개씩의 혼성 궤도 함수들을 만드는가? (※ C 원자 한 개에 대한 답을 제시하시오.)	( )개	
C_2H_2의 구조에 혼성 궤도 함수 개념을 도입하는 경우, 각 C 원자에서 형성되는 혼성 궤도 함수들 사이의 각도는 몇 도인가?	( )도	
C_2H_2의 구조에 혼성 궤도 함수 개념을 도입하는 경우, C_2H_2 분자에는 몇 개씩의 σ 결합과 π 결합이 존재하는가?	σ 결합	( )개
	π 결합	( )개

19. 다음 그림과 같은 구조를 가지는 화합물에 관한 다음의 질문들에 답하시오.

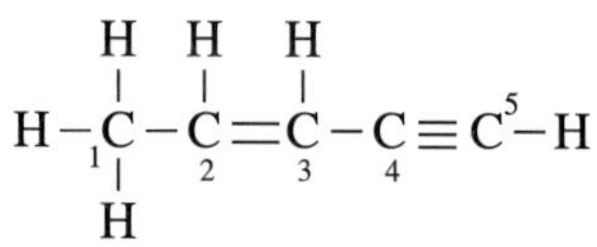

① 1번 탄소(C) 원자는 ( )개의 ( )혼성 궤도 함수를 만들어 결합에 참여하고, 2번과 3번 탄소 원자들은 각각 ( )개의 ( )혼성 궤도 함수를 만들어 결합에 참여하며, 4번과 5번의 탄소 원자들은 각각 ( )개의 ( )혼성 궤도 함수를 만들어 결합에 참여한다.

② 이 화합물에는 ( )개의 σ 결합과 ( )개의 π 결합이 존재한다.

20. 다음 NO_2^- 공명 구조를 나타낸 그림(구조) 중

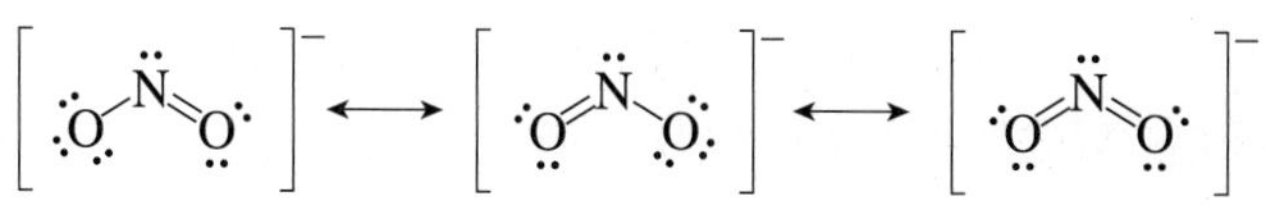

1 2 3

① 틀린 것(들)을 골라 번호를 쓰시오.

② 틀린 이유를 제시하시오.

21. 다음 질문들에 답하시오.

① 다음의 표의 □에 화살표를 그려 넣어 N_2^+ 이온과 O_2 분자의 전자 배치를 나타내시오.

② (　　) 안에는 결합 차수를 써넣으시오.

N_2^+ (　　)		O_2 (　　)	
σ^*_{2p}	□	σ^*_{2p}	□
π^*_{2p}	□□	π^*_{2p}	□□
σ_{2p}	□	π_{2p}	□□
π_{2p}	□□	σ_{2p}	□
σ^*_{2s}	□	σ^*_{2s}	□
σ_{2s}	□	σ_{2s}	□
σ^*_{1s}	□	σ^*_{1s}	□
σ_{1s}	□	σ_{1s}	□

22. ClO_4^- 이온에 관한 다음의 질문들에 답하시오.

① 옥텟 규칙을 만족시키는 ClO_4^-이온의 Lewis 구조를 그리시오.

② ①번의 구조에서 Cl 원자의 형식 전하는 (　　)이고, O 원자의 형식전하는 (　　)이다.

③ 구성 원자들의 형식 전하가 최소인 가장 바람직한 ClO_4^- 이온의 Lewis 구조를 그리시오.

④ ③번의 구조에서 Cl 원자의 형식 전하는 (　　)이다. 네 개의 O 원자 중 (　　)개의 형식 전하들은 모두 (　　)이고, 나머지 O 원자(들)의 형식 전하는(형식 전하는) (　　) 이다. 이 구조에서 Cl 원자는 그 최외각 껍질에 총 (　　)개의 전자들을 소유하게 된다.

⑤ VSEPR(원자가 껍질 전자쌍 반발) 이론에 의하면, ClO_4^- 이온이 나타내게 될 기하 구조는 (　　)이다.

12

화학 반응의 에너지와 평형

천연 가스 버스나 가정용 가스레인지에 사용되는 에너지는 천연 가스의 주성분인 메테인(methane)을 연소시켜 발생하는 열로부터 얻어진다.

$$CH_4(g) + 2O_2(g) \longrightarrow CO_2(g) + 2H_2O(g) + \text{열(heat)}$$

하지만 어떻게 이 열이 버스와 같이 무거운 물체를 움직이는 기계적 에너지(mechanical energy)로 바뀔 수 있을까? 이 문제의 답을 얻기 위해서는 열이란 무엇이며, 열이 어떻게 다른 에너지로 변환될 수 있는지를 이해해야 한다. 이 장에서는 열역학에 대해 알아보면서 물질의 물리적 · 화학적 변화와 이에 수반되는 에너지 변화에 대해 살펴보기로 한다.

©Shaiith/Shutterstock

폭발과 조절된 조건에서의 연소. 이러한 과정에서 열이 발생한다.
(출처: ©Pakhnyushchy/Shutterstock)

우리는 화재나 폭발 현장에서와 같이 통제되지 않은 상태에서 일어나는 갑작스러운 변화에서 막대한 양의 열(heat)이 발생할 수 있음을 알고 있다. 반면에 가정의 주방에서 일상적으로 사용하는 버너의 경우에는 적절히 조절된 조건에서 연료를 태워 발생하는 열을 사용하는 것이다.

❶ 열은 일을 할 수 있는 능력이다.

열은 과연 무엇일까? 뷰테인 가스와 같은 연료가 타면 얼마만큼의 열이 방출될까? 열의 양을 계량할 수 있는 방법은 무엇인가? 경험적으로 우리는 물에 열을 가하여 수증기를 만들 수 있고, 이 수증기를 이용하여 터빈(turbine)을 돌려 전기(electricity)를 생산할 수 있음을 알고 있다. 다시 말해 열을 이용하여 일(work)을 할 수 있다는 사실을 알고 있다. 에너지(energy)는 '일을 할 수 있는 능력'으로 정의한다. 이와 같이 열을 이용하여 일을 할 수 있으므로 열은 에너지의 한 형태라고 할 수 있다. 따라서 폭발이나 가정용 버너에서의 연료가 타는 과정은 과학적인 용어들을 사용하여 '연소 반응(combustion reaction)에서 열의 형태로 에너지가 방출된다.'라고 정리할 수 있다.

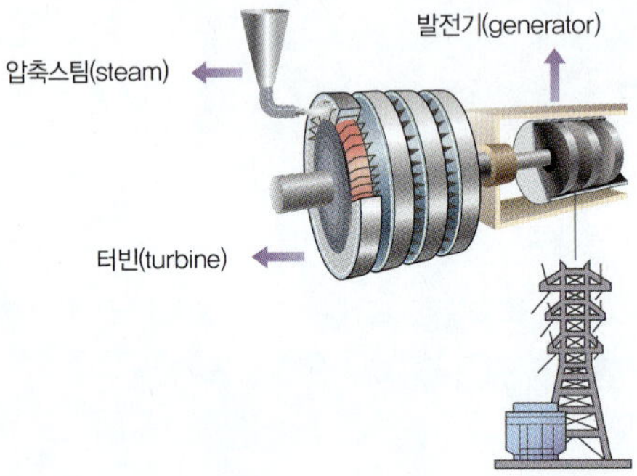

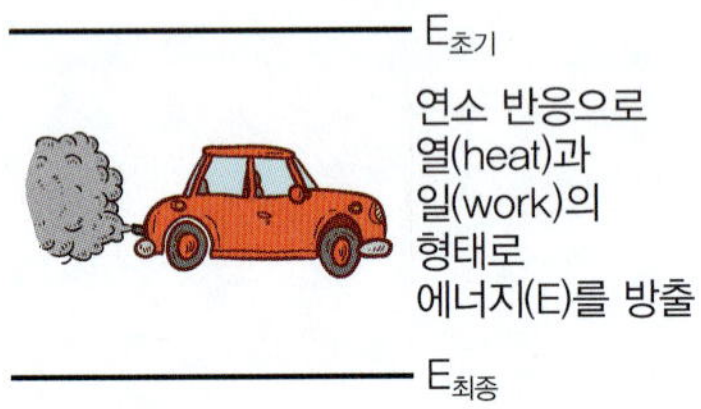

❷ 열역학을 공부한다.

	$\Delta H<0$	$\Delta H>0$
$\Delta S>0$	자발적 변화	높은 온도에서 자발적 변화
$\Delta S<0$	낮은 온도에서 자발적 변화	비자발적 변화

연소 반응은 자발적으로 일어날 수 있는지, 주어진 반응 물질(연소되는 물질)의 양이 충분히 많은 연소 반응에서 그 반응 물질이 모두 연소될 때까지 연소 반응이 계속 진행되는지 아니면 중간에 멈추는지를 예측할 수 있는 방법은 없을까? 이와 같이 물질이 화학적으로 또는 물리적으로 변화를 일으키는 이유, 그러한 변화에 수반되는 에너지, 그러한 변화가 자발적으로 일어나는지의 여부를 에너지 변환의 관점에서 연구하는 분야가 **열역학**(thermodynamics)이며 이 장에서는 열역학의 기본 내용들에 대해 공부한다.

12.1 화학 반응의 에너지

12.1.1 열의 계량화와 온도

차가운 물이 담긴 용기와 뜨거운 물이 담긴 용기를 서로 접촉시켜 보자. 두 용기의 벽들을 통해 열의 흐름이 가능하다면, 우리는 뜨거운 물은 식고 차가운 물은 더워진다는 것을 알고 있다. 이러한 변화는 뜨거운 물에서 차가운 물로 열에너지가 이동하기 때문이다. 이제 이와 반대의 과정(차가운 물에서 뜨거운 물로 열이 이동)을 가정해 보자. 이러한 과정이 일어난다면, 차가운 물은 더 차가워지고 뜨거운 물은 더 뜨거워져서, 결국

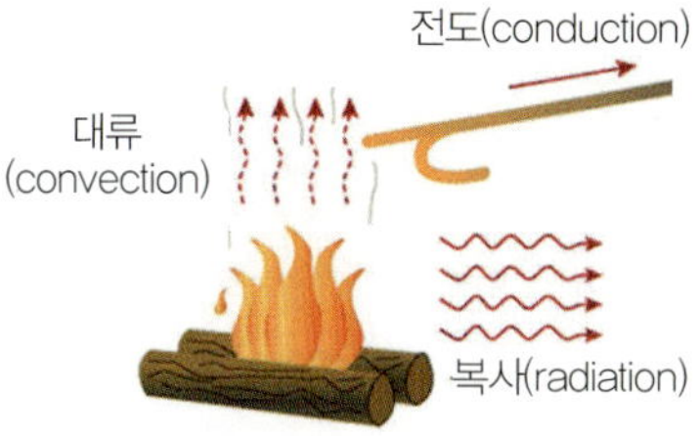

차가운 물은 얼음이 되고 뜨거운 물은 끓게 될 것이다. 다시 말해 단순히 차가운 물과 뜨거운 물을 접촉시킴에 따라 우리는 시원한 얼음을 만들 수 있고 라면을 끓일 수 있는 뜨거운 물도 얻을 수 있게 된다. 하지만 우리는 경험을 통해 이러한 변화는 일어나지 않는다는 것을 잘 알고 있다.

이제 우리는 이 과정에 대해 좀 더 과학적으로 접근해 볼 필요가 있다. 차가운 물과 뜨거운 물이라는 표현은 상대적이다. 차가운 물은 우리가 손을 대었을 때 차갑게 느끼고, 뜨거운 물은 뜨겁게 느낀다. 여기서 뜨겁게 느낀다는 것은 뜨거운 물로부터 우리 손으로 열이 흘러들어오기 때문이다.

❶ 열역학 제0법칙과 온도

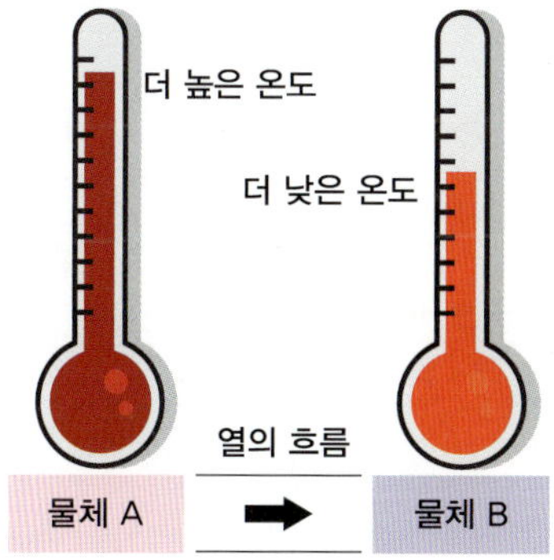

열은 상대적으로 더 뜨거운 물체에서 덜 뜨거운 물체로 이동한다. 열이 이동한다고 표현할 때 분명히 해 두어야 할 점은 열은 물과 달리 실체로 존재하는 것이 아니라는 사실이다. 즉 열의 흐름(flow of heat)이란 에너지의 이동을 표현하는 방법일 뿐이다. 또한 여기서 '상대적'이라는 용어는 물체가 소유하고 있는 열의 양(에너지)의 크기 차이를 나타내는 것이다. 그렇다면 두 물체 사이의 열의 상대적 차이 때문에 일어나는 열 흐름의 양을 계량화할 수 있는 방법은 무엇일까?

우선 온도를 정의해 보자. 온도는 **'열 흐름의 방향을 결정하는 척도'**라고 정의한다. 따라서 뜨거운 물에서 차가운 물로 열이 흐르는 것은 온도가 더 높은 물체에서 온도가 더 낮은 물체로 열이 이동한다는 것으로 바꾸어 말할 수 있다. 즉, 열 흐름의 방향은 온도의 차이에 의해 결정된다.

그렇다면 열 흐름은 언제까지 일어나는 것인가? 열 흐름은 두 물체 각각의 열의 양이 같아질 때까지 일어나며, 그 결과 열 흐름이 멈추게 되면 열 흐름의 방향을 정할 수 없어지므로, 이때 두 물체의 온도가 같다고 말한다. 이때 두 물체는 **"열적 평형(thermal equilibrium)에 있다."**라고 표현한다. 결국 주어진 두 물체 사이에서 열의 흐름이 있다면, 두 물체는 서로 다른 온도에 있음을 알 수 있고, 또한 온도 척도를 사용하여 두 물체 사이에서 일어나는 열 흐름의 양도 알아낼 수 있다.

열역학 제0법칙(The Zeroth Law of Thermodynamics)

물체 A와 물체 B가 열적 평형에 있고 물체 B와 물체 C가 열적 평형에 있으면, 물체 A와 C도 열적 평형에 있다.

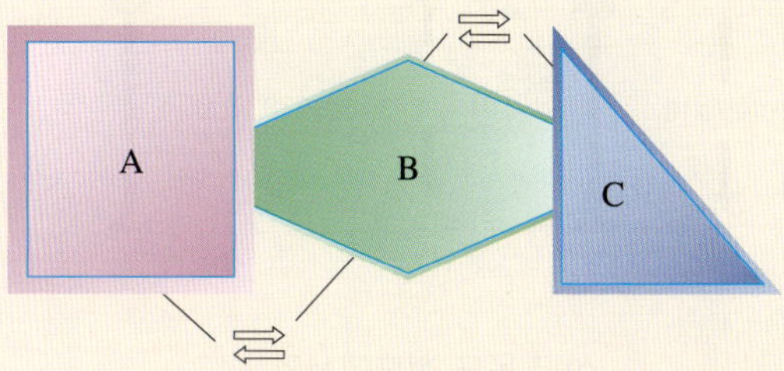

그림 12.1 열역학 제0법칙

A와 B 사이의 열교환으로 A와 B 사이에 열적 평형이 성립하고, B와 C 사이의 열교환으로 B와 C 사이에 열적 평형이 성립하면, A와 C 사이의 열적 평형이 성립하게 된다. 즉 A와 C가 서로 접촉하여도 A와 C 사이에서는 열교환이 일어나지 않는다.

❷ 온도 척도와 온도계

(가) 백분위 온도 척도

열역학 제0법칙에 따라 주어진 물리적 상태에 있는 물체, 예를 들어 어는점(freezing point)에 있는 물 A와 열적 평형에 있는 물체 B를 가정해 보자. 이 경우 물체 B는 물의 어는점과 같은 온도에 있게 된다. 다음으로 물체 B를 끓는점(boiling point)에 있는 물 C와 열적 평형에 있게 해 보자. 이 경우 물체 B는 물의 끓는점과 같은 온도에 있게 된다. 얼음을 가열해야 물이 되고 더 가열하면 끓게 되므로, 끓는점에서의 물은 어는점에서의 물보다 더 많은 양의 열을 소유하고 있고, 따라서 더 높은 온도에 있다. 물질이 서로 다른 온도에 있으면(서로 다른 양의 열을 가지고 있는 상태이면), 그 물질의 물리적 성질도 다르다. 예를 들어 일반적으로 물체를 가열하면(온도가 높아지면) 부피가 증가하므로, 물의 끓는점에 있는 물체 B의 부피는 어는점에 있을 때보다 더 크다. 이제 물의 어는점에 있는 물체 B의 부피를 0으로, 물의 끓는점에 있는 물체 B의 부피를 100으로 정한 다음 0과 100 사이를 100등분하면, 물의 어는점과 끓는점 사이에서 열적 평형에 있는 물체 B의 부피를 사용하여 물체 B의 온도를 계량화할 수 있다. 다시 말해 물체 B의 부피 변화를 기준으로 물체 B와 열적 평형에 있는 다른 물체의 온도를 정할 수 있고, 이때 물체 B를 온도계(thermometer)로 사용할 수 있다. 물의 어는점을 0도로, 그리고 끓는점을 100도로 정한 온도의 상대적 척도를 **백분위 온도 척도**(centigrade temperature scale, 단위: 도(degree))라고 한다. 결국 백분위 온도 척도에서 1도는 물의 끓는점인 100도와 어는점인 0도 사이의 온도 차이(100도)를 100등분하여 얻은 값으로 정의한다.

(나) 섭씨 온도 척도

백분위 온도 척도에서는 물의 끓는점과 어는점의 온도가 압력에 따라 달라지므로 외부 조건에 관계없이 물리적 성질이 결정되는 상태를 기준으로 온도 척도를 정할 필요가 있다. **섭씨 온도 척도**(Celcius temperature scale, 단위: ℃)는 기본적으로 백분위 온도 척도와 마찬가지이지만, 물의 삼중점인 0.01 ℃를 기준점으로 정하며 1 ℃를 다음과 같이 정의한다(그림 12.2).

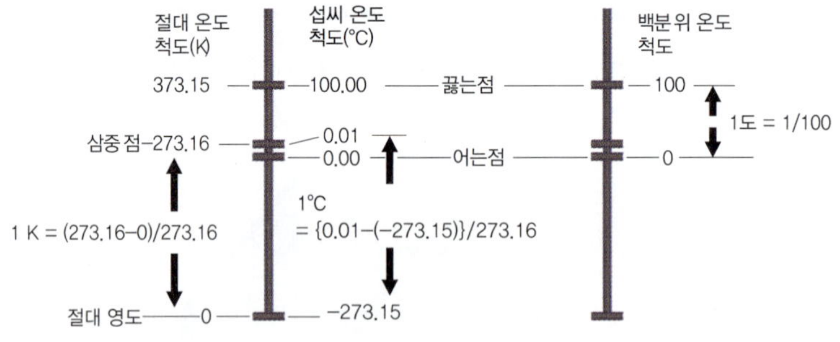

그림 12.2
절대 온도 척도, 섭씨 온도 척도 그리고 백분위 온도 척도

섭씨 온도 척도에서의 1 ℃

잠시 후 소개할 절대 온도 척도(absolute temperature scale, 단위: K)에서 규정하는 절대 영도(absolute zero, 0K)에 해당하는 –273.15 ℃, 물의 삼중점(triple point: 액체 상태의 물, 기체 상태의 물 그리고 고체 상태의 물이 서로 열적 평형에 있는 온도, 273.16 K)에 해당하는 0.01 ℃ 사이의 온도차(273.16 ℃)를 273.16으로 나누어 얻은 값을 1 ℃로 정의한다.

(다) 절대 온도 척도

기체의 종류와 상관없이 0 ℃와 1 atm에서 1몰의 기체가 나타내는 부피는 22.4 L이다. Charles에 의하면 기체의 부피는 섭씨 온도에 따라 비례하여 변한다. Charles의 실험에 따르면, 1 atm에서 기체 1몰의 부피가 0이 되는 온도는 기체의 종류에 관계없이 −273.15 ℃로 얻어진다. 따라서 1 atm에서 기체 1몰의 부피가 0이 되는 온도(−273.15 ℃)를 절대 영도(0 K)로 그리고 1 atm에서 기체 1몰의 부피가 22.4 L인 온도(0 ℃)를 273.15 K로 기준점을 정하여 만들어진 온도 척도가 **절대 온도 척도**(absolute temperature scale, T, 단위: K)이다. 절대 온도 척도에서 정의하는 1 K는 절대 영도인 0 K와 물의 삼중점인 273.16 K 사이의 온도 차이(273.16 K)를 273.16으로 나누어 얻은 값으로 정의한다(그림 12.2). 결국 섭씨 온도 척도에서의 1 ℃만큼의 변화는 절대 온도 척도에서의 1 K만큼의 변화와 동일하다. 절대 온도와 섭씨 온도 사이에는 다음과 같은 관계식이 성립하며, 열역학에서는 절대 온도를 사용한다.

$$T(K) = t(°C) + 273.15$$

(라) 온도계

온도계로 사용하는 물질 B로는 측정하고자 하는 온도 범위에서 선형으로 변화하는 물리적 성질을 가지는 모든 물질을 사용할 수 있다. 예를 들어, 수은(Hg) 액체는 주어진 온도 범위에서 부피가 선형으로 변화하며, 유리관에 넣어 수은 기둥의 높이로 온도를 계량할 수 있다.

흔히 사용하는 '열전쌍(thermocouple)' 온도계는 두 금속의 접합부에서의 전기 저항(electrical resistance)이 온도에 따라 선형으로 변하는 성질을 사용하며, 전압(voltage)을 측정하는 것으로 온도를 계량할 수 있다. 이 온도계는 특히 아날로그로 읽혀지는 전압을 아날로그-디지털 변환기를 사용하여 디지털화함으로써 냉장고, 전기오븐 등 컴퓨터를 이용하여 온도에 따라 전자기기를 제어하며 사용하는 데 유용하다.

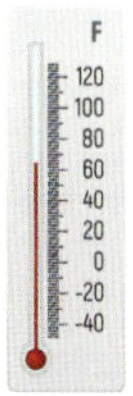
붉은 색 염료가 첨가된 알코올 온도계

수은 온도계

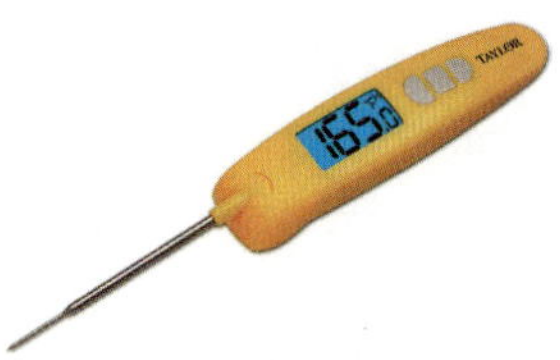
열전쌍 온도계

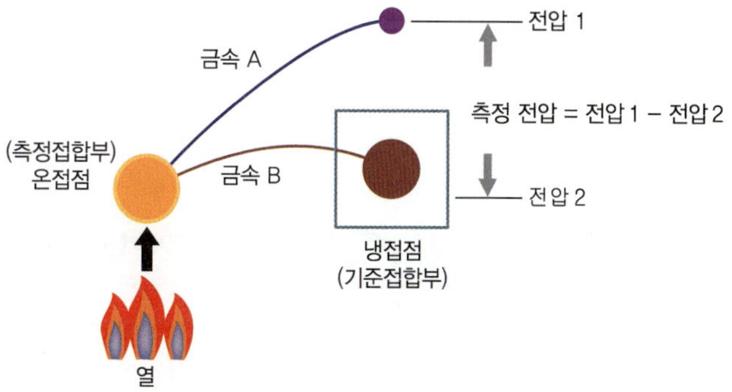

열전쌍 온도계의 원리

12.1.2 열역학에서의 계

❶ 열역학에서의 계는 관심의 대상이다.

열의 이동과 에너지 변환에 대해 더 명확히 이해하기 위해 우주를 계와 주위로 나누

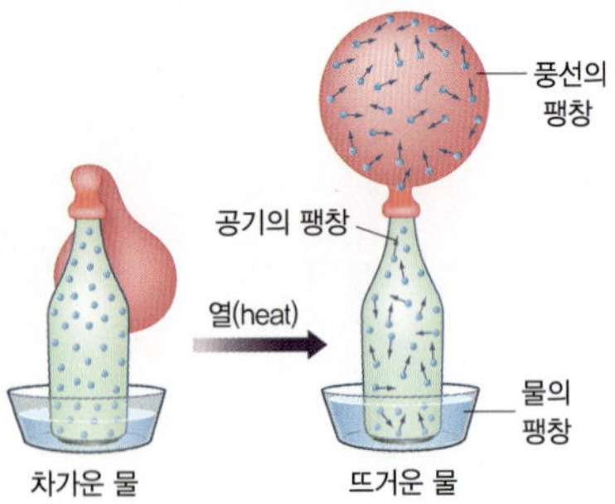

어 보자. 우주(universe)에서 관심의 대상, 즉 어떠한 변화가 일어나고 있는지 관찰 대상이 되는 부분을 **계**(system)로, 그 밖의 부분을 **주위**(surroundings)라고 정의해 보자. 이제 에너지의 이동은 계에서 주위로 또는 주위에서 계로 일어나는 것으로 취급할 수 있다. 예를 들어 기체가 채워진 고무풍선을 가열하는 경우, 고무풍선에 채워진 기체를 계, 고무풍선의 외부를 주위로 생각할 수 있다. 따라서 고무풍선을 가열한다고 하면 열의 형태인 에너지가 주위에서 계로 흘러들어가는 것, 그러한 가열로 고무풍선의 부피가 늘어나는 것은 계의 부피가 증가하면서 주위의 공기를 밀어낸다는 것, 그리고 그러한 팽창 과정에서 계는 주위에 일을 하게 됨을 의미한다.

❷ 열역학적 계의 종류

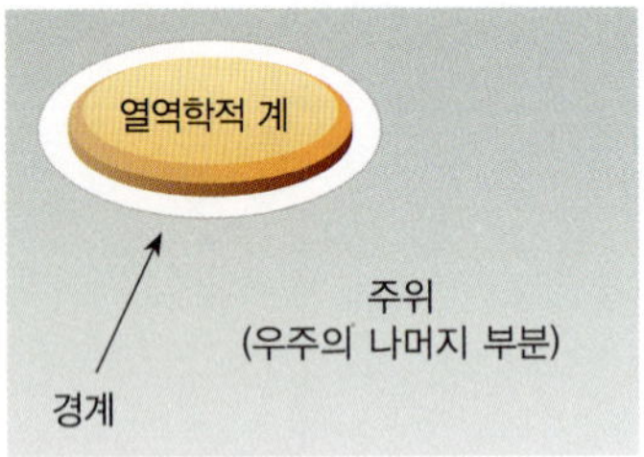

우리는 우주를 계와 주위 두 부분으로 나누어 생각할 수 있게 되었다. 계와 주위를 나누었으므로 나누는 방법에 대해서도 명확히 할 필요가 있다. 계와 주위를 고무풍선처럼 나누면 고무풍선을 통하여 열의 흐름이 일어날 수 있지만, 보온병처럼 중간을 진공으로 만든 이중으로 된 벽으로 나누는 경우에는 열의 흐름이 차단된다. 즉 계와 주위를 나누는 **경계**(boundary)를 무엇으로 하는가에 따라 열의 흐름을 차단할 수도 있고 가능하게 할 수도 있다.

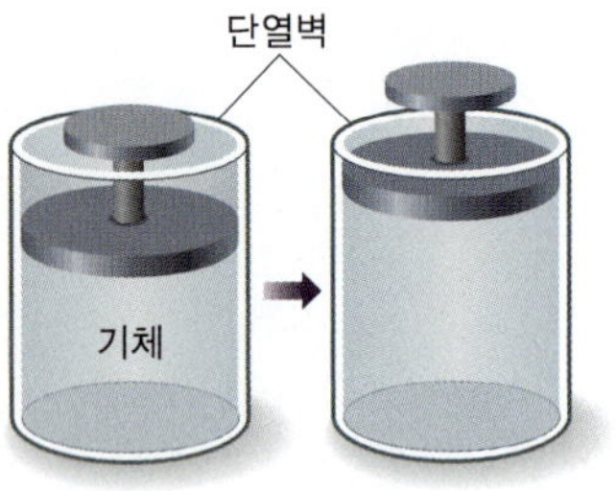

열의 흐름이 가능한 경계로서의 벽을 **투열**(diathermal) 벽이라고 하고, 열의 흐름이 차단된 벽을 **단열**(adiabatic) 벽이라고 한다. 여기서 만약 열의 흐름이 차단된 단열 벽이 고무풍선처럼 유연한 재질로 이루어진 계를 가정해 보자. 이러한 경계를 가진 계는 계에서 일어나는 변화에 의해 부피가 팽창(단열 팽창, adiabatic expansion)하는 경우, 계는 주위에 일을 할 수 있게 된다. 이렇게 주어진 계가 주위에 일을 하게 된다는 것은 계에서 주위로 에너지(일의 형태)가 이동할 수 있음을 의미한다.

계와 주위 사이에는 에너지의 이동뿐만 아니라 물질 자체의 이동 또한 가능할 수 있다. 계와 주위 사이에 어떠한 형태로든 에너지의 이동이 가능하고 동시에 물질의 이동도 가능한 계를 **열린계**(open system)라고 하며, 에너지의 이동은 가능하지만 물질의 이동은 불가능한 계를 **닫힌계**(closed system)라고 한다. 마지막으로 계와 주위 사이에 에너지의 이동이 불가능하고 물질의 이동 역시 불가능한 완전히 독립적인 계를 **고립계**(isolated system)라고 정의한다. 따라서 앞에서 언급한 기체가 채워진 고무풍선은 닫힌계가 된다.

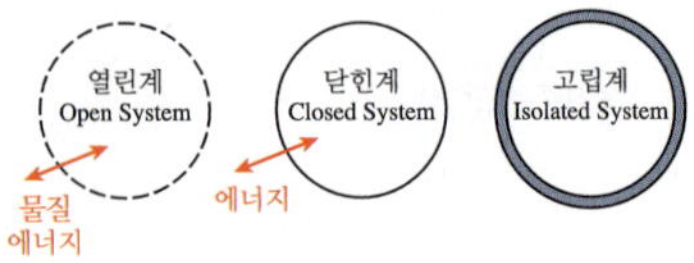

- **고립계**(isolated system)
  물질의 출입과 에너지의 흐름이 금지된 계
- **닫힌계**(closed system)
  물질의 출입은 금지되지만 에너지의 흐름이 가능한 계
- **열린계**(open system)
  물질의 출입과 에너지의 흐름이 모두 가능한 계

계를 구분하는 이러한 기준에 따르면, 우주는 현재 우리가 알고 있는 한 경계가 없고 따라서 주위가 없으므로 우주는 그 자체로 고립계가 된다. 그림 12.3에서와 같이 뚜껑이 없는 용기에 담겨 있는 물은 대기와 접촉하는 표면에서 물 분자들이 증발과 응축을 통해 대기, 즉 주위와 물 분자들의 교환이 일어나므로 열린계가 된다.

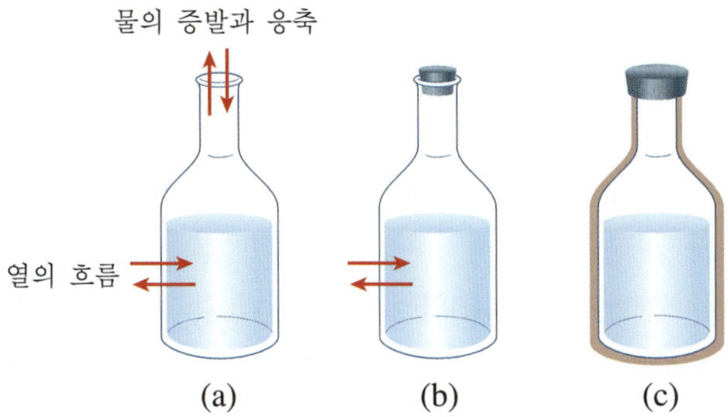

그림 12.3
물과 부피가 일정한 유리병으로 표현된 세 가지 종류의 계. (a) 열린계: 뚜껑이 없는 병에 담긴 물(계)의 경우 주위와 열 교환을 할 수 있으며, 물의 증발(evaporation)과 응축(condensation)을 통해 물질을 교환할 수도 있다. (b) 닫힌계: 뚜껑이 닫힌 유리병의 경우, 유리병 속의 물은 주위와 물질의 교환은 할 수 없으나, 열의 교환은 가능하다. (c) 고립계: 뚜껑이 닫히고 단열 물질로 입혀진 유리병에 들어 있는 물은 주위와 물질의 교환도 이루어질 수 없으며, 열을 교환할 수도 없다.

12.1.3 열과 에너지

❶ 열도 에너지의 한 형태이다.

에너지가 **일**(work)을 할 수 있는 능력이므로 **열**(heat)도 에너지의 한 형태가 된다. 열로 할 수 있는 일의 양은 얼마나 될까? 기체가 채워진 고무풍선에 열을 가하면 풍선이 부풀어서 그 크기가 커진다. 즉 일정한 압력에 있는 기체에 열을 가하면 온도가 증가하므로 기체의 압력도 커진다. 압력이 외부 압력과 같아질 때까지 그 부피가 증가한다. 그 결과 기체가 채워진 풍선은 일정한 외부 압력에 대항하여 공기를 밀어내며 부피가 증가하는 것으로 주위에 일을 하게 된다. 이 사실은 기체에 열을 가해 일정한 외부 압력에 대항하여 공기를 밀어내며 부피가 증가하는 것으로 주위에 일을 한다, 즉 열이 일로 변환될 수 있음을 의미한다. 주울(James Prescott Joule)은 열과 에너지, 일의 동등성을 밝히고 상대적인 크기를 알아보는 실험을 수행하였다.

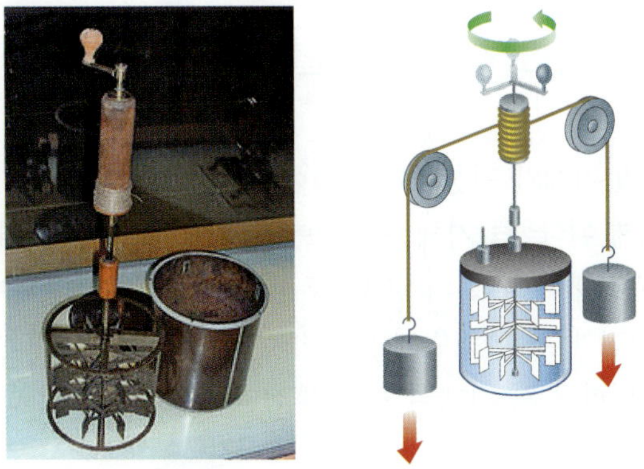

그림 12.4
열과 일이 동등하다는 것을 밝히는 데 사용된 주울의 실험 장치. 위쪽에 손잡이가 달린 원통에 줄이 감겨 있고, 줄 끝에는 추가 매달려 있다. 추가 내려오면 줄이 감기는 원통이 회전하면서 축에 연결된 여러 개의 판이 물을 저어주는데, 이 과정에서 판과 물 사이의 마찰로 열이 발생하여 물의 온도가 올라간다.

❷ 열역학에서의 일

(가) 일의 크기와 열의 양을 다루는 단위

에너지는 일을 할 수 있는 능력이라고 정의했으므로, 이제 일을 정량적으로 구해 보자. 무게가 1 kg의 물체를 1 N(뉴턴, Newton)의 힘(force, F)에 반하여 1 m만큼 이동시키는 데 필요한 일을 1 J(주울, Joule)로 정의하므로, F라는 힘에 반하여 물체를 x만큼 이동시키는 데에 필요한 일의 양은 다음과 같다.

$$W = -Fx$$

예를 들어 앞에서 소개한 주울(Joule)의 실험에서처럼 중력하에서 질량이 m인 추가 h만큼 낙하하는 경우, 추는 일을 하는 것이다. 그 결과 추가 소유하는 에너지는 추가 한 일의 양인 mgh만큼 감소하게 된다. 반대로 중력에 반하여 같은 질량의 추를 h만큼 들어 올리는 과정에서는 mgh만큼의 일을 해주어야 한다. 이제 열의 양을 계량하기 위해 다음과 같이 정의하는 열의 단위인 칼로리(calorie, cal)를 사용한다.

1 calorie = 1 g의 물을 14.5 ℃에서 15.5 ℃로 1 ℃ 높이는 데 필요한 열의 양

Joule의 실험에서 관련된 일의 크기(W, 단위: J)와 열의 양(Q, 단위: cal) 사이에는 다음과 같은 관계가 성립한다.

$$1 \text{ cal} = 4.184 \text{ J}$$

(나) 부피 팽창에 의한 일

이제 그림 12.5에서와 같이 실린더 안에 기체를 넣고 마찰이 없고 단면적이 A인 피스톤이 작동하는 계를 생각해 보자.

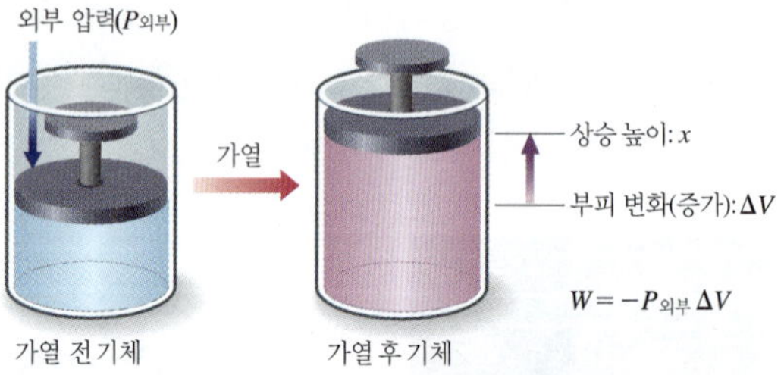

그림 12.5
기체의 부피 팽창에 따른 일

이 기체를 가열하면 기체가 팽창하여 일정한 외부 압력($P_{외부}$)에 대항하여 피스톤은 x만큼 높이가 상승하게 된다. 즉 기체는 주위에 일을 하게 되는 것이며, 이때 부피 팽창(ΔV)에 의해 계가 주위에 행한 일의 양(W)을 구해 보자. 일은 외부에서 가해지는 힘(F)에 반해 기체가 팽창함에 따라 주위에 행해지는 것이고, 압력은 단위 면적당 가해지는 힘($P = F/A$)으로 정의하므로, 기체의 부피 팽창에 따라 주위에 행해지는 일은 다음과 같다.

$$W = -Fx = -P_{외부}Ax = -P_{외부}\Delta V$$

여기서 음의 부호는 기체(계)가 주위에 일을 행함에 따라 계의 에너지가 낮아진다는 것을 의미한다. 다음의 예제는 기체의 부피 팽창에 관련된 일의 크기를 다루고 있다.

예제 12.1 1.00 atm과 77 K에서 1.00 g의 액체 질소가 질소 기체로 변하면서 주위에 할 수 있는 일을 구해 보자. 단, 1.00 g의 액체 질소의 부피는 아주 작으므로 무시하며, 질소 기체의 부피는 이상 기체 방정식으로 구한다. 그리고 질소 기체의 몰질량은 28.0 g/mol이며, 1 L·atm = 101 J이다.

풀이 »

질소 기체의 부피는 다음과 같이 구할 수 있다.

이상 기체 방정식: $PV = nRT = \frac{w}{M}RT$

$$R = 0.0821\ \text{L·atm/mol·K} = 8.314\ \text{J/mol·K}$$

$$V = \frac{w}{M}\cdot\frac{RT}{P}$$

$$= \frac{1.00\ \text{g}}{28.0\ \text{g/mol}}\cdot\frac{(0.0821\ \text{L·atm/mol·K})(77\ \text{K})}{1.00\ \text{atm}} = 0.23\ \text{L}$$

팽창(expansion)에 의한 일은 다음과 같이 구한다.

$$\begin{aligned} W &= -P \times \text{부피 변화} \\ &= -(1.00\ \text{atm}) \times (0.23\ \text{L}) \\ &= -0.23\ \text{L·atm} \\ &= -(0.23\ \text{L·atm}) \times (101\ \text{J/L·atm}) = -23\ \text{J} \end{aligned}$$

예제 12.2 0 °C와 1 atm에서 휘발유의 연소 반응($2C_8H_{18} + 25O_2 \rightarrow 16CO_2 + 18H_2O$)이 일어나기 위해 필요한 일의 양을 구해 보자.

풀이 »

휘발유의 연소 반응에서

$$\begin{aligned} \text{기체의 몰수 변화} &= (\text{기체 생성물의 몰수}) - (\text{기체 반응물의 몰수}) \\ &= 34\ \text{mol} - 25\ \text{mol} = 9\ \text{mol} \end{aligned}$$

그리고 이상 기체의 경우 0 °C와 1 atm에서 기체 1 mol이 나타내는 부피는 22.4 L이다. 따라서

$$\text{연소 반응으로 증가한 부피}\ \Delta V = (22.4\ \text{L/mol} \times 9\ \text{mol}) = 202\ \text{L}$$

그러므로 1 atm의 압력에서 부피가 202 L 증가하기 위해 필요한 일의 양은 다음과 같이 구할 수 있다.

$$W = -P\Delta V = -(1.00\ \text{atm}) \times (202\ \text{L}) = 202\ \text{L·atm} = -2.04 \times 10^4\ \text{J}$$

12.1.4 에너지의 보존

❶ 열역학 제1법칙은 에너지 보존 법칙이다.

과학자들은 오랜 기간에 걸쳐 우주에서 일어나는 에너지의 변화를 관찰한 결과 다음과 같은 결론에 도달하였다. 즉, 에너지는 창조되거나 소멸되지 않으며 단지 우주의 한 부분에서 다른 부분으로 이동할 뿐, 우주의 에너지 총량은 일정하다는 것이다. 과학자들은 이 사실을 열역학 제1법칙으로 다음과 같이 정리하였다.

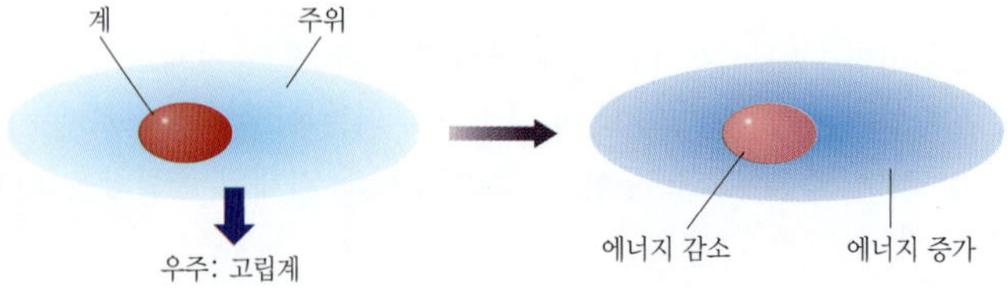

고립계인 우주 내의 주어진 계의 에너지 감소는 주위에서의 에너지 증가로 나타난다. 따라서 그러한 계와 주위를 가진 우주의 에너지는 변하지 않는다.

열역학 제1법칙: 우주의 에너지는 일정하다.

앞에서 언급하였듯이 우주는 그 자체로 고립계이므로, **열역학 제1법칙은 "고립계의 에너지는 일정하다."**라고 표현할 수 있다. 그런 하나의 고립계로서의 우주에서 우리의 관심의 대상인 주어진 닫힌계의 경우, 우리는 계가 가지는 에너지의 총량(에너지의 절대적인 크기)은 알 수 없다. 그러나 주어진 계의 경우에는 계와 주위 사이에서 에너지의 이동이 일어나므로, 에너지의 이동에 따라 초래되는 계의 에너지의 변화(에너지의 상대적인 변화)를 관찰할 수 있다. 그리고 주어진 계와 주위 사이에서 일어나는 에너지의 이동은 열 또는 일의 형태로 나타나므로, 계의 에너지 변화(ΔU: 계의 내부 에너지 변화)는 다음과 같이 그와 관련되어 나타나는 일의 변화(W)와 열의 변화(Q)의 합으로 표시할 수 있다.

$$\Delta U = Q + W$$

여기서 Q는 계로 흘러들어온 열의 양이고 W는 계에 행해진 일(일의 형태로 계로 흘러들어온 에너지의 양)이다. 따라서 양의 부호는 에너지가 계로 흘러들어와 계의 에너지가 증가하게 됨을 의미한다. 다시 말해 앞에서 다루었던 기체가 채워진 고무풍선의 팽창과 같이 주어진 계가 주위에 대해 일을 하는 경우, 계가 주위에 한 일의 양만큼 계의 에너지는 낮아지기 때문에 W는 음의 부호를 갖는다. 위의 식은 계에서 일어나는 에너지의 변화만을 나타내므로, 위의 식 또한 열역학 제1법칙의 확장된 표현이 될 수 있다.

❷ 계의 열용량

열의 형태로 주어진 닫힌계로 흘러들어온 에너지는 온전히 그 계의 에너지 증가로만 이어질까? 계로 흘러들어온 열은 계의 온도 상승으로 나타날 것이며, 이때 온도 상승의 정도는 계를 구성하고 있는 물질에 따라 다를 것이다. 이제 주어진 닫힌계의 부피가 일정하게 유지되는 경우, 다시 말해 주어진 계로 열이 흘러들어와도 계의 부피가 팽창하지 않아서 계가 주위에 부피 팽창에 따른 일을 하지 않는 경우를 고려해 보자. 이러한 경우 계로 흘러들어온 열은 온전히 계의 에너지 증가로만 이어진다. 이와 같은 상황은 다음과 같은 식으로 나타낼 수 있다.

계의 에너지 변화 = 일정 부피에서 계로 흘러들어온 열 + 계가 주위에 행한 일

$$\Delta U = Q_V + W = Q_V$$

여기서 계로 흘러들어온 열의 양을 계에서 일어나는 온도 변화($\Delta T = T_{최종} - T_{초기}$)를 이용하여 정량화할 수 있고, 따라서 위의 식은

$$\Delta U = Q_V = C_V \Delta T$$

로 나타낼 수 있다. 여기서 비례상수인 C_V는 **일정 부피에서의 열용량**(heat capacity at constant volume)이라고 한다. 열용량은 물질에 따라 다르므로 물질의 고유한 물리적 성질 중의 하나가 되며, 주어진 물질의 온도를 1 ℃만큼 증가시키기 위해 필요한 열의 양이라고 생각할 수 있다[참고로 **비열**(specific heat)은 주어진 물질 1 g의 온도를 1 ℃만큼 증가시키기 위해 필요한 열의 양이다]. 즉 질량은 동일하지만 열용량이 더 큰 물질의 경우, 주어진 만큼 온도를 올리는 데 상대적으로 더 많은 열이 필요함을 의미한다.

물은 비교적 열용량(또는 비열)이 큰 물질이다. 이는 열용량(또는 비열)이 상대적으로 작은 다른 물질에 비해 물의 온도를 올리려면 많은 양의 열이 필요하다는 것을 의미한다. 그림 12.6은 육지와 바다의 열용량 차이에 의해 형성되는 공기의 대류(convection) 현상을 보여 준다. 대부분 물로 이루어진 바다에서는 낮 시간 동안 받게 되는 태양열에 의해 수온이 상승하는 정도와 해가 진 후 수온이 하강하는 정도가 육지보다 더 작게 일어나므로, 낮과 밤의 온도 차이가 더 작다.

(a) (b)

그림 12.6
육지와 바다의 열용량 차이에 의해 형성되는 공기의 대류 현상. (a) 낮에는 큰 열용량을 가진 물로 이루어진 바다에서 온도의 상승 정도가 육지보다 작기 때문에 육지의 공기가 빨리 데워져 상승하고, 이로 인해 바다 위의 공기가 육지 쪽으로 이동한다. (b) 반대로 밤에는 물의 큰 열용량으로 인해 바다의 온도가 육지보다 천천히 내려가고 이로 인해 바다의 공기가 위로 상승하고 육지의 공기가 바다 쪽으로 이동한다.

예제 12.3 15 ℃인 450 g의 물에 130 kJ의 열을 가해 온도를 85 ℃로 높일 수 있었다. 물의 열용량을 구해 보자.

풀이 »

$$열용량 = \frac{열량}{온도\ 변화}$$

$$= \frac{130\ \text{kJ}}{85\ ℃ - 15\ ℃} = \frac{1.30 \times 10^5\ \text{J}}{70\ ℃} = 1.9 \times 10^3\ \text{J/℃} = 1.9 \times 10^3\ \text{J/K}$$

예제 12.4 비열이 3.88 cal/g·℃인 어떤 물질 2.34 g에 124 cal의 에너지를 공급하여 가열하였다. 가열 전 물질의 온도가 22 ℃라면, 가열 후 물질의 온도는 몇 도일까?

풀이 »

가해 준 열량 = 비열 × (가열 후 온도 − 가열 전 온도) × 질량

$124\ \text{cal} = (3.88\ \text{cal/g·℃}) \times (t_2 - 22\ ℃) \times 2.34\ \text{g}$

$t_2 = 36\ ℃$

❸ 계의 내부 에너지

주어진 계의 내부 에너지는 계를 구성하는 입자의 움직임에 관련된 운동 에너지와 입자 사이의 상호작용에 관련된 퍼텐셜 에너지로 구성된다. 물로 이루어진 계를 예로 들어 보자. 물은 물 분자로 이루어져 있으며, 그림 12.7에서 볼 수 있듯이 물 분자는 3차원 공간에서 이곳저곳으로 무질서하게 움직이는 병진 운동(translational motion: 물 위에 꽃가루를 뿌려보면, 꽃가루는 무질서하게 움직이며 물 위에서 움직이는 모습을 볼 수 있다. 물의 표면에서 보여 주는 꽃가루의 무질서한 움직임은 꽃가루가 병진 운동을 하는 물 분자와 충돌하여 나타나는 현상이다)과 물 분자를 구성하는 두 개의 O−H 결합 사이의 각도(angle)가 변하거나 결합 길이(bond length)가 변하는 진동 운동(vibrational motion) 그리고 물 분자의 주어진 축을 중심으로 움직이는 회전 운동(rotational motion)에 따른 운동 에너지(kinetic energy)와 물 분자 사이의 상대적인 거리에 따른 퍼텐셜 에너지(potential energy)를 소유한다. 이와 같이 물을 구성하는 물 분자가 소유하는 모든 에너지를 합한 것이 물의 내부 에너지이다.

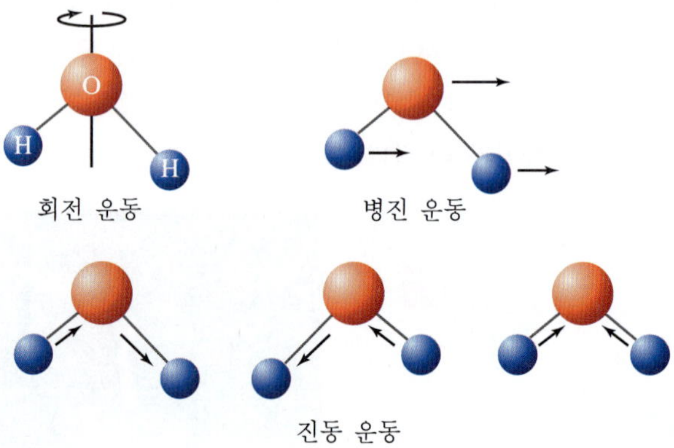

그림 12.7
물 분자로 이루어진 계에서 물 분자의 병진, 회전, 진동 운동

12.1.5 내부 에너지와 엔탈피

일반적으로 물질은 가열하면 팽창하고, 같은 양의 열을 가하였을 때 계는 주위에 부피 팽창에 따른 일을 하게 되므로, 계의 부피가 일정한 경우와는 달리 계의 온도가 덜 올라가게 된다. 따라서 같은 정도의 온도 상승을 일으키기 위해서는 더 많은 열, 즉 에너지가 필요하며, 이때 계의 에너지 증가를 **엔탈피**(enthalpy, $H = U + pV$)**의 증가**(ΔH)로 표시한다. 앞에서 언급하였던 **일정 부피에서 계의 에너지 변화**는 자연 상태에서 이루어지는 변화, 즉 대기압하에서 일상적으로 이루어지는 변화와는 달리 특별히 조성된 조건에서만 이루어지는 변화이다. 다음은 일정 압력에서 주어진 닫힌계로 흘러들어오는 열에 의해 발생하는 계의 에너지 변화(엔탈피 변화)를 보여 준다.

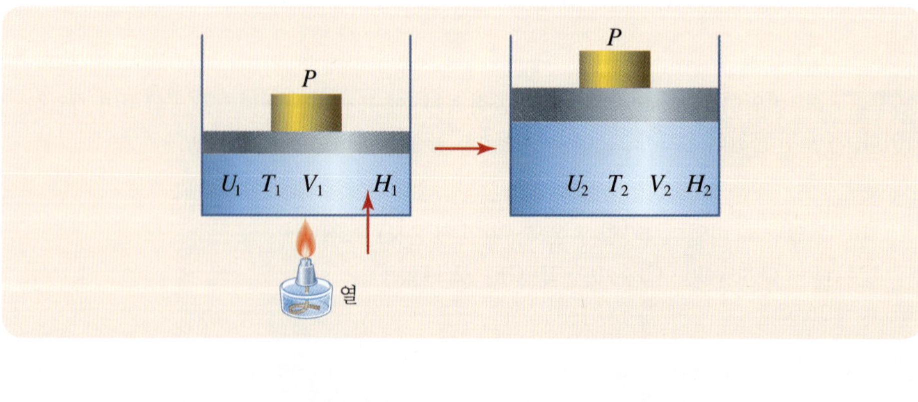

여기서
H: 엔탈피(enthalpy), U: 내부 에너지(internal energy), Q: 전달 열량(heat transfer),

T: 온도(temperature), $P_{외부}$: 외부압력(enternal pressure), V: 부피(volume), C: 열용량(heat capacity)

계에 가해진 열의 양은

$$Q = C \times (T_2 - T_1)$$

이고, 계가 행한 일은

$$W = -P \times (V_2 - V_1)$$

이다. 이제 다음과 같은 과정을 통해

$$U_2 - U_1 = Q + W = Q - P \times (V_2 - V_1)$$
$$U_2 - U_1 = Q - P \times (V_2 - V_1) \Rightarrow (U_2 + PV_2) - (U_1 + PV_1) = Q$$

와 같은 식이 얻어지는데, $H = U + PV$로 정의하면

$$(H_2 - H_1) = Q = C_P \times (T_2 - T_1) \qquad \therefore \Delta H = C_P \Delta T$$

와 같은 식이 얻어진다.

여기서

$$\Delta H = Q_P = C_P \Delta T$$

와 같은 식에서 비례상수 C_P는 **일정 압력에서의 열용량**(heat capacity at constant pressure)이 된다. 같은 물질이라도 일정 압력하에서는 일정 부피하에서보다 같은 정도의 온도 상승을 위해 더 많은 열이 흘러들어와야 하므로, 일반적으로 C_P가 C_V보다 더 커야 한다. 다시 말해 일정 압력이라는 조건에 있는 주어진 닫힌계의 온도를 같은 정도로 상승시키기 위해 그 계로 열이 흘러들어오면, 계에서 일어나는 엔탈피의 증가는 일정 부피라는 조건에서 발생하는 내부 에너지의 증가보다 더 크다는 것을 의미하고, 엔탈피 변화와 내부 에너지의 변화 사이에는 다음과 같은 관계식이 성립함을 의미한다.

$$\Delta H = \Delta U + P_{외부} \Delta V$$

그런데 일반적으로 열에 의한 부피 팽창이 크지 않은($P_{외부}\Delta V \fallingdotseq 0$) 응축상의 물질(고체 상태나 액체 상태의 물질)의 경우에는 C_P와 C_V 사이의 차이가 그다지 크지 않아서, 내부 에너지와 엔탈피 변화의 차이가 거의 없다($\Delta H \fallingdotseq \Delta U$). 계의 변화에 따른 에너지의 변화는 실제로는 계의 온도, 부피 그리고 압력의 변화로 관측된다. 따라서 주어진 계에서 일어나는 에너지의 변화는 변화의 과정과 관측 결과에 따라 내부 에너지의 변화(ΔU)나 엔탈피의 변화(ΔH)와 같이 서로 다른 용어로 나타낸다는 사실을 기억해 둘 필요가 있다.

12.1.6 표준 생성 엔탈피

원소나 화학 반응에 의해 형성되는 한 개 이상의 화학 결합으로 이루어지는 화합물(compound)은 생성 과정에서 일정한 양의 엔탈피 변화가 수반된다. 주어진 원소나 화합물이 만들어지는 과정에서 일어나는 이러한 엔탈피 변화를 그 원소나 화합물의 **생성 엔탈피**(enthalpy of formation, ΔH_f)라고 한다. 만일 주어진 원소가 가장 안정한 표준 상태에 있거나 화합물이 표준 상태에서 만들어진다면, 그 원소나 화합물의 생성 엔탈피 변화를 **표준 생성 엔탈피**(standard enthalpy of formation, ΔH_f°)라고 한다.

표준 상태(standard state) **그리고 온도와 압력의 표준 조건**(standard conditions for temperature and pressure, STP)

- 열역학적 관점에서 표준 상태란 엔탈피(enthalpy), 엔트로피(entropy) 또는 Gibbs 자유 에너지(Gibbs free energy) 등과 같이 주어진 물질의 열역학적 상태를 기술하기 위해 사용하는 기준 상태(reference state)이다.
- 주어진 물질의 열역학적 표준 상태란 1 bar(100 kPa)의 압력에서 그 물질이 나타내는 순수한 형태(pure form)로 정의된다. 표준 상태의 정의에서 온도는 포함되지 않는다. 그러나 대부분의 열역학적 수치를 보여 주는 표에서는 온도를 298.15 K(25 °C)로 지정하고 있다.
  예: 표준 상태(25 °C, 1 bar)에서 원소(element)의 표준 생성 엔탈피는 0이다.
- STP는 다음과 같이 정의한다.
  IUPAC(International Union of Pure and Applied Chemistry)이 제시한 정의
  : 273.15 K(0 °C)와 1 bar
  NIST(National Institute of Standards and Technology)가 제시한 정의
  : 293.15 K(25 °C)와 101.325 kPa(1 atm)
  다만, 이상 기체(ideal gas)의 행동 양식을 다루는 경우 표준 상태를 273.15 K(0 °C)와 1 atm으로 정의하고 있다.

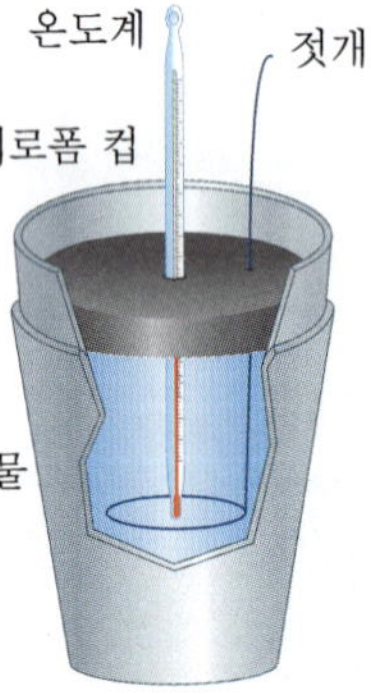

그림 12.8
두 개의 스타이로폼 컵을 사용해 만든 일정 압력 열량계. 바깥쪽 컵은 반응물을 외부로부터 단열시킨다. 반응물을 포함하는 일정 부피의 용액을 온도계가 설치된 안쪽 컵에서 반응시킨다. 반응 과정에서 흡수되거나 방출되는 열의 양은 온도 변화를 측정하여 알아낸다.

부피 팽창에 따른 일은 계의 부피 변화를 관측하여 측정하며, 전기적으로 행해진 일은 주어진 시간 동안 흐른 전류의 양으로 정할 수 있다. 주어진 계에 가해진 열은 **열량계**(calorimeter)를 이용하여 측정할 수 있다. 열량계에는 일정 부피 열량계(constant volume calorimeter)와 일정 압력 열량계(constant pressure calorimeter, 그림 12.8)가 있는데, 측정하고자 하는 변화의 과정에 따라 적절히 선택하여 사용할 수 있다. 어떤 열량계를 사용하는 경우에도 가해진 열의 양이 알려져 있는 표준 시료를 사용하여 열량계의 열용량을 먼저 정해 두는 것이 필요하다. 다시 말해 Q가 알려진 과정을 이용해

$$Q = C_{\text{열량계}}\Delta T$$

에서 $C_{\text{열량계}}$를 정한 후, 원하는 변화의 과정에 대해 ΔT를 측정하여 Q를 알아낼 수 있다.

예제 12.5 일정 압력 열량계에서 0.100 M $AgNO_3$ 수용액 50.0 mL와 0.100 M HCl 수용액 50.0 mL를 섞어 $AgNO_3(aq) + HCl(aq) \rightarrow AgCl(s) + HNO_3(aq)$와 같은 침전 반응이 일어나게 만들었다. 이 반응 결과 측정한 온도 변화가 0.81°C였다면, 반응 엔탈피(단위: kJ/mol)는 얼마인가? 단, 최종 용액의 무게는 100.0 g이고 최종 용액의 비열(specific heat)은 4.18 J/g·°C이다..

풀이 »

반응 결과 수용액의 온도는 올라갔으므로, 화학 반응은 열을 방출하였고 수용액은 그 만큼의 열을 흡수하였다.

반응 엔탈피 = −(수용액이 흡수한 열)

100.0 g의 수용액이 흡수한 열 $= Q$

$= C_p(T_2 - T_1)$

$= \{$비열 × (수용액의 무게)$\} \times (T_2 - T_1)$

$= \{4.18\ \text{J/g·°C} \times (100.0\ \text{g})\} \times (0.81\ \text{°C}) = 3.4 \times 10^2\ \text{J}$

화학 반응의 반응열($\Delta H_{반응}$) = 화학 반응이 방출한 열 $= -Q = -3.4 \times 10^2$ J

$\Delta H_{반응}$(단위: kJ/mol) $= -3.4 \times 10^2$ J/(한계 시약의 mol수)

$= -3.4 \times 10^2$ J/($AgNO_3$의 mol수)

$= -3.4 \times 10^2$ J/(HCl의 mol수)

∵ $AgNO_3$의 mol수 = HCl의 mol수

$AgNO_3(aq) + HCl(aq) \rightarrow AgCl(s) + HNO_3(aq)$이므로 $AgNO_3$와 HCl은 모두 한계 시약이 될 수 있다.

$= -3.4 \times 10^2$ J/(0.100 M × 50.0 mL)

$= -3.4 \times 10^2$ J/(5.00 mmol)

$= -3.4 \times 10^2$ J/(5.00×10^{-3} mol)

$= -3.4 \times 10^{-1}$ kJ/(5.00×10^{-3} mol)

$= -68$ kJ/mol

예제 12.6 일정 압력 열량계에서 6.0 M NaOH 수용액 47.4 mL와 6.0 M HCl 수용액 55.5 mL를 섞어주어 $NaOH(aq) + HCl(aq) \rightarrow NaCl(aq) + H_2O(l)$와 같은 중화 반응이 일어나게 만들었다. 이 실험에서 얻은 다음과 같은 측정값을 사용하여 반응 엔탈피(단위: kJ/mol)를 구해 보자.

최종 용액의 무게 = 103.0 g

최종 용액의 비열 = 4.18 J/g·°C

NaOH 수용액의 온도 = 22.1 °C HCl

수용액을 섞어 준 후 온도 = 47.5 °C

열량계의 열용량 = 2.0×10^2 J/°C

열량계의 온도 변화 = 수용액의 온도 변화

풀이 »

반응 결과 수용액과 열량계의 온도가 함께 올라갔으므로, 화학 반응은 열을 방출하였고 수용액과 열량계는 각각 그 만큼의 열을 흡수하였다.

반응 엔탈피 = −(수용액이 흡수한 열 + 열량계가 흡수한 열)

103.0 g의 수용액이 흡수한 열

= (수용액의 비열) × (수용액의 무게) × (온도 변화)

$= (4.18\ \text{J/g·°C}) \times (103.0\ \text{g}) \times (47.5\ \text{°C} - 22.1\ \text{°C}) = 1.09 \times 10^4\ \text{J}$

열량계가 흡수한 열

= (열량계의 열용량) × (온도 변화)

$= (2.0 \times 10^2\ J/°C) \times (47.5\ °C - 22.1\ °C) = 5.1 \times 10^3\ J$

화학 반응이 방출한 열

= −(수용액이 흡수한 열 + 열량계가 흡수한 열)

$= -(1.09 \times 10^4\ J + 5.1 \times 10^3\ J)$

$= -1.6 \times 10^4\ J$

$= -(1.09 \times 10^4\ J + 0.51 \times 10^4\ J)$

$= -1.60 \times 10^4\ J$

→

$\Delta H_{반응}$(단위: kJ/mol)

= (-1.60×10^4 J)/(한계 시약의 mol수)

= (-1.60×10^4 J)/(NaOH의 mol수)

∵ NaOH의 mol수 < HCl의 mol수이므로 mol수가 더 적은 NaOH가 한계 시약이 된다.

$= (-1.60 \times 10^4\ J)/(6.0\ M \times 47.4\ mL)$

$= (-1.60 \times 10^4\ J)/(2.8 \times 10^2\ mmol)$

$= (-1.60 \times 10^4\ J)/(2.8 \times 10^{-1}\ mol) = -57\ kJ/mol$

12.1.7 화학 반응의 엔탈피 변화

주어진 반응에 수반되는 계의 에너지 변화는 생성물의 생성 엔탈피를 합한 값과 반응물의 생성 엔탈피를 합한 값 사이의 차이로 결정할 수 있다. 주어진 반응에 의해 계의 에너지가 감소하는 경우 **발열 반응**(exothermic reaction, $\Delta H < 0$)이라고 하고, 계의 에너지가 증가하면 **흡열 반응**(endothermic reaction, $\Delta H > 0$)이라고 한다.

몇 가지 원소들과 화합물의 표준 생성 엔탈피, ΔH_f°(단위: kJ/mol)

물질	ΔH_f°	물질	ΔH_f°
Ag(*s*)	0	$H_2O_2(l)$	−187.6
AgCl(*s*)	−127.0	Hg(*l*)	0
Al(s)	0	$I_2(s)$	0
$Al_2O_3(s)$	−1669.8	HI(*g*)	25.9
$Br_2(l)$	0	Mg(*s*)	0
HBr(*g*)	−36.2	MgO(*s*)	−601.8
C(흑연)	0	$MgCO_3(s)$	−1112.9
C(다이아몬드)	1.90	$N_2(g)$	0
CO(*g*)	−110.5	$NH_3(g)$	−46.3
$CO_2(g)$	−393.5	NO(*g*)	90.4
Ca(*s*)	0	$NO_2(g)$	33.85
CaO(*s*)	−635.6	$N_2O_4(g)$	9.66
$CaCO_3(s)$	−1206.9	$N_2O(g)$	81.56
$Cl_2(g)$	0	O(*g*)	249.4
HCl(*g*)	−92.3	$O_2(g)$	0
Cu(*s*)	0	$O_3(g)$	142.2
CuO(*s*)	−155.2	S(사방정계)	0
$F_2(g)$	0	S(단사정계)	0.30
HF(*g*)	−271.6	$SO_2(g)$	−296.1
H(*g*)	218.2	$SO_3(g)$	−395.2
$H_2(g)$	0	$H_2S(g)$	−20.15
$H_2O(g)$	−241.8	ZnO(*s*)	−348.0
$H_2O(l)$	−285.8		

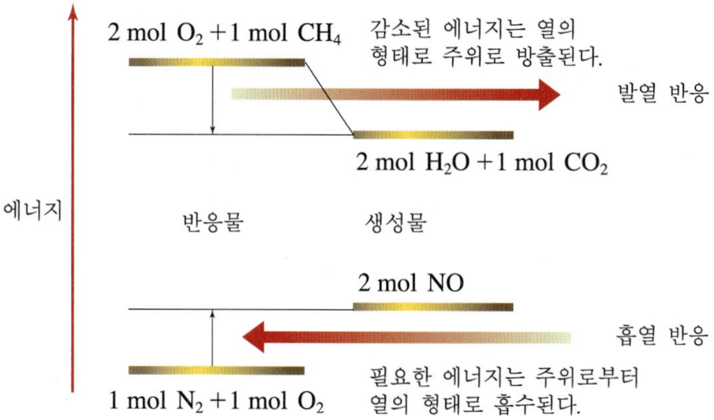

그림 12.9
발열 반응과 흡열 반응

❶ 표준 생성 엔탈피를 사용한 $\Delta H_{반응}$ 알아내기

화학 반응에서의 엔탈피 변화는 다음과 같이 구한다.

> **aA + bB → cC + dD의 경우**
>
> $\Delta H_{반응}$ = (생성물의 생성 엔탈피의 합) − (반응물의 생성 엔탈피의 합)
> = {(C의 표준 몰당 생성 엔탈피 × c) + (D의 표준 몰당 생성 엔탈피 × d)}
> −{(A의 표준 몰당 생성 엔탈피 × a)+(B의 표준 몰당 생성 엔탈피 × b)}

예제 12.7 $CH_4(g) + 2O_2(g) \longrightarrow CO_2(g) + 2H_2O(l)$과 같은 화학 반응의 반응 엔탈피를 구해 보자. 단, $H_2O(l)$의 $\Delta H_f^\circ = -286$ kJ/mol, $CO_2(g)$의 $\Delta H_f^\circ = -394$ kJ/mol, $CH_4(g)$의 $\Delta H_f^\circ = -75$ kJ/mol, $O_2(g)$의 $\Delta H_f^\circ = 0$ kJ/mol

풀이 »

$\Delta H_{반응}$ = (생성물의 생성 엔탈피의 합) − (반응물의 생성 엔탈피의 합)

= {(−394 kJ/mol × 1 mol) + (−286 kJ/mol × 2 mol)}

−{(−75 kJ/mol × 1 mol) + (0 kJ/mol × 2 mol)}

= −891 kJ

예제 12.8 $3H_2(g) + N_2(g) \longrightarrow 2NH_3(g)$와 같은 반응의 엔탈피 변화를 구해 보자.

풀이 »

반응 엔탈피 변화 = 반응열

= (−46.3 kJ/mol × 2 mol) − {(0 kJ/mol × 3 mol) + (0 kJ/mol × 1 mol)}

= −92.6 kJ

예제 12.9 $4NH_3(g) + 5O_2(g) \longrightarrow 6H_2O(g) + 4NO(g)$와 같은 반응의 엔탈피 변화를 구해 보자.

풀이 »

반응 엔탈피 변화 = 반응열

= {(−241.8 kJ/mol × 6 mol) + (90.4 kJ/mol × 4 mol)}

−{(−46.3 kJ/mol × 4 mol) + (0 kJ/mol × 5 mol)}

= −1450.8 kJ + 361.6 kJ + 185.2 kJ

= −904.0 kJ

예제 12.10 $2CO(g) + O_2(g) \longrightarrow 2CO_2(g)$와 같은 반응의 반응 엔탈피를 구해 보자. 단, $CO(g)$와 $CO_2(g)$의 표준 생성 엔탈피는 각각 −110.5 kJ/mol과 −393.5 kJ/mol이다.

풀이 »

$\Delta H_{반응}$ = (생성물의 생성 엔탈피의 합) − (반응물의 생성 엔탈피의 합)

= (−393.5 kJ/mol × 2 mol) − (−110.5 kJ/mol × 2 mol)

= −566.0 kJ

예제 12.11 $CuO(s) + H_2(g) \longrightarrow Cu(s) + H_2O(l)$과 같은 반응의 반응 엔탈피가 −130.6 kJ/mol일 때, $CuO(s)$의 표준 생성 엔탈피를 구해 보자. $H_2O(l)$의 표준 생성 엔탈피는 −285.8 kJ/mol이다.

풀이 »

$\Delta H_{반응}$=(생성물의 생성 엔탈피의 합) − (반응물의 생성 엔탈피의 합)

−130.6 kJ = {(0 kJ/mol × 1 mol) + (−285.8 kJ/mol × 1 mol)}

−{(CuO의 ΔH_f° × 1 mol) + (0 kJ/mol × 1 mol)}

−130.6 kJ = −285.8 kJ − (CuO의 ΔH_f° × 1 mol)

CuO의 ΔH_f° = −155.2 kJ/mol

12.2 화학 반응의 자발성과 평형

12.2.1 화학 반응의 자발성과 엔트로피

자발적 변화(spontaneous change)란 주어진 조건에서 스스로 진행되는 과정을 의미한다.

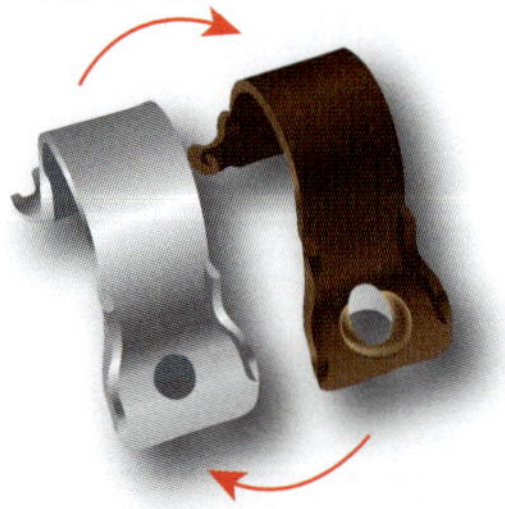

우리가 경험할 수 있는 많은 물리적·화학적 변화는 주어진 조건하에서 한 쪽 방향으로만 진행된다. 만일 한 개의 얼음 조각을 실온(25 °C)에 놓아두면 얼음 조각은 녹아 물로 변하지만, 25 °C에서 물은 얼음이 되지는 않는다. 이 경우 실온이라는 주어진 조건 이외에는 얼음이 녹는 과정이나 물이 어는 과정에 영향을 미친 요인은 없었으며, 얼음이 녹아 물이 되는 변화만 자발적으로 진행된다. 소듐(Na) 조각을 물에 넣으면 폭발적인 반응을 일으키면서 수산화 소듐(sodium hydroxide, NaOH)과 수소(H_2) 기체가 발생하는데, 반대로 NaOH와 H_2 기체를 섞으면 소듐과 물이 만들어지지 않는다. 이 경우에도 두 가지 물질을 섞은 것 외에 해당 반응에 작용하는 외부 요인은 없었으며, 소듐과 물 사이의 반응만이 자발적으로 일어나는 것이다. 이와 같이 주어진 조건하에서 외부로부터 아무런 간섭이 없는 상태에서 스스로 진행되는 변화를 **자발적 과정**(spontaneous process)이라고 한다.

❶ 계에서 일어나는 에너지의 변화는 주어진 반응의 자발성 여부를 결정하지 않는다.

물리적 · 화학적 변화에서 한 쪽 방향으로만 자발적 반응이 일어나는 이유는 무엇일까? 오래전부터 과학자들은 이 질문에 대한 해답을 찾기 위해 많은 노력을 해 왔다. 19세기 중

열, 덴마크의 화학자인 Julius Thomsen(톰센)과 프랑스의 화학자인 Marcellin Berthelot(베르텔로)는 다음과 같이 주장하였다.

> 자발적으로 일어나는 모든 화학 반응은 열을 방출하는 발열 반응이며, 주어진 조건에서 여러 가지 화학 반응이 일어날 가능성이 있는 경우 실제로 일어나는 화학 반응은 열을 가장 많이 방출하는 반응이다.

Thomsen과 Berthelot의 주장은 옳은 것이었을까? 25 °C에서 한 개의 얼음 조각을 방치하여 얼음 조각이 물로 변하는 과정을 자세히 살펴보자. 그림 12.10에서와 같이 얼음 내의 물 분자들은 상호 간의 인력(mutual attraction)에 의해 단단히 결합되어 있다.

얼음은 주위에서 열을 흡수하여 물 분자 상호 간의 인력을 이겨내어 자유로운 물 분자들로 변하면서 액체 상태의 물로 변한다. 즉, 25°C에서 얼음이 녹는 과정은 자발적인 과정이지만 흡열 과정이다. 얼음이 녹아 물로 변하는 과정에서 알 수 있듯이, 흡열 과정 역시 자발적으로 일어날 수 있기 때문에 Thomsen과 Berthelot의 주장은 옳지 않다는 것을 알 수 있다. 이와 같이 계에서 발생하는 에너지의 변화 자체가 주어진 반응의 자발성을 결정하는 요인이 될 수 없다면, 과연 물리적 · 화학적 변화에서 주어진 반응의 방향성을 결정짓는 공통된 요인은 무엇일까?

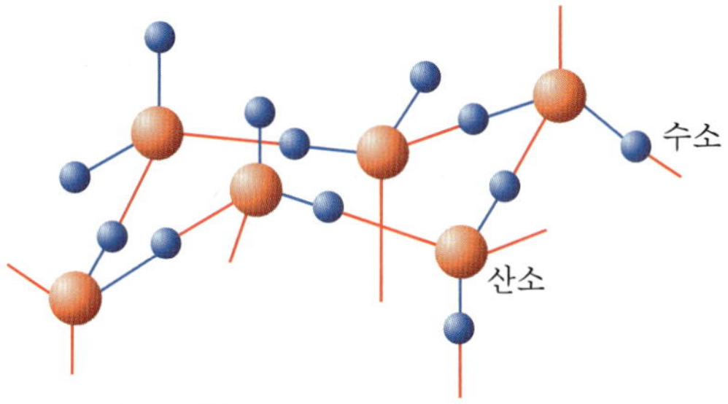

그림 12.10
얼음의 삼차원 입체 구조(육각 고리 구조)의 한 부분: 한 개의 산소 원자는 두 개의 수소 원자와 공유 결합으로, 또 다른 물 분자 내의 두 개의 수소 원자와는 수소 결합으로 연결되어 있다. 푸른색 선은 산소 원자와 수소 원자 사이의 공유 결합을, 붉은 선은 산소 원자와 수소 원자 사이의 수소 결합을 나타낸다.

25 °C에서 얼음이 주위로부터 열을 흡수하여 녹아 물로 변하는 자발적 과정에 대해 다시 한 번 생각해 보자. 이 과정은 흡열 과정이므로 계(얼음)의 엔탈피가 증가하는 과정이다. 계(얼음)에 전달된 열은 고체 상태의 물인 얼음을 액체 상태의 물로 변화시키면서 물 분자들의 운동을 더욱 더 활발하고 무질서하게 만든다. 이 과정에서 계(얼음)의 엔트로피(무질서한 정도)가 증가한다. 앞에서 언급하였듯이 주어진 계에서 일어나는 에너지의 변화 자체는 계의 자발적인 변화를 결정하지 못한다. 따라서 25 °C에서 얼음이 녹아 물이 되는 변화가 자발적으로 진행되는 이유는 엔트로피의 증가라는 요인 때문이다.

12.2.2 열역학 제2법칙

❶ 엔트로피는 계가 무질서한 정도를 나타낸다.

주어진 계에 열이 가해지면 계를 구성하는 입자의 운동이 더 활발해진다. 주어진 계를 구성하는 입자들의 운동은 특별한 방향성을 가지지 않는 **불규칙 운동**(random motion)이고, 가해진 열 에너지는 입자들의 불규칙 운동을 더욱 더 증진시키므로 계를 더 무질서한 상태로 변화시킨다. 과학자들은 주어진 계가 얼마나 무질서한 상태에 있는지를 판단하는 척도로 **엔트로피**(entropy, S)라는 물리량을 도입하였다. 예를 들어

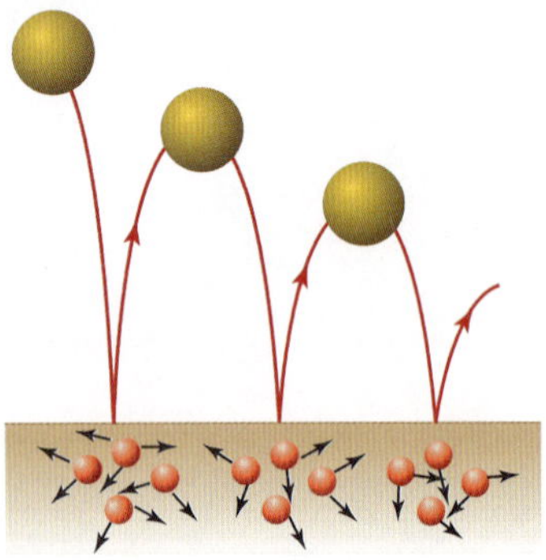

그림 12.11
마루바닥 위로 자유 낙하(free fall)하는 공의 운동에 관련된 자발적 변화의 방향: 공이 튀어오를 때마다 공의 운동 에너지는 바닥을 구성하는 입자들의 열운동으로 전달되어 분산되고, 시간이 지나면서 공은 정지 상태에 도달한다. 그러나 마루 위에 정지되어 있던 공이 튀어 오르는 방향으로의 과정은 일어나지 않는다.

그림 12.11에서와 같이 한 개의 공을 적당한 높이로 올린 후 마룻바닥 위로 떨어뜨린다고 생각해 보자. 공은 바닥과의 충돌로 몇 번 튀어 오른 후 정지할 것이다. 공이 원래 갖고 있던 잠재 에너지(퍼텐셜 에너지, potential energy)는 바닥과의 충돌에 의해 마찰열(heat of friction)의 형태로 변환되어 사라지면서 더 이상 튀지 않고 정지하는 것이다. 이 과정에서 공으로부터 바닥에 전달된 열은 바닥을 구성하고 있는 입자들의 운동을 활발하고 무질서하게 만들면서 바닥의 엔트로피가 증가한다. 공이 낙하할 때 공을 구성하고 있는 입자들은 질서 있게 한 방향으로만 운동하므로 공의 경우에는 엔트로피의 변화가 일어나지 않는다. 즉, 공의 낙하와 같은 기계적인 일(mechanical work)의 변화에 수반되는 엔트로피의 변화는 없지만, 마룻바닥에서처럼 열 에너지의 변화가 생기면 그에 따라 엔트로피의 변화가 일어나는 것이다.

❷ 엔트로피는 계가 나타낼 수 있는 상태의 수에 비례한다.

엔트로피 변화를 이해하기 위한 또 다른 예로 두 개의 동전을 생각해 보자. 두 개의 동전이 모두 앞면을 보이고 있다고 가정하면, 이 시점에서 두 개의 동전은 한 가지 상태로 정렬되어 있는 것이다. 이제 두 개의 동전을 흔들어 섞어 보자. 동전이 배열될 수 있는 상태는 모두 네 가지이고, 두 개의 동전이 모두 앞면을 보이는 상태가 얻어질 확률은 $\frac{1}{4}$이다. 결국 두 개의 동전을 섞으면 여러 가지 상태가 나타날 수 있으므로 무질서도가 증가하는 것이다. 즉, 동전을 섞는 과정에서 엔트로피가 증가하게 되는 것이다. Ludwig Boltzmann(볼츠만)은 엔트로피를 다음과 같이 주어진 계가 나타날 수 있는 상태(방법)의 수에 비례한다고 정의하였다.

Boltzmann 공식:

$$S = k \log W$$

S: 엔트로피, k: Boltzmann 상수, W: 계가 가질 수 있는 전체 방법의 수

❸ 우주의 엔트로피는 증가한다.

과학자들은 적당한 높이에 위치한 공이 바닥에 떨어져 멈추는 것과 같이, 지금까지 알려진 고립계에서 일어나는 모든 자발적 변화의 경우 엔트로피의 증가가 수반됨을 발견하였다. 주어진 계에서 일어나는 이러한 엔트로피의 증가는 계와 주위의 전체 엔트로피 변화를 초래하며, 주어진 계와 주위는 우주라는 고립된 계가 되고, 결국 우주의 엔트로피가 증가하게 되는 것이다. 따라서 우리는 주어진 계의 자발적 변화를 판단하는 기준으로 우주의 엔트로피 변화를 관찰하면 된다.

열역학 제2법칙(the second law of thermodynamics)

모든 자발적 과정에서 우주의 엔트로피는 증가한다.

25 °C에서 얼음이 주위로부터 열을 흡수하여 녹아 물로 변하는 자발적 과정에 대해 다시 한 번 생각해 보자. 이 과정은 흡열 과정이므로 계(얼음)의 엔탈피가 증가하는 과정이

다. 계(얼음)에 전달된 열은 고체 상태의 물인 얼음을 액체 상태의 물로 변화시키면서 물 분자들의 운동을 더욱 더 활발하고 무질서하게 만든다. 이 과정에서 계(얼음)의 엔트로피가 증가한다. 앞에서 언급하였듯이 주어진 계에서 일어나는 에너지의 변화 자체는 그 계의 자발적인 변화를 결정하지 못한다. 따라서 25 °C에서 얼음이 녹아 물이 되는 변화가 자발적으로 진행되는 이유는 엔트로피의 증가라는 요인에 의해서이다.

고체 상태인 얼음을 이루는 물 분자의 삼차원 배열 상태보다 액체 상태인 물 분자의 배열이 더 무질서하므로 액체 상태인 물의 엔트로피가 더 크다.

12.2.3 엔트로피의 변화

온도가 높아지면(즉, 가해지는 열의 양이 많아지면) 주어진 물질의 엔트로피가 증가한다. 그리고 높은 온도를 나타내는 물질의 경우 구성 입자들의 열운동(thermal motion)은 낮은 온도를 나타내는 물질의 구성 입자들의 열운동보다 활발하다. 즉, 동일한 물질이라도 높은 온도에 있을 때보다 낮은 온도에 있을 때 주위로부터 흘러들어온 열로 인한 구성 입자들의 열운동 증가 효과는 더 커진다. 결국 더 낮은 온도에 있는 계의 엔트로피 변화가 더 크게 일어나는 것이다. 이러한 내용을 정리하면 다음과 같다.

(엔트로피의 변화)=(계의 열변화)÷(온도)

$$\Delta S = \frac{Q}{T}$$

의미

- 주어진 온도에서 계로 흘러들어오는 열이나 계에서 흘러나가는 열은 계의 엔트로피 변화를 초래한다.
- 주어진 양의 열이 계로 흘러들어오거나 계에서 흘러나가는 경우, 더 낮은 온도에 있는 계의 엔트로피 변화가 더 크게 발생한다.

이제 12.1에서 언급한 열 흐름의 방향을 생각해 보자. 온도가 서로 다른 두 물체($T_1 > T_2$)가 접촉해 있는 고립계를 가정해 보자.

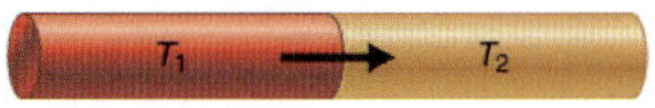

그림 12.12
온도 차이가 ΔT인 두 물체가 접촉되어 있는 고립계. 이 계가 단열 용기에 담겨 있고 잘 봉해져 있어 고립계가 된다.

이 경우 열은 상대적으로 더 높은 온도(T_1)에 있는 물체로부터 더 낮은 온도(T_2)에 있는 물체로 자발적으로 흐른다. 이때 물체의 크기가 충분히 크다면, 열 흐름에 의해 초래되는 온도 변화는 무시할 수 있을 정도로 작은 것으로 받아들일 수 있다. 이러한 과정에서 흐른 열의 양을 Q라고 하면, 온도가 T_2인 물체에서 일어나는 엔트로피 변화(ΔS_2)는 $\Delta S_2 = Q/T_2$가 되고, 온도가 T_1인 물체에서의 엔트로피 변화(ΔS_1)는 $\Delta S_1 = -Q/T_1$가 된다. 따라서 이 과정에서 총 엔트로피 변화(ΔS)는

$$\Delta S = \Delta S_1 + \Delta S_2 = -\frac{Q}{T_1} + \frac{Q}{T_2} = Q\left(\frac{T_1 - T_2}{T_1 T_2}\right) > 0$$

이다. 즉, 자발적 변화의 과정에서는 엔트로피가 증가함을 알 수 있다.

12.2.4 화학 반응의 엔트로피

앞에서 언급한 것처럼 Boltzmann에 의하면 다음과 같이 주어진 물질이 가질 수 있는 상태의 수에 의해서 엔트로피를 알아낼 수 있다.

> 절대 영도(absolute zero, 0 K)에 있는 주어진 물질이 고체 상태이고, 그 구성 입자들이 완벽하게 배열된 결정을 이루고 있는 경우 구성 입자들이 배열될 수 있는 방법의 수는 1이며, 이때 엔트로피는 0이다.
>
> $$S = k \log W = k \log 1 = 0$$

주어진 온도에서 어떤 물질이 갖고 있는 엔트로피는 그 물질이 절대 영도에서 가지는 엔트로피(0)를 기준으로 하여 상대적인 값으로 알아낼 수 있다.

> **열역학 제3법칙: Nernst의 정리**
>
> 절대 영도에서 완전하고 순수한 모든 결정질 물질의 엔트로피는 0이다.

열역학 제3법칙에서 표현한 바와 같이 주어진 물질의 엔트로피는 절대 영도에서 그 물질의 엔트로피(0)를 기준으로 하는 상대적인 값으로 구해지고, 표준 상태에서 측정한 몇 가지 물질의 엔트로피는 다음의 표에 수록되어 있다. 물질의 엔트로피 변화는 주어진 온도에서 물질에 가해진 열을 측정하여 구할 수 있다. 따라서 표 12.1의 엔트로피 값을 이용하여 계의 변화에 따른 엔트로피의 변화를 엔탈피 변화를 구하는 것과 같은 방법으로 구할 수 있다.

표 12.1 몇 가지 물질의 표준 엔트로피

물질	$N_2(g)$	$O_2(g)$	$NO_2(g)$
$S°(\text{j} \cdot \text{K}^{-1} \cdot \text{mol}^{-1})$	191.5	205.0	240.5

다음은 질소와 산소의 반응으로 이산화 질소가 얻어지는 반응을 예로 든 것이다. N_2 기체와 O_2 기체는 화학 반응을 통해 NO_2 기체가 되고, 화학 반응식은 다음과 같다.

$$N_2(g) + 2O_2(g) \longrightarrow 2NO_2(g)$$

이 반응에서 일어나는 엔트로피 변화가 양의 값인지 또는 음의 값인지를 예측하고, 주어진 표준 엔트로피 값으로부터 25 °C에서 일어나는 반응의 표준 엔트로피 변화를 계산해 보자.

> $$N_2(g) + 2O_2(g) \longrightarrow 2NO_2(g)$$
>
> • 이 반응은 기체 반응물 세 분자로부터 기체 생성물 두 분자를 만들어 내므로 반응 후의 무질서도보다 반응 전의 무질서도가 더 크다. 따라서 표준 엔트로피 변화가 음의 값을 가질 것을 예상할 수 있다.
>
> • 표를 사용하여 표준 엔트로피 변화를 구하면 다음과 같다.

$$\Delta S° = [2S°(NO_2)] - [S°(N_2) + 2S°(O_2)]$$
$$= 2 \times (240.5\ J/K \cdot mol) - \{(191.5\ J/K \cdot mol) + (2 \times 205.0\ J/K \cdot mol)\}$$
$$= -120.5\ J/K \cdot mol$$

➡ 앞에서 예측한 바와 같이 표준 엔트로피 변화는 음의 값을 갖는다.

12.2.5 계를 중심으로

❶ 자발적 변화를 판단하는 기준은 우주의 엔트로피 변화이다.

높은 압력의 기체로 이루어져 있는 계가 낮은 압력 주위로 팽창하는 과정에 대해 생각해 보자. 이때 주위는 용량(capacity)이 아주 큰 열원(heat source)으로 되어 있어서 팽창의 전과 후 계의 온도가 일정하게 유지될 수 있다고 가정한다. 이제 계의 팽창이 자발적으로 일어날 것인지를 판단하기 위해서는 계의 엔트로피 변화와 주위의 엔트로피 변화의 합(즉, 팽창에 수반되는 우주의 엔트로피 변화)을 관찰해 보아야 한다.

❷ 계만의 함수로 자발적 변화를 판단할 수 있다.

기체가 팽창함에 따라 계는 주위의 공기를 밀어내면서 일을 하게 되어 계의 에너지가 감소한다. 계의 에너지 감소는 온도의 감소를 초래하지만, 용량이 아주 큰 열원인 주위로부터 계로 열이 흘러들어와 계의 온도를 일정하게 유지시켜 준다. 기체의 팽창에 따라 계를 구성하고 있는 기체 입자들의 운동 공간이 더 넓어지므로 기체 입자들은 더 자유롭게 움직일 수 있다. 따라서 계의 무질서도가 높아지므로 계의 엔트로피는 증가한다. 그렇다면 주위의 엔트로피는 어떻게 될까? 계의 온도를 일정하게 유지시켜 주기 위해 주위에서 계로 일정한 양의 열이 흘러들어가고 주위는 그만큼의 열손실에 해당하는 엔트로피의 감소가 발생할 것으로 예상할 수 있다. 그런데 열역학 제1법칙(우주의 에너지는 일정하다.)에 의하면 계가 팽창하며 행한 일의 양에 해당하는 열이 주위로부터 계로 흘러들어올 것임을 알 수 있다. 따라서 주위에서 발생하는 열변화의 정도는 계가 주위로 행한 일의 양으로부터 알아낼 수 있기 때문에 주위의 엔트로피 변화도 알아낼 수 있다. 즉, 전체 엔트로피 변화(계의 부피 팽창에 따른 계의 엔트로피 변화와 주위의 엔트로피의 변화)는 계로 흘러 들어온 열의 양을 근거로 알아낼 수 있으므로 계에서 일어나는 변화만으로도 우주의 엔트로피 변화를 표현할 수 있는 것이다. 일정한 외부 압력하에서 계에서 일어나는 열의 변화는 엔탈피의 변화로 표현되므로 주어진 계의 자발적 변화에 따른 우주의 엔트로피 변화에 대해 다음과 같은 내용이 성립될 수 있다.

우주의 엔트로피 변화($\Delta S_{우주}$)는 계의 엔트로피 변화($\Delta S_{계}$)와 주위의 엔트로피 변화($\Delta S_{주위}$)를 합한 것이므로

$$\Delta S_{우주} = \Delta S_{계} + \Delta S_{주위}$$

가 얻어지는데, 주위의 엔트로피 변화($\Delta S_{주위}$)는 계로 흘러들어간 열 때문에 발생하므로

$$\Delta S_{주위} = \frac{\Delta H_{주위}}{T}$$

가 성립하고, 주위가 잃은 열은 계가 받은 열과 같으므로

$$\Delta H_{주위} = -\Delta H_{계}$$

와 같은 등식이 성립한다. 따라서

$$\Delta S_{주위} = -\frac{\Delta H_{계}}{T}$$

와 같은 표현이 가능하므로

$$\Delta S_{우주} = \Delta S_{계} + \Delta S_{주위} = \Delta S_{계} - \frac{\Delta H_{계}}{T}$$

와 같은 식이 얻어진다. 즉, 우주의 엔트로피 변화는 계에서 일어나는 변화만으로 알아낼 수 있는 것이다.

이제 위 내용의 마지막 식인 $\Delta S_{우주} = \Delta S_{계} - \frac{\Delta H_{계}}{T}$의 양변에 T를 곱해 주면

$$T\Delta S_{우주} = T\Delta S_{계} - \Delta H_{계}$$

가 얻어지는데, 계의 팽창이 자발적인 과정이라면(우주의 엔트로피가 증가하려면)

$$T\Delta S_{계} - \Delta H_{계} > 0 \text{ 또는 } \Delta H_{계} - T\Delta S_{계} < 0$$

과 같은 부등식이 성립해야 한다. 모든 열역학적 값은 계에 대한 값이므로 아래 첨자를 생략하여 계의 변화에 대한 자발성을 표현하면 다음과 같다.

$$\Delta H - T\Delta S < 0$$

이제 계의 성질을 나타내는 새로운 열역학적 값으로 다음과 같이 정의되는 Gibbs 자유에너지(Gibbs free energy, G: 이후 Gibbs 에너지라고 한다.)를 도입한다.

$$\Delta G = \Delta H - T\Delta S$$

따라서 주어진 계에서 일어나는 변화의 자발성 여부를 판단하기 위해 Gibbs 에너지를 사용하면 다음과 같은 조건이 얻어진다.

$$\Delta G < 0$$

이제 주어진 계의 변화가 자발적인 과정인지를 판단하기 위하여 계의 Gibbs 에너지 변화가 음의 값을 나타내는지를 판단하면 된다. 주어진 계의 에너지가 낮아지는 발열 반응($\Delta H < 0$)이 일어나고, 동시에 계의 엔트로피가 증가한다면($\Delta S > 0$), Gibbs 에너지의 변화는 당연히 음수가 되면서 계의 변화는 자발적으로 진행된다. 계의 에너지가 증가하는 흡열 반응($\Delta H > 0$)의 경우에도 계의 엔트로피의 증가($\Delta S > 0$)가 충분히 크게 일어난다면, 그리고 엔트로피 증가($\Delta S > 0$)는 작아도 온도(T)가 충분히 높으면 Gibbs 에너지 변화가 음의 값을 가지게 되어 계의 변화가 자발적으로 진행될 수 있다. 다음의 표는 계의 주어

진 변화에서 일어나는 엔탈피 변화(ΔH)와 엔트로피 변화(ΔS)의 부호에 따른 Gibbs 에너지 변화(ΔG)의 부호와 그에 따른 계의 변화가 자발적인지의 여부를 보여 준다.

과정의 엔탈피 변화(ΔH)와 엔트로피 변화(ΔS)의 부호에 따른 Gibbs 에너지 변화(ΔG)의 부호와 자발성

ΔH	ΔS	$\Delta G = \Delta H - T\Delta S$
+	+	높은 온도에서 ΔG가 음의 값을 갖게 되어 과정은 자발적으로 일어난다. 낮은 온도에서는 역과정이 자발적으로 일어난다.
+	−	ΔG가 항상 양의 값을 갖게 되므로 모든 온도에서 과정은 비자발적이다. 역과정은 모든 온도에서 자발적으로 일어난다.
−	+	ΔG가 항상 음의 값을 갖게 되므로 과정은 모든 온도에서 자발적으로 일어난다.
−	−	낮은 온도에서 ΔG가 음의 값을 갖게 되어 과정은 자발적으로 일어난다. 높은 온도에서는 역과정이 자발적으로 일어난다.

❸ Gibbs 에너지 변화와 평형

주어진 물리적·화학적 변화에 따른 Gibbs 에너지 변화는 엔탈피 변화와 엔트로피의 변화에서부터 구할 수 있으므로, 그 변화의 전과 후에 관여하는 물질의 생성 엔탈피와 엔트로피 표를 사용하면 Gibbs 에너지 변화를 구할 수 있다. 주어진 온도에서 얻어진 Gibbs 에너지 변화가 음의 값을 가지면 그 변화는 자발적이 되며, 양의 값을 가지면 역방향(reverse direction)으로의 변화가 자발적이 된다. 따라서 열역학적 관점에서 보면 주어진 변화에 따른 Gibbs 에너지 변화가 0이면, 모든 방향으로의 변화가 자발적으로 일어나지 않을 것으로 예상할 수 있으며, 주어진 온도에서 이러한 상태에 도달한 계를 평형 상태(state of equilibrium)에 도달한 계라고 한다.

열역학적 평형: $\Delta G = 0$

열과 에너지 참고자료 12.1

18세기에는 열이 칼로릭(caloric)이라는 유체(fluid)로 구성되어 있다는 잘못된 개념에 바탕을 둔 **열에 관한 칼로릭 이론**(the caloric theory of heat)이 선호되었다. 칼로릭 이론에서는 물체를 가열하면 칼로릭이 흘러 물체의 공간을 채움으로써 물체가 팽창한다고 주장하였고, 열이 뜨거운 물체에서 차가운 물체로 흐르는 이유는 뜨거운 물체에 더 밀집되어 있는 칼로릭 사이의 반발력 때문이라고 설명하였다. 칼로릭 이론에서 무엇보다 가장 잘못된 주장은, 열이 생성되거나 소멸되지 않는 칼로릭으로 구성되어 있기 때문에 열이 보존된다는 것이었다. 프랑스의 Sadi Carnot(카르노)는 칼로릭 이론에 바탕을 두고 열을 기계적인 일로 변환시키는 열기관(heat engine)의 효율, 즉 열이 일로 변환되는 비율에 대해 분석하였다. Carnot는 다음과 같은 **Carnot의 원리**(Carnot principle)를 제안하였다.

이상적 열기관(ideal heat engine)의 효율(efficiency)은 엔진에 공급된 열의 양과 엔진의 입구와 출구 사이의 온도에 의해서만 결정되고, 열전달 물질의 종류와는 무관하다.

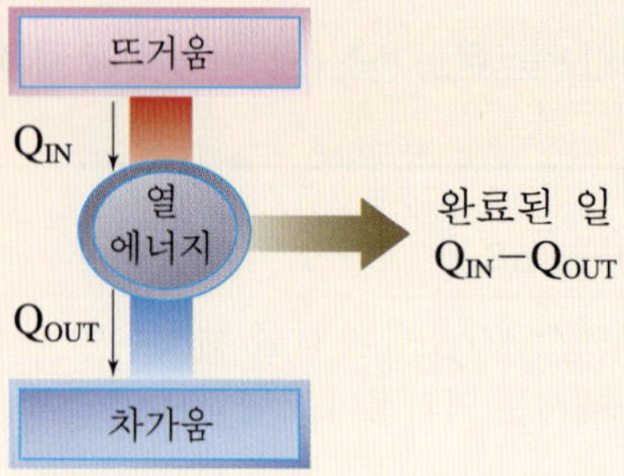

Carnot가 제안한 원리는 비록 잘못된 칼로릭 이론에 바탕을 두긴 하였지만, 이후에 등장하게 되는 열역학 제2법칙(the second law of thermodynamics)의 토대가 되었다. 그러나 비과학적 서술 방식에 의존한 Carnot의 이론은 무시되었고, Carnot의 사후에서야 그 내용이 알려지게 된다. 1840년대까지도 칼로릭 이론은 완전히 폐기되지 않았다. 이러한 상황에서 에너지에 대한 개념이 등장하기 시작하였고, 이에 가장 큰 공헌을 한 사람은 Julius Robert von Mayer(마이어)와 Joule이었다. Mayer는 기계적인 일을 통해 열을 생성할 수 있다는 것을 보임으로써, 열은 보존되는 것이 아니고 다른 것으로 전환된다는 '열과 일의 동등성'에 관해 추론하였다. 그러나 직업이 의사였던 Mayer의 연구 결과도 전문 지식의 부족으로 인해 출판되지 않았다. Joule은 실험을 통해 열과 일의 동등성을 밝혔고, '에너지 보존 법칙'도 주장하였다. 그 이후 Hermann von Helmholtz(헬름홀츠)는 1847년에 에너지 보존 법칙에 관한 논문을 출판함으로써, 에너지 보존 법칙을 명확히 하였다. Thomson(Kelvin 경이 됨)은 열역학(thermodynamics)이라는 용어를 처음으로 사용하였고, 현재 표준 온도 단위로 보편적으로 쓰는 절대 온도 단위를 제안하고 발전시켰다.

알아두어야 할 용어(term)들

• 열	• 일	• 열역학	• 열역학 제0법칙
• 열적 평형	• 백분위 온도 척도	• 섭씨 온도 척도	• 절대 온도 척도
• 계	• 주위	• 경계	• 투열
• 단열	• 단열 팽창	• 열린계	• 닫힌계
• 고립계	• 열역학 제1법칙	• 열용량	• 일정 부피 열용량
• 일정 압력 열용량	• 비열	• 내부 에너지	• 엔탈피
• 표준 생성 엔탈피	• 표준 상태	• 표준 조건	• 열량계
• 발열 반응	• 흡열 반응	• 자발적 변화	• 엔트로피
• 열역학 제2법칙	• 열역학 제3법칙	• Gibbs 에너지 변화	

요약

화학반응에 관련된 열과 에너지와 일사이의 관계를 다루는 열역학 법칙들(제0법칙, 제1법칙, 제2법칙, 제3법칙)을 다루면서 그와 관련된 다양한 용어들(열, 일, 내부 에너지 변화, 엔탈피 변화, 엔트로피 변화 그리고 Gibbs 에너지)을 소개하였다.

연 . 습 . 문 . 제

1. $HCl(g) + NH_3(g) \longrightarrow NH_4Cl(g)$와 같은 화학 반응의 엔탈피 변화($\Delta H$)를 구해 보자. 단, $HCl(g)$의 $\Delta H_f^\circ = -92.3$ kJ/mol, $NH_3(g)$의 $\Delta H_f^\circ = -46.1$ kJ/mol, $NH_4Cl(s)$의 $\Delta H_f^\circ = -314.4$ kJ/mol이다.

2. $C_6H_6 + O_2 \longrightarrow 6CO_2 + 3H_2O$은 벤젠(benzene, C_6H_6)이 산소(O_2)와 반응하여 이산화 탄소(CO_2)와 물(H_2O)로 변하는 반응식이다. 표준 생성 엔탈피(단위: kJ)를 사용하여 반응 엔탈피를 구하시오. 단, 각 물질의 표준 생성 엔탈피는 다음과 같다.
   C_6H_6: 49.0 kJ/mol, CO_2: −393.5 kJ/mol, H_2O: −285.5 kJ/mol

3. $CaCO_3 \longrightarrow CaO + CO_2$는 탄산 칼슘의 분해 반응식이다. 이 반응의 반응열이 178.1 kJ로 측정되었다면, 탄산 칼슘의 표준 생성 엔탈피를 구하시오. 단, 화학종의 표준 생성 엔탈피는 다음과 같다.
   CaO: −635.5 kJ/mol, CO_2: −393.5 kJ/mol

4. 일정 압력 열량계를 사용하여 1.0 M HCl 수용액 40.0 mL와 1.0 M NaOH 수용액 50.0 mL를 섞어 $HCl + NaOH \longrightarrow NaCl + H_2O$와 같은 산-염기 반응(acid-base reaction)을 일으켰다. 산-염기 반응이 일어나기 전 수용액의 온도는 21.0 °C이었고, 산−염기 반응이 일어난 후 온도는 27.5 °C이었다. 수용액의 비열이 4.18 J/g·°C, 수용액의 밀도가 1.00 g/mL일 때, 반응열(단위: kJ/mol)은 얼마인가?

5. 일정 압력 열량계를 사용하여 6.0 M HCl 수용액 40.0 mL와 4.0 M NaOH 수용액 60.0 mL를 섞어 $HCl + NaOH \longrightarrow NaCl + H_2O$와 같은 산−염기 반응(acid-base reaction)을 일으켰다. 산−염기 반응이 일어나기 전 수용액의 온도는 21.0 °C이었고, 산−염기 반응이 일어난 후 온도는 63.0 °C이었다. 수용액의 비열이 4.18 J/g·°C, 열량계의 열용량이 2.0×10^2 J/°C, 수용액의 밀도가 1.00 g/mL라면, 반응열(단위: kJ/mol)은 얼마인가?

6. 다음 내용이 옳으면 ( ) 안에 ○표, 틀리면 ×표와 이유를 함께 쓰시오.
   (a) $\Delta S_{계} > 0$이면, 그 계의 엔트로피는 증가한 것이다. (   )
   (b) 열역학 제2법칙에 의하면, 주어진 액체가 그 액체의 어는점보다 더 낮은 온도를 가진 물질과 접촉함으로써 자발적으로 어는 과정에서는 그 액체의 엔트로피만 감소하는 현상이 나타난다. (   )
   (c) 0 °C에서 주어진 완전하고 순수한 결정의 절대 엔트로피는 0이다. (   )
   (d) 평형에 도달한 계의 경우, 생성물과 반응물 사이의 자유 에너지 차이는 0이다. (   )
   (e) HCl과 같은 분자는 H 원자와 Cl 원자 사이의 상대적 위치가 변하는 운동과 HCl 분자 전체로서의 운동에 관련된 진동 에너지와 회전 에너지를 가진다. (   )
   (f) 어떤 반응이 시작되기 위해 에너지가 필요하다면, 그 반응은 자발적인 반응이 아니다. (   )

(g) 열역학 제3법칙에 의하면, 어떤 결정형 고체든 0 K에서의 엔트로피는 0이다. ( )

7. 다음 각 경우에 높은 온도에서, 또는 낮은 온도에서 ΔG가 + 값을 가지는지, 아니면 −값을 가지는지 쓰시오.
(a) $\Delta H > 0 \quad \Delta S > 0$
(b) $\Delta H < 0 \quad \Delta S < 0$
(c) $\Delta H > 0 \quad \Delta S < 0$
(d) $\Delta H < 0 \quad \Delta S > 0$

8. $A + 6O_2(g) \longrightarrow 6CO_2(g) + 6H_2O(l)$와 같은 산화 반응의 $\Delta G°$를 구하시오(단, 298 K에서 A의 $\Delta G_f° = -907.9$ kJ/mol, $CO_2(g)$의 $\Delta G_f° = -394.6$ kJ/mol, $H_2O(l)$의 $\Delta G_f° = -237.2$ kJ/mol이다).

9. 273 K에서 얼음이 녹는 가역적 과정의 $\Delta H = 6.0$ kJ/mol이라고 할 때 다음 물음에 답하시오(단, $\Delta G = 0$으로 가정한다).
(a) 이 과정의 엔트로피 변화($\Delta S_{계}$)를 구하시오.
(b) 얼음의 어는점에서 우주의 엔트로피 변화($\Delta S_{우주}$)가 0인 것을 정량적으로 설명하시오.

10. $4CuO(s) \longrightarrow 2Cu_2O(s) + O_2(g)$와 같은 반응의 경우, 298 K에서의 $\Delta S°$를 구하시오(단, CuO의 $\Delta H_f° = -157.3$ kJ/mol, Cu_2O의 $\Delta H_f° = -168.6$ kJ/mol, CuO의 $\Delta G_f° = -129.7$ kJ/mol, Cu_2O의 $\Delta G_f° = -146.0$ kJ/mol이다).

11. 다음 문장의 ( ) 안을 적절한 용어나 식 또는 서술로 채우거나 밑줄 친 ( ) 안에서는 올바른 답을 선택하시오.

> 열역학에서는 우주를 이루고 있는 공간과 물질 중에서 우리들의 관심의 대상이 되는 부분을 (①)라 하고, 그 이외의 나머지 부분은 모두 다 (②)라고 정의하며, (①)와 (②)를 구분하는 가상적인 부분을 (③)라고 부른다. (①)의 경우 크게 (④), (⑤), 그리고 (⑥)와 같이 세 가지 종류로 구분하는데, 우주가 (⑥)로 분류되는 이유는 (⑦)과 (⑧)를 주고받을 대상인 (②)가 없기 때문이다. 그리고 (②)와 (⑧)의 교환은 가능하지만, (⑦)의 교환은 불가능한 (①)는 (⑤)로 분류한다.
>
> 열역학 제1법칙의 기본개념은 (⑧)의 보존이다. 주어진 (⑤)가 (②)로부터 열(Q)을 흡수한 후, 그 (①)가 (②)에 행하는 일(W) 그리고 그 (①)의 내부 에너지 변화(ΔU)를 사용하여 열역학 제1법칙을 표현하는 식은 (⑨)(식을 쓰시오. 단, 이 식에서 W = $p\Delta V$로 정의한다)이다.
>
> 주어진 화학 반응이 자발적으로 일어나는가를 판단하는 기준으로 Gibbs 에너지 변화(ΔG)를 사용할 수 있다. 엔탈피 변화(ΔH)와 온도(T) 그리고 엔트로피 변화(ΔS)를 사용하여 Gibbs 에너지 변화를 정의하는 식은 (⑩)(식을 쓰시오)와 같다. 이 식에 따르면 흡열 반응이고 엔트로피는 증가하는 화학반응이 자발적으로 일어나기 위해서는 그 반응이 일어나는 온도가 충분히 (⑪ 낮아야, 높아야) 한다.

12. 계의 엔트로피 변화를 정의하는 식(ΔS = Q/T)이 의미하는 두 가지 내용을 서술하시오.

13. $2C_2H_2(g) + 5O_2(g) \rightarrow 4CO_2(g) + 2H_2O(g)$, $\Delta H_{반응} = -2511.6$ kJ와 같은 화학 반응식에 관한 다음의 질문들에서 ( ) 안에 정확한 수치를 써넣거나 밑줄 친 ( )의 경우 올바른 용어를 선택하시오(단, ②번의 경우 풀이과정과 함께 답을 제시하시오).

① 위 반응식에 의하면 ( )몰(mol)의 아세틸렌(C_2H_2)기체가 ( )몰의 산소(O_2)기체와 반응하여 ( )몰의 이산화 탄소(CO_2) 기체와 ( )몰의 수증기(H_2O)가 생성되면서 2511.6 kJ의 열이 (방출, 흡수)됨을 알 수 있다.

② 5.00 g의 아세틸렌(C_2H_2)기체가 충분한 양의 산소기체와 반응하여 위의 반응을 일으키면, 반응 엔탈피($\Delta H_{반응}$, 단위: kJ)를 구해보시오(단, C의 원자량은 12.0, 수소원자의 원자량은 1.01이다).

14. 일정 압력 열량계에 0.200 M NaCl 수용액 100.0 mL에 0.200 M $AgNO_3(aq)$ 수용액 100.0 mL를 첨가하여 침전 반응($Ag^+(aq) + Cl^-(aq) \rightleftarrows AgCl(s)$)을 진행시키면서 반응 엔탈피를 알아내고자 한다. 실험결과 초기온도 = 21.9 °C, 최종온도 = 23.5 °C, 최종 수용액의 무게 = 200.0 g, 최종 수용액의 비열 = 4.18 J/g °C, 열량계의 열용량 = 2.0 × 102 J/°C의 수치를 얻었다면, 이 침전 반응의 반응 엔탈피($\Delta H_{반응}$, 단위: kJ/mol)를 구하시오.

15. $C_6H_{12}O_6(s) + 6O_2(g) \rightarrow 6H_2O(l) + 6CO_2(g)$: $C_6H_{12}O_6$(포도당)의 연소반응, $\Delta H_{반응} = -2802.6$ kJ/mol 와 같은 화학 반응식에 관한 다음의 질문들에서 ( ) 안에 정확한 수치를 써넣거나 밑줄 친 ( )의 경우 올바른 용어를 선택하시오.

① 위 반응식에 의하면, ( )몰(mol)의 포도당은 ( )몰의 산소기체와 반응하여 모두 다 사라지면서 ( )몰의 물(H_2O)과 ( )몰의 이산화 탄소(CO_2) 기체가 생성되는데, 이 반응에서는 2802.6 kJ의 열이 (방출, 흡수)됨을 알 수 있다.

② 1/2 몰의 포도당이 충분한 양의 산소기체와 반응하여 모두 다 사라지는 반응이 일어난다면, 반응 엔탈피($\Delta H_{반응}$)는 (   ) kJ이 된다.

16. 일정 압력 열량계에 첨가된 6.00 M HCl 수용액 35.0 mL의 온도는 12.0 °C이다. 여기에 6.00 M NaOH 수용액 45.0 mL를 섞어 산-염기 반응($HCl(aq) + NaOH(aq) \rightarrow NaCl(aq) + H_2O(l)$)을 일으킨 후 측정한 온도는 38.4 °C이다. 최종 수용액의 밀도는 1.01 g/mL이고, 비열은 4.18 J/g °C, 열량계의 열용량은 2.0 × 102 J/°C이다. 이 산-염기 반응의 반응 엔탈피($\Delta H_{반응}$, kJ/mol)를 구하시오.

13

상평형과 혼합물, 용액의 총괄성

순수한 물질은 자연계에서 여러 가지 상태(고체, 액체, 기체 등)로 발견되며, 주어진 외부 조건의 변화에 따라 상태가 바뀌기도 한다. 예를 들어, 액체 상태의 물질은 어떠한 조건에서 액체 상태로 있으며, 외부 조건 중 어느 것을 변화시키면 고체 상태로 바뀌게 될까? 얼음물과 같이 물과 얼음이 같이 있는 상태를 유지시키는 조건은 무엇일까? 두 가지 이상의 물질이 섞여 있는 혼합물도 여러 가지 상태로 발견되는데, 이러한 혼합물에서도 주어진 상태를 유지시키는 조건을 알아낼 수 있을까? 혼합물이 되는 이유는 무엇일까? 이 장에서는 물질의 상태를 결정하는 조건들과 혼합물의 성질에 대해 알아보도록 한다.

13.1 상평형과 혼합물

13.1.1 순수한 물질의 상평형

❶ Gibbs 에너지 변화는 물질 이동의 방향을 결정한다.

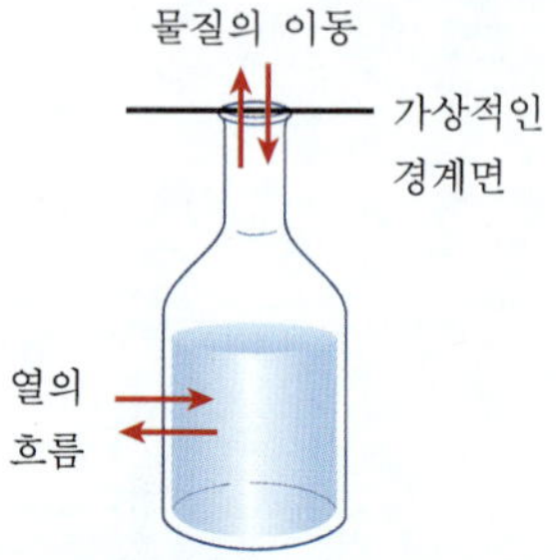

열린계: 여기서 용기 내부에 존재하는 액체 상태의 물과 그 위에 위치한 기체 상태의 물(수증기)이 함께 계(두 가지 상으로 이루어진 계)를 이루고 있다.

이제까지 우리는 경계(boundary)를 통해 에너지의 흐름만 가능한 닫힌계(closed system)에 대해 알아보았다. 경계를 통해 물질의 출입이 가능한 열린계(open system)에서는 어떤 일이 일어나고 물질의 출입이 일어날 수 있는 조건은 무엇일까? 열린계의 한 가지 예로 옆의 그림과 같은 뚜껑이 없는 용기에 담겨 있는 물에 대해 알아보자. 이 경우 열린계와 주위를 구분하는 경계는 용기 내부의 물 표면이 아니라 용기의 바깥 부분과 안쪽 부분이 구분되는 가상적인 경계면이라는 점에 유의하자. 즉, 이 경우에 계란 단일 물질로만 이루어진 계가 아니라 용기 내부에 존재하는 액체 상태의 물과 그 위에 위치한 기체 상태의 물(수증기)이 함께 이루는 계라는 점이다. 따라서 용기의 뚜껑이 위치하는 부분이 가상적인 경계가 되어 용기의 내부인 계와 용기의 밖인 주위를 구분하게 된다.

이제 계를 살펴보자. 액체 상태의 물은 주어진 온도에서 기체 상태의 물(수증기, water vapor)로 변하면서(증발, evaporation) 물 표면에 수증기압(vapor pressure of water)을 나타내고, 기체 상태의 물(수증기)이 다시 액체 상태의 물로 돌아오는 과정(응축, condensation)도 일어나게 된다. 12장에서 주어진 닫힌계에서 일어나는 변화가 정방향과 역방향 모두 가능할 때, 어떤 방향의 변화가 자발적인지를 판단하는 기준으로 Gibbs 자유 에너지의 변화를 사용하였으며, 주어진 계의 변화에 수반되는 Gibbs 에너지의 변화가 일어나지 않는 경우($\Delta G = 0$), 계의 변화는 어떤 방향으로도 일어나지 않는다는 결론을 내릴 수 있었다. 그렇다면 물과 수증기로 이루어진 계에서 일어나는 물질의 이동(transfer of matter)의 경우 닫힌계의 경우와 마찬가지로 Gibbs 에너지의 변화가 물질의 이동 방향(증발과 응축)을 결정하는 것은 아닐까?

❷ 화학 퍼텐셜(chemical potential)은 '몰당 Gibbs 에너지'이다.

화학 퍼텐셜이란 주어진 화학종이 소유하는 화학적 변화를 일으킬 수 있는 잠재력이라고 할 수 있다. 예를 들어 석유나 석탄, 천연가스와 같은 화석 연료(fossil fuel)는 산소와 결합하면 연소 반응(combustion reaction)을 일으키면서 에너지(빛과 열)를 방출한다.

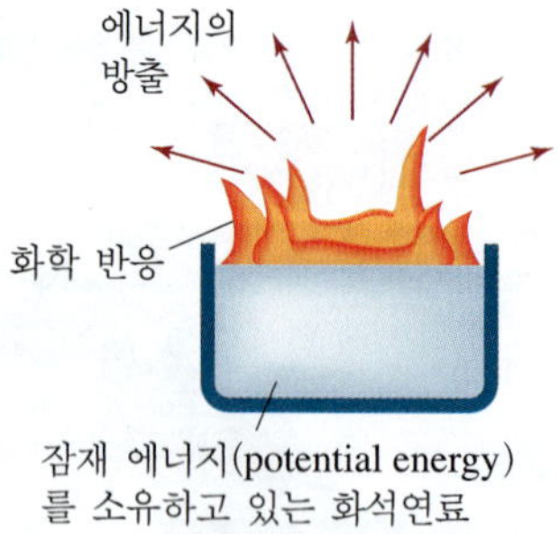

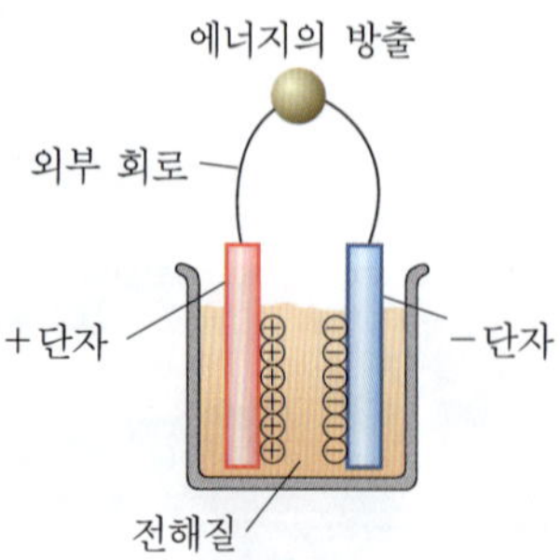

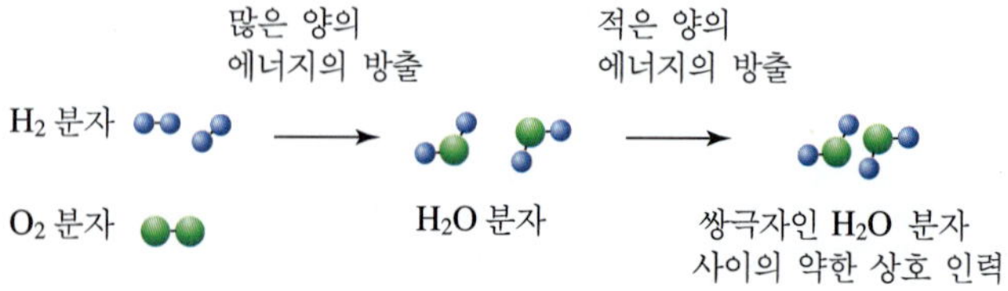

그리고 다양한 종류의 배터리(battery)는 그 자체에서 일어나는 산화−환원 반응(oxidation-reduction reaction)을 통해 외부 회로에 에너지(전압이나 전류)를 공급한다. 또

한 화학종 사이에서 화학 결합(chemical bond)이 형성되는 과정에서는 에너지가 방출되며, 두 화학종 사이의 약한 상호 작용에 의해서도 에너지가 방출될 수 있다.

12장에서 물질의 양에 의존하는 엔탈피(H)와 엔트로피(S)를 사용하여 Gibbs 에너지(G)를 정의($\Delta G = \Delta H - T\Delta S$)하였으므로 Gibbs 에너지 역시 물질의 양에 의존할 것임을 예상할 수 있다. 여기서는 Gibbs 에너지를 물질의 몰수로 나누어 얻어지는 몰당 Gibbs 에너지(G/n)를 다음과 같이 정의해 보자.

$$G/n = \mu$$

(G: Gibbs 에너지, n: 물질의 몰수, μ: 화학 퍼텐셜)

※ 물이 높은 곳에서 낮은 곳으로 자발적으로 흐르듯이 물질은 화학 퍼텐셜(μ)이 높은 곳에서 낮은 곳으로 이동한다.

이제 다시 물과 수증기로 이루어진 계에 대해 생각해 보자. 액체 상태의 물과 기체 상태의 물(수증기) 사이에서 물질 이동이 일어나기 전에 계의 Gibbs 에너지는 다음과 같다.

$$G_{전} = G_{물} + G_{수증기} = \mu_{물}n_{물} + \mu_{수증기}n_{수증기}$$

이제 액체상(liquid phase)에서 기체상(gas phase)으로 Δn만큼의 물이 자발적으로 이동한다고 가정해 보자. 그러한 물질의 이동이 일어난 후, 계의 Gibbs 에너지는 다음과 같다.

$$G_{후} = \mu_{물}(n_{물} - \Delta n) + \mu_{수증기}(n_{수증기} + \Delta n)$$

결국 물질 이동에 따라 일어나는 Gibbs 에너지 변화는 다음과 같다.

$$\begin{aligned}\Delta G &= G_{후} - G_{전}\\ &= \{\mu_{물}(n_{물} - \Delta n) + \mu_{수증기}(n_{수증기} + \Delta n)\} - (\mu_{물}n_{물} + \mu_{수증기}n_{수증기})\\ &= (\mu_{수증기} - \mu_{물})\Delta n\end{aligned}$$

그런데 자발적 과정에서 Gibbs 에너지 변화는 음수가 되어야 하므로 다음 관계가 성립되어야 한다.

$$\mu_{수증기} < \mu_{물}$$

즉, 액체상에서 기체상으로 물질의 이동이 자발적으로 일어나려면 액체 상태인 물의 화학 퍼텐셜이 기체 상태의 물인 수증기 화학 퍼텐셜보다 더 커야 한다. 물의 자발적 증발이 지속되면서 기체 상태 물의 Gibbs 에너지와 액체 상태 물의 Gibbs 에너지 사이의 차이가 사라지면, 더 이상 물의 증발은 일어나지 않게 된다. 액체상의 물과 기체상의 물이 이러한 상태에 도달하는 경우, 두 가지 상(phase)이 열역학적 평형 상태에 있다고 말한다.

13.1.2 상평형 그림

❶ 상평형에서는 상규칙이 존재한다.

물질은 외부 조건에 따라 여러 가지 상으로 존재할 수 있다. 예를 들어 보자. 물은 표준 상태에서 0 °C 이하에서는 고체상(solid phase), 100 °C 이상에서는 기체상(gas phase), 0 °C 이상과 100 °C 이하에서는 액체상(liquid phase)으로 존재한다. 이렇게 주어진 물질이

이 서로 다른 상으로 안정하게 존재하는 기준은 무엇일까? 앞에서 서로 다른 상 사이에서의 물질 이동은 화학 퍼텐셜의 차이에 근거하는 것으로 설명하였다. 주어진 외부 조건 하에서 주어진 물질이 안정한 상으로 존재할 수 있는 조건에 관련된 Gibbs의 **상규칙**(phase rule)은 다음과 같다.

$$f = C - P + 2$$

f: 자유도(degree of freedom: 안정한 상을 유지하며 변화시킬 수 있는 상태변수의 수)
C: 순수한 물질의 수, P: 상(phase)들의 수

한 가지의 순수한 물질(예: 액체 상태의 순수한 물)에 대해서는

$$C = 1, P = 1\text{이므로} \qquad f = 1 - 1 + 2 = 2$$

이다. 즉, 액체상의 순수한 물의 경우에는 두 가지 변수(온도와 압력)가 변해도 액체상의 안정을 유지할 수 있다. 그러나 액체 상태의 물과 기체 상태의 물(수증기), 고체 상태의 물(얼음)이 공존하는 삼중점(triple point, 온도: 273.16 K, 압력: 0.006 bar)에서의 계는 한 가지 순수한 물질(물)이 세 가지 상으로 존재하므로

$$C = 1, P = 3\text{이므로} \qquad f = 1 - 3 + 2 = 0$$

이다. 삼중점에 있는 물은 온도나 압력 중 하나가 변하면 삼중점에서 벗어나 새로운 상으로의 변화가 일어나는 것이다. 삼중점은 그 물질이 갖는 고유한 성질 중 하나이다.

❷ 순수한 물질의 상평형 그림

상평형 그림(phase diagram)의 정의는 다음과 같다.

온도와 압력의 함수로 주어진 물질이 나타내는 상들의 경계를 표시한 그림

따라서 상평형 그림에서는 상 사이의 경계 또는 두 개의 상이 평형 상태로 공존하는 온도와 압력의 범위를 나타내게 된다. 그림 13.1과 13.2는 각각 물과 이산화 탄소의 상평형 그림들이다.

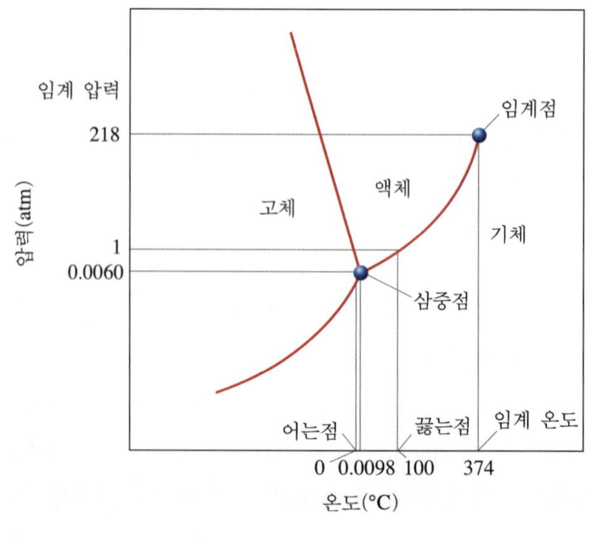

그림 13.1
물의 상평형

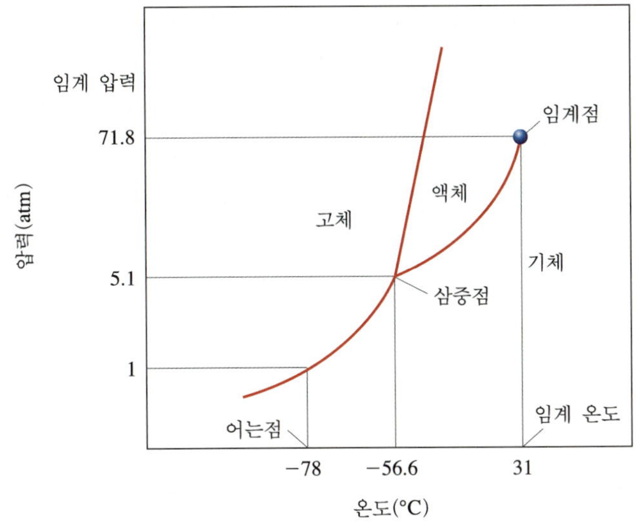

그림 13.2
이산화 탄소의 상평형

물질의 온도 변화에는 엔트로피의 변화가 수반되며, 압력 변화에는 부피 변화가 수반된다. 이것은 두 상이 평형 상태로 공존하는 상의 경계를 나타내는 압력−온도 곡선의 기울기가 엔트로피 변화와 부피 변화로 표시될 수 있음을 의미하며, Clapeyron 식(Clapeyron equation)으로 정리된다.

Clapeyron 식

$$\text{기울기} = \frac{\Delta P}{\Delta T} = \frac{\Delta S}{\Delta V}$$

물질이 고체에서 액체, 그리고 기체로 될 때 엔트로피와 부피의 증가가 일어난다. 이러한 변화는 일반적으로 순수한 물질의 모든 상평형 그림에서 나타나고, 그림 13.3에서 볼 수 있는 것처럼 상평형 그림의 경계를 나타내는 곡선의 기울기는 일반적으로 양의 값을 보인다. 이산화 탄소의 상평형 그림에서 고체상과 액체상의 경계를 나타내는 곡선의 기울기가 액체상과 기체상의 경계를 나타내는 곡선의 기울기보다 큰 이유는 고체에서 액체로 변하는 과정에서 크게 발생하는 엔트로피의 변화에 비해 상대적으로 작게 일어나는 부피 변화에 기인하며, 액체에서 기체로 변하는 경우에는 엔트로피의 변화도 크게 일어나지만 부피 변화도 크게 발생하기 때문이다. 물의 경우 고체상과 액체상의 경계를 나타내는 선의 기울기가 음의 값을 보이는 이유는 물이 고체에서 액체로 변하는 과정에서 물 분자의 배열이 달라지면서 부피가 감소하기 때문이다.

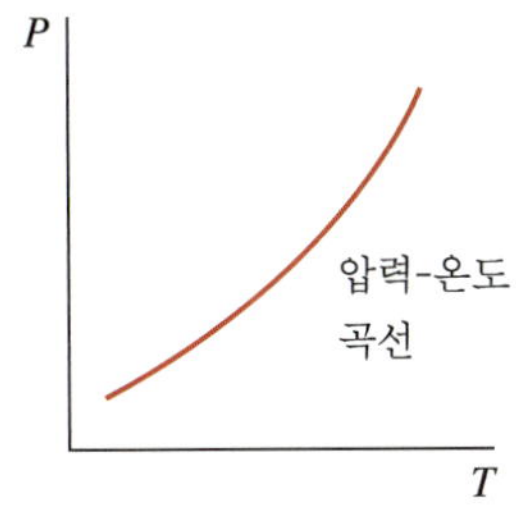

그림 13.3
압력−온도 곡선의 기울기

13.1.3 혼합물

❶ 물질이 혼합될 때 Gibbs 에너지가 감소한다.

지금까지 순수한 물질의 열역학적 성질에 대해 다루었다. 혼합물은 두 가지 이상의 순수한 물질이 섞여 있는 물질이며, 기체나 액체 또는 고체상으로 존재할 수 있다. 그러면 순수한 물질이 서로 섞이게 되는 이유는 무엇일까?

(가) 두 종류의 이상 기체가 섞여 균일한 혼합물(용액)을 이루는 과정

이상 기체의 경우 기체를 구성하는 입자는 항상 무질서하게 운동하고 있으므로, 기체의 내부 에너지는 기체를 구성하는 입자가 가진 운동 에너지를 합한 것이다. 그리고 이상 기체의 경우 기체를 구성하는 입자 사이에는 아무런 상호 작용(인력 또는 반발력)이 존재하지 않는다. 그러므로 만일 일정한 온도에서 두 종류의 이상 기체가 서로 섞이는 경우, 각 기체가 가진 내부 에너지는 변하지 않지만($\Delta E = 0$) 서로 섞이는 과정에서 엔트로피는 증가한다($\Delta S > 0$). 결국 두 종류의 이상 기체가 서로 섞이는 과정에서는

$\Delta H = \Delta E$

이다. 따라서

$\Delta G = \Delta H - T\Delta S$에서

$\Delta S > 0$이므로, $\Delta G < 0$

와 같이 Gibbs 에너지의 감소가 일어나므로, 두 종류의 이상 기체의 섞임은 자발적으로 일어나 이상 용액(ideal solution)이 만들어진다.

(나) 두 종류의 액체가 서로 섞여 균일한 혼합물(용액)을 이루는 경우

주어진 액체의 경우 액체를 구성하는 입자는 서로 충분히 가깝게 위치하므로 입자 사이에는 일정한 크기의 상호 작용이 존재한다. 그리고 액체의 종류에 따라 상호 작용의 크기가 다르므로, 액체마다 서로 다른 크기의 내부 에너지를 소유한다. 따라서 두 가지 서로 다른 액체가 섞이는 경우, 내부 에너지에 변화가 생긴다.

그러나 두 가지 서로 다른 액체가 섞일 때, 각 액체를 구성하는 입자 사이의 상호 작용의 크기가 크게 다르지 않은 경우에는, 두 액체가 서로 섞이는 과정에서 내부 에너지 변화는 일어나지 않는 것으로 받아들일 수 있다. 즉, 두 가지 서로 다른 액체가 섞여 이상 용액을 형성하게 되는 것이다. 이와 같이 두 가지 서로 다른 액체가 섞여 이상 용액이 만들어지는 과정은 앞에서 언급한 이상 기체의 섞임에서와 마찬가지로 내부 에너지의 변화는 일어나지 않지만 엔트로피는 증가하게 되어 Gibbs 에너지가 감소하는 자발적인 과정이 된다.

그러나 실제로는 매우 많은 양의 한 가지 액체와 상대적으로 아주 적은 양의 두 번째 액체가 서로 섞여 용액을 이루는 경우에만, 그 혼합물을 이상 용액이라고 할 수 있다.

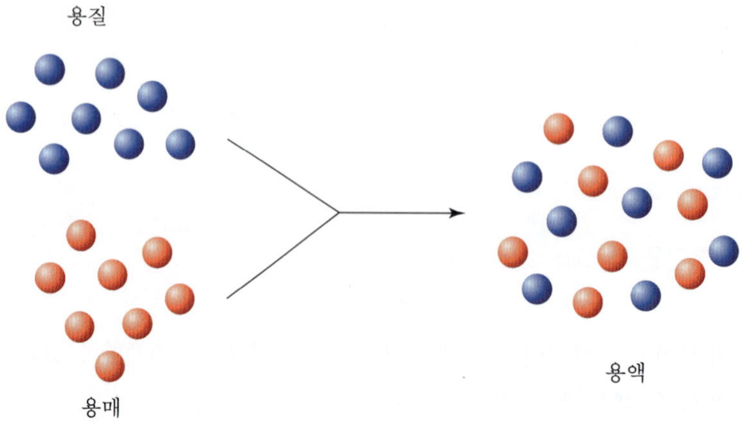

그림 13.4
$\Delta S_{섞임} > 0$: 용매에 용질이 녹아서 용액을 형성할 때 엔트로피는 증가한다.

(다) 고체 용질이 액체 용매와 섞여 균일한 혼합물(용액)을 이루는 경우

고체 용질을 구성하는 입자 사이의 상호 작용의 크기는 용매인 액체를 구성하는 입자의 상호 작용의 크기와 다르므로 고체 용질과 액체 용매는 각각 서로 다른 크기의 내부 에너지를 소유한다. 그 결과 고체 용질과 액체 용매가 서로 섞여 균일한 혼합물(용액)을 형성하는 과정에서는 내부 에너지에 변화가 생긴다. 그러나 만일 많은 양의 액체 용매에 상대적으로 매우 적은 양의 고체 용질이 섞여 용액을 이루는 경우에는 내부 에너지의 변화가 무시할 수 있을 정도로 작게 일어나 이상 용액이 만들어질 수 있다. 이와 같이 고체 용질과 액체 용매가 서로 섞여 이상 용액이 만들어지는 과정은 앞에서 언급한 기체나 액체가 섞여 이상 용액을 이루는 경우와 마찬가지로 내부 에너지의 변화는 일어나지 않지만 엔트로피는 증가하게 되므로, Gibbs 에너지가 감소하는 자발적 과정이 된다.

13.2 용액의 총괄성

13.2.1 용액은 삼투 현상을 일으킬 수 있다

아래 그림에서 볼 수 있는 계를 생각해 보자.

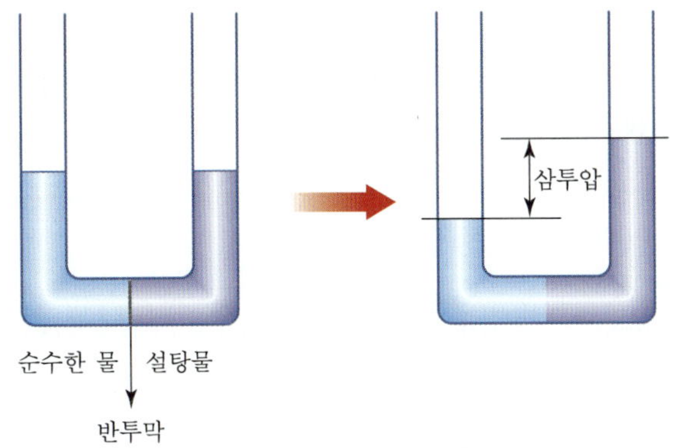

그림 13.5
삼투 현상과 삼투압

초기에 반투막(semipermeable membrane)을 사이에 두고 순수한 용매인 물과 설탕물이 분리되어 있다. 용매(물) 분자는 반투막을 통과하지만, 용질(설탕) 분자는 통과하지 못한다.

순수한 용매인 물이 반투막을 통과하여 설탕물 쪽으로 이동하여, 설탕물의 높이가 올라가면서 양쪽 액체의 높이 차이만큼 용액에 압력이 더해진다. 앞에서 물질의 이동은 화학 퍼텐셜의 차이 때문에 일어난다고 하였다. 위의 예에서는 순수한 용매(물)의 화학 퍼텐셜이 설탕물에 함유된 용매(물)의 화학 퍼텐셜보다 더 높기 때문에 순수한 용매(물)와 설탕물 사이의 Gibbs 에너지의 차이가 사라질 때까지 순수한 물의 이동이 일어나는 것이다.

이러한 현상을 **삼투 현상**(osmosis)이라고 하고, 새롭게 생겨난 압력을 **삼투압**(osmotic pressure, π)이라고 한다. 삼투압은 다음과 같은 식으로 구한다.

$$\pi = i(\frac{n}{V})RT = i\,MRT$$

여기서

i: 다음과 같이 정의되는 반트호프 인자(Van't Hoff factor, 단위: 없음)

i = (용질이 용매와 섞인 후 용질로부터 생겨난 입자의 수)
÷ (용매와 섞이기 전 용질의 화학식 단위의 수)

※ 비전해질(non-electrolyte)의 경우 $i = 1$

n: 용질의 mol수, V: 용액의 부피(단위: L), M: 용액의 몰농도(mol/L)

R: 기체 상수(gas constant) = 0.082054 L·atm/mol·K

T: 온도(K)

예제 13.1 25.0 ℃에서 반투막을 사이에 두고 순수한 용매인 물과 0.10 M 설탕물이 분리되어 있다. 어떤 크기의 삼투압이 발생할까?

풀이 »

설탕의 경우 $i = 1$이므로

$$\pi = iMRT = MRT$$
$$= (0.10\text{ mol/L}) \times (0.082054\text{ L·atm/mol·K}) \times \{(25.0 + 273.15)\}\text{ K} = 2.4\text{ atm}$$

예제 13.2 0.0 ℃에서 반투막을 사이에 두고 순수한 용매인 물과 0.10 M NaCl 수용액이 분리되어 있다. 어떤 크기의 삼투압이 발생하는가?

풀이 »

NaCl의 경우 $i = 2$($NaCl \longrightarrow Na^+ + Cl^-$)이므로

$$\pi = iMRT = 2MRT$$
$$= 2 \times (0.10\text{ mol/L}) \times (0.082054\text{ L·atm/mol·K}) \times \{(0.0 + 273.15)\}\text{ K} = 4.5\text{ atm}$$

13.2.2 순수한 용매가 용질과 섞여 용액이 되면 용매의 증기압은 감소한다

앞에서 삼투 현상(용매의 이동이 일어나는 현상)은 순수한 용매의 화학 퍼텐셜이 용액 중 용매의 화학 퍼텐셜보다 높기 때문이라고 하였다. 액체 상태의 순수한 용매와 기체 상태인 용매 증기(solvent vapor)가 이루는 계를 생각해 보자. 액체 상태 용매의 Gibbs 에너지가 기체 상태 용매의 Gibbs 에너지와 같아지는 평형 상태에서 기체 상태의 용매가 나타내는 압력을 용매의 **평형 증기압**(equilibrium vapor pressure)이라고 한다. 순수한 용매에 용질이 첨가되어 용액이 만들어지면, 용액 중 용매의 화학 퍼텐셜은 순수한 용매의 화학 퍼텐셜보다 더 낮아진다. 이제 기체 상태에 있는 순수한 용매의 화학 퍼텐셜이 용액 중 용매의 화학 퍼텐셜보다 더 크므로 평형 상태에 도달할 때까지 기체상에서 액체상으로 용매의 이동이 일어난다. 그 결과 평형에서 기체 상태 용매가 나타내는 평형 증기압은 순수한 용매에 의해 얻어지는 평형 증기압보다 더 낮아진다. 이러한 현상을 용액의 **증기압 내림**(vapor pressure lowering)이라고 한다(Raoult의 법칙).

Raoult의 법칙

$$P = P^{\circ}X_{용매}$$

(P° : 순수한 용매의 증기압, P : 용액의 증기압, $X_{용매}$: 용매의 몰분율)
용액의 증기압은 이상 용액의 경우 용액 중 용매의 양, 즉 용매의 몰분율에 비례한다.

증기압 내림(ΔP)

증기압 내림은 $\Delta P = P^{\circ} - P$이고 $P = (1-X_{용질})P^{\circ}$이므로

$$\Delta P = P^{\circ} - P = P^{\circ} - (1-X_{용질})P^{\circ} = P^{\circ}\{1 - (1-X_{용질})\} = X_{용질}P^{\circ}$$

이 얻어진다.
여기서

$X_{용질}$: 용액에서 용질의 몰분율(단위: 없음)

용질의 몰분율 = (용질의 몰수) ÷ (용질의 몰수 + 용매의 몰수)

예제 13.3 35 ℃에서 물의 증기압은 43.4 mmHg이다. 0.10 M NaCl 수용액의 증기압을 구해 보자.

풀이 »

0.10 M(= 0.10 mol/L) NaCl 수용액의 경우

용질인 NaCl의 몰수 = 0.10 mol × i = 0.20 mol, 물의 mol수 = 55.6 mol

∵ 물의 밀도(1.00 g/mL)와 0.10 M NaCl 수용액에 함유된 물의 부피를 1.00 L라고 가정하여 계산한 물의 몰수:
(1000 g) ÷ (18.0 g/mol) = 55.6 mol

X_{NaCl} = (NaCl의 mol수) ÷ {(NaCl의 mol수) + (물의 몰수)}
= (0.20) ÷ (0.20 + 55.6) = 0.0036

증기압 내림(ΔP) = $X_{용질}P^{\circ}_{용매}$ = (0.0036) × (43.4 mmHg) = 0.16 mmHg
∴ $P_{물} = P^{\circ}_{물} - \Delta P$ = 43.4 mmHg − 0.16 mmHg = 43.2 mmHg

13.2.3 어는점 내림과 끓는점 오름

앞에서 순수한 물의 상평형 그림을 살펴보았다. 이제 순수한 물에 용질이 첨가되어 수용액이 되면, 그림 13.6에서 볼 수 있는 것처럼 증기압 내림 현상에 의해 상평형 그림의 액체−기체 경계선이 아래쪽으로 이동한다. 이렇게 액체−기체 경계선이 아래쪽으로 이동하게 되면 수증기압이 대기압(1 atm)과 같아지는 수용액에서 물의 끓는점은 순수한 물의 정상 끓는점인 100 °C보다 더 높아진다. 이러한 현상을 **끓는점 오름**(boiling point elevation)이라고 하며, 끓는점 오름의 정도는 용질의 종류와는 무관하며 용질의 양에만 비례한다. 순수한 물이 수용액으로 변하는 경우 그림 13.6에서 볼 수 있는 것처럼 액체−고체 경계선의 이동을 초래하게 되어 **어는점 내림**(freezing point depression)도 일어나게 된다.

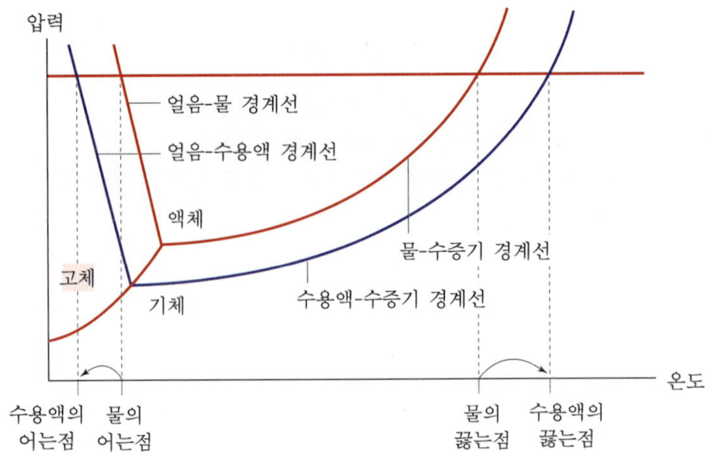

그림 13.6
끓는점 오름과 어는점 내림

끓는점 오름의 정도와 어는점 내림의 정도는 용액 중에 있는 용질의 양에 비례하며, 다음과 같은 식으로 구할 수 있다.

$$\text{끓는점 오름}(\Delta T_b) = iK_b m, \qquad \text{어는점 내림}(\Delta T_f) = iK_f m$$

K_b: 끓는점 오름 상수(단위: °C/m), K_f: 어는점 내림 상수(단위: °C/m)
m: 용액의 몰랄 농도(mol/kg)

표 13.1 몇 가지 물질의 몰랄 끓는점 오름 상수와 어는점 내림 상수

용매	정상 어는점(°C)	K_f(°C/m)	정상 끓는점(°C)	K_b(°C/m)
물(water)	0	1.86	100	0.52
벤젠(benzene)	0.5	5.12	80.1	2.53
에탄올(ethanol)	−114.1	1.99	78.4	1.22
아세트산(acetic acid)	16.6	3.90	117.9	3.07
사이클로헥세인 (cyclohexane)	6.6	20.0	80.7	2.79

예제 13.4 1 atm에서 물의 끓는점은 100.00 °C이다. 0.10 m NaCl 수용액의 끓는점을 구해 보자.

풀이 »

끓는점 오름(ΔT_b) = $iK_b m$ = (2) × (0.52 °C/m) × (0.10 m) = 0.10 °C

따라서 0.10 m NaCl 수용액의 끓는점은

(물의 정상 끓는점) + ΔT_b = 100.00 °C + 0.10 °C = 100.10 °C

예제 13.5 1 atm에서 물의 어는점은 0.00°C이다. 1.00 m $CaCl_2$ 수용액의 어는점을 구해 보자.

풀이 »

어는점 내림(ΔT_f) = $iK_f m$ = (3) × (1.86 °C/m) × (1.00 m) = 5.58 °C

$\because CaCl_2 \longrightarrow Ca^{2+} + 2Cl^- \Rightarrow i = 3$

따라서 1.00 m $CaCl_2$ 수용액의 어는점은

(물의 정상 어는점) − ΔT_f = 0.00 °C − 5.58 °C = −5.58 °C

13.2.4 용액의 총괄성과 용질의 분자량

용액의 총괄성(삼투압, 증기압 내림, 끓는점 오름, 어는점 내림)에 관한 정보로부터 용액을 구성하는 용질의 분자량에 관한 정보를 알아낼 수 있다. 예를 들어, 두 가지 서로 다른 액체가 섞여 이루어진 용액의 어는점 내림에 관한 정보로부터 용질의 역할을 하는 액체의 분자량을 알아내는 과정을 알아보자.

예제 13.6 자동차용 냉각수(coolant) 또는 부동액(antifreeze)으로는 물(어는점: 0.0 ℃)과 비전해질인 에틸렌 글리콜(ethylene glycol, EG)을 적정한 비율로 섞어 사용한다. EG의 농도가 40.0 %(*w*/*w*)인 부동액의 어는점이 −20.0 ℃라면, EG의 분자량을 구해 보자. 단, 물의 어는점 내림 상수(K_f)는 1.86 ℃/*m*이다.

풀이 »

부동액 중 EG의 농도

= 40.0 %(*w*/*w*)

: 100.0 g의 냉각수는 40.0 g의 EG(용질)와 60.0 g의 물(용매)이 섞여 있다는 의미

부동액 중 EG의 몰랄 농도

$$= \frac{\text{EG의 몰수}}{\text{60.0 g의 물}}$$

$$= \frac{\dfrac{\text{EG의 무게(g)}}{\text{EG의 몰질량 (g/mol)}}}{\text{0.0600 kg의 물}}$$

여기서 EG의 몰질량을 *x*(단위: g/mol)라고 하면

$$= \frac{\dfrac{40.0\ \text{g}}{x}}{0.0600\ \text{kg}}$$

$$= \frac{667\ \text{g/kg}}{x}$$

부동액의 어는점 내림 $= iK_f m = K_f m\ (\because i = 1)$

$20.0\ ℃ = (1.86\ ℃/m) \times \{(667\ \text{g/kg})/x\}$

$20.0\ ℃ = (1.24 \times 10^3\ ℃\cdot\text{g}/m\cdot\text{kg}) \times (1/x)$

x = EG의 몰질량

$= (1.24 \times 10^3\ ℃\cdot\text{g}/m\cdot\text{kg})/(20.0\ ℃)$

$= (1.24 \times 10^3\ ℃\cdot\text{g/mol})/(20.0\ ℃)$

$= 62.0$ g/mol

∴ EG의 분자량 = 62.0

알아두어야 할 용어(term)들

- 상평형
- 화학 퍼텐셜
- 상평형 그림
- 상규칙
- 총괄성
- 삼투 현상
- 삼투압
- 평형 증기압
- 증기압 내림
- Raoult의 법칙
- 끓는점 오름
- 어는점 내림

요약

순수한 물질이 기체 상태, 고체 상태, 액체 상태 중 한 가지 상태로 존재하는 압력과 온도 조건들 그리고 두 가지 이상의 물리적 상태들이 공존하는 평형 상태로 존재하는 압력과 온도 조건들을 나타내는 상평형 그림을 소개하였다. 또한 용액들이 공통적으로 나타내는 특성인 총괄성(삼투압, 증기압 내림, 어는점 내림, 끓는점 오름)을 소개하였고, 총괄성을 활용하여 물질의 분자량을 규명하는 과정도 다루었다.

연 . 습 . 문 . 제

몰분율과 몰랄 농도

1. 용질과 용매가 섞여 이루어진 용액에서 용질의 몰분율($X_{용질}$)과 용매의 몰분율($X_{용매}$)을 표현하는 식을 쓰시오.
2. 4.50 mol의 A, 1.501 mol의 B, 2.1 mol의 C로 이루어진 균일한 혼합물에서 각 화학종의 몰분율을 구하시오.
3. 1.492 g의 KCl(K : 39.1 Cl: 35.5)을 물 100.0 g에 녹여 KCl 수용액을 제조한다면, 그 수용액의 몰랄 농도를 구하시오.
4. 농도가 0.100 *m*인 KCl 수용액을 제조하려면, 500.0 g의 물에 몇 g의 KCl을 녹여야 하는가?

증기압 내림

5. 20 °C에서 500.0 g의 CCl_4(C : 12.0 Cl : 35.5)에 1.50 g의 물질을 녹여 용액을 만든 결과, 0.56 mmHg만큼의 증기압 내림이 발생하였다. 이 용액의 몰랄 농도를 구하시오(단, 20 °C에서 CCl_4의 증기압은 11.78 mmHg이다).
6. 25 °C에서 25.0 g의 물(분자량: 18.0)에 2.351 g의 물질을 녹여서 만든 수용액의 증기압이 23.543 mmHg이다. 이 물질의 분자량을 구하시오(단, 25 °C에서 수증기압은 23.756 mmHg이다).

끓는점 오름

7. 물의 끓는점 오름 상수(K_b)는 0.51 °C/*m*이다. 비전해질 용질을 물에 녹여 만든 수용액이 100.37 °C에서 끓는다면, 그 수용액의 몰랄 농도를 구하시오.
8. 1000.0 g의 물에 45.0 g의 비전해질 용질을 녹여 만든 수용액의 끓는점은 100.38 °C이다(단, 물의 끓는점 오름 상수는 0.51 °C/*m*이다).
   (a) 이 수용액의 몰랄 농도를 구하시오.
   (b) 용질의 분자량을 구하시오.

어는점 내림

9. 물의 어는점 내림 상수(K_f)는 1.86 °C/*m*이다. 비전해질 용질을 물에 녹여 만든 수용액의 농도가 1.178 *m*이면, 그 수용액의 어는점을 구하시오.
10. 어떤 비전해질 용질 1.82 g을 물 60.0 g에 녹여 수용액을 제조하였더니 어는점이 −0.62 °C이다. 이 용질의 분자량을 구하시오.

삼투압

11. 500.0 mL의 물에 1.15 g의 설탕(분자량: 342.0)을 녹여 만든 설탕물이 25 °C에서 나타내는 삼투압을 구하시오(단, R: 0.082054 L · atm/mol · K이다).
12. 어떤 비전해질 용질 8.32 g을 용매에 녹여 1.00 L 용액을 제조하였다. 이 용액을 순수한 용매와 반투막을 사이에 두고 접촉시켰더니, 25 °C에서 0.0372 atm의 삼투압이 관찰되었다. 이 용질의 분자량을 구하시오.

. 종 합 .

13. 다음 문장의 ( ) 안을 적절한 용어나 식 또는 서술로 채우거나 밑줄 친 ( ) 안에서는 올바른 답을 선택하시오.

( )의 법칙은 주어진 용매에 비휘발성 고체 용질이 녹아 이루어진 용액이 나타내는 증기압을 다루는 법칙이며, 이 법칙을 따르는 용액을 ( )용액이라 부른다. 그런데 주어진 소금물이 ( )용액으로 취급되기 위해서는 그 소금물의 농도가 충분히 (묽어야, 진해야) 한다.

14. 용액의 총괄성이란 용액을 구성하는 용질의 수에 따라 변하는 용액의 물리적 성질들을 지칭한다. 총괄성들을 나열하시오.
15. 상평형 그림에 관한 다음 질문들에 답하시오.

① 아래 문장의 ( ) 안에 정확한 표현을 적으시오.

Clapeyron 식은 주어진 상평형 그림에서 두 상이 평형 상태로 공존하는 상들의 경계를 나타내는 온도-압력 곡선의 기울기 = ( ) = ( )임을 보여준다.

② 물의 고체와 액체의 경계를 나타내는 직선의 기울기가 음의 값을 가지는 이유를 제시하시오.

16. 35 °C에서 물(몰 질량: 18.02 g/mol)의 증기압은 43.4 mmHg이다. 250.0 g의 설탕(몰 질량: 342.30 g/mol)을 812.0 g의 물에 녹여 만든 설탕물의 경우 증기압을 구하시오.
17. 1.20 g의 미지 물질을 50.0 g의 벤젠(benzene)에 녹여 용액을 만들었다. 그 용액의 어는점은 4.92 °C로 측정되었다면, 미지 물질의 분자량을 구하시오(단, 벤젠의 어는점은 5.48 °C이고 어는점 내림 상수는 5.12 °C/m이다).
18. 35 °C에서 물(분자량은 18.02)의 증기압은 43.4 mmHg이다. 52.0 g의 $MgCl_2$(화학식량은 95.21)를 500.0 g의 물에 녹여 만든 수용액의 증기압을 구하시오(단, $MgCl_2 \rightarrow Mg^{2+} + 2C^-$이다).
19. 10.0 g의 헤모글로빈(hemoglobin)이 녹아있는 수용액 0.500 L 수용액의 삼투압이 22 °C에서 5.9 mmHg이다. 이때 헤모글로빈의 분자량을 구하시오(단, 1 atm = 760 mmHg이고, R = 0.0821 L.atm/mol.K이다).

14

화학 평형과 화학 반응의 속도

앞의 열역학을 다루는 장에서 Gibbs 에너지의 변화가 없을 때 계가 평형에 있다고 하였다. 화학 반응이 일어나고 있는 계에서는 반응이 진행됨에 따라 반응물과 생성물의 양이 변하게 된다. 화학 반응이 일어나고 있는 계에서도 평형에 대해 이야기할 수 있을까? 이 경우 평형에 있는 계는 생성물의 양과 반응물의 양이 더 이상 변하지 않는 계를 의미한다. 평형에 있는 계에서 화학 반응은 더 이상 일어나지 않는 것일까? 반응물이 생성물로 되는 속도와 생성물이 다시 반응물로 되는 속도가 같아서 더 이상 반응이 진행되지 않는 것처럼 보이는 것은 아닐까? 이 장에서는 화학 반응의 평형과 반응 속도를 다루는 방법에 대해 알아보도록 한다.

14.1 화학 평형

화학 반응이 일어나고 있는 계에 대해 생각해 보자. 초기에 그 계에는 반응물만 존재하고 있고, 화학 반응이 진행되면서 반응물과 생성물이 함께 존재하게 된다. Gibbs 에너지는 다음과 같이 표현된다.(12장 화학 퍼텐셜의 정의 참조)

$$G = \mu_{\text{반응물}} n_{\text{반응물}} + \mu_{\text{생성물}} n_{\text{생성물}}$$

여기서
G: Gibbs 에너지, n: 물질의 몰수, μ: 화학 퍼텐셜

따라서 반응이 진행되는 동안 반응물과 생성물의 양이 변하면 Gibbs 에너지의 변화가 일어나게 된다. 즉, 반응이 진행되는 과정에서 더 이상 Gibbs 에너지의 변화가 일어나지 않으면($\Delta G = 0$), 반응물이나 생성물의 양이 더 이상 변하지 않음을 의미하고, 열역학적인 평형 상태에 도달하게 된다. '$N_2(g) + 3H_2(g) \rightleftharpoons 2NH_3(g)$'과 같은 화학 반응을 예로 들어 보자. 이 반응은 일정한 온도와 압력을 유지할 수 있는 반응기(reaction vessel)에서 일어나며, 적절한 촉매(catalyst)를 사용하여 원하는 반응 속도(reaction rate)를 얻는다. 만일 반응기에 주어진 양의 질소 기체, $N_2(g)$와 그 양의 3배가 되는 수소 기체, $H_2(g)$를 첨가하는 경우, 질소 기체와 수소 기체 사이의 반응으로 암모니아 기체가 생겨나는 정반응(forward reaction)이 자발적으로 일어나기 시작한다. 정반응이 시작되면 반응물인 질소 기체와 수소 기체가 사라지면서 계의 Gibbs 에너지는 감소하기 시작한다. 그러나 동시에 새로운 물질(생성물)인 암모니아 기체가 만들어지면서 계의 Gibbs 에너지 감소 폭은 점차 줄어든다. 정반응은 계의 Gibbs 에너지가 최소인 상태에 도달할 때까지 일어나고, 평형에서는 더 이상 Gibbs 에너지 변화가 일어나지 않는다($\Delta G = 0$).

14.1.1 균일 평형과 불균일 평형

❶ 균일 평형

주어진 평형에 관련된 모든 화학종이 같은 상(phase)으로 존재하는 경우, 그 평형을 **균일 평형**(homogeneous equilibrium)이라고 한다. 다음은 균일 평형을 보여 주는 예이다.

- **$HCl(aq) \rightleftharpoons H^+(aq) + Cl^-(aq)$**
  수용액에서 거의 대부분의 염산은 수소 이온과 염화 이온으로 이온화한다.
  평형에 관련된 모든 화학종(HCl, H^+, Cl^-)이 수용액에서 함께 존재한다.
- **$H_2(g) + I_2(g) \rightleftharpoons 2HI(g)$**
  수소 기체와 아이오딘 기체가 반응하여 아이오딘화 수소 기체를 만든다.
  모든 화학종이 기체 상태에서 함께 존재한다.

❷ 불균일 평형

평형에 관련된 화학종 중 일부가 나머지 화학종과는 다른 상(phase)으로 존재한다. 즉, 두 가지 이상의 상(phase)이 관련된 평형을 **불균일 평형**(heterogeneous equilibrium)이라고 한다. 다음은 불균일 평형을 보여 주는 예이다.

- $CaCO_3(s) \rightleftharpoons Ca^{2+}(aq) + CO_3^{2-}(aq)$
  난용성 염(sparingly soluble salt)인 탄산 칼슘($CaCO_3$)을 물에 녹이면 녹지 않은 고체 상태의 $CaCO_3$와 $CaCO_3$가 녹아 생겨난 Ca^{2+} 이온과 CO_3^{2-} 이온 사이에 평형이 성립한다. $CaCO_3$는 고체이고, Ca^{2+} 이온과 CO_3^{2-} 이온은 수용액에서 존재한다.
- $NH_3(g) + HCl(g) \rightleftharpoons NH_4Cl(s)$
  암모니아 기체와 염화 수소 기체가 반응하여 염화 암모늄을 만든다. 암모니아와 염화 수소는 기체이고, 염화 암모늄은 고체이다.

14.1.2 열역학적 평형 상수

❶ 평형 상수는 표준 Gibbs 에너지 변화로부터 구해진다.

$aA(aq) + bB(aq) \rightleftharpoons cC(aq) + dD(aq)$와 같은 화학 평형의 경우, 주어진 화학 반응에서 Gibbs 에너지의 변화와 표준 상태에서의 Gibbs 에너지 변화 사이에는 다음과 같은 관계가 성립한다.

$$\Delta G = \Delta G° + RT(\ln Q)$$

여기서

ΔG: Gibbs 에너지 변화, $\Delta G°$: 표준 상태에서 Gibbs 에너지 변화,

R: 기체 상수(8.314 J/mol·K), T: 절대 온도(K), Q: 반응 지수

$$Q = \frac{[C]^c[D]^d}{[A]^a[B]^b}$$

평형에서 '$\Delta G = 0$'이므로, 이 식을 평형 상수 K(평형 농도로 표시된 반응 지수: Q)로 나타내면 다음과 같이 된다.

$$\Delta G° = -RT(\ln K)$$

표준 상태에서 Gibbs 에너지의 변화를 구하면 **평형 상수**(equilibrium constant)를 구할 수 있다.

(가) 평형 상수 구하기

주어진 반응에 참여하는 물질의 표준 생성 Gibbs 에너지로부터 그 반응의 평형 상수를 구해 보자.

표 14.1 298 K에서 몇 가지 화합물의 표준 생성 Gibbs 에너지(kJ/mol)

화합물	$\Delta G_f°$	화합물	$\Delta G_f°$
$CaCO_3(s)$	−1128.8	$NO(g)$	86.7
$Ca^{2+}(aq)$	−553.0	$NO_2(g)$	51.8
$CO_3^{2-}(aq)$	−528.1	$O_2(g)$	0.0
$CH_3COOH(aq)$	−396.5	$H_2(g)$	0.0
$CH_3COO^-(aq)$	−369.3	$H_2O(l)$	−237.2
$H^+(aq)$	0.0	$N_2(g)$	0

$\Delta G^\circ = -RT(\ln K) \Rightarrow K = \exp\left(-\frac{\Delta G^\circ}{RT}\right)$

ΔG° = (생성물의 표준 생성 Gibbs 에너지 변화) − (반응물의 표준 생성 Gibbs 에너지 변화)

$CaCO_3(s) \rightleftharpoons Ca^{2+}(aq) + CO_3^{2-}(aq)$의 경우

$$\begin{aligned}\Delta G^\circ &= \{\Delta G_f^\circ(Ca^{2+}) \times 1\ \text{mol} + \Delta G_f^\circ(CO_3^{2-}) \times 1\ \text{mol}\} - \{\Delta G_f^\circ(CaCO_3) \times 1\ \text{mol}\}\\ &= \{(-553.0\ \text{kJ/mol}) \times 1\ \text{mol} + (-528.1\ \text{kJ/mol}) \times 1\ \text{mol}\}\\ &\quad -\{(-1128.8\ \text{kJ/mol}) \times 1\ \text{mol}\}\\ &= 47.7\ \text{kJ}\end{aligned}$$

$$\begin{aligned}K &= \exp(-\Delta G^\circ/RT)\\ K &= \exp\{(-47.7\ \text{kJ/mol})/\{(8.314\ \text{J/mol·K})(298\ \text{K})\}\\ K &= \exp(-19.3)\\ K &= 4 \times 10^{-9}\end{aligned}$$

※ K의 계산 과정에서는 ΔG°의 단위로 kJ이 아닌 kJ/mol을 사용한다.

298 K에서 $CH_3COOH(aq) \rightleftharpoons CH_3COO^-(aq) + H^+(aq)$ 반응의 평형 상수 구하기

$\Delta G^\circ = -(RT)\ln K \Rightarrow -(2.303\ RT)\log K \Rightarrow K = 10^{\frac{-\Delta G^\circ}{2.303\ RT}}$

$$\begin{aligned}\Delta G^\circ &= \{G_f^\circ(CH_3COO^-) \times 1\ \text{mol} + \Delta G_f^\circ(H^+) \times 1\ \text{mol}\} - \{\Delta G_f^\circ(CH_3COOH) \times 1\ \text{mol}\}\\ &= \{(-369.3\ \text{kJ/mol}) \times 1\ \text{mol} + (0\ \text{kJ/mol}) \times 1\ \text{mol}\}\\ &\quad -\{(-396.5\ \text{kJ/mol}) \times 1\ \text{mol}\}\\ &= 27.2\ \text{kJ}\end{aligned}$$

$$\begin{aligned}K &= 10^{\frac{-\Delta G^\circ}{2.303\ RT}}\\ K &= 10^{\frac{-27.2\ \text{kJ/mol}}{(2.303)(8.314\ \text{J/mol·K})(298\ \text{K})}}\\ K &= 10^{-4.77}\\ K &= 1.7 \times 10^{-5}\end{aligned}$$

※ K의 계산 과정에서 ΔG°의 단위는 kJ가 아닌 kJ/mol를 사용한다.

(나) 반응 지수를 구하여 화학 반응의 진행 방향 알아내기

$aA(aq) + bB(aq) \rightleftharpoons cC(aq) + dD(aq)$와 같은 화학 평형의 경우 반응 지수는 다음과 같이 표현하고

$$Q = \frac{[C]^c[D]^d}{[A]^a[B]^b}$$

Q 값을 K와 비교하면 다음과 같은 사항을 알 수 있다.
만일 $Q > K$이면, 역반응이 일어난다.
만일 $Q < K$이면, 정반응이 일어난다.
만일 $Q = K$이면, 반응은 평형에 도달하였다.

앞에서 예로 든 '$N_2(g) + 3H_2(g) \rightleftharpoons 2NH_3(g)$'과 같은 화학 반응의 경우, 반응기에 주어진 양의 질소 기체 $N_2(g)$와 그 양의 3배가 되는 수소 기체 $H_2(g)$를 첨가하는 경우, 질소

기체와 수소 기체 사이의 반응으로 암모니아 기체가 생겨나는 정반응이 자발적으로 일어나기 시작한다. 정반응이 시작된 후 평형에 도달하기 전까지 반응 지수(reaction quotient, $Q = \frac{[NH_3]^2}{[N_2][H_2]^3}$)는 평형 상수($K$)보다 더 작다($Q < K$). 따라서 정반응은 Q 값이 평형 상태($Q = K$)에 도달할 때까지 계속 일어난다. 만일 반응기를 암모니아로 채워 주면, 암모니아의 분해 반응(decomposition reaction)으로 질소 기체와 수소 기체가 만들어지는 역반응(reverse reaction)이 자발적으로 일어나기 시작한다. 역반응이 시작된 후 평형에 도달하기 전까지 반응 지수(Q)는 평형 상수(K)보다 더 크다($Q > K$). 따라서 역반응은 Q 값이 평형 상태($Q = K$)에 도달할 때까지 계속 일어난다.

예제 14.1 420 °C에서 $H_2(g) + I_2(g) \rightleftharpoons 2HI(g)$의 $K = 54$이다. 각 화학종의 농도가 $[H_2] = 4.25 \times 10^3$ M, $[I_2] = 3.97 \times 10^1$ M, $[HI] = 9.83 \times 10^2$ M일 때 반응은 어떤 방향으로 진행될까?

풀이 »

반응 지수(Q)를 구하면,

$$Q = \frac{[HI]^2}{[H_2][I_2]}$$

$$= \frac{(9.83 \times 10^2)^2}{(4.25 \times 10^3)(3.97 \times 10^1)} = 5.73$$

Q와 K를 비교하면

$Q(= 5.73) < K(= 54)$이므로 정반응이 진행될 것이다.

❷ 평형 상수를 표현하는 방법

(가) 주어진 반응의 평형 상수는 다음과 같은 몇 가지 원칙에 근거하여 표시한다.

- 완결된 평형 반응식을 쓴다.
- 생성물은 분자에, 반응물은 분모에 쓴다. 이때 반응물과 생성물은 모두 '농도 항'으로 표현한다.
- 화학 반응에서 화학종의 계수는 해당 화학종의 농도항의 지수로 표현한다.
- 순수한 고체나 순수한 액체는 제외한다.
- 용매의 경우 용질의 농도가 묽으면(< 0.1 M) 제외한다.

(나) 평형 상수 표현하기

- 농도로 표현하는 평형 상수

aA(aq) + bB(aq) $\rightleftharpoons$ cC(aq) + dD(aq)의 경우

$$\text{평형 상수 } K = \frac{[C]^c_{평형}[D]^d_{평형}}{[A]^a_{평형}[B]^b_{평형}} = \frac{[C]^c[D]^d}{[A]^a[B]^b}$$

a, b, c, d는 각각 해당 화학종인 A, B, C, D의 농도항인 [A], [B], [C], [D]의 지수로 표현한다. 평형 상수의 표현에서 농도항($[i]$)은 모두 평형에 도달한 후의 각 화학종의 농도, 즉 평형 농도($[i]_{평형}$)이다.

$CaCO_3(s) \rightleftharpoons Ca^{2+}(aq) + CO_3^{2-}(aq)$의 경우

평형 상수 $K = [Ca^{2+}][CO_3^{2-}]$
순수한 고체인 $CaCO_3$는 평형 상수의 표현에서 제외한다.

$CaCO_3(s) \rightleftharpoons CaO(s) + CO_2(g)$의 경우

평형 상수 $K = [CO_2]$
$CaCO_3$와 CaO는 순수한 고체이므로 평형 상수의 표현에 나타내지 않는다.

$(NH_4)_2CO_3(s) \rightleftharpoons 2NH_3(g) + CO_2(g) + H_2O(g)$의 경우

평형 상수 $K = [NH_3]^2[CO_2][H_2O]$
$(NH_4)_2CO_3$는 순수한 고체이므로 평형 상수의 표현에 나타내지 않는다.

$CH_3COOH(aq) \rightleftharpoons CH_3COO^-(aq) + H^+(aq)$의 경우

평형 상수 $K = \dfrac{[CH_3COO^-][H^+]}{[CH_3COOH]}$

$NH_3(g) + HCl(g) \rightleftharpoons NH_4Cl(s)$의 경우

평형 상수 $K = \dfrac{1}{[NH_3][HCl]}$

$NH_4Cl(s)$은 순수한 고체이므로 평형 상수의 표현에 나타내지 않는다.

• 기체의 부분 압력으로 표현하는 평형 상수

$aA(g) + bB(g) \rightleftharpoons cC(g) + dD(g)$와 같은 화학 평형의 경우

농도항을 사용하여 표현한 평형 상수는 다음과 같이 나타낸다.

$$K = \frac{[C]^c[D]^d}{[A]^a[B]^b}$$

부분 압력항을 사용한 평형 상수는 다음과 같이 나타낸다.

$$K_p = \frac{P_C{}^c P_D{}^d}{P_A{}^a P_B{}^b}$$

예제 14.2 $H_2(g) + I_2(g) \rightleftharpoons 2HI(g)$의 경우

풀이 »

농도항을 사용하여 표현한 평형 상수: $K = \dfrac{[HI]^2}{[H_2][I_2]}$

부분 압력항을 사용하여 표현한 평형 상수: $K_p = \dfrac{P_{HI}{}^2}{P_{H_2}P_{I_2}}$

• K와 K_p 사이의 관계

$$aA(g) + bB(g) \rightleftharpoons cC(g) + dD(g)$$

기체의 경우 다음과 같은 이상 기체 상태 방정식을 사용하여 농도를 압력의 항으로 구할 수 있다.

$$PV = nRT$$

여기서

p: 기체의 압력(단위: atm), V: 기체의 부피(단위: L)

n: 기체의 몰수(단위: mol), R: 기체 상수 = 0.082054 L·atm/mol·K

T: 절대 온도(단위: K)

이 식은 다음과 같이 변환시켜 표현할 수 있다.

$$P = \left(\frac{n}{V}\right)RT \rightarrow \left(\frac{n}{V}\right) = \text{몰농도} = \left(\frac{P}{RT}\right)$$

따라서 $aA(g) + bB(g) \rightleftharpoons cC(g) + dD(g)$와 같은 화학 평형의 경우 다음과 같은 관계식이 얻어질 수 있다.

$$K = \frac{[C]^c[D]^d}{[A]^a[B]^b} = \frac{(n_c/V)^c(n_d/V)^d}{(n_a/V)^a(n_b/V)^b}$$

∵ n/V의 단위는 mol/L이어서 n/V = 몰농도가 성립하므로

$$K = \frac{(P_C/RT)^c(P_D/RT)^d}{(P_A/RT)^a(P_B/RT)^b} = \left\{\frac{(P_C)^c(P_D)^d}{(P_A)^a(P_B)^b}\right\}\left(\frac{1}{RT}\right)^{c+d-a-b}$$

따라서

$$K = K_p\left(\frac{1}{RT}\right)^{\Delta n} \text{ 또는 } K_p = K(RT)^{\Delta n}$$

여기서 $\Delta n = (c + d) - (a + b)$

= (주어진 반응에서 생성물의 몰수의 합) − (반응물의 몰수의 합)

예제 14.3 $H_2(g) + I_2(g) \rightleftharpoons 2HI(g)$의 경우 K와 K_p 사이의 관계

풀이 »

$$K_p = \frac{P_{HI}^{\ 2}}{P_{H_2}P_{I_2}} = K(RT)^{\Delta n}$$

여기서 Δn: (주어진 반응에서 생성물의 몰수의 합) − (반응물의 몰수의 합)

따라서 $H_2(g) + I_2(g) \rightleftharpoons 2HI(g)$의 경우

$$K_p = K(RT)^0 = K$$

예제 14.4 700 °C에서 $2H_2(g) + S_2(g) \rightleftharpoons 2H_2S(g)$의 $K = 1.10 \times 10^7$이라면 K_p를 구해 보자.

풀이 »

$$K_p = K(RT)^{\Delta n} = (1.10 \times 10^7)\{(0.082054)(700 + 273)\}^{(2-2-1)} = 1.38 \times 10^5$$

❸ 평형 계산

(가) 평형 상수를 사용하여 화학종의 평형 농도 구하기

예제 14.5 298 K에서 $CaCO_3(s)$를 물에 녹여 $CaCO_3(s) \rightleftharpoons Ca^{2+}(aq) + CO_3^{2-}(aq)$와 같은 평형이 얻어졌다. 이 반응의 평형 상수가 $K = 4.35 \times 10^{-9}$라면 Ca^{2+} 이온과 CO_3^{2-} 이온의 평형 농도를 구해 보자.

풀이 »

반응식: $CaCO_3(s) \rightleftharpoons Ca^{2+}(aq) + CO_3^{2-}(aq)$

평형 계산

	$CaCO_3(s)$	$\rightleftharpoons$	$Ca^{2+}(aq)$	+	$CO_3^{2-}(aq)$
초기 농도			0 M		0 M

평형에 도달한 후 Ca^{2+} 이온의 농도가 x M이라면

평형 농도			x M		x M

이 얻어진다. 이제 화학종의 평형 농도를 평형 상수의 표현에 대입하면

$K = [Ca^{2+}][CO_3^{2-}]$(순수한 고체인 $CaCO_3$는 평형 상수의 표현에서 제외한다.)

$K = x^2 = 4.35 \times 10^{-9}$

와 같은 식이 얻어지므로 이 식을 풀면 다음과 같은 Ca^{2+}의 평형 농도를 구할 수 있다.

$$\therefore [Ca^{2+}] = x = [CO_3^{2-}] = (K)^{\frac{1}{2}} = (4.35 \times 10^{-9})^{\frac{1}{2}} = 6.60 \times 10^{-5}\ \text{M}$$

예제 14.6 298 K에서 CH_3COOH 수용액에서는 $CH_3COOH(aq) \rightleftharpoons CH_3COO^-(aq) + H^+(aq)$와 같은 평형이 이루어진다. 이 반응의 평형 상수가 $K = 1.74 \times 10^{-5}$이고 CH_3COOH의 초기 농도가 0.100 M이라면, CH_3COOH 수용액 중 H^+ 이온의 평형 농도를 구해 보자.

풀이 »

반응식: $CH_3COOH(aq) \rightleftharpoons CH_3COO^-(aq) + H^+(aq)$

평형 계산

	$CH_3COOH(aq)$	$\rightleftharpoons$	$CH_3COO^-(aq)$	+	$H^+(aq)$
초기 농도	0.100 M		0 M		0 M

평형에 도달한 후 H^+ 이온의 농도가 x M이라면

평형 농도	$0.100 - x$ M		x M		x M

이 얻어진다. 이제 화학종의 평형 농도를 평형 상수의 표현에 대입하면

$$K = \frac{[CH_3COO^-][H^+]}{[CH_3COOH]}$$

$$K = \frac{x^2}{(0.100 - x)} = 1.74 \times 10^{-5}$$

와 같은 식이 얻어지므로 이 식을 풀면 다음과 같은 H^+의 평형 농도를 구할 수 있다.

$$\therefore [H^+] = x = 1.31 \times 10^{-3}\ \text{M}$$

(나) 화학종의 평형 농도를 사용하여 평형 상수 구하기

예제 14.7 425 ℃에서 각 화학종의 초기 농도가 $[H_2]_{초기}$ = 0.00500 M, $[I_2]_{초기}$ = 0.01250 M, $[HI]_{초기}$ = 0.00000 M이었던 $H_2(g) + I_2(g) \rightleftharpoons 2HI(g)$ 반응이 평형에 도달한 후 I_2의 농도 감소 폭이 0.00478 M로 측정되었다면, 이 반응의 평형 상수를 구해 보자.

풀이 »

우선 I_2의 평형 농도는 다음과 같이 구할 수 있다.

$$[I_2]_{평형} = 0.01250\ M - 0.00478\ M = 0.00772\ M$$

그런데

$$H_2의\ 농도\ 변화 = I_2의\ 농도\ 변화$$

이므로 H_2의 평형 농도는 다음과 같이 구할 수 있다.

$$[H_2]_{평형} = 0.00500\ M - 0.00478\ M = 0.00022\ M$$

HI의 경우 농도 변화는 H_2나 I_2의 농도 변화의 두 배이므로 HI의 평형 농도는 다음과 같다.

$$[HI]_{평형} = 0.00000\ M + (0.00478\ M) \times 2 = 0.00956\ M$$

$$\therefore K = \frac{[HI]^2}{[H_2][I_2]} = \frac{(0.00956)^2}{(0.00022)(0.00772)} = 54$$

예제 14.8 HCN 수용액 중 산-염기 평형 반응은 $HCN(aq) + H_2O(l) \rightleftharpoons H_3O^+(aq) + CN^-(aq)$이다. 0.25 M HCN 수용액 중 H_3O^+ 이온의 농도가 1.0×10^{-5} M라면, 이 반응의 평형 상수를 구해 보자.

풀이 »

$HCN(aq) + H_2O(l) \rightleftharpoons H_3O^+(aq) + CN^-(aq)$ 반응의 평형 상수는 다음과 같이 표현된다.

$$K = \frac{[H_3O^+][CN^-]}{[HCN]}$$

그런데

$$[H_3O^+]_{평형} = 1.0 \times 10^{-5}\ M$$

이므로

$$[H_3O^+]_{평형} = [CN^-]_{평형} = 1.0 \times 10^{-5}\ M$$

이 성립하므로 HCN의 평형 농도는 다음과 같이 구할 수 있다.

$$[HCN] = HCN의\ 초기\ 농도 - [H_3O^+]_{평형}\ (또는\ [CN^-]_{평형})$$

$$[HCN]_{평형} = 0.25\ M - 1.0 \times 10^{-5}\ M = 0.25\ M$$

$$\therefore K = \frac{[H_3O^+][CN^-]}{[HCN]} = \frac{(1.0 \times 10^{-5})(1.0 \times 10^{-5})}{0.25} = 4.0 \times 10^{-10}$$

예제 14.9 0.10 M NH_3 수용액에서는 $NH_3(aq) + H_2O(l) \rightleftharpoons NH_4^+(aq) + OH^-(aq)$와 같은 산-염기 평형 반응이 성립하고, 이온화도(degree of ionization)는 0.0134이다. 이 반응의 평형 상수를 구해 보자.

풀이 »

$$NH_3(aq) + H_2O(l) \rightleftharpoons NH_4^+(aq) + OH^-(aq) \qquad K = \frac{[NH_4^+][OH^-]}{[NH_3]}$$

그런데 이온화도는 다음과 같은 내용을 의미한다.

이온화도 = NH_4^+ 이온의 평형 농도(또는 OH^- 이온의 평형 농도) ÷ (NH_3의 초기 농도)

그러므로 각 화학종의 평형 농도는 다음과 같이 구할 수 있다.

$$[NH_4^+] = [OH^-] = 0.10\ \text{M} \times \left(\frac{1.34}{100}\right) = 1.3 \times 10^{-3}\ \text{M}$$

$$[NH_3] = 0.10\ \text{M} - 1.3 \times 10^{-3}\ \text{M} = 0.0987\ \text{M} = 0.10\ \text{M}$$

$$\therefore K = \frac{[NH_4^+][OH^-]}{[NH_3]} = \frac{(1.3 \times 10^{-3})^2}{0.10} = 1.7 \times 10^{-5}$$

14.1.3 평형에 영향을 미치는 요인들

❶ Le Châtelier의 원리

Le Châtelier의 원리(Le Châtelier's principle)는 다음과 같은 내용을 담고 있다.

> 주어진 평형에 영향을 미치는 요인이 발생하는 경우, 그 평형을 깨뜨리는 요인에 의한 영향을 최소화할 수 있는 방향으로 반응이 진행하여 평형이 성립된다.

새로운 평형에서 각각의 화학종의 평형 농도는 새로운 값이 되지만, 평형 상수는 변하지 않는다.

❷ 평형에 영향을 미치는 요인들

(가) 압력

고체나 액체는 압력 변화에 의해 영향을 받지 않는다. 기체가 관련된 화학 반응의 경우 압력이 증가하면 평형이 깨지면서 압력에 의한 영향을 최소화하기 위해 화학종의 몰수가 더 적은 방향으로 반응이 일어난 후 다시 새로운 평형이 성립된다. 반대로 압력이 낮아지면 화학종의 몰수가 증가하는 방향으로 이동한 위치에서 새로운 평형이 성립된다. 예를 들어, $A(g) + B(g) \rightleftharpoons C(g)$와 같은 반응의 경우 반응물의 몰수는 2 mol(A 1 mol + B 1 mol)이고 생성물의 몰수는 1 mol(C 1 mol)이므로 압력이 증가하면 평형이 깨지면서 정반응(생성물 C가 만들어지는 반응)이 더 일어난 후 다시 새로운 평형이 성립된다. 그러나 $H_2(g) + I_2(g) \rightleftharpoons 2HI(g)$와 같이 생성물의 몰수(2 mol: H_2 1 mol + I_2 1 mol)와 반응물의 몰수(2 mol: HI 2 mol)가 같은 평형 반응의 경우에는 압력 변화에 의한 영향을 받지 않는다.

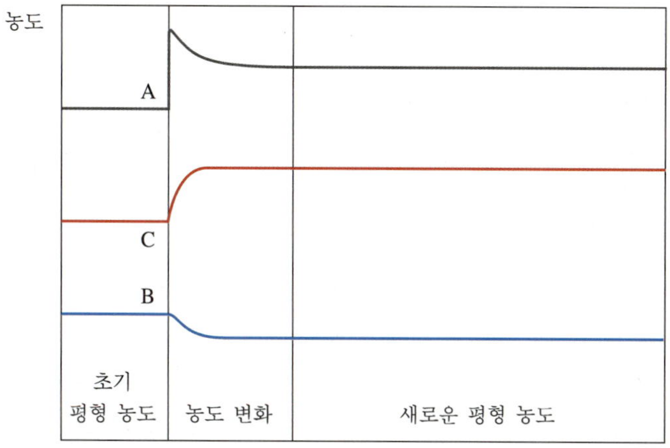

그림 14.1
농도 변화가 평형에 미치는 영향

(나) 농도

그림 14.1에서 볼 수 있는 것처럼 2A + B $\rightleftharpoons$ C와 같은 화학 반응의 경우 A를 더 넣어 주면 평형은 깨지면서 A의 농도를 감소시키는 방향으로 이동한 후 다시 새로운 평형이 성립된다. 만일 C를 첨가해 주면 평형은 깨지면서 C의 농도를 감소시키는 방향으로 이동한 후 다시 새로운 평형이 성립된다. 만일 만들어진 C를 제거하면 평형은 깨지면서 C를 더 많이 만들어 내는 방향으로 이동한 후 다시 새로운 평형이 성립된다.

(다) 온도

반응계가 평형에 도달하였을 때 **발열 반응**(exthothermic reaction, 반응이 진행되면서 열이 발생하는 반응, $\Delta H < 0$)의 경우 온도가 높아지면 평형이 깨지면서 온도 증가를 상쇄하기 위한 역반응(생성물이 다시 반응물로 돌아가며 방출되는 열의 양을 감소시키는 반응)이 더 일어난 후, 다시 새로운 평형이 성립된다. **흡열 반응**(endothermic reaction, 반응이 진행되면서 외부로부터 열을 흡수하는 반응, $\Delta H > 0$)의 경우에는 온도가 높아지면 평형이 깨지면서 온도 증가를 상쇄하기 위한 정반응(생성물이 더 만들어지면서 열을 더 흡수하는 반응)이 일어난 후, 다시 새로운 평형이 성립된다.

14.2 화학 반응 속도

열역학적 관점에서는 주어진 변화가 자발적인지를 예측(그 변화가 일어날 가능성을 예측)할 수 있을 뿐, 그 변화가 일어나는 속도에 대한 정보(변화가 실제로 일어나는지에 관한 정보)는 알아낼 수 없다. 예를 들어, 다이아몬드가 흑연으로 변하는 과정은 열역학적으로는 자발적 과정이므로 그 과정이 일어날 수 있을 것으로 예측되지만, 반응의 진행 속도가 매우 느려 실제 반응이 일어나는 것을 관측하기는 어렵다. 주어진 화학적 변화의 속도(화학 반응의 속도)는 시간의 함수이고, 시간이 경과함에 따라 실제로 만들어지는 생성물의 양이나 사라지는 반응물의 양을 측정함으로써 화학 반응의 반응 속도를 알아낼 수 있다. 이 장에서는 화학 반응의 속도, 반응 속도 법칙, 반응 속도에 영향을 주는 요인에 대해 알아보기로 한다.

14.2.1 반응 속도식

화학 반응 속도는 다음과 같이 정의한다.

반응 속도 = 단위 시간당 반응물의 농도 감소 = 단위 시간당 생성물의 농도 증가

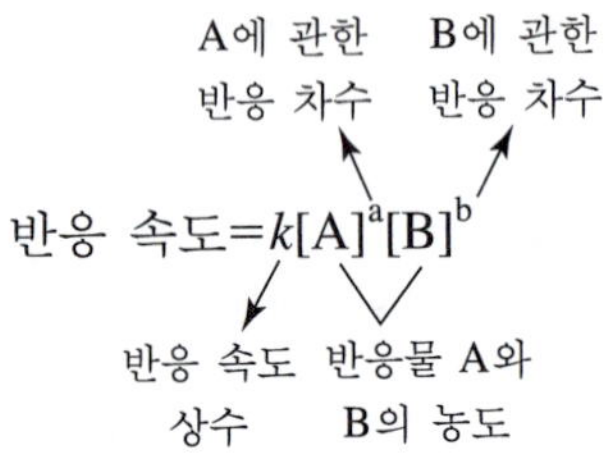

그림 14.2
반응 속도식

A + B ⟶ C와 같은 반응의 경우 반응물(A와 B 모두 또는 A와 B 중 한 가지)의 양이 더 많아지면, A와 B가 서로 충돌할 확률이 커지고, 반응 속도가 더 빨라진다. 즉, 반응이 부피가 일정한 용기 안에서 일어날 경우 반응 속도는 반응물의 농도에 비례하여 변한다. 따라서 이 화학 반응의 속도는 그림 14.2와 같이 표현한다. 일반적으로 화학 반응은 여러 단계를 거쳐 일어나며, 반응의 차수는 반응이 일어나는 방법(경로)에 따라 정해지고, 반응 속도 상수 역시 경로, 온도와 같은 반응계의 조건에 따라 정해진다. 따라서 관측된 반응 속도 상수는 반응 각각의 단계를 나타내는 속도 상수로 구성된다.

❶ 반응 차수

반응 속도식에 나타나는 반응 차수(order of reaction)는 반응식에서 나타나는 화학량론적 계수와는 무관하며, 실험적으로 결정된다. 예를 들어, $2N_2O_5 \longrightarrow 4NO_2 + O_2$와 같은 반응의 측정된 반응 속도식은

$$\frac{d[O_2]}{dt} = k[N_2O_5]$$

이고, '반응 차수 = 1'로 이 반응에서의 화학량론적 계수인 2와는 다르다. 그리고 정수여야 하는 화학량론적 계수와는 달리 반응 차수는 반드시 정수일 필요는 없다.

이제 다음과 같은 예를 사용하여 주어진 반응 속도식에서 반응 차수가 나타내는 의미를 알아보자.

(가) 'A → 생성물'과 같은 화학 반응의 경우

- 반응이 'A에 관해 1차'라면, 반응 속도식은
  반응 속도 = $k[A]^1 = k[A]$

  와 같이 표현한다. 그리고 그 의미는 다음과 같다.

  A의 농도를 두 배 증가시키면 반응 속도는 $2^1(=2)$배 빨라진다.
  A의 농도를 세 배 증가시키면 반응 속도는 $3^1(=3)$배 빨라진다.

- 반응이 'A에 관해 2차'라면, 반응 속도식은
  반응 속도 = $k[A]^2$

  와 같이 표현한다. 그리고 그 의미는 다음과 같다.

  A의 농도를 두 배 증가시키면 반응 속도는 $2^2(=4)$배 빨라진다.
  A의 농도를 세 배 증가시키면 반응 속도는 $3^2(=9)$배 빨라진다.

(나) 농도 'A + B → 생성물'과 같은 화학 반응의 경우

- 반응이 'A에 관해 0차'이고 'B에 관해 1차'라면, 반응 속도식은

반응 속도 = $k[A]^0[B]^1$ = $k[B]$

와 같이 표현한다. 그리고 그 의미는 다음과 같다.

A의 경우: 농도를 변화시켜 주어도 반응 속도는 달라지지 않는다.
B의 경우: 농도를 두 배 증가시키면 반 응 속도는 2^1(= 2)배 빨라지고,
농도를 세 배 증가시키면 반응 속도는 3^1(= 3)배 빨라진다.

- 이 반응이 'A에 관해 1차'이고 'B에 관해 1차'라면, 반응 속도식은

반응 속도 = $k[A]^1[B]^1$ = $k[A][B]$

와 같이 표현한다. 그리고 그 의미는 다음과 같다.

A의 경우: 농도를 두 배 증가시키면 반응 속도는 2^1(= 2)배 빨라지고,
농도를 세 배 증가시키면 반응 속도는 3^1(= 3)배 빨라진다.
B의 경우: 농도를 두 배 증가시키면 반응 속도는 2^1(= 2)배 빨라지고,
농도를 세 배 증가시키면 반응 속도는 3^1(= 3)배 빨라진다.

- 이 반응이 'A에 관해 2차'이고 'B에 관해 1차'라면, 반응 속도식은

반응 속도 = $k[A]^2[B]^1$ = $k[A]^2[B]$

와 같이 표현한다. 그리고 그 의미는 다음과 같다.

A의 경우: 농도를 두 배 증가시키면 반응 속도는 2^2(= 4)배 빨라지고,
농도를 세 배 증가시키면 반응 속도는 3^2(= 9)배 빨라진다.
B의 경우: 농도를 두 배 증가시키면 반응 속도는 2^1(= 2)배 빨라지고,
농도를 세 배 증가시키면 반응 속도는 3^1(= 3)배 빨라진다.

❷ 반응 차수와 속도 상수는 실험을 통해 결정된다.

이제 다음과 같은 예를 사용하여 주어진 반응의 초기 반응 속도를 구하는 실험을 통해, 반응 속도식에서의 반응 차수와 속도 상수를 구하는 방법을 알아보자.

예제 14.10 $2\,O_3 \longrightarrow 3\,O_2$와 같은 반응에 대한 다음의 실험 결과를 사용하여 구한 반응 차수를 적용하여 반응 속도식을 쓰고, 속도 상수도 구해 보자.

실험	O_3의 초기 농도(M)	초기 반응 속도(mol/L·s)
1	2.00	0.500
2	4.00	1.000

풀이 »

실험 1과 실험 2의 결과에 의하면,

$$\frac{\text{속도 2}}{\text{속도 1}} = \frac{k[O_3]^a}{k[O_3]^a}$$

$$\frac{1.000}{0.500} = \frac{k(4.00)^a}{k(2.00)^a}$$

$$2.00 = \left(\frac{4.00}{2.00}\right)^a$$

$$2.00 = (2.00)^a$$

$\therefore a = 1 : O_3$에 관해 1차 ⇒ 반응 속도 = $k[O_3]$

그리고 속도 상수는 다음과 같이 구한다.

$$\text{반응 속도} = k[O_3]$$
$$0.500\ \text{mol/L·s} = k(2.00\ \text{mol/L})$$
$$\therefore \text{속도 상수} = k = \frac{0.500\ \text{mol/L·s}}{2.00\ \text{mol/L}} = 0.250\ \text{s}^{-1}$$

예제 14.11 $N_2O_4 \longrightarrow 2\ NO_2$와 같은 반응에 대한 다음의 실험 결과를 사용하여 구한 반응 차 수를 적용하여 반응 속도식을 쓰고, 속도 상수도 구해 보자.

실험	N_2O_4의 초기 농도(M)	초기 반응 속도(mol/L·s)
1	0.50	0.050
2	1.00	0.200

풀이 »

실험 1과 실험 2의 결과에 의하면,

$$\frac{\text{속도 2}}{\text{속도 1}} = \frac{k[N_2O_4]^a}{k[N_2O_4]^a}$$
$$\frac{0.200}{0.050} = \frac{k(1.00)^a}{k(0.50)^a}$$
$$4.0 = \left(\frac{1.00}{0.50}\right)^a$$
$$4.0 = (2.0)^a$$
$$\therefore a = 2 : N_2O_4\text{에 관해 2차} \Rightarrow \text{반응 속도} = k[N_2O_4]^2$$

그리고 속도 상수는 다음과 같이 구한다.

$$0.050\ \text{mol/L·s} = k(0.50\ \text{mol/L})^2$$
$$\therefore \text{속도 상수} = k = (0.050\ \text{mol/L·s})/(0.50\ \text{mol/L})^2 = 0.20\ \text{M}^{-1}\cdot\text{s}^{-1}$$

예제 14.12 $Xe + 3\ F_2 \longrightarrow XeF_6$와 같은 반응에 대한 다음의 실험 결과를 사용하여 구한 반응 차수를 적용하여 반응 속도식을 쓰고, 속도 상수도 구해 보자.

실험	Xe의 초기 농도(M)	F_2의 초기 농도(M)	반응 속도(mol/L·s)
1	0.50	0.25	0.00156
2	1.50	1.00	0.05625
3	0.75	0.25	0.00320
4	1.50	0.25	0.01406
5	0.50	1.00	0.00625

풀이 »

우선 F_2의 농도가 일정하게 유지된 실험 1과 실험 4의 결과에 의하면,

$$\frac{\text{속도 4}}{\text{속도 1}} = \frac{k[Xe]^a}{k[Xe]^a}$$
$$\frac{0.01406}{0.00156} = \frac{k(1.50)^a}{k(0.50)^a}$$

$$9.01 = \left(\frac{1.50}{0.50}\right)^a$$

$$9.01 = (3.0)^a$$

$\therefore a = 2$: Xe에 관해 2차 ⇒ 반응 속도 $\propto [Xe]^2$

이제 Xe의 농도가 일정하게 유지된 실험 1과 실험 5의 결과에 의하면,

$$\frac{속도\ 5}{속도\ 1} = \frac{k[F_2]^b}{k[F_2]^b}$$

$$\frac{0.00625}{0.00156} = \frac{k(1.00)^b}{k(0.25)^b}$$

$$4.01 = \left(\frac{1.00}{0.25}\right)^b$$

$$4.01 = (4.0)^b$$

$\therefore b = 1$: F_2에 관해 1차 ⇒ 반응 속도 $\propto [F_2]$

따라서 반응 속도식은 다음과 같이 쓸 수 있다.

$$반응\ 속도 = k[Xe]^2[F_2]$$

그리고 속도 상수는 다음과 같이 구한다.

$$반응\ 속도 = k[Xe]^2[F_2]$$

$$0.00156\ \text{mol/L·s} = k(0.50\ \text{mol/L})^2(0.25\ \text{mol/L})$$

$$\therefore 속도\ 상수 = k = \frac{0.00156\ \text{mol/L·s}}{(0.50\ \text{mol/L})^2(0.25\ \text{mol/L})}$$

$$= 0.025\ \text{M}^{-2}\text{s}^{-1}$$

14.2.2 활성화 에너지와 반응 속도 상수

❶ 활성화 에너지

화학 반응에서 에너지의 변화는 반응물과 생성물의 생성 엔탈피의 차(반응 엔탈피)로부터 구할 수 있다. 즉, 주어진 계에서 일어나는 화학 반응의 경우 그 계의 에너지가 반응 엔탈피보다 더 크면 반응이 일어날 것으로 기대되지만(열역학적 관점), 실제로 화학 반응이 일어나기 위해서는 그 계의 에너지가 반응이 일어나기 위해 넘어야 할 장벽(**활성화 장벽**, activation barrier, **활성화 에너지**, activation energy)보다 더 커야 한다. 그림 14.3은 'C(다이아몬드) → C(흑연)'과 같이 주어진 계에서 일어나는 화학 반응이 발열 반응인 경우 반응이 진행되는 과정에서 계의 에너지가 변하는 모습을 보여 준다. 그림에서 알 수 있듯이 단일 단계(single step : 반응물 → 생성물)로 진행되는 화학 반응에서 반응 경로(reaction path)상에 그 계의 에너지가 최대인 상태가 존재하는데, 이 상태를 **전이 상태**(transition state)라고 한다. 전이 상태에 있는 물질은 **활성화된 중간체**(activated intermediate)라고도 하며, 수명이 매우 짧아서 일반적인 실험 방법으로는 관측이 매우 어렵다. 기체 분자 운동론에 따르면, 주어진 화학 반응이 일어나기 위해서는 반응물 사이에서 충돌(collision)이 일어나야 한다. 또한 원하는 화학 반응이 진행되기 위해서는 그러한 충돌은 반응이 일어나기 위해 필요한 최소한의 에너지를 소유한 반응물 사이의 충돌이어야 한다. 즉, 충분한 운동 에너지를 가진 화학종 사이의 충돌만 활성화 장벽을 넘어갈 수 있으며, 그 결과 원하는 반응이 진행될 수 있는 것이다.

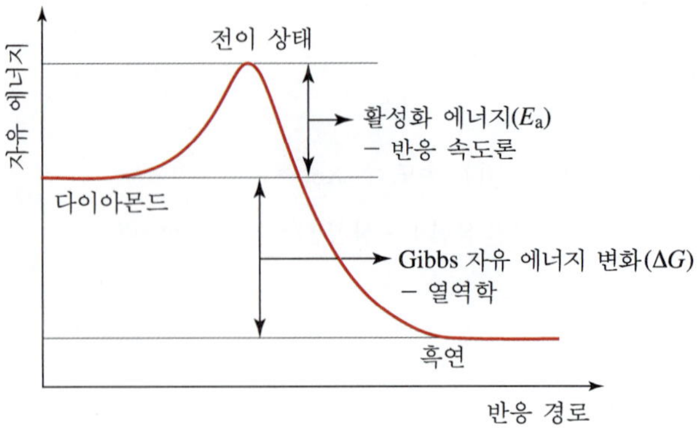

그림 14.3
C(다이아몬드) → C(흑연)을 바라보는 열역학적 관점과 속도론적 관점: $\Delta G < 0$ 이므로 열역학적 관점에서 자발적으로 진행될 것으로 판단되는 이 반응을 실제로는 관찰할 수 없다. 속도론의 관점에서 보면, 이 반응이 일어나기 위해 극복해야 할 장벽(활성화 장벽, activation barrier)이 매우 높아 반응 속도가 너무 느리기 때문이다.

❷ 반응 속도 상수 – Arrhenius 식

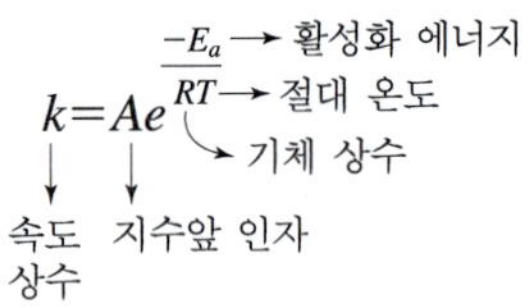

그림 14.4
Arrhenius식

Svante Arrhenius(아레니우스)는 여러 가지 서로 다른 화학 반응의 반응 속도에 대한 연구 결과를 종합하여 단일 단계 반응의 반응 속도 상수가 그림 14.4와 같이 표현될 수 있음을 발견하였다. 주어진 화학 반응이 일어나기 위해서는 반응물이 서로 충돌해야 하므로 Arrhenius 식에서 비례 상수(A)는 충돌 빈도(collision frequency)에 관련된 값이며, 지수 인자 $e^{-\frac{E_a}{RT}}$는 충돌이 일어날 때 전체 충돌 중 반응이 일어나는 데 필요한 에너지(활성화 에너지보다 더 큰 에너지)를 소유한 충돌의 분율을 의미한다.

예제 14.13 온도 변화(20 °C → 30 °C)에 의해 주어진 반응(E_a = 40.0 kJ/mol)의 반응 속도가 얼마나 달라지는가를 알아보자.

풀이 »

20 °C(293 K)에서는

$$k/A = \exp\left(-\frac{E_a}{RT}\right) = \exp\left[-\frac{(40.0 \times 10^3\ \text{J/mol})}{\{(8.314\ \text{J/mol}\cdot\text{K})(293\ \text{K})\}}\right]$$

$$= \exp(-16.4) = 7.54345835 \times 10^{-8} = 8 \times 10^{-8}$$

30 °C(303 K)에서는

$$k/A = \exp\left(-\frac{E_a}{RT}\right) = \exp\left[-\frac{(40.0 \times 10^3\ \text{J/mol})}{\{(8.314\ \text{J/mol}\cdot\text{K})(303\ \text{K})\}}\right]$$

$$= \exp(-15.9) = 1.243706024 \times 10^{-7} = 1 \times 10^{-7}$$

∴ 20 °C에서 30 °C로의 온도 증가로 반응 속도는 약 1.25배 더 빨라진다.

여러 가지 온도에서 주어진 반응의 반응 속도 상수를 측정하면 다음과 같은 결과를 얻을 수 있다.

Arrhenius 식은 다음과 같이 바꾸어 표현할 수 있고,

$$\ln k = \ln A - \left(\frac{E_a}{RT}\right)$$

이 식을 근거로 오른쪽 그림과 같이 $\ln k$를 $\frac{1}{T}$에 대해 도시하여 얻은 직선의 기울기는 $-\frac{E_a}{R}$이 되고, 이로부터 활성화 에너지(E_a)를 알아낼 수 있다. 그리고 이 그래프를 활용하면 주어진 온도에서의 반응 속도 상수(k)를 알아낼 수 있다.

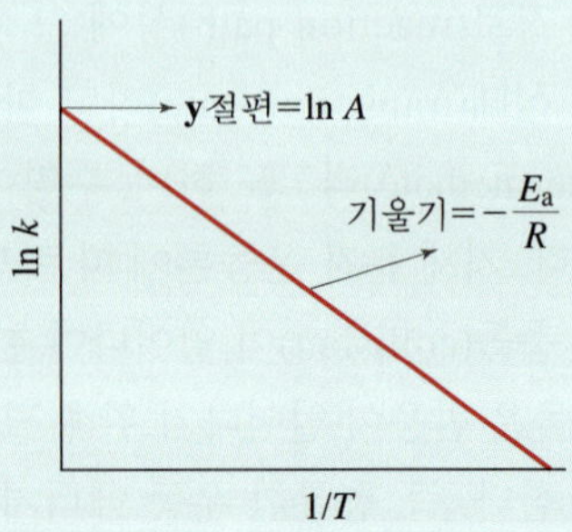

예제 14.14 주어진 반응에 대해 여러 가지 온도에서 반응 속도 상수를 측정하여 다음과 같은 결과를 얻었다. 이 반응의 활성화 에너지(E_a)를 구하고, 30 °C에서의 반응 속도 상수도 구해 보자.

온도(°C)	반응 속도 상수(k)
25	6.2
36	11.0
40	14.0

풀이 »

우선 아래와 같은 그래프로부터 기울기인 $\Delta(\ln k)/\Delta(1/T)$를 구하여 E_a를 계산한다.

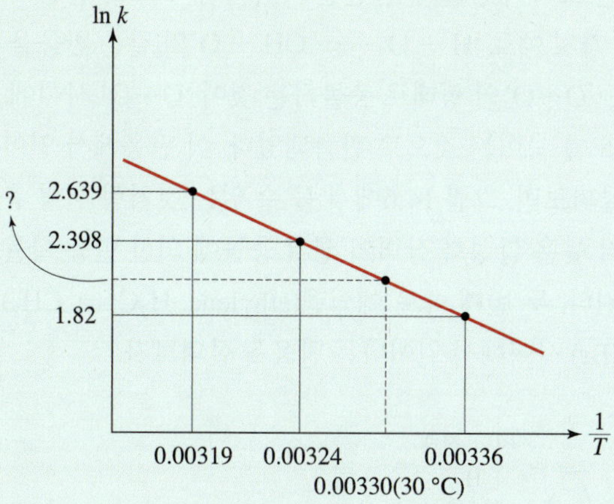

$$\text{기울기} = -\frac{E_a}{R} = \frac{1.82 - 2.398}{0.00336 - 0.00324} = \frac{-0.58}{0.00012} = -4.8 \times 10^3\,\text{K}$$

$$E_a = (4.8 \times 10^3\,\text{K})(8.314\,\text{J}\cdot\text{mol}^{-1}\cdot\text{K}^{-1}) = 4.0 \times 10^4\,\text{J}\cdot\text{mol}^{-1}$$

이제 30 °C에 해당하는 ln k의 값을 구한 후, 그 값으로부터 k를 계산하면 된다.

❸ 반응물의 에너지 분포

기체 분자 운동론에 따르면, 기체 입자는 주어진 온도에서 다양한 운동 속도를 갖는다. 그림 14.5는 다양한 온도에서 기체 분자의 운동 속도를 운동 에너지로 변환한 후, 운동 에너지에 따른 기체 분자의 수를 나타낸 분포 곡선(distribution curve)을 나타내고 있다.

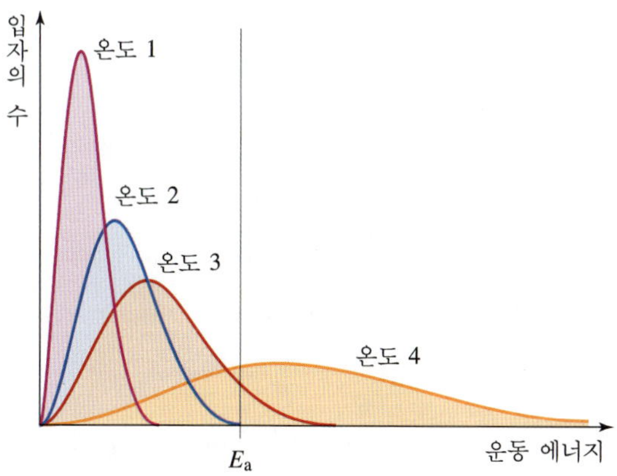

온도 1: 활성화 에너지보다 더 높은 에너지를 갖는 입자는 없다.
온도 2: 극히 소수의 입자만이 활성화 에너지보다 더 높은 에너지를 갖는다.
온도 3: 일부분의 입자가 활성화 에너지보다 더 높은 에너지를 갖는다.
온도 4: 약 60 % 정도의 많은 입자가 활성화 에너지보다 더 높은 에너지를 갖는다.

그림 14.5
온도에 따른 입자의 에너지 분포

만일 주어진 화학 반응에서 활성화 에너지가 존재하지 않는다면($E_a = 0$), 모든 충돌로 인해 반응이 일어날 것이므로 충돌 빈도가 바로 반응 속도이다.

$$k = A\exp\left(-\frac{E_a}{RT}\right)\text{에서 } E_a = 0\text{이면, } k = A\text{이다.}$$

활성화 에너지가 존재하는 화학 반응의 경우에는 전체 반응물 중 활성화 에너지보다 더 큰 에너지를 갖는 입자만 반응하게 된다. 따라서 반응 속도는 감소하고, 이것이 반응 속도 상수의 표현에서 지수 인자로 나타난다.

❹ 충돌의 방향성

활성화 장벽을 넘을 수 있는 충분한 크기의 에너지를 갖는 기체 분자 사이의 충돌은 모두 반응을 일으킬 것인가? 이 경우에도 모든 충돌이 반응으로 이어지지는 않는다. AH + B ⟶ A + BH와 같은 반응을 예로 들어 생각해 보자. 이 반응에서는 반응물 B가 A로 충돌하는 것보다 H로 충돌하는 것이 더 효과적이다. 즉, 이 반응이 일어나기 위해 효과적인 충돌 방향이 필요한데, 이러한 효과적 충돌에 관련된 기하학적 구조에 관한 내용이 비례 상수(A)에 포함되어 있다. 한 가지 예로 'H + O_2 ⟶ OH + O'와 같은 반응을 살펴보자. 이 반응의 경우 H 원자가 'H⋯O⋯O'의 형태로 충돌하는 것이 'O⋯O' 사이에 충돌하는 것보다 훨씬 더 빠른 반응 속도를 보이는 것으로 관측되었다. 이 반응에서 일어나는 충돌에서의 계의 에너지 변화를 살펴보면, 그림 14.6에서 볼 수 있는 것처럼 선형 충돌(linear collision)이 아닌 경우 훨씬 더 높은 활성화 장벽이 생겨 충돌에 의한 반응 확률이 감소하고, 따라서 반응 속도가 느려진다. 두 번째 예로 에틸렌(ethylene, $H_2C = CH_2$)과 브로민화 수소(hydrogen bromide, HBr) 사이에서 일어나는 반응을 살펴보자.

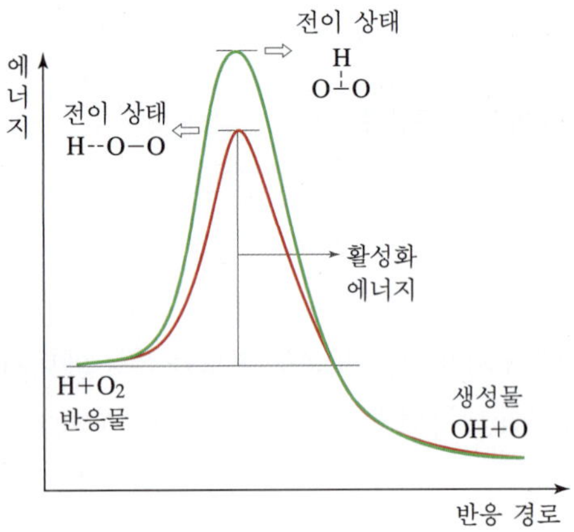

그림 14.6
반응 경로의 함수로 표시된 H + O_2 반응계의 퍼텐셜 에너지

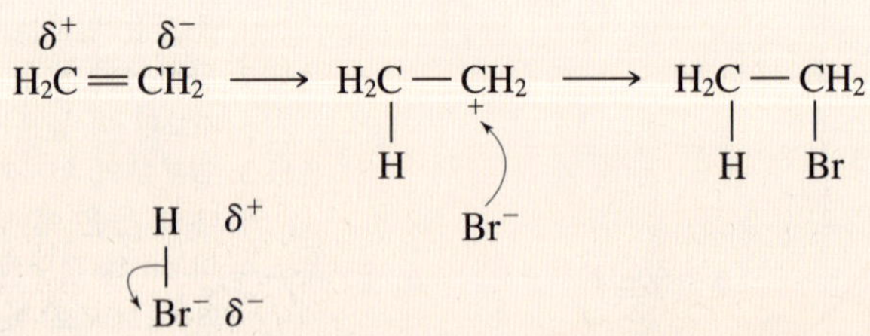

C=C 이중 결합에 참여하고 있는 공유 전자쌍 중 한 쌍이 왼쪽 C로 이동하면서 왼쪽 C는 − 전하, 오른쪽 C는 + 전하를 가진다. 극성 분자인 HBr에서는 H와 Br 사이의 공유 전자쌍이 Br로 이동하면서 H는 H^+ 이온, Br은 Br^- 이온으로 변한다. HBr로부터 생겨난 H^+ 이온은 − 전하를 가지는 왼쪽 C와 만나 C—H 결합을 이루며, Br^- 이온은 + 전하를 띤 오른쪽 C에 붙어 C—Br 결합을 이룬다.

$$H_2C = CH_2 + HBr \longrightarrow H_3C-CH_2Br$$

앞의 반응 과정을 살펴보면 $H_2C=CH_2$와 HBr 사이에서 반응이 일어나기 위해서는 $H_2C=CH_2$와 HBr이 적절한 방향성을 가지고 충돌해야 함을 알 수 있다. 그림 14.7은 두 화학종 사이의 다양한 충돌 방향을 보여 주고 있으며, 이들 중 반응이 일어날 수 있는 적절한 방향성을 가진 것은 한 가지뿐이라는 것도 알 수 있다.

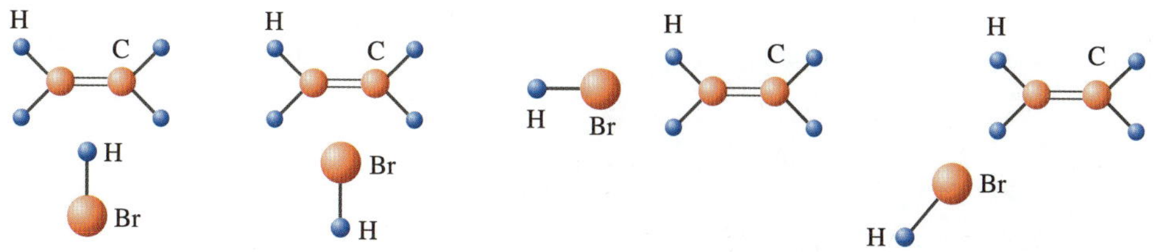

그림 14.7
$H_2C = CH_2$와 H – Br의 충돌 방향

14.2.3 화학 반응 속도에 영향을 주는 요인

❶ 온도

일반적으로 온도가 증가하면 반응 속도가 빨라진다. 왜 그럴까? 온도가 높아지면 입자의 에너지가 증가하여 입자의 운동 속도가 더 빨라지고 그만큼 입자 사이의 충돌 횟수도 증가한다. 앞에서 이미 서술하였듯이 온도가 올라가면 입자의 에너지도 증가하므로 보다 더 큰 에너지를 갖는 입자의 수가 많아진다. 따라서 반응이 일어나기 위해 필요한 최소한의 에너지(활성화 에너지)보다 큰 입자의 수가 더 많아지게 된다. 결국 온도가 상승하면 반응 속도가 더 빨라진다.

❷ 반응물의 농도

대부분의 경우 반응물의 농도가 증가하면 충돌 확률이 높아지고, 그 결과 반응 속도도 빨라진다. 그러나 반응물의 농도가 증가해도 반응 속도가 더 빨라지지 않는 경우가 있는데, 첫 번째는 촉매(catalyst)를 사용하여 주어진 반응이 이미 충분히 빠른 속도로 진행되고 있는 경우이다. 즉, 촉매의 사용으로 반응 속도가 충분히 빠르다면, 반응 속도는 이미 촉매의 역할에 의해 결정되는 상태이므로 반응물의 첨가는 반응 속도에 그다지 영향을 미칠 수 없는 것이다. 두 번째는 주어진 반응이 여러 단계(step)를 거쳐 진행하는데, 반응물의 농도를 증가시킨 반응 단계가 '반응 속도 결정 단계(rate determining step)'가 아닌 경우이다. 주어진 반응의 첫 번째 단계가 상대적으로 빠른 반응(왼쪽 반응 중 $A \rightarrow X + Y$)이고, 두 번째 단계는 매우 느린 반응($X + B \rightarrow$ 최종 생성물)의 경우를 예로 들어 보자. 이 경우 매우 느리게 진행하는 두 번째 반응의 속도가 더 빨라지지 않는다면, 첫 번째 반응이 아무리 빠른 속도로 진행한다고 하더라도 반응의 전체 속도는 더 빨라질 수 없다. 이와 같이 전체 반응 속도를 좌우하는 단계로써 가장 느리게 진행하는 반응 단계를 **반응 속도 결정 단계**라고 한다.

$$A \xrightarrow{\text{빠름}} X + Y$$
$$X + B \xrightarrow{\text{아주 느림}} \text{최종 생성물}$$

❸ 입자의 크기–표면적

일반적으로 주어진 양의 반응물이 그 크기가 작아져서 반응물의 전체 표면적(surface area)이 늘어나면, 반응 속도는 더 빨라진다. 그림 14.8은 마그네슘(magnesium, Mg)이 산(acid)에 녹는 반응을 예로 든 것이다.

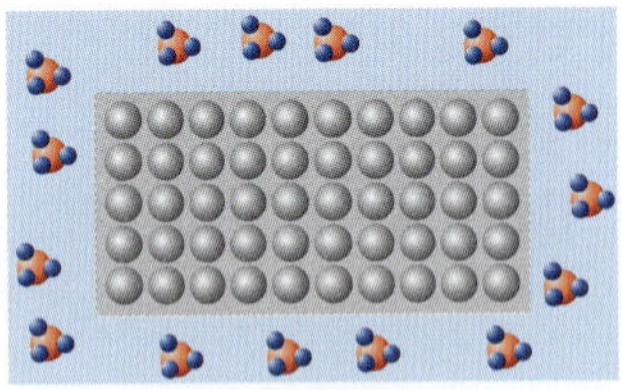

Mg이 하나의 덩어리 형태로 산 수용액에 첨가되면, Mg의 표면적(반응이 일어나는 면적)이 좁아서 산 수용액의 H^+ 이온(또는 H_3O^+ 이온)과의 반응이 빠르게 진행되지 않는다.

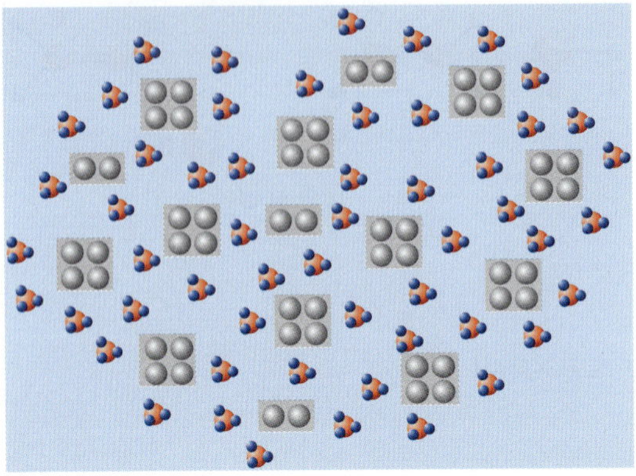

● Mg 원자 H_3O^+ 이온

$Mg(s) + 2H_3O^+(aq) + 2Cl^-(aq)$

$\longrightarrow Mg^{2+}(aq) + 2Cl^-(aq) + H_2(g) + 2H_2O(l)$

※ $HCl + H_2O \longrightarrow H_3O^+ + Cl^-$

Mg 덩어리를 잘게 부수어 작은 크기의 조각을 많이 만들어 산 수용액에 첨가하면, Mg의 전체 표면적(반응이 일어나는 면적)이 현저히 넓어지므로 산 수용액의 H^+ 이온(또는 H_3O^+ 이온)과의 반응이 빠르게 진행된다.

그림 14.8
입자의 표면적에 따른 반응 속도의 변화

❹ 촉매

적절한 촉매(catalyst)의 사용은 반응 속도를 더 빠르게 만들 수 있다. 그 이유는 그림 14.9에서와 같이 촉매의 사용으로 보다 더 낮은 활성화 에너지를 가지는 반응 경로(reaction path)가 생길 수 있고, 그러한 반응 경로를 따라 반응이 일어난다면 보다 많은 수의 반응 입자가 활성화 에너지보다 더 큰 에너지를 소유할 수 있기 때문이다.

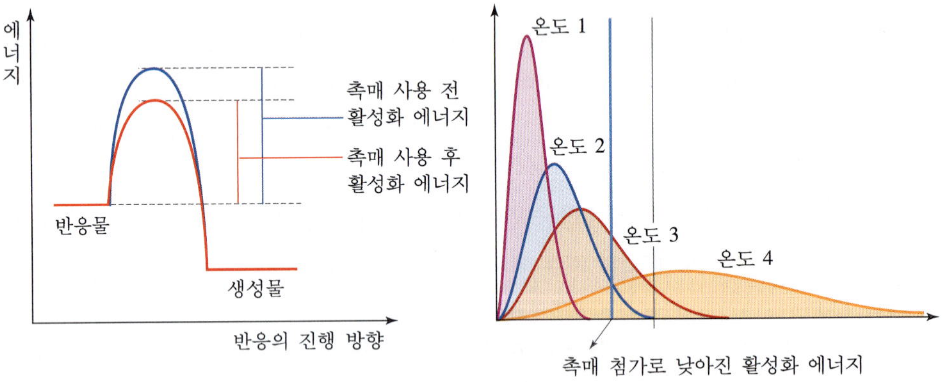

그림 14.9
촉매와 활성화 에너지: 주어진 온도에서 촉매를 사용한 반응의 경우 활성화 에너지가 낮아지면, 낮아진 활성화 에너지보다 더 큰 에너지를 소유한 입자의 수가 증가하므로 반응 속도가 더 빨라진다.

14.3 화학 반응의 속도와 화학 평형

14.3.1 가역 반응과 비가역 반응

일반적으로 주어진 화학 반응에서 반응물이 생성물로 변한 후 그 생성물이 다시 반응물로 돌아올 수 있다면, 그 반응은 가역 반응(reversible reaction)이라고 한다. 대부분의 경우 주어진 '가역 반응'이 끝나면, 반응물과 생성물이 함께 존재하므로 그 반응은 '반응물

$\rightleftarrows$ 생성물'과 같이 표현한다. 만일 반응물로부터 생겨난 생성물이 다시 반응물로 돌아오지 못한다면, 그 반응은 **비가역 반응**(irreversible reaction)이라고 한다. 주어진 '비가역 반응'의 경우 모든 반응물이 생성물로 변하여 사라지므로 그 반응은 '반응물 $\longrightarrow$ 생성물'로 표현한다. 다시 말해 주어진 화학 반응식에서 $\rightarrow$와 같은 화살표는 화살표의 왼쪽에 표현된 물질은 반응이 끝나면서 모두(100 %) 생성물로 변해 사라진다는 내용을 의미한다.

14.3.2 A와 B가 반응하여 C와 D가 만들어지는 가역 반응의 화학 평형

- 초기에는 C와 D가 존재하지 않으므로 A와 B가 반응하여 C와 D가 만들어지는 정반응(forward reaction)만 일어난다.
- 시간이 지나면서 A와 B 사이의 반응으로부터 생겨난 C와 D가 서로 반응하여 A와 B로 돌아가는 역반응(reverse reaction)도 일어나기 시작한다. 이 시점에서는 A와 B의 농도가 C와 D의 농도보다 더 높아 정반응의 속도가 역반응의 속도보다 더 빠르다.
- 충분한 시간이 지나면 C와 D의 양이 더 많이 생겨나면서 C와 D가 반응하는 역반응의 속도가 빨라지지만, A와 B의 농도는 감소하면서 정반응의 속도는 느려진다. 결국 정반응과 역반응의 속도가 같아지는 상태에 도달한다.

$A + B \longrightarrow C + D$

$A + B \longleftarrow C + D$

$A + B \rightleftarrows C + D$

$A + B \rightleftarrows C + D$

그림 14.10에서 볼 수 있는 것처럼 정반응의 속도와 역반응의 속도가 서로 같아지면 A와 B의 농도와 C와 D의 농도가 더 이상 변하지 않고, 이 상태를 **평형 상태**(state of equilibrium)라고 한다.

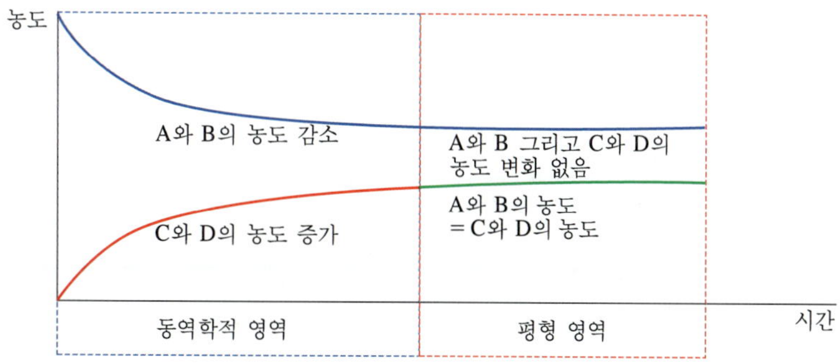

그림 14.10
반응이 끝난 후(평형에 도달한 후) 반응물의 농도 합이 생성물의 농도 합과 같은 경우 시간에 따른 반응물과 생성물의 농도 변화 과정

그러나 주어진 반응이 평형 상태에 도달하였다고 하더라도 그 반응이 끝난 것은 아니다. 여전히 정반응과 역반응은 진행하고 있으며, 단지 정반응과 역반응의 속도가 서로 같으므로 A와 B 그리고 C와 D의 양이 더 이상 변하지 않는 것처럼 느껴질 뿐이다.

미세 균형의 원리(principles of detailed balancing)

평형에 있는 모든 단일 단계 반응에서 정반응의 속도와 역반응의 속도는 같다. 따라서 $A \rightleftarrows B$와 같은 반응의 경우 평형 상태에서는

$$k_{정반응}[A]_{평형} = k_{역반응}[B]_{평형}$$

로 표현할 수 있고, 따라서

$$\frac{[B]_{평형}}{[A]_{평형}} = \frac{k_{정반응}}{k_{역반응}} = K$$

가 얻어진다. 평형에 도달하는 경우 반응 속도 상수의 비가 열역학적인 평형 상수와 같게 된다.

알아두어야 할 용어(term)들

- 화학 평형
- 균일 평형
- 불균일 평형
- 열역학적 평형 상수
- 평형 계산
- 평형 농도
- 르샤틀리에의 원리
- 화학반응 속도
- 반응 속도식
- 반응 차수
- 속도 상수
- 활성화 장벽
- 활성화된 중간체
- 전이 상태
- 충돌 방향성
- 가역 반응
- 비가역 반응
- 미세 균형의 원리

요약

전반부에서는 주어진 화학 반응이 평형 반응으로 진행하는 경우들을 소개하였고, 그러한 평형 반응의 추진력인 평형 상수를 표현하는 방법과 열역학적 개념에 근거하는 평형 상수의 결정법을 다루었다. 주어진 화학 평형에 관련된 평형 계산을 통해 그 반응에 관련된 반응물과 생성물의 평형에서의 농도들 그리고 평형 상수를 알아내는 과정들을 다루었다. 후반부에서는 화학 반응 속도론에 바탕을 두어 열역학적 개념(이론)으로는 설명할 수 없는 주어진 화학 반응이 진행 속도를 알아내는 과정을 소개하였다.

연 . 습 . 문 . 제

ΔG와 평형 상수

1. $2SO_2(g) + O_2(g) \rightleftharpoons 2SO_3(g)$와 같은 평형이 성립한 후, $P_{SO_2} = 1.0$ atm, $P_{O_2} = 2.0$ atm, $P_{SO_3} = 2.0$ atm이다. 25 °C에서의 ΔG를 구하시오. 단, $\Delta G^\circ_{298} = -140.0$ kJ/mol이다.

화학 평형

2. 다음과 같은 화학 반응의 평형 상수를 써보시오.
   (a) $H_2(g) + I_2(g) \rightleftharpoons 2HI(g)$
   (b) $2Cl_2(g) + 2H_2O(g) \rightleftharpoons 4HCl(g) + O_2(g)$
   (c) $PCl_5(g) \rightleftharpoons PCl_3(g) + Cl_2(g)$

3. 온도가 722 K인 용기에 H_2와 I_2 그리고 HI가 들어 있다. 이들 화학종의 평형 농도가 [HI] = 0.0131 M, $[H_2]$ = 0.00184 M, $[I_2]$ = 0.00184 M라면, 이들 화학종 사이에서 성립하는 평형 상수인 (a) K와 (b) K_p를 구하시오.

4. 온도가 250 K인 용기에 PCl_5와 PCl_3 그리고 Cl_2가 들어 있다. 이들 화학종의 평형 농도가 모두 0.0500 M이라면, 이들 화학종 사이에서 성립하는 평형 상수인 (a) K와 (b) K_p를 구하시오(단, $R = 0.0821$ L · atm/mol · K).

5. 1.00 L 용기에 0.300 mol의 CO와 0.200 mol의 Cl_2가 들어 있다. 이 용기를 충분히 높은 온도로 가열하며 용기 속에서 $CO(g) + Cl_2(g) \rightleftharpoons COCl_2(g)$와 같은 화학 평형(평형 상수 = 100.0)이 성립하도록 만들었다. 용기 안에 들어 있는 모든 화학종의 농도를 구하시오.

6. 1.00 L 용기에 0.0150 mol의 H_2와 0.0200 mol의 I_2가 들어 있다. 이 용기의 온도를 720 K로 올려주어 용기 속에서 $H_2(g) + I_2(g) \rightleftharpoons 2HI(g)$와 같은 화학 평형(평형 상수 = 50.5)이 성립하도록 만들었다. 용기 안에 들어 있는 모든 화학종의 농도를 구하시오.

7. 주어진 용기에 1.00 mol의 PCl_5를 넣고 250 °C까지 가열하여 $PCl_5(g) \rightleftharpoons PCl_3(g) + Cl_2(g)$와 같은 평형이 성립하도록 만들었다. 평형에서 PCl_5의 양이 0.75 mol로 줄어들었다면, 생겨난 PCl_3와 Cl_2의 몰수를 구하시오.

8. 1.00 L의 용기에 6.70 g의 SO_2Cl_2를 넣고 375 K까지 가열하였다. 용기 속에서 $SO_2Cl_2(g) \rightleftharpoons SO_2(g) + Cl_2(g)$와 같은 평형 반응(375 K에서 평형 상수 = K_p = 2.40 atm)이 성립하였다면, (a) 이 반응이 일어나기 전 SO_2Cl_2의 초기 압력과 (b) 평형에서 SO_2와 Cl_2의 압력을 구하시오(단, $R = 0.0821$ L · atm/mol · K, 원자량은 S : 32.0, O : 16.0, Cl : 35.5이다).

화학 반응 속도

9. 다음 내용의 ( ) 안에 적절한 수나 용어 또는 표현식을 쓰시오
   (a) 'A + B ⟶ 생성물'에서 A의 농도를 2배로 하면 반응 속도가 4배 빨라지고, 3배로 하면 반응 속도가 9배 빨라진다. 이 반응의 반응 속도는 A의 농도의 ( )에 비례하는 것이다.
   (b) 'A + B ⟶ 생성물'의 반응 속도가 A의 농도의 제곱에 비례하지만, B의 농도와는 무관하다면, 반응 속도식은 ( )과 같이 나타낼 수 있다.
   (c) 'A + B ⟶ 생성물'의 반응 속도가 A의 농도에도 정비례하고 B의 농도에도 정비례한다면, 반응 속도식은 ( )과 같이 나타낼 수 있다.
   (d) 'A + B ⟶ 생성물'의 반응 속도가 [A]에 비례하고 $[B]^2$에도 비례한다면, 반응 속도식은 ( )과 같이 나타낼 수 있다.
   (e) 'A + B ⟶ 생성물'의 반응 속도식을 $v = k[A]^2$로 나타내면 반응 차수는 ( )차이고, $v = k[A][B]$로 나타내면 ( )차이고, $v = k[A][B]^2$로 나타내면 ( )차이다.
   (f) 실험 결과를 보여 주는 다음의 표에 근거하면, A + B ⟶ C의 반응 속도식은 ( )와 같이 나타낼 수 있으며, 반응 차수는 ( )차이다.

실험	[A]	[B]	반응 속도
I	1.0	1.0	0.15
II	2.0	1.0	0.30
III	3.0	1.0	0.45
IV	1.0	2.0	0.15
V	1.0	3.0	0.15

10. $2NO(g) + H_2(g) \longrightarrow N_2(g) + 2H_2O(g)$와 같은 반응의 반응 속도식은 $v = k[NO]^2[H_2]$이다.
   (a) NO의 농도가 두 배 증가하면, 반응 속도는 어떻게 변화할까?
   (b) 촉매를 사용하면, 반응 속도는 어떻게 변화할까?
   (c) 온도를 낮추어 주면, 반응 속도는 어떻게 변화할까?
   (d) 이 반응이 일어나는 용기의 부피가 두 배로 늘어나면, 반응 속도는 어떻게 변화할까?

11. 다음 표와 같은 실험 결과가 얻어졌다면, 2A + B + C $\longrightarrow$ D와 같은 반응의 (a) 반응 속도식을 쓰고, (b) 반응 차수를 구하시오.

실험	[A]	[B]	[C]	반응 속도
Ⅰ	1.0	1.0	1.0	0.15
Ⅱ	2.0	1.0	1.0	0.60
Ⅲ	2.0	2.0	1.0	4.8
Ⅳ	2.0	2.0	2.0	9.6
Ⅴ	2.0	1.0	2.0	1.2

. 종 합 .

12. $3H_2(g) + N_2(g) \rightleftharpoons 2NH_3(g)$와 같은 화학 반응에 대한 다음 질문에 답하시오.

① 25 °C에서 $\Delta G_{반응}° = -32.96$ kJ/mol이다. 이때 평형 상수(K)를 구하시오. 단, 절대 온도 = 섭씨 온도 + 273이고, R = 8.3144 J/mol · K이다.

② K_p를 구하시오. 단, R = 0.0821 L· atm/mol · K이다.

13. $N_2(g) + 3H_2(g) \rightleftharpoons 2NH_3(g)$에 대한 다음 질문에 답하시오.

① 500.0 °C에서 위 반응이 $\Delta G° = 18.21$ kJ/mol일 때, 평형 상수(K)를 구하시오. 단, 절대 온도 = °C + 273이고, R = 8.3144 J/mol · K = 0.0821 L · atm/mol · K이다.

② 위 반응의 K_p를 구하시오.

③ 압력을 증가시켜주면, 위 평형은 어떻게 되는지 간단하게 설명하시오.

14. 다음 표에 실려있는 실험 결과들을 근거로 ① 반응 속도 식을 쓰고, ② ①번에서 제시한 답에 대한 이유를 제시하시오.

$$2NO(g) + O_2(g) \longrightarrow 2NO_2(g)$$

실험	[NO], M	[O_2], M	초기 속도, M/s
1차	0.0235	0.0125	7.98×10^{-3}
2차	0.0235	0.0250	1.59×10^{-2}
3차	0.0470	0.0125	3.20×10^{-2}

15. 다음 그림은 주어진 온도에서 화학종들의 에너지 분포를 나타낸 그래프이다. ① T_1과 T_2 중 어떤 온도가 더 낮은 온도이고, ② 온도가 낮아지면, 화학종들의 에너지 분포에 어떤 변화가 일어남을 의미하는지를 간단하게 서술하시오.

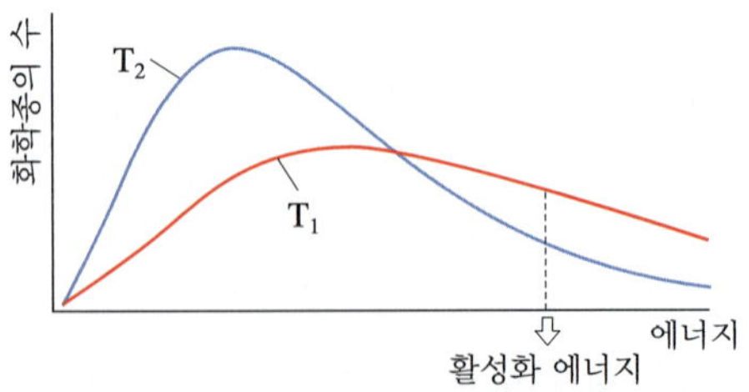

16. 다음 그림은 온도에 따른 입자들의 에너지 분포를 보여준다. 질문에 답하시오.

① 그림에서 온도1, 온도2, 온도3을 높은 온도에서 낮은 온도 순서로 나열하시오.

② 주어진 촉매의 사용으로 반응이 빨라진다면, 그 촉매가 초래하게 되는 변화를 그림의 위쪽에 나타내시오.

③ ②에서와 같은 변화가 화학종들의 에너지 분포에 어떤 변화를 일으키는지 간단하게 서술하시오.

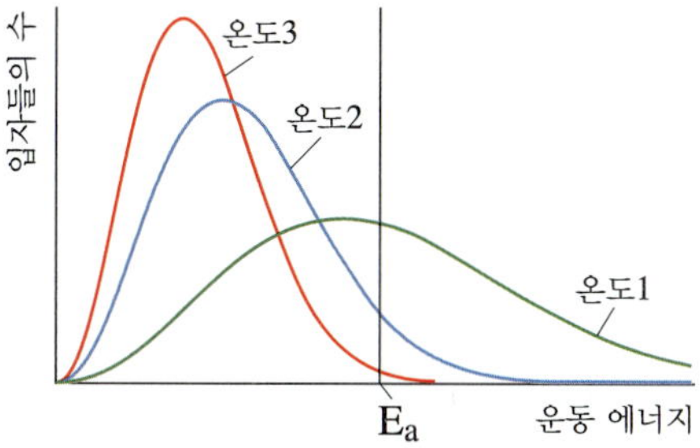

17. HA 수용액에서는 $HA(aq) + H_2O(l) \rightleftharpoons H_3O^+(aq) + A^-(aq)$와 같은 산-염기 반응이 일어난다. 이 반응에서 평형 상수(K) = 1.00×10^{-6}일 때, 다음 질문에 답하시오.
   ① 평형 상수(K)의 표현식을 쓰시오.
   ② HA의 초기 농도가 0.010 M일 때, H_3O^+ 이온의 농도($[H_3O^+]$, 단위: M)를 구하시오.
   ③ ②의 결과를 사용하여 이 반응의 % 이온화도(= 이온화도 $\times 10^2$, 단위: %)를 구하시오.

18. 다음 질문에 답하시오.
   ① 화학 평형에 대한 열역학 관점과 반응 속도론 관점을 간단하게 서술하시오.
   ② 유효 충돌에 대해 간단하게 서술하시오.
   ③ 반응 속도에 영향을 미치는 요인을 제시하시오.
   ④ Le Châtelier의 원리를 간단하게 서술하시오.
   ⑤ 화학 평형에 영향을 미치는 요인을 제시하시오.
   ⑥ $N_2(g) + 3H_2(g) \rightleftharpoons 2NH_3(g)$와 같은 반응의 경우 압력을 낮추면, 어떤 영향을 받게 되는지를 간단하게 서술하시오.

19. $AgCl(s)$을 물에 녹여 $AgCl(s) \rightleftharpoons Ag^+(aq) + Cl^-(aq)$와 같은 평형($K = 1.8 \times 10^{-5}$)이 이루어졌다면, 수용액 속 Ag^+이온의 평형 농도(M)를 구하시오.

20. 5.000×10^{-3} mol의 H_2 기체와 1.000×10^{-2} mol의 I_2 기체를 5.000 L 용기에 넣고 446 °C에서 반응($H_2(g) + I_2(g) \rightleftharpoons 2HI(g)$)시켰다. 반응이 끝난 후(평형에 도달한 후) 용기 속 HI 기체의 농도가 1.880×10^{-3} M이다. 이때 다음 질문에 답하시오.
   ① H2 기체와 I2 기체의 초기 농도(단위: M)를 구하시오.
   ② 이 반응의 평형 상수(K)를 구하시오.

21. 다음 표는 두 단계로 일어나는 화학 반응에 관련된 실험 결과이다. 다음 질문에 답하시오.

첫 번째 반응 : $A + B \longrightarrow P$

실험	[A], M	[B], M	초기 속도
1	1.00 M	1.00 M	1.25×10^{-2} M/s
2	1.00 M	2.00 M	2.50×10^{-2} M/s
3	2.00 M	1.00 M	2.50×10^{-2} M/s

두 번째 반응 : $P + C \longrightarrow D$

실험	[P], M	[C], M	초기 속도
1	1.00 M	1.00 M	1.25×10^{-6} M/s
2	1.00 M	2.00 M	2.50×10^{-6} M/s
3	2.00 M	1.00 M	5.00×10^{-6} M/s

   ① 다음 문장의 ( ) 안의 밑줄 친 부분에서 올바른 것을 고르시오.

   > 두 반응 중에서 속도 상수가 더 큰 반응은 (첫 번째 반응, 두 번째 반응)이다.
   > 그리고 두 반응 중 반응 속도 결정 단계는 (첫 번째 반응, 두 번째 반응)이다.

   ② 각 반응의 반응 속도식을 쓰시오.

22. 속도 상수(K)에 관한 Arrhenius equation(아레니우스 식)은 $K = Ae^{-Ea/RT}$이다. 주어진 반응에 관한 실험을 통해 다음과 같은 그래프를 얻었다. 이때 다음 질문에 답하시오.
   ① 다그래프의 x축의 ( ) 안에 정확한 항을 적으시오.
   ② 기울기를 나타내는 식의 ( ) 안에 정확한 항을 적으시오.
   ③ 반응의 활성화 에너지(Ea)를 구해 보시오. 단, R = 8.3144 J/mol·K이고, lnk 단위는 없다.

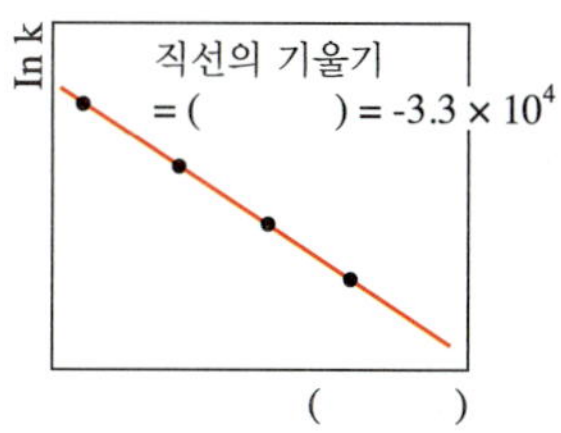

15

수용액에서의 산과 염기

다양한 무기물(mineral)들을 함유하고 있는 자연계의 수용액들은 대부분 6과 9 사이의 pH 값을 나타내고 있으며, 그 pH 값은 거의 변하지 않고 일정하게 유지되고 있다. 다시 말해 자연계의 수용액은 pH 조절 능력을 가지고 있고, 수용액이 그러한 pH 조절 능력(완충 능력, buffer capacity)을 가지는 것은 완충계(buffer system)들을 함유하고 있기 때문이다. 이러한 완충계를 이해하기 위해서는 완충계를 이루는 물질(산과 그 짝염기 또는 염기와 그 짝산)에 대한 이해가 필요하므로 우리는 산과 염기의 성질, 다양한 산과 염기 사이의 반응(산과 염기에 관련된 평형)에 대하여 알아보기로 한다.

15.1 산과 염기에 대한 정의

15.1.1 산과 염기의 일반적인 성질

산의 성질

- 식물성 염료(plant dye)를 붉게 변화시킨다.
- 금속과 반응하여 수소 기체를 발생시킨다. 예 : $Mg(s) + 2HCl(aq) \longrightarrow MgCl_2(aq) + H_2(g)$
- 탄산염이나 중탄산염과 반응하면 거품(이산화 탄소 기체)을 발생시킨다.
  예 : $CaCO_3(s) + 2HCl(aq) \longrightarrow CaCl_2(aq) + CO_2(g) + H_2O(l)$
- 신맛을 나타내고, 염기의 성질들을 중화한다.
- 산 수용액은 전기를 통한다.

염기의 성질

- 식물성 염료를 푸르게 변화시킨다.
- 쓴맛을 나타내고, 산의 성질들을 중화한다.
- 염기 수용액은 전기를 통한다.

15.1.2 산과 염기에 대한 정의

❶ Arrhenius의 개념

Svante August Arrhenius(아레니우스)는 **산**(acid)과 **염기**(base)를 다음과 같이 정의하였다.

산은 '물에 녹아 H^+ 이온(양성자, proton)을 내는 물질'이고, 염기는 '물에 녹아 OH^- 이온(수산화 이온, hydroxide ion)을 내는 물질'이다.

Arrhenius의 개념에 따르면 산과 염기는 물에 녹아 수용액 상태에서만 산이나 염기로 행동할 수 있다. 그리고 Arrhenius의 개념에 따르면 산과 염기 사이의 **중화 반응**(neutralization reaction: 산과 염기가 반응하여 자신의 성질을 잃어버리고 새로운 성질을 소유한 물질이 생겨나는 반응)은 두 단계에 걸쳐 일어난다. 첫 번째는 이온화(ionization) 과정이다. 산과 염기는 각각 물에 녹아 수용액을 이루면서 이온화를 통해 H^+ 이온과 OH^- 이온을 내어 놓는다. 두 번째는 이온화를 통해 생겨난 H^+ 이온과 OH^- 이온이 서로 반응하는 것이다. 다음은 산성 물질인 HCl(hydrogen chloride, 염화 수소)과 염기성 물질인 NaOH(sodium hydroxide, 수산화 소듐) 사이의 **산-염기 중화 반응 과정**을 보여 준다.

첫 번째 - 이온화 단계 : $HCl(g) \xrightarrow{H_2O} H^+(aq) + Cl^-(aq)$

$NaOH(s) \xrightarrow{H_2O} Na^+(aq) + OH^-(aq)$

두 번째 - 중화 반응 단계 : $H^+(aq) + OH^-(aq) \longrightarrow H_2O(l)$

Arrhenius의 개념은 몇 가지 문제점이 있다. 예를 들어, Arrhenius의 개념에 따르면 어떤 물질이 산으로 행동하기 위해서는 우선 그 물질의 화학식에 H가 들어 있어야 하고, 어떤 물질이 염기로 행동하려면 그 물질의 화학식이 OH 작용기(functional group)를 가지고 있어야 한다. 그러나 실제로는 화학식에 H나 OH를 가지고 있지 않은 물질임에도 산이나 염기로 행동하는 물질(예: CO_2 – 산성 물질, CaO – 염기성 물질)이 적지 않다. Arrhenius의 개념이 적용되지 않는 두 번째 예로는 다음 반응과 같이 '수용액이 아닌 곳(상태)에서 진행되는 산–염기 중화 반응'을 들 수 있다.

$$HCl(g) + NH_3(g) \longrightarrow NH_4Cl(s)$$

이 반응은 수용액이 아니라 기체 상태에서의 반응이며, 산과 염기는 산–염기 중화 반응에 앞서 이온화 과정을 거치지 않는다.

❷ Brønsted–Lowry의 개념

J. N. Brønsted(브뢴스테드)와 Thomas Lowry(로우리)는 다음과 같은 산–염기 정의 방식을 제안하였다. **Brønsted–Lowry의 개념**은 용매와는 무관하다.

산은 H^+ 이온을 주는 물질(양성자 주개, proton donor)이고, 염기는 H^+ 이온을 받는 물질(양성자 받개, proton acceptor)이다.

Brønsted–Lowry의 개념에 따르면 다음과 같은 산-염기 반응들이 가능하다.

$$\underset{\text{산}}{HCl(aq)} + \underset{\text{염기}}{H_2O(l)} \longrightarrow H_3O^+(aq) + Cl^-(aq)$$

$$\underset{\text{염기}}{NH_3(aq)} + \underset{\text{산}}{H_3O^+(aq)} \longrightarrow NH_4^+(aq) + H_2O(l)$$

또한, 산이 산으로, 염기는 염기로 행동하기 위해서 이온화 과정이 선행될 필요가 없으므로

$$HCl(g) + NH_3(g) \longrightarrow NH_4Cl(s)$$

와 같은 기체 상태에서의 산–염기 중화 반응도 일어날 수 있다.

❸ Lewis의 개념

Brønsted–Lowry의 개념에서는 H 원자의 필요성(산–염기 반응에서 H^+ 이온의 필요성)이 강조되었으므로 산과 염기를 구분함에 있어서 그렇게 완벽한 수단이 될 수는 없었다. Gilbert N. Lewis(루이스)는 **화학 결합**(chemical bonding)에서는 어떤 경우에든 전

자쌍(electron pair)들이 참여한다는 사실에 근거하여 다음과 같은 산–염기 정의 방식을 개발하였다.

> 산은 '전자쌍을 받는 물질'이고, 염기는 '전자쌍을 주는 물질'이다.

Lewis의 개념은 다음과 같이 H^+ 이온과 OH^- 이온이 생겨나지 않는 화학 반응이나 H^+ 이온이 이전되지 않는 화학 반응에서도 산과 염기를 구분할 수 있다.

$$\underset{\text{산}}{BF_3(g)} + \underset{\text{염기}}{:NH_3(g)} \longrightarrow F_3BNH_3 \qquad \underset{\text{산}}{Ni} + 4\underset{\text{염기}}{:C=O:} \longrightarrow Ni(CO)_4$$

그러나 Lewis의 개념에 의해 주어진 산이나 염기는 그 세기가 일정하게 유지되는 것이 아니라 화학 반응에서 상대가 되는 염기나 산의 세기에 따라 달라진다. 따라서 Lewis의 개념으로는 산이나 염기를 그 상대적인 세기의 순서로 나열하는 작업이 불가능하며, 결국 산이나 염기를 정량적으로 다루는 작업이 어렵다는 단점이 있다.

15.2 산과 염기에 대한 정량적인 취급

15.2.1 물의 자동 양성자 이전 반응과 물의 자동 양성자 반응 상수(K_w)

❶ 물의 자동 양성자 이전 반응

자동 양성자 이전 반응이란

> 같은 물질 사이에서 일어나는 양성자 주고받기 반응

을 의미한다. 자동 양성자 이전 반응 중 순수한 물에서 진행되는

$$H_2O + H_2O \rightleftharpoons H_3O^+ + OH^-$$

반응은 매우 중요하다. 산을 사용하여 제조하는 '산 수용액'이나 염기를 사용하여 만드는 '염기 수용액'의 경우

산 수용액의 경우

$$\underset{\text{산}}{HA} + \underset{\text{염기}}{H_2O} \rightleftharpoons A^- + H_3O^+ \qquad H_3O^+ \text{ 이온의 양} = [H_3O^+]$$

염기 수용액의 경우

$$\underset{\text{염기}}{B} + \underset{\text{산}}{H_2O} \rightleftharpoons OH^- + BH^+ \qquad H_3O^+ \text{ 이온의 양} = [H_3O^+] = \frac{K_w}{[OH^-]}$$

와 같이 '산과 물' 그리고 '염기와 물' 사이의 산–염기 반응으로부터 생겨난 H_3O^+ 이온의 양을 근거로 '강산의 수용액', '약산의 수용액', '강염기의 수용액', '약염기의 수용액'으로 구분하게 된다. 그런데 물의 자동 양성자 이전 반응에 근거하면 순수한 물에 산이나 염기가 들어와 산–염기 반응이 일어나기 이전에도 이미 그 물속에는 일정량의 H_3O^+ 이온이나 OH^- 이온이 존재하고 있다. 그리고 산이나 염기 수용액의 초기 농도가 어느 수준 이하로 묽어지는 경우에는 물 자체에서 만들어지는 H_3O^+ 이온이나 OH^- 이온의 양이 무시할 수 없는 양이 된다. 따라서 그러한 산 수용액이나 염기 수용액 속의 H_3O^+ 이온이나 OH^- 이온의 양을 정확하게 알아내기 위해서는 순수한 물 자체에서 만들어지는 H_3O^+ 이온의 양도 알고 있어야 한다.

※ 대부분의 산이나 염기 수용액의 경우 그 농도가 아주 묽지 않으면(예를 들면, HCl과 같은 강산 수용액의 경우 HCl 수용액의 초기 농도가 10^{-6} M보다 묽어지지 않는다면) 순수한 물속에서 존재하고 있던 H_3O^+ 이온이나 OH^- 이온의 농도는 산이나 염기로부터 만들어지는 H_3O^+ 이온이나 OH^- 이온의 농도에 비해 너무 작아 무시할 수 있다.

❷ 물의 자동 양성자 이전 반응 상수(K_w)

물의 자동 양성자 이전 반응은 평형 반응이므로 그 반응의 평형 상수(equilibrium constant)를 알 수 있다면, 순수한 물속에서 생겨나 존재하는 H_3O^+ 이온과 OH^- 이온의 양을 구할 수 있다. 물의 자동 양성자 이전 반응은 다음과 같이 표현한다.

$$H_2O + H_2O \rightleftharpoons H_3O^+ + OH^-$$

이 반응은 평형 반응이므로 다음과 같이 평형 상수를 표현할 수 있다.

$$\text{평형 상수} = K = \frac{[H_3O^+][OH^-]}{[H_2O][H_2O]}$$

$$\Rightarrow K\cdot[H_2O][H_2O] = [H_3O^+][OH^-] = K_w$$

여기서 K_w는 물의 **자동 양성자 이전 반응 상수**라고 하며, 다음과 같은 값을 가진다.

$$K_w = [H_3O^+][OH^-] = 1.0 \times 10^{-14} (25\ ^\circ\text{C에서})$$

※ 순수한 물에서뿐만 아니라 산성 수용액이든 염기성 수용액이든 모든 수용액에서 성립하는 중요한 식이라는 점을 명심해 두기 바란다!

이제 순수한 물 속에 존재하는 H_3O^+ 이온과 OH^- 이온의 농도를 알 수 있다.

$$[H_3O^+] = [OH^-] = (K_w)^{\frac{1}{2}} = (1.0 \times 10^{-14})^{\frac{1}{2}} = 1.0 \times 10^{-7}\ \text{M}$$

$[H^+]$와 $[H_3O^+]$

H^+ 이온은 양성자(proton)이고 H_3O^+ 이온은 수화된 양성자(hydrated proton) 또는 양성자가 첨가된 물(protonated water)로써, H^+ 이온과 H_3O^+ 이온은 서로 완전히 다른 화학종이다.

그러나 물의 '자동 양성자 이전 반응 상수'와 물의 '자체 이온화 상수'가 같은 값을 가지므로 순수한 물에서 H^+ 이온의 농도와 H_3O^+ 이온의 농도는 서로 같다.

$[H^+] = [H_3O^+]$: 순수한 물을 포함하여 어떤 수용액에서든 성립

물의 자체 이온화 반응(Self-ionization reaction)

물의 자동 양성자 이전 반응($H_2O + H_2O \rightleftharpoons H_3O^+ + OH^-$)은 Brønsted-Lowry의 개념에 근거하여 물 분자들 사이의 산-염기 반응을 표현한 것이다. 이와 달리 다음과 같이 물의 '자체 이온화 반응'을 통해 순수한 물에서 'H^+ 이온'과 'OH^- 이온'이 존재한다는 주장도 존재한다.

물의 자체 이온화 반응식은 다음과 같다.

$H_2O \rightleftharpoons H^+ + OH^-$

25 °C에서 $K_w = [H^+][OH^-] = 1.0 \times 10^{-14}$

여기서 K_w: 물의 자체 이온화 상수(self-ionization constant)

※ K_w를 '물의 자동 양성자 이전 반응 상수' 또는 '물의 자체 이온화 상수'라고 부르지 않고, '물의 이온곱 상수(ion-product constant of water)'라고 부르기도 한다.

15.2.2 *p*-함수 척도(예: pH)

수용액 속에 존재하는 화학종의 농도가 너무 작은 값이거나 다양한 경우 그 값들을 다루기가 쉽지 않다. 따라서 화학종들의 농도를 보다 더 쉽고 편하게 다루기 위해 다음과 같이 정의되는 ***p*-함수 척도**(*p*-function scale)를 사용한다.

$pX = -\log[X]$	여기서 [X]: X의 몰농도	pX: [X]의 p함수 값
(예) $pH = -\log[H_3O^+]$	$pOH = -\log[OH^-]$	$pCa = -\log[Ca^{2+}]$

이러한 '*p*-함수 척도'를 도입하면 $K_w = [H_3O^+][OH^-] = 1.0 \times 10^{-14}$를 다음과 같이 표현할 수 있다.

$K_w = [H_3O^+][OH^-] = 1.0 \times 10^{-14}$

양변에 $-\log$를 붙여 주면

$-\log K_w = (-\log[H_3O^+]) + (-\log[OH^-]) = -\log(1.0 \times 10^{-14})$

$pK_w = pH + pOH = 14.00$

그러므로 순수한 물에서 생겨나 존재하는 H_3O^+ 이온과 OH^- 이온의 농도를 다음과 같이 *p*-함수로 나타낼 수 있다.

$[H_3O^+] = [OH^-] = 1.0 \times 10^{-7}$ M ➡ pH = 7.00 = pOH

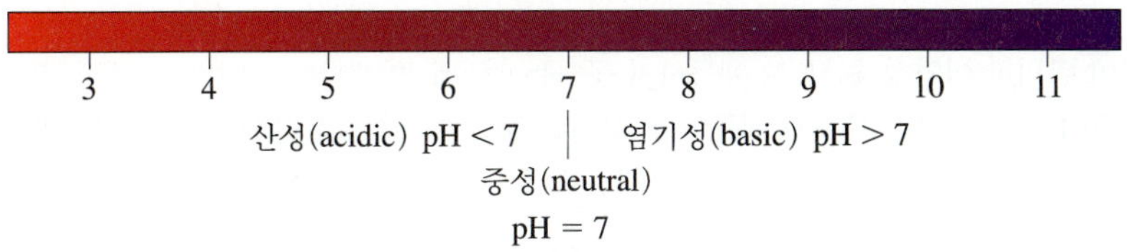

그림 15.1
pH 척도로 나타낸 산성 수용액, 중성 수용액, 염기성 수용액

그림 15.1은 pH를 기준으로 산성, 염기성, 중성 수용액을 분류하는 방법을 보여 주고 있다.

따라서 25 °C에서 만일 순수한 물에 산이 첨가되어 산성 수용액으로 변하거나 염기가 첨가되어 염기 수용액으로 변한다면, 각 수용액에 존재하는 H_3O^+ 이온과 OH^- 이온의 양은 다음과 같이 표현한다.

산성 수용액의 경우

H_3O^+ 이온의 양이 순수한 물의 경우보다 더 많아지므로

$[H_3O^+] > 1.0 \times 10^{-7}$ M ➡ pH < 7.00

$[OH^-] < 1.0 \times 10^{-7}$ M ➡ pOH > 7.00

중성 수용액의 경우

H_3O^+ 이온의 양이 순수한 물의 경우와 같아지므로

$[H_3O^+] = 1.0 \times 10^{-7}$ M ➡ pH = 7.00

$[OH^-] = 1.0 \times 10^{-7}$ M ➡ pOH = 7.00

염기성 용액의 경우

OH^- 이온의 양이 순수한 물의 경우보다 더 많아지므로

$[OH^-] > 1.0 \times 10^{-7}$ M ➡ pOH < 7.00

$[H_3O^+] < 1.0 \times 10^{-7}$ M ➡ pH > 7.00

15.2.3 강산(강염기), 약산(약염기)

강산(strong acid)은 염기에게 양성자를 잘 주는 산이며, **약산**(weak acid)은 염기에게 양성자를 잘 내어놓지 않는 산이다. 강산의 수용액에서 강산은 물과의 산-염기 반응을 통해 모두(100 %) 사라지므로 원래의 분자 형태는 존재하지 않는다. 그러나 약산의 수용액에서 약산은 일부만이 물과의 산-염기 반응에 참여하고, 나머지는 원래의 분자 형태 그대로 존재한다.

강한 일양성자산(HA)의 수용액에서는

$$HA + H_2O \longrightarrow H_3O^+ + A^- : [HA] = 0\ M,\ [H_3O^+] = [HA]_{초기}$$

약한 일양성자산(HA)의 수용액에서는

$$HA + H_2O \rightleftarrows H_3O^+ + A^- : [HA] \neq 0\ M,\ [H_3O^+] \neq [HA]_{초기}$$

그러나 강한 이양성자산(H_2A) 수용액에서는

$$H_2A + H_2O \longrightarrow H_3O^+ + HA^- : [H_2A] = 0\ M$$
$$HA^- + H_2O \rightleftarrows H_3O^+ + A^{2-} : [HA^-] \neq 0\ M$$

와 같이 완벽한 이양성자산으로 행동하지 못하는 경우도 발생한다. 그 이유는 물은 염기로서의 능력이 충분히 크지 못하기 때문이다. 하지만 강한 이양성자산인 H_2A가 상대방 염기가 물보다 더 강한 염기와 반응하는 경우에는 다음과 같이 완전한 이양성자산으로 행동할 수 있다.

$$H_2A + 2NaOH \longrightarrow 2H_2O + Na_2A : [H_2A] = 0\ M$$

15.2.4 일양성자산(염기), 다양성자산(염기)

1 mol의 산이 염기에게 1 mol의 양성자를 주면 **일양성자산**(monoprotic acid, HA), 2 mol의 양성자를 주면 **이양성자산**(diprotic acid, H_2A) 그리고 3 mol의 양성자를 주면 **삼양성자산**(triprotic acid, H_3A)이라고 하며, 이양성자산과 삼양성자산은 **다양성자산**(multiprotic acid)이라고 한다. 염기에 대해서도 같은 개념이 적용되어 일양성자 염기(monoprotic base, B)와 다양성자 염기(multiprotic base, B^- 또는 B^{2-})로 분류한다.

15.2.5 산의 짝염기와 염기의 짝산

Brønsted-Lowry의 개념에 근거하여 주어진 산과 염기 사이의 반응을 바라보면, 다음과 같이 그 반응의 생성물 역시 산이나 염기로서의 성질을 소유함을 알 수 있다. 이렇게 주어진 산과 염기 사이의 산–염기 반응에서 생겨나는 새로운 산은 반응물이었던 염기의 **짝산**(conjugate acid)이라고 하고, 새로운 염기는 반응물이었던 산의 **짝염기**(conjugate base)라고 한다. 왜냐하면 서로 짝이 되는 산과 염기(산과 그 짝염기 그리고 염기와 그 짝산)는 일반적인 산과 염기와는 달리 서로 산–염기 중화 반응을 하지 않기 때문이다.

산의 짝염기와 염기의 짝산

HA	+	H_2O	$\longrightarrow$	H_3O^+	+	A^-
강산		약염기		H_2O의 짝산		HA의 짝염기

HA	+	H_2O	$\rightleftharpoons$	H_3O^+	+	A^-
약산		약염기		H_2O의 짝산		HA의 짝염기

HA와 A^- 이온은 동일한 용액에서 서로 만나도 산–염기 중화 반응을 일으키지 않고 공존한다. 그리고 H_2O와 H_3O^+ 이온은 동일한 용액에서 서로 만나도 산–염기 중화 반응을 일으키지 않고 공존한다.

B	+	H_2O	$\rightleftharpoons$	BH^+	+	OH^-
약염기		약산		B의 짝산		H_2O의 짝염기

B와 BH^+ 이온은 동일한 용액에서 서로 만나도 산–염기 중화 반응을 일으키지 않고 공존한다. 그리고 H_2O와 OH^- 이온은 동일한 용액에서 서로 만나도 산–염기 중화 반응을 일으키지 않고 공존한다.

15.2.6 여러 가지 산과 염기 수용액의 pH 구하기

❶ 강한 일양성자산(예: HCl) 수용액의 pH

HCl(hydrochloric acid, 염산) 수용액에서 일어나는 산–염기 반응에 대한 정량적인 취급은 다음과 같다.

$$HCl + H_2O \longrightarrow Cl^- + H_3O^+$$

이 반응이 일어나는 수용액에 존재하는 화학종의 종류와 농도는 다음과 같다.

남은 HCl의 농도 = [HCl] = 0 M
생성된 Cl^- 이온의 농도 = 생성된 H_3O^+ 이온의 농도 = 반응 전 HCl의 농도
= HCl 수용액의 초기 농도

➡ $[Cl^-] = [H_3O^+] = [HCl]_{초기}$

따라서 강한 일양성자산 수용액의 pH는 다음 식을 사용하여 구할 수 있다.

$$pH = -\log[H_3O^+] = -\log[HCl]_{초기}$$

예제 15.1 0.10 M HCl 수용액의 pH 구하기

풀이 »

반응 후 생성된 H_3O^+ 이온의 농도 = 반응 전 HCl의 농도 = HCl 수용액의 초기 농도

$[H_3O^+] = [HCl]_{초기} = 0.10$ M $\quad \therefore pH = -\log[H_3O^+] = -\log(0.10) = 1.00$

예제 15.2 1.0×10^{-5} M HCl 수용액의 pH 구하기

풀이 »

반응 후 생성된 H_3O^+ 이온의 농도 = 반응 전 HCl의 농도 = HCl 수용액의 초기 농도

$[H_3O^+] = [HCl]_{초기} = 1.0 \times 10^{-5}$ M

$\therefore pH = -\log[H_3O^+] = -\log(1.0 \times 10^{-5}) = 5.00$

$[H_3O^+] = [HCl]_{초기}$와 같은 식은 HCl의 초기 농도가 10^{-6} M보다 묽어지면 적용할 수 없다.

예제 15.3 1.0×10^{-9} M HCl 수용액의 pH 구하기

풀이 »

$[H_3O^+] = [HCl]_{초기} = 1.0 \times 10^{-9}$ M

$\therefore pH = -\log[H_3O^+] = -\log(1.0 \times 10^{-9}) = 9.00$

이렇게 얻어진 pH 값은 9.00이지만 HCl 수용액은 산 수용액이므로 HCl 수용액의 농도가 아무리 묽어져도 그 용액의 pH는 7보다 커질 수 없다. 이러한 경우 물의 자동 양성자 이전 반응으로부터 생겨나는 H_3O^+ 이온의 농도를 고려(이 교재에서는 다루지 않음)해 주어야 하며, 그 결과 pH는 7보다 약간 작은 값을 나타내게 된다.

❷ 강한 일양성자 염기(예: NaOH) 수용액의 pH

NaOH(sodium hydroxide, 수산화 소듐)과 KOH(potassium hydroxide, 수산화 포타슘)과 같은 강한 일양성자 염기는 염기로서의 행동 양식을 Brønsted–Lowry의 개념이 아닌 Arrhenius의 개념으로 설명한다. NaOH 수용액에서 일어나는 산–염기 반응에 대한 정량적인 취급은 다음과 같다.

강한 일양성자 염기인 NaOH 수용액에서 일어나는 이온화 반응은

$$NaOH \xrightarrow{H_2O} Na^+ + OH^-$$

와 같고, 그 결과 NaOH 수용액에 존재하는 화학종의 종류와 농도는 다음과 같다.

남은 NaOH의 농도 = [NaOH] = 0 M

생성된 OH^- 이온의 농도 = 반응 전 NaOH의 농도 = NaOH 수용액의 초기 농도

➡ $[OH^-] = [NaOH]_{초기}$

따라서 강한 일양성자산 수용액의 pH는 다음과 같은 식을 사용하여 구할 수 있다.

$$pOH = -\log[OH^-] = -\log[NaOH]_{초기} \qquad \therefore pH = 14.00 - pOH$$

예제 15.4 0.10 M NaOH 수용액의 pH 구하기

풀이 »

반응 후 생성된 OH^- 이온의 농도 = $[OH^-]$

= 반응 전 NaOH의 농도 = NaOH 수용액의 초기 농도 = $[NaOH]_{초기}$ = 0.10 M

이제 다음과 같은 두 가지 방법 중 하나를 사용하여 pH를 구할 수 있다.

[방법1]

어떤 수용액에서든 $K_w = [H_3O^+][OH^-] = 1.0 \times 10^{-14}$와 같은 관계가 성립하므로

$$[H_3O^+] = \frac{K_w}{[OH^-]} = \frac{1.0 \times 10^{-14}}{0.10} = 1.0 \times 10^{-13}\text{ M}$$

➡ $pH = -\log[H_3O^+] = -\log(1.0 \times 10^{-13}) = 13.00$

[방법2]

어떤 수용액에서든 $pH + pOH = pK_w = 14.00$와 같은 관계가 성립하므로

$$pOH = -\log[OH^-] = -\log(0.10) = 1.00$$

➡ $pH = 14.00 - pOH = 14.00 - 1.00 = 13.00$

※ $[OH^-] = [NaOH]_{초기}$ 식은 초기 농도가 NaOH 수용액의 농도가 10^{-6} M보다 묽어지면 적용할 수 없다. 그 이유는

$[NaOH]_{초기} = 1.0 \times 10^{-8}$ M이면,

$pOH = -\log[OH^-] = -\log[NaOH]_{초기} = -\log(1.0 \times 10^{-8}) = 8.00$

$pH = 14.00 - 8.00 = 6.00$

와 같이 7보다 더 작은 pH가 얻어지기 때문이다. 염기 수용액의 경우 아무리 그 농도가 묽어져도 pH가 7보다 더 작아질 수는 없다. 이런 경우 물의 자동 양성자 이전 반응으로부터 생겨나는 H_3O^+ 이온의 농도를 고려해 주어야 하며, 그 결과 pH는 7보다 약간 큰 값을 나타내게 된다.

예제 15.5 1.0×10^{-4} M NaOH 수용액의 pH 구하기

풀이 »

반응 후 생성된 OH^- 이온의 농도 = $[OH^-]$

= 반응 전 NaOH의 농도 = NaOH 수용액의 초기 농도 = $[NaOH]_{초기}$ = 1.0×10^{-4} M

이제 다음과 같은 두 가지 방법 중 하나를 사용하여 pH를 구할 수 있다.

[방법1]

어떤 수용액에서든 $K_w = [H_3O^+][OH^-] = 1.0 \times 10^{-14}$와 같은 관계가 성립하므로

$$[H_3O^+] = \frac{K_w}{[OH^-]} = \frac{1.0 \times 10^{-14}}{1.0 \times 10^{-4}} = 1.0 \times 10^{-10}$$

$$\Rightarrow pH = -\log[H_3O^+] = -\log(1.0 \times 10^{-10}) = 10.00$$

[방법2]

어떤 수용액에서든 $pH + pOH = pK_w = 14.00$와 같은 관계가 성립하므로

$$pOH = -\log[OH^-] = -\log(1.0 \times 10^{-4}) = 4.00$$

$$\Rightarrow pH = 14.00 - pOH = 14.00 - 4.00 = 10.00$$

❸ 약한 일양성자산 수용액의 pH, 약한 일양성자 염기 수용액의 pH

(가) 약한 일양성자산(예: CH_3COOH) 수용액의 pH

CH_3COOH(acetic acid, 아세트산)이나 HCOOH(formic acid, 폼산)과 같은 약산은 일부분만 물과의 산–염기 반응을 일으켜 짝염기의 형태로 바뀌므로 수용액에서는 분자 형태의 약산도 남아 존재한다. 약산 수용액의 pH를 구하기 위해서는 약산 수용액의 초기 농도와 약산의 해리 상수(dissociation constant, K_a)를 사용한 평형 계산(equilibrium calculation) 과정을 거쳐야 한다.

예제 15.6 0.10 M CH_3COOH 수용액의 pH를 구해 보자. 단, CH_3COOH의 $K_a = 1.8 \times 10^{-5}$

풀이 »

CH_3COOH 수용액에서 일어나는 산–염기 반응과 평형 상수는 다음과 같이 표현한다.

$$CH_3COOH + H_2O \rightleftharpoons CH_3COO^- + H_3O^+$$

$$K_a = \frac{[CH_3COO^-][H_3O^+]}{[CH_3COOH]} = 1.8 \times 10^{-5}$$

이제 다음과 같이 CH_3COOH 수용액의 초기 농도와 CH_3COOH의 해리 상수를 사용한 평형 계산을 수행하여 용액의 pH를 구한다.

	CH_3COOH	+	H_2O	$\rightleftharpoons$	CH_3COO^-	+	H_3O^+
초기 농도	0.10 M				0 M		0 M

반응이 끝난 후(평형에 도달한 후) 수용액에서 생겨나 존재하는 H_3O^+ 이온의 농도를 x M이라고 가정하면, CH_3COO^- 이온의 평형 농도는 x M, 그리고 CH_3COOH의 평형 농도는 $(0.10 - x)$M이 된다.

평형 농도	$(0.10 - x)$M				x M		x M

각 화학종의 평형 농도를 CH_3COOH의 해리 상수의 표현에 대입하여 H_3O^+ 이온의 농도와 pH를 구한다.

$$K_a = \frac{[CH_3COO^-][H_3O^+]}{[CH_3COOH]} = \frac{(x)(x)}{(0.10 - x)} = 1.8 \times 10^{-5}$$

$$\Rightarrow x^2 + 1.8 \times 10^{-5}x - (0.10)(1.8 \times 10^{-5}) = 0$$

근의 공식을 사용하면,

$x = [H_3O^+] = [-(1.8 \times 10^{-5}) \pm \{(1.8 \times 10^{-5})^2 + 4(0.10)(1.8 \times 10^{-5})\}^{\frac{1}{2}}]/2$
$= 1.4 \times 10^{-3}$ M
$\therefore$ pH $= -\log[H_3O^+] = -\log(1.4 \times 10^{-3}) = 2.85$

(나) 약한 일양성자 염기(예: NH_3) 수용액의 pH

NH_3(ammonia, 암모니아)나 C_6H_5N(pyridine, 피리딘)과 같은 약염기는 일부분만 물과의 산-염기 반응을 일으켜 짝산의 형태로 바뀌므로 수용액에서는 분자 형태의 약염기도 남아 존재한다. 약염기 수용액의 pH를 구하기 위해서는 약염기 수용액의 초기 농도와 약염기의 해리 상수(dissociation constant, K_b)를 사용한 평형 계산 과정을 거쳐야 한다.

예제 15.7 0.10 M NH_3 수용액의 pH를 구해 보자. 단, NH_3의 $K_b = 1.8 \times 10^{-5}$

풀이 »

NH_3 수용액에서 일어나는 산-염기 반응과 평형 상수는 다음과 같이 표현한다.

$$NH_3 + H_2O \rightleftharpoons NH_4^+ + OH^-$$

$$K_b = \frac{[NH_4^+][OH^-]}{[NH_3]} = 1.8 \times 10^{-5}$$

이제 다음과 같이 NH_3 수용액의 초기 농도와 NH_3의 해리 상수를 사용한 평형 계산을 수행하여 용액의 pH를 구한다.

	NH_3	+	H_2O	$\rightleftharpoons$	NH_4^+	+	OH^-
초기 농도	0.10 M				0 M		0 M

반응이 끝난 후(평형에 도달한 후) 수용액에서 생겨나 존재하는 OH^- 이온의 농도를 x M이라고 가정하면, NH_4^+ 이온의 평형 농도 역시 x M 그리고 NH_3의 평형 농도는 $(0.10 - x)$M이 된다.

평형 농도	$(0.10 - x)$M				x M		x M

각 화학종의 평형 농도를 NH_3의 해리 상수 표현에 대입하여 OH^- 이온의 농도와 pOH를 구한다.

$$K_b = \frac{[NH_4^+][OH^-]}{[NH_3]} = \frac{(x)(x)}{(0.10 - x)} = 1.8 \times 10^{-5}$$

$$\Rightarrow x^2 + 1.8 \times 10^{-5}x - (0.10)(1.8 \times 10^{-5}) = 0$$

근의 공식을 사용하면,

$x = [OH^-] = [-(1.8 \times 10^{-5}) \pm \{(1.8 \times 10^{-5})^2 + 4(0.10)(1.8 \times 10^{-5})\}^{\frac{1}{2}}]/2$
$= 1.4 \times 10^{-3}$ M
pOH $= -\log[OH^-] = -\log(1.4 \times 10^{-3}) = 2.85$
$\therefore$ pH $= pK_w -$ pOH $= 14.00 - 2.85 = 11.15$

❹ 약한 일양성자산의 짝염기 수용액의 pH, 약한 일양성자 염기의 짝산 수용액의 pH

(가) 약한 일양성자산(예: CH_3COOH)의 짝염기(CH_3COO^-) 수용액의 pH

물에 잘 녹는 이온 결합 화합물(ionic compound)인 CH_3COONa(sodium acetate, 아세트산 소듐)은 물에 녹아 수용액을 이루는 경우 다음과 같이 모두 성분 이온으로 해리된다.

$$CH_3COONa \xrightarrow{H_2O} Na^+ + CH_3COO^-$$

성분 이온들 중 Na^+ 이온은 수용액에서 양성자를 받거나 주지 못하는 화학종(Brønsted-Lowry의 개념에 따른 산이나 염기로 행동하지 않는 화학종)이므로 수용액에서 양성자의 농도를 변화시키지 않고 주위 물 분자들에 의해 수화(hydration)되어 존재할 뿐이다. 그러나 CH_3COO^- 이온의 경우에는 상황이 달라진다. CH_3COO^- 이온은 약산인 CH_3COOH의 짝염기이므로 염기로서 행동할 수 있다. CH_3COO^- 이온이 염기로서 행동할 수 있는 상대는 주위에 존재하는 물 분자들이다. 다시 말해 CH_3COO^- 이온과 물 분자는 다음과 같이 산-염기 반응(CH_3COO^- 이온은 약염기에 속하므로 산-염기 반응은 평형 반응)을 일으키고, 그 반응에서 OH^- 이온과 CH_3COOH을 만들어낸다.

$$CH_3COO^- + H_2O \rightleftharpoons OH^- + CH_3COOH$$

$$CH_3COO^- \text{ 이온의 해리 상수} = K_b = \frac{[CH_3COOH][OH^-]}{[CH_3COO^-]}$$

이와 같은 CH_3COO^- 이온과 물 사이의 산-염기 반응은 수용액 중 OH^- 이온의 농도를 증가시키게 되어 약한 염기성 수용액(pH는 7보다 약간 커짐)으로 변한다. 이러한 CH_3COONa 수용액의 pH를 구하기 위해서는 앞에서 다루었던 약한 염기 수용액의 pH를 구하는 평형 계산을 사용해야 한다. 즉, CH_3COONa 수용액의 초기 농도와 CH_3COO^- 이온의 해리 상수(K_b)의 값을 알아야 한다. 그러나 약산이나 약염기의 경우 그 해리 상수들이 알려져 있지만, 약산의 짝염기나 약염기의 짝산의 경우에는 그 해리 상수들이 알려져 있지 않다. 하지만 CH_3COO^- 이온의 해리 상수(K_b)를 알아낼 수 있는 방법이 있다. 바로 다음과 같이 CH_3COO^- 이온의 짝산인 CH_3COOH의 해리 상수(K_a)와 물의 자동 양성자 이전 반응 상수(K_w)를 사용하는 것이다.

$$CH_3COO^- + H_2O \rightleftharpoons OH^- + CH_3COOH \qquad K_b = \frac{[CH_3COOH][OH^-]}{[CH_3COO^-]}$$

위 표현식을 역으로 표현한 후, 양변에 $[H_3O^+][OH^-]$를 곱하고 정리한다.

$$\frac{1}{K_b} = \frac{[CH_3COO^-]}{[CH_3COOH][OH^-]}$$

$$\frac{[H_3O^+][OH^-]}{K_b} = \frac{[H_3O^+][OH^-][CH_3COO^-]}{[CH_3COOH][OH^-]}$$

$$\frac{[H_3O^+][OH^-]}{K_b} = \frac{[H_3O^+][CH_3COO^-]}{[CH_3COOH]}$$

위 식의 오른쪽은 바로 CH_3COOH의 해리 상수(K_a)를 표현한 식이 된다. 그리고

$$[H_3O^+][OH^-] = K_w$$

이므로 이 식은 다음과 같이 정리되어 K_b의 값을 구할 수 있게 된다.

$$\frac{K_w}{K_b} = K_a \Rightarrow K_aK_b = K_w \text{ 또는 } K_b = \frac{K_w}{K_a}$$

위와 같은 관계($K_aK_b = K_w$)는 '짝산/짝염기'에만 적용할 수 있는 아주 중요한 식이다. 이 식을 사용하면 약산의 해리 상수(K_a)를 알고 있을 때 그 짝염기의 해리 상수(K_b)를 구할 수 있거나, 약염기의 해리 상수(K_b)를 알고 있을 때 그 짝산의 해리 상수(K_a)를 구할 수 있기 때문이다.

예제 15.8 0.10 M CH_3COONa 수용액의 pH를 구해 보자. 단, CH_3COOH의 $K_a = 1.8 \times 10^{-5}$

풀이 »

$$CH_3COONa \longrightarrow Na^+ + CH_3COO^-$$

$$CH_3COO^- + H_2O \rightleftharpoons OH^- + CH_3COOH \qquad K_b = \frac{[CH_3COOH][OH^-]}{[CH_3COO^-]}$$

다음과 같이 평형 계산을 수행한다.

	CH_3COO^-	+ H_2O ⇌	OH^-	+ CH_3COOH
초기 농도	0.10 M		0 M	0 M

반응이 끝난 후(평형에 도달한 후) 수용액에서 생겨나 존재하는 OH^- 이온의 농도를 x M이라고 가정하면,

평형 농도	$(0.10 - x)$M		x M	x M

각 화학종의 평형 농도를 CH_3COO^-의 해리 상수의 표현에 대입하여 OH^- 이온의 농도를 구한다.

$$K_b = \frac{[OH^-][CH_3COOH]}{[CH_3COO^-]} = \frac{(x)(x)}{(0.10 - x)}$$

$$= \frac{K_w}{K_a} = \frac{(1.0 \times 10^{-14})}{(1.8 \times 10^{-5})} = 5.6 \times 10^{-10}$$

$$\frac{(x)(x)}{(0.10 - x)} = 5.6 \times 10^{-10}$$

$$\Rightarrow x^2 + 5.6 \times 10^{-10}x - (0.10)(5.6 \times 10^{-10}) = 0$$

근의 공식을 사용하면

$$x = [OH^-] = [-(5.6\times10^{-10}) \pm \{(5.6\times10^{-10})^2 + 4(0.10)(5.6\times10^{-10})\}^{\frac{1}{2}}]/2$$
$$= 7.5 \times 10^{-6}\ M$$

이제 다음과 같은 두 가지 방법 중 하나를 사용하여 pH를 구할 수 있다.

[방법1]

어떤 수용액에서든 $K_w = [H_3O^+][OH^-] = 1.0 \times 10^{-14}$와 같은 관계가 성립하므로

$$[H_3O^+] = \frac{K_w}{[OH^-]} = \frac{1.0 \times 10^{-14}}{7.5 \times 10^{-6}} = 1.3 \times 10^{-9}\ M$$

$$\Rightarrow pH = -\log[H_3O^+] = -\log(1.3 \times 10^{-9}) = 8.89$$

[방법2]

어떤 수용액에서든 $pH + pOH = pK_w = 14.00$와 같은 관계가 성립하므로

$$pOH = -\log[OH^-] = -\log(7.5 \times 10^{-6}) = 5.12$$

$$\Rightarrow pH = 14.00 - pOH = 14.00 - 5.12 = 8.88$$

※ 위 두 방법에서 얻어진 pH 값들이 정확히 똑같지 않은 것은 각 방법에서 적용한 유효숫자와 정확도의 개념 때문이다.

(나) 약한 일양성자 염기(예: NH_3)의 짝산(NH_4^+) 수용액의 pH

물에 잘 녹는 이온 결합 화합물인 NH_4Cl(ammonium chloride, 염화 암모늄)은 물에 녹아 수용액을 이루는 경우 다음과 같이 모두 이온들로 해리된다.

$$NH_4Cl \xrightarrow{H_2O} NH_4^+ + Cl^-$$

Cl^- 이온은 수용액에서 양성자를 받거나 주지 못하는 화학종(Brønsted-Lowry의 개념에 따른 산이나 염기로 행동하지 않는 화학종)이므로 수용액에서 양성자의 농도를 변화시키지 않고, 주위 물 분자들에 의해 수화되어 존재할 뿐이다. 그러나 NH_4^+ 이온의 경우에는 상황이 달라진다. NH_4^+ 이온은 약염기인 NH_3의 짝산이므로 약산으로 행동할 수 있다. NH_4^+ 이온이 산으로 행동할 수 있는 상대는 주위에 존재하는 물 분자들이다. 다시 말해 NH_4^+ 이온과 물 분자는 다음과 같이 산−염기 반응(NH_4^+ 이온은 약산에 속하므로 산−염기 반응은 평형 반응)을 일으키고, 그 반응에서 H_3O^+ 이온과 NH_3를 만들어낸다.

$$NH_4^+ + H_2O \rightleftharpoons H_3O^+ + NH_3$$

$$NH_4^+ \text{ 이온의 해리 상수} = K_a = \frac{[H_3O^+][NH_3]}{[NH_4^+]}$$

이와 같은 NH_4^+ 이온과 물 사이의 산−염기 반응은 수용액 중 H_3O^+ 이온의 농도를 증가시키게 되어 약한 산성 수용액(pH는 7보다 약간 작아짐)으로 변한다. 이러한 NH_4Cl 수용액의 pH를 구하기 위해서는 앞에서 다루었던 약한 염기 수용액의 pH를 구하는 평형 계산 과정을 사용해야 한다. 즉, NH_4Cl 수용액의 초기 농도와 NH_4^+ 이온의 해리 상수(K_a)의 값을 알아야 한다. NH_4^+ 이온의 해리 상수(K_a)의 값은 앞에서 소개한 식($K_aK_b = K_w$)을 사용하여 구할 수 있다.

예제 15.9 0.10 M NH_4Cl 수용액의 pH를 구해 보자. 단, NH_3의 $K_b = 1.8 \times 10^{-5}$

풀이 »

$$NH_4Cl \longrightarrow NH_4^+ + Cl^-$$

$$NH_4^+ + H_2O \rightleftharpoons H_3O^+ + NH_3 \qquad K_a = \frac{[H_3O^+][NH_3]}{[NH_4^+]}$$

다음과 같이 평형 계산을 수행한다.

	NH_4^+	+	H_2O	$\rightleftharpoons$	H_3O^+	+	NH_3
초기 농도	0.10 M				0 M		0 M

반응이 끝난 후(평형에 도달한 후) 수용액에서 생겨나 존재하는 H_3O^+ 이온의 농도를 x M이라고 가정하면,

평형 농도	$(0.10 - x)$M				x M		x M

각 화학종의 평형 농도를 NH_4^+의 해리 상수의 표현에 H_3O^+ 이온의 농도를 구한다.

$$K_a = \frac{[H_3O^+][NH_3]}{[NH_4^+]} = \frac{(x)(x)}{(0.10 - x)}$$

$$= \frac{K_w}{K_b} = \frac{(1.0 \times 10^{-14})}{(1.8 \times 10^{-5})} = 5.6 \times 10^{-10}$$

$$\frac{(x)(x)}{(0.10 - x)} = 5.6 \times 10^{-10}$$

$$\Rightarrow x^2 + 5.6 \times 10^{-10}x - (0.10)(5.6 \times 10^{-10}) = 0$$

근의 공식을 사용하면

$$x = [H_3O^+] = [-(5.6 \times 10^{-10}) \pm \{(5.6 \times 10^{-10})^2 + 4(0.10)(5.6 \times 10^{-10})\}^{\frac{1}{2}}]/2$$
$$= 7.5 \times 10^{-6}\ M$$

$$\therefore\ pH = -\log(7.5 \times 10^{-6}) = 5.12$$

❺ 완충 용액

(가) 완충 용액이란?

완충 용액(buffer solution)은 다음과 같이 정의한다.

완충 용액이란 약산과 그 짝염기의 혼합 용액 또는 약염기와 그 짝산의 혼합 용액으로서 외부로부터 소량의 강산이나 강염기가 가해져도 pH가 크게 변하지 않는 용액을 의미한다.

(나) 완충 용액의 pH 구하기

완충 용액의 pH를 구하기 위해서는 다음과 같은 Henderson-Hasselbalch(헨더슨-하셀발흐)식을 사용한다.

$$pH = pK_a + \log\frac{짝염기의\ 농도}{짝산의\ 농도} = pK_a + \log\frac{[짝염기]}{[짝산]}$$

여기서

pK_a: 짝산의 해리 상수인 K_a의 p-함수값 $= -\log K_a$

• 약한 일양성자산과 그 짝염기로 이루어진 완충 용액의 pH

이 완충 용액에서 완충계(buffer system)로 행동하는 '짝산/짝염기'쌍은 '약한 일양성자산(HA)과 그 짝염기(A^-)'이며, pH를 구하기 위한 식은 다음과 같다.

$$pH = pK_a + \log\frac{[A^-]}{[HA]}$$

예제 15.10 0.10 M CH_3COOH 용액 25.0 mL와 0.050 M CH_3COONa 용액 25.0 mL를 섞어 제조한 완충 용액의 pH를 구해 보자. 단, CH_3COOH의 $K_a = 1.8 \times 10^{-5}$

풀이 »

완충 용액을 제조한 후, 그 용액에서 짝산인 CH_3COOH와 짝염기인 CH_3COO^- 이온의 새로운 농도를 구한다.

$$[CH_3COOH] = \frac{(\text{ 초기 농도, M})\times(\text{ 초기 부피, mL})}{(\text{최종 부피, mL})}$$
$$= \frac{(0.10\ M \times 25.0\ mL)}{(25.0\ mL + 25.0\ mL)} = \frac{2.5\ mmol}{50.0\ mL}$$
$$= 0.050\ M$$
$$[CH_3COO^-] = [CH_3COONa]$$
$$= \frac{(\text{ 초기 농도, M})\times(\text{ 초기 부피, mL})}{(\text{최종 부피, mL})}$$
$$= \frac{(0.050\ M \times 25.0\ mL)}{(25.0\ mL + 25.0\ mL)} = \frac{1.25\ mmol}{50.0\ mL}$$
$$= 0.025\ M$$

Henderson−Hasselbalch 식을 사용하여 pH를 구한다.

$$pH = pK_a + \log\frac{[CH_3COO^-]}{[CH_3COOH]}$$
$$= -\log(1.8 \times 10^{-5}) + \log\left(\frac{0.025}{0.050}\right) = 4.74 - 0.30 = 4.44$$

예제 15.11 pH가 5.00인 완충 용액을 분석해 보니 산의 농도가 0.18 M이고, 짝염기 형태의 농도는 0.65 M이다. 산의 K_a를 구해 보자.

풀이 »

$$pH = pK_a + \log\frac{[\text{짝염기}]}{[\text{짝산}]} = -\log(\text{짝산의 } K_a) + \log\frac{[\text{짝염기}]}{[\text{짝산}]}$$
$$5.00 = -\log(\text{짝산의 } K_a) + \log\left(\frac{0.65\ M}{0.18\ M}\right)$$
$$5.00 = -\log(\text{짝산의 } K_a) + 0.56$$
$$-\log(\text{짝산의 } K_a) = 5.00 - 0.56 = 4.44$$
$$\therefore \text{짝산의 } K_a = 10^{-4.44} = 3.6 \times 10^{-5}$$

• 약염기와 그 짝산으로 이루어진(예: 'NH_4Cl/NH_3' 완충계가 참여한) 완충 용액

$$pH$$
$$= pK_a + \log\frac{[\text{짝염기}]}{[\text{짝산}]} = -\log(\text{짝산의 } K_a) + \log\frac{[\text{짝염기}]}{[\text{짝산}]}$$
$$= -\log(\text{짝산의 } K_a) + \log\frac{[NH_3]}{[NH_4Cl]}$$
$$= -\log(NH_4^+ \text{ 이온의 } K_a) + \log\frac{[NH_3]}{[NH_4^+]}$$
$$= -\log\frac{K_w}{(NH_3\text{의 } K_b)} + \log\frac{[NH_3]}{[NH_4^+]}$$

(다) 완충 용액의 pH 조절 능력: 완충 용량

완충 용액에 소량의 산이나 염기를 첨가해도 pH 변화가 크게 일어나지 않는다. 예를 들어, 순수한 물 10.0 mL와 완충 용액 10.0 mL(완충계: $[CH_3COOH] = [CH_3COONa] = 0.10\ M$, $pK_a = 4.74$)에 0.10 M HCl 수용액을 1.0 mL씩 첨가하는 경우 발생하는 pH의 변화를 살펴보자.

• 물의 경우

• 0.10 M HCl 수용액을 1.00 mL 첨가하기 전
순수한 물의 pH = 7.00

• 0.10 M HCl 수용액을 1.0 mL 첨가한 후
물은 HCl 수용액으로 변하므로, 새로운 농도를 가지는 HCl 수용액의 pH를 구해야 한다.

0.10 M HCl 수용액의 새로운 농도
= (HCl 수용액의 초기 농도) × (HCl 수용액의 첨가 부피) ÷ (HCl 수용액의 최종 부피)
= (0.10 M) × (1.0 mL) ÷ (10.0 mL + 1.0 mL) = 0.0091 M

$\therefore$ pH = $-\log[H_3O^+] = -\log[HCl] = -\log(0.0091) = 2.04$

• HCl 용액의 첨가로 발생한 pH의 상대적인 변화는 다음과 같다.

$$\frac{(7.00 - 2.04)}{7.00} \times 100 = 70.9\ \%$$

• 완충 용액의 경우

• 0.10 M HCl 수용액을 1.00 mL 첨가하기 전

$$\text{pH} = \text{p}K_a + \log\frac{[CH_3COONa]}{[CH_3COOH]}$$
$$= 4.74 + \log\left(\frac{0.10}{0.10}\right) = 4.74$$

• 0.10 M HCl 수용액을 1.00 mL 첨가한 후
첨가된 HCl은 완충계를 구성하는 성분(CH_3COOH와 CH_3COO^-) 중 염기인 CH_3COO^- 이온과 다음과 같은 산-염기 반응을 일으키고,

$$CH_3COO^- + HCl \longrightarrow CH_3COOH + Cl^-$$

이 반응에서는 첨가된 HCl의 양(몰수)에 해당하는 CH_3COO^- 이온이 CH_3COOH으로 변해 사라진다. 따라서 반응 후 완충계 구성 성분의 새로운 농도는 다음과 같이 구할 수 있다.

$[CH_3COO^-]$

$$= \frac{(CH_3COO^-\ \text{이온의 초기 농도})\times(\text{용액의 부피})-(\text{첨가된 HCl 용액의 농도})\times(\text{HCl 용액의 부피})}{(\text{최종 용액의 부피})}$$

$$= \frac{(0.10\ \text{M})\times(10.0\ \text{mL})-(0.10\ \text{M})\times(1.0\ \text{mL})}{(11.0\ \text{mL})}$$

= 0.082 M

$[CH_3COOH]$

$$= \frac{(CH_3COOH\text{의 초기 농도})\times(\text{용액의 부피})+(\text{첨가된 HCl 용액의 농도})\times(\text{HCl 용액의 부피})}{(\text{최종 용액의 부피})}$$

$$= \frac{(0.10\ \text{M})\times(10.0\ \text{mL})+(0.10\ \text{M})\times(1.0\ \text{mL})}{(11.0\ \text{mL})}$$

= 0.10 M

$$\therefore \text{pH} = \text{p}K_a + \log\frac{[CH_3COONa]}{[CH_3COOH]}$$
$$= 4.74 + \log\left(\frac{0.082}{0.10}\right) = 4.64$$

• HCl 용액의 첨가로 발생한 pH의 상대적인 변화는 다음과 같다.

$$\frac{(4.74 - 4.64)}{4.74} \times 100 = 2.1\ \%$$

• 결론

완충 용액은 소량의 강산을 첨가하는 경우 pH 변화가 아주 적게 일어난다.

15.3 산과 염기 사이의 중화 반응

15.3.1 산-염기 중화 반응이란?

산-염기 중화 반응(acid-base neutralization reaction)은 다음과 같이 정의한다.

산-염기 중화 반응이란 산과 염기가 반응하여 산과 염기는 각각 그 성질을 잃고 새로운 성질을 가진 새로운 물질들로 변하는 반응이다.

15.3.2 산-염기 중화 반응의 표현법

산-염기 중화 반응은 다양한 방식으로 반응식을 표현할 수 있다.

(가) 분자 반응식

반응에 관련된 각 화학종의 화학식을 그대로 사용하여 표기한 반응식

(나) 전체 이온 반응식

반응에 관련된 모든 화학종 중에서 이온으로 존재하는 것은 이온으로 표기한 반응식

(다) 알짜 이온 반응식

반응에 직접적으로 참여한 화학종만으로 표기한 반응식

❶ 강산(HCl)과 강염기(NaOH)의 산-염기 중화 반응

(가) 분자 반응식

$$HCl(aq) + NaOH(aq) \longrightarrow NaCl(aq) + H_2O(l)$$

(나) 전체 이온 반응식

강산인 HCl과 강염기인 NaOH는 수용액에서 100 % 해리되어 성분 이온들로 존재하는 강전해질(strong electrolyte)들이다.

$$H^+(aq) + Cl^-(aq) + Na^+(aq) + OH^-(aq) \longrightarrow Na^+(aq) + Cl^-(aq) + H_2O(l)$$

(다) 알짜 이온 반응식

용액 속 이온 중에서 Cl^- 이온과 Na^+ 이온은 반응 전과 후 아무런 변함이 없다. 즉, Cl^- 이온과 Na^+ 이온은 HCl과 NaOH 사이의 산-염기 반응에 참여하지 않았으며, Cl^- 이온과 Na^+ 이온을 **구경꾼** 이온이라고 부른다.

$$H^+(aq) + OH^-(aq) \longrightarrow H_2O(l)$$

❷ 강산(HCl)과 약염기(NH_3)의 산-염기 중화 반응

(가) 분자 반응식

$$HCl(aq) + NH_3(aq) \longrightarrow NH_4Cl(aq)$$

(나) 전체 이온 반응식

강산인 HCl과 물에 잘 녹는 이온 결합 화합물('염, salt'이라고도 부름)인 NH_4Cl은 수용액에서 100 % 해리되어 성분 이온으로 존재하는 강전해질이다.

$$H^+(aq) + Cl^-(aq) + NH_3(aq) \longrightarrow NH_4^+(aq) + Cl^-(aq)$$

(다) 알짜 이온 반응식

용액 속 이온 중에서 Cl^- 이온은 산-염기 반응에 참여하지 않았으며, 구경꾼 이온이다.

$$H^+(aq) + NH_3(aq) \longrightarrow NH_4^+(aq)$$

❸ 강염기(NaOH)와 약산(CH_3COOH)의 산-염기 중화 반응

(가) 분자 반응식

$$CH_3COOH(aq) + NaOH(aq) \longrightarrow CH_3COONa(aq) + H_2O(l)$$

(나) 전체 이온 반응식

강염기인 NaOH와 물에 잘 녹는 이온 결합 화합물인 CH_3COONa은 수용액에서 100 % 해리되어 성분 이온으로 존재하는 강전해질이다.

$$CH_3COOH(aq) + Na^+(aq) + OH^-(aq) \longrightarrow CH_3COO^-(aq) + Na^+(aq) + H_2O(l)$$

(다) 알짜 이온 반응식

용액 속 이온 중에서 Na^+ 이온은 산-염기 반응에 참여하지 않았으며, 구경꾼 이온이다.

$$CH_3COOH(aq) + OH^-(aq) \longrightarrow CH_3COO^-(aq) + H_2O(l)$$

참고자료에는 지금까지 다룬 산과 염기 수용액들에 대한 정량적인 관점과 정보들이 활용되는 다양한 종류의 산-염기 적정들을 소개하고 있다. 이 교재를 사용한 학습 진도나 학생들의 전공별 필요성에 따라 참고자료에 실려있는 내용들을 강의에서 다룰 수도 있다.

산-염기 적정 참고자료 15.1

❶ 산-염기 적정이란?

산-염기 적정(acid-base titration)은 산 수용액이나 염기 수용액의 농도를 알아내고자 하는 경우 사용하는 수단이다. 예를 들어, 그림 15.2와 같이 농도를 모르는 염기 수용액의 농도를 알아내고자 하는 산-염기 적정을 사용한다. 일정 부피의 **산 표준 용액**(standard solution of acid : 정확한 농도를 알고 있는 산 수용액)을 삼각 플라스크(Erlenmeyer flask)에 담은 후, 뷰렛(buret)을 사용하여 산 표준 용액에 염기 수용액을 정량적으로 첨가해 준다. 이 과정에서 산 표준 용액에 염기 수용액이 첨가되면서 산과 염기 사이에서는 산-염기 반응이 신속하고 완결되게 진행되며, 산 표준 용액에 함유된 산과의 산-염기 반응이 완결될 때까지 첨가된 염기 수용액의 부피(당량점, equivalence point)를 구한다. 이제 당량점, 산 표준 용액의 농도와 부피 그리고 산-염기 반응식에 근거하여 염기 수용액의 농도를 알아낼 수 있다. 산-염기 적정에서 뷰렛을 사용하여 첨가하는 용액은 **적가액**(titrant)이라고 하고, 적가액이 첨가되는 용액을 **적정액**(titrand)이라고 한다. 산-염기 적정에서 적가액과 적정액 중 한 가지는 농도가 정확하게 알려진 표준 용액이어야 하고, 산 수용액과 염기 수용액 중 어떤 용액을 적정액으로 사용할지는 적정의 종류에 따라 달라진다. HCl 수용액에 대한 **표준화 적정**(또는 '표정'이라고 줄여서 표현하기도 함, standardization titration: HCl 수용액의 정확한 농도를 알아내기 위해 수행하는 산-염기 적정)에서는 정확한 농도를 모르는 HCl 수용액을 적가액으로 사용하고, 염기 표준 용액인 Na_2CO_3 수용액은 적정액으로 사용한다.

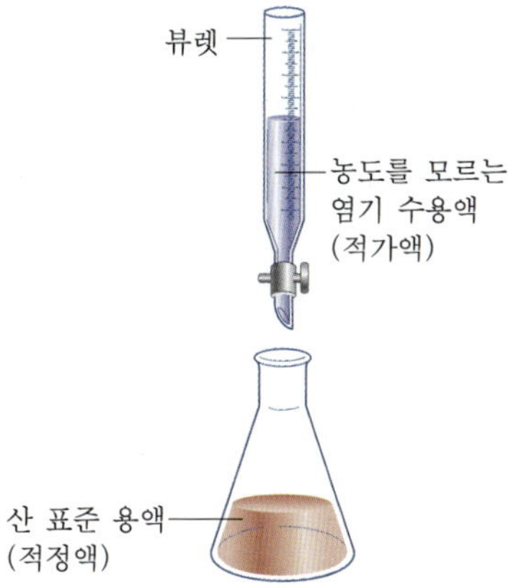

그림 15.2
산-염기 적정

❷ 산-염기 적정에서의 종말점과 적정 오차

(가) 종말점

주어진 산-염기 적정에서 적가액의 성분과 적정액의 성분 사이에서 일어나는 화학량론적 반응이 이론적으로 완결될 때까지 첨가해 준 적가액의 부피를 당량점이라고 하지만, 모든 산-염기 반응은 실험자가 정확하게 감지할 수 있을 정도의 변화(예: 적정액의 색 변화)를 제공하지 않으므로 주어진 산-염기 적정에서 당량점을 직접적으로 알아낼 수는 없다. 따라서 당량점에 관한 정보를 얻기 위해서는 '산-염기 지시약(acid-base indicator)'을 사용한다. 산-염기 지시약은 소량을 적정이 시작되기 전 적정액에 첨가해 주며, 적가액의 첨가로 일어나는 산-염기 반응이 당량점을 지나는 시점에 그 자체의 색이 변하면서 적정액의 색을 변화시킨다. 따라서 주어진 적정에서 지시약(적정액)의 색이 변할 때까지 첨가해 준 적가액의 부피를 **종말점**(end point)이라고 한다.

(나) 적정 오차와 바탕 적정

일반적으로 종말점은 당량점 이후에 발생하게 된다. 다시 말해 당량점을 지나 과량으로 첨가된 적가액에 의해 적정액의 성질에 급격한 변화(예: pH의 급격한 변화)가 발생하여 적정액(지시약)의 색이 변하게 되면 적정 작업을 종료하게 되는 것이다. 결국 주어진 산-염기 적정의 종말점은 해당 적정 과정의 당량점에 관한 정보(당량점을 통과했다는 정보)를 제공하게 된다. 이러한 종말점과 당량점의 차이를 **적정 오차**(titration error)라고 한다. **바탕 적정**(blank titration)은 적정 오차의 크기(종말점이 당량점을 얼마나 지난 후에 발생하였는지를 보여 주는 정량적인 정보)를 알아냄으로써 당량점에 관한 보다 정확한 정보를 얻어내는 과정이다.

❸ 산-염기 지시약

산-염기 지시약(acid-base indicator)은 그 자체가 약한 유기산(organic acid) 또는 유기염기(organic base)로서, 아세트산(acetic acid, CH_3COOH)과 같은 다른 유기 물질들과는 달리 짝산 형태와 짝염기 형태가 서로 다른 색을 나타낸다. 즉, 산-염기 지시약이 들어 있는 수용액의 경우 그 pH가 달라지면 지시약의 짝산과 짝염기 형태의 농도가 변하게 되고, 그 결과 용액은 보다 높은 농도를 가지는 화학종의 색을 나타내게 되는 것이다. 산-염기 지시약의 이러한 성질은 산-염기 적정의 종말점을 얻게 해 주며, 당량점을 찾는 작업에 활용된다.

(가) 지시약의 변색 범위

주어진 산-염기 지시약 수용액이 나타내는 색은 pH에 따라 달라지며, 일반적으로 짝산과 짝염기 중 한 가지 형태의 농도가 다른 형태의 농도에 비해 약 10배 이상이 되는 경우 그 용액은 보다 높은 농도를 가지는 형태의 색을 나타낸다. 지시약(분자식을 HIn으로 표현하고 그 짝염기는 In^-이 됨)의 경우를 예로 들면 다음과 같다.

$$\underset{\substack{\text{짝산}\\\text{노란색}}}{HIn} + H_2O \rightleftharpoons H_3O^+ + \underset{\substack{\text{짝염기}\\\text{푸른색}}}{In^-}$$

$$K_{HIn} = \frac{[In^-][H_3O^+]}{[HIn]}$$

HIn과 In^- 이온을 함유한 지시약 수용액의 pH는 'Henderson-Hasselbalch 식'을 사용하여 다음과 같이 표현할 수 있다.

$$pH = pK_{HIn} + \log\frac{[In^-]}{[HIn]}$$

그리고 두 가지 서로 다른 색을 가지는 성분이 혼합되어 있는 수용액에 적용되는 통상적인 개념은 다음과 같다.

한 가지 화학종의 농도가 다른 화학종의 농도에 비해 10배 이상 진하면 그 용액은 농도가 진한 화학종의 색을 띠게 된다.

이와 같은 개념에 따르면 지시약의 경우 다음과 같은 설명이 가능하다.

$[In^-] \geq 10[HIn]$이면,
용액의 pH가 '$pK_{HIn} + 1$' 이상이 되어 $[In^-]$의 색을 띠고
$[HIn] \geq 10[In^-]$이면,
용액의 pH가 '$pK_{HIn} - 1$' 이하가 되어 [HIn]의 색을 나타낸다.

즉, 지시약의 변색 범위는

$$pK_{HIn} - 1 \sim pK_{HIn} + 1$$

이와 같이 표현할 수 있고, pH 척도를 사용하여 다음과 같이 정리할 수 있다.

산－염기 지시약의 변색 범위

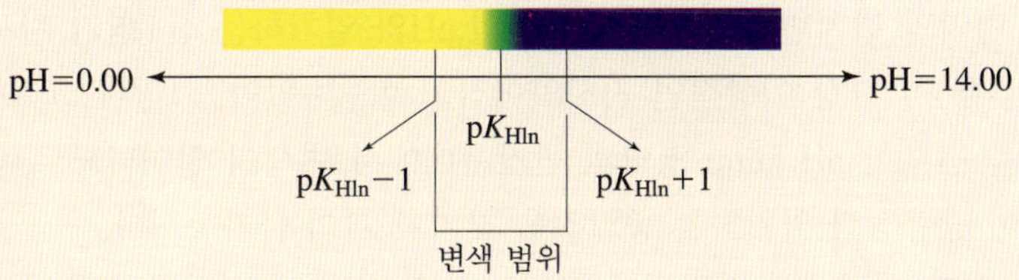

산－염기 지시약 수용액의 pH가 '$pK_{HIn} - 1$'에 도달하기 전에는 지시약 용액은 HIn의 노란색을 나타내고, pH가 '$pK_{HIn} + 1$' 이상이 되면 지시약 용액은 In^- 이온의 푸른색을 나타낸다. 지시약 용액의 pH가 '$pK_{HIn} - 1$'과 '$pK_{HIn} + 1$' 사이에서는 지시약 용액의 변색(노란색 ↔ 초록색 ↔ 푸른색)이 일어난다.

몇 가지 지시약들의 변색 범위

지시약	변색 범위(pH)	산 형태의 색	짝염기 형태의 색
티몰 블루 (thymol blue)	1.2 ~ 2.8	붉은색	노란색
메틸 옐로 (methyl yellow)	2.9 ~ 4.0	붉은색	노란색
메틸 레드 (methyl red)	4.2 ~ 6.3	붉은색	노란색
브로모크레졸 그린 (bromocresol green)	3.8 ~ 5.4	노란색	푸른색
브로모티몰 블루 (bromothymol blue)	6.0 ~ 7.6	노란색	푸른색
페놀프탈레인 (phenolphthalein)	8.0 ~ 9.6	무색	붉은색
알리자린 옐로 (alizarin yellow)	10.0 ~ 12.0	노란색	연보라색

(나) 지시약의 선택

그림 15.3은 강산 수용액에 강염기 수용액을 첨가하는 적정에서 얻어지는 **산–염기 적정 곡선**(acid-base titration curve: 적가액 첨가에 따른 적정액의 pH 변화를 나타낸 곡선)과 몇 가지 지시약들의 변색 범위들을 함께 보여 주고 있다.

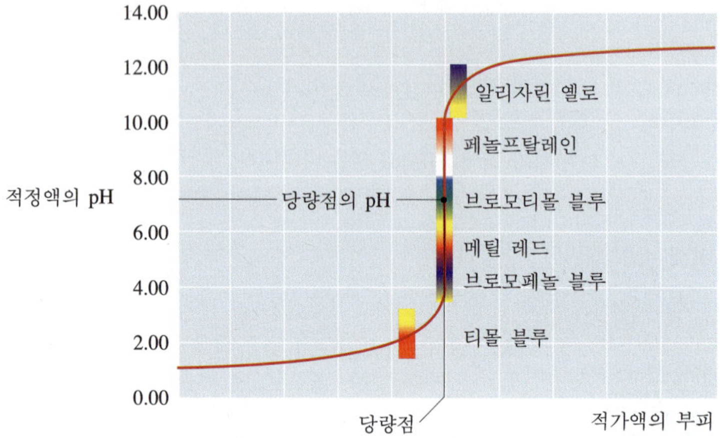

그림 15.3
0.100 M HCl vs. 0.100 M NaOH 적정: 적가액 첨가에 따른 적정액의 pH 변화와 몇 가지 지시약의 변색 범위

산–염기 적정에서 당량점을 전후하여 pH의 변화가 가장 급격하게 나타나는 현상을 pH 급변(pH jump)이라고 하는데, 위 그림에서 볼 수 있는 것처럼 변색 범위가 pH jump가 일어나는 영역과 겹치면서 pKa가 당량점의 pH와 일치하는 산–염기 지시약(이 경우 브로모티몰 블루)이 가장 이상적인 지시약이라고 할 수 있다. 그러나 그러한 지시약의 경우 당량점을 전후한 pH jump 영역의 한가운데에서 변색이 일어나므로, 지시약의 변색을 관찰하여 당량점과 일치하는 종말점을 찾기가 거의 불가능하다.

주어진 산–염기 적정에서 당량점에 도달하기도 전에 색 변화를 일으키는 지시약(위 그림에서는 메틸 레드, 브로모페놀 블루, 티몰 블루)의 경우, 당량점을 결정하는 작업에서 그 어떤 도움도 제공할 수 없으므로 사용할 수 없다. 따라서 일반적인 산–염기 적정에서는 변색 범위가 pH jump 범위와 거의 일치하긴 하지만, 당량점을 통과한 직후에 쉽게 관찰할 수 있는 변색을 보여주는 지시약(위 그림에서는 페놀프탈레인)을 차선의 지시약으로 선택하여 사용한다.

❹ 산 수용액 또는 염기 수용액의 농도를 알아내는 산–염기 적정 계산

(가) 강산에 강염기를 첨가하는 적정

적정액으로 0.100 M HCl 수용액 50.0 mL를 사용하고, 적가액으로는 0.100 M NaOH 수용액을 사용하는 산–염기 적정을 예로 들어 보자.

• 이 적정의 당량점은 V_{NaOH} = 50.0 mL이다.

HCl과 NaOH 사이에 일어나는 산–염기 반응식(HCl + NaOH → NaCl + H_2O)에 따르면 1 mol의 HCl이 함유된 용액에 1 mol의 NaOH가 들어오면 두 화학종은 서로 완전히 반응하여 사라지면서 1 mol씩의 NaCl과 H_2O을 만들어낸다. 이 적정에서 적정액에는 5.00 mmol(➡ 0.100 M × 50.0 mL)의 HCl이 함유되어 있었으므로 HCl과 같은 몰수의 NaOH를 첨가하기 위해 필요한 NaOH 수용액의 부피가 당량점이 된다. 따라서 5.00 mmol의 NaOH를 첨가하기 위해 필요한 0.100 M NaOH 용액의 부피는 50.0 mL(➡

5.00 mmol ÷ 0.100 M)가 된다.

• 적정 단계별 적정액의 pH 구하기

– 적정이 시작되기 전(V_{NaOH} = 0.0 mL)

이 단계에서 적정액은 0.100 M HCl 수용액 그 자체이다. 따라서 다음과 같은 방법으로 pH를 계산한다.

$[H_3O^+] = C_{HCl}$(HCl 수용액의 초기 농도)= 0.100 M

$\therefore pH = -\log[H_3O^+] = -\log C_{HCl} = -\log(0.100) = 1.000$

– 당량점에 도달하기 전(V_{NaOH} = 10.0 mL)

HCl과 NaOH는 다음과 같은 반응을 일으키며, 반응 전과 후 용액 속 화학종의 종류와 농도는 다음과 같이 구한다.

	HCl	+	NaOH	⟶	NaCl	+	H_2O
반응 전	0.100 M × 50.0 mL = 5.00 mmol		0.100 M × 10.0 mL = 1.00 mmol		0		0
반응 후	4.00 mmol		0 mmol		1.00 mmol		1.00 mmol

이 단계에서 적정액에는 4.0 mmol의 HCl이 남게 되고, 용액의 부피는 60.0 mL가 된다. 그러므로 HCl 용액의 농도는

$$\frac{4.00\ \text{mmol}}{60.0\ \text{mL}} = 0.0667\ \text{M}$$

로 얻어지며, pH는 다음과 같이 구한다.

$[H_3O^+] = [HCl] = 0.0667$ M $\therefore pH = -\log(0.0667) = 1.176$

– 당량점(V_{NaOH} = 50.0 mL)

HCl과 NaOH는 다음과 같은 반응을 일으키며, 반응 전과 후 용액 속 화학종의 종류와 농도는 다음과 같이 구한다.

	HCl	+	NaOH	⟶	NaCl	+	H_2O
반응 전	0.100 M × 50.0 mL = 5.00 mmol		0.100 M × 50.0 mL = 5.00 mmol		0		0
반응 후	0 mmol		0 mmol		5.00 mmol		5.00 mmol

이 단계에서 적정액은 NaCl 수용액이 되고, 용액의 부피는 100.0 mL이다. NaCl 용액은 중성이므로 pH = 7.00이다.

– 당량점을 지난 후(V_{NaOH} = 60.0 mL)

HCl과 NaOH는 다음과 같은 반응을 일으키며, 반응 전과 후 용액 속 화학종들의 종류와 농도는 다음과 같이 구한다.

	HCl	+	NaOH	⟶	NaCl	+	H_2O
반응 전	0.100 M × 50.0 mL = 5.00 mmol		0.100 M × 60.0 mL = 6.00 mmol		0		0
반응 후	0 mmol		1.00 mmol		5.00 mmol		5.00 mmol

이 단계에서 110.0 mL의 적정액에는 1.00 mmol의 NaOH가 남고, 5.00 mmol의 NaCl이 함께 존재하는데, 이 용액은 NaOH 수용액으로 취급해도 무방하다.

NaOH 수용액의 농도는

$$[\mathrm{NaOH}] = \frac{1.00\ \mathrm{mmol}}{110.0\ \mathrm{mL}} = 0.00909\ \mathrm{M}$$

로 얻어지며, pH 는 다음과 같이 구한다.

[방법1]

$[\mathrm{OH^-}]$ = NaOH 수용액의 초기 농도 = C_{NaOH} = 0.00909 M

$\mathrm{pOH} = -\log[\mathrm{OH^-}] = -\log(0.00909) = 2.041$

$\therefore \mathrm{pH} = \mathrm{p}K_\mathrm{w} - \mathrm{pOH} = 14.00 - 2.041 = 11.96$

[방법2]

$[\mathrm{OH^-}]$ = NaOH 수용액의 초기 농도 = C_{NaOH} = 0.00909 M

$$[\mathrm{H_3O^+}] = \frac{K_\mathrm{w}}{[\mathrm{OH^-}]} = \frac{1.0 \times 10^{-14}}{0.00909} = 1.1 \times 10^{-12}\ \mathrm{M}$$

$\therefore \mathrm{pH} = -\log[\mathrm{H_3O^+}] = -\log(1.1 \times 10^{-12}) = 11.96$

• 적정 곡선의 모습

일반적으로 '강산–강염기' 적정의 경우에는 그림 15.4에서 볼 수 있는 것처럼 적정이 진행되면서 적정액의 pH가 서서히 증가하는 모습을 보이다가 당량점을 전후한 영역에서는 pH 변화가 급격하게 나타난다. 당량점을 지난 영역에 이르면 과량의 NaOH가 첨가됨에 따라 적정액은 서서히 NaOH 수용액으로 변해가며 pH도 서서히 증가하는 모습을 볼 수 있다.

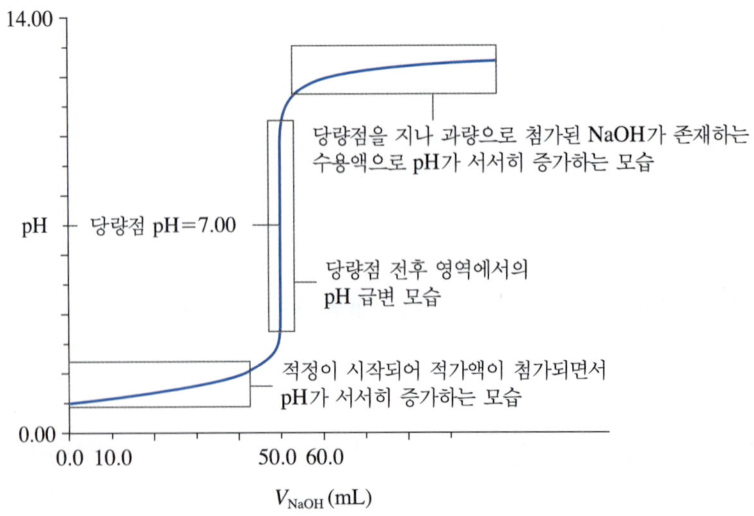

그림 15.4
산–염기 적정 곡선

(나) 강염기에 강산을 첨가하는 적정

적정액으로 0.100 M NaOH 수용액 50.0 mL를 사용하고, 적가액으로는 0.100 M HCl 수용액을 사용하는 산−염기 적정을 예로 들어 보자.

• 이 적정의 당량점은 V_{HCl} = 50.0 mL이다.

NaOH와 HCl 사이에 일어나는

$$NaOH + HCl \longrightarrow NaCl + H_2O$$

와 같은 산−염기 반응식에 따르면 1 mol의 NaOH가 함유된 용액에 1 mol의 HCl이 들어오면 두 화학종은 서로 완전히 반응하여 사라지면서 1 mol씩의 NaCl과 H_2O를 만들어낸다. 이 적정에서 적정액에는 5.00 mmol(⇒ 0.100 M × 50.0 mL)의 NaOH가 함유되어 있었으므로 NaOH와 같은 몰수의 HCl을 첨가하기 위해 필요한 HCl 수용액의 부피가 당량점이 된다. 따라서 5.00 mmol의 HCl을 첨가하기 위해 필요한 0.100 M HCl 용액의 부피는 50.0 mL(➡ 5.00 mmol ÷ 0.100 M)가 된다.

• 적정 단계별 적정액의 pH 구하기

−적정이 시작되기 전(V_{HCl} = 0.0 mL)

이 단계에서 적정액은 0.100 M NaOH 용액 그 자체이다. 따라서 다음과 같은 방법으로 pH를 계산한다.

$[OH^-] = C_{NaOH}$(NaOH 수용액의 초기 농도) = 0.100 M
$pOH = -\log[OH^-] = -\log C_{NaOH} = -\log(0.100) = 1.000$
$\therefore pH = pK_w - pOH = 14.00 - 1.000 = 13.00$

−당량점에 도달하기 전(V_{HCl} = 10.0 mL)

NaOH와 HCl은 다음과 같은 반응을 일으키며, 반응 전과 후 용액 속 화학종의 종류와 농도는 다음과 같이 구한다.

	NaOH	+	HCl	⟶	NaCl	+	H_2O
반응 전	0.100 M × 50.0 mL = 5.00 mmol		0.100 M × 10.0 mL = 1.00 mmol		0		0
반응 후	4.00 mmol		0 mmol		1.00 mmol		1.00 mmol

이 단계에서 적정액에는 4.0 mmol의 NaOH가 남게 되고 용액의 부피는 60.0 mL가 된다. 그러므로 NaOH 용액의 농도는

$$\frac{4.00\ \text{mmol}}{60.0\ \text{mL}} = 0.0667\ \text{M}$$

로 얻어지며, pH는 다음과 같이 구한다.

$[OH^-] = C_{NaOH}$(NaOH 수용액의 초기 농도) = 0.0667 M
$pOH = -\log[OH^-] = -\log C_{NaOH} = -\log(0.0667) = 1.176$
$\therefore pH = pK_w - pOH = 14.00 - 1.176 = 12.82$

- 당량점(V_{HCl} = 50.0 mL)

NaOH와 HCl은 다음과 같은 반응을 일으키며, 반응 전과 후 용액 속 화학종의 종류와 농도는 다음과 같이 구한다.

	NaOH	+	HCl	⟶	NaCl	+	H_2O
반응 전	0.100 M × 50.0 mL = 5.00 mmol		0.100 M × 50.0 mL = 5.00 mmol		0		0
반응 후	0 mmol		0 mmol		5.00 mmol		5.00 mmol

이 단계에서 적정액은 NaCl 수용액이 되고 용액의 부피는 100.0 mL가 된다. 소금물은 중성이므로 pH = 7.00이다.

- 당량점을 지난 후(V_{HCl} = 60.0 mL)

NaOH와 HCl은 다음과 같은 반응을 일으키며, 반응 전과 후 용액 속 화학종의 종류와 농도는 다음과 같이 구한다.

	NaOH	+	HCl	⟶	NaCl	+	H_2O
반응 전	0.100 M × 50.0 mL = 5.00 mmol		0.100 M × 60.0 mL = 6.00 mmol		0		0
반응 후	0 mmol		0 mmol		5.00 mmol		5.00 mmol

이 단계에서 110.0 mL의 적정액에는 1.00 mmol의 HCl이 남고, 5.00 mmol의 NaCl이 함께 존재하는데, 이 용액은 HCl 수용액으로 취급해도 무방하다. HCl 수용액의 농도와 pH는 다음과 같이 구한다.

$$[HCl] = \frac{1.00\ \text{mmol}}{110.0\ \text{mL}} = 0.00909\ \text{M}$$

$$\therefore \text{pH} = -\log[H_3O^+] = -\log[HCl] = -\log(0.00909) = 2.041$$

• 적정 곡선의 모습

일반적으로 '강염기(NaOH)−강산(HCl)' 적정의 경우에는 그림 15.5에서 볼 수 있는 것처럼 적정이 진행되면서 적정액의 pH가 서서히 감소하는 모습을 보이다가 당량점을 전후

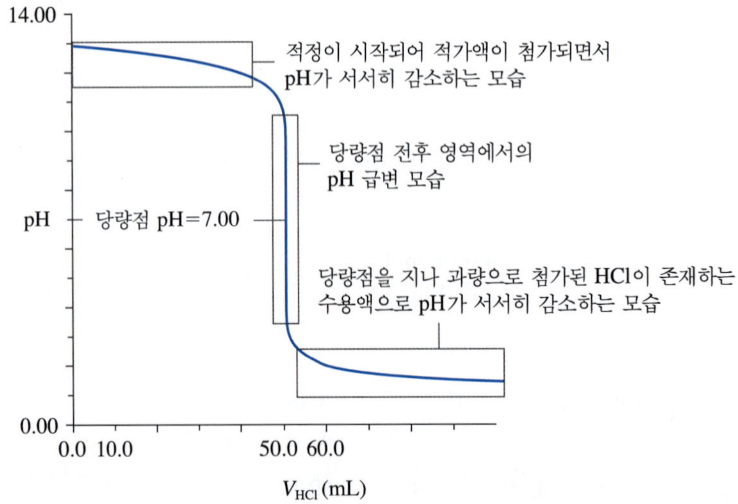

그림 15.5
산−염기 적정 곡선

한 영역에서는 pH 변화가 급격하게 나타난다. 당량점을 지난 영역에 이르면 과량의 HCl 첨가에 따라 적정액은 HCl 수용액으로 변해가며 pH도 서서히 감소하는 모습을 보인다.

(다) 약산 수용액에 강염기 수용액을 첨가하는 적정

적정액으로 0.100 M CH_3COOH 수용액 50.0 mL를 사용하고, 적가액으로는 0.100 M NaOH 수용액을 사용하는 산-염기 적정을 예로 들어 보자.

• 이 적정의 당량점은 V_{NaOH} = 50.0 mL이다.

CH_3COOH과 NaOH 사이에 일어나는 반응

$$CH_3COOH + NaOH \longrightarrow CH_3COONa + H_2O$$

와 같은 산-염기 반응식에 따르면 1 mol의 CH_3COOH이 함유된 용액에 1 mol의 NaOH가 들어오면 두 화학종은 서로 완전히 반응하여 사라지면서 1 mol씩의 CH_3COONa과 H_2O을 만들어낸다. 이 적정에서 적정액에는 5.00 mmol(➡ 0.100 M × 50.0 mL)의 CH_3COOH이 함유되어 있었으므로 CH_3COOH과 같은 몰수의 NaOH를 첨가하기 위해 필요한 NaOH 수용액의 부피가 당량점이 된다. 따라서 5.00 mmol의 NaOH를 첨가하기 위해 필요한 0.100 M NaOH 용액의 부피는 50.0 mL(➡ 5.00 mmol ÷ 0.100 M)가 된다.

적정 단계별 적정액의 pH 구하기

- 적정이 시작되기 전(V_{NaOH} = 0.0 mL)

이 단계에서 적정액은 0.100 M CH_3COOH($K_a = 1.8 \times 10^{-5}$) 수용액 그 자체이다. 따라서 다음과 같은 방법으로 pH를 계산한다.

	CH_3COOH	+	H_2O	$\rightleftharpoons$	CH_3COO^-	+	H_3O^+
초기 농도	0.100 M				0		0
평형 농도	(0.100 − x)M				x M		x M

$$K_a = \frac{[CH_3COO^-][H_3O^+]}{[CH_3COOH]} = \frac{(x)(x)}{(0.100 - x)} = 1.8 \times 10^{-5}$$

$$x = [H_3O^+] = 1.4 \times 10^{-3}\ M \qquad \therefore pH = 2.85$$

- 당량점에 도달하기 전(V_{NaOH} = 10.0 mL)

CH_3COOH과 NaOH는 다음과 같은 반응을 일으키며, 반응 전과 후 용액 속 화학종의 종류와 농도는 다음과 같이 구한다.

	CH_3COOH	+	NaOH	$\longrightarrow$	CH_3COONa	+	H_2O
반응 전	0.100 M × 50.0 mL = 5.00 mmol		0.100 M × 10.0 mL = 1.00 mmol		0		0
반응 후	4.00 mmol		0 mmol		1.00 mmol		

이 시점에서 적정액은 CH_3COOH/CH_3COO^- 완충 용액이고, pH는 다음과 같이 구할 수 있다.

$$pH = pK_a + \log\frac{[CH_3COO^-]}{[CH_3COOH]}$$

$$= pK_a + \log\frac{[CH_3COONa]}{[CH_3COOH]}$$

$$= -\log(1.8 \times 10^{-5}) + \log\frac{1.00\ \text{mmol}/60.0\ \text{mL}}{4.00\ \text{mmol}/60.0\ \text{mL}}$$
$$= 4.74 - 0.602 = 4.14$$

-당량점(V_{NaOH} = 50.0 mL)

CH_3COOH과 NaOH는 다음과 같은 반응을 일으키며, 반응 전과 후 용액 속 화학종의 종류와 농도는 다음과 같이 구한다.

	CH_3COOH	+	NaOH	⟶	CH_3COONa	+	H_2O
반응 전	0.100 M × 50.0 mL = 5.00 mmol		0.100 M × 50.0 mL = 5.00 mmol		0		0
반응 후	0 mmol		0 mmol		5.00 mmol		

이 시점에서 산과 염기의 농도는 모두 0 M이므로 적정액은 0.0500 M CH_3COONa 수용액(초기 농도 = 5.00 mol/100.0 mL = 0.0500 M)이다. 염 CH_3COONa는 가수 분해를 하므로 이 용액의 pH는 다음과 같이 구할 수 있다.

$$CH_3COONa \xrightarrow{H_2O} CH_3COO^- + Na^+ \qquad CH_3COO^- + H_2O \rightleftharpoons CH_3COOH + OH^-$$

$$K_b = \frac{[CH_3COOH][OH^-]}{[CH_3COO^-]} = \frac{K_w}{K_a} = \frac{(1.0 \times 10^{-14})}{(1.8 \times 10^{-5})}$$
$$= 5.6 \times 10^{-10}$$

	CH_3COO^-	+	H_2O	⇌	CH_3COOH	+	OH^-
초기 농도	0.0500 M				0		0
평형 농도	(0.0500 − x)M				x M		x M

$$K_b = \frac{(x)(x)}{(0.0500 - x)} = 5.6 \times 10^{-10}$$

$$x = [OH^-] = 5.3 \times 10^{-6}\ \text{M}$$

[방법1]

$[OH^-] = 5.3 \times 10^{-6}$ M   pOH = 5.28   ∴ pH = 8.72

[방법2]

$[OH^-] = 5.3 \times 10^{-6}$ M $[H_3O^+] = 1.9 \times 10^{-9}$ M   ∴ pH = 8.72

-당량점을 지난 후(V_{NaOH} = 60.0 mL)

CH_3COOH과 NaOH는 다음과 같은 반응을 일으키며, 반응 전과 후 용액 속 화학종의 종류와 농도는 다음과 같이 구한다.

	CH_3COOH	+	NaOH	⟶	CH_3COONa	+	H_2O
반응 전	0.100 M × 50.0 mL = 5.00 mmol		0.100 M × 60.0 mL = 6.00 mmol		0		0
반응 후	0 mmol		1.00 mmol		5.00 mmol		

이 단계에서 110.0 mL의 적정액에는 1.00 mmol의 NaOH가 남고, 5.00 mmol의 CH_3COONa이 함께 존재하는데, 이 용액은 NaOH 수용액으로 취급해도 무방하다.

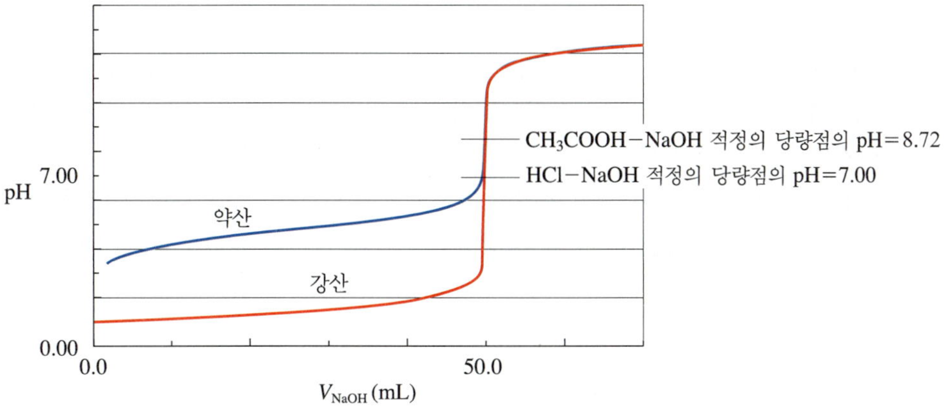

그림 15.6
약산−강염기 적정 곡선과 강산−강염기 적정 곡선의 비교: 0.100 M CH_3COOH 용액 50.0 mL를 0.100 M NaOH 수용액으로 적정(푸른색), 0.100 M HCl 수용액 50.0 mL를 0.100 M NaOH 수용액으로 적정(붉은색)

NaOH 수용액의 농도는

$$[NaOH] = 1.00\ mmol/110.0\ mL = 0.00909\ M$$

로 얻어지며, pH는 다음과 같이 구한다.

[방법 1]

$[OH^-]$ = NaOH 수용액의 초기 농도 $= C_{NaOH} = 0.00909$ M

$pOH = -\log[OH^-] = -\log(0.00909) = 2.041$

$\therefore pH = pK_w - pOH = 14.00 - 2.041 = 11.96$

[방법 2]

$[OH^-]$ = NaOH 수용액의 초기 농도 $= C_{NaOH} = 0.00909$ M

$$[H_3O^+] = \frac{K_w}{[OH^-]} = \frac{1.0 \times 10^{-14}}{0.00909} = 1.1 \times 10^{-12}\ M$$

$\therefore pH = -\log[H_3O^+] = -\log(1.1 \times 10^{-12}) = 11.96$

• 적정 곡선의 모습

일반적으로 이러한 '약산(CH_3COOH)−강염기(NaOH)' 적정 곡선의 경우에는 '강산−강염기' 적정 곡선의 모습과 다소 차이를 보인다. 그림 15.6에서 볼 수 있는 것처럼 '약산 대 강염기' 적정 곡선은 적정이 시작되는 순간 적가액의 적가에 따른 적정액의 pH 변화가 상대적으로 급격하게 나타난다. 그러나 적정이 진행되면서 적정액에는 '약산(CH_3COOH)/짝염기(CH_3COO^-)' 완충계가 형성되기 시작하고, 그에 따라 강염기의 첨가에도 적정액의 pH는 그다지 크게 변하지 않는 모습을 보인다. 적정이 당량점에 근접해 감에 따라 적정액의 완충계를 이루는 약산(CH_3COOH)의 양이 크게 감소하여 적정액은 완충 능력을 상실하게 되고, 강염기의 첨가에 따른 pH 변화 폭도 커진다. 당량점에 도달하면 적정액은 약산(CH_3COOH)의 짝염기인 CH_3COO^- 이온 수용액(약한 염기성 수용액)이 되면서 pH는 7보다 다소 커진다. 당량점을 지나면 과량으로 가해진 강염기(NaOH)의 농도가 적정액의 pH를 좌우한다.

(라) 약염기 수용액에 강산 수용액을 첨가하는 적정

적정액으로 0.100 M NH_3 수용액 50.0 mL를 사용하고, 적가액으로는 0.100 M HCl 수용액을 사용하는 산−염기 적정을 예로 들어 보자.

• 이 적정의 당량점은 V_{HCl} = 50.0 mL이다.

NH_3와 HCl 사이에 일어나는 산-염기 반응식($NH_3 + HCl \longrightarrow NH_4Cl$)에 따르면 1 mol의 NH_3가 함유된 용액에 1 mol의 HCl이 들어오면 두 화학종은 서로 완전히 반응하여 사라지면서 1 mol씩의 NH_4Cl을 만들어낸다. 이 적정에서 적정액에는 5.00 mmol(⇒ 0.100 M × 50.0 mL)의 NH_3가 함유되어 있었으므로 NH_3와 같은 몰수의 HCl를 첨가하기 위해 필요한 HCl 수용액의 부피가 당량점이 된다. 따라서 5.00 mmol의 HCl을 첨가하기 위해 필요한 0.100 M HCl 수용액의 부피는 50.0 mL(➡ 5.00 mmol ÷ 0.100 M)가 된다.

• 적정 단계별 적정액의 pH 구하기

-적정이 시작되기 전(V_{HCl} = 0.0 mL)

이 단계에서 적정액은 0.100 M NH_3($K_b = 1.8 \times 10^{-5}$) 수용액 그 자체이다. 따라서 다음과 같은 방법으로 pH를 계산한다.

	NH_3	+	H_2O	$\rightleftharpoons$	NH_4^+	+	OH^-
초기 농도	0.100 M				0		0
평형 농도	(0.100 − x)M				x M		x M

$$K_b = \frac{[OH^-][NH_4^+]}{[NH_3]} = \frac{(x)(x)}{(0.100 - x)} = 1.8 \times 10^{-5}$$

$$x = [OH^-] = 1.3 \times 10^{-3}\ M \quad pOH = 2.88 \quad \therefore pH = 11.12$$

-당량점에 도달하기 전(V_{HCl} = 10.0 mL)

NH_3와 HCl은 다음과 같은 반응을 일으키며, 반응 전과 후 용액 속 화학종의 종류와 농도는 다음과 같이 구한다.

	NH_3	+	HCl	$\longrightarrow$	NH_4Cl
반응 전	0.100 M × 50.0 mL = 5.00 mmol		0.100 M × 10.0 mL = 1.00 mmol		0
반응 후	4.00 mmol		0 mmol		1.00 mmol

이 시점에서 적정액은 NH_4^+/NH_3 완충 용액이고 pH는 다음과 같이 구할 수 있다.

$$\begin{aligned} pH &= pK_a + \log\frac{[NH_3]}{[NH_4^+]} \\ &= pK_a + \log\frac{[NH_3]}{[NH_4Cl]} \\ &= -\log\left(\frac{1.0 \times 10^{-14}}{1.8 \times 10^{-5}}\right) + \log\frac{4.00\ mmol/60.0\ mL}{1.00\ mmol/60.0\ mL} \\ &= -\log(5.6 \times 10^{-10}) + \log(4.00) \\ &= 9.25 + 0.602 = 9.85 \end{aligned}$$

-당량점(V_{HCl} = 50.0 mL)

NH_3와 HCl은 다음과 같은 반응을 일으키며, 반응 전과 후 용액 속 화학종의 종류와 농도는 다음과 같이 구한다.

	NH_3	+	HCl	⟶	NH_4Cl
반응 전	0.100 M × 50.0 mL = 5.00 mmol		0.100 M × 50.0 mL = 5.00 mmol		0
반응 후	0 mmol		0 mmol		5.00 mmol

이 시점에서 적정액은 0.0500 M NH_4Cl 수용액(초기 농도 = 5.00 mol/100.0 mL = 0.0500 M)이고, NH_4Cl은 가수 분해를 하여 pH는 다음과 같이 구할 수 있다.

$$NH_4Cl \xrightarrow{H_2O} NH_4^+ + Cl^-$$

$$NH_4^+ + H_2O \rightleftarrows NH_3 + H_3O^+$$

$$K_a = \frac{[H_3O^+][NH_3]}{[NH_4^+]} = \frac{K_w}{K_b} = \frac{(1.0 \times 10^{-14})}{(1.8 \times 10^{-5})} = 5.6 \times 10^{-10}$$

	NH_4^+	+	H_2O	⟶	NH_3	+	H_3O^+
초기 농도	0.0500 M				0		0
평형 농도	(0.0500 − x)M				x M		x M

$$K_a = \frac{(x)(x)}{(0.0500 - x)} = 5.6 \times 10^{-10}$$

$$x = [H_3O^+] = 5.3 \times 10^{-6}\ M \qquad \therefore pH = 5.28$$

-당량점을 지난 후(V_{HCl} = 60.0 mL)

NH_3와 HCl은 다음과 같은 반응을 일으키며, 반응 전과 후 용액 속 화학종의 종류와 농도는 다음과 같이 구한다.

	NH_3	+	HCl	⟶	NH_4Cl
반응 전	0.100 M × 50.0 mL = 5.00 mmol		0.100 M × 60.0 mL = 6.00 mmol		0
반응 후	0 mmol		1.00 mmol		5.00 mmol

이 단계에서 110.0 mL의 적정액에는 1.00 mmol의 HCl이 남고, 5.00 mmol의 NH_4Cl이 함께 존재하는데, 이 용액은 HCl 수용액으로 취급하여 pH를 구한다.

HCl 수용액의 농도는

$$[HCl] = 1.00\ mmol/110.0\ mL = 0.00909\ M \qquad \therefore pH = 2.041$$

• 적정 곡선의 모습

일반적으로 '약염기(NH_3)–강산(HCl)' 적정 곡선의 경우에는 '강염기–강산' 적정 곡선의 모습과 다소 차이를 보이다. 그림 15.7을 보면, '약염기-강산' 적정 곡선은 적정이 시작되는 순간 적가액의 적가에 따른 적정액의 pH 변화가 상대적으로 급격하게 나타난다. 그러나 적정이 진행되면서 적정액에는 '짝산(NH_4^+)/약염기(NH_3)' 완충계가 형성되기 시작하고, 그에 따라 강산의 첨가에도 적정액의 pH는 그다지 크게 변하지 않는 모습을 보인다. 적정이 당량점에 근접해 감에 따라 적정액의 완충계를 이루는 약염기(NH_3)의 양이 크게 감소하여 적정액은 완충 능력을 상실하게 되고 강산의 첨가에 따른 pH 변화 폭도 커진

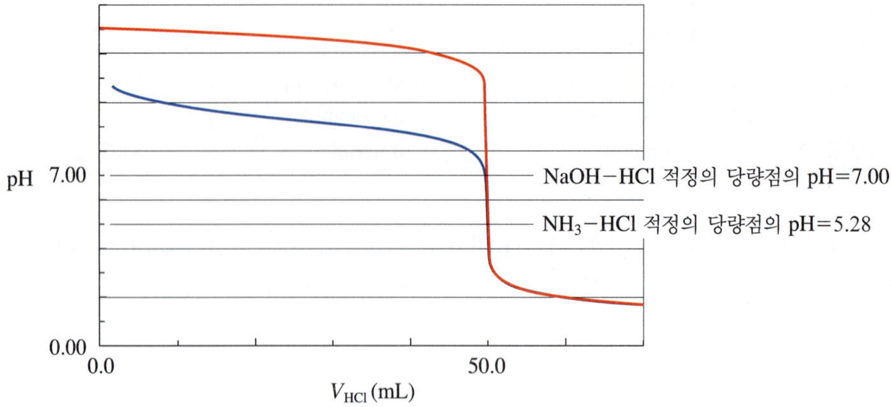

그림 15.7
약염기–강산 적정 곡선과 강염기–강산 적정 곡선의 비교: 0.100 M NH_3 수용액 50.0 mL를 0.100 M HCl 수용액으로 적정(푸른색), 0.100 M NaOH 수용액 50.0 mL를 0.100 M HCl 수용액으로 적정(붉은색)

다. 당량점에 도달하면 적정액은 약염기(NH_3)의 짝산인 NH_4^+ 이온 수용액(약한 산성 수용액)이 되면서 pH는 7보다 다소 작아진다. 당량점을 지나면 과량으로 가해진 강산(HCl)의 농도가 적정액의 pH를 좌우한다.

(마) 산–염기 적정을 사용하여 미지 농도의 산 또는 염기 수용액의 농도 구하기

산–염기 지시약을 사용하는 적정에서 얻어내는 정보는 종말점(지시약의 색이 변할 때까지 첨가해 준 적가액의 부피)이다. 그러나 종말점은 당량점(적정액의 성분과 화학량론적인 반응을 완결할 때까지 첨가해 준 적가액의 부피)을 지난 시점에서 발생하므로 적정 오차를 가지고 있다. 따라서 적정 계산에 종말점을 사용하여 적정액이나 적가액의 농도를 구하는 경우 그 농도 역시 오차가 있게 된다. 따라서 적절한 바탕 적정(당량점을 지나 지시약의 색변화를 유발하기 위해 첨가된 적가액의 부피를 구하는 적정)을 통해 다음과 같은 '적정 오차가 최소화된 당량점'을 적정 계산에 사용해야 한다.

적정 오차가 최소화된 당량점 =(원래 적정에서의 종말점)−(바탕 적정에서의 종말점)

예제 15.12 HCl 표준 용액을 사용한 다음과 같은 산–염기 적정 결과를 사용하여 NaOH 수용액의 농도를 구해 보자.

풀이 »

적정액: 0.0976 M HCl 용액 20.0 mL 적가액: ? M NaOH 용액

원래 적정의 종말점: V_{NaOH} = 21.5 mL 바탕 적정의 종말점: V_{NaOH} = 0.10 mL

HCl 용액에 NaOH 용액이 첨가되면 두 화학종 사이의 산–염기 반응은 다음과 같이 진행된다.

$$HCl + NaOH \longrightarrow NaCl + H_2O$$

반응의 해석: 1 mol의 HCl과 1 mol의 NaOH가 반응하여 1 mol씩의 NaCl과 H_2O가 만들어진다.

적정액 속 HCl의 mol수와 같은 mol수의 NaOH가 첨가되는 시점이 당량점이므로 다음과 같은 식을 사용하여 NaOH 용액의 농도를 구할 수 있다.

첨가된 NaOH의 mol수 = HCl의 mol수

NaOH 용액의 농도 × (21.5 mL − 0.10 mL) = 0.0976 M × 20.0 mL

∴ NaOH 용액의 농도 = 0.0912 M

알아두어야 할 용어(term)들

• 산	• 염기	• 중화 반응	• 자동 양성자 이전 반응
• 물의 자동 양성자 이전 반응 상수		• 물의 이온곱	• p-함수
• 강산	• 강염기	• 약산	• 약염기
• 산의 짝염기	• 염기의 짝산	• 일양성자산	• 다양성자산
• 일양성자염기	• 다양성자염기	• 해리 상수	• 완충 용액
• 완충 용량	• 분자 반응식	• 전체 이온 반응식	• 알짜 이온 반응식
• 산-염기 적정	• 표준 용액	• 적가액(첨가 시약)	• 정적액
• 표준화 적정	• 당량점	• 종말점	• 산-염기 지시약
• 적정 오차	• 바탕 적정	• 적정 곡선	• 적정 계산

요약

산과 염기에 대한 기본개념들과 용어들을 소개하면서 다양한 산과 염가 수용액들(강산 수용액, 강염기 수용액, 약산 수용액, 약염기 수용액, 약산의 짝염기 수용액, 약염기의 짝산 수용액, 완충 용액)의 산도(또는 염기도)를 결정하기 위한 개념들과 용어들 그리고 정량적 취급 방법들을 다루었다. 그리고 주어진 삼과 염기 수용액들의 농도를 결정할 수 있는 산-염기 적정 분석을 소개하면, 산-염기 적정 분석을 정량적으로 다루는 적정 계산을 소개하였다.

연 . 습 . 문 . 제

1. 다음 각 수 용액의 pH를 구하시오.
   ① 1.0×10^{-3} M HA 수용액
   ② 0.100 M NH_3(K_b = 1.0×10^{-5}) 수용액
   ③ 0.100 M HA(K_a = 1.0×10^{-5}) 수용액
   ④ 0.100 M NH_4Cl(NH_3의 K_b = 1.0×10^{-5}) 수용액
   ⑤ [HA] = 0.050 M이고 [A^-] = 0.030 M인 수용액(단, HA의 K_a = 2.0×10^{-5}이다).
   ⑥ [NH_4^+] = 0.050 M이고 [NH_3] = 0.030 M인 수용액
   ⑦ 1.0×10^{-9} M HA 수용액

2. 표는 짝산/짝염기 쌍이 소유하는 3가지 특성과 그 용도를 나타낸 것이다. 빈칸에 알맞은 말을 쓰시오.

특성	특성이 적용되는 예
	주어진 약산의 K_a를 알면, 그 짝염기의 K_a를 구할 수 있다. 또는 주어진 약염기의 K_b를 알면, 그 짝산의 K_a를 구할 수 있다.
약산과 그 짝염기, 약염기와 그 짝산은 주어진 수용액에서 서로 산-염기 중화 반응을 하지 않고 공존한다.	
짝산과 짝염기의 세기는 짝이 되는 염기와 산의 세기에 반비례한다.	NH_4^+ 이온이 H_2O보다 더 센 산임을 알 수 있다.

3. 다음 ( ) 안에 짝산/짝염기 쌍이 되도록 알맞은 화학식을 쓰시오.
① ( )/ HPO_4^{2-}
② H_2O /( )
③ ( )/ H_2O
④ H_3PO_4 /( )

4. 다음은 아세트산(CH_3COOH) 수용액과 수산화 소듐(NaOH) 수용액의 산-염기 중화 반응식에 대한 물음이다.
① 전체 반응식을 쓰시오.
② 전체 이온 반응식을 쓰시오
③ 알짜 이온 반응식을 쓰시오.

5. 다음과 같은 수용액들을 사용한 산-염기 적정의 단계(지점)별 적정액의 pH를 구하시오.
적정액 : 0.100 M 아세트산(HAc, $K_a = 1.0 \times 10^{-5}$) 수용액 50.0 mL
적가액 : 0.100 M 수산화 소듐(NaOH) 수용액
① V_{NaOH} = 0.0 mL
② V_{NaOH} = 10.0 mL
③ V_{NaOH} = 당량점

6. 다음은 지시약 A, B의 변색 범위를 나타낸 것이다.

지시약	변색 범위
A	4.8~6.0
B	8.0~9.6

① 당량점의 pH가 7.0인 산-염기 적정에 사용할 수 없는 지시약은 어떤 것인가?
② 그 이유는 무엇인가?

7. 다음 질문에 답하시오.
① 자동 양성자 이전 반응을 정의하시오.
② 다음 ( ) 안에 적절한 용어를 적으시오.

> 주어진 적정에서 (ⓐ)이란 적정액 속 성분과 화학 양론적인 반응이 완결될 때까지 적가된 첨가 시약의 (ⓑ)로 정의하고, (ⓒ)이란 적정액(지시약)의 색이 변할 때까지 적가된 첨가 시약의 (ⓑ)로 정의한다. 이처럼 주어진 적정 분석에서 얻어지는 (ⓐ)과 (ⓒ)의 차이를 (ⓓ)라고 하며, (ⓓ)를 최소화하기 위해 수행하는 추가 적정을 (ⓔ) 적정이라 한다.

③ 다음 ( ) 안에 정확한 화학식을 적어 짝산/짝염기 쌍을 완성하시오.

H_2O/( ) ( )/CO_3^{2-} $H_2PO_4^-$/( )

NH_3/( ) ( )/PO_4^{3-}

④ 다음 상자의 빈 곳들에 해당 반응식을 적으시오.

약한 산(HA)과 강한 염기(NaOH) 사이의 산-염기 반응	
분자 반응식	$HA + NaOH \rightarrow NaA + H_2O$
전체 이온 반응식	
유효(알짜) 이온 반응식	

8. 산과 염기의 개념으로 바라볼 때, 25 °C에서 모든 수용액에 공통으로 적용하는 식을 적으시오.

9. 다음 각 수용액의 pH를 구하시오.
① 0.0100 M HA 수용액 100.0 mL
② 0.0100 M NaOH 수용액 100.0 mL
③ 0.110 M HA(HA의 $K_a = 1.0\times10^{-5}$) 수용액 100.0 mL

10. 적정액은 0.100 M B 수용액(B의 $K_b = 1.0\times10^{-5}$) 40.0 mL이고 첨가 시약은 0.150 M HCl 수용액인 산-염기 적정의 경우 다음 각 적정 단계에서 적정액의 pH를 구하시오.
① V_{HCl} = 0.0 mL ② V_{HCl} = 25.0 mL
③ V_{HCl} = 당량점 ④ V_{HCl} = 55.0 mL

11. 적정액은 0.100 M HA 수용액(HA의 $K_a = 1.0\times10^{-5}$) 40.0 mL이고 적가액(첨가 시약)은 0.100 M NaOH 수용액인 산-염기 적정의 경우 다음 각 적정 단계에서 적정액의 pH를 구하시오.
① 적정 시작 전
② V_{NaOH} = 당량점 − 15.0 mL(= 당량점보다 15.0 mL 덜 첨가된 지점)
③ V_{NaOH} = 당량점
④ V_{NaOH} = 당량점 + 10.0 mL (= 당량점보다 15.0 mL 더 첨가된 지점)

16

수용액에서의 산화와 환원

산화-환원 반응(oxidation-reduction reaction, redox reaction)은 두 가지 화학종이 만나 한 화학종이 전자를 내어놓으면 상대 화학종이 그 전자를 받아들이는 전자 전달 반응(electron transfer reaction)이다.

다음과 같은 철이 녹스는 과정(철의 부식, corrosion of iron)에서는 산화–환원 반응이 일어난다.

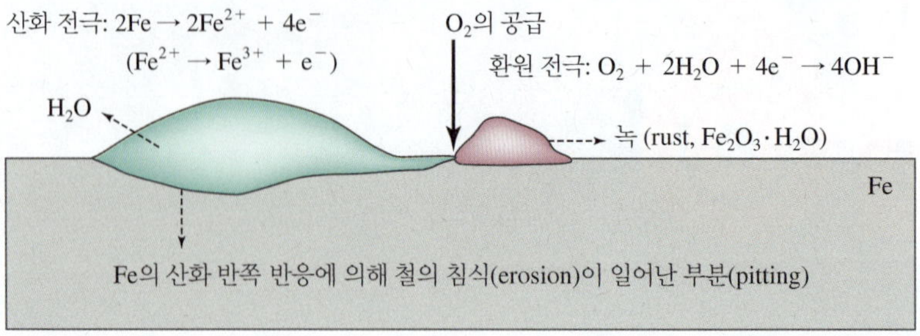

산화 반쪽 반응: $2Fe \longrightarrow 2Fe^{2+} + 4e^-$

환원 반쪽 반응: $O_2 + 2H_2O + 4e^- \longrightarrow 4OH^-$

산화–환원 반응: $2Fe + O_2 + 2H_2O \longrightarrow 2Fe^{2+} + 4OH^- \longrightarrow 2Fe(OH)_2$

$4Fe(OH)_2 + O_2 \longrightarrow 2Fe_2O_3 \cdot H_2O + 2H_2O$

철이 산화되면서 내어놓는 전자는 산소가 환원되며 소비한다. 즉, 철의 산화 반쪽 반응과 산소의 환원 반쪽 반응은 동시에 일어나야 한다.

16.1 산화-환원 반응

16.1.1 주어진 산화–환원 반응은 두 개의 반쪽 반응으로 구성된다

산화–환원 반응은 전자를 받아들이는 **환원 반쪽 반응**(reduction half reaction)과 전자를 내어 놓는 **산화 반쪽 반응**(oxidation half reaction)으로 이루어진다. 각 반쪽 반응은 독자적으로는 일어나지 않으며, 반드시 두 개의 반쪽 반응이 짝을 이루어 일어난다. 다음의 예에서 볼 수 있듯이, 아연(zinc, Zn) 조각을 구리 이온(copper ion, Cu^{2+} 이온) 용액에 담근 경우 Zn 조각을 구성하는 Zn 원자 한 개가 두 개의 전자를 내어 놓으며 Zn^{2+} 이온으로 산화되어 용액 속으로 들어가려면, 용액 속의 Cu^{2+} 이온 한 개가 전자를 받아 Cu로 환원되어 Zn 조각의 표면에 석출되는 과정이 반드시 함께 일어나야 하는 것이다.

Zn와 Cu^{2+} 이온 사이의 산화-환원 반응

• **산화 반쪽 반응**

$$Zn(s) \longrightarrow Zn^{2+}(aq) + 2e^-$$

• **환원 반쪽 반응**

$$Cu^{2+}(aq) + 2e^- \longrightarrow Cu(s)$$

• **산화–환원 반응**

$$Zn(s) + Cu^{2+}(aq) \longrightarrow Cu(s) + Zn^{2+}(aq)$$

※ 완결된 산화–환원 반응식에는 전자가 나타나지 않는다.

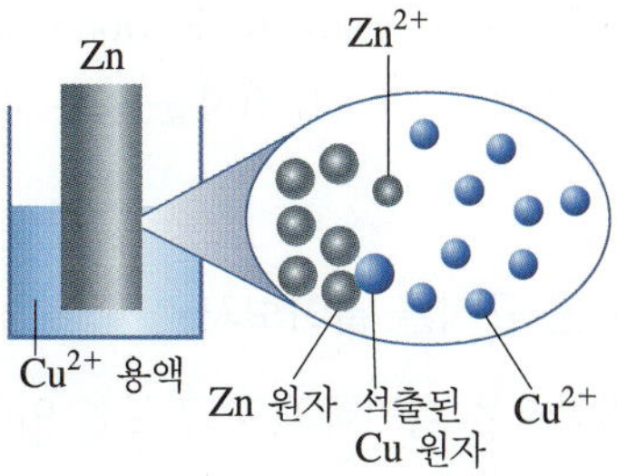

그림 16.1
Cu^{2+} 이온 용액에 담긴 Zn 조각: Zn 조각을 구성하는 Zn 원자 한 개가 두 개의 전자를 내어 놓으며 Zn^{2+} 이온으로 산화되어 용액 속으로 들어가고, 용액 속의 Cu^{2+} 이온 한 개가 그 전자를 받아 Cu로 환원되어 Zn 조각 표면에 석출된다.

❶ 산화제는 환원되고, 환원제는 산화된다.

그림 16.1에서 볼 수 있는 것처럼 주어진 산화–환원 반응에서 산화되면서 내어 놓는 전자를 상대 물질에게 주어 그 물질을 환원시키는 화학종을 **환원제**(reducing agent)라고 하고, 전자를 받아들여 환원되기 위해 필요한 전자를 상대 물질로부터 가져오면서 그 물질을 산화시키는 화학종을 **산화제**(oxidizing agent)라고 한다. 다음은 아연(Zn)과 구리 이온(Cu^{2+} 이온) 사이의 산화–환원 반응을 예로 들어 산화제와 환원제를 보여 준다.

산화–환원 반응에서의 산화제와 환원제

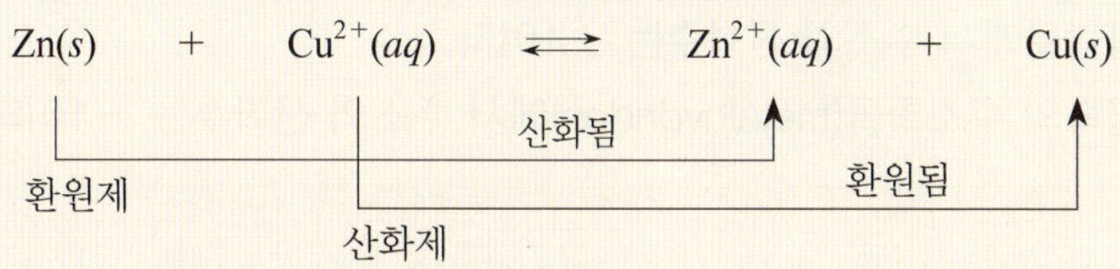

표 16.1은 몇 가지 산화제와 환원제의 상대적인 세기(strength)를 보여 준다. 주어진 화학종의 산화제로서의 능력과 환원제로서의 능력은 서로 상반된다. 예를 들어, 주어진 화학종이 산화제로서 전자를 받아들이는 능력이 세다면, 그 물질은 환원제로서 전자를 내어 놓는 능력은 약한 것이다.

표 16.1 환원제와 산화제의 상대적 세기

환원제로서의 세기	환원제		산화제	산화제로서의 세기
강함 ↑	Ca	$\rightleftharpoons 2e^- +$	Ca^{2+}	약함 ↓
	Na	$\rightleftharpoons e^- +$	Na^+	
	Mg	$\rightleftharpoons 2e^- +$	Mg^{2+}	
	Zn	$\rightleftharpoons 2e^- +$	Zn^{2+}	
	Fe	$\rightleftharpoons 2e^- +$	Fe^{2+}	
	H_2	$\rightleftharpoons 2e^- +$	$2H^+$	
	Cu	$\rightleftharpoons 2e^- +$	Cu^{2+}	
	Fe^{2+}	$\rightleftharpoons e^- +$	Fe^{3+}	
	Ag	$\rightleftharpoons e^- +$	Ag^+	
	$2H_2O$	$\rightleftharpoons 4e^- +$	$4H^+ + O_2$	
약함	$2F^-$	$\rightleftharpoons 2e^- +$	F_2	강함

❷ 산화수와 산화 상태는 어떻게 다른가?

산화 상태(oxidation state)란 주어진 화학종이 전자를 잃어버리고 양의 전하를 가진 상태와 전자를 얻어 음의 전하를 가진 상태를 의미한다. **산화수**(oxidation number)는 주어진 화학종이 처한 산화 상태를 수(전자를 잃은 상태는 '+'값, 전자를 얻은 상태는 '−'값)로 표현한 것이다.

❸ 산화수를 부여하는 작업에 필요한 기본 규칙을 알아보자.

단, 여기서 분자라고 하면 공유 결합 화합물을 의미하고, 화합물은 이온 결합 화합물을 의미한다.

(가) 화학종이 원소 자체인 경우 그 화학종의 산화수는 0이다.

예 : $H_2(g)$의 산화수 = 0 $O_2(g)$의 산화수 = 0 $Cu(s)$의 산화수 = 0

(나) 주어진 단원자 이온의 산화수는 그 이온의 전하 크기와 같다.

예 : Cu^{2+} 이온의 산화수 = +2 Cl^- 이온의 산화수 = −1

(다) 분자나 화합물에서 수소의 산화수는 +1이다.
그러나 금속의 수소화물(metalhydrides)에서 수소의 산화수는 −1이다.

예 : HCl에서 H의 산화수 = +1 NaH에서 H의 산화수 = −1

(라) 분자나 화합물에서 산소의 산화수는 −2이다.
그러나 과산화물(peroxides)에서 산소의 산화수는 −1이다.

예 : H_2O에서 O의 산화수 = −2
H_2O_2(hydrogen peroxide, 과산화 수소)에서 O의 산화수 = −1

(마) 분자나 화합물에서 플루오린(fluorine, F)의 산화수는 −1이다.

예 : HF에서 F의 산화수 = −1 NaF에서 F의 산화수 = −1

(바) 다원자 이온의 경우 구성 원자의 산화수의 합은 다원자 이온의 전하수와 같다.

예 :
MnO_4^-에서 Mn의 산화수 구하기
Mn의 산화수 = x
MnO_4^- 이온을 구성하는 원자의 산화수의 합 = $x + (-2) \times 4$
MnO_4^- 이온의 전하수 = −1
➡ $x + (-2) \times 4 = -1$ $\therefore x$ = Mn의 산화수 = +7

(사) 주기율표에서 1A족, 2A족, 3A족의 원소는 각각 +1, +2, +3의 산화수를 갖는다.

예 : 1A족 원소 K의 산화수 = +1
2A족 원소 Mg의 산화수 = +2
3A족 원소 Al의 산화수 = +3

(아) 중성 분자에서 모든 구성 원자의 산화수의 합은 0이다.

예 : CO_2에서 C의 산화수 구하기
C의 산화수 = x O의 산화수 = −2
CO_2를 구성하는 원자의 산화수의 합 = $x + (-2) \times 2$
CO_2의 산화수 = 0
➡ $x + (-2) \times 2 = 0$ $\therefore x$ = C의 산화수 = +4

예제 16.1 Sb_2O_5에서 Sb의 산화수를 구해 보자.

풀이 »
Sb의 산화수를 x라고 하고, O의 산화수 −2를 사용하면
$2x + (-2) \times 5 = 0$ Sb의 산화수 = x = +5

예제 16.2 $Al(NO_3)_3$에서 Al의 산화수를 구해 보자.

풀이 »
Al의 산화수를 x라고 하고, NO_3^- 이온의 산화수 −1을 사용하면
$x + (-1) \times 3 = 0$ Al의 산화수 = x = +3

예제 16.3 $Mg_3(PO_4)_2$에서 P의 산화수를 구해 보자.

풀이 »
P의 산화수를 x라고 하고, 2족 원소인 Mg의 산화수 +2와 O의 산화수 −2를 사용하면
$3 \times (+2) + \{2x + 2 \times (-2) \times 4\} = 0$ P의 산화수 = x = +5

예제 16.4 $(NH_4)_2SO_4$에서 S의 산화수를 구해 보자.

풀이 »
S의 산화수를 x라고 하고, NH_4^+ 이온의 산화수 +1과 O의 산화수 −2를 사용하면
$(+1) \times 2 + x + (-2) \times 4 = 0$ S의 산화수 = x = +6

예제 16.5 CrO_4^{2-}에서 Cr의 산화수를 구해 보자.

풀이 »
Cr의 산화수를 x라고 하고, O의 산화수 −2를 사용하면
$x + (-2) \times 4 = -2$ Cr의 산화수 = x = +6

예제 16.6 ClO_4^-에서 Cl의 산화수를 구해 보자.

풀이 »
Cl의 산화수를 x라 하고, O의 산화수 −2를 사용하면
$x + (-2) \times 4 = -1$ Cl의 산화수 $= x = +7$

16.1.2 산화-환원 반응의 균형 맞춘 반응식을 표현하는 방법

산화–환원 반응의 균형 맞춘 반응식에서는 질량 보존 법칙이 적용된 **질량 균형**(mass balance)과 환원제가 내어 놓는 전자와 산화제가 받아들이는 전자가 서로 같아야 하는 **전자 균형**(electron balance)이 성립해야 한다.

❶ 산성 조건에서 진행되는 산화–환원 반응

$Cr_2O_7^{2-}$ 이온은 산성 조건에서 Fe^{2+} 이온을 Fe^{3+} 이온으로 산화시키면서 자신은 Cr^{3+} 이온으로 환원된다. 이러한 산화–환원 반응의 균형 맞춘 화학 반응식을 표현해 보자.

(가) 1단계: 이온식의 형태로 균형이 이루어지지 않은 반응식을 적는다.

$$Cr_2O_7^{2-} + Fe^{2+} \longrightarrow Fe^{3+} + Cr^{3+}$$

(나) 2단계: 위 산화–환원 반응을 두 개의 반쪽 반응으로 나누어 적는다.

산화 반쪽 반응 : $Fe^{2+} \longrightarrow Fe^{3+} + e^-$
환원 반쪽 반응 : $Cr_2O_7^{2-} + 6e^- \longrightarrow 2Cr^{3+}$

※ $Cr_2O_7^{2-}$ 이온에서 Cr 원자의 산화수는 +6이고, Cr^{3+}의 산화수는 +3이지만, $Cr_2O_7^{2-}$ 이온에는 두 개의 Cr 원자가 존재하므로 1 mol의 $Cr_2O_7^{2-}$ 이온은 6 mol의 전자를 받아들여야 한다.

(다) 3단계: 각 반쪽 반응에 질량 보존 법칙을 적용하여 질량 균형을 이룬다.

산화 반쪽 반응 : $Fe^{2+} \longrightarrow Fe^{3+} + e^-$ (이미 질량 균형이 이루어져 있음)
환원 반쪽 반응 : $Cr_2O_7^{2-} + 6e^- \longrightarrow 2Cr^{3+}$ (질량 균형을 맞추어야 함)
오른쪽에도 7개의 O 원자가 필요하므로 이를 위해 7개의 H_2O를 써 준다.

$$Cr_2O_7^{2-} + 6e^- \longrightarrow 2Cr^{3+} + 7H_2O$$

이제 왼쪽에 14개의 H 원자가 필요하므로 14개의 H^+ 이온을 써 준다.

$$Cr_2O_7^{2-} + 6e^- + 14H^+ \longrightarrow 2Cr^{3+} + 7H_2O$$

※ 산성 조건에서 산소 원자의 개수를 맞추는 과정에서는 H_2O 분자와 H^+ 이온을 사용한다. 질량 균형이 성립한 반쪽 반응은 다음과 같다.

산화 반쪽 반응 : $Fe^{2+} \longrightarrow Fe^{3+} + e^-$
환원 반쪽 반응 : $Cr_2O_7^{2-} + 6e^- + 14H^+ \longrightarrow 2Cr^{3+} + 7H_2O$

(라) 4단계: 각 반쪽 반응에서 전자 균형을 이룬다.

산화 반쪽 반응 : $Fe^{2+} \longrightarrow Fe^{3+} + e^-$
환원 반쪽 반응 : $Cr_2O_7^{2-} + 6e^- + 14H^+ \longrightarrow 2Cr^{3+} + 7H_2O$

산화 반쪽 반응에서는 1 mol의 전자, 환원 반쪽 반응에서는 6 mol의 전자가 관련되어 있으므로 산화 반쪽 반응을 6 mol의 전자가 참여하는 반응으로 바꾸어 써 준다.

전자 균형이 이루어진 반쪽 반응
산화 반쪽 반응 : $6Fe^{2+} \longrightarrow 6Fe^{3+} + 6e^-$
환원 반쪽 반응 : $Cr_2O_7^{2-} + 6e^- + 14H^+ \longrightarrow 2Cr^{3+} + 7H_2O$

(마) 5단계: 두 반쪽 반응들을 더하여 완결된 균형 맞춘 반응식을 써 준다.

$$Cr_2O_7^{2-} + 6Fe^{2+} + 14H^+ \longrightarrow 6Fe^{3+} + 2Cr^{3+} + 7H_2O$$

❷ 염기성 조건에서 진행되는 산화-환원 반응

염기성 조건에서 MnO_4^- 이온은 I^- 이온을 I_2로 산화시키고 자신은 MnO_2로 환원된다. 이러한 산화-환원 반응의 균형 맞춘 화학 반응식을 표현해 보자.

(가) 1단계: 이온식의 형태로 균형이 이루어지지 않은 반응식을 적는다.

$$MnO_4^- + I^- \longrightarrow MnO_2 + I_2$$

(나) 2단계: 위 산화-환원 반응을 두 개의 반쪽 반응으로 나누어 적는다.

산화 반쪽 반응 : $2I^- \longrightarrow I_2 + 2e^-$

I_2에서 I 원자의 산화수는 0이므로, I^- 이온 2 mol은 전자 2 mol을 내어놓으면서 I_2로 산화된다.

환원 반쪽 반응 : $MnO_4^- + 3e^- \longrightarrow MnO_2$

Mn 원자의 산화수는 MnO_4^- 이온에서 +7이고, MnO_2에서는 +4이므로 전자 3 mol을 받아들여 환원된다.

(다) 3단계: 각 반쪽 반응에 질량 보존 법칙을 적용하여 질량 균형을 이룬다.

산화 반쪽 반응 : $2I^- \longrightarrow I_2 + 2e^-$ (이미 질량 균형이 이루어져 있음)
환원 반쪽 반응 : $MnO_4^- + 3e^- \longrightarrow MnO_2$

오른쪽에 2개의 O 원자가 필요하므로 이를 위해 2개의 H_2O를 써 준다.

$$MnO_4^- + 3e^- \longrightarrow MnO_2 + 2H_2O$$

그리고 왼쪽에 4개의 H 원자가 필요하므로 4개의 H^+ 이온을 써 준다.

$$MnO_4^- + 3e^- + 4H^+ \longrightarrow MnO_2 + 2H_2O$$

그런데 염기성 조건이므로 H^+ 이온을 제거하기 위해 양쪽에 4개씩의 OH^- 이온을 써 준다.

$$MnO_4^- + 3e^- + 4H^+ + 4OH^- \longrightarrow MnO_2 + 2H_2O + 4OH^-$$

왼쪽의 $4H^+ + 4OH^-$를 $4H_2O$로 바꾼다($\because 4H^+ + 4OH^- \rightarrow 4H_2O$).

$$MnO_4^- + 3e^- + 4H_2O \longrightarrow MnO_2 + 2H_2O + 4OH^-$$

양쪽의 H_2O를 정리한다.

$$MnO_4^- + 3e^- + 2H_2O \longrightarrow MnO_2 + 4OH^-$$

질량 균형이 성립하는 반쪽 반응들

산화 반쪽 반응 : $2I^- \longrightarrow I_2 + 2e^-$
환원 반쪽 반응 : $MnO_4^- + 3e^- + 2H_2O \longrightarrow MnO_2 + 4OH^-$

※ 염기성 조건에서는 H^+ 이온을 제거하기 위해 OH^- 이온을 첨가해 H^+ 이온을 H_2O로 바꾸어준다.

(라) 4단계: 각 반쪽 반응에서 전자 균형을 이룬다.

산화 반쪽 반응 : $2I^- \longrightarrow I_2 + 2e^-$
환원 반쪽 반응 : $MnO_4^- + 3e^- + 2H_2O \longrightarrow MnO_2 + 4OH^-$

산화 반쪽 반응에서는 2 mol의 전자, 환원 반쪽 반응에서는 3 mol의 전자가 관련되어 있으므로 각 반쪽 반응을 6 mol의 전자가 참여하는 반응으로 바꾸어 써 준다.

전자 균형이 이루어진 반쪽 반응

산화 반쪽 반응 : $6I^- \longrightarrow 3I_2 + 6e^-$
환원 반쪽 반응 : $2MnO_4^- + 6e^- + 4H_2O \longrightarrow 2MnO_2 + 8OH^-$

(마) 5단계: 두 반쪽 반응을 더하여 완결된 균형 맞춘 반응식을 써 준다.

$$6I^- + 2MnO_4^- + 4H_2O \longrightarrow 3I_2 + 2MnO_2 + 8OH^-$$

16.1.3 산화-환원 반응에는 여러 가지 유형이 있다

❶ 결합 반응: A + B ⟶ C

결합 반응(combination reaction)이란 두 가지 이상의 화학종이 화학적으로 결합하여 한 가지의 단일 화학종을 이루는 반응을 의미한다. 이 반응에서는 한 가지 반응물의 산화수가 증가하지만, 다른 반응물의 산화수는 감소한다.

(가) 금속(metal) + 산소(O_2) → 금속 산화물(metal oxide)

$2Mg(s) + O_2(g) \longrightarrow 2MgO(s)$		
	$O_2(g)$	$MgO(s)$
$Mg(s)$의 산화수 = 0		Mg의 산화수 = +2
	O의 산화수 = 0	O의 산화수 = −2

(나) 비금속(nonmetal) + 산소 → 비금속 산화물(nonmetal oxide)

$C(s) + O_2(g) \longrightarrow CO_2(s)$		
	$O_2(g)$	$CO_2(g)$
$C(s)$의 산화수 = 0		C의 산화수 = +4
	O의 산화수 = 0	O의 산화수 = −2

(다) 금속 + 비금속 → 이온 결합 화합물(ionic compound)

$3Mg(s) + N_2(g) \longrightarrow Mg_3N_2(s)$		
	$N_2(g)$	$Mg_3N_2(s)$
$Mg(s)$의 산화수 = 0		Mg의 산화수 = +2
	N의 산화수 = 0	N의 산화수 = −3

❷ 분해 반응: C ⟶ A + B

분해 반응(decomposition reaction)이란 하나의 단일 화학종이 화학적으로 깨져 두 가지 이상의 화학종으로 변하는 반응을 의미한다. 이 반응에서는 반응물을 구성하던 한 가지 원소의 산화수가 증가하지만, 다른 화학종의 산화수는 감소한다.

(가) 산소 화합물(oxygen compound) → 물질 + 산소 기체

$2HgO(s) \longrightarrow 2Hg(l) + O_2(g)$		
$2HgO(s)$		$O_2(g)$
Hg의 산화수 = +2	$Hg(l)$의 산화수 = 0	
O의 산화수 = −2		O의 산화수 = 0

(나) 수소 화합물(hydrides) → 물질 + 수소 기체

$2NaH(s) \longrightarrow 2Na(s) + H_2(g)$		
$2NaH(s)$		$H_2(g)$
Na의 산화수 = +1	$Na(s)$의 산화수 = 0	
H의 산화수 = −1		H의 산화수 = 0

❸ 단일 치환 반응: A + BC ⟶ AC + B

단일 치환 반응(single displacement reaction)에서는 한 가지 금속이 주어진 화학종을 구성하는 다른 금속이나 수소와 위치를 바꾼다. 이 경우 치환하는 금속은 산화수가 증가하고, 치환되는 금속이나 수소는 산화수가 감소한다.

(가) 수소 치환

수소 치환(hydrogen displacement)에서는 금속이 주어진 화합물에서 수소의 위치를 차지하고, 그 결과 수소는 수소 기체로 방출된다. 금속은 산화수가 증가하고, 수소의 산화수는 감소한다.

$2Na(s) + 2H_2O(l) \longrightarrow 2NaOH(aq) + H_2(g)$			
$2H_2O(l)$		$2NaOH(aq)$	
	$Na(s)$의 산화수 = 0	Na의 산화수 = +1	
H의 산화수 = +1			$H_2(g)$의 산화수 = 0

(나) 금속 치환

금속 치환(metal displacement)에서는 주어진 금속이 주어진 화합물에 참여한 다른 금속의 자리를 차지하고, 그 결과 해당 금속은 중성 금속의 형태로 방출된다. 치환한 금속은 산화수가 증가하고, 방출된 금속의 산화수는 감소한다.

$Zn(s) + CuSO_4(aq) \longrightarrow ZnSO_4(aq) + Cu(s)$			
	$CuSO_4(aq)$	$ZnSO_4(aq)$	
	Cu의 산화수 = +2		$Cu(s)$의 산화수 = 0
$Zn(s)$의 산화수 = 0		Zn의 산화수 = +2	

(다) 금속의 활동도 서열(이온화 서열)

치환 반응에서 치환하는 금속은 상대 화학종보다 활동도가 더 크다. 표 16.2는 금속 원소를 산화되기 쉬운 순서로 나타낸 **활동도 서열**(activity series)을 보여 준다.

표 16.2 금속의 활동도 서열

금속	산화 반쪽 반응		금속	산화 반쪽 반응	
Li	$Li \rightarrow Li^+ + e^-$	쉬움 ↑	Co	$Co \rightarrow Co^{2+} + 2e^-$	쉬움 ↑
K	$K \rightarrow K^+ + e^-$		Ni	$Ni \rightarrow Ni^{2+} + 2e^-$	
Ba	$Ba \rightarrow Ba^{2+} + 2e^-$		Sn	$Sn \rightarrow Sn^{2+} + 2e^-$	
Ca	$Ca \rightarrow Ca^{2+} + 2e^-$		Pb	$Pb \rightarrow Pb^{2+} + 2e^-$	
Na	$Na \rightarrow Na^+ + e^-$		H	$H_2 \rightarrow 2H^+ + 2e^-$	
Mg	$Mg \rightarrow Mg^{2+} + 2e^-$		Cu	$Cu \rightarrow Cu^{2+} + 2e^-$	
Al	$Al \rightarrow Al^{3+} + 3e^-$		Ag	$Ag \rightarrow Ag^+ + e^-$	
Mn	$Mn \rightarrow Mn^{2+} + 2e^-$		Hg	$Hg \rightarrow Hg^{2+} + 2e^-$	
Zn	$Zn \rightarrow Zn^{2+} + 2e^-$		Pt	$Pt \rightarrow Pt^{2+} + 2e^-$	
Cr	$Cr \rightarrow Cr^{3+} + 3e^-$		Au	$Au \rightarrow Au^{3+} + 3e^-$	
Fe	$Fe \rightarrow Fe^{2+} + 2e^-$				

이러한 계열은 주어진 산화–환원 반응이 일어나는 이유를 설명하거나, 주어진 산화–환원 반응의 진행 여부를 예측하는 작업에서 중요한 도구로 사용될 수 있다.

- 위쪽에 위치한 원소는 산화되기가 더 쉬우므로 그보다 아래쪽의 원소를 치환할 수 있다. 원소의 간격이 커질수록 치환이 더 쉽고 활발하게 일어난다.

예 : $Zn(s) + CuSO_4(aq) \longrightarrow ZnSO_4(aq) + Cu(s)$

- 가장 위쪽에서부터 아래로 다섯 개의 금속 원소(Li, K, Ba, Ca, Na)는 활동도가 아주 커서 차가운 물과도 반응하여 수산화물과 수소 기체를 만들어낸다.

예: $2Na(s) + 2H_2O(l) \longrightarrow 2NaOH(aq) + H_2(g)$

• 그 다음 다섯 개의 금속 원소(Mg, Al, Mn, Zn, Cr)는 어느 정도의 활성을 소유하므로 뜨거운 물이나 수증기와의 반응을 통해 산화물과 수소 기체를 만들어낸다.

예: $Mg(s) + H_2O(g) \xrightarrow{\text{빠름}} MgO(s) + H_2(g)$

$3Fe(s) + 4H_2O(g) \xrightarrow{\text{느림}} Fe_3O_4(s) + 4H_2(g)$

• 이들보다 더 아래 다섯 개의 금속 원소(Fe, Co, Ni, Sn, Pb)는 염산(HCl)이나 묽은 질산(dil. HNO_3), 묽은 황산(dil. H_2SO_4)과 반응하여 산의 수소를 치환한다.

예: $Fe(s) + 2HCl(aq) \longrightarrow CuCl_2(aq) + H_2(g)$

$Cu(s) + 2HCl(aq) \xrightarrow{\text{반응이 일어나지 않음}} CuCl_2(aq) + H_2(g)$

비교: $Cu(s) + 4HNO_3(l) \longrightarrow Cu(NO_3)_2(aq) + 2NO_2(g) + 2H_2O(g)$

• Li부터 Cu까지의 금속 원소는 산소 기체와 직접 반응하여 산화물을 만들 수 있다.

예: $2Mg(s) + O_2(g) \longrightarrow 2MgO(s)$

• 마지막 다섯 개의 원소(Cu, Ag, Hg, Pt, Au)는 종종 자연에서 원소 그대로 발견되기도 한다.

(라) 비금속 치환

비금속 원소에도 '활동도 서열' 개념이 적용될 수 있다. 일반적으로 비금속 원소는 산화−환원 반응에서 전자를 얻어 음이온으로 되려는(환원되려는) 경향성을 보인다. 따라서 가장 강한 산화제로서 행동할 수 있는 원소가 가장 활성인 화학종으로 받아들이는 개념이 적용되어 활동도 서열을 마련할 수 있다. 다음은 그 결과를 보여 준다.

F_2	Cl_2	O_2	Br_2	I_2	S	red P
가장 강한 산화제	→ 활동도가 약해짐					가장 약한 산화제

예를 들면, 할로젠 치환(halogen displacement)에서 적용하는 할로젠 원소의 활동도 순서는 다음과 같다.

$$F_2 > Cl_2 > Br_2 > I_2$$

따라서 할로젠 원소 사이에서 일어날 수 있는 산화−환원 반응은 다음과 같다.

$$Br_2(l) + 2Cl^-(aq) \longrightarrow \text{반응이 일어나지 않음}$$
$$I_2(s) + 2Cl^-(aq) \longrightarrow \text{반응이 일어나지 않음}$$
$$Cl_2(g) + 2I^-(aq) \longrightarrow 2Cl^-(aq) + I_2(s)$$
$$Cl_2(g) + 2Br^-(aq) \longrightarrow 2Cl^-(aq) + Br_2(l)$$
$$\underset{0}{Cl_2(g)} + \underset{-1}{2KBr(aq)} \longrightarrow \underset{-1}{2KCl(aq)} + \underset{0}{Br_2(l)}$$

(마) 불균등화 반응: 2A → A′ + A″

불균등화 반응(autodismutation)에서는 반응물의 한 원소가 각각 산화와 환원되면서 두 가지 다른 생성물을 만든다.

$Hg_2Cl_2(aq) \longrightarrow Hg(l) + HgCl_2(aq)$		
$Hg_2Cl_2(aq)$		$HgCl_2(aq)$
Hg의 산화수 = +1	$Hg(l)$의 산화수 = 0	Hg의 산화수 = +2

16.2 산화-환원 적정

산화－환원 적정(redox titration)은 산화제와 환원제 사이의 산화－환원 반응을 활용한 적정 기법으로 시료 용액 중에 함유된 산화제와 환원제의 농도를 알아낼 수 있다. 농도를 모르는 일정 부피의 환원제 용액(적정액)에 산화제 표준 용액(적가액)을 정량적으로 첨가하면서 환원제와 산화제 사이의 신속히 완결되는 화학량론적 산화－환원 반응이 완료되는 지점(당량점)을 찾는다. 당량점, 미지 농도의 환원제 용액의 부피, 산화제 용액의 농도를 사용하여 환원제 용액의 농도를 구한다. 또는 환원제 표준 용액을 사용하는 적정을 통해서 산화제 용액의 농도를 알아낼 수도 있다. 산화－환원 적정에서도 지시약의 색변화가 발생하는 지점을 **종말점**(end point)이라고 한다.

16.2.1 산화-환원 적정에서는 어떤 지시약을 사용하는가?

❶ 자체 지시약

Fe^{2+} 이온이 함유된 무색의 산성 용액이 적정액이고, MnO_4^- 이온을 함유한 붉은색 용액이 적가액인 산화－환원 적정의 경우를 예로 들어 보자. 적정이 진행되는 동안 일어나는 산화－환원 반응은

$$5Fe^{2+} + MnO_4^- + 8H^+ \longrightarrow 5Fe^{3+} + Mn^{2+} + 4H_2O(\text{산성 조건})$$

이다. 이 적정에서는 적정이 진행되면서 당량점에 도달하기까지 적정액의 색은 무색을 유지하는데, 그 이유는 적가된 MnO_4^- 이온이 Fe^{2+} 이온과 반응하여 사라지기 때문이다. 그러나 당량점을 지나 과량의 적가액이 첨가되면서 적정액에 그만큼의 MnO_4^- 이온이 함유

되어 적정액 전체가 연한 붉은색(분홍색)으로 변한다. 즉, 종말점에 도달한 것이다. 이와 같이 별도의 지시약을 사용하지 않아도 MnO_4^- 이온이 함유된 적가액이 **자체 지시약**(self indicator)으로 행동하면서 종말점을 찾을 수 있게 된다.

❷ 산화-환원 지시약

산화-환원 적정에서 사용하는 지시약의 경우 산화된 형태(oxidized form)의 색과 환원된 형태(reduced form)의 색이 서로 다른 특성을 가진다. 표 16.3은 몇 가지 **산화-환원 지시약**을 보여 준다.

표 16.3 산화-환원 지시약

지시약	색 변화	
	산화된 형태	환원된 형태
메틸렌 블루(methylene blue)	푸른색	무색
페난트롤린(phenanthroline)	붉은색	무색
페로인(ferroin)	연한 푸른색	붉은색

❸ 녹말 지시약

녹말 지시약(starch indicator)의 경우 산화와 환원에 의해 색 변화가 일어나는 것이 아니라, 아이오딘과의 착화합물을 형성하기 전과 후의 색이 서로 다르다는 사실을 활용한다. 이후에 아이오딘이 관련된 산화-환원 적정을 소개하면서 자세히 설명하기로 한다.

16.2.2 산화제와 환원제

❶ 산화제와 환원제 중 어떤 것을 적가액으로 사용하는가?

환원제의 경우 그 자체가 쉽게 산화되는 성질이 있다. 따라서 공기 중 산소에 의해 산화될 수 있는 단점이 있다. 이러한 이유로 환원제를 적가액으로 사용하는 산화-환원 적정은 잘 수행하지 않는다.

만일 환원제를 사용하는 적정을 수행하는 경우에는 공기 중 산소를 차단할 수 있는 환경(질소나 아르곤 환경)에서 해야 한다.

❷ 산화제로서의 $KMnO_4$

(가) 산성 조건에서 MnO_4^-의 환원 반쪽 반응은 다음과 같다.

$$MnO_4^- + 5e^- + 8H^+ \longrightarrow Mn^{2+} + 4H_2O(\text{산성 조건})$$

Mn의 산화수가 '+7'에서 '+2'로 변화

(나) $KMnO_4$ 용액의 제조

제조 후 즉시 사용하는 경우에는 적절한 양의 $KMnO_4$ 시약을 물에 녹여 표준 용액을 제조한다. 그러나 제조한 후 장시간 보관할 필요가 있는 경우에는 $KMnO_4$ 시약 속에 불순물로 함유되어 있는 MnO_2(manganese dioxide, 이산화 망가니즈)를 제거해 주어야 한다.

MnO_2 제거 과정

$KMnO_4$ 용액을 제조한 다음 약 1시간 동안 가열해 준 후, 어두운 곳에서 하룻밤 정도 방치해 둔다. 이 시간 동안 용액 속에 함유되어 있는 다양한 불순물이 산화되고, MnO_2도 바닥에 가라앉는다. 소결유리 필터(sintered-glass filter)를 사용하여 이 용액 중 불순물을 걸러낸 후, 햇빛을 차단할 수 있는 용기에 보관한다.

※ 이 용액은 사용하기 전 $KMnO_4$의 정확한 농도를 알아내는 작업(표준화 적정)을 수행해야 한다.

소결유리 필터

(다) $KMnO_4$ 용액을 적가액으로 사용한 산화－환원 적정

100 mL 비커에 농도를 모르는 황산 암모늄 철(II)(ferrous ammonium sulfate, $Fe(NH_4)_2(SO_4)_2 \cdot 6H_2O$) 수용액 50.0 mL를 넣고, 3 M 황산(H_2SO_4) 수용액 5.0 mL와 진한 인산(H_3PO_4) 수용액 3.0 mL를 첨가하여 Fe^{2+} 이온 시료 용액을 제조하였다.

H_2SO_4 수용액의 첨가는 Fe^{2+} 이온과 MnO_4^- 이온 사이의 산화－환원 반응을 위한 산성 조건을 조성해 주기 위해서이고, H_3PO_4 수용액의 첨가는 산화－환원 반응에서 생겨나는 Fe^{3+} 이온을 무색의 $Fe(PO_4)$로 바꾸어 주어 종말점에서의 색 변화가 선명하게 나타나도록 만들기 위해서이다.

Fe^{2+} 이온 시료 용액을 적정액으로, 0.100 M $KMnO_4$ 수용액을 적가액으로 사용하여 산화－환원 적정을 수행하여 얻어진 종말점은 20.5 mL이었다. Fe^{2+} 이온 시료 용액의 농도를 구해 보자.

Fe^{2+} 이온과 MnO_4^- 이온 사이에는

$$5Fe^{2+} + MnO_4^- + 8H^+ \longrightarrow 5Fe^{3+} + Mn^{2+} + 4H_2O \text{ (산성 조건)}$$

와 같은 산화－환원 반응이 일어나고, 이 반응에서 5 mol의 Fe^{2+} 이온이 1 mol의 MnO_4^- 이온과 반응한다. 이제 적정 결과를 토대로 다음과 같은 계산 과정이 가능해진다.

적정에서 소비된 MnO_4^- 이온의 몰수는

$$(0.100 \text{ M}) \times (20.5 \text{ mL}) = 2.05 \text{ mmol}$$

이므로 MnO_4^- 이온과 반응한 Fe^{2+} 이온의 몰수는

$$(MnO_4^- \text{ 이온의 몰수}) \times 5 = (2.05 \text{ mmol}) \times 5 = 10.3 \text{ mmol}$$

이다. 따라서 Fe^{2+} 이온 시료 용액의 농도는 다음과 같이 구해진다.

$$(Fe^{2+} \text{ 이온의 mmol}) \div (Fe^{2+} \text{ 이온 시료 용액의 부피 mL})$$
$$= (10.3 \text{ mmol}) \div (50.0 \text{ mL})$$
$$= 0.206 \text{ mmol/mL} = 0.206 \text{ M}$$

16.2.3 아이오딘이 관련된 산화-환원 적정

❶ 아이오딘이 관련된 적정에는 두 가지 유형이 있다.

(가) 직접아이오딘 적정법

직접아이오딘 적정법(iodimetry)에서는 아이오딘(iodine, I_2) 표준 용액을 적가액으로

사용한다. 아이오딘(I_2)은 자신보다 더 쉽게 산화될 수 있는 물질에 대해서는 산화제로 작용하므로 주어진 화학종을 아이오딘으로 적정하여 아이오딘 이온이 생성되게 한다. 종말점은 당량점을 지나 과량의 아이오딘이 검출되는 지점이다. 아이오딘은 물에 잘 녹지 않기 때문에(물에 대한 용해도: 20 °C에서 1.3×10^{-3} M) 수용액을 제조할 때에는 과량의 I^- 이온이 녹아 있는 KI 용액(아이오딘화 포타슘(potassium iodide) 용액)에 아이오딘을 녹여 원하는 농도의 아이오딘 용액을 제조한다. 이렇게 제조하는 아이오딘 용액에는 아이오딘이 $I_2 + I^- \rightleftharpoons I_3^-$과 같은 반응에 의해 삼아이오딘화 이온($I_3^-$ 이온)의 형태로 바뀌어 존재한다. 즉, 이러한 아이오딘 용액을 적가액으로 사용하는 경우 그 용액은 I_3^- 이온 용액인 것이다.

(나) 간접아이오딘 적정법

간접아이오딘 적정법(iodometry)에서는 아이오딘 용액을 적정액으로 사용한다. 특정 화학종이 존재하는 시료 용액에 과량의 아이오딘화 이온(I^- 이온) 용액을 첨가하면 아이오딘 용액 속의 I^- 이온은 환원제로 작용하면서 그 화학종과 산화–환원 반응을 일으키면서 아이오딘으로 변하는데, 이 반응으로부터 만들어진 아이오딘의 양은 바로 그 화학종의 양과 동일하다.

이제 아이오딘이 만들어진 용액에 대한 산화–환원 적정을 수행하여 용액 속에 함유된 아이오딘의 양을 알 수 있다. 이 적정에서의 종말점은 적정액 속의 아이오딘이 완전히 사라지는 지점이다.

❷ 아이오딘이 관련된 산화–환원 적정에서는 녹말 지시약을 사용한다.

(가) 녹말 지시약

녹말 지시약은 아이오딘을 만나면 진한 푸른색을 띠는 착화합물을 형성한다. 녹말 용액은 쉽게 분해되는 불안정한 물질이므로 사용하기 직전에 제조한 신선한 용액을 사용해야 한다. 녹말 지시약 용액의 안정도를 향상시키기 위해 아이오딘화 수은(mercury iodide, HgI_2)과 같은 방부제(preservative)를 첨가해 주기도 한다.

(나) 직접아이오딘 적정법과 간접아이오딘 적정법에서 녹말 지시약 넣는 시점

• 직접아이오딘 적정법의 경우 적정이 시작되기 전에 넣어 준다.

I_3^- 이온 표준 용액(아이오딘 표준 용액)을 적가액으로 사용하는 직접아이오딘 적정법에서는 일반적인 적정에서와 마찬가지로 적정을 시작하기 전 적정액에 녹말 지시약을 첨가해 준다. 당량점을 지나 과량의 아이오딘 용액(I_3^- 이온)이 적정액에 첨가되면, 녹말 지시약이 아이오딘과 결합하여 적정액은 푸른색을 띠게 된다.

• 간접아이오딘 적정법의 경우 당량점에 도달하기 직전에 넣어 준다.

주어진 산화–환원 반응으로부터 아이오딘이 만들어지는 간접아이오딘 적정법의 경우에는 적정이 시작되기 전에 녹말 지시약을 첨가하지 않는다. 왜냐하면 미리 첨가된 녹말 지시약과 아이오딘이 결합하여 만들어진 푸른색 착화합물 중 일부가 당량점이 지나도 사라지지 않고 그대로 남을 수 있기 때문이다. 따라서 간접아이오딘 적정법에서는 적정 단계가 당량점에 거의 도달한 것으로 판단되는 시점의 적정액에 녹말 지시약을 첨가해 준다. 이 경우 적정액은 연한 푸른색을 띠고 있다가 당량점을 지나면서 푸른색이 사라지게 된다.

❸ 적정의 예

구리(copper, Cu, 63.54)를 함유하고 있는 0.2541 g의 금속 시료를 산에 녹인 후, 증류수를 가해 부피가 30 mL인 시료 용액을 만들었다. 이 용액에 과량의 KI(*s*)를 녹여 준 후, 그 용액(아이오딘 용액)에 대해 간접아이오딘 적정법을 수행하였다. 이 적정에서 사용한 적가액은 0.1010 M 싸이오황산 소듐(sodium thiosulfate, $Na_2S_2O_3$) 용액이고, 적정의 종말점은 26.32 mL로 얻어졌다. 이제 원래 금속 시료 중 구리의 함량을 구해 보자.

관련된 화학 반응을 살펴보자.

첫 번째 반응은

$$2Cu^{2+} + 5I^- \rightleftharpoons 2CuI + I_3^-$$

와 같은 산화-환원 반응이고, 이 반응에서는 2 mol의 Cu^{2+} 이온이 5 mol의 I^- 이온과 반응하여 1 mol의 I_3^- 이온이 생성된다.

두 번째 반응은

$$I_3^- + 2S_2O_3^{2-} \rightleftharpoons S_4O_6^{2-} + 3I^-$$

와 같은 산화-환원 반응이고, 이 반응에서는 1 mol의 I_3^- 이온이 2 mol의 $S_2O_3^{2-}$ 이온과 반응한다. 이제 적정 결과를 토대로 다음과 같은 계산 과정이 가능해진다.

적정에서 소비된 $S_2O_3^{2-}$ 이온의 몰수는

$$(0.1010\ \text{M}) \times (26.32\ \text{mL}) = 2.658\ \text{mmol}$$

이므로, $S_2O_3^{2-}$ 이온과 반응한 I_3^- 이온의 몰수는

$$(S_2O_3^{2-}\text{이온의 몰수}) \times (1/2) = (2.658\ \text{mmol}) \times (1/2) = 1.329\ \text{mmol}$$

이다. 그리고 I_3^- 이온을 만들어내기 위해 필요한 Cu^{2+} 이온의 몰수는

$$(I_3^-\ \text{이온의 몰수}) \times 2 = 1.329 \times 2 = 2.658\ \text{mmol}$$

이므로, 시료 용액 중 Cu^{2+} 이온의 무게는 다음과 같이 구해진다.

$$(63.54\ \text{g/mol}) \times (2.658\ \text{mmol}) = (63.54\ \text{g/mol}) \times (2.658 \times 10^{-3}\ \text{mol}) = 0.1689\ \text{g}$$

이제 원래 시료 중 구리의 함량을 구해 보면

$$\{(0.1689\ \text{g})/(0.2514\ \text{g})\} \times 100 = 67.18\ \%(w/w)$$

이다.

※ $S_2O_3^{2-}$ 이온(thiosulfate ion)과 $S_4O_6^{2-}$ 이온(tetrathionate ion)의 구조식

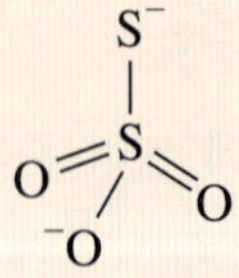

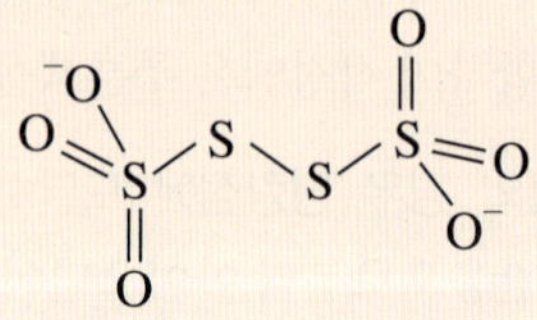

알아두어야 할 용어(term)들

- 산화-환원 반응
- 산화 반쪽 반응
- 환원 반쪽 반응
- 환원제
- 산화제
- 산화 상태
- 산화수
- 질량 균형
- 전자 균형
- 결합 반응
- 분해 반응
- 단일 치환 반응
- 수소 치환
- 활동도 서열
- 비금속 치환
- 할로겐 치환
- 불균등화 반응
- 녹말 지시약
- 자체 지시약
- 직접 아이오딘 적정법
- 간접 아이오딘 적정법

요약

화학에서의 주요한 네 가지 유형의 화학 반응들(산-염기 반응, 산화-환원 반응, 침전형성 반응, 착화 반응) 중 하나인 산화-환원 반응과 그에 관련된 개념과 용어들을 소개하였다. 산화-환원 반응의 종류를 다루었고, 산화-환원 반응에 근거한 산화-환원적정 법에 따라 산화제나 환원제의 농도를 알아내는 적정 계산도 소개하였다.

연 . 습 . 문 . 제

1. 다음 화학종들에서 밑줄 친 화학종의 산화수를 구하시오.

① $\underline{H}F$ ② $\underline{S}O_4^{2-}$ ③ $H_2\underline{O}_2$ ④ $\underline{Fe}Cl_3$ ⑤ $\underline{C}O_2$

⑥ $\underline{S}_4O_6^{2-}$ ⑦ $\underline{Fe}_2O_3$ ⑧ $\underline{S}_2O_3^{2-}$ ⑨ $\underline{N}O_3^-$ ⑩ $\underline{S}O_3^{2-}$

2. 다음 산화-환원 반응식에서 산화되는 화학종과 환원되는 화학종을 고르시오.

① $H_2 + F_2 \longrightarrow 2HF$

② $Zn + CuSO_4 \longrightarrow ZnSO_4 + Cu$

③ $2Fe^{2+} + H_2O_2 + 2H^+ \longrightarrow 2Fe^{3+} + 2H_2O$

④ $2FeCl_3 + H_2 \longrightarrow 2FeCl_2 + 2HCl$

⑤ $Cu(s) + 2Ag^+ \longrightarrow Cu^{2+} + 2Ag$

⑥ $CO_2(g) + H_2(g) \rightleftharpoons CO(g) + H_2O(g)$

⑦ $4Fe + 3O_2 \longrightarrow 2Fe_2O_3$

3. 산성 조건에서 일어나는 다음 산화-환원 반응식들에 대한 균형 맞춘 반응식들을 제시하시오.

① $Ag + NO^{3-} \rightleftharpoons Ag^+ + NO_2 + H_2O$

② $I^- + SO_4^{2-} \rightleftharpoons I_2 + H_2S + H_2O$

③ $S_2O_3^{2-} + I_2 \rightleftharpoons S_4O_6^{2-} + I^-$

4. 염기성 조건에서 일어나는 다음의 산화-환원 반응식들에 대한 균형 맞춘 반응식들을 제시하시오.

① $SO_3^{2-} + Cr_2O_7^{2-} \rightleftharpoons Cr^{3+} + SO_4^{2-}$

② $Cu^{2+} + SO_3^{2-} \rightleftharpoons SO_4^{2-} + Cu$

③ $MnO_4^- + I^- \rightleftharpoons MnO_4^{2-} + IO_3^-$

5. 농도를 모르는 $FeSO_4$ 수용액 50.0 mL를 적정액으로 사용하고 0.100 M $Ce(SO_4)_2$ 수용액을 첨가하는 산화-환원 적정을 수행하였다. 이 적정에서 얻어진 당량점이 48.0 mL라면, $FeSO_4$ 수용액의 농도를 구하시오(단, 이 적정에서는 $Fe^{2+} + Ce^{4+} \rightleftharpoons Fe^{3+} + Ce^{3+}$와 같은 산화-환원 반응이 일어난다).

6. 0.00400 M H_3AsO_3 수용액 50.0 mL를 적정액으로 사용하고 농도를 모르는 요오드 수용액(I_3^-)을 첨가 시약으로 사용한 산화-환원 적정을 수행한 결과 당량점으로 30.0 mL가 얻어졌다. 요오드 수용액의 농도를 구하시오(단, 이 적정에서는 $H_3AsO_3 + I_3^- + 6H^+ \rightleftharpoons H_3AsO_3 + I_3^- + 2H^+$와 같은 산화-환원 반응이 일어난다).

부록 1

《 측정 단위

물리 상수

상수	기호	값
원자 질량 단위	amu	1.6606×10^{-27} kg
아보가드로 수	N	6.022×10^{23} particles/mol
기체 상수	R (at STP)	0.08205 L atm/K mol
전자 질량	m_e	9.109×10^{-28} kg
		5.486×10^{-4} amu
중성자 질량	m_n	1.675×10^{-27} kg
		1.00866 amu
양성자 질량	m_p	1.673×10^{-27} kg
		1.00728 amu
광속	c	2.997925×10^{8} m/s

SI 단위 및 환산 인자

길이

SI 단위: meter(m)

1 meter	= 1.0936 yards
	= 100 centimeters
	= 1000 millimeters
1 centimeter	= 0.3937 inch
1 inch	= 2.54 centimeters (exactly)
1 kilometer	= 0.62137 mile
1 mile	= 5280 feet
	= 1.609 kilometers
1 angstrom	= 10^{-10} meter

질량

SI 단위: kilogram (kg)

1 kilogram	= 1000 grams
	= 2.20 pounds
1 gram	= 1000 milligrams
1 pound	= 453.59 grams
	= 0.45359 kilogram
	= 16 ounces
1 ton	= 2000 pounds
	= 907.185 kilograms
1 ounce	= 28.3 g
1 atomic mass unit	= 1.6606×10^{-27} kilogram

부피

SI 단위: cubic meter (m^3)

1 liter	= 10^{-3} m^3
	= 1 dm^3
	= 1.0567 quarts
	= 1000 milliliters
1 gallon	= 4 quarts
	= 8 pints
	= 3.785 liters
1 quart	= 32 fluid ounces
	= 0.946 liter
1 fluid ounce	= 29.6 milliliters

온도

SI 단위: kelvin (K)

$0\ K = -273.15\ °C$

$= -459.67\ °F$

$K = °C + 273.15$

$$°C = \frac{°F - 32}{1.8}$$

$$°F = 1.8(°C) + 32$$

$$°C = \frac{5}{9}(°F - 32)$$

에너지

SI 단위: joule(J)

1 joule	= 1 kg m^2/s^2
	= 0.23901 calorie
1 calorie	= 4.184 joules

압력

SI 단위: pascal (Pa)

1 pascal	= 1 kg/m s^2
1 atmosphere	= 101.325 kilopascals
	= 760 torr (mm Hg)
	= 14.70 pounds per square inch (psi)

부록 2

다양한 온도에서 물의 증기압 »

온도 (8C)	증기압 (torr)	온도 (8C)	증기압 (torr)
0	4.6	26	25.2
5	6.5	27	26.7
10	9.2	28	28.3
15	12.8	29	30.0
16	13.6	30	31.8
17	14.5	40	55.3
18	15.5	50	92.5
19	16.5	60	149.4
20	17.5	70	233.7
21	18.6	80	355.1
22	19.8	90	525.8
23	21.2	100	760.0
24	22.4	110	1074.6
25	23.8		

부록 3

1 atm, 25 ℃ 에서의 열역학 자료*

무기 물질

물질	ΔH_f° (kJ/mol)	ΔG_f° (kJ/mol)	S° (J/K · mol)
$Al(s)$	0	0	28.3
$Al^{3+}(aq)$	−524.7	−481.2	−313.38
$Al_2O_3(s)$	−1669.8	−1576.4	50.99
$Br_2(l)$	0	0	152.3
$Br^-(aq)$	−120.9	−102.8	80.7
$HBr(g)$	−36.2	−53.2	198.48
C(흑연)	0	0	5.69
C(다이아몬드)	1.90	2.87	2.4
$CO(g)$	−110.5	−137.3	197.9
$CO_2(g)$	−393.5	−394.4	213.6
$CO_2(aq)$	−412.9	−386.2	121.3
$CO_3^{2-}(aq)$	−676.3	−528.1	−53.1
$HCO_3^-(aq)$	−691.1	−587.1	94.98
$H_2CO_3(aq)$	−699.7	−623.2	187.4
$CS_2(g)$	115.3	65.1	237.8
$CS_2(l)$	87.3	63.6	151.0
$HCN(aq)$	105.4	112.1	128.9
$CN^-(aq)$	151.0	165.69	117.99
$(NH_2)_2CO(s)$	−333.19	−197.15	104.6
$(NH_2)_2CO(aq)$	−319.2	−203.84	173.85
$Ca(s)$	0	0	41.6
$Ca^{2+}(aq)$	−542.96	−553.0	−55.2
$CaO(s)$	−635.6	−604.2	39.8
$Ca(OH)_2(s)$	−986.6	−896.8	76.2
$CaF_2(s)$	−1214.6	−1161.9	68.87
$CaCl_2(s)$	−794.96	−750.19	113.8
$CaSO_4(s)$	−1432.69	−1320.3	106.69
$CaCO_3(s)$	−1206.9	−1128.8	92.9
$Cl_2(g)$	0	0	223.0
$Cl^-(aq)$	−167.2	−131.2	56.5
$HCl(g)$	−92.3	−95.27	187.0

*이온의 ΔH_f°, ΔG_f°, S° 값은 기준 상태인 $\Delta H_f^\circ(H^+) = 0$, $\Delta G_f^\circ(H^+) = 0$, $S^\circ(H^+) = 0$에 기초한 값이다.

(계속)

(계속)

무기 물질

물질	ΔH_f° (kJ/mol)	ΔG_f° (kJ/mol)	S° (J/K · mol)
$Cu(s)$	0	0	33.3
$Cu^+(aq)$	51.88	50.2	40.6
$Cu^{2+}(aq)$	64.39	64.98	−99.6
$CuO(s)$	−155.2	−127.2	43.5
$Cu_2O(s)$	−166.69	−146.36	100.8
$CuS(s)$	−48.5	−49.0	66.5
$CuSO_4(s)$	−769.86	−661.9	113.39
$F_2(g)$	0	0	203.34
$F^-(aq)$	−329.1	−276.48	−9.6
$HF(g)$	−271.6	−270.7	173.5
$Fe(s)$	0	0	27.2
$Fe^{2+}(aq)$	−87.86	−84.9	−113.39
$Fe^{3+}(aq)$	−47.7	−10.5	−293.3
$Fe_2O_3(s)$	−822.2	−741.0	90.0
$Fe(OH)_2(s)$	−568.19	−483.55	79.5
$Fe(OH)_3(s)$	−824.25	?	?
$H(g)$	218.2	203.2	114.6
$H_2(g)$	0	0	131.0
$H^+(aq)$	0	0	0
$OH^-(aq)$	−229.94	−157.30	−10.5
$H_2O(g)$	−241.8	−228.6	188.7
$H_2O(l)$	−285.8	−237.2	69.9
$H_2O_2(l)$	−187.6	−118.1	?
$I_2(s)$	0	0	116.7
$I^-(aq)$	55.9	51.67	109.37
$HI(g)$	25.9	1.30	206.3
$K(s)$	0	0	63.6
$K^+(aq)$	−251.2	−282.28	102.5
$KOH(s)$	−425.85	?	?
$KCl(s)$	−435.87	−408.3	82.68
$KClO_3(s)$	−391.20	−289.9	142.97
$KClO_4(s)$	−433.46	−304.18	151.0
$KBr(s)$	−392.17	−379.2	96.4
$KI(s)$	−327.65	−322.29	104.35
$KNO_3(s)$	−492.7	−393.1	132.9
$Li(s)$	0	0	28.0
$Li^+(aq)$	−278.46	−293.8	14.2
$Li_2O(s)$	−595.8	?	?
$LiOH(s)$	−487.2	−443.9	50.2

(계속)

무기 물질

물질	ΔH_f° (kJ/mol)	ΔG_f° (kJ/mol)	S° (J/K · mol)
$Mg(s)$	0	0	32.5
$Mg^{2+}(aq)$	−461.96	−456.0	−117.99
$MgO(s)$	−601.8	−569.6	26.78
$Mg(OH)_2(s)$	−924.66	−833.75	63.1
$MgCl_2(s)$	−641.8	−592.3	89.5
$MgSO_4(s)$	−1278.2	−1173.6	91.6
$MgCO_3(s)$	−1112.9	−1029.3	65.69
$N_2(g)$	0	0	191.5
$N_3^-(aq)$	245.18	?	?
$NH_3(g)$	−46.3	−16.6	193.0
$NH_4^+(aq)$	−132.80	−79.5	112.8
$NH_4Cl(s)$	−315.39	−203.89	94.56
$NH_3(aq)$	−80.3	−263.76	111.3
$N_2H_4(l)$	50.4	?	?
$NO(g)$	90.4	86.7	210.6
$NO_2(g)$	33.85	51.8	240.46
$N_2O_4(g)$	9.66	98.29	304.3
$N_2O(g)$	81.56	103.6	219.99
$HNO_3(aq)$	−207.4	−111.3	146.4
$Na(s)$	0	0	51.05
$Na^+(aq)$	−239.66	−261.87	60.25
$Na_2O(s)$	−415.89	−376.56	72.8
$NaCl(s)$	−411.0	−384.0	72.38
$NaI(s)$	−288.0	?	?
$Na_2SO_4(s)$	−1384.49	−1266.8	149.49
$NaNO_3(s)$	−466.68	−365.89	116.3
$Na_2CO_3(s)$	−1130.9	−1047.67	135.98
$NaHCO_3(s)$	−947.68	−851.86	102.09
$O(g)$	249.4	230.1	160.95
$O_2(g)$	0	0	205.0
$O_3(aq)$	−12.09	16.3	110.88
$O_3(g)$	142.2	163.4	237.6
P(white)	0	0	44.0
P(red)	−18.4	13.8	29.3
$PO_4^{3-}(aq)$	−1284.07	−1025.59	−217.57
$P_4O_{10}(s)$	−3012.48	?	?
$PH_3(g)$	9.25	18.2	210.0
$HPO_4^{2-}(aq)$	−1298.7	−1094.1	−35.98
$H_2PO_4^-(aq)$	−1302.48	−1135.1	89.1

무기 물질

물질	ΔH_f° (kJ/mol)	ΔG_f° (kJ/mol)	S° (J/K · mol)
S(사방)	0	0	31.88
S(단사)	0.30	0.10	32.55
$SO_2(g)$	−296.1	−300.4	248.5
$SO_3(g)$	−395.2	−370.4	256.2
$SO_3^{2-}(aq)$	−624.25	−497.06	43.5
$SO_4^{2-}(aq)$	−907.5	−741.99	17.15
$H_2S(g)$	−20.15	−33.0	205.64
$HSO_3^-(aq)$	−627.98	−527.3	132.38
$HSO_4^-(aq)$	−885.75	−752.87	126.86
$H_2SO_4(l)$	−811.3	−690.0	156.9
$H_2SO_4(aq)$	−909.3	−744.5	20.1
$SF_6(g)$	−1096.2	−1105.3	291.8
$Zn(s)$	0	0	41.6
$Zn^{2+}(aq)$	−152.4	−147.2	−112.1
$ZnO(s)$	−348.0	−318.2	43.9
$ZnCl_2(s)$	−415.89	−369.26	108.37
$ZnS(s)$	−202.9	−198.3	57.7
$ZnSO_4(s)$	−978.6	−871.6	124.7

유기 물질

물질	화학식	ΔH_f° (kJ/mol)	ΔG_f° (kJ/mol)	S° (J/K · mol)
Acetic acid(l)	CH_3COOH	−484.2	−389.45	159.8
Acetaldehyde(g)	CH_3CHO	−166.35	−139.08	264.2
Acetone(l)	CH_3COCH_3	−246.8	−153.55	198.7
Acetylene(g)	C_2H_2	226.6	209.2	200.8
Benzene(l)	C_6H_6	49.04	124.5	172.8
Butane(g)	C_4H_{10}	−124.7	−15.7	310.0
Ethanol(l)	C_2H_5OH	−276.98	−174.18	161.0
Ethane(g)	C_2H_6	−84.7	−32.89	229.5
Ethylene(g)	C_2H_4	52.3	68.1	219.5
Formic acid(l)	$HCOOH$	−409.2	−346.0	129.0
Glucose(s)	$C_6H_{12}O_6$	−1274.5	−910.56	212.1
Methane(g)	CH_4	−74.85	−50.8	186.2
Methanol(l)	CH_3OH	−238.7	−166.3	126.8
Propane(g)	C_3H_8	−103.9	−23.5	269.9
Sucrose(s)	$C_{12}H_{22}O_{11}$	−2221.7	−1544.3	360.2

부록4

《 연습문제 풀이와 답

01 과학, 화학, 물질

1. 탄소(C), 수소(H) 그리고 산소(O) 원소들로 구성되어 있다.
2. ⓐ He(헬륨, helium) ⓓ Ar(아르곤, argon) ⓕ C(탄소, carbon)
3. ⓐ COP_2(분자, 화합물) ⓑ Au(금 원소) ⓒ 설탕($C_{12}H_{22}O_{11}$)(분자, 화합물)
   ⓓ O_2(분자, 화합물) ⓔ H_2O(분자, 화합물) ⓕ 소금(NaCl)(화합물)
4. ⓑ 소금(NaCl)(화합물) ⓒ 산화철(Fe_2O_3)(화합물) ⓕ $CaCO_3$(화합물)
5. ⓒ 원소
6. ⓔ 탄소(C)와 산소(O)는 원소들이고 이산화 탄소(CO_2)는 화합물이다.
7. ⓓ 이산화탄소(CO_2)는 두 가지 원소들이 일정한 비율로 결합해 만들어진 화합물이다.
8. ⓐ CO_2 ⓑ O_2 ⓒ H_2O
9. 탄소(C) 원자 12개, 수소(H) 원자 22개, 산소(O) 원자 11개
10. ⓐ P_4 ⓑ H_2 ⓕ S_8
11. ⓒ 주어진 이론은 기본적으로 그 이론과 관련된 법칙들을 모두 설명할 수 있어야 한다.
12. ⓐ 우유가 상해 신맛이 난다.(화학적 변화)
    ⓑ 손에 바른 알코올이 시간이 지나며 사라진다.(물리적 변화)
    ⓒ 위에서 음식물이 소화된다.(화학적 변화)
    ⓓ 전자레인지에서 음식물을 데운다.(물리적 변화)
    ⓔ 불꽃놀이(화학적 변화)
    ⓕ 소금을 물에녹여 불순물들을 걸러낸다.(물리적 변화)
    ⓖ 자동차 밑 부분이 녹슨다.(화학적 변화)
13.

화합물	균일한 혼합물
구성 물질들은 일정한 비율로만 결합한다.	구성 물질들은 다양한 비율로 섞일 수 있다.
구성 물질들은 화학적 방법에 의해서만 분리 (분해)가 가능하다.	구성 물질들은 물리적인 방법으로분리가 가능하다.
구성 물질들은 고유한 성질을 잃어버린다.	구성 물질들은 고유한 성질을 유지한다.

14. ① 관찰대상 물질들이 보여주는 공통된 행동양식을 서술한 것.
    ② 당시에는 기체 입자들의 수를 셀 수 있는 방법이 없었다.

02 계산에서의 정확도와 유효 숫자

올바른 과학적 표기

1. 4.5 (유효 숫자 2개) × $10^{-4.5}$ (유효 숫자의 개념 미적용)
   = 4.5 (유효 숫자 2개) × 3.16227766 × 10^{-5} (계산기 결과: 유효 숫자의 개념 미적용)
   = 1.423024947 × 10^{-4} (계산기 결과) → 1.4 × 10^{-4} (유효 숫자 2개)
2. 0.45 × 10^{-5} = (4.5 × 10^{-1}) × 10^{-5} = 4.5 × 10^{-6}
3. 0.45 (유효 숫자 2개) × $10^{-4.5}$ (유효 숫자의 개념 미적용)
   = 0.45 (유효 숫자 2개) × 3.16227766 × 10^{-5} (계산기 결과: 유효 숫자의 개념 미적용)
   = 1.423024947 × 10^{-5} (계산기 결과) → 1.4 × 10^{-5} (유효 숫자 2개)

[과학적 표기와 유효 숫자]

4. 1, 4
5. 1, 0, 4
6. 1, 0, 4, 0, 0
7. 6개, 4.00450×10^{-3}
8. 8개, 1.2020300×10^{-3}
9. 1.2020300×10^{7}

[곱하기와 나누기에서의 유효 숫자]

10. 2.05 (유효 숫자 3개) × 2.1234 (유효 숫자 5개) = 4.35297 (계산기 결과)
→ 4.35 (유효 숫자 3개)
11. 0.02050 (유효 숫자 4개) × 2.1234 (유효 숫자 5개) = 0.0435297 (계산기 결과)
→ 0.04353 (유효 숫자 4개, 반올림) 또는 4.353×10^{-2}
12. (1.3×10^{-3}) (유효 숫자 2개) × (2.123×10^{-6}) (유효 숫자 4개)
= 2.7599×10^{-9} (계산기 결과) → 2.8×10^{-9} (유효 숫자 2개, 반올림)
13. 밀도 = 무게 ÷ 부피
= 12.2345 g (유효 숫자 6개) ÷ 12.02 mL (유효 숫자 4개)
= 1.017845258 (계산기 결과) → 1.018 (유효 숫자 4개, 반올림)

[더하기와 빼기에서의 정확도]

14. 2.1234 (소수점 이하 네 자리) + 0.1 (소수점 이하 한 자리)
= 2.2234 → 2.2 (소수점 이하 한 자리)
15. 2.1234 (소수점 이하 네 자리) + 0.01020 (소수점 이하 다섯 자리) + 0.12 (소수점 이하 두 자리)
= 2.2536 (소수점 이하 네 자리) → 2.25 (소수점 이하 두 자리)
16. 1.01 (소수점 이하 두 자리) × 10^{-2} + 11.0 (소수점 이하 한 자리) × 10^{-2}
= 12.01 (소수점 이하 두 자리) × 10^{-2}
→ 12.0 (소수점 이하 한 자리) × 10^{-2}
→ 1.20×10^{-1} (올바른 과학적 표기법) 또는 0.120
17. **방법 1**
$1.01 \times 10^{-2} + 1.00 \times 10^{-3}$
= 10.1×10^{-3} (소수점 이하 한 자리) + 1.00×10^{-3} (소수점 이하 두 자리)
= 11.10 (소수점 이하 두 자리) × 10^{-3}
→ 11.1 (소수점 이하 한 자리) × 10^{-3}
→ 1.11×10^{-2} (올바른 과학적 표기법) 또는 0.0111
방법 2
$1.01 \times 10^{-2} + 1.00 \times 10^{-3}$
= 1.01 (소수점 이하 두 자리) × 10^{-2} + 0.100 (소수점 이하 세 자리) × 10^{-2}
= 1.110 (소수점 이하 세 자리) × 10^{-2} → 1.11×10^{-2} (소수점 이하 한 자리) 또는 0.0111
18. 1.02 (소수점 이하 두 자리) + 1.123 (소수점 이하 세 자리) + 1.2 (소수점 이하 한 자리) + 0.001234 (소수점 이하 여섯 자리) = 3.344234 (계산기 결과) → 3.3 (소수점 이하 한 자리)
19. **방법 1**
$1.1 \times 10^{-2} + 1.00 \times 10^{-4} = 1.100 \times 10^{-4} + 1.00 \times 10^{-4}$: 사용 불가
∵ '1.1×10^{-2}'를 '10^{-4}' 차원의 값인 '1.100×10^{-4}'로 바꾸는 과정에서 유효 숫자의 수가 변(증가)하므로 이 방법은 사용할 수 없음!
방법 2
$1.1 \times 10^{-2} + 1.00 \times 10^{-4}$
= 1.1 (소수점 이하 한 자리) × 10^{-2} + 0.0100 (소수점 이하 네 자리) × 10^{-2}

= 1.1100 (소수점 이하 네 자리) × 10^{-2}

→ 1.1 (소수점 이하 한 자리) × 10^{-2} 또는 0.011

방법 3

1.1 × 10^{-2} + 1.00 × 10^{-4}

= 11 (소수점 이하 자리 수 없음) × 10^{-3} + 0.100 (소수점 이하 세 자리) × 10^{-3}

= 11.100 (소수점 이하 세 자리) × 10^{-3}

→ 11 (소수점 이하 자리 없음) × 10^{-3}

→ 1.1 × 10^{-2} (올바른 과학적 표기) 또는 0.011

[주어진 측정값의 단순 배수 구하기]

20. 10.036 × 2 = 20.072 g (소수점 이하 세 자리)

21. 10.360 g/개 × (1/4)개 (유효 숫자 개념 미적용)
    = 10.360 g (소수점 이하 세 자리) ÷ 4 (유효 숫자 개념 미적용)
    = 2.590 g (소수점 이하 세 자리)

22. (a) 28.0 g (소수점 이하 한 자리) × 2 (단순 배수이므로 유효 숫자 개념 미적용)
    = 56.0 g (소수점 이하 한 자리)
    (b) 28.0 g/mol (유효 숫자 3개) × 2 mol (유효 숫자 1개)
    = 56.0 g (유효 숫자 3개) → 6 × 10^{1} g (유효 숫자 1개)
    (c) 28.0 g/mol (유효 숫자 3개) × 2.0 mol (유효 숫자 2개)
    = 56.0 g (유효 숫자 3개) → 56 g (유효 숫자 2개) 또는 5.6 × 10^{1} g (유효 숫자 2개)
    (d) 28.0 g/mol (유효 숫자 3개) × 2.00 mol (유효 숫자 3개)
    = 56.0 g (유효 숫자 3개) 또는 5.60 × 10^{1} g (유효 숫자 3개)

[백분율 농도 구하기에서의 유효 숫자]

23. 0.1 (유효 숫자 1개) × 10^{2} (유효 숫자 개념 미적용) = 1 × 10^{1} % (유효 숫자 1개)
24. 0.10 (유효 숫자 2개) × 10^{2} (유효 숫자 개념 미적용) = 1.0 × 10^{1} % (유효 숫자 1개)
25. 1 (유효 숫자 1개) × 10^{2} (유효 숫자 개념 미적용) = 1× 10^{2} % (유효 숫자 1개)
26. 1.0 (유효 숫자 2개) × 10^{2} (유효 숫자 개념 미적용) = 1.0 × 10^{2} % (유효 숫자 2개)

[log 계산에서의 유효 숫자]

27. $[H^+] = 10^{-pH}$
    = $10^{-0.35}$ (0.35: p함수 값이므로 유효 숫자 2개)
    = 0.446683592 M (계산기 결과) → 0.45 M (유효 숫자 2개, 반올림)

28. $[H^+] = 10^{-pH}$
    = $10^{-0.3}$ (0.3: p함수 값이므로 유효 숫자 1개)
    = 0.5011872336 M (계산기 결과) → 0.5 M (유효 숫자 1개)

29. $[H^+] = 10^{-pH}$
    = $10^{-3.35}$ (3.35: p함수 값이므로 유효 숫자 2개)
    = 4.466835922 × 10^{-4} M (계산기 결과) → 4.5 × 10^{-4} M (유효 숫자 2개)

30. $[H^+] = 10^{-pH}$
    = $10^{-3.3}$ (3.3: p함수 값이므로 유효 숫자 1개)
    = 0.000501187 M (계산기 결과) → 0.0005 M (유효 숫자 1개)

31. pCa = −log $[Ca^{2+}]$
    = −log (2.03 × 10^{-6}) (유효 숫자 3개)
    = 5.692503962 (계산기 결과) → 5.693 (유효 숫자 3개, 반올림)

종 합

32. ① 밀도 = (9.90 g) / (9.9 mL) = 1.0 g/mL

② 1.0500 g × 5 = 5.2500 g

③ $344 \times 10^{-0.5} = 344 \times 0.316227766 = 1.09 \times 10^2$

④ 1.02×10^{-3} M + 5.1×10^{-2} M = 0.102×10^{-2} M + 5.10×10^{-2} M = 5.20×10^{-2}M

⑤ ⓐ $pKa = -\log Ka = -\log(1.75 \times 10^{-5}) = 4.757$

ⓑ $\log([A^-]/[HA]) = \log(0.250) / 0.055) = \log(4.5) = 0.65$

ⓒ $pH = pKa + \log([A^-] / [HA]) = 4.757 + 0.65 = 5.41$

⑥ $[H^+] = 10^{-pH} = 10^{-6.80} = 1.6 \times 10^{-7}$ M

⑦ $47.4 / 10.00 = 4.74 = -\log K = K = 10^{-4.74} = 1.8 \times 10^{-5}$

03 화학에서의 농도 표현

[분율-백분율 농도]

1. 여기서 시료는 $Mg_2P_2O_7$이고 특정 성분은 마그네슘(Mg)이므로, 마그네슘(Mg)의 무게/무게 백분율은 다음과 같이 구할 수 있다.

$Mg_2P_2O_7$에 들어 있는 Mg의 무게/무게 분율
= (Mg의 무게) ÷ ($Mg_2P_2O_7$의 무게)
= 1.08 g (유효 숫자 3개) ÷ 0.05000 kg (유효 숫자 4개)
= 1.08 g (유효 숫자 3개) ÷ 0.05000×10^3 g (유효 숫자 4개)
= 1.08 g (유효 숫자 3개) ÷ 50.00 g (유효 숫자 4개)
= 0.0216 (*w/w*) (유효 숫자 3개)

$Mg_2P_2O_7$에 들어 있는 Mg의 무게/무게 백분율
= $Mg_2P_2O_7$에 들어 있는 Mg의 무게/무게 분율 × 10^2
= 0.0216 (*w/w*) (유효 숫자 3개) × 10^2 (유효 숫자 개념 미적용)
= 2.16 % (*w/w*) (유효 숫자 3개)

[무게/무게 백분율 농도]

2. 30.3 % (*w/w*)
= (30.3 g NaCl) / (10^2 g NaCl)
= { (30.3 g NaCl) (유효 숫자 3개) / (10^2 g NaCl)} × (2.00 g NaCl) (유효 숫자 3개)
= 0.606 g (유효 숫자 3개)

3. 3.0 % (*w/w*) = (3.0 g NaCl) / (10^2 g NaCl 수용액)
{(3.0 g NaCl) (유효 숫자 2개) / (10^2 g NaCl 수용액)} × (30.0 g NaCl 수용액) (유효 숫자 3개)
= 0.90 g NaCl (유효 숫자 2개)

4. 수소 (H) = 11.2 % (*w/w*) = 11.2 g / 10^2 g
{11.2 g H (유효 숫자 3개) / 10^2 g 물} × 1.5 g (유효 숫자 2개)
= 0.168 g → 0.17 g (유효 숫자 2개, 반올림)
산소 (O) = 88.8 % (*w/w*) = 88.8 g / 10^2 g
{88.8 g O (유효 숫자 3개) / 10^2 g 물} × 1.5 g (유효 숫자 2개)
= 1.332 g → 1.3 g (유효 숫자 2개)

5. 여기서 시료는 NaCl 수용액이고 특정 성분은 NaCl이므로, NaCl의 무게/부피 백분율은 다음과 같이 구할 수 있다.

NaCl 수용액 중 NaCl의 무게/부피 분율
= (NaCl의 무게) ÷ (NaCl 수용액의 부피)
= 2.00 g (유효 숫자 3개) ÷ 0.2500 L (유효 숫자 4개)
= 2.00 g (유효 숫자 3개) ÷ 0.2500×10^3 mL (유효 숫자 4개)
= 2.00 g (유효 숫자 3개) ÷ 250.0 mL (유효 숫자 4개)
= 8.00×10^{-3} (*w/v*) (유효 숫자 3개)

NaCl 수용액 중 NaCl의 무게/부피 백분율
= NaCl 수용액 중 NaCl의 무게/부피 분율 × 10^2
= 8.00×10^{-3} (*w/v*) (유효 숫자 3개) × 10^2 (유효 숫자 개념 미적용)
= 0.800 % (*w/v*) (유효 숫자 3개)

6. 알코올의 부피/부피 백분율이 21.0 % (*v/v*)인 소주의 의미
= (21.0 mL 알코올) / (10^2 mL 소주)
: 소주 10^2 mL에는 21.0 mL의 알코올이 들어 있다.
따라서 30.0 mL의 소주에 들어 있는 알코올의 양(mL)은 다음과 같이 구한다.

알코올의 양
= (21.0 mL 알코올) (유효 숫자 3개) / (10^2 mL 소주) (유효 숫자 3개)
× 30.0 mL (유효 숫자 3개)
= 6.30 mL (유효 숫자 3개)

[몰 분율]

7. NaCl의 몰분율
= NaCl의 몰수 ÷ NaCl 수용액의 몰수
= NaCl의 몰수 ÷ (NaCl의 몰수 + 물의 몰수)
= 0.100 mol ÷ {0.100 mol + (100.0 g) ÷ (18.0 g/mol) }
= 0.100 mol ÷ {0.100 mol (소수점 이하 세 자리) + 5.56 mol (소수점 이하 두 자리) }
= 0.100 mol ÷ 5.66 mol (소수점 이하 두 자리)
= 0.100 mol (유효 숫자 3개) ÷ 5.66 mol (유효 숫자 3개)
= 0.0177 (유효 숫자 3개)

[몰농도]

8. 제조해야 할 수용액 속 HCl의 양
= 0.100 M × 100.0 mL = 10.0 mmol
= 1.00 M HCl 수용액으로부터 채취해야 할 HCl의 양
→ 10.0 mmol = 1.00 M × (채취해야 할 부피, mL)
→ 채취해야 할 부피 = 10.0 mL
그러므로 0.100 M인 HCl 수용액 100.0 mL를 제조하는 방법은 다음과 같다.
적당량의 물이 담긴 100 mL 용기에 1.00 M HCl 수용액 10.0 mL를 가하여 묽힌 후, 다시 물로 표선까지 묽힌다.

9. 제조해야 할 수용액 속 HCl의 양
= 0.100 M × 500.0 mL = 50.0 mmol
= 11.5 M HCl 수용액으로부터 채취해야 할 HCl의 양
→ 50.0 mmol = 1.00 M × (채취해야 할 부피, mL)
→ 채취해야 할 부피 = 4.35 mL
그러므로 0.100 M인 HCl 수용액 500.0 mL를 제조하는 방법은 다음과 같다.
반 정도 물로 채워진 500 mL 용기에 11.5 M HCl 수용액 4.35 mL를 첨가하여 섞어 묽힌 후, 용기의 표선까지 물을 첨가한다.

10. 제조해야 할 NaCl 수용액 속 NaCl의 양 = 제조해야 할 NaCl 수용액 속 Na^+ 이온의 양

$(\because \ NaCl \xrightarrow{H_2O} Na^+ + Cl^-)$

= 0.100 M × 250.0 mL = 25.0 mmol

이제 다음과 같이 25.0 mmol의 NaCl이 나타내는 무게를 구한다.

NaCl의 몰질량 = 58.5 g/mol

(58.5 g/mol) × 25.0 mmol = (58.5 g/mol) × 0.0250 mol = 1.46 g

그러므로 0.100 M Na^+ 이온 수용액 250.0 mL를 제조하는 방법은 다음과 같다.

반 정도 물로 채워진 250 mL 용기에 1.46 g의 NaCl을 넣어 완전히 녹인 후, 용기의 표선까지 물을 첨가한다.

11. NaCl 수용액의 제조에 사용된 NaCl의 mol수를 구한다.

3.200 g ÷ { (23.0 + 35.5) g/mol}

= 3.200 g (유효 숫자 4개) ÷ (58.5 g/mol) (유효 숫자 3개) = 0.0547 mol (유효 숫자 3개)

그러므로 제조한 NaCl 수용액의 몰농도는 다음과 같이 구한다.

0.0547 mol / 500.0 mL = 0.0547 mol (유효 숫자 3개)/0.5000 L (유효 숫자 4개)

= 0.109 mol/L (또는 0.109 M) (유효 숫자 3개)

12. KNO_3 수용액의 제조에 사용된 KNO_3의 mol수를 구한다.

2.354 g ÷ { (39.1 + 14.0 + 16.0 × 3) g/mol}

= 2.354 g (유효 숫자 4개) ÷ (101.1 g/mol) (유효 숫자 4개)

= 0.02328 mol (유효 숫자 4개)

그러므로 제조한 KNO_3 수용액의 몰농도는 다음과 같이 구한다.

0.02328 mol / 250.0 mL = 0.02328 mol (유효 숫자 4개) / 0.2500 L (유효 숫자 4개)

= 0.09312 mol/L (또는 0.09312 M) (유효 숫자 4개)

[몰랄 농도]

13. NaCl 수용액의 제조에 사용된 NaCl의 몰수를 구한다.

3.200 g ÷ { (23.0 + 35.5) g/mol} = 3.200 g (유효 숫자 4개) ÷ (58.5 g/mol) (유효 숫자 3개)

= 0.0547 mol (유효 숫자 3개)

그러므로 제조한 NaCl 수용액의 몰농도는 다음과 같이 구한다.

0.0547 mol/500.0 g = 0.0547 mol (유효 숫자 3개) / 0.5000 kg (유효 숫자 4개)

= 0.109 mol/kg (또는 0.109 *m*) (유효 숫자 3개)

14. KNO_3 수용액의 제조에 사용된 KNO_3의 몰수를 구한다.

2.354 g ÷ { (39.1 + 14.0 + 16.0 × 3) g/mol}

= 2.354 g (유효 숫자 4개) ÷ (101.1 g/mol) (유효 숫자 4개)

= 0.02328 mol (유효 숫자 4개)

그러므로 제조한 KNO_3 수용액의 몰농도는 다음과 같이 구한다.

0.02328 mol / 100.0 g = 0.02328 mol (유효 숫자 4개) / 0.1000 kg (유효 숫자 4개)

= 0.2328 mol/kg (또는 0.09312 *m*) (유효 숫자 4개)

15. 0.001024 M Nacl 수용액 = (0.001024 mol Nacl)/(Nacl 수용액 1L)

NaCl 수용액의 밀도 = 1.002 g/mL

→ NaCl 수용액 1 mL의 무게 = 1.002 g

→ NaCl 수용액 1 L (= 10^3 mL)의 무게 = 1.002 × 10^3 g = 1.002 kg

NaCl의 무게 = (58.5 g/mol) × 0.001024 mol = 0.0599 g = 0.0000599 kg

NaCl 수용액 1.002 kg 중 용매인 물의 무게 = (NaCl 수용액의 무게 − NaCl의 무게

= 1.002 kg − 0.0000599 kg

= 1.002 kg

= NaCl 수용액의 무게

그러므로 NaCl 수용액의 몰랄 농도는 다음과 같이 구한다.
NaCl 수용액의 몰랄 농도 = (NaCl의 몰수) / (물의 무게, kg)
= (0.001024 mol) (유효 숫자 4개) / (1.002 kg) (유효 숫자 4개)
= 0.001022 mol / kg (또는 0.001022 *m*) (유효 숫자 4개)

종 합

16. $K_2Cr_2O_7$에 함유된 Cr의 무게
= (9.924 mg) × {(51.996 × 2) / (39.1 × 2 + 51.996 × 2 + 16.0 × 7)}
= (9.924 mg) × {(103.992) / (78.2 + 103.992 + 112.0)}
= (9.924 mg) × (103.992 / 294.2) = 3.508 mg
(a) 시료에 함유된 Cr의 무게 / 부피 분율
= (3.058 mg) / (1.0 mL) = (3.058×10^{-3} g) / (1.0 mL) = 3.1×10^{-3}(w/v)
(b) 시료에 함유된 Cr의 무게/부피 백분율
= 무게 / 부피 분율 × 10^2 = 3.1×10^{-3}(w/v) × 10^2 = 3.1×10^{-1} %(w/v) 또는 0.31 %(w/w)

17. ⓐ KNO_3의 mol수
= (1.00×10^{-3} M) × (250.0 mL)
= (1.00×10^{-3} M) × (0.2500 L)
= 2.50×10^{-4} mol
ⓑ 필요한 KNO_3의 무게
= (101.1 g / mol) × (2.50 × 10-4 mol) = 0.0253 g

18. ⓐ H_2SO_4의 mol수 = (0.80 M) × (500.0 mL) = (0.80 M) × (0.5000 L) = 0.40 mol
ⓑ 필요한 18.0 M H_2SO_4 수용액의 부피 = (0.40 mol) ÷ (18.0 M) = 0.022 L = 22 mL
ⓑ 반 정도 물이 찬 250 mL 용기에 18.0 M H_2SO_4 수용액 22 mL를 조심스럽게 서서히 첨가하며 묽혀준 후, 용기의 표시된 선까지 물을 채우며 묽혀준다.

19. ⓐ KNO_3의 양 = (0.510 M) × (500.0 mL) = (0.510 M) × (0.5000 L) = 0.255 mol
ⓑ KNO_3의 무게 = (0.255 mol) × (101.1 g / mol) = 25.8 g
ⓒ 수용액의 무게 = (수용액의 밀도) × (수용액의 부피)
= (1.02 g / mL) × (500.0 mL) = 5.10×10^2 g
ⓓ 물의 무게 = 수용액의 무게 − KNO_3의 무게
= (5.10×10^2 g) − (25.8 g)
= (5.10×10^2 g) − (0.258×10^2 g) = 4.84×10^2 g
ⓔ 물의 양 = (4.84×10^2 g) / (18.0 g/mol) = 26.9 mol
ⓕ 물의 몰분율
= (26.9 mol) / (26.9 mol + 0.255 mol) = (26.9 mol) / (27.2 mol) = 0.989

20. ⓐ NaCl의 양 = (2.5 g) / (58.5 g/mol) = 0.043 mol
ⓑ 몰랄 농도
= (0.043 mol) / (500.0 mL) = (0.043 mol) / (500.0 g) = (0.043 mol) / (0.5000 kg)
= 0.086 mol

04 기체 관련 법칙과 물질의 원자성

[Boyle 법칙]

1. $P_1V_1 = P_2V_2$

   $(1.00\ \text{atm}) \times (196.0\ \text{L}) = P_2 \times (26.0\ \text{L})$

   $P_2 = (1.00\ \text{atm} \times 196.0\ \text{L}) \div 26.0\ \text{L}$

   $= 7.538461538\ \text{atm} \rightarrow 7.54\ \text{atm}$ (유효 숫자 3개, 반올림)

2. 잠수부의 폐(10.0 L)에는 3.00 atm의 압력으로 공기가 공급되고 있었다. 잠수부가 공기를 절약하려고 숨을 참은 상태에서 수면으로 상승한다면, 수면에서 1.00 atm의 압력으로 제공되는 공기를 호흡하게 된다. 그 결과 폐에 작용하는 공기 압력이 3배로 감소하므로, 폐의 부피는 급격히 3배로 팽창하여 사망에 이른다.

[Dalton의 기체 부분 압력 법칙]

3. 4.0 g의 헬륨 기체가 나타내는 압력 = 32.0 g의 산소 기체가 나타내는 압력 = x atm

   48.0 g의 산소 기체가 나타내는 압력 = (x atm / 32.0 g) × 48.0 g = 1.50x atm

   8.0 g의 헬륨 기체가 나타내는 압력 = (x atm / 4.0 g) × 8.0 g = 2.0x atm

   1.50x atm + 2.0x atm = 3.5 atm, x = (3.5) / (3.5) = 1.0

   그러므로 48.0 g의 산소 기체가 나타내는 압력 = 1.50x atm = (1.50 / 1.0) atm = 1.5 atm

4. 2.00 g의 수소 기체가 나타내는 압력 = 28.0 g의 질소 기체가 나타내는 압력

   그런데 수소 기체의 경우 273 mmHg / 14.0 g이므로

   2.00 g의 수소 기체가 나타내는 압력 = (273 mmHg / 14.0 g) × 2.00 g = 39.0 mmHg

   이다. 또한 이 압력은 28.0 g의 질소 기체가 나타내는 압력과 동일하므로

   질소 기체의 경우 39.0 mmHg / 28.0 g이 성립한다. 따라서

   84.0 g의 질소 기체가 나타내는 부분 압력 = (39.0 mmHg / 28.0 g) × 84.0 g = 117 mmHg

   그러므로 혼합 기체의 전체 압력 = 수소 기체의 부분 압력 + 질소 기체의 부분 압력

   = 273 mmHg + 117 mmHg = 390 mmHg

[Charles 법칙]

5. $\dfrac{V_1}{T_1} = \dfrac{V_2}{T_2}$

   $T_1 = (1.00 \times 10^3 + 273)\ \text{K} = \{(1.00 \times 10^3) + (0.273 \times 10^3)\}\text{K} = 1.27 \times 10^3\ \text{K}$

   $V_1 = 35.0\ \text{L},\ T_2 = (25.0 + 273)\ \text{K} = 298\ \text{K}$

   $\rightarrow \dfrac{35.0\ \text{L}}{1.27 \times 10^3\ \text{K}} = \dfrac{V_2}{298\ \text{K}}$

   $\rightarrow V_2 = \dfrac{(35.0\ \text{L})(298\ \text{K})}{1.27 \times 10^3\ \text{K}} = 8.212598425\ \text{L} \rightarrow 8.21\ \text{L}$

6. $\dfrac{V_1}{T_1} = \dfrac{V_2}{T_2}$

   $T_1 = (25.0 + 273)\ \text{K} = 298\ \text{K},\ V_1 = 15.0\ \text{L},\ V_2 = 20.0\ \text{L}$

   $\rightarrow \dfrac{15.0\ \text{L}}{298\ \text{K}} = \dfrac{20.0\ \text{L}}{T_2}$

   $\rightarrow T_2 = \dfrac{(298\ \text{K})(20.0\ \text{L})}{15.0\ \text{L}} = 397\ \text{K}$

   $\rightarrow t_2 = (397 - 273)\ ^\circ\text{C} = 124\ ^\circ\text{C}$

[질량 보존 법칙]

7. 화합물 A $\xrightarrow{\text{가열}}$ 화합물 B + 기체

1.00 g　　　　0.64 g

→ 기체의 무게 = 1.00 g − 0.64 g = 0.36 g (소수점 이하 두 자리)

8. 65.4 g의 아연이 모두 반응하기 위해 32.1 g의 S가 필요하므로, 20.0 g의 아연이 모두 반응하기 위해 필요한 S의 무게(x)는 다음과 같이 구한다.

65.4 g : 32.1 g = 20.0 g : x

x = 필요한 S의 무게 $= \dfrac{(32.1\text{ g})(20.0\text{ g})}{65.4\text{ g}}$

= 9.816513761 g

→ 9.82 g (유효 숫자 3개)

따라서 생겨나는 ZnS의 무게 = Zn의 무게 + S의 무게

= 20.0 g + 9.82 g = 29.82 g

→ 29.8 g (소수점 이하 한 자리)

9. 구리 + 아이오딘 → 생성물

구리	+ 아이오딘	→ 생성물
2.55 g	3.50 g	
x	0 g	5.25 g

→ 반응에 참여하지 않고 남은 Cu의 무게 = x = 5.25 g − 3.50 g = 1.75 g

→ 반응에 참여한 Cu의 무게 = 2.55 g − 1.75 g = 0.80 g (소수점 이하 두 자리)

[일정 성분비 법칙]

10. 첫 번째 NaCl에 함유된 Na의 무게 / 무게 백분율

$= \dfrac{6.98\text{ g Na}}{6.98\text{ g Na} + 10.7\text{ g Cl}} \times 10^2$

$= \dfrac{6.98\text{ g}}{17.7\text{ g (소수점 이하 한 자리)}} \times 10^2$

$= 0.3943502825 \times 10^2$

→ 0.394 (유효 숫자 3개) × 10^2 = 39.4 % (*w/w*)

두 번째 NaCl에 함유된 Na의 무게/무게 백분율

$= \dfrac{11.2\text{ g Na}}{11.2\text{ g Na} + 17.2\text{ g Cl}} \times 10^2$

$= \dfrac{11.2\text{ g}}{28.4\text{ g (소수점 이하 한 자리)}} \times 10^2$

$= 0.3943661972 \times 10^2$

→ 0.394 (유효 숫자 3개) × 10^2 = 39.4 % (*w/w*)

이상과 같이 두 종류의 NaCl 화합물을 사용한 실험에서 각 NaCl에 함유된 Na의 무게/무게 백분율은 모두 39.4 % (*w/w*)로 얻어진다. 따라서 일정 성분비 법칙이 성립함을 알 수 있다.

11. 첫 번째 NH_3에 함유된 N의 무게 / 무게 백분율

$= \dfrac{1.513\text{ g N}}{1.513\text{ g N} + 0.327\text{ g H}} \times 10^2$

$= \dfrac{1.513\text{ g}}{1.840\text{ g (소수점 이하 세 자리)}} \times 10^2$

$= 0.8223826087 \times 10^2$

→ 0.8224 (유효 숫자 4개) × 10^2 = 82.24 % (*w/w*)

두 번째 NH_3에 함유된 N의 무게 / 무게 백분율

$= \dfrac{1.644\text{ g N}}{1.644\text{ g N} + 0.356\text{ g H}} \times 10^2$

$= \dfrac{1.644\text{ g}}{2.000\text{ g (소수점 이하 세 자리)}} \times 10^2$

$= 0.822 \times 10^2$

→ 0.8220 (유효 숫자 4개) $\times 10^2$ = 82.20 % (*w/w*)

이상과 같이 두 종류의 NH_3 화합물을 사용한 실험에서 각 NH_3에 함유된 N의 무게/무게 백분율은 거의 동일하게 얻어진다. 따라서 일정 성분비 법칙이 성립함을 알 수 있다.

12. Cu의 무게 / 무게 백분율

$= \dfrac{\text{Cu의 무게}}{CuSO_4\text{의 무게}} \times 10^2$

$= \dfrac{64.0\text{ g}}{64.0\text{ g} + 32.0\text{ g} + 64.0\text{ g}} \times 10^2$

$= \dfrac{64.0\text{ g}}{160.0\text{ g}} \times 10^2$

$= 0.4 \times 10^2$

→ 0.400 (유효 숫자 3개) $\times 10^2$ = 40.0 % (*w/w*)

[배수 비례 법칙]

13. 첫 번째 화합물 중 탄소의 무게 / 무게 백분율 = 42.9 % (*w/w*) = 42.9 g C / 10^2 g 화합물

→ 10^2 g의 화합물 중 O의 무게 = 10^2 g − 42.9 g = 57.1 g

→ (O의 무게)/ (C의 무게) = 57.1 g ÷ 42.9 g = 1.331002331 (계산기 결과) → 1.33 (유효 숫자 3개)

두 번째 화합물 중 탄소의 무게/무게 백분율 = 27.3 % (*w/w*) = 27.3 g C / 10^2 g 화합물

→ 10^2 g의 화합물 중 O의 무게 = 10^2 g − 27.3 g = 72.7 g

→ (O의 무게) / (C의 무게) = 72.7 g ÷ 27.3 g = 2.663003663 (계산기 결과)

→ 2.66 (유효 숫자 3개)

두 화합물에서 단위 무게의 탄소(C)와 결합한 산소(O)의 무게 사이에는

1.33 : 2.66 = 1 : 2와 같은 정수비가 성립하므로 배수 비례 법칙을 따른다.

14. 각 화합물에서 1.00 g의 I와 결합한 F의 무게 사이의 비

= 0.4490 g : 0.7495 g : 1.0478 g

$= \dfrac{0.4490\text{ g}}{0.4490\text{ g}} : \dfrac{0.7495\text{ g}}{0.4490\text{ g}} : \dfrac{1.0478\text{ g}}{0.4490\text{ g}}$

= 1.000 : 1.669 : 2.334

= 1.000 × 3 : 1.669 × 3 : 2.334 × 3

= 3.0000 : 5.007 : 7.002

= 3 : 5 : 7

→ 세 가지 화합물에서 동일한 1.00 g의 I와 결합한 F 사이에는 3 : 5 : 7과 같은 정수비가 성립하므로 배수 비례 법칙을 따른다.

. 종 합 .

15. ⓐ 압축성 ⓑ 팽창성 ⓒ 확산성 ⓓ 온도 ⓔ 액체

16. ⓐ 원소 ⓑ 화합물 ⓒ 무게 ⓓ 정수

05 Dalton의 원자론-물질의 원자성 확립

올바른 과학적 표기

1. ① 원자들이 서로 다른 이유는 그 크기나 모양이 다르기 때문이다.
④ 원자들은 항상 운동하고 있다.
⑥ 주어진 원소의 원자들은 서로 결합하여 이원자 분자를 만들 수 있다.

2. ③ 탄소 원소를 구성하는 탄소 원자(C) 산소 원소를 구성하는 산소 원자(O)는 서로 결합하여 두 가지의 화합물들을 만들 수 있으며, 그 두 가지 화합물들에서 주어진 무게의 탄소 원자와 결합한 산소 원자들의 무게 사이에는 1:2와 같은 정수비가 성립한다. 이러한 서술에 관련된 화학 법칙은 배수 비례의 법칙이다.
④ 염소 원소를 구성하는 염소(Cl) 원자와 포타슘 원소를 구성하는 포타슘(K) 원자가 결합하여 만들어지는 염화 포타슘(KCl)은 만들어지는 과정(장소)에 상관없이 그 무게는 동일하다. 이러한 서술에 관련된 화학 법칙은 일정 성분비의 법칙이다.

3. ① 원자들은 더 작은 물질들로 변할 수 없다.
② 주어진 원소의 원자들은 그 무게가 모두 동일하다.

4. ② 모든 원소들은 원자들로 이루어져 있고, 원자들은 더 작은 물질로 쪼개어질 수 없다.
③ 주어진 원소를 구성하는 원자들은 무게가 모두 동일하다.

5.
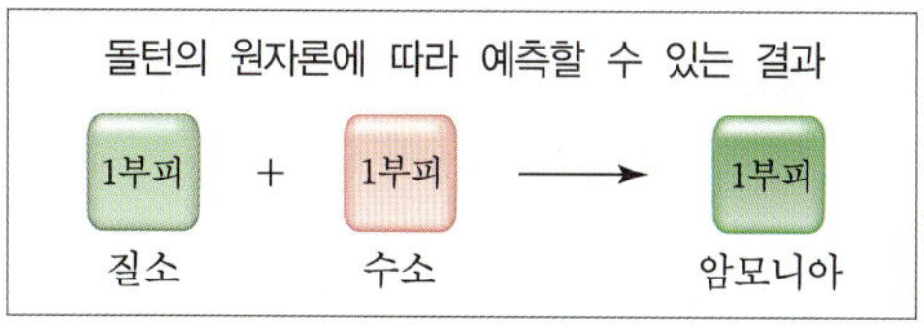

6. ① 오류 I: 동일한 원자들로 구성된 이원자 분자들(예: O_2, N_2, H_2 등)을 인정하지 않았다.
오류 II: 물의 화학식은 OH 그리고 암모니아의 화학식은 NH인 것으로 주장하였다.

7. 일정한 온도와 압력에서 같은 부피에는 기체의 종류와 상관없이 모두 같은 수의 기체 입자들/분자들이 들어있다. 동일한 원자들로 이루어진 이원자 분자들도 존재할 수 있다.

8.
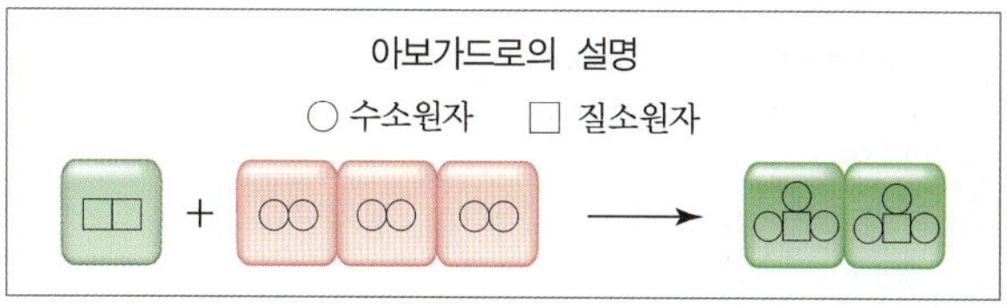

06 원자량과 화학량론

[화학식량과 화합물의 무게, 몰질량]

1. (a) 에탄올(C_2H_5OH)의 분자량 = (12.0 × 2 + 1.0 × 5 + 16.0 + 1.0) = 46.0
(b) 에탄올의 몰질량 = (분자량) g/mol = 46.0 g/mol
(c) 에탄올 분자 한 개의 무게 = 46.0 amu

에탄올 분자 한 개의 무게 $= \dfrac{46.0\ \text{g}}{6.02 \times 10^{23}} = 7.64 \times 10^{-23}\ \text{g}$

2. (a) 질산 포타슘의 화학식량 = (39.1 + 14.03 + 16.0 × 3) = 101.1

(b) 질산 포타슘의 몰질량 = 101.1 g/mol

(c) 질산 포타슘 화합물 한 개의 무게 = 101.1 amu

질산 포타슘 화합물 한 개의 무게 = $\frac{101.1\text{ g}}{6.02 \times 10^{23}}$ = 1.68×10^{-22} g

[화학식-실험식과 분자식]

3. 이 화합물 전체의 무게를 10^2 amu라고 한다면,

Al의 무게 = 53.0 amu, O의 무게 = 47.0 amu

이다.

이제 각 무게의 원소에 함유된 원자들의 수를 구하면 다음과 같다.

Al 원자의 수 = 53.0 amu / (27.0 amu / Al 원자 한 개) = 1.96개

O 원자의 수 = 47.0 amu / (16.0 amu / O 원자 한 개) = 2.94개

그리고 화합물에 들어 있는 Al 원자와 O 원자 사이의 최소 결합 정수비를 구하면 다음과 같다.

Al : O = 1.96 : 2.94 = 2 : 3

그러므로 이 화합물의 실험식 = Al_2O_3로 얻어진다.

4. 이 화합물 전체의 무게를 10^2 amu라고 한다면,

N의 무게 = 30.45 amu, O의 무게 = 69.55 amu이다.

이제 각 무게의 원소에 함유된 원자들의 수를 구하면 다음과 같다.

N 원자들의 수 = 30.45 amu / (14.0 amu / N 원자 한 개) = 2.18개

O 원자들의 수 = 69.55 amu / (16.0 amu / O 원자 한 개) = 4.34개

그리고 화합물에 들어 있는 N 원자와 O 원자 사이의 최소 결합 정수비를 구하면, 다음과 같이 실험식을 구할 수 있다.

N : O = 2.18 : 4.34 = 1 : 2

∴ 실험식 = NO_2

이제 다음과 같은 과정을 거쳐 분자식을 구한다.

화합물의 실험식량 = 14.0 + 16.0 × 2 = 46.0

46.0) × n = 분자량 = 91.0 ∵ 몰질량 = (분자량) g/mol = 91.0 g/mol

n = 2 $(NO_2) \times 2 = N_2O_4$

∴ 분자식 = N_2O_4

[화학량론]

5. 화학 반응식의 의미는 다음과 같다.

$2ZnS\ (s) + 3O_2\ (g) \longrightarrow 2ZnO\ (s) + 2SO_2\ (g)$

: 2몰의 ZnS가 3몰의 O_2와 반응하면, 2몰의 ZnO와 2몰의 SO_2가 생겨난다.

그렇다면 3 kg의 ZnS는 몇 몰일까?

ZnS의 화학식량은

97.4 (= 65.4 + 32.0) 이므로 ZnS 1몰 = 97.4 g

3 kg의 ZnS = $(3 \times 10^3$ g) ÷ (97.4 g/몰) = 30.8008몰 = 3×10^1몰 (∵ 유효 숫자 1개)

이제 만들어지는 SO_2의 몰수는 다음과 같다.

위 반응식에 의하면 2몰의 ZnS로부터 2몰의 SO_2가 생겨나므로, 3×10^1몰의 ZnS로부터는 3×10^1몰의 SO_2가 생겨날 것이다.

6. 화학 반응식의 의미는 다음과 같다.

$Zn\ (s) + 2HCl\ (aq) \longrightarrow ZnCl_2\ (aq) + H_2\ (g)$

: 1몰의 Zn이 2몰의 HCl과 반응하면, 1몰의 $ZnCl_2$와 1몰의 H_2가 생겨난다.

따라서 2몰의 HCl과 반응하는 Zn의 몰수는 1몰이므로, 20.6몰의 HCl과 반응하는 Zn의 몰수는 10.3몰이다.

그렇다면 10.3몰의 Zn은 몇 g일까?
Zn의 원자량은 65.4이므로, Zn 1몰 = 65.4 g
10.3몰의 Zn = (65.4 g/몰) × 10.3몰 = 673.62 g ⟶ 6.74×10^2 g (∵ 유효 숫자 3개)

7. 화학 반응식의 의미는 다음과 같다.
$2H_2O_2\ (aq) \longrightarrow 2H_2O\ (l) + O_2\ (g)$
: 2몰의 H_2O_2가 분해되면, 2.0몰의 H_2O와 1몰의 O_2가 생겨난다.
그러므로 2몰의 H_2O_2가 분해되면, O_2는 1몰이 생겨난다.

. 종 합 .

8. ⓐ 원소분석 ⓑ 5.9 ⓒ 1:14 ⓓ 14

9. ⓐ C-12 원자 ⓑ 12.0000 ⓒ 상대적 무게비

10. C 원자들의 수 = 75.7 / 12.0 = 6.31
H 원자들의 수 = 8.80 / 1.0 = 8.8
O 원자들의 수 = 15.5 / 16.0 = 0.969
C 원자들의 수 : H 원자들의 수 : O 원자들의 수
= 6.31 : 8.8 : 0.969 = 6.31 / 0.969 : 8.8 / 0.969 : 0.969 / 0.969 = 6.51 : 9.1 : 1.00
= 6.51 × 2 : 9.1 × 2 : 1.00×2 = 13.02 : 18.2 : 2.00 = 13 : 18 : 2
∴ 실험식 = $C_{13}H_{18}O_2$
(103.0 g) / (1/2 mol) = 206.0 g / mol → 분자량 = 206.0
$C_{13}H_{18}O_2$의 실험식량 = (12.0 × 13 + 1.0 × 18 + 16.0 × 2) = 206.0
($C_{13}H_{18}O_2$의 실험식량) × n = 206.0 n = 1.000 → n = 1
∴ 분자식 = $C_{13}H_{18}O_2$

11. 2몰의 휘발유로부터 16몰의 일산화 탄소(CO)가 만들어지므로, 반응하여 사라지는 휘발유와 만들어지는 일산화 탄소의 몰수 사이에는 1 : 8의 비가 성립한다. 휘발유의 경우
(12.0 × 8 + 1.01 × 18) g / 몰 = (96.0 + 18.18) g / 몰 = 114.2 g / 몰
1.26×10^3 g의 휘발유 = (1.26×10^3 g) / (114.2 g / 몰) = 11.0
만들어지는 일산화 탄소의 몰수 = 11.0몰 × 8 = 88.0몰
일산화 탄소의 몰 질량 = (12.0 + 16.0) g / 몰 = 28.0 g / 몰
∴ 만들어지는 일산화 탄소의 무게 = (28.0 g / 몰) × 88.0몰 = 2.46×10^3 g

12. 만일 1.75 g의 C_2H_6과 6.75 g의 O_2를 반응시킨다면,
① (ⓐ) mol의 C_2H_6과 (ⓑ) mol의 O_2가 반응에 참여하게 되는 것이다.
반응에 참여하는 C_2H_6의 몰수
= (1.75 g) / {(12.01 × 2 + 1.01 × 6) g/mol} = (1.75 g) / (30.1 g / mol) = 0.0581 mol
반응에 참여하는 O_2의 몰수
= (6.75 g) / (16.0 × 2 g / mol) = (6.75 g) / (32.0 g / mol) = 0.211 mol
② 그런데 (ⓐ) mol의 C_2H_6과 반응하기 위해 필요한 O_2의 몰수는 (ⓒ) mol이므로, C_2H_6과 O_2 중에서 (ⓓ)가 과잉시약이 된다.
0.0583 mol의 C_2H_6과의 반응에 참여하는 O_2의 몰수
= (C_2H_6의 몰수) × {(7 mol / 2 mol)}
= (0.0581 mol) × (7 / 2) = 0.2034 mol < 0.211 mol(반응에 사용한 O_2의 몰수)
따라서 과잉시약 = O_2
③ 결국 과잉시약인 (ⓓ)의 경우, 실제로 반응에 참여하는 무게는 (ⓔ) g이다.
그러므로 반응하지 않고 남게 되는 과잉시약의 무게는 (ⓕ) g로 구해진다.

실제로 반응에 참여하는 O_2의 무게
= (O_2의 몰 질량) × (반응에 참여하는 O_2의 몰수) = (32.0 g/mol) × (0.2034 mol)
= 6.51 g
반응하지 않고 남는 O_2의 무게
= (사용한 O_2의 무게) − (반응에 참여하는 O_2의 무게) = 6.75 g − 6.51 g = 0.24 g

④ 이 반응에서 생겨나는 CO_2의 무게 = (ⓖ) g
생겨나는 CO_2의 무게
= (CO_2의 mol수) × (CO_2의 몰 질량)
= (한계시약인 C_2H_6의 몰수) × {(4 mol)/(2 mol)} × (CO_2의 몰 질량)
= {(0.0581 mol) × (4/2)} × (44.0 g/mol)
= (0.1162 mol) × (44.0 g/mol) = 5.11 g

07 Thomson과 Rutherford의 원자 모형

[평균 원자량]

1. 평균 원자량
= 34.968852 × (75.77 / 10^2) (유효 숫자 4개) + 36.965903 × (24.23 / 10^2) (유효 숫자 4개)
= 26.49589916 + 8.956838297 → 26.50 (유효 숫자 4개) + 8.957 (유효 숫자 4개)
26.50 (소수점 이하 두 자리) + 8.957 (소수점 이하 세 자리)
= 35.457 → 35.46 (소수점 이하 두 자리)

2. 평균 원자량
= 27.976927 × (92.23 / 10^2) (유효 숫자 4개) + 28.976495 × (7.77 / 10^2) (유효 숫자 3개)
= 25.80311977 + 2.251473662 ⟶ 25.80 (유효 숫자 4개) + 2.25 (유효 숫자 3개)
25.80 (소수점 이하 두 자리) + 2.25 (소수점 이하 두 자리)
= 28.05 (소수점 이하 두 자리)

3. ② 중성자의 발견
③ 전기 방전관의 내부를 채우는 기체의 종류가 달라져도, 동일한 성질의 음극선이 얻어진다.
④ 전기 방전관의 내부를 채우는 기체의 종류가 달라지면, 음극선의 성질이 달라진다.

4. ② 중성자의 발견
③ 금박을 향해 충돌시킨 것은 베타입자들이다
④ 금박을 향해 날아간 입자들은 대부분 금박으로부터 튕겨 나왔다.

5. ③ 방사성 원소들은 그대로 방치하면, 다른 원소로 변한다.
⑤ 방사성 원소들은 자외선을 쪼여주면, 가시광선 형태의 인광을 방출한다.

6. ② 대부분의 원소들이 동위원소들을 가진다.
⑥ 전기 방전관을 사용한 톰슨의 실험에서 관찰된 음극선은 관의 내부가 거의 진공 상태에서 얻어진 것이다.

7. ⓐ 수소 ⓑ e/m
ⓒ 수소이온 또는 H^+이온 ⓓ 방사성 원소
ⓔ 자연복사 또는 자연 방사선 ⓕ 베타(β) 복사
ⓖ 알파(α) 복사 ⓗ He^{2+}이온 또는 He 원자핵

8. ① 음극의 제조에 사용한 금속의 종류와 상관없이 동일한 특성을 가진 음극선이 얻어졌다.

② ⓐ 전자 한 개의 무게 = 9.109×10^{-31} kg

전자 1몰의 무게

= (전자 한 개의 무게) × (아보가드로 수)

= (9.109×10^{-31} kg) × (6.022×1023)

= 5.485×10^{-7} kg) × (6.022×1023)

= 5.485×10^{-7} kg = 5.485×10^{-4} g : 전자의 몰 질량

∴ 전자의 질량 = 5.485×10^{-4}

ⓑ 수소(H)의 원자량 : 전자의 질량 = *1.008* : 5.485 × 10^{-4} = 1838 : 1 (정수비)

③ 중성자 한 개의 무게 = 1.675×10^{-27} kg

중성자 1몰의 무게

= (중성자 한 개의 무게) × (아보가드로 수)

= (1.675×10^{-27} kg) × (6.022×1023)

= 1.009×10^{-3} kg) = 1.009 g : 중성자의 몰 질량

→ 중성자의 질량 = 1.009   ∴ 중성자의 무게 = 1.009 amu

9. ①

$^{30}_{14}Si$	양성자의 수 = (14)	전자의 수 = (14)	질량수 = (30)	중성자의 수 = (16)

② ^{28}Si + 이온의 질량이 가장 작으므로 더 많이 (안쪽으로) 휘어져 진행한다.

27.97693 × 0.9221 + 28.97649×0.0479 + 29.97379×0.0309

= 25.80 + 1.39 + 0.926

= 28.12

※ (참고사항) 세 가지 동위원소들의 상대적 존재비율을 모두 다 합하면 100.09 %(= 92.21 % + 4.79 % + 3.09 %)가 얻어지므로, 실제 규소의 평균 원자량은 위에서 얻어진 값(100.09 %를 기준으로 얻은 값)을 1.0009로 나누어 얻는 값(100.00 %를 기준으로 얻은 값)이다. 그러나 위 풀이과정에서는 이 내용을 적용할 필요는 없다.

10. ①

동위 원소	$^{24}_{12}Mg$
양성자의 수	12
중성자의 수	12
전자의 수	12
질량수	24

②

동위 원소	존재비율	원자 질량	평균 원자량
Mg-24	78.99 %	23.9850	23.9850 × 0.7899 + 24.9858 × 0.1000 + 25.9826 × 0.1101
Mg-25	10.00 %	24.9858	= 18.95 + 2.499 + 2.861
Mg-26	11.01 %	25.9826	= 24.31

11. ① M_1^+ 이온들

② 보다 더 무거운 이온들은 덜 휘어져 진행한다.

③ 증가

12. ① $(CH_3)_2CO^+$ 이온들, $(CH_3)_2CO^+$ 이온의 질량이 더 크므로 덜 휘어져 진행한다.

② 증가

08 주기율표와 화합물의 명명

1. (a) NaCl 염화 소듐, sodium chloride, (b) $CaCl_2$ 염화 칼슘, calcium chloride, (c) $(NH_4)_2SO_4$ 황산 암모늄, ammonium sulfate, (d) H_2S 황화 수소, hydrogen sulfide, (e) XeF_2 플루오린화 제논, xenon difluoride

2. a) 소듐 이온, sodium ion, (b) 염화 이온, chloride ion, (c) 인산 이온, phosophate ion, (d) 인산이수소 이온, dihydrogen phosphate ion, (e) 황화수소 이온, hydrogen sulfide ion, (f) 마그네슘 이온, magnesium ion, (g) 과염소산 이온, perchlorate ion, (h) 크로뮴산수소 이온, hydrogen chromate ion, (i) 탄산수소 이온, hydrogen carbonate ion, (j) 아황산 이온, sulfite ion

3. (a) 염화 철 (II), iron (II) chloride, (b) 과염소산 포타슘, potassium perchlorate, (c) 인산일수소 포타슘 소듐, potassium sodium hydrogen phosphate, (d) 육플루오린화 황, sulfur hexafluoride, (e) 아인산 phosphorous acid, (e) 아황산, sulfurous acid

09 양자화된 에너지와 Bohr의 원자 모형

1. ⓐ 회절 ⓑ 간섭 ⓒ 전자 ⓓ 광전효과
2. ⓐ 양성자 ⓑ 에너지
3. 전자는 원자핵의 주위에 있는 궤도에 존재하고 전자는 그 궤도가 소유하는 에너지를 가지므로, 궤도에 존재하는 전자는 운동에 의해 에너지를 잃지 않는다.
4. ⓐ 궤도 ⓑ 양자화 ⓒ 에너지 차이
5. 물질마다 에너지를 흡수한 후 방출하는 빛들이 다른 이유는 무엇인가?
수소기체의 경우 에너지를 흡수한 후 발머계열의 빛을 방출하는 이유는 무엇인가?
6. 주어진 다색 광으로부터 그 다색 광을 구성하는 여러 개의 단색광을 분리해 내는 것
7. 다전자 원자에 대해서는 적용할 수 없다.
8. ③ 주어진 양자화 된 에너지를 소유한 궤도에서 존재하는 전자는 외부 에너지의 흡수를 통해 더 높은 에너지를 가진 궤도로 이동할 수 있다.
④ 주어진 궤도에서 존재하는 전자는 그 궤도가 가진 양자화 된 에너지를 소유하므로, 원운동을 통해 에너지를 잃지 않는다.

9 ① 라디오파는 전자기 복사이다.
② 물질은 전자기 복사를 방출하거나 흡수할 수 있다.
③ 방사성 원소들은 자연복사를 통해 전자기 복사를 방출할 수 있다.

10. ② 금속에 빛의 세기(양)에 무관하게 충분히 큰 에너지를 가진 빛을 쪼여주면, 금속의 표면에서 전자들이 방출될 수 있다.
⑤ 금속에 자외선을 쪼여주면, 금속의 표면에서 전자들이 방출될 수 있다.

11 ① 분산이란 주어진 다색광이 성분 단색광들로 분리되는 현상이다.
④ 회절 된 빛들이 서로 보강간섭을 일으키면, 진폭이 증가한다.

12 ③ 발머계열이란 수소기체에 충분한 에너지를 공급하여 얻어지는 가시광선 영역의 선 방출 스펙트럼을 의미한다.

⑥ 발머계열이란 수소기체에 충분한 에너지를 공급하여 얻어지는 선 방출 스펙트럼을 의미하며, 더 높은 에너지의 궤도들로 들떴던 전자들이 n = 2인 궤도로 돌아오면서 방출한 가시광선 영역의 전자기 복사들로 구성되어 있다.

13. ① 양자화된 에너지란 주어진 에너지가 특정 크기의 에너지 덩어리들로 구성되어 있다는 것을 것을 의미한다.
④ 주어진 물질이 더 높은 에너지로 들뜨기 위해서는 정확히 그 두 에너지 준위들 사이의 에너지 차이만큼의 에너지를 공급받아야 한다.
⑥ 주어진 물질은 특정한 크기의 에너지들만을 흡수하거나 방출할 수 있다.

10 다전자 원자들과 현대 원자 모형

1. (a) X, Ca은 *d* 오비탈을 부분적으로 채우는 전자들이 없다.
(b) X, 일반적으로 가장 바깥 껍질을 차지하는 *s* 오비탈 및 *p* 오비탈이 전자들로 전부 채워진 원자 또는 이온은 특히 안정하다.
(c) X, 전자를 한 개 잃어버리고 가장 바깥 껍질을 차지하는 *s* 오비탈 및 *p* 오비탈이 전자들로 전부 채워진 양이온으로 되려는 경향성이 강하다.
(d) X, 전자를 두 개 얻어 모든 *p* 오비탈들을 전자들로 채우고 이가 음이온으로 변하려는 경향성이 강하다.

2.

n	l	m_l	m_s
1	0	0	$+\frac{1}{2}$
			$-\frac{1}{2}$
2	0	0	$+\frac{1}{2}$
			$-\frac{1}{2}$
	1	−1	$+\frac{1}{2}$
			$-\frac{1}{2}$
		0	$+\frac{1}{2}$
			$-\frac{1}{2}$
		−1	$+\frac{1}{2}$
			$-\frac{1}{2}$

3. a) $1s^22s^22p^5$, (b) $1s^22s^22p^4$,
(c) $1s^22s^22p^63s^23p^64s^23d^{10}4p^3$, (d) $1s^22s^22p^6$,
(e) $1s^22s^22p^63s^23p^6$, (f) $1s^2$, (g) $1s^22s^22p^63s^23p^6$,
(h) $1s^22s^22p^63s^23p^6$

4.

(a)

1s	2s	2p
↑↓	↑↓	↑↓ ↑↓ ↑

(b)

1s	2s	2p	3s	3p	4s	3d	4p
↑↓	↑↓	↑↓ ↑↓ ↑↓	↑↓	↑↓ ↑↓ ↑↓	↑↓	↑↓ ↑↓ ↑↓ ↑↓ ↑↓	↑ ↑ ↑

(c)

1s	2s	2p	3s	3p	4s	3d
↑↓	↑↓	↑↓ ↑↓ ↑↓	↑↓	↑↓ ↑↓ ↑↓	↑↓	↑ ↑ ↑ □ □

(d)

1s	2s	2p	3s	3p	4s	3d
↑↓	↑↓	↑↓ ↑↓ ↑↓	↑↓	↑↓ ↑↓ ↑↓	↑↓	↑ ↑ ↑ ↑ ↑

(e)

1s	2s	2p	3s	3p	4s	3d
↑↓	↑↓	↑↓ ↑↓ ↑↓	↑↓	↑↓ ↑↓ ↑↓	↑	↑ ↑ ↑ ↑ ↑

5. 입자인 전자는 파동성을 소유할 수도 있다.

6. ① 화학결합에 참여한 원자가 공유(결합에 참여한) 전자들에 대해 나타내는 인력의 척도

② 같은 에너지를 소유한 두 개 이상의 궤도함수들에 전자들을 배치하는 경우 최대한 짝을 짓지 않게 배치한다.

③ 주어진 원자 내의 전자들 중에서 4개의 양자수들이 모두 다 같은 전자들은 없다.

7. ①

인($_{15}$P) 원자의 전자 배치	원자가 전자들의 전자 배치
$1s^2 2s^2 2p^6 3s^2 3p^3$	$3s^2 3p^3$

②

1s	2s	2p	3s	3p
↑↓	↑↓	↑↓ ↑↓ ↑↓	↑↓	↑↓ ↑↓ ↑↓

③

	n	l	m_l	m_s
첫 번째 전자	2	0	0	$+\frac{1}{2}$
두 번째 전자	2	0	0	$-\frac{1}{2}$

④

1s	2s	2p	3s	3p
↑↓	↑↓	↑↓ ↑↓ ↑↓	↑↓	↑↓ ↑↓ ↑↓

3d	4s
↑ ↑ ↑ ↑ ↑	↑

8. ③ 이온화 에너지는 원자들이 전자들을 잃고 양이온이 되는 과정에서 흡수하는 에너지이다.

⑤ 주기율표에서 주어진 족의 경우 위쪽에서 아래쪽으로 갈수록 전기 음성도가 커지는데, 그 이유는 유효 핵전하가 작아지기 때문이다.

9. ② 주어진 원형궤도에서 전자가 정류파로서 존재하기 위해서는 그 원형궤도의 원주가 정류파의 파장보다 정수배만큼 길어야 한다.

⑥ 주어진 원형궤도에서 전자가 정류파로서 존재한다는 것은 전자가 그 원형궤도에서만 머무는 것이 아니라 원형궤도에서 벗어난 곳들에서도 위치할 수도 있다는 것을 의미한다.

10. ③ 원자 내 전자를 관찰하기 위해서는 진동수가 충분히 큰 전자기 복사를 사용해야 한다.

④ 원자 내 전자의 운동량 측정에서 필연적으로 발생하는 오차를 취소화하기 위해서는 가능한 파장이 짧은 전자기 복사를 사용해야 하지만, 그 경우 운동량 측정에서의 오차는 더 커진다.

⑤ 원자 내 전자의 운동량측정에서 필연적으로 발생하는 오차를 취소화하기 위해서는 가능한 파장이 긴 전자기 복사를 사용해야 하지만, 그 경우 위치 측정에서의 오차는 더 커진다.

11 화학 결합

[Lewis 구조]

1. 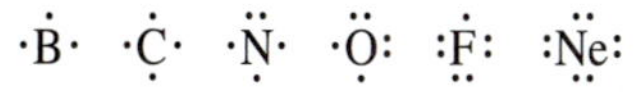

2. 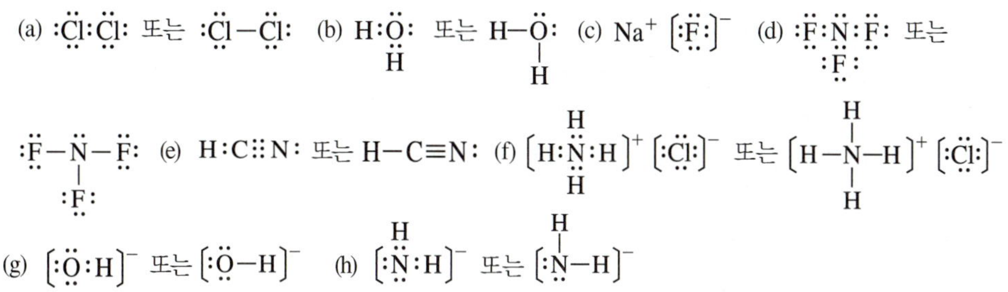

[공명 구조]

3. 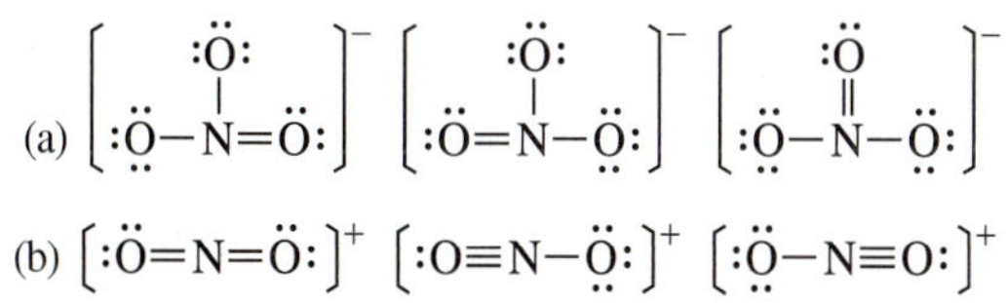

[형식 전하]

4. N의 형식 전하 = +1, 1번 O의 형식 전하 = 0, 2번과 3번 O의 형식 전하 = −1
5. N의 형식 전하 = +1, O의 형식 전하 = −1
6. B의 형식 전하 = −1, N의 형식 전하 = +1
7. 1번 O의 형식 전하 = +1, 2번 O의 형식 전하 = −1, N의 형식 전하 = +1

[극성 분자와 비극성 분자]

8. BF_3, CS_2

[σ 결합과 π 결합]

9. (a) 6개 (b) 3개 (c) 2개 (한 쌍)

[분자의 기하 구조]

10. 기하 구조: 삼각 평면 구조

    이유 : Cl은 각각 7개의 최외각 전자를 가지며, C는 4개, O는 6개의 최외각 전자를 가지므로 총 전자의 수는 24개이다.

    → C 원자가 중심 원자가 되어 두 개의 C−Cl 결합과 한 개의 C−O 결합을 구성하며 모두 6개의 전자를 사용하므로, 18개의 전자가 남는다.

    → C 원자가 4개의 결합을 가지기 위해 C−O 결합을 C=O 결합으로 변경하면, 16개의 전자가 남는다.

    → Cl 원자 주위에 3쌍의 비공유 전자(6개의 전자)를 부여하고 O 원자 주위에는 2쌍의 비공유 전자(4개의 전자)를 부여하면, 모든 전자를 사용하게 된다.

    → C 원자 주위의 세 개의 원자가 모두 비공유 전자쌍을 가지므로, VSEPR에 의하면 이 분자의 기하 구조는 삼각 평면 구조가 될 것이다.

[전자 배치]

11. (a) $(\sigma_{1s})^2\ (\sigma_{1s}^*)^2\ (\sigma_{2s})^2\ (\sigma_{2s}^*)^2\ (\sigma_{2p_x})^2\ (\pi_{2p_y})^2\ (\pi_{2p_z})^2\ (\pi_{2p_y}^*)^1\ (\pi_{2p_z}^*)^1$

    (b) $(\sigma_{1s})^2\ (\sigma_{1s}^*)^2\ (\sigma_{2s})^2\ (\sigma_{2s}^*)^2\ (\pi_{2p_y})^2\ (\pi_{2p_z})^2\ (\sigma_{2p_x})^1$

(c) $(\sigma_{1s})^2\ (\sigma_{1s}^*)^2\ (\sigma_{2s})^2\ (\sigma_{2s}^*)^2\ (\sigma_{2p_x})^2\ (\pi_{2p_y})^2\ (\pi_{2p_z})^2\ (\pi_{2p_y}^*)^2\ (\pi_{2p_z})^2$
(d) $(\sigma_{1s})^2\ (\sigma_{1s}^*)^2\ (\sigma_{2s})^2\ (\sigma_{2s}^*)^2\ (\sigma_{2p_x})^2\ (\pi_{2p_y})^2\ (\pi_{2p_z})^2\ (\pi_{2p_y}^*)^2\ (\pi_{2p_x}^*)^2\ (\sigma_{2p_x}^*)^1$
(e) $(\sigma_{1s})^2\ (\sigma_{1s}^*)^2\ (\sigma_{2s})^2\ (\sigma_{2s}^*)^2\ (\sigma_{2p_x})^2\ (\pi_{2p_y})^2\ (\pi_{2p_z})^2\ (\pi_{2p_y}^*)^2\ (\pi_{2p_z}^*)^2\ (\sigma_{2p_x}^*)^1$

[결합 차수]

12. (a) $(\sigma_{1s})^2\ (\sigma_{1s}^*)^2\ (\sigma_{2s})^2\ (\sigma_{2s}^*)^2\ (\sigma_{2p_x})^2\ (\pi_{2p_y})^2\ (\pi_{2p_z})^2\ (\pi_{2p_y}^*)^1\ (\pi_{2p_z}^*)^1$
$(2-2+2-2+2+2+2-1-1)\ /\ 2\ =\ 2$
(b) $(\sigma_{1s})^2\ (\sigma_{1s}^*)^2\ (\sigma_{2s})^2\ (\sigma_{2s}^*)^2\ (\pi_{2p_y})^2\ (\pi_{2p_z})^2\ (\sigma_{2p_x})^1$
$(2-2+2-2+2+2+1)\ /\ 2\ =\ 2.5$
(c) $(\sigma_{1s})^2\ (\sigma_{1s}^*)^2\ (\sigma_{2s})^2\ (\sigma_{2s}^*)^2\ (\sigma_{2p_x})^2\ (\pi_{2p_y})^2\ (\pi_{2p_z})^2\ (\pi_{2p_y}^*)^2\ (\pi_{2p_z}^*)^2$
$(2-2+2-2+2+2+2-2-2)\ /\ 2\ =\ 1$
(d) $(\sigma_{1s})^2\ (\sigma_{1s}^*)^2\ (\sigma_{2s})^2\ (\sigma_{2s}^*)^2\ (\sigma_{2p_x})^2\ (\pi_{2p_y})^2\ (\pi_{2p_z})^2\ (\pi_{2p_y}^*)^2\ (\pi_{2p_z}^*)^2\ (\sigma_{2p_x}^*)^1$
$(2-2+2-2+2+2+2-2-2-1)\ /\ 2\ =\ 0.5$
(e) $(\sigma_{1s})^2\ (\sigma_{1s}^*)^2\ (\sigma_{2s})^2\ (\sigma_{2s}^*)^2\ (\sigma_{2p_x})^2\ (\pi_{2p_y})^2\ (\pi_{2p_z})^2\ (\pi_{2p_y}^*)^2\ (\pi_{2p_z}^*)^2\ (\sigma_{2p_x}^*)^1$
$(2-2+2-2+2+2+2-2-2-1)\ /\ 2\ =\ 0.5$

. 종 합 .

13.

화학종	Li	Sr	N	Cl	Ge	S
원자가 전자	Li·	·Sr·	·N̈:	:C̈l·	·Ge·	·S̈·
원자가 전자 전자 배치	$2s^1$	$5s^2$	$2s^2\,2p^3$	$3s^23p^5$	$4s^24p^2$	$3s^2\,3p^4$

14.

H_2CO	PH_4^+ 이온	OH^- 이온	KI (이온 결합 화합물)
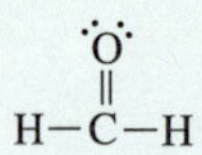	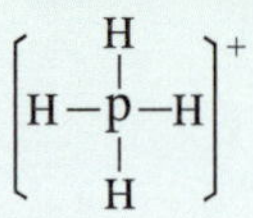	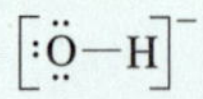	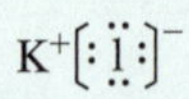

15. ① 전기 음성도, 삼각평면, 비극성 분자
② 주어진 공유결합에 참여한 원자들이 공유 전자쌍에 대해 나타내는 인력

16.

	Hund의 법칙을 적용하여 나타낸 전자 배치	결합 차수
Be_2^+ 이온	$(\sigma_{1s})^2\ (\sigma_{1s}^*)^2\ (\sigma_{2s})^2\ (\sigma_{2s}^*)^2$	0.5
C_2 분자	$(\sigma_{1s})^2\ (\sigma_{1s}^*)^2\ (\sigma_{2s})^2\ (\sigma_{2s}^*)^2\ (\pi_{2p_y})^2\ (\pi_{2p_z})^2$	2
Ne_2 분자	$(\sigma_{1s})^2\ (\sigma_{1s}^*)^2\ (\sigma_{2s})^2\ (\sigma_{2s}^*)^2\ (\sigma_{2p_x})^2\ (\pi_{2p_y})^2\ (\pi_{2p_z})^2\ (\pi_{2p_y}^*)^2\ (\pi_{2p_x}^*)^2\ (\sigma_{2p_x}^*)^1$	0

17. ①

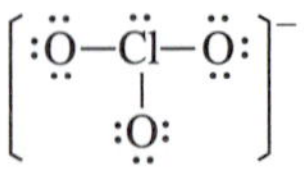

②

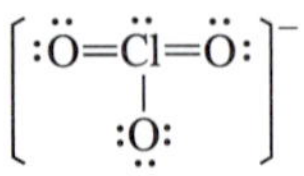 또는 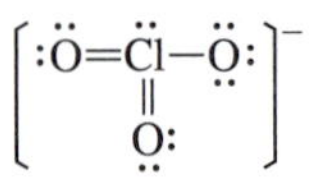 또는 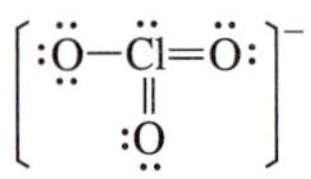

③ +2, −1

④ 12, Cl은 3주기에 속하는 원소의 원자로서 최외각 껍질에 존재하는 d 궤도함수를 활용하여 8개보다 더 많은 전자들을 수용할 수 있다.

⑤ 0, 0

⑥ 2

⑦ 삼각뿔

18. ①

1*s*	2*s*	2*p*		
↑↓	↑↓	↑	↑	

②

1*s*	2*s*	2*p*		
↑↓	↑	↑	↑	↑

③ *sp*, 2개, 180도 σ 결합 3개, π 결합 2개

19. ① 4, sp^3, 3, sp^2, 2, sp

② 10, 3

20. ① 3번 구조

② 2주기에 속하는 N원자는 최외각 껍질에 d 궤도함수를 가지고 있지 않으므로, 최외각 껍질에 8개보다 더 많은 전자들을 소유할 수 없다.

21.

N_2^+ (　)		O_2 (　)	
σ^*_{2p}	□	σ^*_{2p}	□
π^*_{2p}	□□	π^*_{2p}	↑ ↑
σ_{2p}	↑	π_{2p}	↑↓ ↑↓
π_{2p}	↑↓ ↑↓	σ_{2p}	↑↓
σ^*_{2s}	↑↓	σ^*_{2s}	↑↓
σ_{2s}	↑↓	σ_{2s}	↑↓
σ^*_{1s}	↑↓	σ^*_{1s}	↑↓
σ_{1s}	↑↓	σ_{1s}	↑↓

22. ① 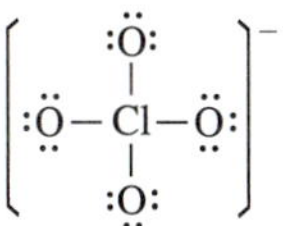

② +3, −1

③ 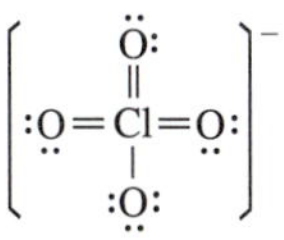

④ 0, 3, 0, −1, 14

⑤ 정사면체

12 화학 반응의 에너지와 평형

1. $\Delta H_{\text{반응}}$

= 생성물의 생성 엔탈피의 합 − 반응물의 생성 엔탈피의 합

= {(−314.4 kJ/mol)× (1 mol)}−{(−92.3 kJ/mol)× (1 mol)+ (−46.1 kJ/mol)× (1 mol)}

= −314.4 kJ− (−138.4 kJ) = −176.0 kJ

2. 반응열

= (생성물의 표준 생성열의 합) − (반응물의 표준 생성열의 합)

$= \{(-393.5\ kJ/mol \times 6\ mol) + (-285.5\ kJ/mol \times 3\ mol)\} - \{(49.0\ kJ/mol \times 1\ mol) + 0\ kJ\}$
$= -2361\ kJ - 856.5\ kJ - 49.0\ kJ$
$= -3266.5\ kJ$
→ 반올림하면 -3267 kJ, 반내림하면 -3266 kJ (둘 다 맞음!)

3. 반응열 = (생성물의 표준 생성열의 합) − (반응물의 표준 생성열의 합)
$178.1\ kJ = \{(-635.5\ kJ/mol \times 1\ mol) + (-393.5\ kJ/mol \times 1\ mol)\} - (x \times 1\ mol)$
$178.1\ kJ = -635.5\ kJ - 393.5\ kJ - (x\ mol)$
$1207.1\ kJ = -x\ mol$
x = $CaCO_3$의 표준 생성 엔탈피 = -1207.1 kJ/mol

4. 산−염기 반응이 방출한 열 = − (수용액이 흡수한 열)
수용액이 흡수한 열
= (수용액의 비열)× (수용액의 무게)× (수용액의 온도 변화)
$= (4.18\ J/g{\cdot}℃) \times \{(40.0 + 50.0\ mL) \times (1.00\ g/mL)\} \times (27.5\ ℃ - 21.0°\ C)$
$= (4.18\ J/g{\cdot}℃) \times (90.0\ g) \times (6.5\ ℃) = 2.4 \times 10^3\ J$

산−염기 반응이 방출한 열 = -2.4×10^3 J = -2.4 kJ
반응열 (단위: kJ/mol)
= (−2.4 kJ)/ (한계 시약의 mol수)
= (−2.4 kJ)/ (HCl의 mol수)
= (−2.4 kJ)/{ (HCl 수용액의 몰농도, M)× (HCl 수용액의 부피, L) }
= (−2.4 kJ)/{ (1.00 M)× (0.0400 L) }
= (−2.4 kJ)/ (0.0400 mol)= −60 kJ/mol

5. 산−염기 반응이 방출한 열 = − (수용액이 흡수한 열 + 열량계가 흡수한 열)
수용액이 흡수한 열
= (수용액의 비열)× (수용액의 무게)× (수용액의 온도 변화)
$= (4.18\ J/g{\cdot}℃) \times \{(40.0 + 60.0\ mL) \times (1.00\ g/mL)\} \times (63.0\ ℃ - 21.0\ ℃)$
$= (4.18\ J/g{\cdot}℃) \times (100.0\ g) \times (42.0\ ℃)$
$= 1.76 \times 10^4\ J$

열량계가 흡수한 열
= (열량계의 열용량)× (열량계의 온도 변화)
$= (2.0 \times 10^2\ J/℃) \times (63.0\ ℃ - 21.0\ ℃)$
$= (2.0 \times 10^2\ J/℃) \times (42.0\ ℃)$
$= 8.4 \times 10^3\ J$

산−염기 반응이 방출한 열
$= -(1.76 \times 10^4\ J + 8.4 \times 10^3\ J)$
$= -(1.76 \times 10^4\ J + 0.84 \times 10^4\ J)$
$= -2.60 \times 10^4\ J = -2.60 \times 10\ kJ = -26.0\ kJ$

반응열 (단위: kJ/mol)
= (−26.0 kJ)/ (한계 시약의 mol수)
= (−26.0 kJ)/ (HCl의 mol수 또는 NaOH의 mol수)
(∵ HCl의 mol수 = NaOH의 mol수)
= (−26.0 kJ)/{ (HCl 수용액의 몰농도, M)× (HCl 수용액의 부피, L) }
= (−26.0 kJ)/{ (6.0 M)× (0.0400 L) }
= (−26.0 kJ)/ (0.24 mol)= -1.1×10^2 kJ/mol

6. (b) X, 액체는 고립계가 아니고 주위와 열을 교환하는 계이므로, 주위에서도 엔트로피의 변화가 일어나게 된다.

(c) X, 0 ℃가 아니라 0 K이다.

(f) X, 주어진 반응이 시작(개시)되기 위해서 에너지의 공급이 필요하지만, 일단 반응이 개시되어 반응으로부터 에너지를 공급받아 반응이 지속될 수 있다면, 반응은 자발적 반응으로 받아들일 수 있다.

(g) X, 완전하고 순수한 결정에 대해서만 적용한다. 불순물을 함유하는 결정은 0보다 더 큰 엔트로피를 가진다.

7. $\Delta G = \Delta H - \Delta S/T$

(a) $\Delta H > 0$, $\Delta S > 0$이면, ΔG는 높은 온도에서 −값을 가진다.

(b) $\Delta H < 0$, $\Delta S < 0$이면, ΔG는 낮은 온도에서 −값을 가진다.

(c) $\Delta H > 0$, $\Delta S < 0$이면, ΔG는 모든 온도에서 + 값을 가진다.

(d) $\Delta H < 0$, $\Delta S > 0$이면, ΔG는 모든 온도에서 −값을 가진다.

8. $\Delta G°$ = { (CO_2 (*g*)의 $\Delta G°_f$) × 6 + (H_2O (*l*)의 $\Delta G°_f$)} − { (A의 $\Delta G°_f$) × 4 + (O_2의 $\Delta G°_f$) × 6}

= { (−394.6 kJ/mol × 6 mol) + (−237.2 kJ/mol × 6 mol)} − {−907.9 kJ/mol × 1 mol}

= −2883 kJ

9. (a) $\Delta G = \Delta H - T\Delta S$

$0 = \Delta H - T\Delta S_{계}$

$\Delta S_{계} = \Delta H / T$ = (6.0 kJ/mol) / (273 K) = 0.022 kJ/mol · K = 22 J/mol · K

(b) 얼음이 녹는 과정에서 필요한 (흡수한) 에너지는 주위로부터 공급된다.

따라서 $\Delta H_{주위}$ = −6.0 kJ/mol이다.

그러므로 $\Delta S_{우주}$는 다음과 같이 구할 수 있다.

$\Delta S_{우주} = \Delta S_{계} + \Delta S_{주위}$ = (6.0 kJ/mol) / (273 K) + (−6.0 kJ/mol) / (273 K) = 0

10. $\Delta G = \Delta H - T\Delta S$

→ $\Delta S = (\Delta H - \Delta G) / T$ $\Delta S° = (\Delta H° - \Delta G°) / T$

$\Delta G°$ = { (Cu_2O의 $\Delta G°_f$) × 2 + (O_2의 $\Delta G°_f$)}−{ (CuO의 $\Delta G°_f$) × 4}

= (−146.0 kJ/mol × 2 mol) − (−129.7 kJ/mol × 4 mol)

= −292.0 kJ + 518.8 kJ = 226.8 kJ

$\Delta H°$ = { (Cu_2O의 $\Delta H°_f$) × 2 + (O_2의 $\Delta H°_f$)} − { (CuO의 $\Delta H°_f$) × 4}

= (−168.6 kJ/mol × 2 mol) − (−157.3 kJ/mol × 4 mol)

= −337.2 kJ + 629.2 kJ = 292.0 kJ

→ $\Delta S° = (\Delta H° - \Delta G°) / T$ = (292.0 kJ − 226.8 kJ) / 298 K = 0.219 kJ/K = 219 J/K

11. ① 계 ② 주위 ③ 경계 ④ 열린계 ⑤ 닫힌계 ⑥ 고립계 ⑦ 물질

⑧ 에너지 ⑨ $Q = \Delta U + W$ 또는 $\Delta U = Q - W$ ⑩ $\Delta G = \Delta H - T\Delta S$

⑪ 높아야

12. 주어진 온도에서 계에서 일어나는 엔트로피의 변화는 그 온도에서 계에서 일어나는 열의 출입에 의해 발생한다.

보다 낮은 온도에 있는 계가 더 높은 온도에 있는 계보다 주어진 열의 출입에 따른 엔트로피 변화가 더 크다.

② 2주

13. ① 2, 5, 4, 2, 방출

② ΔH = (−2511.6 kJ) / (2 mol) = −1255.8 kJ / mol

반응에 참여한 아세틸렌기체의 몰수

= (5.00 g) / {(12.0 × 2 + 1.02 × 2) g / mol} = {(5.00 g) / (26.0 g / mol) = 0.192 mol

$\Delta H_{반응}$ = (−1255.8 kJ / mol) × (0.192 mol) = −241 kJ

14. ① 온도변화 = 23.5 ℃ − 21.9 ℃ = 1.6 ℃

용액이 흡수한 열 = (4.18 J / g. ℃) × (200.0 g) × (1.6 ℃) = 1.3 × 10^3 J = 1.3 kJ

열량계가 흡수한 열 = (2.0 × 10^2 J / ℃) × (1.6 ℃) = 3.2 × 10^2 J = 0.32 kJ

반응 엔탈피(kJ / mol)

= −(용액이 흡수한 열 + 열량계가 흡수한 열) / (한계 시약의 몰수)

= −(1.3 kJ + 0.32 kJ) / (0.200 M × 0.1000 L)

= (−1.6 kJ) / 0.0200 mol)

= −80 kJ / mol

15. ① 1, 6, 6, 6, 방출

② −1401.3

16. ① 온도변화 = 38.4 ℃ − 12.0 ℃ = 26.4 ℃

수용액의 무게

= (수용액의 부피, mL) × (수용액의 밀도, g / mL)

= (35.0 mL + 45.0 mL) × (1.01 g / mL) = (80.0 mL) × (1.01 g / mL) = 80.8 g

용액이 흡수한 열 = (4.18 J/ / g. ℃) × (80.8 g) × (26.4 ℃) = 8.92 × 10^3 J = 8.92 kJ

열량계가 흡수한 열 = (2.0 × 10^2 J / ℃) × (26.4 ℃) = 5.3 × 10^3 J = 5.3 kJ

반응 엔탈피(kJ/mol)

= −(용액이 흡수한 열 + 열량계가 흡수한 열)/(한계 시약의 몰수)

= −(8.92 kJ + 5.3 kJ) / (6.00 M × 35.0 mL)

= −(14.2 kJ) / (210 mmol) = −(14.2 kJ) / (0.210 mol) = −67.6 kJ/mol

13 상평형과 혼합물, 용액의 총괄성

[몰분율과 몰랄 농도]

1. 용질의 몰분율 = $X_{용질} = \dfrac{용질의\ 몰수}{(용질의\ 몰수 + 용매의\ 몰수)}$

용매의 몰분율 = $X_{용매} = \dfrac{용매의\ 몰수}{(용질의\ 몰수 + 용매의\ 몰수)}$

2. A의 몰분율 $= \dfrac{A의\ mol수}{(A의\ mol수 + B의\ mol수 + C의\ mol수)}$

$= \dfrac{4.50\ mol}{(4.50\ mol + 1.501\ mol + 2.1\ mol)}$

$= \dfrac{4.50\ mol}{8.1\ mol} = 0.56$

B의 몰분율 $= \dfrac{B의\ mol수}{(A의\ mol수 + B의\ mol수 + C의\ mol수)}$

$= \dfrac{1.501\ mol}{8.1\ mol} = 0.19$

C의 몰분율 $= \dfrac{C의\ mol수}{(A의\ mol수 + B의\ mol수 + C의\ mol수)}$

$= \dfrac{2.1\ mol}{8.1\ mol} = 0.26$

3. KCl 수용액의 몰랄 농도 = KCl의 mol수/kg 물

$$= \frac{\text{KCl의 질량 (g)}}{\text{KCl의 몰질량 (g/mol)} \cdot \text{kg 물}}$$

KCl의 mol수 $= \frac{1.492\ \text{g}}{(39.1 + 35.5)\ \text{g/mol}} = 0.0200\ \text{mol}$

물의 질량 = 100.0 g = 0.1000 kg

그러므로 KCl 수용액의 몰랄 농도 $= \frac{0.0200\ \text{mol}}{0.1000\ \text{kg}} = 0.200\ \text{mol/kg} = 0.200\ m$

4. KCl 수용액의 농도 = 0.100 m = 0.100 mol KCl/kg 물

물 500.0 g(= 0.5000 kg)과 섞기 위해 필요한 KCl의 mol수

= 0.100 mol × 0.5000 kg/kg = 0.0500 mol

필요한 KCl의 질량 = KCl의 몰질량 × KCl의 mol수

= (39.1 + 35.5) g/mol × 0.0500 mol = 3.73 g

[증기압 내림]

5. (a) Raoult의 법칙 : $P = P° \times X_{용매}$

증기압 내림 = ΔP = 순수한 용매의 증기압 − 용액의 증기압

→ 0.56 mmHg = 11.78 mmHg − 용액의 증기압

용액의 증기압 = 11.78 mmHg − 0.56 mmHg = 11.22 mmHg

→ 용액의 증기압 = (순수한 CCl_4의 증기압) × (CCl_4의 몰분율)

= (순수한 CCl_4의 증기압) × (1 − 용질의 몰분율)

11.22 mmHg = 11.78 mmHg × (1 − 용질의 몰분율)

용질의 몰분율 = 0.0475

CCl_4의 몰분율 = 1 − 용질의 몰분율 = 1 − 0.0475 = 0.9525

→ CCl_4의 mol수

= CCl_4의 질량 ÷ CCl_4의 몰질량 = 500.0 g ÷ (12.0 + 35.5 × 4) g/mol = 3.247 mol

→ CCl_4의 몰분율 = 0.9525

$$= \frac{CCl_4\text{의 mol수}}{(CCl_4\text{의 mol수} + \text{용질의 mol수})}$$

$$= \frac{3.247\ \text{mol}}{(3.247 + \text{용질의 mol수})}$$

용질의 mol수 = 0.162 mol → 용액의 몰랄 농도

= 0.162 mol / 500.0 g CCl_4 = 0.324 mol/kg CCl_4 = 0.324 m

6. Raoult의 법칙 : $P = P° \times X_{용매}$

→ 용액의 증기압 = (순수한 물의 증기압) × (물의 몰분율)

= (순수한 물의 증기압) × (1 − 용질의 몰분율)

23.543 mmHg = 23.756 mmHg × (1 − 용질의 몰분율)

용질의 몰분율 = 0.00897

물의 몰분율 = 1 − 용질의 몰분율 = 1 − 0.00897 = 0.99103

→ 물의 mol수 = 물의 질량 ÷ 물의 몰질량 = 25.0 g ÷ 18.0 g/mol = 1.39 mol

→ 물의 몰분율 = 0.99103 = (물 mol수) / (물의 mol수 + 용질의 mol수)

= 1.39 mol / (1.39 mol + 용질의 mol수)

용질의 mol수 = 0.01 mol

→ 용질의 mol수 = 용질의 질량 (g) ÷ 용질의 몰질량 (g/mol)

용질의 몰질량 (g/mol) = 용질의 질량 (g) ÷ 용질의 mol수

= 2.35 g ÷ 0.01 mol = 2×10^2 g/mol

∴ 용질의 분자량 = 2×10^2

[끓는점 오름]

7. $\Delta T_b = iK_b m = K_b m$

   100.37 °C − 100.00 °C = (0.51 °C/m) × m

   m = 0.73 (mol/kg 물)

8. (a) $\Delta T_b = iK_b m = K_b m$

   0.38 °C = (0.51 °C/m) × m → m = 0.38 °C ÷ (0.51 °C/m) = 0.75 (mol/kg 물)

   (b) 용질의 몰랄농도 = 용질의 mol수/kg 물

   용질의 mol수 = 용질의 몰랄 농도 (mol/kg) × 물의 kg수

   = 0.75 mol/kg × 1.0000 kg = 0.75 mol

   용질의 mol수 = 용질의 질량 (g) ÷ 용질의 몰질량 (g/mol)

   용질의 몰질량 = 용질의 질량 (g) ÷ 용질의 mol수 (mol) = 45.0 g ÷ 0.75 mol = 60 g/mol

   ∴ 용질의 분자량 = 60

[어는점 내림]

9. $\Delta T_f = iK_f m = K_f m$

   ΔT_f = (1.86 °C/m) × 1.178 m = 2.19 °C

   ∴ 수용액의 어는점 = 0.00°C − 2.19 °C = −2.19 °C

10. $\Delta T_f = iK_f m = K_f m$

    0.62 °C = (1.86 °C/m) × 수용액의 몰랄 농도

    수용액의 몰랄 농도 = 0.33 mol/kg 물 = 0.020 mol / 0.0600 kg 물

    용질의 mol수 = 용질의 질량 (g) ÷ 용질의 몰질량 (g/mol)

    용질의 몰질량 = 용질의 질량 (g) ÷ 용질의 mol수 = 1.82 g ÷ 0.020 mol = 91 g/mol

    ∴ 용질의 분자량 = 91

[삼투압]

11. 삼투압 = π = i (n/V) RT = $iMRT$

    설탕물의 삼투압 = (n/V) RT

    = [{1.15 g/ (342.0 g/mol)} / (0.5000 L] × (0.082054 L · atm/mol · K) × (25 + 273) K

    = 0.164 atm

12. 삼투압 = π = (n/V) RT = MRT

    용액의 삼투압 = 0.0372 atm = M × (0.082054 L · atm/mol · K) × (25 + 273) K

    M = 용액의 몰농도 = 0.00152 mol/L

    → 1.00 L의 용액을 제조하며 사용한 용질의 mol수 = 0.00152 mol

    용질의 몰질량 (g/mol) = 용질의 질량 (g) ÷ 용질의 몰수 (mol)

    = 8.32 g ÷ 0.00152 mol

    ∴ 용질의 분자량 = 5.47 × 10^3

종 합

13. 라울, 이상, 묽어야

14. 삼투압, 증기압 내림, 어는점 내림, 끓는점 오름

15. ① $\Delta P/\Delta T$, $\Delta S/\Delta V$

    ② 고체 → 액체의 경우 부피가 감소하여 $\Delta V < 0$이기 때문이다.

16. 설탕의 몰수 = (250.0 g) / (342.30 g / mol) = 0.7304 mol

물의 몰수 = (812.0 g) / (18.02 g / mol)} = 45.06 mol
설탕의 몰분율
= (0.7304 mol) / (0.7304 mol + 45.06 mol) = (0.7304 mol / 45.79 mol) = 0.01595
물의 몰분율 = (45.06 mol) / (45.79 mol) = 0.9841 또는 1 – 0.01595 = 0.98405
(방법1)
증기압 내림 = 물의 증기압×설탕의 몰분율 = 43.4 mmHg × 0.01595 = 0.692 mmHg
∴ 설탕물의 증기압
= 물의 증기압 − 증기압 내림 = 43.4 mmHg – 0.692 mmHg = 42.7 mmHg
(방법2)
설탕물의 증기압 = 물의 증기압×물의 몰분율 = 43.4 mmHg × 0.9841 = 42.7 mmHg
설탕물의 증기압 = 물의 증기압×물의 몰분율 = 43.4 mmHg × 0.98405 = 42.7 mmHg

17. ΔT_f = iKfm = Kfm
어는점 내림 = ΔT_f = 5.48 ℃ − 4.92 ℃ = 0.56 ℃
용액의 몰랄 농도(m)
= ΔT_f / K_f = (0.56 ℃) / (5.12 ℃/m) = 0.11 m = (미지 물질의 몰수, mol) / (0.0500 kg)
미지 물질의 몰수
= (0.11 mol/kg) × (0.0500 kg) = 0.0055 mol
= (미지 물질의 무게. g) / (미지 물질의 몰 질량, g/mol)
= (1.20 g) / (미지 물질의 몰 질량, g / mol)
미지 물질의 몰 질량
= (1.20 g) / (0.0055 mol) = 2.2 × 10^2 g / mol
∴ 미지 물질의 분자량 = 2.2 × 10^2

18. $MgCl_2$의 몰수 = (52.0 g) / (95.21 g / mol) = 0.546 mol
그런데 $MgCl_2 \rightarrow Mg^{2+} + 2Cl^-$이므로,
용질의 몰수($MgCl_2$의 몰수) × 3 = (0.546 mol) × 3 = 1.638 mol
용매의 몰수 = (500.0 g) / (18.02 g/mol) = 27.75 mol
용질의 몰분율
= (용질의 몰수) / (용질의 몰수 + 용매의 몰수)
= (1.638 mol) / (1.638 mol + 27.75 mol) = (1.638 mol) / (29.39 mol) = 0.05573
용액의 증기압 내림
= (용매의 증기압) × (용질의 몰분율) = (43.4 mmHg) × 0.05573 = 2.42 mmHg
용액의 증기압
= 용매의 증기압 − 증기압 내림 = 43.4 mmHg − 2.42 mmHg = 41.0 mmHg

19. 삼투압 = (5.9 mmHg) / (760 mmHg/atm) = 7.8 × 10^{-3} atm
T = (22 + 273)K = 295K
삼투압 = iMRT
7.8×10^{-3} atm = M × (0.0821 L.atm / mol.K) × (295K)
M = (7.8 × 10^{-3} atm) / {(0.0821 L.atm / mol.K)(295K)} = 3.2 × 10^{-4} mol / L
3.2 × 10^{-4} mol / L = {(10.0 g)/(몰 질량)} / (0.500 L)
몰 질량 = (10.0 g) / (3.2 × 10^{-4} mol / L)(0.500 L) = 6.3 × 10^4 g / mol
∴ 분자량 = 6.3 × 10^4

14 화학 평형과 화학 반응의 속도

[ΔG와 평형 상수]

1. $\Delta G = \Delta G^\circ + (RT)\ \ln Q$

$= -140.0\ \text{kJ/mol} + (RT)\ \ln Q = -140.0\ \text{kJ/mol} + (RT)\ \ln\ (P_{SO_3}{}^2/P_{SO_2}{}^2 P_{O_2})$

$= -140.0\ \text{kJ/mol} + (8.314\ \text{J/mol}\cdot\text{K})\ (298\ \text{K})\ \ln\{\ (2.0^2/\ (1.0^2)\ (2.0)\}$

$= -140.0\ \text{kJ/mol} + (8.314\ \text{J/mol}\cdot\text{K})\ (298\ \text{K})\ \ln\ (2.0)$

$= -140.0\ \text{kJ/mol} + (8.314\ \text{J/mol}\cdot\text{K})\ (298\ \text{K})\ (0.69)$

$= -140.0\ \text{kJ/mol} + 1.7 \times 10^3\ \text{J/mol}$

$= -140.0\ \text{kJ/mol} + 1.7\ \text{kJ/mol} = -138.3\ \text{kJ/mol}$

[화학 평형]

2. (a) $K = \dfrac{[HI]^2}{[H_2][I_2]}$

(b) $K = \dfrac{[HCl]^4[O_2]}{[Cl_2]^2[H_2O]^2}$

(c) $K = \dfrac{[PCl_3][Cl_2]}{[PCl_5]}$

3. (a) $K = \dfrac{[HI]^2}{[H_2][I_2]} = \dfrac{0.0131^2}{(0.00184)(0.00184)} = 50.7$

(b) $K_p = \dfrac{P_{HI}{}^2}{P_{H_2}P_{I_2}} = K\ (RT)^{\Delta n} = K\ (RT)^0 = K = 50.7$

4. (a) $K = \dfrac{[PCl_3][Cl_2]}{[PCl_5]} = \dfrac{(0.0500\ M)(0.0500\ M)}{0.0500\ M} = 0.0500\ (M)$

(b) $K_p = \dfrac{P_{PCl_3}P_{Cl_2}}{P_{PCl_5}}$

$= K\ (RT)^{\Delta n} = K\ (RT)^1$

$= (0.0500\ M)\ (0.0821\ \text{L}\cdot\text{atm/mol}\cdot\text{K})\ (250\ \text{K})$

$= (0.0500\ \text{mol/L})\ (0.0821\ \text{L}\cdot\text{atm/mol}\cdot\text{K})\ (250\ \text{K})$

$= 1.03\ (\text{atm})$

5. 생겨난 $COCl_2$의 평형 농도를 x M이라고 가정하면,

$[CO] = \{\ (0.300\ \text{mol}/1.00\ \text{L}) - x\}\ M = 0.300 - x\ M$

$[Cl_2] = \{\ (0.200\ \text{mol}/1.00\ \text{L}) - x\}\ M = 0.200 - x\ M$

$K = \dfrac{[COCl_2]}{[CO][Cl_2]} = \dfrac{x}{(0.300 - x)(0.200 - x)} = 100.0$

$\rightarrow \dfrac{x}{(0.300 - x)(0.200 - x)} = 100.0$

$100.0x^2 - 50.0x + 6.00 = x$

$100.0x^2 - 51.0x + 6.00 = 0$

$x^2 - 0.510x + 0.0600 = 0$

$x = [-\ (-0.510) \pm \{\ (-0.510)^2 - 4\ (0.0600)\}^{1/2}]\ /\ 2$

$= \{0.510 \pm (0.260 - 0.2400)^{1/2}\}\ /\ 2$

$= \{0.510 \pm (0.020)^{1/2}\}\ /\ 2 = (0.510 \pm 0.14)\ /\ 2 = 0.32$ 또는 0.18

$\rightarrow x = 0.32$는 사용할 수 없으므로 (∵ 초기 CO와 Cl_2보다 더 많이 생겨날 수 없다!),

$x = 0.18$을 사용해야 한다.

$\rightarrow [COCl_2] = x\ M = 0.18\ M$,

$[CO] = (0.300 - x)\ M = 0.12\ M$, $[I_2] = (0.2000 - x)\ M = 0.02\ M$

6. 생겨난 HI의 평형 농도를 $2x$ M라고 가정하면,

$[H_2] = \{(0.0150\ mol/1.00\ L) - x\}\ M = 0.0150 - x\ M$

$[I_2] = \{(0.0200\ mol/1.00\ L) - x\}\ M = 0.0200 - x\ M$

$$K = \frac{[HI]^2}{[H_2][I_2]} = \frac{(2x)^2}{(0.0150 - x)(0.0200 - x)} = 50.5$$

$$\rightarrow \frac{(2x)^2}{(0.0150 - x)(0.0200 - x)} = 50.5$$

$46.5x^2 - 1.77x + 0.0152 = 0$

$x^2 - 0.00381x + 0.000327 = 0$

$$x = \frac{[-(-0.0381) \pm \{(-0.0381)^2 - 4(0.000327)\}^{1/2}]}{2}$$

$$= \frac{\{0.0381 \pm (0.00145 - 0.001301)^{1/2}\}}{2}$$

$$= \frac{\{0.0381 \pm (0.00015)^{1/2}\}}{2} = \frac{0.0381 \pm 0.012}{2} = 0.025 \text{ 또는 } 0.013$$

→ $x = 0.025$는 사용할 수 없으므로 (∵ 초기 H_2와 I_2보다 더 많이 생겨날 수 없다!),
$x = 0.013$을 사용해야 한다.

→ $[HI] = 2x\ M = 0.026\ M$,

$[H_2] = (0.0150 - x)\ M = 0.002\ M$, $[I_2] = (0.0200 - x)\ M = 0.007\ M$

7. $PCl_5\ (g) \rightleftharpoons PCl_3\ (g) + Cl_2\ (g)$: 주어진 몰수의 PCl_5로부터 같은 몰수의 PCl_3와 Cl_2가 생겨난다.

→ 0.25 mol의 PCl_5가 줄어들었으므로, PCl_3와 Cl_2가 0.25 mol씩 생성되어야 한다.

8. (a) $PV = nRT \rightarrow P = \dfrac{nRT}{V} = \left(\dfrac{w}{M}\right)\dfrac{RT}{V}$

SO_2Cl_2의 초기 압력 $= \left(\dfrac{w}{M}\right)\dfrac{RT}{V}$

$$= \left[\left\{\frac{6.70\ g}{135.0\ g/mol}\right\}(0.0821\ L \cdot atm/mol \cdot K)(375\ K)\right] / (1.00\ L)$$

$$= \frac{\{(0.0496\ mol)(0.0821\ L \cdot atm/mol \cdot K)(375\ K)\}}{1.00\ L}$$

$= 1.53$ atm

(b) $SO_2Cl_2\ (g) \rightleftharpoons SO_2\ (g) + Cl_2\ (g)$ $\quad K_p = \dfrac{P_{SO_2}P_{Cl_2}}{P_{SO_2Cl_2}}$

생겨난 SO_2와 Cl_2의 압력을 x atm이라고 가정하면,

$$K_p = \frac{P_{SO_2}P_{Cl_2}}{P_{SO_2Cl_2}} = \frac{x^2}{1.53 - x} = 2.40$$

$x^2 + 2.40x - 3.67 = 0 \rightarrow x = 1.06$

그러므로 $P_{SO_2} = P_{Cl_2} = 1.06$ atm

[화학 반응 속도]

9. (a) 제곱 (b) 반응 속도 $= v = k[A]^2$ (c) 반응 속도 $= v = k[A][B]$
(d) 반응 속도 $= v = k[A][B]^2$ (e) 2, 2, 3 (f) $v = k[A]$, 1차

10. (a) 반응 차수는 NO에 대해 2차이므로 NO의 농도가 2배 증가하면, 반응 속도는 4배 더 빨라진다.
(b) 반응 속도는 더 빨라진다.
(c) 반응 속도는 더 느려진다.

(d) NO와 H_2의 농도가 감소하므로, 반응 속도는 더 느려진다.

11. (a) A의 농도를 2배 증가시키면 반응 속도는 4배 빨라지고, B의 농도를 2배 증가시키면 반응 속도는 8배 빨라진다. 그리고 C의 농도를 2배 증가시키면 반응 속도는 2배 빨라진다, 따라서 $v = k[A]^2[B]^3[C]$

(b) 전체 반응 차수는 6차이다.

. 종 합 .

12. ① $\Delta G° = -RT\ln K$

$-32.96\ kJ / mol = -(8.3144\ J / K)(25 + 273)K\ \ln K$

$-32.96 \times 10^3\ J / mol = -(8.3144\ J / mol.K)(298\ K)\ln K$

$\ln K = -(-32.96 \times 10^3\ J / mol)/\{(8.3144\ J / mol.K)(298\ K)\} = 13.3$

$K = e^{13.3} = 6 \times 10^5$

또는

$\Delta G° = -2.303RT\ \log K$

$-32.96\ kJ / mol = -(2.303)(8.3144\ J / mol.K)(25 + 273)K\ \log K$

$-32.96 \times 103\ J / mol = -(2.303)(8.3144\ J / mol.K)(298\ K)\ \log K$

$\log K = -(-32.96 \times 10^3\ J/mol)/\{(2.303)(8.3144\ J / mol.K)(298\ K)\} = 5.78$

$K = 105.78 = 6.0 \times 10^5$

② $K_p = K(RT)^{\Delta n}$

$= (6 \times 105)\{(0.0821)(298)\}^{(2-1-3)} = (6 \times 105)(1.67 \times 10^{-3}) = 1 \times 10^3$

또는

$K_p = K(RT)^{\Delta n}$

$= (6.0 \times 105)\{(0.0821)(298)\}^{(2-1-3)} = (6.0 \times 105)(1.67 \times 10^{-3}) = 1.0 \times 10^3$

13. ① $\Delta G° = -RT\ln K$

$18.21\ kJ / mol = -(8.3144\ J / K)(500.0 + 273)K\ \ln K$

$18.21 \times 103\ J / mol = -(8.3144\ J / mol.K)(773\ K)\ln K$

$\ln K = -(18.21 \times 103\ kJ/mol)/(8.3144\ J / mol.K)(773\ K) = -2.83$

$K = e^{-2.83} = 0.059$

또는

$\Delta Go = -2.303RT\ \log K$

$18.21\ kJ/mol = -(2.303)(8.3144\ J / mol.K)(500.0 + 273)K\ \log K$

$18.21 \times 10^3\ J/mol = -(2.303)(8.3144\ J / mol.K)(773\ K)\ \log K$

$\log K = -(18.21 \times 103\ J / mol)/(2.303)(8.3144\ J / mol.K)(773\ K) = -1.23$

$K = 10^{-1.23} = 0.059$

② $K_p = K(RT)^{\Delta n} = (0.059)\{(0.0821)(773)\}^{(2-1-3)} = (0.059)(2.48 \times 10\text{-}4) = 1.5 \times 10^{-5}$

③ 정반응이 더 진행한 후, 다시 평형이 성립한다.

14. ① 속도 = $k[NO]^2[O_2]$

② 실험 1과 3에 의하면, [NO]가 2배 증가

→ 속도는 4배 빨라짐

실험 1과 2에 의하면, [O2]가 2배 증가

→ 속도는 2배 빨라짐

15. ① T_2

② 활성화 에너지보다 더 작은 운동 에너지를 가진 입자들의 수가 더 많아진다.

또는
활성화 에너지보다 더 큰 운동 에너지를 가진 입자들의 수가 더 적어진다.

16. ① 온도1, 온도2, 온도

② 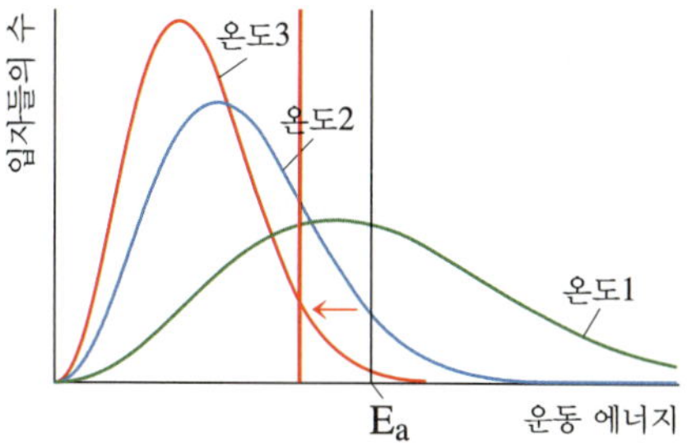

③ 활성화 에너지보다 더 큰 운동 에너지를 가진 입자들의 수가 더 많아진다.

17. ① K = $[H_3O^+][A^-]$ / [HA]

② HA(aq) + H_2O(l) ⇄ H_3O + (*aq*) + A-(*aq*)

반응 전	0.010 M	0 M	0 M
평형	0.010 – x	x M	x M

K = $[H_3O^+][A^-]$ / [HA] = (x)(x) / (0.010 – x) = 1.0 × 10-6

x = $[H_3O^+]$ = 1.0 × 10^{-4} M

③ % 이온화도 = 이온화도 × 10^2 = {(1.0 × 10^{-4}) / (0.010)} × 10^2 = 1.0%

18. ① 열역학적 관점: 깁스에너지 변화가 0이 되면 평형에 도달한 것이다.
반응속도론 관점: 정반응의 속도와 역반응의 속도가 같아지면 평형에 도달한 것이다.

② 충분한 에너지를 소유하고 적절한 방향으로의 충돌

③ 온도, 농도, 촉매, 표면적

④ 주어진 평형에 영향을 미치는 요인이 나타나면, 평형은 그 요인에 의한 영향을 최소화 하는 방향으로 이동한 후 다시 성립한다.

⑤ 압력, 농도, 온도

⑥ 역반응이 더 진행한 후, 다시 평형이 성립한다.

19. K = $[Ag^+][Cl^-]$ = 1.8 × 10-5

$[Ag^+]$ = $[Cl^-]$ = $K^{1/2}$ = $(1.8 \times 10^{-5})^{1/2}$ = 4.2 × 10^{-3} M

20. ① H_2 기체의 초기농도 = (5.000 × 10^{-3} mol) / (5.000 L) = 1.000 × 10^{-3} M

I_2 기체의 초기농도 = (1.000 × 10^{-2} mol) / (5.000 L) = 2.000 × 10^{-3} M

② H_2 + I_2 ⇄ 2H

초기 1.000 × 10^{-3} M + 2.000 × 10^{-3} M ⇄ 0 M

평형 (1.000 × 10^{-3} − 0.940 × 10^{-3}) M + (2.000 × 10^{-3} – 0.940 × 10^{-3}) M ⇄ 1.880 × 10^{-3} M

K = $[HI]^2/[H_2]/[I_2]$

= $(1.86 \times 10^{-3})^2$ / (1.000 × 10^{-3} − 0.940 × 10^{-3})(2.000 × 10^{-3} − 0.940 × 10^{-3})

= $(1.880 \times 10^{-3})^2$ / (0.060 × 10^{-3})(1.060 × 10^{-3})

= 56

21. ① 첫 번째 반응, 두 번째 반응

② 첫 번째 반응의 속도 식: 속도 = k[A][B]
두 번째 반응의 속도 식: 속도 = k[P]2[C]

22. ①과 ②

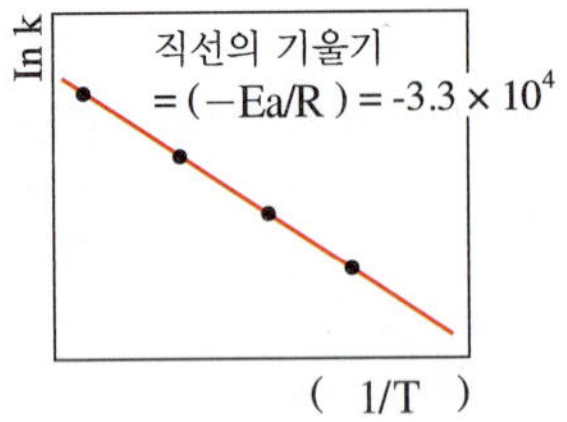

③ $-E_a/R = -E_a/(8.3144\ J\ /\ mol.K) = -3.3 \times 10^4\ K$

$\therefore\ Ea = (8.3144\ J\ /\ moll.K)(3.3 \times 10^4\ K) = 2.7 \times 10^5\ J\ /\ mol$

15 수용액에서의 산과 염기

1. ① $HA + H_2O \rightarrow H_3O^+ + A^-$

$[H_3O^+] = C_{HA} = 1.0 \times 10^{-3}\ M$

$\rightarrow pH = -\log [H_3O^+] = -\log (1.0 \times 10^{-3}) = 3.00$

②

	NH_3	+	H_2O	$\rightleftharpoons$	NH_4^+	+	OH^-
초기	0.100				0		0
평형 (반응 후)	$0.100 - x$				x		x

$$K_b = \frac{[NH_4^+][OH^-]}{[NH_3]} = \frac{(x)(x)}{0.100 - x} = 1.0 \times 10^{-5}$$

$x = [OH^-] = 1.0 \times 10^{-3}\ M$

$\rightarrow pOH = 3.00$

$\rightarrow pH = pK_w - pOH = 14.00 - 3.00 = 11.00$

③

	HA	+	H_2O	$\rightleftharpoons$	H_3O^+	+	A^-
초기	0.100				0		0
평형 (반응 후)	$0.100 - x$				x		x

$$K_a = \frac{[H_3O^+][A^-]}{[HA]} = \frac{(x)(x)}{0.100 - x} = 1.0 \times 10^{-5}$$

$x = [H_3O^+] = 1.0 \times 10^{-3}\ M$

$\rightarrow pH = 3.00$

④ $NH_4Cl \xrightarrow{H_2O} NH_4^+ + Cl^-$

$C_{NH_4^+} = C_{NH_4Cl} = 0.100\ M$

$NH_4^+ + H_2O \rightleftharpoons NH_3 + H_3O^+$

$$K_a = \frac{[H_3O^+][NH_3]}{[NH_4^+]} = \frac{K_w}{K_b} = \frac{1.0 \times 10^{-14}}{1.0 \times 10^{-5}} = 1.0 \times 10^{-9}$$

	NH_4^+	+	H_2O	$\rightleftharpoons$	NH_3	+	H_3O^+
초기	0.100				0		0
평형 (반응 후)	$0.100 - x$				x		x

$$K_a = \frac{[H_3O^+][NH_3]}{[NH_4^+]} = \frac{(x)(x)}{0.100 - x} = 1.0 \times 10^{-9}$$

$x = [H_3O^+] = 1.0 \times 10^{-5}\ M$

$\rightarrow pH = 5.00$

⑤ $pH = pK_a + \log\frac{[A^-]}{[HA]}$

$= -\log(2.0 \times 10^{-5}) + \log\frac{0.030}{0.050}$

$= 4.70 + \log(0.60)$

$= 4.70 - 0.22 = 4.48$

⑥ 완충 용액 $pH = pK_a + \log\frac{[NH_3]}{[NH_4^+]}$

$= -\log K_a + \log\frac{[NH_3]}{[NH_4^+]}$

$= -\log\left(\frac{K_w}{K_b}\right) + \log\frac{[NH_3]}{[NH_4^+]}$

$pH = -\log\left(\frac{1.0 \times 10^{-14}}{1.0 \times 10^{-5}}\right) + \log\frac{0.030}{0.050}$

$= -\log(1.0 \times 10^{-9}) + \log\frac{0.030}{0.050}$

$= 9.00 + \log(0.60)$

$= 9.00 - 0.22 = 8.78$

2.

특성	특성이 적용되는 예
주어진 약산의 K_a와 그 짝염기의 K_b 사이에는 다음과 같은 관계가 성립한다. $K_aK_b = K_w$	주어진 약산의 K_a를 알면, 그 짝염기의 K_a를 구할 수 있다. 또는 주어진 약염기의 K_b를 알면, 그 짝산의 K_a를 구할 수 있다.
약산과 그 짝염기 그리고 약염기와 그 짝산은 주어진 수용액에서 서로 산-염기 중화 반응을 하지 않고 공존한다.	약산과 그 짝염기 또는 약염기와 그 짝산은 완충 용액의 제조에 사용한다.
짝산과 짝염기의 세기는 짝이 되는 염기와 산의 세기에 반비례한다.	NH_4^+ 이온이 H_2O보다 더 센 산임을 알 수 있다.

3. ① $H_2PO_4^-$

② OH^-

③ H_3O^+

④ $H_2PO_4^-$

4. ① $CH_3COOH\ (aq) + NaOH\ (aq) \longrightarrow CH_3COONa\ (aq) + H_2O\ (l)$

② $CH_3COOH\ (aq) + Na^+\ (aq) + OH^-\ (aq) \longrightarrow CH_3COO^-\ (aq) + Na^+\ (aq) + H_2O\ (l)$

③ $CH_3COOH\ (aq) + OH^-\ (aq) \longrightarrow CH_3COO^-\ (aq) + H_2O\ (l)$

5. ① $V_{NaOH} = 0.0$ mL

0.100 M 아세트산 (HAc, $K_a = 1.0 \times 10^{-5}$) 수용액 50.0 mL의 pH를 구하면 된다.

	HAc	+	H_2O	$\rightleftarrows$	H_3O^+	+	Ac^-
초기	0.100				0		0
평형 (반응 후)	$0.100 - x$				x		x

$K_a = \frac{[H_3O^+][Ac^-]}{[HAc]} = \frac{(x)(x)}{0.100 - x} = 1.0 \times 10^{-5}$

$x = [H_3O^+] = 1.0 \times 10^{-3}$ M

$\rightarrow pH = 3.00$

② $V_{NaOH} = 10.0$ mL

완충 용액의 pH

$pH = pK_a + \log\frac{[Ac^-]}{[HAc]}$

$$= -\log K_a + \log\frac{\text{생겨난 Ac}^- \text{ 이온의 몰수}}{\text{남은 HAc의 몰수}}$$

$$= -\log K_a + \log\frac{\text{첨가된 NaOH의 몰수}}{\text{초기 HAc의 몰수} - \text{첨가된 NaOH의 몰수}}$$

$$= -\log(1.0 \times 10^{-5}) + \log\frac{(0.100\text{ M} \times 10.0\text{ mL})}{\{(0.100\text{ M} \times 50.0\text{ mL}) - (0.100\text{ M} \times 10.0\text{ mL})\}}$$

$$= 5.00 + \log\frac{1.00\text{ mmol}}{4.00\text{ mmol}}$$

$$= 5.00 + \log\frac{1.00}{4.00}$$

$$= 5.00 - 0.602 = 4.40$$

③ V_{NaOH} = 당량점

적정액 속 모든 HAc가 NaAC (또는 Ac^- 이온) 으로 바뀐 지점이므로, 생겨난 NaAC (또는 Ac^- 이온) 수용액의 pH를 구한다.

$$NaAc \xrightarrow{H_2O} Na^+ + Ac^-$$

$$C_{Ac^-} = C_{NaAc} = \frac{(0.100\text{ M} \times 50.0\text{ mL})}{100.0\text{ mL}} = 0.0500\text{ M}$$

$$Ac^- + H_2O \rightleftharpoons HAc + OH^-$$

$$K_b = \frac{[OH^-][HAc]}{[Ac^-]} = \frac{K_w}{K_a} = \frac{1.0 \times 10^{-14}}{1.0 \times 10^{-5}} = 1.0 \times 10^{-9}$$

	Ac^-	+ H_2O ⇌	HAc	+ OH^-
초기	0.0500		0	0
평형 (반응 후)	$0.0500 - x$		x	x

$$K_b = \frac{[OH^-][HAc]}{[Ac^-]} = \frac{(x)(x)}{0.0500 - x} = 1.0 \times 10^{-9}$$

$x = [OH^-] = 7.1 \times 10^{-6}$ M

→ pOH = 5.15, pH = pK_w − pOH = 14.00 − 5.15 = 8.85

6. ① 사용할 수 없는 지시약은 A이다.
   ② 지시약 A는 산−염기 적정에서 당량점에 도달하기 전 지시약의 색이 변해 버리기 때문이다.

종 합

7. ① 같은 물질들 사이에서 일어나는 산−염기반응(또는 양성자 이전반응 또는 수소이온 이전반응)
   ② 당량점, 부피, 종말점, 적정오차, 바탕
   ③ H_2O / (OH^-), (HCO_3^-) / CO_3^{2-}, $H_2PO_4^-$ / (HPO_4^{2-}), NH_3 / (NH^{2-}), (HPO_4^{2-}) / PO_4^{3-}
   ④

약한 산(HA)과 강한 염기(NaOH) 사이의 산-염기 반응	
분자 반응식	$HA + NaOH \rightarrow NaA + H_2O$
전체 이온 반응식	$HA + Na^+ + OH^- \rightarrow Na^+ + A^- + H_2O$
유효(알짜) 이온 반응식	$HA + OH^- \rightarrow A^- + H_2O$

8. $[H_3O^+][OH^-] = K_w = 1.0 \times 10^{-14}$
   또는 $[H^+][OH^-] = K_w = 1.0 \times 10^{-14}$
   또는 pH + pOH = pK_w = 14.00

9. ① pH = $-\log[H_3O^+] = -\log C_{HA} = -\log(0.0100) = 2.000$
   ② pOH = $-\log[OH^-] = -\log C_{NaOH} = -\log(0.0100) = 2.000$

$pH = pK_w - pOH = 14.00 - 2.000 = 12.00$

또는

$[H_3O^+] = K_w/[OH^-] = 1.0 \times 10^{-14}/0.0100 = 1.0 \times 10^{-12}$ M

$pH = -\log[H_3O^+] = -\log(1.0 \times 10^{-12}) = 12.00$

③ $HA + H_2O \rightleftarrows H_3O^+ + A^-$

$[H_3O^+] = [A^-] = x \quad x^2/(0.110 - x) = 1.0 \times 10^{-6}$

$x^2 + (1.0 \times 10^{-6})x - (0.110)(1.0 \times 10^{-6}) = 0 \quad x = [H_3O^+] = 3.3 \times 10^{-4}$ M

$pH = -\log[H_3O^+] = -\log(3.3 \times 10^{-4}) = 3.48$

10\. ① 적정액은 0.100 M B 수용액(B의 $K_b = 1.0 \times 10^{-5}$)

$[OH^-] = 1.0 \times 10^{-3}$ M

$pOH = -\log[OH^-] = -\log(1.0 \times 10^{-3}) = 3.00$

$pH = pK_w - pOH = 14.00 - 3.00 = 11.00$

또는

$[H_3O^+] = K_w/[OH^-] = (1.0 \times 10^{-14})/(1.0 \times 10^{-3}) = 1.0 \times 10^{-11}$ M

$pH = -\log[H_3O^+] = -\log(1.0 \times 10^{-11}) = 11.00$

②

	B	+	HCl	→	BHCl
반응 전	0.100 M × 40.0 mL = 4.00 mmol		0.100 M × 55.0 mL = 5.50 mmol		
반응 후	0 mmol		1.50 mmol		4.00 mmol

→ 이 적정액은 0.0158 M(= 1.50 mmol/95.0 mL) HCl 용액

$pH = -\log[H_3O^+] = -\log C_{HA} = -\log(0.0158) = 1.801$

③

	B	+	HCl	→	BHCl
반응 전	0.100 M × 40.0 mL = 4.00 mmol		0.100 M × 25.0 mL = 2.50 mmol		
반응 후	1.50 mmol		0 mmol		2.50 mmol

→ 이 적정액은 $[BH^+]/[B]$ 완충 용액

$pH = pK_a + \log[B]/[BH^+] = -\log(K_a) + \log[B]/[BH^+]$

$= -\log(K_w/K_b) + \log[B]/[BH^+]$

$= \log(1.0 \times 10^{-14}/1.0 \times 10^{-6}) + \log[B]/[BH+]$

$= -\log(1.0 \times 10^{-9}) + \log(1.50\ mmol/2.50\ mmol)$

$= 9.00 + \log(0.600) = 9.00 - 0.222 = 8.78$

④

	B	+	HCl	→	BHCl
반응 전	0.100 M × 40.0 mL = 4.00 mmol		0.100 M × 40.0 mL = 4.00 mmol		
반응 후	0 mmol		0 mmol		4.00 mmol

→ 이 적정액은 0.0500 M(= 4.00 mmol/80.0 mL) BH^+이온 용액

BH^+의 $K_a = 1.0 \times 10^{-9}$

$[H_3O^+] = 7.0 \times 10^{-6}$ M

$pH = -\log[H_3O^+] = -\log(7.0 \times 10^{-6}) = 5.15$

11\. ① 0.100 M HA 수용액(HA의 $K_a = 1.0 \times 10^{-5}$) 40.0 mL의 pH

$C_{HA}/K_a = (0.100)/(1.0 \times 10^{-5}) = 1.0 \times 10^4$

$[H_3O^+] = \{C_{HA} \times K_a\}^{1/2} = \{(0.100)(1.0 \times 10^{-5})\}^{1/2} = 1.0 \times 10^{-3}$ M

$pH = -\log[H_3O^+] = -\log(1.0 \times 10^{-3}) = 3.00$

②

	HA	+	OH^-	→	A^-	+	H_2O
반응 전	0.100 M × 40.0 mL = 4.00 mmol		0.100 M × 25.0 mL = 2.50 mmol				

반응 후	1.50 mmol		0 mmol		2.50 mmol

→ 이 적정액은 $[A^-]/[HA]$ 완충 용액

$pH = pK_a + \log\{[A^-]/[HA]\} = -\log(K_a) + \log\{[A^-]/[HA]\}$

$= -\log(1.0 \times 10^{-5}) + \log\{(2.50\ mmol)/(1.50\ mmol)\}$

$= 5.00 + \log(0.600) = 5.00 + 0.223 = 5.22$

③

	HA	+	OH-	→	A^-	+	H_2O
반응 전	0.100 M × 40.0 mL = 4.00 mmol		0.100 M × 40.0 mL = 4.00 mmol				
반응 후	0 mmol		0 mmol		4.00 mmol		

→ 이 적정액은 A^- 이온 용액

$[A^-] = (4.00\ mmol)/(80.0\ mL) = 0.0500\ M$

A^-의 $K_b = K_w/K_a = (1.0 \times 10^{-14})/(1.0 \times 10^{-5}) = 1.0 \times 10^{-9}$

$C_{A^-}/K_b = (0.0500)/(1.0 \times 10^{-9}) = 5.0 \times 10^7$

$[OH^-] = \{C_A K_b\}^{1/2} = \{(0.0500)(1.0 \times 10^{-9})\}^{1/2} = 7.1 \times 10^{-6}\ M$

(방법1) $pOH = -\log[OH^-] = -\log(7.1 \times 10^{-6}) = 5.15$

$pH = pK_w - pOH = 14.00 - 5.15 = 8.85$

(방법2) $[H_3O^+] = K_w/[OH^-] = (1.0 \times 10^{-14})/(7.1 \times 10^{-6}) = 1.4 \times 10^{-9}\ M$

$pH = -\log[H_3O^+] = -\log(1.4 \times 10^{-9}) = 8.85$

④ $[NaOH] = (0.100\ M \times 10.0\ mL)/(90.0\ mL) = 0.0111\ M = [OH^-]$

(방법1) $pOH = -\log[OH^-] = -\log(0.0111) = 1.955$

$pH = pK_w - pOH = 14.00 - 1.955 = 12.05$

(방법2) $[H_3O^+] = K_w/[OH^-] = (1.0 \times 10^{-14})/(0.0111) = 9.0 \times 10^{-13}\ M$

$pH = -\log[H_3O^+] = -\log(9.0 \times 10^{-13}) = 12.05$

16 수용액에서의 산화와 환원

1. ① $\underline{H}F$ $x + (-1) = 0$ $x = +1$

② $\underline{S}O_4^{2-}$ $x + (-2) \times 4 = -2$ $x = +6$

③ $H_2\underline{O}_2$ $(+1) \times 2 + x \times 2 = 0$ $x = -1$

④ $\underline{Fe}Cl_3$ $x + (-1) \times 3 = 0$ $x = +3$

⑤ $\underline{C}O_2$ $x + (-2) \times 2 = 0$ $x = +4$

⑥ $\underline{S}_4O_6^{2-}$ $x \times 4 + (-2) \times 6 = -2$ $x = +2.5$

⑦ $\underline{Fe}_2O_3$ $x \times 2 + (-2) \times 3 = 0$ $x = +3$

⑧ $\underline{S}_2O_3^{2-}$ $x \times 2 + (-2) \times 3 = -2$ $x = +2$

⑨ $\underline{N}O_3^-$ $x + (-2) \times 3 = -1$ $x = +5$

⑩ $\underline{S}O_3^{2-}$ $x + (-2) \times 3 = -2$ $x = +4$

2. ① $H_2 + F_2 \rightarrow 2HF$

H_2의 H는 산화수 = 0 → HF에서 H의 산화수 = +1 ∴ H_2는 산화됨

F_2의 F는 산화수 = 0 → HF에서 F의 산화수 = -1 ∴ F_2는 환원됨

② $Zn + CuSO_4 \rightarrow ZnSO_4 + Cu$

Zn의 산화수 = 0 → $ZnSO_4$에서 Zn의 산화수 = +2 ∴ Zn은 산화됨

$CuSO_4$에서 Cu의 산화수 = +2 → Cu의 산화수 = 0 ∴ $CuSO_4$는 환원됨

③ $2Fe^{2+} + H_2O_2 + 2H^+ \rightarrow 2Fe^{3+} + 2H_2O$
Fe^{2+}의 산화수 = +2 → Fe^{3+}의 산화수 = +3 ∴ Fe^{2+}는 산화됨
H_2O_2에서 O의 산화수 = −1 → H_2O에서 O의 산화수 = -2 ∴ H_2O_2는 환원됨
④ $2FeCl_3 + H_2 \rightarrow 2FeCl_2 + 2HCl$
$FeCl_3$에서 Fe의 산화수 = +3 → $FeCl_2$에서 Fe의 산화수 = +2 ∴ $FeCl_3$는 환원됨
H_2에서 H의 산화수 = 0 → HCl에서 H의 산화수 = +1 ∴ H_2는 산화됨
⑤ $Cu + 2Ag^+ \rightarrow Cu^{2+} + 2Ag$
Cu의 산화수 = 0 → Cu의 산화수 = +2 ∴ Cu는 산화됨
Ag^+의 산화수 = +1 → Ag의 산화수 = 0 ∴ Ag^+는 환원됨
⑥ $CO_2 + H_2 \rightleftarrows CO + H_2O$
CO_2에서 C의 산화수 = +4 → CO에서 C의 산화수 = +2 ∴ CO_2는 환원됨
H_2에서 H의 산화수 = 0 → H_2O에서 H의 산화수 = +1 ∴ H_2는 산화됨
⑦ $4Fe + 3O_2 \rightarrow 2Fe_2O_3$
Fe의 산화수 = 0 → Fe_2O_3에서 Fe의 산화수 = +3 ∴ Fe는 산화됨
O_2에서 O의 산화수 = 0 → Fe_2O_3에서 O의 산화수 = −2 ∴ O_2는 환원됨

3. ① $Ag + NO_3^- \rightleftarrows Ag^+ + NO_2 + H_2O$
(1단계) 산화수를 검토하여 반 반응식들을 씀
Ag의 산화수 = 0 → Ag^+에서 Ag의 산화수 = +1
NO_3^-에서 N의 산화수 = +5 → NO_2에서 N의 산화수 = +4
산화 반 반응: $Ag \rightarrow Ag^+ + e$
환원 반 반응: $NO_3^- + e \rightarrow NO_2$
(2단계) 반 반응식들에서 모든 화학종들의 질량균형을 맞추어줌
산화 반 반응: $Ag \rightarrow Ag^+ + e$
환원 반 반응: $NO_3^- + e + 2H^+ \rightarrow NO_2 + H_2O$
(3단계) 각 반 반응식들의 전자들의 수를 맞추어 줌
산화 반 반응: $Ag \rightarrow Ag^+ + e$
환원 반 반응: $NO_3^- + e + 2H^+ \rightarrow NO_2 + H_2O$
(4단계) 두 반 반응식들을 합쳐서 산화-환원 반응식을 완성함
$$Ag + NO_3^- + 2H^+ \rightleftarrows Ag^+ + NO_2 + H_2O$$
② $I^- + SO_4^{2-} \rightleftarrows I_2 + H_2S + H_2O$
(1단계) 산화수를 검토하여 반 반응식들을 씀
I^-에서 I의 산화수 = −1 → I_2에서 I의 산화수 = 0
SO_4^{2-}에서 S의 산화수 = +6 → H_2S에서 S의 산화수 = −2
산화 반 반응: $2I^- \rightarrow I_2 + 2e$
환원 반 반응: $SO_4^{2-} + 8e \rightarrow H_2S$
(2단계) 반 반응식들에서 모든 화학종들의 질량균형을 맞추어줌
산화 반 반응: $2I^- \rightarrow I_2 + 2e$
환원 반 반응: $SO_4^{2-} + 8e + 10H^+ \rightarrow H_2S + 4H_2O$
(3단계) 반 반응식들의 전자들의 수를 맞추어 줌
산화 반 반응: $8I^- \rightarrow 4I_2 + 8e$
환원 반 반응: $SO_4^{2-} + 8e + 10H^+ \rightarrow H_2S + 4H_2O$
(4단계) 두 반 반응식들을 합쳐서 산화-환원 반응식을 완성함
$$8I^- + SO_4^{2-} + 10H^+ \rightleftarrows 4I_2 + H_2S + 4H_2O$$
③ $S_2O_3^{2-} + I_2 \rightleftarrows S_4O_6^{2-} + I^-$
(1단계) 산화수를 검토하여 반 반응식들을 씀

$S_2O_3^{2-}$에서 S의 산화수 = +2 → $S_4O_6^{2-}$에서 S의 산화수 = +2.5

I_2에서 I의 산화수 = 0 → I^-에서 I의 산화수 = −1

산화 반 반응: $2S_2O_3^{2-} \rightarrow S_4O_6^{2-} + e$

환원 반 반응: $I_2 + e \rightarrow 2I^-$

(2단계) 각 반 반응식들에서 모든 화학종들의 질량균형을 맞추어줌

산화 반 반응: $2S_2O_3^{2-} \rightarrow S_4O_6^{2-} + e$

환원 반 반응: $I_2 + e \rightarrow 2I^-$

(3단계) 각 반 반응식들의 전자들의 수를 맞추어 줌

산화 반 반응: $2S_2O_3^{2-} \rightarrow S_4O_6^{2-} + e$

환원 반 반응: $I_2 + e \rightarrow 2I^-$

(4단계) 두 반 반응식들을 합쳐서 산화–환원 반응식을 완성함

$2S_2O_3^{2-} + I_2 \rightleftarrows S_4O_6^{2-} + 2I^-$

4. ① $SO_3^{2-} + Cr_2O_7^{2-} \rightleftarrows Cr_3+ + SO_4^{2-}$

(1단계) 산화수를 검토하여 반 반응식들을 씀

SO_3^{2-}에서 S의 산화수 = +4 → SO_4^{2-}에서 S의 산화수 = +6

$Cr_2O_7^{2-}$에서 Cr의 산화수 = +6 → Cr^{3+}에서 Cr의 산화수 = +3

산화 반 반응: $SO_3^{2-} \rightarrow SO_4^{2-} + 2e$

환원 반 반응: $Cr_2O_7^{2-} + 6e \rightarrow 2Cr^{3+}$

(2단계) 반 반응식들에서 모든 화학종들의 질량균형을 맞추어줌

산화 반 반응: $SO_3^{2-} + H_2O \rightarrow SO_4^{2-} + 2e + 2H^+$

환원 반 반응: $Cr_2O_7^{2-} + 6e + 14H^+ \rightarrow 2Cr^{3+} + 7H_2O$

산화 반 반응: $SO_3^{2-} + H_2O + 2OH^- \rightarrow SO_4^{2-} + 2e + 2H^+ + 2OH^-$

환원 반 반응: $Cr_2O_7^{2-} + 6e + 14H^+ + 14OH^- \rightarrow 2Cr^{3+} + 7H_2O + 14OH^-$

산화 반 반응: $SO_3^{2-} + H_2O + 2OH^- \rightarrow SO_4^{2-} + 2e + 2H_2O$

환원 반 반응: $Cr_2O_7^{2-} + 6e + 14H_2O \rightarrow 2Cr^{3+} + 7H_2O + 14OH^-$

(3단계) 반 반응식들의 전자들의 수를 맞추어 줌

산화 반 반응: $3SO_3^{2-} + 3H_2O + 6OH^- \rightarrow 3SO_4^{2-} + 6e + 6H_2O$

환원 반 반응: $Cr_2O_7^{2-} + 6e + 14H_2O \rightarrow 2Cr^{3+} + 7H_2O + 14OH^-$

(4단계) 두 반 반응식들을 합쳐서 산화–환원 반응식을 완성함

$3SO_3^{2-} + Cr_2O_7^{2-} + 4H_2O \rightleftarrows 3SO_4^{2-} + 8OH^-$

② $Cu^{2+} + SO_3^{2-} \rightleftarrows SO_4^{2-} + Cu$

(1단계) 산화수를 검토하여 반 반응식들을 씀

Cu^{2+}에서 Cu의 산화수 = +2 → Cu의 산화수 = 0

SO_3^{2-}에서 S의 산화수 = +4 → SO_4^{2-}에서 S의 산화수 = +6

산화 반 반응: $SO_3^{2-} \rightarrow SO_4^{2-} + 2e$

환원 반 반응: $Cu^{2+} + 2e \rightarrow Cu$

(2단계) 반 반응식들에서 모든 화학종들의 질량균형을 맞추어줌

산화 반 반응: $SO_3^{2-} \rightarrow SO_4^{2-} + 2e$

환원 반 반응: $Cu^{2+} + 2e \rightarrow Cu$

산화 반 반응: $SO_3^{2-} + H_2O \rightarrow SO_4^{2-} + 2e + 2H^+$

환원 반 반응: $Cu^{2+} + 2e \rightarrow Cu$

산화 반 반응: $SO_3^{2-} + H_2O + 2OH \rightarrow SO_4^{2-} + 2e + 2H^+ + 2OH$

환원 반 반응: $Cu^{2+} + 2e \rightarrow Cu$

산화 반 반응: $SO_3^{2-} + H_2O + 2OH^- \rightarrow SO_4^{2-} + 2e + 2H_2O$

환원 반 반응: $Cu^{2+} + 2e \rightarrow Cu$

(3단계) 반 반응식들의 전자들의 수를 맞추어 줌

산화 반 반응: SO_3^{2-} + H_2O + $2OH^-$ → SO_4^{2-} + 2e + $2H_2O$

환원 반 반응: Cu^{2+} + 2e → Cu

(4단계) 두 반 반응식들을 합쳐서 산화–환원 반응식을 완성함

SO_3^{2-} + H_2O + $2OH^-$ ⇄ SO_4^{2} + Cu + $2H_2O$

③ MnO_4^- + I^- ⇄ MnO_4^{2-} + IO_3^-

(1단계) 산화수를 검토하여 반 반응식들을 씀

MnO4-에서 Mn의 산화수 = +7 → MnO_4^-에서 Mn의 산화수 = +6

I-에서 I의 산화수 = –1 → IO_3^-에서 I의 산화수 = +5

산화 반 반응: I^- → IO_3^- + 6e

환원 반 반응: MnO_4^- + e → MnO_4^{2-}

(2단계) 반 반응식들에서 모든 화학종들의 질량균형을 맞추어줌

산화 반 반응: I^- → IO_3^- + 6e

환원 반 반응: MnO_4^- + e → MnO_4^{2-}

산화 반 반응: I^- + $3H_2O$ → IO_3^- + 6e

환원 반 반응: MnO_4^- + e → MnO_4^{2-}

산화 반 반응: I^- + $3H_2O$ → IO_3^- + 6e + $6H^+$

환원 반 반응: MnO_4^- + e → MnO_4^{2-}

산화 반 반응: I^- + $3H_2O$ + $6OH^-$ → IO_3^- + 6e + $6H^+$ + $6OH^-$

환원 반 반응: MnO_4^- + e → MnO_4^{2-}

산화 반 반응: I^- + $3H_2O$ + $6OH^-$ → IO_3^- + 6e + $6H_2O$

환원 반 반응: MnO_4^- + e → MnO_4^{2-}

(3단계) 반 반응식들의 전자들의 수를 맞추어 줌

산화 반 반응: I^- + $3H_2O$ + $6OH^-$ → IO_3^- + 6e + $6H_2O$

환원 반 반응: $6MnO_4^-$ + 6e → $6MnO_4^{2-}$

(4단계) 두 반 반응식들을 합쳐서 산화–환원 반응식을 완성함

I^- + $6MnO_4^-$ + $6OH^-$ ⇄ IO_3^- + $6MnO_4^{2-}$ + $3H_2O$

5. Fe^{2+} + Ce^{4+} ⇄ Fe^{3+} + Ce^{3+}에 의하면, Fe^{2+}이온과 Ce^{4+}이온은 1:1의 몰 비로 반응한다.

따라서 당량점에서는 다음과 같은 관계식이 성립한다.

적정액 속 $Ce(SO_4)_2$의 몰수 = 첨가한 $Ce(SO_4)_2$의 몰수

($FeSO_4$ 수용액의 몰 농도) × ($FeSO_4$ 수용액의 부피)

= ($FeSO_4$ 수용액의 몰 농도) × ($FeSO_4$ 수용액의 부피)

($FeSO_4$ 수용액의 몰 농도) × (50.0 mL) = (0.100 M) × (48.0 mL)

$FeSO_4$ 수용액의 몰 농도 = {(0.100 M) × (48.0 mL)}/(50.0 mL) = 0.0960 M

6. H_3AsO_3 + I_3^- + $6H^+$ ⇄ H_3AsO_3 + I_3^- + $2H^+$에 의하면, H_3AsO_3과 I_3^-이온은 1:1의 몰 비로 반응한다. 따라서 당량점에서는 다음과 같은 관계식이 성립한다.

적정액 속 H_3AsO_3의 몰수 = 첨가한 I_3^-의 몰수

(H_3AsO_3 수용액의 몰 농도) × (H_3AsO_3 수용액의 부피)

= (I_3^- 이온 수용액의 몰 농도) × (I_3^- 이온 수용액의 부피)

(0.00400 M) × (50.0 mL) = (I_3^- 이온 수용액의 몰 농도) × (30.0 mL)

I_3^- 이온 수용액의 몰 농도 = (0.00400 M) × (50.0 mL)}/(30.0 mL) = 0.00667 M

찾아보기

ㅇ

ㅎ

대학화학 제5판

저 자 권찬호 · 김홍래 · 정영미 · 황현석 · 황 훈
발 행 인 김지영
발 행 처 자유아카데미
주 소 경기도 파주시 회동길 37-42
파주출판도시
전 화 031-955-1321
팩 스 031-955-1322
홈페이지 www.freeaca.com
전자우편 main@freeaca.com (대표)
editor@freeaca.com (편집)
crm@freeaca.com (영업)
등 록 제406-2003-017호, 1980. 7. 12.
제5판1쇄 2021년 2월 20일 발행
제5판2쇄 2024년 2월 25일 발행
정 가 35,000원

ISBN 979-11-5808-284-0 93430